高等数学学习指导

（下册）

主　编　朱玉灿　江辉有
副主编　程　航　周　勇
　　　　曾勋勋　王　平

科学出版社

北京

内 容 简 介

　　本册内容包括向量代数与空间解析几何、多元函数微分学、第一型积分、第二型积分、无穷级数五章,每章分成教学基本要求、内容复习与整理、扩展与提高、释疑解惑、典型错误辨析、例题选讲和配套教材习题参考解答七个部分. 内容讲解力求深入浅出,条分缕析,逻辑严谨,突出思想性、知识性、直观性.

　　本书可作为高等院校理工科各专业高等数学学习的辅导书,也可以作为相关专业教师或科技工作者的参考书.

图书在版编目(CIP)数据

　　高等数学学习指导. 下册 / 朱玉灿,江辉有主编. —北京: 科学出版社,2023.9
　　ISBN 978-7-03-076483-6

　　Ⅰ. ①高⋯　Ⅱ. ①朱⋯　②江⋯　Ⅲ. ①高等数学–高等学校–教学参考资料　Ⅳ. ①O13

中国国家版本馆 CIP 数据核字(2023)第 179409 号

责任编辑: 姚莉丽　胡云志　贾晓瑞 / 责任校对: 彭珍珍
责任印制: 赵　博 / 封面设计: 无极书装

科 学 出 版 社 出版
北京东黄城根北街 16 号
邮政编码: 100717
http://www.sciencep.com

北京华宇信诺印刷有限公司印刷
科学出版社发行　各地新华书店经销
*
2023 年 9 月第 一 版　开本: 787×1092　1/16
2025 年 1 月第三次印刷　印张: 22
字数: 522 000
定价: 69.00 元
(如有印装质量问题,我社负责调换)

前　言

本书的写作是在我们的教材《高等数学》(上、下册)由科学出版社出版之后就已经规划的,只是后来由于种种原因,过程拖得有点长. 在所有这些原因中,最主要的是该如何写作这本书. 为此我们做了多次研讨,参考了许多同类书籍,听取了校内外许多教学一线教师(还包括一些学生)的意见和建议,最终在 2020 年年末确定了按照如今出现在读者面前的这种写法来写作.

我校数学公共基础课教学研究中心近些年组织全体教师,特别是年轻教师积极投入慕课、微课程、线上线下混合式课程等省级平台建设,取得了很多成果. 本中心还建设了网上阅卷平台,这样课程教学的过程考核等工作的展开不但效率高,而且执行方便,受到了省内同行的一致好评. 所有这些努力对提高学生学习积极性、主动性、融入性起到了关键作用,也对本书的写作有诸多助益.

基于教材而高于教材,是我们编写本指导书的指导思想. 总体上我们秉承"以学生为中心,以发展为主线,不以考试为导向"的理念,从学好高等数学课程的角度进行编写,强调理论的完整性与发展性、方法的多样性与发散性、处理问题的多角度性,尽可能多地用直观图形帮助理解相关的理论方法.

本书共分九章,分别为函数的极限与连续性、一元函数微分学、一元函数积分学、(常)微分方程、向量代数与空间解析几何、多元函数微分学、第一型积分、第二型积分、无穷级数. 每章又分七个部分.

1. 教学基本要求:根据国家工科数学课程教学指导委员会制定的工科本科数学教学基本要求,结合我校教学实际和研究生入学考试数学(一)高等数学部分大纲编写.

2. 内容复习与整理:分基本概念、基本理论和方法两部分. 基本概念部分,是对每章涉及的主要概念的综合性描述,基本理论与方法部分是从整体角度对每章的主要理论和方法进行归纳、总结.

3. 扩展与提高:主要理论的补充或升华,也有方法的拓展和总结,部分内容还是我们的教学研究成果.

4. 释疑解惑:主要是教学过程中学生常问的,甚至是一些老师也感到疑惑的问题的解析.

5. 典型错误辨析:主要是学生作业和理解方面常见错误的辨析及纠正.

6. 例题选讲:每章选取一定数量的例题进行详细讲解,在选题上要求或者能够作为理论补充,或者有代表性解法,或者有一定的普适性意义,大部分都有一定的综合性,每道题同时还给出思路分析.

7. 配套教材习题参考解答:包含了我们配套教材的全部习题的详细解答.

这套指导书虽然是作为我们教材《高等数学》(上、下册)的配套读物,但由于内容的普适性,我们设定的读者对象主要是综合性大学或者一般本科院校的理工科非数学专业的本科生, 也可以作为研究生入学考试的辅导书及相关教师的教学参考书.

　　作为学习指导书, 我们希望以更高、更多角度的形式来审视相关数学知识, 更好地理解微积分的思想方法, 更有效地解决学生在学习中遇到的问题. 因此写作时既强调逻辑严谨性, 也强调发散性思维. 是否, 或者能否达成这个目标, 则有待读者的检验. 我们诚挚地希望读者可以指出本书存在的疏漏与不足, 提出宝贵的意见和建议, 以使我们的指导书得到进一步的充实和提高, 成为一套名符其实的具有指导意义的读物.

　　本书的出版得到福州大学数学与统计学院领导和同事们的大力支持, 在此一并致以诚挚的谢意!

江辉有

2023 年 2 月于福州大学

目　　录

第5章　向量代数与空间解析几何

5.1　教学基本要求

1. 理解空间直角坐标系, 理解向量的概念及其表示.

2. 掌握向量的运算(线性运算、数量积、向量积、混合积), 理解两个向量垂直、平行的条件.

3. 理解单位向量、方向数与方向余弦、向量的坐标表达式, 掌握用坐标表达式进行向量运算的方法.

4. 掌握平面方程和直线方程及其求法.

5. 会求平面与平面、平面与直线、直线与直线间的夹角, 并会利用平面、直线的相互关系(平行、垂直、相交等)解决有关问题.

6. 会求点到平面和点到直线的距离.

7. 了解曲面方程和空间曲线方程的概念.

8. 了解常用的二次曲面的方程及其图形, 会求以坐标轴为旋转轴的旋转曲面及母线平行于坐标轴的柱面方程.

9. 了解空间曲线的参数方程和一般方程, 了解空间曲线在坐标面上的投影, 并会求其方程.

10. 会求由常用二次曲面及平面所围成的空间图形在坐标面上的投影区域.

5.2　内容复习与整理

5.2.1　基本概念

1. **空间直角坐标系**　由三条垂直相交于原点的数轴构成, 分别称为 x 轴(横轴)、y 轴(纵轴)和 z 轴(竖轴), 空间因此而分成八个卦限. 每两条坐标轴确定一个坐标面, 分别称为 xOy 面、yOz 面和 zOx 面. 在空间直角坐标系中, 空间中任何一个点 M 赋予一组有序的三元数组 (x,y,z), 称为该点的坐标, 其中 x,y,z 分别称为点 M 的横坐标、纵坐标和竖坐标, 它们正是点 M 在 x 轴、y 轴和 z 轴上的投影点的坐标. 空间中两个点 (x_1,y_1,z_1), (x_2,y_2,z_2) 之间的距离定义为欧氏距离

$$d = \sqrt{(x_1-x_2)^2 + (y_1-y_2)^2 + (z_1-z_2)^2}.$$

2. **向量**

(1) **基本概念**　向量是既有大小, 又有方向的量. 向量在几何上表示有向线段, 其模

即线段之长度, 方向即箭头所指方向. 大小和方向都相同的两个向量看作相等的向量, 因此数学中的向量均指自由向量, 不强调起点. 向量通常用粗黑体字母 a,b,c 或希腊字母 α,β,γ (或上加箭头 $\vec{\alpha},\vec{\beta},\vec{\gamma},\vec{a},\vec{b}$)来表示. 长度为1的向量称为**单位向量**, 长度为0的向量称为**零向量**, 记为 $\mathbf{0}$. 在几何上, 向量即有向线段, 它有起点和终点. 以 A 为起点, B 为终点的向量记为 $\overrightarrow{AB}$.

空间向量在代数上用坐标来表示 $a=(a_x,a_y,a_z)$, 即为一个有序数组, 其中 a_x,a_y,a_z 分别为向量 a 在三条坐标轴上的投影. 以 $M_0(x_0,y_0,z_0)$ 为起点, $M(x,y,z)$ 为终点的向量 (即有向线段 $\overrightarrow{M_0M}$)可用坐标表示为 $\overrightarrow{M_0M}=(x-x_0,y-y_0,z-z_0)$. 以原点为起点, $M(x,y,z)$ 为终点的向量 $\overrightarrow{OM}$ 称为点 M 的向径.

向量的分解式(也称向量的分量表示)

$$a=a_x\boldsymbol{i}+a_y\boldsymbol{j}+a_z\boldsymbol{k},$$

其中 $\boldsymbol{i}=(1,0,0),\boldsymbol{j}=(0,1,0),\boldsymbol{k}=(0,0,1)$ 分别为与 x 轴、y 轴和 z 轴的正向同向的单位向量.

(2) **方向角与方向余弦** 把空间向量 a 的起点平移到原点处, 则该有向线段与 x 轴、y 轴和 z 轴的正向所夹的不大于180°的角 α,β 和 γ 称为 a 的三个方向角, 其余弦值称为 a 的方向余弦.

(3) **两个向量的夹角** 如果向量 a 与 b 是两个有向线段, 则把它们的起点平移到一起, 两个线段所夹的不大于180°的角就称为 a 与 b 的夹角; 如果向量 a 与 b 是两个代数向量 $a=(a_x,a_y,a_z),b=(b_x,b_y,b_z)$, 则两个点 $A(a_x,a_y,a_z),B(b_x,b_y,b_z)$ 的向径 $\overrightarrow{OA}$ 与 $\overrightarrow{OB}$ 的不大于180°的夹角就称为 a 与 b 的夹角. a 与 b 的夹角记为 $\widehat{(a,b)}$.

(4) **向量的线性运算** 向量的加法运算与数乘运算统称为**线性运算**.

① **加法运算** 几何加法可按照四边形法则或者三角形法则进行(图 5.2-1): 要计算 $a+b$, 只需把 a 和 b 平移后首尾相接, 则以 a 的起点为起点, b 的终点为终点的向量就是向量 $a+b$. 它是图中平行四边形的对角线(平行四边形法则), 也是三角形的一条边(三角形法则).

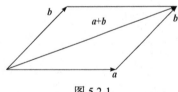

图 5.2-1

代数加法则直接把对应坐标相加, 即若 $a=(a_x,a_y,a_z)$, $b=(b_x,b_y,b_z)$, 则 $a+b=(a_x+b_x,a_y+b_y,a_z+b_z)$.

② **数乘运算** 数 λ 与向量 a 的数乘 λa 是这样一个向量: 其模 $|\lambda a|=|\lambda||a|$.

其方向则依如下方法规定:

若 $\lambda>0$, 则 λa 与 a 同向; 若 $\lambda<0$, 则 λa 与 a 反向; 若 $\lambda=0$, 则规定 $\lambda a=\mathbf{0}$.

(5) **向量的乘法运算** 向量的乘法运算有两种.

① **数量积** 设 a,b 是两个向量, 它们的夹角为 $\widehat{(a,b)}=\theta$, 则定义它们的数量积(内积、点积) $a\cdot b$ 为

$$a\cdot b=|a|\cdot|b|\cos\theta.$$

坐标算法　若 $\boldsymbol{a}=(a_x,a_y,a_z),\boldsymbol{b}=(b_x,b_y,b_z)$，则 $\boldsymbol{a}\cdot\boldsymbol{b}=a_xb_x+a_yb_y+a_zb_z$.

② **向量积**　设 $\boldsymbol{a},\boldsymbol{b}$ 是两个向量，它们的夹角为 $\widehat{(\boldsymbol{a},\boldsymbol{b})}=\theta$，则定义它们的向量积(外积、叉积) $\boldsymbol{a}\times\boldsymbol{b}$ 为这样一个向量：其模为 $|\boldsymbol{a}\times\boldsymbol{b}|=|\boldsymbol{a}|\cdot|\boldsymbol{b}|\sin\theta$；其方向使得 $\boldsymbol{a},\boldsymbol{b},\boldsymbol{a}\times\boldsymbol{b}$ 符合右手法则，即当让右手的四个手指沿着 $\boldsymbol{a}$ 方向伸出，并绕着 $\boldsymbol{a}$ 与 $\boldsymbol{b}$ 的夹角向 $\boldsymbol{b}$ 握拳，则此时大拇指的指向正好是 $\boldsymbol{a}\times\boldsymbol{b}$ 的方向. 因此 $\boldsymbol{a}\times\boldsymbol{b}$ 的方向与 $\boldsymbol{a}$ 和 $\boldsymbol{b}$ 的方向都垂直.

坐标算法　若 $\boldsymbol{a}=(a_x,a_y,a_z),\boldsymbol{b}=(b_x,b_y,b_z)$，则

$$\boldsymbol{a}\times\boldsymbol{b}=\begin{vmatrix} \boldsymbol{i} & \boldsymbol{j} & \boldsymbol{k} \\ a_x & a_y & a_z \\ b_x & b_y & b_z \end{vmatrix}=(a_yb_z-a_zb_y,a_zb_x-a_xb_z,a_xb_y-a_yb_x).$$

③ **混合积**　设 $\boldsymbol{a},\boldsymbol{b},\boldsymbol{c}$ 是三个向量，定义它们的混合积 $[\boldsymbol{a},\boldsymbol{b},\boldsymbol{c}]=(\boldsymbol{a}\times\boldsymbol{b})\cdot\boldsymbol{c}$，其结果是个数.

坐标算法　若 $\boldsymbol{a}=(a_x,a_y,a_z),\boldsymbol{b}=(b_x,b_y,b_z),\boldsymbol{c}=(c_x,c_y,c_z)$，则

$$[\boldsymbol{a},\boldsymbol{b},\boldsymbol{c}]=(\boldsymbol{a}\times\boldsymbol{b})\cdot\boldsymbol{c}=\begin{vmatrix} a_x & a_y & a_z \\ b_x & b_y & b_z \\ c_x & c_y & c_z \end{vmatrix}=a_xb_yc_z+b_xc_ya_z+c_xa_yb_z-a_xc_yb_z-b_xa_yc_z-c_xb_ya_z.$$

④ **向量的投影**　向量 $\boldsymbol{b}$ 在非零向量 $\boldsymbol{a}$ 上的投影为 $\mathrm{Prj}_{\boldsymbol{a}}\boldsymbol{b}=|\boldsymbol{b}|\cos\widehat{(\boldsymbol{a},\boldsymbol{b})}$.

3. 平面

(1) **概念**　三元一次方程的几何图形称为平面，它是二维的几何图形. 与平面垂直的非零向量都称为该平面的**法向量**. 平面方程主要有如下几种形式.

① **点法式方程**　过点 $M_0(x_0,y_0,z_0)$，以非零向量 $\boldsymbol{n}=(A,B,C)$ 为法向量的平面的点法式方程为

$$A(x-x_0)+B(y-y_0)+C(z-z_0)=0.$$

② **一般方程**　$Ax+By+Cz+D=0$(其中 A,B,C 不全为0).

③ **截距式方程**　与三条坐标轴都相交，且交点不在原点的平面有截距式方程

$$\frac{x}{a}+\frac{y}{b}+\frac{z}{c}=1,$$

其中 a,b 和 c 分别为该平面在 x 轴，y 轴和 z 轴上的**截距**.

(2) **两平面的夹角**　两个平面的法向量所成的不大于 $90°$ 的夹角称为这两个平面的夹角. 当夹角为 $0°$ 时称这两个平面平行，当夹角为 $90°$ 时称这两个平面垂直.

4. 直线

(1) **概念**　如果空间中一个一维的无界的几何图形，其上任何两点连成的直线段都包含于其中，且都与一已知非零向量 $\boldsymbol{s}=(m,n,l)$ 平行，则称该几何图形为一条直线. $\boldsymbol{s}$ 称为该直线的**方向向量**.

(2) **直线方程通常有如下三种形式**

① **对称式方程**　过点 $M_0(x_0,y_0,z_0)$，以非零向量 $\boldsymbol{s}=(m,n,l)$ 为方向向量的直线的对

称式方程为

$$\frac{x-x_0}{m}=\frac{y-y_0}{n}=\frac{z-z_0}{l}.$$

② **参数式方程** 过点 $M_0(x_0,y_0,z_0)$，以非零向量 $s=(m,n,l)$ 为方向向量的直线的参数式方程为

$$\begin{cases} x=x_0+mt, \\ y=y_0+nt, \quad (-\infty<t<+\infty). \\ z=z_0+lt \end{cases}$$

③ **一般式方程** 两个相交而不重叠的平面

$$\pi_1:A_1x+B_1y+C_1z+D_1=0 \quad 和 \quad \pi_2:A_2x+B_2y+C_2z+D_2=0$$

的交线(是一条直线)的一般式方程

$$\begin{cases} A_1x+B_1y+C_1z+D_1=0, \\ A_2x+B_2y+C_2z+D_2=0. \end{cases}$$

(3) **两条直线的夹角** 两条直线的方向向量所成的不大于 90° 的夹角称为这两条直线的夹角. 当夹角为 0° 时称这两条直线平行，当夹角为 90° 时称这两条直线垂直.

(4) **直线与平面的夹角** 直线与直线在平面上的投影直线的夹角称为该直线和平面的夹角. 当夹角为 0° 时称这两者平行，当夹角为 90° 时称这两者垂直.

(5) **平面束** 过直线

$$L:\begin{cases} A_1x+B_1y+C_1z+D_1=0, \\ A_2x+B_2y+C_2z+D_2=0 \end{cases}$$

的所有平面都有如下形式的方程

$$\lambda(A_1x+B_1y+C_1z+D_1)+\mu(A_2x+B_2y+C_2z+D_2)=0,$$

其中 λ,μ 为两个不同时为零的数. 所有这些平面构成的集合称为过直线 L 的**平面束**.

5. **曲面**

(1) **柱面** 一条定直线 L 沿着一条定曲线 C 作平行移动所形成的曲面 Σ 称为柱面，定直线 L 移动到任何位置所得直线都称为母线，而定曲线 C 则称为柱面 Σ 的准线.

(椭)圆柱面 如果与母线垂直的平面截一个柱面所得的截线是(椭)圆，则称该柱面为(椭)圆柱面. 如椭圆柱面 $2x^2+3y^2=1$(其母线平行于 z 轴)，圆柱面 $x^2+(z-1)^2=4$(其母线平行于 y 轴).

抛物柱面 如果与母线垂直的平面截一个柱面所得的截线是抛物线，则称该柱面为抛物柱面，如抛物柱面 $z=2x^2$(其母线平行于 y 轴).

双曲柱面 如果与母线垂直的平面截一个柱面所得的截线是双曲线，则称该柱面为双曲柱面，如双曲柱面 $2x^2-y^2=2$(其母线平行于 z 轴).

(2) **旋转曲面** 平面 π 上一条曲线绕该平面上一条定直线 L 旋转一周所得的曲面 Σ 称为旋转曲面，L 称为转轴. 当平面 π 为坐标面时，是必须掌握的基本情形.

(3) **二次曲面**　三元二次方程所表示的空间图形称为二次曲面. 经过标准化, 主要的二次曲面有如下几种.

① **椭球面**　$\dfrac{x^2}{a^2}+\dfrac{y^2}{b^2}+\dfrac{z^2}{c^2}=1$, 其中正数 a,b,c 为椭球面的三条半轴长. 当 $a=b=c=R$ 时为球面.

② **椭圆抛物面**　$z=\pm\left(\dfrac{x^2}{a^2}+\dfrac{y^2}{b^2}\right)$;

双曲抛物面　$z=\pm\left(\dfrac{x^2}{a^2}-\dfrac{y^2}{b^2}\right)$.

③ **单叶双曲面**　$\dfrac{x^2}{a^2}+\dfrac{y^2}{b^2}-\dfrac{z^2}{c^2}=1$, 或 $\dfrac{x^2}{a^2}-\dfrac{y^2}{b^2}+\dfrac{z^2}{c^2}=1$, 或 $-\dfrac{x^2}{a^2}+\dfrac{y^2}{b^2}+\dfrac{z^2}{c^2}=1$;

双叶双曲面　$\dfrac{x^2}{a^2}-\dfrac{y^2}{b^2}-\dfrac{z^2}{c^2}=1$, 或 $-\dfrac{x^2}{a^2}-\dfrac{y^2}{b^2}+\dfrac{z^2}{c^2}=1$, 或 $-\dfrac{x^2}{a^2}+\dfrac{y^2}{b^2}-\dfrac{z^2}{c^2}=1$.

④ **圆锥面**　$z^2=k^2(x^2+y^2)$, 半顶角 $\varphi=\arctan\left|\dfrac{1}{k}\right|=\dfrac{\pi}{2}-\arctan|k|=\operatorname{arccot}|k|$.

⑤ **椭圆锥面**　$\dfrac{x^2}{a^2}+\dfrac{y^2}{b^2}-\dfrac{z^2}{c^2}=0$.

6. 曲线

(1) 曲线可以看成是两个曲面的一维交集(交线). 常用的曲线方程有

① **参数方程**　$\Gamma:\begin{cases} x=x(t), \\ y=y(t), \quad t\in I \text{(其中 } I \text{ 为一个区间)}. \\ z=z(t), \end{cases}$

② **一般方程**　$\Gamma:\begin{cases} F(x,y,z)=0, \\ G(x,y,z)=0, \end{cases}$ 即把曲线 Γ 看成两个曲面 $\Sigma_1:F(x,y,z)=0$ 和 $\Sigma_2:G(x,y,z)=0$ 的交线.

(2) **空间曲线在坐标面上的投影**　以曲线 Γ 为准线作母线平行于 z 轴的柱面 Σ, 这个柱面 Σ 称为 Γ 关于 xOy 面的投影柱面, 投影柱面与 xOy 面的交线就是 Γ 在 xOy 面上的投影曲线. 类似地可作出 Γ 在其他坐标面上的投影曲线.

5.2.2　基本理论与方法

1. 设 $\boldsymbol{a}=(a_x,a_y,a_z)$, 则其模为 $|\boldsymbol{a}|=\sqrt{a_x^2+a_y^2+a_z^2}$, 方向余弦分别为

$$\cos\alpha=\frac{a_x}{|\boldsymbol{a}|}, \quad \cos\beta=\frac{a_y}{|\boldsymbol{a}|}, \quad \cos\gamma=\frac{a_z}{|\boldsymbol{a}|},$$

其中 α,β,γ 分别为 $\boldsymbol{a}$ 的方向角. 方向余弦有一个基本性质

$$\cos^2\alpha+\cos^2\beta+\cos^2\gamma=1.$$

2. 向量的线性运算的相关结论

(1) 向量的线性运算满足的运算律　设 a,b,c 为向量, λ,μ 为数, 则

结合律: $a+(b+c)=(a+b)+c$; $\lambda(\mu)a=(\lambda\mu)a=(\mu\lambda)a=\mu(\lambda a)$.

交换律: $a+b=b+a$.

分配律: $\lambda(a+b)=\lambda a+\lambda b$, $(\lambda+\mu)a=\lambda a+\mu a$.

消去律: 若 $a+b=a+c$, 则 $b=c$.

(2) 定比分点公式　设 $A(x_1,y_1,z_1),B(x_2,y_2,z_2)$ 为任给的两个不同点, 过 A,B 两点的
直线上点 $P(x,y,z)$ 使得 $\overrightarrow{AP}=\lambda\overrightarrow{AB}$, 则有坐标的**定比分点公式**

$$(x,y,z)=(1-\lambda)(x_1,y_1,z_1)+\lambda(x_2,y_2,z_2) \quad \text{或} \quad \begin{cases} x=(1-\lambda)x_1+\lambda x_2, \\ y=(1-\lambda)y_1+\lambda y_2, \\ z=(1-\lambda)z_1+\lambda z_2. \end{cases}$$

特别地, 当 $\lambda=\dfrac{1}{2}$ 时, 得到线段 AB 的**中点坐标**为 $\left(\dfrac{x_1+x_2}{2},\dfrac{y_1+y_2}{2},\dfrac{z_1+z_2}{2}\right)$.

3. 向量的内积的相关结论

(1) 满足的运算律

交换律: $a\cdot b=b\cdot a$.

分配律: $a\cdot(b+c)=a\cdot b+a\cdot c$.

与数乘的可交换性: $(\lambda a)\cdot b=a\cdot(\lambda b)=\lambda(a\cdot b)$.

(2) 内积不满足消去律　$(a\cdot b=a\cdot c)\wedge(a\neq 0)\not\Rightarrow b=c$.

(3) 柯西(Cauchy)不等式　$|a\cdot b|\leqslant|b|\cdot|a|$.

(4) 投影定理　$a\cdot b=|a|\mathrm{Prj}_a b=|b|\mathrm{Prj}_b a$.

(5) 两个非零向量夹角公式　设 a,b 为两个非零向量, 则

$$\cos(\widehat{a,b})=\frac{a\cdot b}{|a||b|}, \quad (\widehat{a,b})=\arccos\frac{a\cdot b}{|a||b|}.$$

4. 向量的向量积的相关结论

(1) 满足的运算律

反交换律: $a\times b=-b\times a$.

分配律: $a\times(b+c)=a\times b+a\times c$.

与数乘的可交换性: $(\lambda a)\times b=a\times(\lambda b)=\lambda(a\times b)$.

(2) 向量积不满足消去律　$(a\times b=a\times c)\wedge(a\neq 0)\not\Rightarrow b=c$.

(3) 与两个不平行的非零向量 a,b 均垂直的单位向量　$e=\pm\dfrac{a\times b}{|a\times b|}$.

(4) 向量积与混合积的几何意义

① 两个向量 a,b 的向量积的模 $|a\times b|$ 恰好等于以 a,b 为相邻两条边的平行四边形的面积.

② 以不共线的 A,B,C 三个点为顶点的三角形的面积为 $S=\dfrac{1}{2}\left|\overrightarrow{AB}\times\overrightarrow{AC}\right|$.

③ $|[a,b,c]|$ 的值等于以同起点的 a,b,c 为相邻三条棱的平行六面体的体积.

④ 以不共面的 A,B,C,D 四个点为顶点的四面体的体积为 $V = \dfrac{1}{6}\left|\left[\overrightarrow{AB},\overrightarrow{AC},\overrightarrow{AD}\right]\right|$.

5. 两个向量平行的条件　给定两个向量 a,b,

(1) 若 $a \neq 0$, 则 $a//b$ 当且仅当存在 $\lambda \in \mathbb{R}$ 使得 $b = \lambda a$.

(2) 若 $a = (a_x, a_y, a_z), b = (b_x, b_y, b_z)$, 则 $a//b$ 当且仅当 $\dfrac{a_x}{b_x} = \dfrac{a_y}{b_y} = \dfrac{a_z}{b_z}$.

(3) $a//b$ 当且仅当 $a \times b = 0$.

(4) 与非零向量 a 同向的单位向量为 $e_a = \dfrac{1}{|a|}a$, 与它平行的单位向量有 $\pm e_a = \pm\dfrac{1}{|a|}a$.

6. 两个向量垂直的条件

设 $a = (a_x, a_y, a_z), b = (b_x, b_y, b_z)$, 则 $a \perp b \Leftrightarrow a \cdot b = 0 \Leftrightarrow a_x b_x + a_y b_y + a_z b_z = 0$.

7. 位置特殊的平面

(1) 与 x 轴垂直的平面(即与 yOz 面平行的平面)的方程: $x = a$.

(2) 与 y 轴垂直的平面(即与 zOx 面平行的平面)的方程: $y = b$.

(3) 与 z 轴垂直的平面(即与 xOy 面平行的平面)的方程: $z = c$.

(4) 与 x 轴平行的平面方程: $By + Cz + D = 0$.

(5) 与 y 轴平行的平面方程: $Ax + Cz + D = 0$.

(6) 与 z 轴平行的平面方程: $Ax + By + D = 0$.

(7) 包含 x 轴的平面方程(或称过 x 轴的平面方程): $By + Cz = 0$.

(8) 包含 y 轴的平面方程(或称过 y 轴的平面方程): $Ax + Cz = 0$.

(9) 包含 z 轴的平面方程(或称过 z 轴的平面方程): $Ax + By = 0$.

8. 三个向量 a,b,c 共面有如下两个充分必要条件

(1) 混合积 $[a,b,c] = 0$.

(2) 存在不全为零的三个数 m,n,l 使得 $ma + nb + lc = 0$.

9. 两个平面之间的位置关系　给定两个平面

$$\pi_1 : A_1 x + B_1 y + C_1 z + D_1 = 0, \quad \pi_2 : A_2 x + B_2 y + C_2 z + D_2 = 0.$$

其法向量分别为 $n_1 = (A_1, B_1, C_1)$ 与 $n_2 = (A_2, B_2, C_2)$, 则

(1) $\pi_1//\pi_2 \Leftrightarrow n_1//n_2 \Leftrightarrow \dfrac{A_1}{A_2} = \dfrac{B_1}{B_2} = \dfrac{C_1}{C_2}$.

(2) $\pi_1 \perp \pi_2 \Leftrightarrow n_1 \perp n_2 \Leftrightarrow n_1 \cdot n_2 = 0 \Leftrightarrow A_1 A_2 + B_1 B_2 + C_1 C_2 = 0$.

(3) π_1 与 π_2 的夹角为

$$\theta = \arccos\left|\frac{n_1 \cdot n_2}{|n_1| \cdot |n_2|}\right| = \arccos\left|\frac{A_1 A_2 + B_1 B_2 + C_1 C_2}{\sqrt{A_1^2 + B_1^2 + C_1^2} \cdot \sqrt{A_2^2 + B_2^2 + C_2^2}}\right|.$$

10. 两条直线之间的位置关系　给定两条直线

$$L_1 : \frac{x - x_1}{m_1} = \frac{y - y_1}{n_1} = \frac{z - z_1}{l_1}, \quad L_2 : \frac{x - x_2}{m_2} = \frac{y - y_2}{n_2} = \frac{z - z_2}{l_2},$$

其方向向量分别为 $s_1 = (m_1, n_1, l_1)$ 与 $s_2 = (m_2, n_2, l_2)$，记 $P_1(x_1, y_1, z_1), P_2(x_2, y_2, z_2)$，则

(1) $L_1 // L_2 \Leftrightarrow s_1 // s_2 \Leftrightarrow \dfrac{m_1}{m_2} = \dfrac{n_1}{n_2} = \dfrac{l_1}{l_2}$.

(2) $L_1 \perp L_2 \Leftrightarrow s_1 \perp s_2 \Leftrightarrow s_1 \cdot s_2 = 0 \Leftrightarrow m_1 m_2 + n_1 n_2 + l_1 l_2 = 0$.

(3) L_1 与 L_2 的夹角为

$$\theta = \arccos \left| \frac{s_1 \cdot s_2}{|s_1| \cdot |s_2|} \right| = \arccos \left| \frac{m_1 m_2 + n_1 n_2 + l_1 l_2}{\sqrt{m_1^2 + n_1^2 + l_1^2} \cdot \sqrt{m_2^2 + n_2^2 + l_2^2}} \right|.$$

(4) L_1 与 L_2 共面(异面)的充分必要条件

① 三个向量 $s_1, s_2, \overrightarrow{P_1 P_2}$ 共面(异面).

② 混合积 $[s_1, s_2, \overrightarrow{P_1 P_2}] = 0 ([s_1, s_2, \overrightarrow{P_1 P_2}] \neq 0)$.

11. **平面** $\pi : A(x - x_2) + B(y - y_2) + C(z - z_2) = 0$ **与直线** $L : \dfrac{x - x_1}{m} = \dfrac{y - y_1}{n} = \dfrac{z - z_1}{l}$ **的位置关系**　记 $s = (m, n, l)$，$n = (A, B, C)$，则

(1) $L // \pi \Leftrightarrow s \perp n \Leftrightarrow s \cdot n = 0 \Leftrightarrow mA + nB + lC = 0$.

(2) $L \subset \pi \Leftrightarrow s \perp n, (x_1, y_1, z_1) \in \pi \Leftrightarrow s \cdot n = 0, (x_1, y_1, z_1) \in \pi$
$\qquad \Leftrightarrow mA + nB + lC = 0, (x_1, y_1, z_1) \in \pi$.

(3) $L \perp \pi \Leftrightarrow s // n \Leftrightarrow s \times n = \mathbf{0} \Leftrightarrow \exists \lambda, s = \lambda n \Leftrightarrow \dfrac{m}{A} = \dfrac{n}{B} = \dfrac{l}{C}$.

(4) L 与 π 的夹角为

$$\theta = \arcsin \left| \frac{s \cdot n}{|s| \cdot |n|} \right| = \arcsin \left| \frac{mA + nB + lC}{\sqrt{m^2 + n^2 + l^2} \cdot \sqrt{A^2 + B^2 + C^2}} \right|.$$

12. **点到平面的距离与点到直线的距离**

(1) 点 $M(x_0, y_0, z_0)$ 到平面 $\pi : Ax + By + Cz + D = 0$ 的距离为

$$d = \frac{|Ax_0 + By_0 + Cz_0 + D|}{\sqrt{A^2 + B^2 + C^2}}.$$

(2) 点 $M(x_0, y_0, z_0)$ 到直线 $\dfrac{x - x_1}{m} = \dfrac{y - y_1}{n} = \dfrac{z - z_1}{l}$ 的距离为

$$d = \frac{|s \times \overrightarrow{PM}|}{|s|},$$

其中 $P(x_1, y_1, z_1), s = (m, n, l)$.

13. **母线平行于坐标轴的柱面与曲线的投影柱面**

(1) **二元方程在空间解析几何中都表示柱面**

① 方程 $F(x, y) = 0$ 表示母线平行于 z 轴的柱面, 其一条准线为 $\begin{cases} F(x, y) = 0, \\ z = 0. \end{cases}$

② 方程 $G(y, z) = 0$ 表示母线平行于 x 轴的柱面, 其一条准线为 $\begin{cases} G(y, z) = 0, \\ x = 0. \end{cases}$

③ 方程 $H(z,x) = 0$ 表示母线平行于 y 轴的柱面, 其一条准线为 $\begin{cases} H(z,x) = 0, \\ y = 0. \end{cases}$

(2) 求空间曲线关于坐标面的投影柱面与投影曲线的方法

给定空间曲线 $\Gamma : \begin{cases} F(x,y,z) = 0, \\ G(x,y,z) = 0, \end{cases}$ 则

① 从 Γ 的方程中消去 z 得到 $f(x,y) = 0$, 此即 Γ 关于 xOy 坐标面的投影柱面方程, 而 Γ 在 xOy 坐标面上的投影曲线方程就是 $\begin{cases} f(x,y) = 0, \\ z = 0. \end{cases}$

② 从 Γ 的方程中消去 y 得到 $g(z,x) = 0$, 此即 Γ 关于 zOx 坐标面的投影柱面方程, 而 Γ 在 zOx 坐标面上的投影曲线方程就是 $\begin{cases} g(z,x) = 0, \\ y = 0. \end{cases}$

③ 从 Γ 的方程中消去 x 得到 $h(y,z) = 0$, 此即 Γ 关于 yOz 坐标面的投影柱面方程, 而 Γ 在 yOz 坐标面上的投影曲线方程就是 $\begin{cases} h(y,z) = 0, \\ x = 0. \end{cases}$

14. 坐标面上一条曲线绕该平面上一条坐标轴旋转所得的旋转曲面方程

(1) 曲线 $\begin{cases} f(x,y) = 0, \\ z = 0 \end{cases}$ 绕 x 轴旋转一周所得曲面方程为 $f(x, \pm\sqrt{y^2 + z^2}) = 0$; 绕 y 轴旋转一周所得曲面方程为 $f(\pm\sqrt{x^2 + z^2}, y) = 0$.

(2) 曲线 $\begin{cases} g(z,x) = 0, \\ y = 0 \end{cases}$ 绕 x 轴旋转一周所得曲面方程为 $g(\pm\sqrt{y^2 + z^2}, x) = 0$; 绕 z 轴旋转一周所得曲面方程为 $g(z, \pm\sqrt{x^2 + y^2}) = 0$.

(3) 曲线 $\begin{cases} h(y,z) = 0, \\ x = 0 \end{cases}$ 绕 z 轴旋转一周所得曲面方程为 $h(\pm\sqrt{x^2 + y^2}, z) = 0$; 绕 y 轴旋转一周所得曲面方程为 $h(y, \pm\sqrt{x^2 + z^2}) = 0$.

5.3　扩展与提高

5.3.1　空间已知多面体的体积

对于一个有 $n(\geqslant 4)$ 个顶点的多面体, 可以先弄清楚它是哪些个四面体的并集, 然后把各个四面体的体积求出来并相加, 即得到该多面体的体积. 而对于四面体而言, 如果已知它的四个顶点坐标分别为 $A_i(x_i, y_i, z_i)(i = 1,2,3,4)$, 则由混合积的几何意义可知该四面体的体积为

$$V = \frac{1}{6}\left|[\overrightarrow{A_1A_2}, \overrightarrow{A_1A_3}, \overrightarrow{A_1A_4}]\right| = \frac{1}{6}\left\| \begin{matrix} x_2 - x_1 & y_2 - y_1 & z_2 - z_1 \\ x_3 - x_1 & y_3 - y_1 & z_3 - z_1 \\ x_4 - x_1 & y_4 - y_1 & z_4 - z_1 \end{matrix} \right\|.$$

5.3.2　光学反射原理

设想把空间直角坐标系第一卦限的三个坐标面都嵌上反光镜, 考虑让一束光线沿方向 $s = (m,n,l)$ (其中 $m < 0, n < 0, l < 0$) 射入 xOy 平面(设入射点不在原点), 试探讨经过三个坐标面反射后, 反射光的方向如何?

我们先探讨经过 xOy 平面反射后的反射光方向 $s' = (a,b,c)$. 为讨论方便, 取 $|s'| = |s|$, 则根据光的反射原理和向量的几何加法可知, $-s + s' = (-m+a, -n+b, -l+c)$ 与 xOy 平面的法向量 $k = (0,0,1)$ 同向, 故有

$$\begin{cases} -m + a = 0, \\ -n + b = 0, \\ a^2 + b^2 + c^2 = m^2 + n^2 + l^2. \end{cases}$$

由此解得: $a = m, b = n, c = -l$ (注意 $l < 0$). 因此 $s' = (m,n,-l)$. 光线再沿着 s' 的方向射入 yOz 平面(或者 zOx 平面). 若先射入 yOz 平面, 则类似的讨论可知, 它经过 yOz 平面反射后沿着 $s'' = (-m,n,-l)$ 方向射出, 再射入 zOx 平面, 经过反射后最终沿着 $s''' = (-m,-n,-l)$ 方向射出; 若光线经过 xOy 平面反射后沿着 s' 的方向先射入 zOx 平面, 则类似的讨论可知, 它经过 zOx 平面反射后沿着 $s'' = (m,-n,-l)$ 方向射出, 再射入 yOz 平面, 经过反射后最终也沿着 $s''' = (-m,-n,-l)$ 方向射出.

总之, 沿着方向 $s = (m,n,l)$ 射入 xOy 平面的光线经过三个坐标面反射后, 最终以方向 $s''' = (-m,-n,-l)$ 反射出去. 这里方向 s 与 s''' 反向平行! 容易想象, 当光线先射入 yOz 平面或 zOx 平面, 经过三个坐标面反射后同样以反方向平行射出. 这一光学原理可以用来测量远途距离: 只要在目标地建立一个三面垂直相交的镜面, 然后用一束激光射向镜面, 调整好角度, 让光线能够反射回来, 测算所需时间, 就可以知道两地的直线距离了.

5.4　释疑解惑

1. 如何判断一个几何图形是否具有某种对称性?

答　一个几何图形 Ω 关于 π (一个点、一条直线或者一个平面)对称是指: 若 P' 表示点 P 关于 π 的对称点, 则 $P \in \Omega \Leftrightarrow P' \in \Omega$. 也就是说, 两个关于 π 的对称点, 一个在 Ω 中的充分必要条件是另一个也在 Ω 中. 据此, 有如下一些结论.

(1) 对于曲面 $\Sigma : F(x,y,z) = 0$, 若 $P'(x',y',z')$ 表示点 $P(x,y,z)$ 关于 π 的对称点, 则 Σ 关于 π 对称的充分必要条件是对任一 $P(x,y,z) \in \Sigma$, 都有 $F(x',y',z') = F(x,y,z)$.

(2) 对于空间曲线 $\Gamma : \begin{cases} F(x,y,z) = 0, \\ G(x,y,z) = 0. \end{cases}$ 若 $P'(x',y',z')$ 表示点 $P(x,y,z)$ 关于 π 的对称点, 则 Γ 关于 π 对称的充分必要条件是对任一 $P(x,y,z) \in \Gamma$, 都有 $\begin{cases} F(x',y',z') = F(x,y,z), \\ G(x',y',z') = G(x,y,z). \end{cases}$

(3) 对于空间区域 Ω, 它关于 π 对称的充分必要条件是它的边界曲面(如果有)关于 π 对称.

我们通常考虑对称性, 主要是考虑关于坐标面、坐标轴、坐标原点或者角平分面 $x=y, y=z, z=x$ 等的对称性, 把握好下面几个基本结论, 利用上面三条, 则通常的几何对称性问题就容易把握了.

(4) 常用的对称点坐标形式.

① 点 $P(x,y,z)$ 关于 xOy 面的对称点为 $P'(x,y,-z)$; 点 $P(x,y,z)$ 关于 yOz 面的对称点为 $P'(-x,y,z)$; 点 $P(x,y,z)$ 关于 zOx 面的对称点为 $P'(x,-y,z)$.

② 点 $P(x,y,z)$ 关于 x 轴的对称点为 $P'(x,-y,-z)$; 点 $P(x,y,z)$ 关于 y 轴的对称点为 $P'(-x,y,-z)$; 点 $P(x,y,z)$ 关于 z 轴的对称点为 $P'(-x,-y,z)$.

③ 点 $P(x,y,z)$ 关于原点 O 的对称点为 $P'(-x,-y,-z)$.

④ 点 $P(x,y,z)$ 关于平面 $x=y$ 的对称点为 $P'(y,x,z)$; 点 $P(x,y,z)$ 关于平面 $y=z$ 的对称点为 $P'(x,z,y)$; 点 $P(x,y,z)$ 关于平面 $z=x$ 的对称点为 $P'(z,y,x)$. ■

例 5.4.1.1 ① 曲面 $z=x^2+2y^2$ 关于 yOz 面、zOx 面和 z 轴都是对称的;

② 空间区域 $x^2+y^2 \leqslant z \leqslant |x|+|y|$ 关于 yOz 面、zOx 面、z 轴以及平面 $x=y$ 都是对称的.

③ 曲线 $\begin{cases} x^2+y^2+z^2=4, \\ x+2y+z=1 \end{cases}$ 关于平面 $x=z$ 是对称的. ■

2. 从几何角度, 向量 a,b 满足什么条件, 才能使得下面式子成立?

(1) $|a+b|=|a|+|b|$; (2) $|a+b|=|a|-|b|$; (3) $|a+b|=|a-b|$; (4) $|a+b|<|a-b|$.

答 (1)当 a,b 的方向相同时, 有 $|a+b|=|a|+|b|$; 反过来, 若 $|a+b|=|a|+|b|$ 成立, 则 a,b 的方向必定相同(当 a,b 中有一个为零向量时, 我们也可以认为它们方向相同).

(2) 当 a,b 的方向相反, 且 $|a|\geqslant|b|$ 时, 有 $|a+b|=|a|-|b|$; 反过来, 若 $|a+b|=|a|-|b|$ 成立, 则 a,b 的方向必定相反, 且 $|a|\geqslant|b|$(当 $b=0$ 时, $|a+b|=|a|-|b|$ 也成立, 此时我们也可以认为 a,b 方向相反).

(3) 当 a 与 b 相互垂直时, 根据向量的平行四边形法则可知, 此时 $|a+b|$ 与 $|a-b|$ 是矩形的两条对角线长, 是相等的; 反过来, 若 $|a+b|=|a-b|$, 则说明以 a,b 为相邻两条边的平行四边形有相等的对角线, 因此该四边形是矩形, 从而 a 与 b 相互垂直.

(4) 当向量 a 与 b 的夹角 $\widehat{(a,b)}$ 为钝角时, 有 $|a+b|<|a-b|$, 如图 5.4-1 所示.

反过来, 当 $|a+b|<|a-b|$ 成立时, a 与 b 的夹角 $\widehat{(a,b)}$ 必定为钝角.■

3. 向量的数量积和向量积运算满足结合律吗? 即是否有下列两个公式?

(1) $(a \cdot b) \cdot c = a \cdot (b \cdot c)$; (2) $(a \times b) \times c = a \times (b \times c)$.

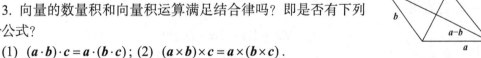

图 5.4-1

答 向量的数量积和向量积运算都不满足结合律. 首先, 关于数量积, 公式(1)是不对的, 这有两个方面的错误: 其一, 由于数量积 $a \cdot b$ 的结果是个数, 因此它与向量 c 的积只能写成 $(a \cdot b)c$, 而一般不写成 $(a \cdot b) \cdot c$; 其二, 即使把公式(1)改写成 $(a \cdot b)c = (b \cdot c)a$, 也是不对的, 因为 $(a \cdot b)c$ 平行于 c, 而 $(b \cdot c)a$ 平行于 a, 因此一般地说两者不会相等. 比如当 $a=i, b=2i, c=j$ 时, $(a \cdot b)c = 2j$, 而 $(b \cdot c)a = 0$, 两者并不相等.

关于向量积, 公式(2)尽管两边的写法没问题, 公式本身还是错误的. 我们只举一个反例来说明即可. 如当 $a=i,b=2i,c=j$ 时, $(a\times b)\times c = 0\times j = 0$, 而 $a\times(b\times c)=i\times 2k=$ $-2j$, 两者并不相等.∎

4. 向量的数量积与向量积是否满足消去律和零因子律?

答 数量积与向量积都不满足消去律, 即由 $a\cdot b=a\cdot c,a\neq 0$ 并不能得出 $b=c$; 由 $a\times b=a\times c,a\neq 0$ 也不能得出 $b=c$. 数量积与向量积也都不满足零因子律. 即由 $a\cdot b=0$ 并不能得出 $a=0$ 或 $b=0$; 由 $a\times b=0$ 也不能得出 $a=0$ 或 $b=0$.

如图 5.4-2 所示, 给定两个非零不共线的向量 a,b, 记 $(\widehat{a,b})=\theta$, 把它们的起点平移到 O 点, 让向量 b 绕向量 a 旋转一周, 得到一个圆锥面. 此时在圆锥面的底圆周上任取一点 A, 都有 $a\cdot b=a\cdot\overrightarrow{OA}=|a||b|\cos\theta$ 成立, 但是使得 $b=\overrightarrow{OA}$ 成立的 A 在圆周上却只有唯一一个点. 因此数量积的消去律不成立.

(如果让 a 绕向量 b 旋转一周, 得到一个圆锥面. 此时在圆锥面的底圆周上任取一点 A, 同样有 $a\cdot b=a\cdot\overrightarrow{OA}=|a||b|\cos\theta$ 成立.)

又由 $i\cdot j=0$ 但 $i\neq 0,j\neq 0$ 可知, 数量积的零因子律也不成立.

如图 5.4-3 所示, 给定两个非零不共线的向量 a,b, 记 $n=a\times b$, 把 a,b 的起点平移到 O 点, 则 a,b 确定一张平面 π, 在平面 π 上过 b 的终点作直线 $L//a$, 则对于 L 上的任意一点 B, 都有 $a\times b=a\times\overrightarrow{OB}=n$.

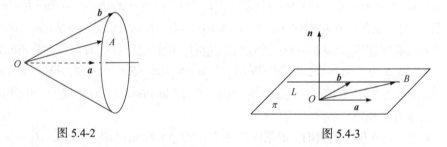

图 5.4-2   图 5.4-3

但是使得 $b=\overrightarrow{OB}$ 成立的 $B\in L$ 却只有唯一一个点. 因此向量积的消去律不成立.

(如果在平面 π 上过 a 的终点作直线 $L//b$, 则对于 L 上的任意一点 B, 是否也有 $a\times b$ $=a\times\overrightarrow{OB}=n$? 请读者自己考虑.)

再由 $i\times 2i=0$, 且 $i\neq 0$ 可知, 向量积的零因子律也不成立. ∎

5. 过直线

$$L:\begin{cases} A_1x+B_1y+C_1z+D_1=0, \\ A_2x+B_2y+C_2z+D_2=0 \end{cases}$$

的平面束方程采用如下单参数模式

$$(A_1x+B_1y+C_1z+D_1)+\lambda(A_2x+B_2y+C_2z+D_2)=0,$$

有什么缺陷?

答 如果记平面 $\pi_1:A_1x+B_1y+C_1z+D_1=0$ 和 $\pi_2:A_2x+B_2y+C_2z+D_2=0$, 则上述单参数模式的平面束方程无法表示平面 π_2, 即无论参数 λ 取什么值, 方程

$$(A_1x + B_1y + C_1z + D_1) + \lambda(A_2x + B_2y + C_2z + D_2) = 0$$

都无法表示平面 π_2. 同样地, 无论参数 μ 取什么值, 方程

$$\mu(A_1x + B_1y + C_1z + D_1) + (A_2x + B_2y + C_2z + D_2) = 0$$

也无法表示平面 π_1. 故通常考虑平面束时, 考虑双参数形式的方程

$$\lambda(A_1x + B_1y + C_1z + D_1) + \mu(A_2x + B_2y + C_2z + D_2) = 0$$

比较好. 在这种情况下, 只要利用所给的附加条件求出 $\lambda : \mu = a : b$, 则所求平面方程即为

$$a(A_1x + B_1y + C_1z + D_1) + b(A_2x + B_2y + C_2z + D_2) = 0. \blacksquare$$

6. 平面方程 $Ax + By + Cz + D = 0$ 中明明有四个未知量 A, B, C, D, 为什么三个相互独立的条件就可以得到平面方程呢?

答　有三个相互独立的条件, 就可以得到关于 A, B, C, D 的三个方程构成的方程组. 通过这个方程组, 尽管求不出 A, B, C, D 的值, 但是可以解得比例关系 $A : B : C : D$. 若 $A : B : C : D = a : b : c : d$, 则平面的方程就是

$$ax + by + cz + d = 0,$$

因此三个相互独立的条件就可以得到平面方程. $\blacksquare$

7. 如何确定空间两条直线是否共面?

答　设 L_1 与 L_2 是空间两条直线, $P_1 \in L_1$ 与 $P_2 \in L_2$ 是两个已知点, $\boldsymbol{a}$ 与 $\boldsymbol{b}$ 是两个分别与直线 L_1 和 L_2 平行的非零向量(即方向向量). 我们把 $\boldsymbol{a}$ 与 $\boldsymbol{b}$ 的起点分别平移到点 P_1 与 P_2 处, 如图 5.4-4 所示, 则很显然, L_1 与 L_2 共面当且仅当三个向量 $\boldsymbol{a}, \boldsymbol{b}$ 及 $\overrightarrow{P_1P_2}$ 共面, 而三个向量 $\boldsymbol{a}, \boldsymbol{b}$ 及 $\overrightarrow{P_1P_2}$ 共面当且仅当混合积 $[\boldsymbol{a}, \boldsymbol{b}, \overrightarrow{P_1P_2}] = 0$. 因此 L_1 与 L_2 共面当且仅当混合积 $[\boldsymbol{a}, \boldsymbol{b}, \overrightarrow{P_1P_2}] = 0$. $\blacksquare$

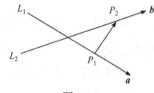

图 5.4-4

8. 如何求两条异面直线 $L_1 : \dfrac{x - x_1}{m_1} = \dfrac{y - y_1}{n_1} = \dfrac{z - z_1}{l_1}$ 与 $L_2 : \dfrac{x - x_2}{m_2} = \dfrac{y - y_2}{n_2} = \dfrac{z - z_2}{l_2}$ 之间的距离?

答　我们这里可以提供两种方法, 为方便起见, 记

$$M_1(x_1, y_1, z_1), \quad M_2(x_2, y_2, z_2), \quad \boldsymbol{s}_1 = (m_1, n_1, l_1), \quad \boldsymbol{s}_2 = (m_2, n_2, l_2).$$

解法一　利用直线的参数方程, 设异面直线 L_1 与 L_2 的公垂线 L 在两条直线上的垂足分别为

$$P_1(x_1 + m_1t, y_1 + n_1t, z_1 + l_1t) \quad 和 \quad P_2(x_2 + m_2s, y_2 + n_2s, z_2 + l_2s)$$

(其中 s, t 是两个参数). 则向量 $\overrightarrow{P_1P_2}$ 与向量

$$\boldsymbol{n} = \boldsymbol{s}_1 \times \boldsymbol{s}_2 = \begin{vmatrix} \boldsymbol{i} & \boldsymbol{j} & \boldsymbol{k} \\ m_1 & n_1 & l_1 \\ m_2 & n_2 & l_2 \end{vmatrix} = (n_1l_2 - n_2l_1, m_2l_1 - m_1l_2, m_1n_2 - m_2n_1)$$

共线, 因此对应坐标成比例, 即有

$$\frac{x_1+m_1t-x_2-m_2s}{n_1l_2-n_2l_1}=\frac{y_1+n_1t-y_2-n_2s}{m_2l_1-m_1l_2}=\frac{z_1+l_1t-z_2-l_2s}{m_1n_2-m_2n_1}.$$

由此可解得参数 s,t(略去解方程组的计算)，从而得到点 P_1 和 P_2，再由两点间距离公式可得所求距离.

解法二　记两异面直线之间的距离为 h，则利用混合积，由以三个向量 $s_1,s_2,\overrightarrow{M_1M_2}$ 为相邻三条棱的平行六面体的体积公式可得

$$\left|[s_1,s_2,\overrightarrow{M_1M_2}]\right|=|s_1\times s_2|h,$$

因此有距离公式

$$h=\frac{\left|[s_1,s_2,\overrightarrow{M_1M_2}]\right|}{|s_1\times s_2|}=\frac{\left|(s_1\times s_2)\cdot\overrightarrow{M_1M_2}\right|}{|s_1\times s_2|}=\left|\mathrm{Prj}_{s_1\times s_2}\overrightarrow{M_1M_2}\right|,$$

即两条异面直线之间的距离等于向量 $\overrightarrow{M_1M_2}$ 在公垂线方向 $s_1\times s_2$ 上的投影的绝对值.■

5.5　典型错误辨析

5.5.1　运算性质理解不准确

例 5.5.1.1　设 $|a|=1,|b|=\sqrt{3},(\widehat{a,b})=\dfrac{\pi}{3}$，求以 $a-2b$ 与 $2a+3b$ 为相邻两条边的平行四边形的面积.

错误解法　由向量积的几何意义可知，所求面积为

$$A=\left|(a-2b)\times(2a+3b)\right|=\left|2a\times a-4b\times a+3a\times b-6b\times b\right|$$

$$=|-b\times a|=|b\times a|=|b||a|\sin(\widehat{a,b})=\sqrt{3}\cdot1\cdot\frac{\sqrt{3}}{2}=\frac{3}{2}.$$

辨析　这里错在错误地使用了向量积的交换律 $a\times b=b\times a$. 可是向量积不满足交换律，而是满足反交换律 $a\times b=-b\times a$.

正确解法　由向量积的几何意义可知，所求面积为

$$A=\left|(a-2b)\times(2a+3b)\right|=\left|2a\times a-4b\times a+3a\times b-6b\times b\right|$$

$$=|7a\times b|=7|a\times b|=7|a||b|\sin(\widehat{a,b})=7\cdot1\cdot\sqrt{3}\cdot\frac{\sqrt{3}}{2}=\frac{21}{2}.$$

向量积不满足交换律，很多学生说起来都知道，但是在具体解题过程中，往往会错误地使用向量积的交换律而不自知.■

5.5.2　向量积的坐标运算公式不熟悉

例 5.5.2.1　求过点 $M(1,0,2)$ 且与两个平面 $\pi_1:2x-3y+z=1$ 和 $\pi_2:x+y-z=3$ 都平行的直线方程.

错误解法　平面 π_1 的法向量为 $\boldsymbol{n}_1 = (2,-3,1)$，平面 π_2 的法向量为 $\boldsymbol{n}_2 = (1,1,-1)$．由于所求直线与两个平面都平行，故该直线有方向向量

$$\boldsymbol{s} = \boldsymbol{n}_1 \times \boldsymbol{n}_2 = (2,-3,1) \times (1,1,-1) = \begin{vmatrix} \boldsymbol{i} & \boldsymbol{j} & \boldsymbol{k} \\ 2 & -3 & 1 \\ 1 & 1 & -1 \end{vmatrix} = (2,-3,5).$$

故所求的直线方程为

$$2(x-1) - 3(y-0) + 5(z-2) = 0, \quad \text{即} \quad 2x - 3y + 5z - 12 = 0.$$

辨析　这里出现了两个很容易犯的错误．一个是用向量积计算方向向量时，其第二个坐标前漏掉一个负号，实际上是对行列式运算不熟悉所致；另一个是把直线方程写成了平面方程．

正确解法　平面 π_1 的法向量为 $\boldsymbol{n}_1 = (2,-3,1)$，平面 π_2 的法向量为 $\boldsymbol{n}_2 = (1,1,-1)$．由于所求直线与两个平面都平行，故该直线有方向向量

$$\boldsymbol{s} = \begin{vmatrix} \boldsymbol{i} & \boldsymbol{j} & \boldsymbol{k} \\ 2 & -3 & 1 \\ 1 & 1 & -1 \end{vmatrix} = \begin{vmatrix} -3 & 1 \\ 1 & -1 \end{vmatrix}\boldsymbol{i} - \begin{vmatrix} 2 & 1 \\ 1 & -1 \end{vmatrix}\boldsymbol{j} + \begin{vmatrix} 2 & -3 \\ 1 & 1 \end{vmatrix}\boldsymbol{k} = (2,3,5).$$

从而所求的直线方程为

$$\frac{x-1}{2} = \frac{y-0}{3} = \frac{z-2}{5}.$$

【注】 在初学阶段，很多同学会分不清直线方程与平面方程．关于这一点，只要记住：在空间解析几何中，单个方程通常表示的都是面，因此要表示直线，至少得有两个方程．这样就不容易混淆直线方程与平面方程了．向量积的行列式算法中第二个坐标的符号很多初学者也会疏忽，这是学习中特别需要注意的．■

5.5.3　对几何图形把握不到位，纯粹模仿解题

例 5.5.3.1　求由不等式组 $\begin{cases} x^2 + y^2 + z^2 \leqslant 4z, \\ \sqrt{3}z \geqslant \sqrt{x^2+y^2} \end{cases}$ 所确定的空间闭区域 Ω 在 xOy 平面上的投影区域 D．

错误解法　在方程组 $\begin{cases} x^2 + y^2 + z^2 = 4z, \\ \sqrt{3}z = \sqrt{x^2+y^2} \end{cases}$ 中消去 z，得到 $x^2 + y^2 = 3$．因此所求的投影区域为

$$D : x^2 + y^2 \leqslant 3.$$

辨析　这里错误的原因是对区域 Ω 不了解，仅仅模仿做题．确实，有很多空间区域在坐标面上的投影区域的边界就是围成区域的曲面的交线在坐标面的投影曲线，但不能因此就认为总是这样的．空间区域在坐标面上的投影区域的边界应该是区域 "最外沿"

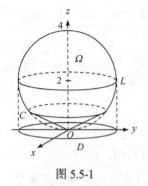

图 5.5-1

的投影, 有时候这"最外沿"恰好是两个边界曲面的交线, 有时候不是这样.

在本题中, 由第一个不等式 $x^2 + y^2 + z^2 \leqslant 4z$ 知, Ω 是球 $x^2 + y^2 + z^2 \leqslant 4z$ 的一部分; 第二个不等式 $\sqrt{3}z \geqslant \sqrt{x^2 + y^2}$ 表明, Ω 位于圆锥面 $\sqrt{3}z = \sqrt{x^2 + y^2}$ 的上方, 而该圆锥面的半顶角为 $\dfrac{\pi}{3}$, 大于 $\dfrac{\pi}{4}$, 因此圆锥面与球面的交线 C 在球的水平大圆周 L 的下方. 因此区域 Ω 的水平方向的"最外沿"就不是交线 C, 而是球面的水平大圆周 L, 如图 5.5-1 所示.

正确解法 由于球面半径为 2, 圆锥面 $\sqrt{3}z = \sqrt{x^2 + y^2}$ 的半顶角为 $\dfrac{\pi}{3}$, 大于 $\dfrac{\pi}{4}$, 因此所求的投影区域就是球 $x^2 + y^2 + z^2 \leqslant 4z$ 的水平大圆面在 xOy 平面上的投影区域, 即为

$$D : x^2 + y^2 \leqslant 4. \blacksquare$$

5.6 例 题 选 讲

选例 5.6.1 已知两个非零向量 $\boldsymbol{a}, \boldsymbol{b}$, 求一个单位向量 $\boldsymbol{c}$ 使得 $\boldsymbol{c}$ 平分 $\boldsymbol{a}$ 与 $\boldsymbol{b}$ 的夹角 $(\widehat{\boldsymbol{a}, \boldsymbol{b}})$.

思路 由于菱形的对角线平分对角, 因此可以先把 $\boldsymbol{a}, \boldsymbol{b}$ 单位化成 $\boldsymbol{e}_a$ 和 $\boldsymbol{e}_b$, 则和向量 $\boldsymbol{e}_a + \boldsymbol{e}_b$ 平分 $\boldsymbol{e}_a$ 与 $\boldsymbol{e}_b$ 的夹角, 也即平分 $\boldsymbol{a}$ 与 $\boldsymbol{b}$ 的夹角 $(\widehat{\boldsymbol{a}, \boldsymbol{b}})$. 再把 $\boldsymbol{e}_a + \boldsymbol{e}_b$ 单位化, 即得所需单位向量.

解 先把 $\boldsymbol{a}, \boldsymbol{b}$ 两个向量单位化得到两个单位向量 $\boldsymbol{e}_a$ 与 $\boldsymbol{e}_b$, 则 $\boldsymbol{e}_a$ 与 $\boldsymbol{e}_b$ 的夹角 $(\widehat{\boldsymbol{e}_a, \boldsymbol{e}_b})$ 和 $\boldsymbol{a}$ 与 $\boldsymbol{b}$ 的夹角 $(\widehat{\boldsymbol{a}, \boldsymbol{b}})$ 相等. 由于 $\boldsymbol{e}_a$ 与 $\boldsymbol{e}_b$ 都是单位向量, 因此由向量的几何加法可知, 向量 $\boldsymbol{e}_a + \boldsymbol{e}_b$ 恰好平分 $\boldsymbol{e}_a$ 与 $\boldsymbol{e}_b$ 的夹角 $(\widehat{\boldsymbol{e}_a, \boldsymbol{e}_b})$, 从而也平分 $\boldsymbol{a}$ 与 $\boldsymbol{b}$ 的夹角 $(\widehat{\boldsymbol{a}, \boldsymbol{b}})$. 因此把 $\boldsymbol{e}_a + \boldsymbol{e}_b$ 单位化, 得到一个单位向量

$$\boldsymbol{c} = \frac{\boldsymbol{e}_a + \boldsymbol{e}_b}{|\boldsymbol{e}_a + \boldsymbol{e}_b|} = \frac{\dfrac{\boldsymbol{a}}{|\boldsymbol{a}|} + \dfrac{\boldsymbol{b}}{|\boldsymbol{b}|}}{\left| \dfrac{\boldsymbol{a}}{|\boldsymbol{a}|} + \dfrac{\boldsymbol{b}}{|\boldsymbol{b}|} \right|} = \frac{|\boldsymbol{b}|\boldsymbol{a} + |\boldsymbol{a}|\boldsymbol{b}}{\left| |\boldsymbol{b}|\boldsymbol{a} + |\boldsymbol{a}|\boldsymbol{b} \right|},$$

它即能够平分 $\boldsymbol{a}$ 与 $\boldsymbol{b}$ 的夹角 $(\widehat{\boldsymbol{a}, \boldsymbol{b}})$. $\blacksquare$

选例 5.6.2 给定空间三个点 $A(1, 0, 2), B(2, -1, 3), C(0, 1, 4)$, 试求

(1) $\triangle ABC$ 的外接圆的圆心 G 的坐标.

(2) 通过 G 作一条直线, 使得该直线与 $\triangle ABC$ 所在平面垂直, 求该直线上的点 E, 使得 $|GE| = 1$.

思路 关于第一小题, 利用圆心到三个点的距离相等和圆心与三个已知点共面, 可以建立起圆心坐标应该满足的三个方程, 由此可求出圆心坐标. 关于第二小题, 利用垂直

关系和已知线段长度, 可建立起所求点坐标应该满足的方程组, 从而解出所求点坐标; 也可以利用向量平行条件和向量积的性质给出所求点应该满足的方程组. 需要注意的是, 满足条件的点有两个.

解　(1) 设 $G(x,y,z)$, 则由外心性质可知, $|GA|=|GB|=|GC|$, 从而 $|GA|^2=|GB|^2=|GC|^2$, 即有

$$(x-1)^2+(y-0)^2+(z-2)^2=(x-2)^2+(y+1)^2+(z-3)^2=(x-0)^2+(y-1)^2+(z-4)^2,$$

化简可得

$$\begin{cases} 2x-2y+2z=9, \\ x-y-2z=-6. \end{cases} \tag{5.6.1}$$

此外, 由 A,B,C,G 四点共面可知, $[\overrightarrow{AG},\overrightarrow{BG},\overrightarrow{CG}]=0$, 即有

$$\begin{vmatrix} x-1 & y-0 & z-2 \\ x-2 & y+1 & z-3 \\ x-0 & y-1 & z-4 \end{vmatrix}=0,$$

因此可得

$$x+y-1=0. \tag{5.6.2}$$

由(5.6.1), (5.6.2)联立可解得, $x=1,y=0,z=\dfrac{7}{2}$. 因此, $\triangle ABC$ 的外接圆的圆心 G 的坐标为 $\left(1,0,\dfrac{7}{2}\right)$.

(2) **解法一**　设所求点 E 的坐标为 (x,y,z), 则 EG 垂直于 $\triangle ABC$ 所在平面, 因此 $\overrightarrow{GE}/\!/(\overrightarrow{AB}\times\overrightarrow{AC})$, 从而由条件 $|GE|=1$ 可知, $\overrightarrow{GE}=\pm\dfrac{\overrightarrow{AB}\times\overrightarrow{AC}}{|\overrightarrow{AB}\times\overrightarrow{AC}|}$. 由于

$$\overrightarrow{AB}\times\overrightarrow{AC}=(1,-1,1)\times(-1,1,2)=\begin{vmatrix} \boldsymbol{i} & \boldsymbol{j} & \boldsymbol{k} \\ 1 & -1 & 1 \\ -1 & 1 & 2 \end{vmatrix}=(-3,-3,0),$$

因此有

$$\left(x-1,y-0,z-\dfrac{7}{2}\right)=\overrightarrow{GE}=\pm\dfrac{(-3,-3,0)}{|(-3,-3,0)|}=\pm\left(\dfrac{-1}{\sqrt{2}},\dfrac{-1}{\sqrt{2}},0\right),$$

由此可得 $(x,y,z)=\left(1-\dfrac{1}{\sqrt{2}},\dfrac{-1}{\sqrt{2}},\dfrac{7}{2}\right)$, 或者 $(x,y,z)=\left(1+\dfrac{1}{\sqrt{2}},\dfrac{1}{\sqrt{2}},\dfrac{7}{2}\right)$. 故所求的点 E 有两个, 分别为 $E\left(1-\dfrac{1}{\sqrt{2}},\dfrac{-1}{\sqrt{2}},\dfrac{7}{2}\right)$ 和 $E\left(1+\dfrac{1}{\sqrt{2}},\dfrac{1}{\sqrt{2}},\dfrac{7}{2}\right)$.

解法二　设所求点 E 的坐标为 (x,y,z), 则由于 EG 垂直于 $\triangle ABC$ 所在平面, 因此 $\overrightarrow{GE}\perp\overrightarrow{AB},\overrightarrow{GE}\perp\overrightarrow{AC}$, 同时有 $|GE|=1$, 因此有

$$\begin{cases} \overrightarrow{GE} \cdot \overrightarrow{AB} = 0, \\ \overrightarrow{GE} \cdot \overrightarrow{AC} = 0, \\ |\overrightarrow{GE}| = 1, \end{cases} \quad 即 \quad \begin{cases} \left(x-1, y, z-\dfrac{7}{2}\right) \cdot (1,-1,1) = x - y + z - \dfrac{9}{2} = 0, \\ \left(x-1, y, z-\dfrac{7}{2}\right) \cdot (-1,1,2) = -x + y + 2z - 6 = 0, \\ \sqrt{(x-1)^2 + y^2 + \left(z - \dfrac{7}{2}\right)^2} = 1, \end{cases}$$

由此解得

$$(x,y,z) = \left(1 - \frac{1}{\sqrt{2}}, \frac{-1}{\sqrt{2}}, \frac{7}{2}\right) \quad 或者 \quad (x,y,z) = \left(1 + \frac{1}{\sqrt{2}}, \frac{1}{\sqrt{2}}, \frac{7}{2}\right),$$

故所求的点 E 有两个, 分别为 $E\left(1 - \dfrac{1}{\sqrt{2}}, \dfrac{-1}{\sqrt{2}}, \dfrac{7}{2}\right)$ 和 $E\left(1 + \dfrac{1}{\sqrt{2}}, \dfrac{1}{\sqrt{2}}, \dfrac{7}{2}\right)$. ■

选例 5.6.3　设 $a = 2i - j + 2k, b = i - j - k, c = i - 3j + k$, 试用单位向量 e_a, e_b, e_c 来表示 i, j, k.

思路　先把 a, b, c 单位化, 得到 e_a, e_b, e_c 用 i, j, k 表示的式子, 再通过解线性方程组, 可得到 i, j, k 用 e_a, e_b, e_c 表示的式子. 也可以先求出 i, j, k 用 a, b, c 表示的式子, 再把 a, b, c 用其对应的单位向量 e_a, e_b, e_c 表示, 从而得到 i, j, k 用 e_a, e_b, e_c 表示的式子. 如果学过线性代数, 也可以用逆矩阵和矩阵乘法来进行求解.

解　由

$$a = 2i - j + 2k, \quad b = i - j - k, \quad c = i - 3j + k,$$

可解得

$$i = \frac{2}{5}a + \frac{1}{2}b - \frac{3}{10}c, \quad j = \frac{1}{5}a - \frac{2}{5}c, \quad k = \frac{1}{5}a - \frac{1}{2}b + \frac{1}{10}c.$$

由于 $|a| = 3, |b| = \sqrt{3}, |c| = \sqrt{11}$, 故 $a = 3e_a, b = \sqrt{3}e_b, c = \sqrt{11}e_c$. 从而有

$$i = \frac{6}{5}e_a + \frac{\sqrt{3}}{2}e_b - \frac{3\sqrt{11}}{10}e_c, \quad j = \frac{3}{5}e_a - \frac{2\sqrt{11}}{5}e_c, \quad k = \frac{3}{5}e_a - \frac{\sqrt{3}}{2}e_b + \frac{\sqrt{11}}{10}e_c. ■$$

选例 5.6.4　试证明: 三个向量 a, b, c 共面 $\Leftrightarrow$ 存在三个不全为零的常数 λ, μ, κ 使得 $\lambda a + \mu b + \kappa c = 0$.

证明　必要性. 首先, 设三个向量 a, b, c 共面.

若 a, b, c 中有零向量, 比如说 $a = 0$, 取 $\lambda = 1, \mu = 0, \kappa = 0$, 则 λ, μ, κ 不全为零, 且 $\lambda a + \mu b + \kappa c = 0$. 因此不妨设 a, b, c 都不是零向量.

若 a, b, c 中有两个相互平行, 比如说 $a // b$, 则存在常数 k 使得 $a = kb$. 于是取 $\lambda = 1, \mu = -k, \kappa = 0$, 则 λ, μ, κ 不全为零, 且 $\lambda a + \mu b + \kappa c = 0$.

若 a, b, c 中任意两个都不相互平行, 取三条有公共起点 O 的有向线段 $\overrightarrow{OA}, \overrightarrow{OB}$ 和 $\overrightarrow{OC}$ 使得 $\overrightarrow{OA} = a, \overrightarrow{OB} = b, \overrightarrow{OC} = c$ (如图 5.6-1 或图 5.6-2 所示). 若是如图 5.6-1 所示情形, 由于 a, b, c 共面, 因此有向线段 $\overrightarrow{OA}, \overrightarrow{OB}$ 和 $\overrightarrow{OC}$ 共面. 过点 B 分别作 OA 与 OC 的平行线, 分别

交 OC 与 OA(或其延长线)于点 C_1 和 A_1. 由于 $\overrightarrow{OA}//\overrightarrow{OA_1}$, $\overrightarrow{OC}//\overrightarrow{OC_1}$, 故存在常数 s,t 使得 $\overrightarrow{OA_1}=s\overrightarrow{OA}$, $\overrightarrow{OC_1}=t\overrightarrow{OC}$. 由于

$$\overrightarrow{OB}=\overrightarrow{OA_1}+\overrightarrow{OC_1}=s\overrightarrow{OA}+t\overrightarrow{OC},$$

取 $\lambda=s,\mu=-1,\kappa=t$, 则 λ,μ,κ 不全为零, 且 $\lambda a+\mu b+\kappa c=\mathbf{0}$.

若是如图 5.6-2 所示情形, 作 $\overrightarrow{OB'}=-b$, 由于 a,b,c 共面, 因此有向线段 $\overrightarrow{OA},\overrightarrow{OB'}$ 和 $\overrightarrow{OC}$ 也共面. 过点 B' 分别作 OA 与 OC 的平行线, 分别交 OC 与 OA(或其延长线)于点 C_1 和 A_1. 由于 $\overrightarrow{OA}//\overrightarrow{OA_1}$, $\overrightarrow{OC}//\overrightarrow{OC_1}$, 故存在常数 s,t 使得 $\overrightarrow{OA_1}=s\overrightarrow{OA}$, $\overrightarrow{OC_1}=t\overrightarrow{OC}$. 由于

$$\overrightarrow{OB'}=\overrightarrow{OA_1}+\overrightarrow{OC_1}=s\overrightarrow{OA}+t\overrightarrow{OC},$$

取 $\lambda=s,\mu=1,\kappa=t$, 则 λ,μ,κ 不全为零, 且 $\lambda a+\mu b+\kappa c=\mathbf{0}$.

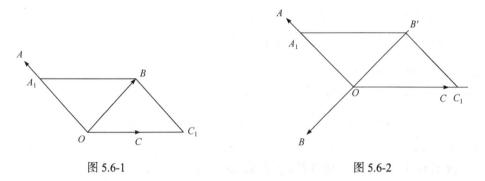

图 5.6-1　　　　　　　　　　　　　　　图 5.6-2

因此, 只要 a,b,c 共面, 必有不全为零的参数 λ,μ,κ 使得 $\lambda a+\mu b+\kappa c=\mathbf{0}$.

充分性. 若存在三个不全为零的常数 λ,μ,κ 使得 $\lambda a+\mu b+\kappa c=\mathbf{0}$. 不妨设 $\lambda\neq0$, 则 $a=-\dfrac{\mu}{\lambda}b-\dfrac{\kappa}{\lambda}c$. 从而

$$[b,c,a]=(b\times c)\cdot\left(-\frac{\mu}{\lambda}b-\frac{\kappa}{\lambda}c\right)=-\frac{\mu}{\lambda}(b\times c)\cdot b-\frac{\kappa}{\lambda}(b\times c)\cdot c=0.$$

可见, 三个向量 a,b,c 共面.∎

选例 5.6.5　若三个向量 a,b,c 满足 $a\times b+b\times c+c\times a=\mathbf{0}$, 试证明: a,b,c 共面. 反过来, 若 a,b,c 共面, 是否一定有 $a\times b+b\times c+c\times a=\mathbf{0}$?

思路　借助于混合积.

证明　设向量 a,b,c 满足 $a\times b+b\times c+c\times a=\mathbf{0}$, 则

$$[a,b,c]=(a\times b)\cdot c=[-(b\times c+c\times a)]\cdot c=-[b,c,c]-[c,a,c]=-0-0=0.$$

可见, a,b,c 共面.

然而, 当 a,b,c 共面时, 并不能保证有 $a\times b+b\times c+c\times a=\mathbf{0}$ 成立! 例如, 取 $a=i,b=i+j,c=j$. 则显然 a,b,c 共面, 但是

$$a\times b+b\times c+c\times a=i\times(i+j)+(i+j)\times j+j\times i=k+k-k=k\neq\mathbf{0}.∎$$

选例 5.6.6 设 $(a \times b) \cdot c = 1$，试计算 $[(a+b-c) \times (a-b+2c)] \cdot (2a+b+c)$.

思路 利用数量积与向量积的运算律进行计算，注意混合积的轮换不变性.

解 $[(a+b-c) \times (a-b+2c)] \cdot (2a+b+c)$

$= [a \times (a-b+2c) + b \times (a-b+2c) - c \times (a-b+2c)] \cdot (2a+b+c)$

$= (0 - a \times b + 2a \times c + b \times a - 0 + 2b \times c - c \times a + c \times b - 0) \cdot (2a+b+c)$

$= (3a \times c + 2b \times a + b \times c) \cdot (2a+b+c)$

$= 0 + 3(a \times c) \cdot b + 0 + 0 + 0 + 2(b \times a) \cdot c + 2(b \times c) \cdot a + 0 + 0$

$= 3[a,c,b] + 2[b,a,c] + 2[b,c,a] = -3[a,b,c] - 2[a,b,c] + 2[a,b,c] = -3[a,b,c] = -3.$ ■

选例 5.6.7 给定曲面 $\Sigma: x^2 + 2y^2 + z^2 - 2y = 4$，试说明它有着怎样的对称性特征.

思路 按照 5.4 节 1 中介绍的技术逐项检验.

解 如果记 $F(x,y,z) = x^2 + 2y^2 + z^2 - 2y - 4$，则曲面 Σ 的方程即 $F(x,y,z) = 0$. 由于点 (x,y,z) 关于 xOy 平面的对称点是 $(x,y,-z)$，且

$$F(x,y,-z) = x^2 + 2y^2 + (-z)^2 - 2y - 4 = x^2 + 2y^2 + z^2 - 2y - 4 = F(x,y,z),$$

因此 Σ 关于 xOy 平面是对称的；

点 (x,y,z) 关于 yOz 平面的对称点是 $(-x,y,z)$，且

$$F(-x,y,z) = (-x)^2 + 2y^2 + z^2 - 2y - 4 = x^2 + 2y^2 + z^2 - 2y - 4 = F(x,y,z),$$

因此 Σ 关于 yOz 平面是对称的；

点 (x,y,z) 关于平面 $x = z$ 的对称点是 (z,y,x)，且

$$F(z,y,x) = z^2 + 2y^2 + x^2 - 2y - 4 = x^2 + 2y^2 + z^2 - 2y - 4 = F(x,y,z),$$

因此 Σ 关于平面 $x = z$ 平面是对称的；

同时，由于 $F(x,y,z)$ 的表达式中 x,z 以平方和 $x^2 + z^2$ 形式出现，因此 Σ 还是一个旋转曲面，它是由 yOz 平面上的曲线 $\Gamma: \begin{cases} 2y^2 + z^2 - 2y = 4, \\ x = 0 \end{cases}$ 绕 y 轴旋转而得的旋转曲面，也可以看成是 xOy 平面上的曲线 $\Gamma': \begin{cases} x^2 + 2y^2 - 2y = 4, \\ z = 0 \end{cases}$ 绕 y 轴旋转而得的旋转曲面，因此曲面 Σ 关于 y 轴也是对称的. ■

选例 5.6.8 求直线 $L: \begin{cases} x - y = 1, \\ x + 2y + z = 2 \end{cases}$ 绕 z 轴旋转一周所得到的曲面方程.

思路 利用绕轴旋转的特征，旋转曲面上每个点都是已知直线上某一点旋转到某一位置而得到的，由此可以把曲面上的点与直线上的对应点联系起来，利用它们到转轴的距离相等，可以建立起所需方程.

解 如图 5.6-3 所示. 设 $M(x,y,z)$ 是所求曲面上任意一点，则它必然是直线 L 上某一点 M' 旋转而得. 由于旋转是绕 z 轴旋转，因此可设点 M' 的坐标为 $M'(x',y',z)$. 于是可得到如下三个等式

$$\begin{cases} x' - y' = 1, \\ x' + 2y' + z = 2, \\ x^2 + y^2 = x'^2 + y'^2, \end{cases}$$

消去 x', y'，可得

$$x^2 + y^2 = \left(\frac{4-z}{3} \right)^2 + \left(\frac{1-z}{3} \right)^2, \quad 即 \quad 9x^2 + 9y^2 - 2z^2 + 10z = 17.$$

这就是所求曲面的方程，该曲面是个单叶双曲面. ∎

选例 5.6.9　求抛物线 $\Gamma : \begin{cases} z = y^2 \\ x = 0 \end{cases}$ 绕直线 $L : \begin{cases} y + z + 1 = 0, \\ x = 0. \end{cases}$ 旋转一周所得的曲面方程.

思路　基本思路与上题同.

解　我们先把 L 的方程改写成 $\begin{cases} x = 0, \\ y = t, \\ z = -1 - t. \end{cases}$　它过点 $M_0(0,0,-1)$，且有一个方向向量

为 $s = (0, 1, -1)$. 设 $M(x, y, z)$ 是所求曲面上的任意一点，则它必定是由抛物线 $\Gamma : \begin{cases} z = y^2, \\ x = 0 \end{cases}$ 上

某一点 $M'(x', y', z')$ 旋转而得的(图 5.6-4). 下面先弄清楚 $M(x, y, z)$ 与 $M'(x', y', z')$ 的关系.

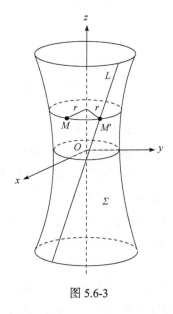

图 5.6-3

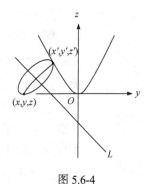

图 5.6-4

首先由于点 $M'(x', y', z') \in \Gamma$，故由 Γ 的方程可知，有

$$\begin{cases} z' = y'^2, \\ x' = 0. \end{cases} \tag{5.6.3}$$

$M(x, y, z)$ 与 $M'(x', y', z')$ 到旋转轴 L 的距离相等，因此由点到直线的距离公式可得

$$\frac{\left|\overrightarrow{M_0M} \times s\right|}{|s|} = \frac{\left|\overrightarrow{M_0M'} \times s\right|}{|s|}, \quad 即 \quad \frac{|(x,y,z+1) \times (0,1,-1)|}{|(0,1,-1)|} = \frac{|(x',y',z'+1) \times (0,1,-1)|}{|(0,1,-1)|},$$

也即有

$$(-y-z-1)^2 + 2x^2 = (-y'-z'-1)^2 + 2x'^2. \tag{5.6.4}$$

又由于含有 M 与 M' 的旋转圆周所在平面与 L 垂直, 因此 $\overrightarrow{MM'} \perp L$, 故又有 $\overrightarrow{MM'} \cdot s = 0$, 即

$$0 \cdot (x'-x) + 1 \cdot (y'-y) + (-1) \cdot (z'-z) = 0. \tag{5.6.5}$$

由(5.6.4), (5.6.5)解得

$$\begin{cases} y' = \frac{1}{2}\left[y-z-1 \pm \sqrt{2x^2+(y+z+1)^2}\right], \\ z' = \frac{1}{2}\left[z-y-1 \pm \sqrt{2x^2+(y+z+1)^2}\right]. \end{cases}$$

代入(5.6.3)式得到旋转曲面的方程为

$$2\left[z-y-1 \pm \sqrt{2x^2+(y+z+1)^2}\right] = \left[y-z-1 \pm \sqrt{2x^2+(y+z+1)^2}\right]^2.$$

它由两部分构成, 其中一片的方程为

$$2\left[z-y-1 + \sqrt{2x^2+(y+z+1)^2}\right] = \left[y-z-1 + \sqrt{2x^2+(y+z+1)^2}\right]^2.$$

另一片的方程为

$$2\left[z-y-1 - \sqrt{2x^2+(y+z+1)^2}\right] = \left[y-z-1 - \sqrt{2x^2+(y+z+1)^2}\right]^2. \blacksquare$$

选例 5.6.10 画出曲面 $\Sigma: 3x^2+4y^2-z^2=12$ 与平面 $z=-2$ 及 $z=2$ 所围成的空间区域 Ω 的图形, 并指明它所具备的对称性特点.

思路 这几个曲面都是常规曲面, 位置也很特殊, 应该可以想象清楚.

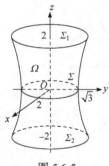

图 5.6-5

解 图 5.6-5 就是空间区域 Ω 的图形, 其边界由三部分构成, 顶上是一个椭圆盘 $\Sigma_1: z=2, 3x^2+4y^2 \leqslant 16$, 侧面 Σ 是一张单叶双曲面, 下底面也是一个圆盘 $\Sigma_2: z=-2, 3x^2+4y^2 \leqslant 16$.

由于曲面 $\Sigma: 3x^2+4y^2-z^2=12$ 与平面 $z=-2$ 及 $z=2$ 都是关于 z 轴、yOz 平面以及 zOx 平面对称的, 故 Ω 也是关于 z 轴、yOz 平面以及 zOx 平面对称的;

由于曲面 $\Sigma: 3x^2+4y^2-z^2=12$ 关于原点及 xOy 平面对称, 且平面 $z=-2$ 与 $z=2$ 关于原点及 xOy 平面对称, 因此 Ω 也关于原点及 xOy 平面对称. $\blacksquare$

选例 5.6.11 设一个半圆锥面以空间直角坐标系的三条正半轴为母线, 求该半圆锥面的方程.

思路 由于三条正半轴是圆锥面的母线, 由此容易找到该圆锥面的一条圆周型准线 (单位球面与平面 $x+y+z=1$ 的交线), 每个点落在一条母线上, 每条母线与该准线有一个

交点, 因此母线实际上是由这个交点确定的, 而交点在圆周上, 满足圆周方程, 由此即可导出锥面方程.

解　由于该圆锥面以三条坐标轴为母线, 故锥顶必定是原点 $O(0,0,0)$. 利用圆锥面的对称性, 过三点 $A(1,0,0)$, $B(0,1,0)$ 和 $C(0,0,1)$ 的圆周是其一条准线, 该圆周的方程可由单位球面 $x^2+y^2+z^2=1$ 与平面 $x+y+z=1$ 的交线得到, 即 $\begin{cases} x^2+y^2+z^2=1, \\ x+y+z=1. \end{cases}$ 设 (x,y,z) 是所求圆锥面上任意一点, 过

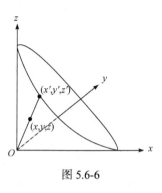

图 5.6-6

该点作圆锥面的一条母线, 设该母线与准线的交点为 (x',y',z') (图 5.6-6), 则存在参数 t 使得 $(x',y',z')=(tx,ty,tz)$. 于是由准线方程可得

$$\begin{cases} (tx)^2+(ty)^2+(tz)^2=1, \\ tx+ty+tz=1, \end{cases}$$

消去参数 t, 即得所求圆锥面方程为

$$(x+y+z)^2=(x^2+y^2+z^2), \quad 即 \quad xy+yz+zx=0. \blacksquare$$

选例 5.6.12　设曲线 $\Gamma : \begin{cases} x^2+y^2+z^2=4, \\ x-2y+z=2, \end{cases}$ 求以原点为顶点, 以 Γ 为准线的锥面 Σ 的方程.

思路　与上题思路基本一致, 只是这个锥面不是圆锥面而已. 由于锥面是由过一定点(锥顶)的直线(即母线)沿一条定曲线滑动而形成的曲面, 因此只要求出母线上的点应该满足的方程就是所求锥面的方程. 每条母线与定曲线 Γ 有一个交点, 因此母线实际上是由这个交点确定的, 而交点在定曲线上, 满足其方程, 由此即可导出锥面方程.

解　设 (x,y,z) 为圆锥面 Σ 上任一不同于原点的点, 则过该点的母线的参数方程为

$$\begin{cases} X=xt, \\ Y=yt, \\ Z=zt. \end{cases}$$

设该母线与曲线 Γ 的交点为 (xt_0,yt_0,zt_0), 代入 Γ 的方程, 得

$$\begin{cases} (xt_0)^2+(yt_0)^2+(zt_0)^2=4, \\ xt_0-2yt_0+zt_0=2, \end{cases}$$

消去参数 t_0 得所求圆锥面方程为

$$x^2+y^2+z^2=(x-2y+z)^2, \quad 即 \quad 3y^2-4xy-4yz+2xz=0. \blacksquare$$

选例 5.6.13　试求下列各平面方程:

(1) 过点 $P(x_0,y_0,z_0)$ 且垂直于直线 $L: \dfrac{x-x_1}{m}=\dfrac{y-y_1}{n}=\dfrac{z-z_1}{l}$ 的平面;

(2) 过不共线的三点 $A(x_1,y_1,z_1),B(x_2,y_2,z_2),C(x_3,y_3,z_3)$ 的平面;

(3) 过点 $P(x_0, y_0, z_0)$ 且平行于两条异面直线

$$L_1: \frac{x-x_1}{m_1} = \frac{y-y_1}{n_1} = \frac{z-z_1}{l_1} \quad 和 \quad L_2: \frac{x-x_2}{m_2} = \frac{y-y_2}{n_2} = \frac{z-z_2}{l_2}$$

的平面;

(4) 由两条相交直线 $L_1: \frac{x-x_1}{m_1} = \frac{y-y_1}{n_1} = \frac{z-z_1}{l_1}$ 和 $L_2: \frac{x-x_2}{m_2} = \frac{y-y_2}{n_2} = \frac{z-z_2}{l_2}$ 确定的平面;

(5) 两个相交平面 $\pi_1: A_1 x + B_1 y + C_1 z + D_1 = 0$ 和 $\pi_2: A_2 x + B_2 y + C_2 z + D_2 = 0$ 的角平分面;

(6) 连接两点 $A(x_1, y_1, z_1)$ 和 $B(x_2, y_2, z_2)$ 的线段 AB 的垂直平分面;

(7) 直线 $L: \frac{x-x_1}{m} = \frac{y-y_1}{n} = \frac{z-z_1}{l}$ 关于平面 $\pi: Ax + By + Cz + D = 0$ 的投影柱面(投影平面)(假设直线 L 与平面 π 不相互垂直);

(8) 过点 $P(x_0, y_0, z_0)$ 且平行于已知平面 $Ax + By + Cz + D = 0$ 的平面.

思路　由于平面方程的基本形式有点法式和一般式, 因此求平面方程至少有两种方法, 一个是求出一个已知点和平面的法向量, 然后由点法式给出平面方程; 另一个是求出一般方程 $\pi: Ax + By + Cz + D = 0$ 中的 $A:B:C:D = a:b:c:d$, 然后得到平面方程 $ax + by + cz + d = 0$. 这八个小题都是基本问题, 为简单起见, 下面求解时每小题大多只给出一种方法.

解　(1) 直线 L 的方向向量 $\boldsymbol{s} = (m, n, l)$ 就是所求平面的法向量, 因此所求平面方程为

$$m(x - x_0) + n(y - y_0) + l(z - z_0) = 0.$$

(2) **解法一**　所求平面有法向量

$$\boldsymbol{n} = \overrightarrow{AB} \times \overrightarrow{AC} = \begin{vmatrix} \boldsymbol{i} & \boldsymbol{j} & \boldsymbol{k} \\ x_2 - x_1 & y_2 - y_1 & z_2 - z_1 \\ x_3 - x_1 & y_3 - y_1 & z_3 - z_1 \end{vmatrix} := (a, b, c),$$

其中

$$a = (y_2 - y_1)(z_3 - z_1) - (y_3 - y_1)(z_2 - z_1), \quad b = (x_3 - x_1)(z_2 - z_1) - (x_2 - x_1)(z_3 - z_1),$$
$$c = (x_2 - x_1)(y_3 - y_1) - (x_3 - x_1)(y_2 - y_1).$$

故所求平面方程为

$$ax + by + cz + d = 0,$$

其中 $d = -x_1 a - y_1 b - z_1 c$.

解法二　设 $P(x, y, z)$ 为所求平面 π 上任一点, 则四点 P, A, B, C 共面, 故 $[\overrightarrow{PA}, \overrightarrow{PB}, \overrightarrow{PC}] = 0$, 因此

$$\begin{vmatrix} x - x_1 & y - y_1 & z - z_1 \\ x - x_2 & y - y_2 & z - z_2 \\ x - x_3 & y - y_3 & z - z_3 \end{vmatrix} = 0.$$

展开即得所求平面 π 的方程.

(3) 记 $s_1=(m_1,n_1,l_1), s_2=(m_2,n_2,l_2)$，由于 L_1 与 L_2 是异面直线，故 s_1,s_2 不相互平行，因此所求平面有法向量

$$n=s_1\times s_2=\begin{vmatrix} i & j & k \\ m_1 & n_1 & l_1 \\ m_2 & n_2 & l_2 \end{vmatrix}=(n_1l_2-n_2l_1,m_2l_1-m_1l_2,m_1n_2-m_2n_1),$$

所求平面方程为

$$(n_1l_2-n_2l_1)(x-x_0)+(m_2l_1-m_1l_2)(y-y_0)+(m_1n_2-m_2n_1)(z-z_0)=0.$$

(4) 由于直线 L_1 与 L_2 相交，故它们的方向向量 s_1,s_2 不相互平行，因此所求平面有法向量

$$n=s_1\times s_2=\begin{vmatrix} i & j & k \\ m_1 & n_1 & l_1 \\ m_2 & n_2 & l_2 \end{vmatrix}=(n_1l_2-n_2l_1,m_2l_1-m_1l_2,m_1n_2-m_2n_1),$$

又点 $P_1(x_1,y_1,z_1)$ 在所求平面上，所求平面方程为

$$(n_1l_2-n_2l_1)(x-x_1)+(m_2l_1-m_1l_2)(y-y_1)+(m_1n_2-m_2n_1)(z-z_1)=0.$$

(5) 设 $P(x,y,z)$ 为角平分面 π 上任一点，则它到两平面 π_1 与 π_2 的距离相等，因此有

$$\frac{|A_1x+B_1y+C_1z+D_1|}{\sqrt{A_1^2+B_1^2+C_1^2}}=\frac{|A_2x+B_2y+C_2z+D_2|}{\sqrt{A_2^2+B_2^2+C_2^2}}.$$

故所求的平面方程为

$$\frac{A_1x+B_1y+C_1z+D_1}{\sqrt{A_1^2+B_1^2+C_1^2}}=\frac{A_2x+B_2y+C_2z+D_2}{\sqrt{A_2^2+B_2^2+C_2^2}},$$

或者

$$\frac{A_1x+B_1y+C_1z+D_1}{\sqrt{A_1^2+B_1^2+C_1^2}}=-\frac{A_2x+B_2y+C_2z+D_2}{\sqrt{A_2^2+B_2^2+C_2^2}}.$$

【注】两个平面可以构成两个二面角，因此有两个角平分面.

(6) **解法一**　所求平面有法向量

$$n=\overrightarrow{AB}=(x_2-x_1,y_2-y_1,z_2-z_1),$$

且线段的中点 $P\left(\dfrac{x_1+x_2}{2},\dfrac{y_1+y_2}{2},\dfrac{z_1+z_2}{2}\right)$ 在所求平面上，故所求平面方程为

$$(x_2-x_1)\left(x-\frac{x_1+x_2}{2}\right)+(y_2-y_1)\left(y-\frac{y_1+y_2}{2}\right)+(z_2-z_1)\left(z-\frac{z_1+z_2}{2}\right)=0.$$

即

$$2(x_2-x_1)x+2(y_2-y_1)y+2(z_2-z_1)z=x_2^2+y_2^2+z_2^2-x_1^2-y_1^2-z_1^2.$$

解法二　设 $P(x,y,z)$ 为所求平面 π 上任一点，则它到两点 A 与 B 的距离相等，因此有

$$(x-x_1)^2+(y-y_1)^2+(z-z_1)^2=(x-x_2)^2+(y-y_2)^2+(z-z_2)^2.$$

即有

$$2(x_2-x_1)x+2(y_2-y_1)y+2(z_2-z_1)z=x_2^2+y_2^2+z_2^2-x_1^2-y_1^2-z_1^2.$$

此即所求垂直平分面方程.

(7) 所谓直线 L 关于平面 π 的投影平面是指过直线 L 且与平面 π 垂直的平面 π'，π' 与 π 的交线就是直线 L 在平面 π 上的投影直线. 显然，L 的方向向量 $s=(m,n,l)$ 与平面 π' 的法向量 n' 相互垂直，π' 的法向量 n' 与 π 的法向量 $n=(A,B,C)$ 也相互垂直. 直线 L 与平面 π 不相互垂直，因此可以取

$$n'=s\times n=\begin{vmatrix} i & j & k \\ m & n & l \\ A & B & C \end{vmatrix}=(nC-lB,lA-mC,mB-nA).$$

由于点 $P(x_1,y_1,z_1)$ 在平面 π' 上，故 π' 的方程为

$$(nC-lB)(x-x_1)+(lA-mC)(y-y_1)+(mB-nA)(z-z_1)=0.$$

(8) 由于平行的平面有相同的法向量，故所求平面有法向量 $n=(A,B,C)$，因此有方程

$$A(x-x_0)+B(y-y_0)+C(z-z_0)=0. \blacksquare$$

选例 5.6.14　试求下列各直线方程或者给出其求解方法:

(1) 过点 $P(x_0,y_0,z_0)$ 且平行于直线 $L:\begin{cases} A_1x+B_1y+C_1z+D_1=0, \\ A_2x+B_2y+C_2z+D_2=0 \end{cases}$ 的直线;

(2) 过点 $P(x_0,y_0,z_0)$ 且与两异面直线 $L_1:\dfrac{x-x_1}{m_1}=\dfrac{y-y_1}{n_1}=\dfrac{z-z_1}{l_1}$ 和 $L_2:\dfrac{x-x_2}{m_2}=\dfrac{y-y_2}{n_2}=\dfrac{z-z_2}{l_2}$ 都相交的直线(假设 $P\notin L_1$，且 $P\notin L_2$);

(3) 两条异面直线 $L_1:\dfrac{x-x_1}{m_1}=\dfrac{y-y_1}{n_1}=\dfrac{z-z_1}{l_1}$ 和 $L_2:\dfrac{x-x_2}{m_2}=\dfrac{y-y_2}{n_2}=\dfrac{z-z_2}{l_2}$ 的公垂线;

(4) 两条相交直线 $L_1:\dfrac{x-x_1}{m_1}=\dfrac{y-y_1}{n_1}=\dfrac{z-z_1}{l_1}$ 和 $L_2:\dfrac{x-x_2}{m_2}=\dfrac{y-y_2}{n_2}=\dfrac{z-z_2}{l_2}$ 的角平分线;

(5) 直线 $L:\dfrac{x-x_1}{m}=\dfrac{y-y_1}{n}=\dfrac{z-z_1}{l}$ 在平面 $\pi:Ax+By+Cz+D=0$ 上的投影直线(假设直线 L 与平面 π 不相互垂直);

(6) 直线 $L:\dfrac{x-x_1}{m}=\dfrac{y-y_1}{n}=\dfrac{z-z_1}{l}$ 的关于平面 $\pi:Ax+By+Cz+D=0$ 的对称直线;

(7) 设光线沿 $L:\dfrac{x-x_1}{m}=\dfrac{y-y_1}{n}=\dfrac{z-z_1}{l}$ 射向平面 $\pi:Ax+By+Cz+D=0$，求反射线.

解　**(1) 解法一**　平面 $\pi_1:A_1x+B_1y+C_1z+D_1=0$ 平移到点 P 处得到平面

$$\pi_1':A_1(x-x_0)+B_1(y-y_0)+C_1(y-y_0)=0.$$

平面 $\pi_2:A_2x+B_2y+C_2z+D_2=0$ 平移到点 P 处得到平面

$$\pi_2' : A_2(x - x_0) + B_2(y - y_0) + C_2(y - y_0) = 0.$$

则平面 π_1' 与 π_2' 的交线就是所求直线, 其一般方程为

$$\begin{cases} A_1(x - x_0) + B_1(y - y_0) + C_1(y - y_0) = 0, \\ A_2(x - x_0) + B_2(y - y_0) + C_2(y - y_0) = 0. \end{cases}$$

解法二　已知直线 L 的方向向量为

$$s = (A_1, B_1, C_1) \times (A_2, B_2, C_2) = (B_1C_2 - B_2C_1, A_2C_1 - A_1C_2, A_1B_2 - A_2B_1).$$

由于所求直线 L' 与 L 平行, 故 s 也是所求直线 L' 的方向向量, 因此 L' 的方程为

$$\frac{x - x_0}{B_1C_2 - B_2C_1} = \frac{y - y_0}{A_2C_1 - A_1C_2} = \frac{z - z_0}{A_1B_2 - A_2B_1}.$$

(2) **解法一**　用平面束方法求出由点 $P(x_0, y_0, z_0)$ 和直线 L_1 确定的平面 π_1, 以及由点 $P(x_0, y_0, z_0)$ 和直线 L_2 确定的平面 π_2, 则平面 π_1 与 π_2 的交线就是所求直线(图 5.6-7).

解法二　设所求直线与 L_1 的交点为 P_1, 与 L_2 的交点为 P_2, 其坐标分别为 $P_1(x_1 + m_1t, y_1 + n_1t, z_1 + l_1t)$, $P_2(x_2 + m_2s, y_2 + n_2s, z_2 + l_2s)$. 则向量 $\overrightarrow{PP_1}$ 与 $\overrightarrow{PP_2}$ 共线, 因此有

$$\frac{x_1 + m_1t - x_0}{x_2 + m_2s - x_0} = \frac{y_1 + n_1t - y_0}{y_2 + n_2s - y_0} = \frac{z_1 + l_1t - z_0}{z_2 + l_2s - z_0}.$$

由此可解得参数 s, t, 从而得到点 P_1 和 P_2, 于是由两点式方程可得所求直线方程.

(3) **解法一**　如图 5.6-8 所示, 设异面直线 L_1 与 L_2 的公垂线 L 在两条直线上的垂足分别为

$$P_1(x_1 + m_1t, y_1 + n_1t, z_1 + l_1t) \quad 和 \quad P_2(x_2 + m_2s, y_2 + n_2s, z_2 + l_2s),$$

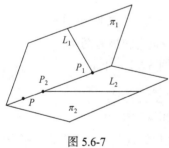

图 5.6-7

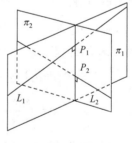

图 5.6-8

则向量 $\overrightarrow{P_1P_2}$ 与向量

$$n = s_1 \times s_2 = \begin{vmatrix} i & j & k \\ m_1 & n_1 & l_1 \\ m_2 & n_2 & l_2 \end{vmatrix} = (n_1l_2 - n_2l_1, m_2l_1 - m_1l_2, m_1n_2 - m_2n_1)$$

共线, 因此有

$$\frac{x_1 + m_1t - x_2 - m_2s}{n_1l_2 - n_2l_1} = \frac{y_1 + n_1t - y_2 - n_2s}{m_2l_1 - m_1l_2} = \frac{z_1 + l_1t - z_2 - l_2s}{m_1n_2 - m_2n_1}.$$

由此可解得参数 s, t, 从而得到点 P_1 和 P_2, 于是由两点式方程可得所求直线方程.

解法二　记 $s_1 = (m_1, n_1, l_1), s_2 = (m_2, n_2, l_2)$，首先求出向量

$$n = s_1 \times s_2 = \begin{vmatrix} \boldsymbol{i} & \boldsymbol{j} & \boldsymbol{k} \\ m_1 & n_1 & l_1 \\ m_2 & n_2 & l_2 \end{vmatrix} = (n_1 l_2 - n_2 l_1, m_2 l_1 - m_1 l_2, m_1 n_2 - m_2 n_1).$$

再令 $n_1 = n \times s_1, n_2 = n \times s_2$，则过点 $P_1(x_1, y_1, z_1)$，以 n_1 为法向量的平面 π_1 就是公垂线与直线 L_1 所确定的平面；过点 $P_2(x_2, y_2, z_2)$，以 n_2 为法向量的平面 π_2 就是公垂线与直线 L_2 所确定的平面. 因此，平面 π_1 与 π_2 的交线就是所求的公垂线.

(4) **解法一**　如图 5.6-9 所示，设平面 π_1 与直线 L_1 和 L_2 的所确定的平面 π_2 垂直，且平分 L_1 与 L_2 的夹角，则 π_1 上的点 $P(x, y, z)$ 到两条直线 L_1 与 L_2 的距离相等. 不妨记

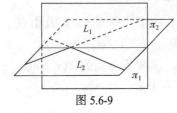

图 5.6-9

$P_1(x_1, y_1, z_1)$，$P_2(x_2, y_2, z_2)$，$s_1 = (m_1, n_1, l_1)$，$s_2 = (m_2, n_2, l_2)$，则由点到直线的距离公式, 有

$$\frac{|s_1 \times \overrightarrow{PP_1}|}{|s_1|} = \frac{|s_2 \times \overrightarrow{PP_2}|}{|s_2|},$$

两边平方可得

$$\frac{[l_1(y-y_1) - n_1(z-z_1)]^2 + [m_1(z-z_1) - l_1(x-x_1)]^2 + [n_1(x-x_1) - m_1(y-y_1)]^2}{m_1^2 + n_1^2 + l_1^2}$$

$$= \frac{[l_2(y-y_2) - n_2(z-z_2)]^2 + [m_2(z-z_2) - l_2(x-x_2)]^2 + [n_2(x-x_2) - m_2(y-y_2)]^2}{m_2^2 + n_2^2 + l_2^2}.$$

这就是平面 π_1 的方程. 又从选例 5.6.13(4)知，平面 π_2 的方程为

$$(n_1 l_2 - n_2 l_1)(x - x_1) + (m_2 l_1 - m_1 l_2)(y - y_1) + (m_1 n_2 - m_2 n_1)(z - z_1) = 0.$$

把 π_1 的方程和 π_2 的方程联立，即得所求的角平分线方程(它应该有两条).

解法二　记 $s_1 = (m_1, n_1, l_1), s_2 = (m_2, n_2, l_2)$，依据选例 5.6.1，向量

$$s = \frac{|s_1| s_2 + |s_2| s_1}{\||s_1| s_2 + |s_2| s_1\|} \quad \text{或} \quad s' = \frac{-|s_1| s_2 + |s_2| s_1}{|-|s_1| s_2 + |s_2| s_1|}$$

平分 L_1 与 L_2 的夹角或其补角，因此是平分两条直线夹角的向量，故可作为角平分线的方向向量. 又把两条直线方程联立，可得两条直线的交点 P. 于是过点 P 且以 s 或 s' 为方向向量的直线就是所求的角平分线.

(5) 记 $s = (m, n, l), n = (A, B, C)$，令

$$n' = s \times n = (m, n, l) \times (A, B, C) = (nC - lB, lA - mC, mB - nA).$$

则以 n' 为法向量的平面

$$\pi' : (nC - lB)(x - x_1) + (lA - mC)(y - y_1) + (mB - nA)(z - z_1) = 0.$$

过直线 L，且与平面 π 垂直，如图 5.6-10 所示. 平面 π' 与 π 的交线

$$\begin{cases} (nC - lB)(x - x_1) + (lA - mC)(y - y_1) + (mB - nA)(z - z_1) = 0, \\ Ax + By + Cz + D = 0 \end{cases}$$

就是所求的投影曲线.

(6) 首先求出直线 $L: \dfrac{x - x_1}{m} = \dfrac{y - y_1}{n} = \dfrac{z - z_1}{l}$ 与平面 $\pi: Ax + By + Cz + D = 0$ 的交点 $P(x_0, y_0, z_0)$, 再在直线上任取一个不同于 P 的点 Q, 求出关于平面的对称点 Q' (具体方法见下面的选例 5.6.15(2)), 则过 P, Q' 两点的直线就是所求的对称直线, 如图 5.6-11 所示.

(7) 反射线的方程与(6)中的对称直线方程是一样的. ∎

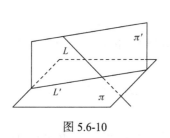

图 5.6-10

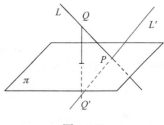

图 5.6-11

选例 5.6.15　(1) 求点 $P(x_0, y_0, z_0)$ 在直线 $L: \dfrac{x - x_1}{m} = \dfrac{y - y_1}{n} = \dfrac{z - z_1}{l}$ 上的投影点及关于 L 的对称点坐标;

(2) 求点 $P(x_0, y_0, z_0)$ 在平面 $\pi: Ax + By + Cz + D = 0$ 上的投影点及关于 π 的对称点坐标.

思路　根据对称点的定义, 可以设对称点为 P', 则 $\overrightarrow{PP'}$ 与已知直线(或平面)垂直, 且 PP' 的中点 P_1 (即投影点)在已知直线(或平面)上, 利用这两个条件即可求出 P' 和 P_1 的坐标.

解　(1) **解法一**　过点 $P(x_0, y_0, z_0)$ 且与直线 $L: \dfrac{x - x_1}{m} = \dfrac{y - y_1}{n} = \dfrac{z - z_1}{l}$ 垂直的平面 π 的方程为

$$m(x - x_0) + n(y - y_0) + l(z - z_0) = 0.$$

把直线 L 的方程与平面 π 的方程联立, 可解得它们的交点. 设交点为 $P_1(x_1 + mt, y_1 + nt, z_1 + lt)$, 代入平面 π 的方程可得

$$t = \frac{m(x_0 - x_1) + n(y_0 - y_1) + l(z_0 - z_1)}{m^2 + n^2 + l^2},$$

故可确定直线 L 与平面 π 的交点坐标, 简记为 $P_1(a, b, c)$. 于是在关于线段 PP_1 的定比分点公式中, 令参数 $\lambda = 2$, 即得所求的对称点坐标为

$$(x, y, z) = (1 - 2)(x_0, y_0, z_0) + 2(a, b, c) = (2a - x_0, 2b - y_0, 2z - z_0).$$

解法二　设对称点为 $P'(x', y', z')$, 则 $\overrightarrow{PP'} \perp (m, n, l)$, 即有

$$m(x' - x_0) + n(y' - y_0) + l(z' - z_0) = 0.$$

又线段 PP' 的中点 $P^* \left(\dfrac{x' + x_0}{2}, \dfrac{y' + y_0}{2}, \dfrac{z' + z_0}{2} \right)$ 落在直线 L 上, 因此又有

$$\frac{\frac{x'+x_0}{2}-x_1}{m}=\frac{\frac{y'+y_0}{2}-y_1}{n}=\frac{\frac{z'+z_0}{2}-z_1}{l}.$$

由以上几个方程, 即可解出点 $P'(x',y',z')$.

(2) **解法一**　过点 $P(x_0,y_0,z_0)$ 且与平面 $\pi: Ax+By+Cz+D=0$ 垂直的直线 L 的方程为

$$\frac{x-x_0}{A}=\frac{y-y_0}{B}=\frac{z-z_0}{C}.$$

设直线 L 与平面 π 的交点为 $P_1(x_0+At,y_0+Bt,z_0+Ct)$, 代入平面方程可得

$$t=-\frac{Ax_0+By_0+Cz_0+D}{A^2+B^2+C^2},$$

由此可得点 P_1 的坐标, 简记为 $P_1(a,b,c)$. 于是在关于线段 PP_1 的定比分点公式中, 令参数 $\lambda=2$, 即得所求的对称点坐标为

$$(x,y,z)=(1-2)(x_0,y_0,z_0)+2(a,b,c)=(2a-x_0,2b-y_0,2z-z_0).$$

解法二　类似于(1)中的解法二, 略去.■

选例 5.6.16　(1) 求两平行平面 $\pi_1: Ax+By+Cz+D_1=0$ 与 $\pi_2: Ax+By+Cz+D_2=0$ 之间的距离;

(2) 求两条平行直线 $L_1:\frac{x-x_1}{m}=\frac{y-y_1}{n}=\frac{z-z_1}{l}$ 与 $L_2:\frac{x-x_2}{m}=\frac{y-y_2}{n}=\frac{z-z_2}{l}$ 之间的距离.

思路　利用向量投影的性质和向量积的几何意义.

解　(1) 把 π_1 与 π_2 的方程改写成点法式:

$$\pi_1: A(x-x_1)+B(y-y_1)+C(z-z_1)=0, \quad \pi_2: A(x-x_2)+B(y-y_2)+C(z-z_2)=0,$$

记 $P_1(x_1,y_1,z_1)$, $P_2(x_2,y_2,z_2)$, $\boldsymbol{n}=(A,B,C)$, 则 π_1 与 π_2 之间的距离 d 等于向量 $\overrightarrow{P_1P_2}$ 在法向量 $\boldsymbol{n}$ 上的投影的绝对值, 即

$$d=\left|\text{Prj}_{\boldsymbol{n}}\overrightarrow{P_1P_2}\right|=\frac{\left|\overrightarrow{P_1P_2}\cdot\boldsymbol{n}\right|}{|\boldsymbol{n}|}=\frac{\left|A(x_2-x_1)+B(y_2-y_1)+C(z_2-z_1)\right|}{\sqrt{A^2+B^2+C^2}}=\frac{|D_2-D_1|}{\sqrt{A^2+B^2+C^2}}.$$

(2) 记 $P_1(x_1,y_1,z_1)$, $P_2(x_2,y_2,z_2)$, $\boldsymbol{s}=(m,n,l)$, 则 L_1 与 L_2 之间的距离 d 等于点 P_1 到直线 L_2 的距离, 由矩形的面积与向量积的几何意义, 可得

$$|\boldsymbol{s}|\cdot d=\left|\boldsymbol{s}\times\overrightarrow{P_1P_2}\right|,$$

因此

$$d=\frac{\left|\boldsymbol{s}\times\overrightarrow{P_1P_2}\right|}{|\boldsymbol{s}|}=\frac{1}{\sqrt{m^2+n^2+l^2}}\left\|\begin{matrix}\boldsymbol{i}&\boldsymbol{j}&\boldsymbol{k}\\m&n&l\\x_2-x_1&y_2-y_1&z_2-z_1\end{matrix}\right\|$$

$$=\frac{\sqrt{[n(z_2-z_1)-l(y_2-y_1)]^2+[l(x_2-x_1)-m(z_2-z_1)]^2+[m(y_2-y_1)-n(x_2-x_1)]^2}}{\sqrt{m^2+n^2+l^2}}.■$$

选例 5.6.17 设有一个球心在原点, 半径为 R 的球面 Σ. 对于不在原点的任一点 $P(x_0, y_0, z_0)$, 从原点作过点 P 的射线, 该射线上满足 $|OP| \cdot |OQ| = R^2$ 的点 Q 称为 P 关于球面 Σ 的对称点, 试求点 Q 的坐标.

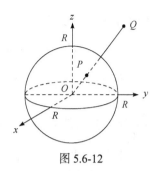

图 5.6-12

思路 利用向量共线关系.

解 如图 5.6-12 所示, 由于 P, Q 在同一条射线上, 故存在正参数 λ 使得 $\overrightarrow{OQ} = \lambda \overrightarrow{OP}$, 因此点 Q 的坐标为 $(\lambda x_0, \lambda y_0, \lambda z_0)$. 由条件

$$|OP| \cdot |OQ| = R^2$$

可得

$$\lambda(x_0^2 + y_0^2 + z_0^2) = R^2,$$

因此, $\lambda = \dfrac{R^2}{x_0^2 + y_0^2 + z_0^2}$. 故所求的对称点 Q 的坐标为 $\left(\dfrac{R^2 x_0}{x_0^2 + y_0^2 + z_0^2}, \dfrac{R^2 y_0}{x_0^2 + y_0^2 + z_0^2}, \right.$

$\left. \dfrac{R^2 z_0}{x_0^2 + y_0^2 + z_0^2} \right)$. 特别地, 当点 P 在球面 Σ 上时, 其关于球面 Σ 的对称点就是它自己.∎

选例 5.6.18 给定平面 $\pi: 2x - y + 3z - 3 = 0$ 和直线 $L: \dfrac{x-3}{2} = \dfrac{y-4}{2} = \dfrac{z-2}{1}$, 求以直线 L 与平面 π 的交点 A 为顶点, 平面在交点处的法线为对称轴, 且以 L 为其一条母线的圆锥面方程.

思路 先求出直线 L 与平面 π 的交点 A, 记 $\boldsymbol{s} = (2, 2, 1), \boldsymbol{n} = (2, -1, 3)$, 则对所求圆锥面上任一点 P, 由圆锥面的任意一条母线与对称轴的夹角相等可知, 角 $\widehat{(\boldsymbol{s}, \boldsymbol{n})}$ 与 $\widehat{(\overrightarrow{AP}, \boldsymbol{n})}$ 或者相等, 或者互补, 因此其余弦的绝对值总是相等, 由此即可建立其圆锥面方程.

解 记 $\boldsymbol{s} = (2, 2, 1), \boldsymbol{n} = (2, -1, 3)$, 首先由方程组

$$\begin{cases} \dfrac{x-3}{2} = \dfrac{y-4}{2} = \dfrac{z-2}{1}, \\ 2x - y + 3z - 3 = 0, \end{cases}$$

可解得直线 L 与平面 π 的交点 A 为 $A(1, 2, 1)$. 现在设点 $P(x, y, z)$ 是所求圆锥面 Σ 上任一点, 则 $\widehat{(\boldsymbol{s}, \boldsymbol{n})}$ 与 $\widehat{(\overrightarrow{AP}, \boldsymbol{n})}$ 或者相等, 或者互补, 因此其余弦的绝对值总是相等:

$$\left| \cos\widehat{(\boldsymbol{s}, \boldsymbol{n})} \right| = \left| \cos\widehat{(\overrightarrow{AP}, \boldsymbol{n})} \right|, \quad \text{即} \quad \left| \dfrac{\boldsymbol{s} \cdot \boldsymbol{n}}{\|\boldsymbol{s}\| \cdot |\boldsymbol{n}|} \right| = \left| \dfrac{\overrightarrow{AP} \cdot \boldsymbol{n}}{|\overrightarrow{AP}| \cdot |\boldsymbol{n}|} \right|.$$

亦即有

$$\left| \dfrac{4 - 2 + 3}{3 \cdot \sqrt{14}} \right| = \left| \dfrac{2(x-1) - (y-2) + 3(z-1)}{\sqrt{(x-1)^2 + (y-2)^2 + (z-1)^2} \cdot \sqrt{14}} \right|,$$

两边平方, 并整理可得

$$11x^2 - 16y^2 + 56z^2 - 36xy - 54yz + 108zx - 58x + 154y - 112z - 69 = 0. \blacksquare$$

选例 5.6.19 给定两条异面直线 $L_1: \dfrac{x-x_1}{m_1} = \dfrac{y-y_1}{n_1} = \dfrac{z-z_1}{l_1}$ 与 $L_2: \dfrac{x-x_2}{m_2} = \dfrac{y-y_2}{n_2} =$

$\dfrac{z-z_2}{l_2}$, 求 L_2 绕 L_1 旋转一周所得的单叶双曲面 Σ 的方程(假设 L_1 与 L_2 不相互垂直).

思路 曲面 Σ 上任一点 P 都是直线 L_2 上一个对应点 P' 绕 L_1 旋转到相应位置而得到的, 弄清楚 P 与 P' 的坐标的联系, 即可建立起所求的曲面方程.

解 设 $P(u,v,w)$ 为 Σ 上任意一点, 则过点 P 且与 L_1 垂直的平面方程为

$$m_1(x-u) + n_1(y-v) + l_1(z-w) = 0.$$

由方程组

$$\begin{cases} \dfrac{x-x_2}{m_2} = \dfrac{y-y_2}{n_2} = \dfrac{z-z_2}{l_2}, \\ m_1(x-u) + n_1(y-v) + l_1(z-w) = 0, \end{cases}$$

解得交点坐标为 $P'(a,b,c)$, 其中

$$\begin{cases} a = x_2 + m_2 \cdot \dfrac{m_1(u-x_2) + n_1(v-y_2) + l_1(w-z_2)}{m_1 m_2 + n_1 n_2 + l_1 l_2}, \\ b = y_2 + n_2 \cdot \dfrac{m_1(u-x_2) + n_1(v-y_2) + l_1(w-z_2)}{m_1 m_2 + n_1 n_2 + l_1 l_2}, \\ c = z_2 + l_2 \cdot \dfrac{m_1(u-x_2) + n_1(v-y_2) + l_1(w-z_2)}{m_1 m_2 + n_1 n_2 + l_1 l_2}. \end{cases} \tag{5.6.6}$$

记 $s_1 = (m_1, n_1, l_1), P(x_1, y_1, z_1)$, 则由 P 是由 P' 绕直线 L_1 旋转而得, 故它们到 P_1 的距离相等, 即有

$$|P_1 P| = |P_1 P'|,$$

亦即有

$$\sqrt{(u-x_1)^2 + (v-y_1)^2 + (w-z_1)^2} = \sqrt{(a-x_1)^2 + (b-y_1)^2 + (c-z_1)^2},$$

两边平方, 并利用(5.6.6)式消去 a, b, c, 得到一个关于 u, v, w 的方程, 就是所求的单叶双曲面的方程(由于表达式过于复杂, 略去). $\blacksquare$

选例 5.6.20 给定平面 $\pi: 2x - y + 2z - 3 = 0$ 和两个点 $P(1,2,1)$ 与 $Q(2,5,1)$, 试在平面 π 上找一点 M, 使得折线长 $|PM| + |MQ|$ 最短.

思路 主要利用两点间直线距离最短. 先判断 P, Q 两点是否在平面的同一侧, 若 P, Q 不在同一侧, 则线段 PQ 与平面 π 的交点即为所求点; 若 P, Q 在同一侧, 则先找到其中一点(比如点 P)关于平面 π 的对称点 P', 则线段 $P'Q$ 两点连线与平面 π 的交点即为所求点.

解 首先将 P, Q 两点的坐标代入平面 π 的方程左边分别得

$$2 - 2 + 2 - 3 = -1 < 0, \quad 4 - 5 + 2 - 3 = -2 < 0.$$

可见，P,Q 两点在平面 π 的同一侧. 如图 5.6-13 所示，设 P 关于平面 π 的对称点 P'，则对于平面 π 上的任一点 M，都有

$$|PM| + |MQ| = |P'M| + |MQ|.$$

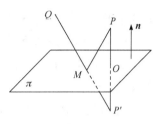

因此用两点间以直线距离为最短可知，当 M 在 P',Q 连成的直线段上时，可使得 $|PM| + |MQ|$ 取得最小值. 我们先求点 P' 的坐标.

图 5.6-13

设 $P'(x,y,z)$，向量 $\overrightarrow{PP'} = (x-1, y-2, z-1)$ 与平面的法向量 $\boldsymbol{n} = (2,-1,2)$ 平行，因此有

$$\frac{x-1}{2} = \frac{y-2}{-1} = \frac{z-1}{2}. \tag{5.6.7}$$

同时，$\overrightarrow{PP'}$ 的中点 $O\left(\dfrac{x+1}{2}, \dfrac{y+2}{2}, \dfrac{z+1}{2}\right)$ 在平面 π 上，因此又有

$$2 \cdot \frac{x+1}{2} - \frac{y+2}{2} + 2 \cdot \frac{z+1}{2} - 3 = 0. \tag{5.6.8}$$

由(5.6.7)与(5.6.8)联立解得：$x = \dfrac{13}{9}, y = \dfrac{16}{9}, z = \dfrac{13}{9}$. 因此 $P'\left(\dfrac{13}{9}, \dfrac{16}{9}, \dfrac{13}{9}\right)$. 于是 $\overrightarrow{QP'} = -\dfrac{1}{9}(5, 29, -4)$. 由此可得，过点 P',Q 的直线方程为

$$\frac{x-2}{5} = \frac{y-5}{29} = \frac{z-1}{-4}.$$

将它与平面 π 的方程联立，即可解得所求点 M 的坐标为 $M\left(\dfrac{44}{27}, \dfrac{77}{27}, \dfrac{35}{27}\right)$. ∎

5.7 配套教材小节习题参考解答

习题 5.1

习题5.1参考解答

1. 设长方体的各棱与坐标轴平行，已知长方体的两个顶点坐标，试写出余下六个点的坐标.

(1) $(1,1,2),(3,4,5)$；　　　　(2) $(4,3,0),(1,6,-4)$.

2. 证明：三点 $A(1,0,-1),B(3,4,5),C(0,-2,-4)$ 共线.

3. 证明：以点 $A(4,1,9),B(10,-1,6),C(2,4,3)$ 为顶点的三角形是等腰三角形.

4. 已知点 $A(3,-1,2),B(1,2,-4),C(-1,1,2)$，试求点 D，使得以 A,B,C,D 为顶点的四边形为平行四边形.

5. 已给正六边形 $ABCDEF$（字母顺序按逆时针方向），记 $\overrightarrow{AB} = \boldsymbol{a}, \overrightarrow{AE} = \boldsymbol{b}$，试用向量 $\boldsymbol{a}$ 和 $\boldsymbol{b}$ 表示向量 $\overrightarrow{AC}, \overrightarrow{AD}, \overrightarrow{AF}$ 和 $\overrightarrow{CB}$.

6. 用向量法证明：三角形两边中点的连线平行于第三边，且长度等于第三边长度的一半.

7. 已知两点 $M_1(4,\sqrt{2},1), M_2(3,0,2)$，计算向量 $\overrightarrow{M_1M_2}$ 的模、方向余弦和方向角.

8. 设 $\boldsymbol{a} = 3\boldsymbol{i} + 5\boldsymbol{j} + 8\boldsymbol{k}, \boldsymbol{b} = 2\boldsymbol{i} - 4\boldsymbol{j} - 7\boldsymbol{k}, \boldsymbol{c} = 5\boldsymbol{i} + \boldsymbol{j} - 4\boldsymbol{k}$，求向量 $\boldsymbol{l} = 4\boldsymbol{a} + 3\boldsymbol{b} - \boldsymbol{c}$ 在 x 轴上的

投影以及在 y 轴上的分向量.

　　9. 设 $a=i+j+k,b=i-2j+k,c=-2i+j+2k$，试用单位向量 e_a,e_b,e_c 表示向量 i,j,k.

　　10. 设向量 a 与三条坐标轴成相等的锐角，求向量 a 的方向余弦. 若 $|a|=2\sqrt{3}$，求向量 a 的坐标.

　　11. 设 $\triangle ABC$ 的重心是 G,O 是坐标原点，且 $\overrightarrow{OA}=a,\overrightarrow{OB}=b,\overrightarrow{OC}=c$.证明:

$$\overrightarrow{OG}=\frac{1}{3}(a+b+c).$$

习题 5.2

习题5.2参考解答

　　1. 若向量 x 与 $a=(2,-1,2)$ 共线，且满足: $x\cdot a=-18$，求向量 x.

　　2. 设 $a=3i-j-2k,b=i+2j-k$，求

　　(1) $a\cdot b$;　　　　　(2) $a\times b$;　　　　　(3) $\mathrm{Prj}_a b$;　　　　　(4) $\cos(\widehat{a,b})$.

　　3. 设 $a=2i-3j+k,b=i-j+3k,c=i-2j$，求

　　(1) $(a\times b)\cdot c$;　　(2) $(a\times b)\times c$;　　(3) $a\times(b\times c)$;　　(4) $(a\cdot b)c-(a\cdot c)b$.

　　4. 设向量 a,b,c 满足 $a+b+c=0$，证明:

　　(1) $a\cdot b+b\cdot c+c\cdot a=-\dfrac{1}{2}\left(|a|^2+|b|^2+|c|^2\right)$.

　　(2) $a\times b=b\times c=c\times a$.

　　5. 已知 $A(1,-1,2),B(5,-6,2),C(1,3,-1)$，求

　　(1) 同时与 $\overrightarrow{AB}$ 和 $\overrightarrow{AC}$ 垂直的单位向量;

　　(2) $\triangle ABC$ 的面积;

　　(3) 从顶点 B 到边 AC 的高的长度.

　　6. 设 $a=3i+5j-2k,b=2i+j+9k$，试求 λ 的值，使得

　　(1) $\lambda a+b$ 与 z 轴垂直;

　　(2) $\lambda a+b$ 与 a 垂直，并证明此时 $|\lambda a+b|$ 取得最小值.

　　7. 证明如下的平行四边形法则: $2\left(|a|^2+|b|^2\right)=|a+b|^2+|a-b|^2$，说明这一法则的几何意义.

　　8. 已知向量 c 垂直于向量 $a=(1,2,1)$ 和 $b=(-1,1,1)$，且满足 $c\cdot(i-2j+k)=8$，求向量 c.

　　9. 设 $|a|=\sqrt{3},|b|=1,(\widehat{a,b})=\dfrac{\pi}{6}$. 计算以 $a+2b$ 与 $a-3b$ 为邻边的平行四边形的面积.

　　10. 用向量法证明:

　　(1) 直径所对的圆周角是直角;

　　(2) 三角形的三条高交于一点.

　　11. 设 $a\times b+b\times c+c\times a=0$. 证明: 向量 a,b,c 共面.

习题 5.3

习题5.3参考解答

　　1. 求满足下列条件的平面方程.

(1) 过点 $A(2,9,-6)$ 且与向径 $\overrightarrow{OA}$ 垂直;

(2) 过点 $(3,0,-1)$ 且与平面 $3x-7y+5z-12=0$ 平行;

(3) 过点 $(1,0,-1)$ 且同时平行于向量 $\boldsymbol{a}=2\boldsymbol{i}+\boldsymbol{j}+\boldsymbol{k}$ 和 $\boldsymbol{b}=\boldsymbol{i}-\boldsymbol{j}$;

(4) 过点 $(1,1,1)$ 和 $(0,1,-1)$ 且与平面 $x+y+z=0$ 相互垂直;

(5) 过点 $(1,1,-1),(-2,-2,2)$ 和 $(1,-1,2)$;

(6) 过点 $(-3,1,-2)$ 和 z 轴;

(7) 过点 $(4,0,-2),(5,1,7)$ 且平行于 x 轴;

(8) 平面 $x-2y+2z+21=0$ 与平面 $7x+24z-5=0$ 之间的两面角的平分面.

2. 求平面 $2x-2y+z+5=0$ 与各坐标面夹角的余弦.

3. 求平面 $x-2y+2z+5=0$ 与 $x+4y-z+4=0$ 的夹角.

4. 求两平行平面 $Ax+By+Cz+D_1=0$ 与 $Ax+By+Cz+D_2=0$ 之间的距离.

习题 5.4

习题5.4参考解答

1. 写出下列直线的对称式方程和参数方程:

(1) $\begin{cases} x-y+z=1, \\ 2x+y+z=4; \end{cases}$ 　　(2) $\begin{cases} 2x+5y+3=0, \\ x-3y+z+2=0. \end{cases}$

2. 求满足下列条件的直线方程:

(1) 过点 $(4,-1,3)$ 且平行于直线 $\dfrac{x+3}{2}=\dfrac{y}{1}=\dfrac{z-1}{5}$;

(2) 过点 $(0,2,4)$ 且同时平行于平面 $x+2z=1$ 和 $y-3z=2$;

(3) 过点 $(2,-3,1)$ 且垂直于平面 $2x+3y+z+1=0$;

(4) 过点 $(0,1,2)$ 且与直线 $\dfrac{x-1}{1}=\dfrac{y-1}{-1}=\dfrac{z}{2}$ 垂直相交.

3. 求下列投影点的坐标:

(1) 点 $(-1,2,0)$ 在平面 $x+2y-z+1=0$ 上的投影点;

(2) 点 $(2,3,1)$ 在直线 $\dfrac{x+7}{1}=\dfrac{y+2}{2}=\dfrac{z+2}{3}$ 上的投影点.

4. 求下列投影直线的方程:

(1) 直线 $\begin{cases} 2x-4y+z=0, \\ 3x-y-2z-9=0 \end{cases}$ 在三个坐标面上的投影直线;

(2) 直线 $\begin{cases} 4x-y+3z-1=0, \\ x+5y-z+2=0 \end{cases}$ 在平面 $2x-y+5z-3=0$ 上的投影直线.

5. 求直线 $\begin{cases} 5x-3y+3z-9=0, \\ 3x-2y+z-1=0 \end{cases}$ 与直线 $\begin{cases} 2x+2y-z+23=0, \\ 3x+8y+z-18=0 \end{cases}$ 之间的夹角.

6. 求直线 $\dfrac{x-1}{2}=\dfrac{y}{-1}=\dfrac{z+1}{2}$ 与平面 $x-y+2z=3$ 之间的夹角.

7. 设 M_0 是直线 L 外的一点, M 是直线 L 上的任意一点, 且直线 L 的方向向量为 $\boldsymbol{s}$,

证明: 点 M_0 到直线 L 的距离为 $d = \dfrac{\left|\overrightarrow{M_0M} \times \boldsymbol{s}\right|}{|\boldsymbol{s}|}$. 由此计算

(1) 点 $M_0(3,-4,4)$ 到直线 $\dfrac{x-4}{2} = \dfrac{y-5}{-2} = \dfrac{z-2}{1}$ 的距离;

(2) 点 $M_0(3,-1,2)$ 到直线 $\begin{cases} x+y-z+1=0, \\ 2x-y+z-4=0 \end{cases}$ 的距离.

8. 求点 $(3,-1,-1)$ 关于平面 $6x+2y-9z+96=0$ 的对称点的坐标.

9. 求直线 $\dfrac{x-5}{2} = \dfrac{y+3}{-2} = \dfrac{z-1}{3}$ 与平面 $x+2y-5z-11=0$ 的交点.

10. 证明: 直线 $L_1 : \dfrac{x-7}{3} = \dfrac{y-2}{2} = \dfrac{z-1}{-2}$ 与直线 $L_2 : x=1+2t, y=-2-3t, z=5+4t$ 共面, 并求 L_1, L_2 所在的平面方程.

11. 已知入射光线的路径为 $\dfrac{x-1}{4} = \dfrac{y-1}{3} = \dfrac{z-2}{1}$, 求该光线经平面 $x+2y+5z+17=0$ 反射后的反射光线方程.

12. 求过点 $(2,-1,2)$ 且与两直线

$$L_1 : \dfrac{x-1}{1} = \dfrac{y-1}{0} = \dfrac{z-1}{0}, \quad L_2 : \dfrac{x-2}{1} = \dfrac{y-1}{1} = \dfrac{z+3}{3}$$

同时相交的直线方程.

习题 5.5

习题5.5参考解答

1. 指出下列方程在平面解析几何与空间解析几何中分别表示什么几何图形:

(1) $x-y=1$;　　(2) $xy=1$;　　(3) $x^2-2y=1$;　　(4) $2x^2+y^2=1$.

2. 写出下列曲线绕指定轴旋转所生成的旋转曲面方程:

(1) xOz 平面上的抛物线 $z^2=5x$ 绕 x 轴旋转;

(2) xOy 平面上的双曲线 $4x^2-9y^2=36$ 绕 y 轴旋转;

(3) xOy 平面上的圆 $(x-2)^2+y^2=1$ 绕 y 轴旋转;

(4) yOz 平面上的直线 $2y-3z+1=0$ 绕 z 轴旋转.

3. 指出下列方程所表示的曲面哪些是旋转曲面, 这些旋转曲面是怎样形成的:

(1) $x+y^2+z^2=1$;　　　　(2) $x^2+y+z=1$;

(3) $x^2-y^2+z^2=1$;　　　　(4) $x^2+y^2-z^2+2z=1$.

4. 写出满足下列条件的动点的轨迹方程, 它们分别表示什么曲面?

(1) 动点到坐标原点的距离等于它到平面 $z=4$ 的距离;

(2) 动点到坐标原点的距离等于它到点 $(2,3,4)$ 的距离的一半;

(3) 动点到点 $(0,0,5)$ 的距离等于它到 x 轴的距离;

(4) 动点到 x 轴的距离等于它到 yOz 平面的距离的二倍.

5. 画出下列曲线在第一卦限内的图形:

(1) $\begin{cases} z = \sqrt{1 - x^2 - y^2}, \\ y = x; \end{cases}$　　　　　　(2) $\begin{cases} z = x^2 + y^2, \\ x + y = 1; \end{cases}$

(3) $\begin{cases} z = \sqrt{x^2 + y^2}, \\ x = 1; \end{cases}$　　　　　　(4) $\begin{cases} x^2 + y^2 = 1, \\ x^2 + z^2 = 1. \end{cases}$

6. 试把下列曲线方程转换成母线平行于坐标轴的柱面的交线方程:

(1) $\begin{cases} 2x^2 + y^2 + z^2 = 16, \\ x^2 - y^2 + z^2 = 0; \end{cases}$　　　(2) $\begin{cases} 2y^2 + z^2 + 4x - 4z = 0, \\ y^2 + 3z^2 - 8x - 12z = 0. \end{cases}$

7. 求下列曲线在 xOy 面上的投影曲线的方程:

(1) $\begin{cases} x^2 + y^2 + z^2 = 1, \\ x + z = 1; \end{cases}$　　　　　(2) $\begin{cases} z = x^2 + y^2, \\ x + y + z = 1; \end{cases}$

(3) $\begin{cases} x^2 + 2y^2 = 1, \\ z = x^2; \end{cases}$　　　　　　(4) $\begin{cases} x = \cos\theta, \\ y = \sin\theta, \\ z = 2\theta. \end{cases}$

8. 将下列曲线的一般方程化为参数方程:

(1) $\begin{cases} x^2 + y^2 + z^2 = 1, \\ x + y = 0; \end{cases}$　　　　　(2) $\begin{cases} z = \sqrt{4 - x^2 - y^2}, \\ (x - 1) + y^2 = 1. \end{cases}$

9. 求下列曲面所围成的立体在 xOy 坐标面上的投影区域:

(1) $z = x^2 + y^2$ 与 $z = 2 - x^2 - y^2$;　　　(2) $z = \sqrt{x^2 + y^2}, x^2 + y^2 = 1$ 与 $z = 0$.

10. 求由上半球面 $z = \sqrt{a^2 - x^2 - y^2}$, 柱面 $x^2 + y^2 - ax = 0 (a > 0)$ 及平面 $z = 0$ 所围成的立体在 xOy 平面和 xOz 平面的投影区域.

习题 5.6

习题5.6参考解答

1. 画出下列方程所表示的二次曲面图形:

(1) $x^2 + 4y^2 + 9z^2 = 1$;　　　　　(2) $3x^2 + 4y^2 - z^2 = 12$;

(3) $x^2 + y^2 + z^2 - 2x + 4y + 2z = 0$;　　(4) $2x^2 + 3y^2 - z = 1$.

2. 画出下列各曲面所围成的立体的图形:

(1) $x = 0, y = 0, z = 0, y = 1, 3x + 4y + 2z - 12 = 0$;

(2) $x = 0, y = 0, z = 0, x^2 + y^2 = 1, y^2 + z^2 = 1$(在第一卦限内);

(3) $z = \sqrt{x^2 + y^2}, z = \sqrt{1 - x^2 - y^2}$;

(4) $y = x^2, x + y + z = 1, z = 0$.

总习题五参考解答

1. 设 a, b, c 为任意三个向量, 且 $a \neq 0$, 试问:

(1) 若 $a \cdot b = a \cdot c$，能否推知 $b = c$？

(2) 若 $a \times b = a \times c$，能否推知 $b = c$？

(3) 若 $a \cdot b = a \cdot c$ 且 $a \times b = a \times c$，能否推知 $b = c$？

解　(1) 不能推知. 比如，若 $a = i, b = j, c = k$，则显然有 $a \cdot b = a \cdot c = 0$，但是 $b = c$ 并不成立.

(2) 不能推知. 比如，若 $a = i, b = 2i, c = 3i$，则显然有 $a \times b = a \times c = 0$，但是 $b = c$ 并不成立.

(3) 能够推知. 因为由 $a \cdot b = a \cdot c$ 可知，$a \cdot (b - c) = 0$，从而 $a \perp (b - c)$. 又由 $a \times b = a \times c$ 可知，$a \times (b - c) = 0$，可见又有 $a // (b - c)$. 由于 $a \neq 0$，故只能 $b - c = 0$. 因此 $b = c$. ∎

2. 设 $a \neq 0, b \neq 0$，试问在什么条件下才能保证下列等式成立：

(1) $|a + b| = |a - b|$;　　　　　　(2) $|a + b| = |a| + |b|$;

(3) $|a + b| = |a| - |b|$;　　　　　　(4) $|a - b| = |a| - |b|$.

解　(1) $|a + b| = |a - b|$ 成立的充分必要条件是 $a \perp b$. 证明如下：

$$|a + b| = |a - b| \Leftrightarrow |a + b|^2 = |a - b|^2$$

$$\Leftrightarrow |a|^2 + |b|^2 + 2|a||b|\cos(\widehat{a,b}) = |a|^2 + |b|^2 - 2|a||b|\cos(\widehat{a,b})$$

$$\Leftrightarrow 4|a||b|\cos(\widehat{a,b}) = 0$$

$$\Leftrightarrow \cos(\widehat{a,b}) = 0 (因为 a \neq 0, b \neq 0)$$

$$\Leftrightarrow a \perp b.$$

(2) $|a + b| = |a| + |b|$ 成立的充分必要条件是 a 与 b 同向. 证明如下：

$$|a + b| = |a| + |b| \Leftrightarrow |a + b|^2 = (|a| + |b|)^2$$

$$\Leftrightarrow |a|^2 + |b|^2 + 2|a||b|\cos(\widehat{a,b}) = |a|^2 + |b|^2 + 2|a||b|$$

$$\Leftrightarrow |a||b|\cos(\widehat{a,b}) = |a||b|$$

$$\Leftrightarrow \cos(\widehat{a,b}) = 1 (因为 a \neq 0, b \neq 0)$$

$$\Leftrightarrow a 与 b 同向.$$

(3) $|a + b| = |a| - |b|$ 成立的充分必要条件是 a 与 b 反向，且 $|a| \geqslant |b|$. 证明如下：

$$|a + b| = |a| - |b| \Leftrightarrow |a + b|^2 = (|a| - |b|)^2, 且 |a| \geqslant |b|$$

$$\Leftrightarrow |a|^2 + |b|^2 + 2|a||b|\cos(\widehat{a,b}) = |a|^2 + |b|^2 - 2|a||b|, 且 |a| \geqslant |b|$$

$$\Leftrightarrow |a||b|\cos(\widehat{a,b}) = -|a||b|, 且 |a| \geqslant |b|$$

$$\Leftrightarrow \cos(\widehat{a,b}) = -1, 且 |a| \geqslant |b|(因为 a \neq 0, b \neq 0)$$

$$\Leftrightarrow a 与 b 反向, 且 |a| \geqslant |b|.$$

(4) $|a - b| = |a| - |b|$ 成立的充分必要条件是 a 与 b 同向，且 $|a| \geqslant |b|$. 证明如下：

$$|a - b| = |a| - |b| \Leftrightarrow |a - b|^2 = (|a| - |b|)^2, 且 |a| \geqslant |b|$$

$$\Leftrightarrow |a|^2 + |b|^2 - 2|a||b|\cos(\widehat{a,b}) = |a|^2 + |b|^2 - 2|a||b|, 且 |a| \geqslant |b|$$

$$\Leftrightarrow |\boldsymbol{a}||\boldsymbol{b}|\cos\left(\widehat{\boldsymbol{a},\boldsymbol{b}}\right)=|\boldsymbol{a}||\boldsymbol{b}|,\text{且}|\boldsymbol{a}|\geqslant|\boldsymbol{b}|$$

$$\Leftrightarrow \cos\left(\widehat{\boldsymbol{a},\boldsymbol{b}}\right)=1,\text{且}|\boldsymbol{a}|\geqslant|\boldsymbol{b}|(\text{因为}\boldsymbol{a}\neq\mathbf{0},\boldsymbol{b}\neq\mathbf{0})$$

$$\Leftrightarrow \boldsymbol{a}\text{与}\boldsymbol{b}\text{同向},\text{且}|\boldsymbol{a}|\geqslant|\boldsymbol{b}|.\blacksquare$$

3. 设 $(\boldsymbol{a}\times\boldsymbol{b})\cdot\boldsymbol{c}=2$，计算 $[(\boldsymbol{a}+\boldsymbol{b})\times(\boldsymbol{b}+\boldsymbol{c})]\cdot(\boldsymbol{c}+\boldsymbol{a})$.

解　由于 $(\boldsymbol{a}\times\boldsymbol{b})\cdot\boldsymbol{c}=2$，因此由内积和向量积运算的性质可得

$$[(\boldsymbol{a}+\boldsymbol{b})\times(\boldsymbol{b}+\boldsymbol{c})]\cdot(\boldsymbol{c}+\boldsymbol{a})=(\boldsymbol{a}\times\boldsymbol{b}+\boldsymbol{a}\times\boldsymbol{c}+\boldsymbol{b}\times\boldsymbol{b}+\boldsymbol{b}\times\boldsymbol{c})\cdot(\boldsymbol{c}+\boldsymbol{a})$$
$$=(\boldsymbol{a}\times\boldsymbol{b})\cdot\boldsymbol{c}+(\boldsymbol{a}\times\boldsymbol{c})\cdot\boldsymbol{c}+(\boldsymbol{b}\times\boldsymbol{c})\cdot\boldsymbol{c}+(\boldsymbol{a}\times\boldsymbol{b})\cdot\boldsymbol{a}+(\boldsymbol{a}\times\boldsymbol{c})\cdot\boldsymbol{a}+(\boldsymbol{b}\times\boldsymbol{c})\cdot\boldsymbol{a}$$
$$=(\boldsymbol{a}\times\boldsymbol{b})\cdot\boldsymbol{c}+0+0+0+0+(\boldsymbol{b}\times\boldsymbol{c})\cdot\boldsymbol{a}$$
$$=2(\boldsymbol{a}\times\boldsymbol{b})\cdot\boldsymbol{c}=4.\blacksquare$$

4. 在边长为 1 的立方体中，设 OM 为对角线，OA 为棱，求 $\overrightarrow{OA}$ 在 $\overrightarrow{OM}$ 上的投影.

解　如图 1 所示由于在边长为 1 的立方体中，OM 为对角线，OA 为棱，故棱长 $OA=1$，侧面对角线 $AM=\sqrt{2}$，对角线 $OM=\sqrt{3}$. 于是

$$\cos\angle AOM=\frac{OA}{OM}=\frac{1}{\sqrt{3}},$$

因此，所求的投影为

$$\mathrm{Prj}_{\overrightarrow{OM}}\overrightarrow{OA}=\frac{|\overrightarrow{OA}\cdot\overrightarrow{OM}|}{|\overrightarrow{OM}|}=|\overrightarrow{OA}|\cos\angle AOM=1\cdot\frac{1}{\sqrt{3}}=\frac{\sqrt{3}}{3}.$$

【**注**】也可以如图 2 那样，以 O 为原点，三条棱作为坐标轴建立空间直角坐标系，从而有点坐标

$$O(0,0,0),\quad A(1,0,0),\quad M(1,1,1),$$

从而有向量 $\overrightarrow{OA}=(1,0,0),\overrightarrow{OM}=(1,1,1)$，于是

$$\mathrm{Prj}_{\overrightarrow{OM}}\overrightarrow{OA}=\frac{|\overrightarrow{OA}\cdot\overrightarrow{OM}|}{|\overrightarrow{OM}|}=\frac{|1+0+0|}{\sqrt{3}}=\frac{\sqrt{3}}{3}.\blacksquare$$

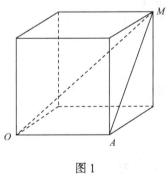
图 1

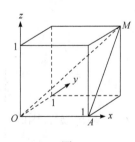
图 2

5. 设 $|\boldsymbol{a}|=\sqrt{3},|\boldsymbol{b}|=1,\left(\widehat{\boldsymbol{a},\boldsymbol{b}}\right)=\dfrac{\pi}{6}$. 计算

(1) 向量 $\boldsymbol{a}+\boldsymbol{b}$ 与 $\boldsymbol{a}-\boldsymbol{b}$ 之间的夹角；

(2) 以 $a+2b$ 与 $a-3b$ 为邻边的平行四边形的面积.

解 (1) **解法一** 设向量 $a+b$ 与 $a-b$ 之间的夹角为 θ，则

$$\cos\theta=\frac{(a+b)\cdot(a-b)}{|a+b||a-b|}=\frac{|a|^2-|b|^2}{\sqrt{|a|^2+|b|^2+2|a||b|\cos\frac{\pi}{6}}\cdot\sqrt{|a|^2+|b|^2-2|a||b|\cos\frac{\pi}{6}}}$$

$$=\frac{3-1}{\sqrt{\sqrt{3}+1+2\sqrt{3}\cdot1\cdot\frac{\sqrt{3}}{2}}\cdot\sqrt{\sqrt{3}+1-2\sqrt{3}\cdot1\cdot\frac{\sqrt{3}}{2}}}=\frac{2}{\sqrt{7}},$$

因此，$\theta=\arccos\frac{2}{\sqrt{7}}$.

解法二 由于 $|a|=\sqrt{3},|b|=1,(\widehat{a,b})=\frac{\pi}{6}$. 故可设 $a=\left(\frac{3}{2},\frac{\sqrt{3}}{2}\right),b=(1,0)$. 从而

$$a+b=\left(\frac{5}{2},\frac{\sqrt{3}}{2}\right),\quad a-b=\left(\frac{1}{2},\frac{\sqrt{3}}{2}\right),$$

于是

$$\cos\theta\frac{(a+b)\cdot(a-b)}{|a+b||a-b|}=\frac{\frac{5}{4}+\frac{3}{4}}{\sqrt{\frac{25}{4}+\frac{3}{4}}\sqrt{\frac{1}{4}+\frac{3}{4}}}=\frac{2}{\sqrt{7}}.$$

因此，$\theta=\arccos\frac{2}{\sqrt{7}}$.

(2) 所求面积为

$$A=\left|(a+2b)\times(a-3b)\right|=|a\times a-3a\times b+2b\times a-6b\times b|$$

$$=|-5a\times b|=5|a||b|\sin(\widehat{a,b})=\frac{5\sqrt{3}}{2}.\blacksquare$$

6. 设 $(a+3b)\perp(7a-5b),(a-4b)\perp(7a-2b)$，求 $(\widehat{a,b})$.

解 由于 $(a+3b)\perp(7a-5b),(a-4b)\perp(7a-2b)$，故有

$$\begin{cases}(a+3b)\cdot(7a-5b)=0,\\(a-4b)\cdot(7a-2b)=0.\end{cases}$$

即有

$$\begin{cases}7a^2+16a\cdot b-15b^2=0,\\7a^2-30a\cdot b+8b^2=0,\end{cases}$$

由此解得，$a^2=2a\cdot b=b^2$. 因此

$$(\widehat{a,b})=\arccos\frac{a\cdot b}{|a||b|}=\arccos\frac{1}{2}=\frac{\pi}{3}.\blacksquare$$

7. 设 $c=|a|b+|b|a$，且 a,b,c 都是非零向量，证明：向量 c 平分 a 与 b 的夹角.

证明 把 a 单位化得到 $e_a=\frac{1}{|a|}a$，把 b 单位化得 $e_b=\frac{1}{|b|}b$. 令

$$d = e_a + e_b = \frac{1}{|a|}a + \frac{1}{|b|}b = \frac{|b|a + |a|b}{|a||b|},$$

则由于以 e_a 和 e_b 为两边的平行四边形为菱形, 故对角线向量 d 平分 e_a 和 e_b 的夹角. 由于 e_a 和 e_b 的夹角就是 a 与 b 的夹角, 且 $c = |a||b|d$, 即 c 与 d 同向, 故向量 c 平分 a 与 b 的夹角.■

8. 设向量 r 与 $a = i - 2j - 2k$ 共线, 与 j 成锐角, 且 $|r| = 15$, 求向量 r.

解　由于 r 与 $a = i - 2j - 2k$ 共线, 故可设 $r = xa = x(i - 2j - 2k)$. 又由于 r 与 j 成锐角, 故 $-2x > 0$, 即 $x < 0$. 再由 $|r| = 15$ 可得

$$|r|^2 = x^2 + (-2x)^2 + (-2x)^2 = 15^2 = 225.$$

由此可得 $x = -5$. 由此 $r = -5(i - 2j - 2k) = -5i + 10j + 10k$.■

9. 设 a, b 为非零向量, 且 $|b| = 1, (\widehat{a, b}) = \dfrac{\pi}{4}$, 求 $\lim\limits_{x \to 0} \dfrac{|a + xb| - |a|}{x}$.

解
$$\lim_{x \to 0} \frac{|a + xb| - |a|}{x} = \lim_{x \to 0} \frac{|a + xb|^2 - |a|^2}{x(|a + xb| + |a|)}$$

$$= \lim_{x \to 0} \frac{|a|^2 + 2xa \cdot b + x^2|b|^2 - |a|^2}{x(|a + xb| + |a|)}$$

$$= \lim_{x \to 0} \frac{2a \cdot b + x|b|^2}{|a + xb| + |a|} = \frac{2a \cdot b}{2|a|} = \frac{a \cdot b}{|a|} = \mathrm{Prj}_a b = \frac{\sqrt{2}}{2}.\blacksquare$$

10. 设 $\overrightarrow{OA} = a, \overrightarrow{OB} = b, \overrightarrow{OC} = c$ 满足: $a + b + c = 0, |a| = |b| = |c| = 1$, 证明: $\triangle ABC$ 为正三角形.

证明　由于 $a + b + c = 0, |a| = |b| = |c| = 1$, 故

$$1 = |a|^2 = a \cdot (-b - c) = -a \cdot b - a \cdot c,$$

同理, 也有

$$1 = -b \cdot a - b \cdot c, \quad 1 = -c \cdot a - c \cdot b.$$

由于内积的可交换性质, 由此可解得 $c \cdot a = b \cdot c = a \cdot b = -\dfrac{1}{2}$. 于是

$$AB^2 = \left|\overrightarrow{AB}\right|^2 = |b - a|^2 = |b|^2 - 2a \cdot b + |a|^2 = 1 - 2 \cdot \left(-\frac{1}{2}\right) + 1 = 3,$$

$$BC^2 = \left|\overrightarrow{BC}\right|^2 = |c - b|^2 = |c|^2 - 2b \cdot c + |b|^2 = 1 - 2 \cdot \left(-\frac{1}{2}\right) + 1 = 3,$$

$$CA^2 = \left|\overrightarrow{CA}\right|^2 = |a - c|^2 = |a|^2 - 2a \cdot c + |c|^2 = 1 - 2 \cdot \left(-\frac{1}{2}\right) + 1 = 3.$$

可见, 在 $\triangle ABC$ 中, $AB = BC = CA$. 因此, $\triangle ABC$ 为正三角形.■

11. 求通过点 $A(3, 0, 0)$ 和 $B(0, 0, 1)$ 且与 xOy 面成 $\dfrac{\pi}{3}$ 角的平面方程.

解　过点 $A(3, 0, 0)$ 和 $B(0, 0, 1)$ 的直线方程为

$$\frac{x}{3} = \frac{y}{0} = \frac{z - 1}{-1} \quad \text{或者} \quad \begin{cases} x + 3z - 3 = 0, \\ y = 0. \end{cases}$$

因此, 过直线 AB 的平面束方程为

$$\lambda(x+3z-3)+\mu y=0, \quad 即 \quad \lambda x+\mu y+3\lambda z-3\lambda=0.$$

其法向量 $\boldsymbol{n}=(\lambda,\mu,3\lambda)$. xOy 面的方程为 $z=0$, 法向量 $\boldsymbol{s}=(0,0,1)$. 由于所求平面与 xOy 面的夹角为 $\dfrac{\pi}{3}$, 故

$$\frac{1}{2}=\cos\frac{\pi}{3}=\frac{|\boldsymbol{n}\cdot\boldsymbol{s}|}{|\boldsymbol{n}||\boldsymbol{s}|}=\frac{|3\lambda|}{\sqrt{\lambda^2+\mu^2+(3\lambda)^2}},$$

由此解得 $\mu=\pm\sqrt{26}\lambda$, 即 $\lambda:\mu=1:\pm\sqrt{26}$. 因此所求平面方程为

$$x+\sqrt{26}y+3z-3=0 \quad 或者 \quad x-\sqrt{26}y+3z-\lambda=0. \blacksquare$$

12. 设一平面通过从点 $(1,-1,1)$ 到直线 $\begin{cases} y-z+1=0, \\ x=0 \end{cases}$ 的垂线, 且与平面 $z=0$ 垂直, 求此平面的方程.

解 (以 z 为参数)容易看出直线 $L:\begin{cases} y-z+1=0, \\ x=0 \end{cases}$ 有方向向量 $\boldsymbol{s}=(0,1,1)$. 故过点 $(1,-1,1)$ 且与直线 L 垂直的平面 π_1 方程为

$$0(x-1)+(y+1)+(z-1)=0, \quad 即 \quad y+z=0.$$

联立 L 和 π_1 的方程, 可解得它们的交点为 $P\left(0,-\dfrac{1}{2},\dfrac{1}{2}\right)$. 因此从点 $(1,-1,1)$ 到直线 L 的垂线方程为

$$\frac{x-1}{2}=\frac{y+1}{-1}=\frac{z-1}{1}, \quad 即 \quad \begin{cases} x+2y+1=0, \\ y+z=0. \end{cases}$$

因此可设所求平面方程为

$$\lambda(x+2y+1)+\mu(y+z)=0, \quad 即 \quad \lambda x+(2\lambda+\mu)y+\mu z+\lambda=0,$$

其法向量 $\boldsymbol{n}=(\lambda,2\lambda+\mu,\mu)$. 由于所求平面还和平面 $z=0$ 垂直, 故

$$\boldsymbol{n}\cdot\boldsymbol{k}=(\lambda,2\lambda+\mu,\mu)\cdot(0,0,1)=\mu=0,$$

故 $\lambda:\mu=1:0$. 因此所求平面方程为

$$x+2y+1=0. \blacksquare$$

13. 证明直线 $\begin{cases} x-y=1, \\ x+z=0 \end{cases}$ 与直线 $\begin{cases} x+y=1, \\ z=-1 \end{cases}$ 相交, 并求出交点的坐标.

解法一 把两条直线方程联立, 可解得唯一一组解 $x=1,y=0,z=-1$. 因此两条直线 $\begin{cases} x-y=1, \\ x+z=0 \end{cases}$ 与直线 $\begin{cases} x+y=1, \\ z=-1 \end{cases}$ 相交, 且交点为 $(1,0,-1)$.

解法二 把两条直线方程改写成对称式, 得

$$L_1:\frac{x}{1}=\frac{y+1}{1}=\frac{z}{-1}, \quad L_2:\frac{x}{1}=\frac{y-1}{-1}=\frac{z+1}{0}.$$

记 $s_1=(1,1,-1),s_2=(1,-1,0),P_1(0,-1,0),P_2(0,1,-1)$. 则混合积

$$[s_1,s_2,\overrightarrow{P_1P_2}]=[(1,1,-1)\times(1,-1,0)]\cdot(0,2,-1)=(-1,-1,-2)\cdot(0,2,-1)=0.$$

因此两条直线共面. 又由于 $s_1\cdot s_2=0$，故两条直线垂直相交. 把两条直线方程联立, 可解得唯一一组解 $x=1,y=0,z=-1$. 且交点为 $(1,0,-1)$. ∎

14. 求点 $M(4,-3,1)$ 在平面 $\pi:x+2y-z-3=0$ 上的投影点的坐标.

解　过点 $M(4,-3,1)$ 且与平面 $\pi:x+2y-z-3=0$ 垂直的直线 L 方程为

$$\frac{x-4}{1}=\frac{y+3}{2}=\frac{z-1}{-1}.$$

由方程组

$$\begin{cases}\dfrac{x-4}{1}=\dfrac{y+3}{2}=\dfrac{z-1}{-1},\\ x+2y-z-3=0,\end{cases}$$

可解得 L 与 π 的交点为 $(5,-1,0)$. 此即所求的投影点的坐标.∎

15. 求过点 $(-1,0,4)$ 且平行于平面 $3x-4y+z-10=0$，又与直线 $x+1=y-3=\dfrac{z}{2}$ 相交的直线的方程.

解　记 $\pi:3x-4y+z-10=0$，$L_0:x+1=y-3=\dfrac{z}{2}$，又过点 $P(-1,0,4)$ 和直线 L_0 的平面为 π_1，则由平面束方程可知, 可设 π_1 的方程为

$$\lambda(x-y+4)+\mu(2y-z-6)=0,$$

将点 $(-1,0,4)$ 代入 π_1 的方程, 可得 $\lambda(-1-0+4)+\mu(0-4-6)=0$，因此 $\lambda:\mu=10:3$. 因此 π_1 的方程为

$$10(x-y+4)+3(2y-z-6)=0，\quad 即\quad 10x-4y-3z+22=0.$$

于是 π_1 与 π 的交线 L_1 的方程为

$$\begin{cases}3x-4y+z-10=0,\\10x-4y-3z+22=0.\end{cases}$$

L_1 有方向向量

$$s=(3,-4,1)\times(10,-4,-3)=(16,19,28).$$

所求直线就是过点 P 且平行于直线 L_1 的直线 L, 如图3所示, 其方程为

$$\frac{x+1}{16}=\frac{y}{19}=\frac{z-4}{28}.\quad∎$$

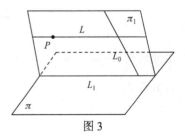
图 3

【注】也可以先求出过点 P 且与 π 平行的平面 π'，然后求出 π' 与 L_0 的交点 P'，则过 P,P' 两点的直线就是所求直线.

16. 设一直线过点 $P_0(2,-1,2)$ 且与两条直线

$$L_1 : \frac{x-1}{1} = \frac{y-1}{0} = \frac{z-1}{1}, \quad L_2 : \frac{x-2}{1} = \frac{y-1}{1} = \frac{z+3}{-3}$$

同时相交, 求此直线的方程.

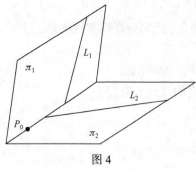

图 4

解　如图 4 所示, 只需求出过点 P_0 与直线 L_1 的平面 π_1 和过点 P_0 与直线 L_2 的平面 π_2, 则 π_1 与 π_2 的交线即为所求直线.

L_1 有一般方程 $x - z = 0, y - 1 = 0$. 因此可设 π_1 的方程为

$$\lambda(x - z) + \mu(y - 1) = 0.$$

将点 P_0 的坐标代入, 解得: $\lambda : \mu = 1 : 0$, 因此 π_1 的方程为 $x - z = 0$.

L_2 有一般方程 $x - y - 1 = 0, 3y + z = 0$. 因此可设 π_2 的方程为

$$\lambda(x - y - 1) + \mu(3y + z) = 0.$$

将点 P_0 的坐标代入, 解得: $\lambda : \mu = 1 : 2$, 因此 π_2 的方程为

$$1 \cdot (x - y - 1) + 2 \cdot (3y + z) = 0, \quad 即 \quad x + 5y + 2z - 1 = 0.$$

故所求直线方程为 $\begin{cases} x + 5y + 2z - 1 = 0, \\ x - z = 0, \end{cases}$ 其对称式为

$$\frac{x - 7}{5} = \frac{y + 4}{-3} = \frac{z - 7}{5}. \ \blacksquare$$

17. 求异面直线 $L_1 : \frac{x}{1} = \frac{y}{2} = \frac{z}{3}$ 与 $L_2 : x - 1 = y + 1 = z - 2$ 的公垂线方程.

解　记 L_1 的方向向量 $\boldsymbol{s}_1 = (1, 2, 3)$, L_2 的方向向量为 $\boldsymbol{s}_2 = (1, 1, 1)$. 设所求公垂线 L 与已知直线 L_1 的交点为 $A(s, 2s, 3s)$, 与已知直线 L_2 的交点为 $B(1 + t, -1 + t, 2 + t)$. 则向量 $\overrightarrow{AB} = (1 + t - s, -1 + t - 2s, 2 + t - 3s)$ 与向量

$$\boldsymbol{s}_1 \times \boldsymbol{s}_2 = (1, 2, 3) \times (1, 1, 1) = (-1, 2, -1)$$

平行, 因此有

$$\frac{1 + t - s}{-1} = \frac{-1 + t - 2s}{2} = \frac{2 + t - 3s}{-1},$$

由此解得: $s = \frac{1}{2}, t = \frac{1}{3}$. 因此, $A\left(\frac{1}{2}, 1, \frac{3}{2}\right)$, $B\left(\frac{4}{3}, \frac{-2}{3}, \frac{7}{3}\right)$. 所求公垂线就是 A, B 所在直线, 其方程为

$$\frac{x - \dfrac{1}{2}}{-1} = \frac{y - 1}{2} = \frac{z - \dfrac{3}{2}}{-1}. \ \blacksquare$$

18. 已知点 $A(1, 0, 0)$ 与 $B(0, 2, 1)$, 试在 z 轴上求一点 C, 使得 $\triangle ABC$ 的面积最小.

解　设 $C(0, 0, z)$, 则 $\overrightarrow{AC} = (-1, 0, z)$, $\overrightarrow{AB} = (-1, 2, 1)$. 因此 $\triangle ABC$ 的面积为

$$S = \frac{1}{2}\left|\overrightarrow{AC} \times \overrightarrow{AB}\right| = \frac{1}{2}\left|(-1,0,z) \times (-1,2,1)\right| = \frac{1}{2}\left|(-2z,1-z,-2)\right| = \frac{1}{2}\sqrt{(-2z)^2 + (1-z)^2 + (-2)^2}.$$

要使得 S 最小，就是要使得

$$f(z) = (-2z)^2 + (1-z)^2 + (-2)^2 = 5z^2 - 2z + 5$$

最小. 由于

$$f(z) = 5z^2 - 2z + 5 = 5\left(z - \frac{1}{5}\right)^2 + \frac{24}{5}.$$

可见，当 $z = \dfrac{1}{5}$ 时，$f(z)$ 取得最小值 $\dfrac{24}{5}$，S 取得最小值 $\dfrac{\sqrt{30}}{5}$. 因此所求的点为 $\left(0,0,\dfrac{1}{5}\right)$. ∎

19. 求直线 $\dfrac{x-b}{0} = \dfrac{y-b}{b} = \dfrac{z-c}{c}(bc \neq 0)$ 绕 z 轴旋转所得旋转面的方程，它表示什么曲面？

解　注意到直线 $\dfrac{x-b}{0} = \dfrac{y-b}{b} = \dfrac{z-c}{c}$ 位于平行于 z 轴的平面 $x = b$ 上，因此所得的旋转曲面一定是个单叶双曲面. 下面我们来导出其方程.

设 (x,y,z) 是所求旋转曲面上的任意一点，则它一定是已知直线 $\dfrac{x-b}{0} = \dfrac{y-b}{b} = \dfrac{z-c}{c}$ 上某一点 (x_0,y_0,z_0) 旋转而得. 由于是绕 z 轴旋转，故在旋转过程中 z 坐标保持不变，因此 $z_0 = z$. 此外，这两个点到转轴 z 轴的距离应该相等，因此又有 $\sqrt{x_0^2 + y_0^2} = \sqrt{x^2 + y^2}$. (x_0,y_0,z_0) 应满足直线方程，即有

$$\frac{x_0 - b}{0} = \frac{y_0 - b}{b} = \frac{z_0 - c}{c}.$$

这样，我们得到

$$\begin{cases} \dfrac{x_0 - b}{0} = \dfrac{y_0 - b}{b} = \dfrac{z_0 - c}{c}, \\ \sqrt{x_0^2 + y_0^2} = \sqrt{x^2 + y^2}, \\ z_0 = z. \end{cases}$$

消去 x_0, y_0, z_0，即得所求旋转曲面方程为 $\dfrac{x^2}{b^2} + \dfrac{y^2}{b^2} - \dfrac{z^2}{c^2} = 1$. ∎

20. 求柱面 $z^2 = 2x$ 与锥面 $z = \sqrt{x^2 + y^2}$ 所围成的立体在三个坐标面上的投影.

解　从方程组 $\begin{cases} z^2 = 2x, \\ z = \sqrt{x^2 + y^2} \end{cases}$ 中消去 z 得到 $x^2 + y^2 = 2x$. 由此可知该立体在 xOy 平面上的投影为

$$D_{xy} = \left\{(x,y) \big| x^2 + y^2 \leqslant 2x\right\} \quad \text{或者} \quad D_{xy} = \left\{(x,y,z) \big| x^2 + y^2 \leqslant 2x, z = 0\right\}.$$

从方程组 $\begin{cases} z^2 = 2x, \\ z = \sqrt{x^2 + y^2} \end{cases}$ 中消去 x 得到 $4z^2 = 4y^2 + z^4$，即 $(z^2 - 2)^2 + 4y^2 = 4$. 由此可

知该立体在 yOz 平面上的投影为

$$D_{yz} = \left\{ (y,z) \middle| (z^2-2)^2 + 4y^2 \leqslant 4, z \geqslant 0 \right\} \quad \text{或者} \quad D_{yz} = \left\{ (x,y,z) \middle| (z^2-2)^2 + 4y^2 \leqslant 4, x = 0 \right\}.$$

此外, 根据抛物柱面与圆锥面的几何特征, 可知该立体在 zOx 平面上的投影为

$$D_{zx} = \left\{ (z,x) \middle| \frac{1}{2}z^2 \leqslant x \leqslant z, 0 \leqslant z \leqslant 2 \right\} \quad \text{或者} \quad D_{zx} = \left\{ (x,y,z) \middle| \frac{1}{2}z^2 \leqslant x \leqslant z, 0 \leqslant z \leqslant 2, y = 0 \right\}. \blacksquare$$

21. 画出下列各曲面所围成的立体的图形:

(1) 抛物柱面 $2y^2 = x$, 平面 $z = 0$ 及 $\dfrac{x}{4} + \dfrac{y}{2} + \dfrac{z}{2} = 1$;

(2) 旋转抛物面 $z = x^2 + y^2$, 柱面 $x = y^2$, 平面 $z = 0$ 及 $x = 1$.

解 (1) 该立体图形如图 5 所示.　　　　　　(2) 该立体图形如图 6 所示.∎

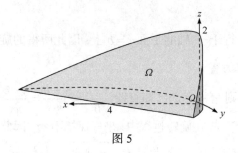

图 5

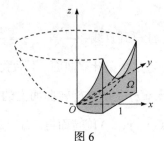

图 6

第 6 章　多元函数微分学

6.1　教学基本要求

1. 理解多元函数的概念, 理解二元函数的几何意义.
2. 理解二元函数的极限和连续性的概念以及有界闭区域上多元连续函数的性质.
3. 理解多元函数偏导数和全微分的概念, 会求全微分. 理解全微分存在的必要条件和充分条件, 了解全微分形式不变性.
4. 理解方向导数和梯度的概念, 并掌握其计算方法.
5. 掌握多元复合函数一阶、二阶偏导数的求法.
6. 会用隐函数的求导法则.
7. 了解空间曲线的切线和法平面及空间曲面的切平面和法线的概念, 会求它们的方程.
8. 了解二元函数的二阶泰勒公式.
9. 理解多元函数极值和条件极值的概念, 掌握多元函数极值存在的必要条件. 了解二元函数极值存在的充分条件, 会求二元函数的极值. 会用拉格朗日乘数法求条件极值. 会求简单多元函数的最大值和最小值, 并会解决一些简单的应用问题.

6.2　内容复习与整理

6.2.1　基本概念

1. **n 维欧氏空间 $\mathbb{R}^n$ 中的基本概念**　$\mathbb{R}^n$ 表示所有 n 元有序实数组 $(x_1, x_2, \cdots, x_n)$ 全体构成的集合, 其中每一点 $\boldsymbol{x} = (x_1, x_2, \cdots, x_n)$ 可以看成一个向量, 在向量的线性运算

$$\lambda(x_1, x_2, \cdots, x_n) + \mu(y_1, y_2, \cdots, y_n) = (\lambda x_1 + \mu y_1, \lambda x_2 + \mu y_2, \cdots, \lambda x_n + \mu y_n)$$

下构成一个线性空间. 在内积运算

$$\langle \boldsymbol{x}, \boldsymbol{y} \rangle = \langle (x_1, x_2, \cdots, x_n), (y_1, y_2, \cdots, y_n) \rangle = x_1 y_1 + x_2 y_2 + \cdots + x_n y_n$$

下构成一个内积空间. 向量 $\boldsymbol{x} = (x_1, x_2, \cdots, x_n)$ 的模为 $\|\boldsymbol{x}\| = \sqrt{x_1^2 + x_2^2 + \cdots + x_n^2}$.

两点间距离　点 $\boldsymbol{x} = (x_1, x_2, \cdots, x_n)$ 与 $\boldsymbol{y} = (y_1, y_2, \cdots, y_n)$ 之间的距离为

$$\|\boldsymbol{x} - \boldsymbol{y}\| = \sqrt{(x_1 - y_1)^2 + (x_2 - y_2)^2 \cdots + (x_n - y_n)^2}.$$

点 $P_0 \in \mathbb{R}^n$ 的 δ-邻域　$U(P_0, \delta) = \left\{ P \in \mathbb{R}^n \,\middle|\, \|P - P_0\| < \delta \right\}$.

点 $P_0 \in \mathbb{R}^n$ 的 δ-去心邻域　$\mathring{U}(P_0, \delta) = \left\{ P \in \mathbb{R}^n \,\middle|\, 0 < \|P - P_0\| < \delta \right\}$.

点 $P(y_1, y_2, \cdots, y_n)$ 趋于点 $P_0(x_1, x_2, \cdots, x_n)$　　记为

$$P \to P_0$$
$$\Leftrightarrow \|P - P_0\| \to 0$$
$$\Leftrightarrow y_1 \to x_1, y_2 \to x_2, \cdots, y_n \to x_n.$$

我们主要涉及的空间是 $\mathbb{R}^1, \mathbb{R}^2$ 和 $\mathbb{R}^3$.

2. 多元函数的概念　给定非空点集 $D \subset \mathbb{R}^n$，如果有一个对应法则 f 使得对每一 $P(x_1, x_2, \cdots, x_n) \in D$，都存在唯一实数 y 与之对应，则称 y 为一个 n 元函数，记为 $y = f(P) = f(x_1, x_2, \cdots, x_n)$，其定义域为 D. 二元函数 $z = f(x, y)$ 的图像一般而言是空间 $\mathbb{R}^3$ 中的一张曲面.

3. 多元函数的极限　若 $y = f(P)(P \in D \subset \mathbb{R}^n)$ 是个 n 元函数，P_0 是 D 的一个聚点，A 是一个常数，则 $\lim\limits_{P \to P_0} f(P) = A \xleftarrow{\text{def.}} \forall \varepsilon > 0, \exists \delta > 0$, 当 $P \in \mathring{U}(P_0, \delta) \bigcap D$ 时，总有 $|f(P) - A| < \varepsilon$. 这个 A 称为函数 $f(P)$ 在 $P \to P_0$ 时的 n **重极限**.

特别重要的是二元函数的二重极限，通常以如下方式定义：设二元函数 $f(x, y)$ 的定义域为 D，(x_0, y_0) 是 D 的一个聚点. 若对任一正数 ε，都存在正数 δ，使得只要 $0 < \sqrt{(x - x_0)^2 + (y - y_0)^2} < \delta$ 且 $(x, y) \in D$，就有 $|f(x, y) - A| < \varepsilon$，则称 A 称为二元函数 $f(x, y)$ 在 $(x, y) \to (x_0, y_0)$ 时的二重极限.

4. 多元函数的连续性　若 n 元函数 $f(P)$ 在点 $P_0 \in \mathbb{R}^n$ 的某个邻域内有定义，且 $\lim\limits_{P \to P_0} f(P) = f(P_0)$，则称 $f(P)$ **在点 P_0 处连续**. 若 n 元函数 $f(P)$ 在区域 D 上的每一点都连续，则称 $f(P)$ 在区域 D 上连续.

5. 偏导数的概念

(1) **偏导数**　若 $f(x, y)$ 在点 (x_0, y_0) 的某个邻域内有定义，且极限

$$\lim_{x \to x_0} \frac{f(x, y_0) - f(x_0, y_0)}{x - x_0}$$

存在，则称 $f(x, y)$ 在点 (x_0, y_0) 处**关于 x 可导**，极限值称为 $f(x, y)$ 在点 (x_0, y_0) 处关于 x 的**偏导数**，记为 $f_x(x_0, y_0)$，或者 $\left. \dfrac{\partial f}{\partial x} \right|_{(x_0, y_0)}$. 类似地可以定义 $f(x, y)$ 在点 (x_0, y_0) 处关于 y 的偏导数为

$$f_y(x_0, y_0) = \lim_{y \to y_0} \frac{f(x_0, y) - f(x_0, y_0)}{y - y_0}.$$

对一般多元函数关于某一自变量的偏导数可类似定义.

若 $f(x, y)$ 在区域 D 的每一点 (x, y) 处关于 x 的偏导数 $f_x(x, y)$ 都存在，则让点 (x, y) 与偏导数 $f_x(x, y)$ 对应得到一个**偏导函数** $f_x(x, y)$，类似地可以定义偏导函数 $f_y(x, y)$. 偏导函数常简称为偏导数.

(2) **高阶偏导数**　若偏导函数 $f_x(x, y)$ 在某一点 (x_0, y_0) 处关于 x 的偏导数存在，则称

该偏导数为函数 $f(x,y)$ 在 (x_0,y_0) 处**关于 x 的二阶偏导数**,记为 $f_{xx}(x_0,y_0)$,或者 $\dfrac{\partial^2 f}{\partial x^2}\bigg|_{(x_0,y_0)}$. 若偏导函数 $f_x(x,y)$ 在某一点 (x_0,y_0) 处关于 y 的偏导数存在,则称该偏导数为函数 $f(x,y)$ 在 (x_0,y_0) 处**先关于 x,后关于 y 的二阶偏导数**,记为 $f_{xy}(x_0,y_0)$,或者 $\dfrac{\partial^2 f}{\partial x \partial y}\bigg|_{(x_0,y_0)}$. 类似地,可以定义 $f_{yx}(x_0,y_0)$ 和 $f_{yy}(x_0,y_0)$,以及更高阶的各种偏导数. 同样可定义高阶偏导函数.

6. 全微分的概念 设函数 $z=f(x,y)$ 在点 (x,y) 的某邻域内有定义,如果存在与 Δx 和 Δy 无关的常数 A 和 B,使得当 $\rho=\sqrt{(\Delta x)^2+(\Delta y)^2}$ 充分小时,有

$$f(x+\Delta x,y+\Delta y)-f(x,y)=A\Delta x+B\Delta y+o(\rho),$$

则称 $f(x,y)$ 在点 (x,y) 处可微,并称 $A\Delta x+B\Delta y$ 为 $f(x,y)$ 在点 (x,y) 处的全微分,记为 $\mathrm{d}z\big|_{(x,y)}$.

类似地,可定义一般的多元函数微分的概念:

设 n 元函数 $u=f(x_1,x_2,\cdots,x_n)$ 在点 $(x_1^0,x_2^0,\cdots,x_n^0)$ 的某邻域内有定义,若存在与 $\Delta x_1,\Delta x_2,\cdots,\Delta x_n$ 无关的常数 $A_1,A_2,\cdots,A_n$ 使得当 $\rho=\sqrt{(\Delta x_1)^2+(\Delta x_2)^2+\cdots+(\Delta x_n)^2}$ 充分小时,有

$$f(x_1+\Delta x_1,x_2+\Delta x_2,\cdots,x_n+\Delta x_n)-f(x_1,x_2,\cdots,x_n)=A_1\Delta x_1+A_2\Delta x_2+\cdots+A_n\Delta x_n+o(\rho),$$

则称 $f(x_1,x_2,\cdots,x_n)$ 在点 $(x_1^0,x_2^0,\cdots,x_n^0)$ 处可微,并称 $A_1\Delta x_1+A_2\Delta x_2+\cdots+A_n\Delta x_n$ 为 $f(x_1,x_2,\cdots,x_n)$ 在点 $(x_1^0,x_2^0,\cdots,x_n^0)$ 处的微分,记为

$$\mathrm{d}u\big|_{(x_1^0,x_2^0,\cdots,x_n^0)}=A_1\Delta x_1+A_2\Delta x_2+\cdots+A_n\Delta x_n.$$

【**注**】 若函数 $z=f(x,y)$ 在点 (x_0,y_0) 处关于 x 的偏导数 $f_x(x_0,y_0)$ 存在,则称 $f_x(x_0,y_0)\mathrm{d}x$ 为函数 $z=f(x,y)$ 在点 (x_0,y_0) 处关于 x 的偏微分. 同样可定义函数 $z=f(x,y)$ 在点 (x_0,y_0) 处关于 y 的偏微分.

7. 空间曲线的切线与法平面、空间曲面的切平面与法线

给定一条空间曲线 Γ 及曲线上一点 M_0,若在曲线 Γ 上任取一点 M,过点 M_0 和 M 作直线 L_M,称为割线. 若当点 M 沿曲线 Γ 无限趋近 M_0 时,割线 L_M 有一个极限位置,则称该极限位置所对应的直线为曲线 Γ 在点 M_0 处的切线. 过切点 M_0 且与切线垂直的平面称为曲线 Γ 在点 M_0 处的法平面.

给定一个空间曲面 Σ 及曲面上一点 M_0,在曲面上任意一条过点 M_0 的曲线 Γ 在点 M_0 处都有切线,并且所有切线位于同一平面 π 上,则称 π 为曲面 Σ 在点 M_0 处的切平面. 过切点 M_0 且与切平面 π 垂直的直线称为曲面 Σ 在点 M_0 处的法线.

8. 方向导数 设函数 $z=f(x,y)$ 在点 (x_0,y_0) 的某邻域内有定义,l 是 xOy 平面上以 (x_0,y_0) 为起点的射线,$\boldsymbol{e}_l=(\cos\alpha,\cos\beta)$. 在 l 上任取一点 $(x,y)=(x_0+\rho\cos\alpha,y_0+\rho\cos\beta)$,如果极限

$$\lim_{\rho \to 0^+} \frac{f(x_0 + \rho\cos\alpha, y_0 + \rho\cos\beta) - f(x_0, y_0)}{\rho}$$

存在, 则称函数 $z = f(x,y)$ 在点 (x_0, y_0) 处沿方向 $\boldsymbol{l}$ 可导, 并称该极限值为函数 $z = f(x,y)$ 在点 (x_0, y_0) 处沿方向 $\boldsymbol{l}$ 的方向导数, 记为 $\left.\dfrac{\partial f}{\partial \boldsymbol{l}}\right|_{(x_0, y_0)}$. 即有

$$\left.\frac{\partial f}{\partial \boldsymbol{l}}\right|_{(x_0, y_0)} = \lim_{\rho \to 0^+} \frac{f(x_0 + \rho\cos\alpha, y_0 + \rho\cos\beta) - f(x_0, y_0)}{\rho}.$$

类似地, 可定义一般的多元函数的方向导数的概念: n 元函数 $u = f(x_1, x_2, \cdots, x_n)$ 在点 $(x_1^0, x_2^0, \cdots, x_n^0)$ 的某邻域内有定义, $\boldsymbol{l}$ 是空间 $\mathbb{R}^n$ 平面上以 $(x_1^0, x_2^0, \cdots, x_n^0)$ 为起点的射线, $\boldsymbol{e}_l = (\cos\alpha_1, \cos\alpha_2, \cdots, \cos\alpha_n)$. 在 $\boldsymbol{l}$ 上任取一点 $(x_1, x_2, \cdots, x_n) = (x_1^0 + \rho\cos\alpha_1, x_2^0 + \rho\cos\alpha_2, \cdots, x_n^0 + \rho\cos\alpha_n)$, 如果极限

$$\lim_{\rho \to 0^+} \frac{f(x_1^0 + \rho\cos\alpha_1, x_2^0 + \rho\cos\alpha_2, \cdots, x_n^0 + \rho\cos\alpha_n) - f(x_1^0, x_2^0, \cdots, x_n^0)}{\rho}$$

存在, 则称函数 $u = f(x_1, x_2, \cdots, x_n)$ 在点 $(x_1^0, x_2^0, \cdots, x_n^0)$ 处沿方向 $\boldsymbol{l}$ 可导, 并称该极限值为函数 $u = f(x_1, x_2, \cdots, x_n)$ 在点 $(x_1^0, x_2^0, \cdots, x_n^0)$ 处沿方向 $\boldsymbol{l}$ 的方向导数, 记为 $\left.\dfrac{\partial f}{\partial \boldsymbol{l}}\right|_{(x_1^0, x_2^0, \cdots, x_n^0)}$, 即有

$$\left.\frac{\partial f}{\partial \boldsymbol{l}}\right|_{(x_1^0, x_2^0, \cdots, x_n^0)} = \lim_{\rho \to 0^+} \frac{f(x_1^0 + \rho\cos\alpha_1, x_2^0 + \rho\cos\alpha_2, \cdots, x_n^0 + \rho\cos\alpha_n) - f(x_1^0, x_2^0, \cdots, x_n^0)}{\rho}.$$

9. 梯度　可微的**二元**函数 $z = f(x,y)$ 在点 (x_0, y_0) 的梯度定义为

$$\nabla f(x_0, y_0) = \mathbf{grad}f\big|_{(x_0, y_0)} = f_x(x_0, y_0)\boldsymbol{i} + f_y(x_0, y_0)\boldsymbol{j}.$$

可微的**三元**函数 $u = f(x, y, z)$ 在点 (x_0, y_0, z_0) 的梯度定义为

$$\nabla f(x_0, y_0, z_0) = \mathbf{grad}f\big|_{(x_0, y_0, z_0)} = f_x(x_0, y_0, z_0)\boldsymbol{i} + f_y(x_0, y_0, z_0)\boldsymbol{j} + f_z(x_0, y_0, z_0)\boldsymbol{k}.$$

10. 二元函数的 n 阶泰勒公式　设函数 $z = f(x,y)$ 在点 (x_0, y_0) 的某邻域 U 内有直到 $n+1$ 阶的连续偏导数, 则有如下 n 阶泰勒公式: 对任一 $(x,y) \in U - \{(x_0, y_0)\}$, 存在 $0 < \theta < 1$ 使得

$$f(x,y) = f(x_0, y_0) + \left[(x-x_0)\frac{\partial}{\partial x} + (y-y_0)\frac{\partial}{\partial y}\right]f(x_0, y_0)$$

$$+ \frac{1}{2!}\left[(x-x_0)\frac{\partial}{\partial x} + (y-y_0)\frac{\partial}{\partial y}\right]^2 f(x_0, y_0) + \cdots$$

$$+ \frac{1}{n!}\left[(x-x_0)\frac{\partial}{\partial x} + (y-y_0)\frac{\partial}{\partial y}\right]^n f(x_0, y_0)$$

$$+ \frac{1}{(n+1)!}\left[(x-x_0)\frac{\partial}{\partial x} + (y-y_0)\frac{\partial}{\partial y}\right]^{n+1} f(x_0 + \theta(x-x_0), y_0 + \theta(y-y_0)),$$

其中

$$\left[(x-x_0)\frac{\partial}{\partial x}+(y-y_0)\frac{\partial}{\partial y}\right]^m f(x_0,y_0)=\sum_{k=0}^{m}\left[C_m^k\left(\frac{\partial^m f}{\partial x^k \partial y^{m-k}}\bigg|_{(x_0,y_0)}\right)\cdot(x-x_0)^k(y-y_0)^{m-k}\right].$$

公式右边除去最后一项所得的多项式称为函数 $z=f(x,y)$ 在点 (x_0,y_0) 的 n 阶泰勒多项式, 最后一项称为拉格朗日型余项, 简记为 $R_n(x,y)$, 也可把余项 $R_n(x,y)$ 改成皮亚诺型余项 $o(\rho^n)$.

11. **极值点、极值、驻点、最大(小)值**

(以二元函数为例)设函数 $z=f(x,y)$ 在点 (x_0,y_0) 的某邻域内有定义. 若存在点 (x_0,y_0) 的一个邻域 U, 使得对任一 $(x,y)\in U-\{(x_0,y_0)\}$, 都有 $f(x,y)>f(x_0,y_0)$, 则称 函数 $z=f(x,y)$ 在点 (x_0,y_0) 处取得**极小值**, 此时称 (x_0,y_0) 为函数 $z=f(x,y)$ 的**极小值点**; 若对任一 $(x,y)\in U-\{(x_0,y_0)\}$, 都有 $f(x,y)<f(x_0,y_0)$, 则称函数 $z=f(x,y)$ 在点 (x_0,y_0) 处取得**极大值**, 此时称 (x_0,y_0) 为函数 $z=f(x,y)$ 的**极大值点**.

若 $f_x(x_0,y_0)=f_y(x_0,y_0)=0$, 则称 (x_0,y_0) 为函数 $z=f(x,y)$ 的**驻点**.

设函数 $z=f(x,y)$ 的定义域为 D, $(x_0,y_0)\in D$. 若对任一 $(x,y)\in D$, 都有 $f(x,y)\geqslant f(x_0,y_0)$, 则称函数 $z=f(x,y)$ 在点 (x_0,y_0) 处取得**最小值**; 若对任一 $(x,y)\in D$, 都有 $f(x,y)\leqslant f(x_0,y_0)$, 则称函数 $z=f(x,y)$ 在点 (x_0,y_0) 处取得**最大值**.

12. **条件极值与拉格朗日乘数法**

(1) **条件极值**　多元函数 $u=f(x_1,x_2,\cdots,x_n)$ 在若干个条件

$$\varphi_1(x_1,x_2,\cdots,x_n)=0,\cdots,\varphi_k(x_1,x_2,\cdots,x_n)=0 \quad (1\leqslant k<n)$$

制约下所取得的极大值(或极小值), 称为**条件极值**, 相应的点称为**条件极值点**.

(2) **拉格朗日乘数法**　设函数 $f,\varphi_1,\cdots,\varphi_k$ 均可微, 通过构造辅助函数

$$F(x_1,x_2,\cdots,x_n,\lambda_1,\cdots,\lambda_k)=f(x_1,x_2,\cdots,x_n)+\lambda_1\varphi_1(x_1,x_2,\cdots,x_n)+\cdots+\lambda_k\varphi_k(x_1,x_2,\cdots,x_n),$$

再令 $F_{x_1}=F_{x_2}=\cdots=F_{x_n}=F_{\lambda_1}=\cdots=F_{\lambda_k}=0$. 由此求得条件极值点, 进而求得极值的方法称 为**拉格朗日乘数法**.

13. **偏导数的约定记法**

对于形如 $f(x,y,z)$ 的函数, 若 x,y,z 就是自变量, 则我们采用 f_x,f_x,f_z 来表示一阶偏 导数, f_{xx},f_{xz},f_{zy} 等来表示二阶偏导数, 等等. 但对于像 $t=F(x+y,xy,xz)$ 等形式的可微 函数, 通过引入中间变量 $u=x+y,v=xy$, $w=xz$, 则根据复合函数求导法则, 有

$$\frac{\partial t}{\partial x}=F_u\cdot 1+F_v\cdot y+F_z\cdot z=F_u+yF_v+F_z.$$

有时为了简约起见, 不想引入新的变量, 则约定记 $F_1'=F_u,F_2'=F_v,F_3'=F_w$, 对于高阶导 数, 也有 $F_{12}''=F_{uv},F_{13}''=F_{uw},F_{132}'''=F_{uwv},\cdots$ 简约记法. 为了不与表示函数的 F_1,F_2 等有所区 别, 在字母的右上角加上表示导数的记号 "F_1',F_2'".

6.2.2　基本理论与方法

1. **多元函数极限的性质**　与一元函数极限的性质完全一样, 有唯一性、保号性、保

序性、与四则运算的可交换性以及复合运算性质, 还有下面原理:

函数极限的柯西归并原理　　$\lim\limits_{P\to P_0} f(P)=A \Leftrightarrow$ 对任一不同于 P_0 的点列 $\{P_n\}$, 只要 $\lim\limits_{n\to\infty} P_n = P_0$, 就有 $\lim\limits_{n\to\infty} f(P_n)=A.$

按照柯西归并原理, 如果出现下面两种情况之一, 就可以判定极限 $\lim\limits_{P\to P_0} f(P)$ 不存在:

(1) 存在过 P_0 点的曲线 L, 使得 $\lim\limits_{P\in L, P\to P_0} f(P)$ 不存在;

(2) 存在过 P_0 点的两条不同曲线 L_1 与 L_2, 使得 $\lim\limits_{P\in L_1, P\to P_0} f(P) \neq \lim\limits_{P\in L_2, P\to P_0} f(P).$

2. 连续函数性质

(1) 连续函数经过四则运算所得的函数仍然是连续函数(商运算要注意分母不可为零);

(2) 多元连续函数的复合函数仍然是连续的;

(3) 多元初等函数在其有定义的区域内都是连续的.

(4) 有界闭区域 D 上连续函数 $f(P)$ 的性质:

① 有界性　$f(P)$ 在 D 上有界.

② 最大(小)值的存在性　$f(P)$ 在 D 上能够取得最大值 M 和最小值 m, 即存在点 $P_1, P_2 \in D$ 使得 $\forall P \in D$, 都有 $m = f(P_1) \leqslant f(P) \leqslant f(P_2)=M.$

③ 介值性质　若 $P_1, P_2 \in D$, 且 $f(P_1) < c < f(P_2)$, 则对于任意一条连接 P_1, P_2 且包含在 D 中的线段 L, 至少存在一点 $P \in L$ 使得 $f(P)=c$.

事实上, 满足 $f(P)=c$ 的点 $P \in D$ 全体构成的集合是 D 的一个"面", 称为等值面.

④ $f(P)$ 的值域为 $[m, M]$.

3. 二元函数偏导数的几何意义

二元函数 $f(x,y)$ 在点 (x_0, y_0) 处关于 x 的偏导数 $f_x(x_0, y_0)$ 等于曲线 $\begin{cases} z=f(x,y), \\ y=y_0 \end{cases}$ 在点 $(x_0, y_0, f(x_0, y_0))$ 处的切线关于 x 轴的斜率; $f(x,y)$ 在点 (x_0, y_0) 处关于 y 的偏导数 $f_y(x_0, y_0)$ 等于曲线 $\begin{cases} z=f(x,y), \\ y=x_0 \end{cases}$ 在点 $(x_0, y_0, f(x_0, y_0))$ 处的切线关于 y 轴的斜率.

4. 函数可微的条件

(1) **可微的必要条件**　若函数在点 M_0 处可微, 则函数在点 M_0 处连续, 且关于各个自变量的一阶偏导数都存在.

(2) **可微的充分条件**　若多元函数在点 M_0 处关于各个自变量的一阶偏导函数都连续, 则函数在点 M_0 处可微.

(3) **微分的叠加原理**　当函数可微时, 全微分等于各个偏微分之和.

5. 多元函数在一点处极限存在、连续、可(偏)导、一阶偏导函数都连续和可微之间的关系

图 6.2-1 中"→"表示"蕴含", "↛"表示

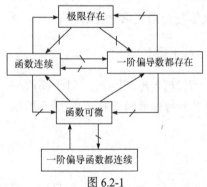

图 6.2-1

"不蕴含".

6. **二元函数可微的几何意义** 二元函数 $f(x,y)$ 在点 (x_0,y_0) 处可微, 从几何直观角度看, 就是在点 $(x_0,y_0,f(x_0,y_0))$ 附近, 曲面 $z=f(x,y)$ 可以近似地看成切平面

$$z=f(x_0,y_0)+f_x(x_0,y_0)(x-x_0)+f_y(x_0,y_0)(y-y_0).$$

7. **全微分在近似计算中的应用** 当距离 $\rho=\sqrt{(x-x_0)^2+(y-y_0)^2}$ 很小, 并且 $f(x_0,y_0)$, $f_x(x_0,y_0)$ 和 $f_y(x_0,y_0)$ 都容易计算时, 可通过一次近似公式

$$f(x,y)\approx f(x_0,y_0)+f_x(x_0,y_0)(x-x_0)+f_y(x_0,y_0)(y-y_0)$$

来计算点 (x_0,y_0) 邻近的点 (x,y) 处的函数值 $f(x,y)$ 的近似值.

8. **多元复合函数求导的链式法则** 若函数 $z=f(u_1,u_2,\cdots,u_k)$ 是个可微函数, 其中每个 u_i 都是自变量 $x_1,x_2,\cdots,x_n$ 的可导函数 $u_i=g_i(x_1,x_2,\cdots,x_n)(i=1,2,\cdots,k)$. 则复合函数

$$z=f(g_1(x_1,x_2,\cdots,x_n),g_2(x_1,x_2,\cdots,x_n),\cdots,g_k(x_1,x_2,\cdots,x_n))$$

关于每个自变量 $x_j(j=1,2,\cdots,n)$ 都可导, 且有

$$\frac{\partial z}{\partial x_j}=\frac{\partial z}{\partial u_1}\cdot\frac{\partial u_1}{\partial x_j}+\frac{\partial z}{\partial u_2}\cdot\frac{\partial u_2}{\partial x_j}+\cdots+\frac{\partial z}{\partial u_k}\cdot\frac{\partial u_k}{\partial x_j}\quad(j=1,2,\cdots,n),$$

它们都是 k 项和, 每个中间变量对应一项, 且每项结构完全一样, 都是函数关于该中间变量的导数乘以该中间变量关于自变量的导数.

9. **隐函数定理** 给定相互独立的 $k(1\leqslant k<n)$ 个 n 元方程构成的方程组

$$\begin{cases}F_1(x_1,\cdots,x_{n-k},y_1,\cdots,y_k)=0,\\F_2(x_1,\cdots,x_{n-k},y_1,\cdots,y_k)=0,\\\qquad\cdots\cdots\\F_k(x_1,\cdots,x_{n-k},y_1,\cdots,y_k)=0,\end{cases}$$

其中 $F_1,F_2,\cdots,F_k$ 都是可微函数. 如果点 $M_0(x_1^0,\cdots,x_{n-k}^0,y_1^0,\cdots,y_k^0)$ 满足该方程组, 且在该点处雅可比行列式

$$\left.\frac{\partial(F_1,F_2,\cdots,F_k)}{\partial(y_1,y_2,\cdots,y_k)}\right|_{(x_1^0,\cdots,x_{n-k}^0,y_1^0,\cdots,y_k^0)}\neq0,$$

则在点 M_0 的某邻域内, 该方程组能够唯一确定 k 个 $n-k$ 元可微函数

$$\begin{cases}y_1=y_1(x_1,\cdots,x_{n-k}),\\y_2=y_2(x_1,\cdots,x_{n-k}),\\\qquad\cdots\cdots\\y_k=y_k(x_1,\cdots,x_{n-k}),\end{cases}$$

这些函数满足 $y_i^0=y_i(x_1^0,\cdots,x_{n-k}^0),i=1,2,\cdots,k$. 并且有如下偏导数公式

$$\frac{\partial y_i}{\partial x_j}=-\frac{\partial(F_1,F_2,\cdots,F_k)}{\partial(y_1,\cdots,x_j,\cdots,y_k)}\bigg/\frac{\partial(F_1,F_2,\cdots,F_k)}{\partial(y_1,\cdots,y_i,\cdots,y_k)},\quad i=1,2,\cdots,k;j=1,2,\cdots,n-k.$$

10. 空间曲线的切线与法平面方程

(1) 给定空间曲线 $\Gamma : \begin{cases} x = x(t), \\ y = y(t), \\ z = z(t) \end{cases}$ 及曲线上一点 M_0(对应参数 t_0), 若 $x'(t_0), y'(t_0), z'(t_0)$

都存在, 且不同时为 0, 则曲线 Γ 在点 M_0 处有切向量 $\tau = (x'(t_0), y'(t_0), z'(t_0))$, 切线方程为

$$\frac{x - x(t_0)}{x'(t_0)} = \frac{y - y(t_0)}{y'(t_0)} = \frac{z - z(t_0)}{z'(t_0)},$$

法平面方程为

$$x'(t_0)(x - x(t_0)) + y'(t_0)(y - y(t_0)) + z'(t_0)(z - z(t_0)) = 0.$$

(2) 给定空间曲线 $\Gamma : \begin{cases} F(x, y, z) = 0, \\ G(x, y, z) = 0 \end{cases}$ 及曲线上一点 $M_0(x_0, y_0, z_0)$, 若 $F(x, y, z), G(x, y, z)$

在点 M_0 处有连续偏导数, 且在点 M_0 处 $\tau = \left(\dfrac{\partial(F, G)}{\partial(y, z)}, \dfrac{\partial(F, G)}{\partial(z, x)}, \dfrac{\partial(F, G)}{\partial(x, y)} \right) = \left(\begin{vmatrix} F_y & F_z \\ G_y & G_z \end{vmatrix}, \right.$

$\left. \begin{vmatrix} F_z & F_x \\ G_z & G_x \end{vmatrix}, \begin{vmatrix} F_x & F_y \\ G_x & G_y \end{vmatrix} \right) \neq \mathbf{0}$, 则曲线 Γ 在点 M_0 处有切向量 τ, 切线方程为

$$\frac{x - x_0}{\begin{vmatrix} F_y & F_z \\ G_y & G_z \end{vmatrix}} = \frac{y - y_0}{\begin{vmatrix} F_z & F_x \\ G_z & G_x \end{vmatrix}} = \frac{z - z_0}{\begin{vmatrix} F_x & F_y \\ G_x & G_y \end{vmatrix}},$$

法平面方程为

$$\begin{vmatrix} F_y & F_z \\ G_y & G_z \end{vmatrix}(x - x_0) + \begin{vmatrix} F_z & F_x \\ G_z & G_x \end{vmatrix}(y - y_0) + \begin{vmatrix} F_x & F_y \\ G_x & G_y \end{vmatrix}(z - z_0) = 0.$$

11. 空间曲面的切平面与法线方程

给定空间曲面 $\Sigma : F(x, y, z) = 0$ 及曲面 Σ 上一个点 $M_0(x_0, y_0, z_0)$, 若函数 $F(x, y, z)$ 的偏导函数在点 M_0 处连续, 且 $\mathbf{n} = (F_x, F_y, F_z) \big|_{(x_0, y_0, z_0)} \neq \mathbf{0}$, 则 $\mathbf{n}$ 即为曲面在点 M_0 处切平面的法向量, 切平面方程为

$$F_x \cdot (x - x_0) + F_y \cdot (y - y_0) + F_z \cdot (z - z_0) = 0,$$

法线方程为

$$\frac{x - x_0}{F_x} = \frac{y - y_0}{F_y} = \frac{z - z_0}{F_z}.$$

12. 方向导数的计算公式 若函数 $f(x, y, z)$ 在点 (x_0, y_0, z_0) 处可微, 则对任一非零向量 $\mathbf{n}$, 函数 $f(x, y, z)$ 在点 (x_0, y_0, z_0) 处沿方向 $\mathbf{n}$ 的方向导数都存在, 且有

$$\frac{\partial f}{\partial \mathbf{n}} \bigg|_{(x_0, y_0, z_0)} = f_x(x_0, y_0, z_0)\cos\alpha + f_y(x_0, y_0, z_0)\cos\beta + f_z(x_0, y_0, z_0)\cos\gamma$$

$$= \mathbf{grad} f \big|_{(x_0, y_0, z_0)} \cdot \mathbf{e}_n = \text{Prj}_n[\mathbf{grad} f \big|_{(x_0, y_0, z_0)}],$$

其中 $\cos\alpha,\cos\beta,\cos\gamma$ 为 $\boldsymbol{n}$ 的方向余弦.

13. 梯度的性质

(1) 梯度方向是函数取得最大方向导数的方向, 因而函数沿梯度方向增值最快, 函数沿反梯度方向减值最快;

(2) 梯度的模等于函数在该点处的最大方向导数.

14. 多元函数的极值

(1) **多元函数取极值的必要条件**　设多元函数 $y = f(x_1, x_2, \cdots, x_n)$ 在点 $(x_1^0, x_2^0, \cdots, x_n^0)$ 处取得极值, 且关于自变量 x_i 可导, 则必有 $f_{x_i}(x_1^0, x_2^0, \cdots, x_n^0) = 0$.

(2) **二元函数取极值的充分条件**　若二元函数 $f(x,y)$ 在点 (x_0, y_0) 的某邻域内有二阶连续导数, 并且 (x_0, y_0) 是 $f(x,y)$ 的驻点, 记 $A = f_{xx}(x_0, y_0), B = f_{xy}(x_0, y_0), C = f_{yy}(x_0, y_0)$, 则有

① 若 $AC - B^2 > 0$, 则 $f(x,y)$ 在点 (x_0, y_0) 处必取得极值, 且当 $A < 0$ 时, $f(x_0, y_0)$ 为极大值; 当 $A > 0$ 时, $f(x_0, y_0)$ 为极小值.

② 若 $AC - B^2 < 0$, 则 $f(x,y)$ 在点 (x_0, y_0) 处必不取极值.

③ 若 $AC - B^2 = 0$, 则 $f(x_0, y_0)$ 有可能为极值, 也有可能不是极值.

(3) **条件极值与拉格朗日乘数法**　求多元函数 $u = f(x_1, x_2, \cdots, x_n)$ 在若干个条件
$$\varphi_1(x_1, x_2, \cdots, x_n) = 0, \cdots, \varphi_k(x_1, x_2, \cdots, x_n) = 0 \quad (k < n)$$
下的条件极值时, 构造辅助函数
$$F(x_1, x_2, \cdots, x_n, \lambda_1, \cdots, \lambda_k) = f(x_1, x_2, \cdots, x_n) + \lambda_1 \varphi_1(x_1, x_2, \cdots, x_n) + \cdots + \lambda_k \varphi_k(x_1, x_2, \cdots, x_n),$$
再令 $F_{x_1} = F_{x_2} = \cdots = F_{x_n} = F_{\lambda_1} = \cdots = F_{\lambda_k} = 0$. 由此求得可能取条件极值的点, 进而求得极值.

【注】若从条件
$$\varphi_1(x_1, x_2, \cdots, x_n) = 0, \cdots, \varphi_k(x_1, x_2, \cdots, x_n) = 0 \quad (k < n)$$
能够解出
$$\begin{cases} x_1 = x_1(x_{k+1}, x_{k+2}, \cdots, x_n), \\ x_2 = x_2(x_{k+1}, x_{k+2}, \cdots, x_n), \\ \qquad \cdots\cdots \\ x_k = x_k(x_{k+1}, x_{k+2}, \cdots, x_n), \end{cases}$$
则也可以把条件极值转化为求函数
$$u = f(x_1(x_{k+1}, x_{k+2}, \cdots, x_n), \cdots, x_k(x_{k+1}, x_{k+2}, \cdots, x_n), x_{k+1} \cdots, x_n)$$
的非条件极值.

6.3　扩展与提高

6.3.1　从微分角度审视多元函数微分学的几何应用

1. 设 $\Gamma: \begin{cases} x = x(t), \\ y = y(t), (\alpha \leqslant t \leqslant \beta) \\ z = z(t) \end{cases}$ 是一条光滑曲线, 其中函数 $x = x(t), y = y(t), z = z(t)$ 在

区间 $[\alpha, \beta]$ 上有连续导数, 且 $\tau = (x'(t_0), y'(t_0), z'(t_0)) \neq \mathbf{0}(t_0 \in (\alpha, \beta))$, 则曲线 Γ 在点 $(x(t_0),$ $y(t_0), z(t_0))$ 处有切线, 且以 τ 为切线的方向向量. 从而向量

$$\tau \cdot \mathrm{d}t = (x'(t_0), y'(t_0), z'(t_0))\mathrm{d}t = (x'(t_0)\mathrm{d}t, y'(t_0)\mathrm{d}t, z'(t_0)\mathrm{d}t) = (\mathrm{d}x, \mathrm{d}y, \mathrm{d}z)\Big|_{t=t_0}$$

也是切线的方向向量, 故切线方程又可写成

$$\frac{x - x(t_0)}{\mathrm{d}x} = \frac{y - y(t_0)}{\mathrm{d}y} = \frac{z - z(t_0)}{\mathrm{d}z} \quad \text{或} \quad \frac{\Delta x}{\mathrm{d}x} = \frac{\Delta y}{\mathrm{d}y} = \frac{\Delta z}{\mathrm{d}z}.$$

2. 设 $\Sigma : F(x, y, z) = 0$ 是一块光滑曲面, 其中函数 $F(x, y, z)$ 有连续偏导数, 且 $(x_0,$ $y_0, z_0) \in \Sigma$, 又 $\mathbf{n} = (F_x, F_y, F_z)\big|_{(x_0, y_0, z_0)} \neq \mathbf{0}$. 则曲面 Σ 在点 (x_0, y_0, z_0) 处有切平面 π, 且以 $\mathbf{n}$ 为法向量. 切平面 π 的方程为

(1) $\pi : F_x(x_0, y_0, z_0)(x - x_0) + F_y(x_0, y_0, z_0)(y - y_0) + F_z(x_0, y_0, z_0)(z - z_0) = 0.$

如果我们对方程 $F(x, y, z) = 0$ 在点 (x_0, y_0, z_0) 处取微分, 则有

(2) $F_x(x_0, y_0, z_0)\mathrm{d}x + F_y(x_0, y_0, z_0)\mathrm{d}x + F_z(x_0, y_0, z_0)\mathrm{d}x = 0.$

即有

$$\mathbf{n} \cdot (\mathrm{d}x, \mathrm{d}y, \mathrm{d}z) = \mathbf{n} \cdot \tau = 0.$$

对于曲面 Σ 上任意一条过点 (x_0, y_0, z_0) 的光滑曲线 Γ, $\tau = (\mathrm{d}x, \mathrm{d}y, \mathrm{d}z)$ 为曲线 Γ 在点 $(x_0,$ $y_0, z_0)$ 处的切向量, 因此上式表明, $\mathbf{n}$ 与曲面 Σ 上任意一条过点 (x_0, y_0, z_0) 的光滑曲线 Γ 在该点处的切线都垂直, 因此 π 实际上就是这些切线构成的平面!

注意, 我们只要把(2)式中的微分 $\mathrm{d}x, \mathrm{d}y, \mathrm{d}z$ 分别改成增量 $x - x_0, y - y_0, z - z_0$, 就得到切平面 π 的方程(1).

例 6.3.1.1　求曲面 $z = \mathrm{e}^{xy}$ 在点 $(1, 0, 1)$ 处的切平面方程.

解　对曲面方程两边取微分, 得

$$\mathrm{d}z = \mathrm{e}^{xy}(y\mathrm{d}x + x\mathrm{d}y).$$

在点 $(1, 0, 1)$ 处, 有

$$\mathrm{d}z = \mathrm{d}y.$$

把微分 $\mathrm{d}y, \mathrm{d}z$ 分别改成增量 $y - 0, z - 1$, 就得到所求切平面方程为

$$z - 1 = y - 0, \quad \text{即} \quad z = y + 1. \ \blacksquare$$

6.3.2　空间光滑曲面 $z = f(x, y)$ 的凹凸性及其判别法

一元函数 $f(x)$ 的二阶导数 $f''(x)$ 可以用于判断曲线 $y = f(x)$ 的弯曲方向, 二元函数 $f(x, y)$ 的二阶偏导数 $f_{xx}(x, y), f_{xy}(x, y), f_{yy}(x, y)$ 也可以用于判断曲面 $z = f(x, y)$ 的凹凸方向.

定义 6.3.2.1　设函数 $f(x, y)$ 在平面区域 D 上有定义, 点 $P_0(x_0, y_0) \in D$. 若存在一个邻域 $U(P_0, \delta) \subset D$ 使得对于该邻域内任意三个不共线的点 $P_1(x_1, y_1), P_2(x_2, y_2), P_3(x_3, y_3)$ 都有

$$f\left(\frac{x_1 + x_2 + x_3}{3}, \frac{y_1 + y_2 + y_3}{3}\right) < \frac{1}{3}[f(x_1, y_1) + f(x_2, y_2) + f(x_3, y_3)].$$

则称函数 $f(x,y)$ 在点 P_0 处局部凹, 并称曲面 $z = f(x,y)$ 在点 P_0 处局部向下凸(或局部凹). 若函数 $f(x,y)$ 在每一点 $P \in D$ 处都局部凹, 则称函数 $f(x,y)$ 为区域 D 上的凹函数, 并称曲面 $z = f(x,y)$ 在区域 D 上向下凸.

若上述不等式反向, 则给出函数 $f(x,y)$ 在点 P_0 处局部凸, 曲面 $z = f(x,y)$ 在点 P_0 处局部向上凸以及函数 $f(x,y)$ 为区域 D 上的凸函数, 曲面 $z = f(x,y)$ 在区域 D 上向上凸的概念.

定义 6.3.2.2 对于空间三个不共线的点 A, B, C, 若右手握拳的方向与 A, B, C 的走向一致, 就称它们符合右手排列.

关于空间曲面 $z = f(x,y)$ 的凹凸性或者函数 $f(x,y)$ 的凹凸性, 有如下几个结论.

定理 6.3.2.1 设函数 $f(x,y)$ 在平面区域 D 上有定义, 点 $P_0(x_0, y_0) \in D$. 则 $f(x,y)$ 在点 P_0 处局部凹(局部凸)的充分必要条件是: 存在一个邻域 $U(P_0, \delta) \subset D$ 使得对于该邻域内任意三个逆时针方向排列的三个点 $P_1(x_1, y_1), P_2(x_2, y_2), P_3(x_3, y_3)$ 及任一不同于这三个点的 $P(x,y) \in U(P_0, \delta)$, 都有

$$\begin{vmatrix} x - x_1 & y - y_1 & f(x,y) - f(x_1, y_1) \\ x_2 - x_1 & y_2 - y_1 & f(x_2, y_2) - f(x_1, y_1) \\ x_3 - x_1 & y_3 - y_1 & f(x_3, y_3) - f(x_1, y_1) \end{vmatrix} < 0 (> 0).$$

定理 6.3.2.2 设函数 $f(x,y)$ 在平面区域 D 上有定义, 点 $P_0(x_0, y_0) \in D$. 则 $f(x,y)$ 在点 P_0 处局部凹(局部凸)的充分必要条件是: 存在一个邻域 $U(P_0, \delta) \subset D$ 使得对于该邻域内任意三个不共线的点 $P_1(x_1, y_1), P_2(x_2, y_2), P_3(x_3, y_3)$ 及任意两个正数 $\lambda, \mu \in (0,1)$, 都有

$$f((1-\mu)[(1-\lambda)x_1 + \lambda x_2] + \mu x_3, (1-\mu)[(1-\lambda)y_1 + \lambda y_2] + \mu y_3)$$
$$< (>)(1-\mu)[(1-\lambda)f(x_1, y_1) + \lambda f(x_2, y_2)] + \mu f(x_3, y_3).$$

引理 设函数 $z = f(x,y)$ 在区域 D 上有定义, 且在 D 内有连续的二阶偏导数. 设 $P_0(x_0, y_0) \in D$, 则

曲面 $z = f(x,y)$ 在点 P_0 处局部凹(局部凸)当且仅当存在邻域 $U(P_0, \delta) \subset D$ 使得在该邻域上曲面都位于曲面在点 P_0 的切平面的上(下)方.

定理 6.3.2.3 设函数 $z = f(x,y)$ 在区域 D 内有连续的二阶偏导数, $P_0(x_0, y_0) \in D$, 则

(1) 若 $f_{xx}(x_0, y_0) \cdot f_{yy}(x_0, y_0) - [f_{xy}(x_0, y_0)]^2 > 0$, 且 $f_{xx}(x_0, y_0) > 0$, 则函数 $z = f(x,y)$ 在点 P_0 处局部凹;

(2) 若 $f_{xx}(x_0, y_0) \cdot f_{yy}(x_0, y_0) - [f_{xy}(x_0, y_0)]^2 > 0$, 且 $f_{xx}(x_0, y_0) < 0$, 则函数 $z = f(x,y)$ 在点 P_0 处局部凸.

6.4 释 疑 解 惑

1. 如何确定极限 $\lim\limits_{(x,y) \to (x_0, y_0)} f(x,y)$ 不存在?

答 关于二重极限, 也有所谓的柯西归并原理:

给定一个函数 $f(x,y)$ 和常数 A, 则 $\lim\limits_{(x,y)\to(x_0,y_0)} f(x,y)=A$ 当且仅当对 $f(x,y)$ 定义域中的任一点列 $\{(x_n,y_n)\}$ (其中每个 $(x_n,y_n)\ne(x_0,y_0)$), 只要 $n\to\infty$ 时有 $(x_n,y_n)\to(x_0,y_0)$, 就有 $\lim\limits_{n\to\infty} f(x_n,y_n)=A$.

因此, 一般而言, 确定极限 $\lim\limits_{(x,y)\to(x_0,y_0)} f(x,y)$ 不存在主要有如下几种方法.

(1) 如果能够找到一条过点 (x_0,y_0) 的连续曲线 Γ 使得 $\lim\limits_{\substack{(x,y)\to(x_0,y_0)\\(x,y)\in\Gamma}} f(x,y)$ 不存在, 则 $\lim\limits_{(x,y)\to(x_0,y_0)} f(x,y)$ 必定不存在.

比如, 对函数 $f(x,y)=\sin\dfrac{e^{xy}}{x(1+y)}$, 当点 (x,y) 趋于 $(0,0)$ 时, 函数极限不存在. 因为, 在 x 轴上不同于原点的地方, $f(x,y)=f(x,0)=\sin\dfrac{1}{x}$, 而 $\lim\limits_{\substack{(x,y)\to(0,0)\\y=0}} f(x,y)=\lim\limits_{x\to0}\sin\dfrac{1}{x}$ 不存在! 故 $\lim\limits_{(x,y)\to(0,0)} f(x,y)$ 也不存在.

再比如, 对函数 $f(x,y)=\dfrac{x+y}{x^2+y^2}$, 由于当点 (x,y) 沿着直线 $y=x$ 趋于 $(0,0)$ 时, 有

$$\lim\limits_{\substack{(x,y)\to(0,0)\\y=x}} f(x,y)=\lim\limits_{x\to0}\dfrac{1}{x}=\infty,$$

因此 $\lim\limits_{(x,y)\to(0,0)} f(x,y)$ 不存在.

(2) 如果能够找到经过点 (x_0,y_0) 的两条不同的连续曲线 Γ_1 和 Γ_2 使得 $\lim\limits_{\substack{(x,y)\to(x_0,y_0)\\(x,y)\in\Gamma_1}} f(x,y)$ 与 $\lim\limits_{\substack{(x,y)\to(x_0,y_0)\\(x,y)\in\Gamma_2}} f(x,y)$ 尽管都存在, 但是不相等, 则 $\lim\limits_{(x,y)\to(x_0,y_0)} f(x,y)$ 必定不存在.

比如, 对于函数 $f(x,y)=\dfrac{xy}{x^2+y^2}$, 当点 (x,y) 分别沿着直线 $\Gamma_1:y=x$ 和 $\Gamma_2:y=-x$ 趋于 $(0,0)$ 时, 有

$$\lim\limits_{\substack{(x,y)\to(0,0)\\(x,y)\in\Gamma_1}} f(x,y)=\lim\limits_{x\to0}\dfrac{1}{2}=\dfrac{1}{2},\qquad \lim\limits_{\substack{(x,y)\to(0,0)\\(x,y)\in\Gamma_2}} f(x,y)=\lim\limits_{x\to0}\dfrac{-1}{2}=-\dfrac{1}{2},$$

因此 $\lim\limits_{(x,y)\to(0,0)} f(x,y)$ 不存在.

(3) 如果有一个点列 $\{(x_n,y_n)\}$ (其中每个 $(x_n,y_n)\ne(x_0,y_0)$), 满足 $(x_n,y_n)\to(x_0,y_0)$, 但是极限 $\lim\limits_{n\to\infty} f(x_n,y_n)$ 不存在, 则 $\lim\limits_{(x,y)\to(x_0,y_0)} f(x,y)$ 不存在.

比如, 对函数 $f(x,y)=\dfrac{1-\cos(xy)}{(x^2+y^2)x^2y^2}$, 令 $(x_n,y_n)=\left(\dfrac{1}{n},\dfrac{1}{n}\right)$, 则显然 $n\to\infty$ 时有 $\left(\dfrac{1}{n},\dfrac{1}{n}\right)\to(0,0)$, 但是

$$\lim_{n\to\infty} f(x_n, y_n) = \lim_{n\to\infty} \frac{1 - \cos\dfrac{1}{n^2}}{\dfrac{2}{n^2} \cdot \dfrac{1}{n^4}} = \lim_{n\to\infty} \frac{\dfrac{1}{2}\left(\dfrac{1}{n^2}\right)^2}{\dfrac{2}{n^2} \cdot \dfrac{1}{n^4}} = +\infty.$$

因此, $\lim\limits_{(x,y)\to(0,0)} f(x,y)$ 不存在.

(4) 如果有两个点列 $\{(x_n, y_n)\}$ 和 $\{(x'_n, y'_n)\}$ (其中每个 $(x_n, y_n) \neq (x_0, y_0)$, $(x'_n, y'_n) \neq (x_0, y_0)$), 满足 $(x_n, y_n) \to (x_0, y_0)$ 且 $(x'_n, y'_n) \to (x_0, y_0)$, 但是 $\lim\limits_{n\to\infty} f(x_n, y_n) \neq \lim\limits_{n\to\infty} f(x'_n, y'_n)$, 则 $\lim\limits_{(x,y)\to(x_0,y_0)} f(x,y)$ 不存在.

比如, 对函数 $f(x,y) = \sin\dfrac{y}{x}$, 极限 $\lim\limits_{(x,y)\to(0,0)} f(x,y)$ 不存在. 因为如果取 $(x_n, y_n) = \left(\dfrac{1}{n}, \dfrac{\pi}{2n}\right)$, 则当 $n \to \infty$ 时, 有 $(x_n, y_n) \to (0,0)$, 且 $\lim\limits_{n\to\infty} f(x_n, y_n) = \lim\limits_{n\to\infty} \sin\dfrac{\pi}{2} = 1$; 如果取 $(x'_n, y'_n) = \left(\dfrac{1}{n}, \dfrac{\pi}{n}\right)$, 则当 $n \to \infty$ 时, 也有 $(x'_n, y'_n) \to (0,0)$, 但是 $\lim\limits_{n\to\infty} f(x'_n, y'_n) = \lim\limits_{n\to\infty} \sin\pi = 0 \neq \lim\limits_{n\to\infty} f(x_n, y_n)$. ∎

2. 多元函数的偏导数与一元函数的导数有什么异同?

答　我们以二元函数为例来说明多元函数的偏导数与一元函数的导数有什么异同. 设函数 $f(x,y)$ 在点 (x_0, y_0) 处关于 x 的偏导数 $f_x(x_0, y_0)$ 存在. 令 $g(x) = f(x, y_0)$, 则 $g(x)$ 是以 x 为自变量的一元函数, 且

$$\lim_{x\to x_0} \frac{g(x) - g(x_0)}{x - x_0} = \lim_{x\to x_0} \frac{f(x, y_0) - f(x_0, y_0)}{x - x_0} = f_x(x_0, y_0).$$

可见, $g(x)$ 在点 x_0 处可导, 且 $g'(x_0) = f_x(x_0, y_0)$. 因此偏导数本质上就是一元函数的导数, 只是我们在求偏导数时是只让一个自变量变化, 其他自变量则一律当作常数看待而已. 因此, 求偏导数的法则也就是求导数的法则. 当然, 由于多元函数自变量不止一个, 因此它的偏导数形式比较多, 有关于 x 的偏导数, 也有关于 y 的偏导数; 有关于 x 的高阶纯偏导数(如 $\dfrac{\partial^2 f}{\partial x^2}, \dfrac{\partial^3 f}{\partial x^3}$ 等), 也有关于 y 的高阶纯偏导数(如 $\dfrac{\partial^2 f}{\partial y^2}, \dfrac{\partial^3 f}{\partial y^3}$ 等), 更有混合偏导数(如 $\dfrac{\partial^2 f}{\partial x \partial y}, \dfrac{\partial^3 f}{\partial x \partial y^2}$ 等). 多元函数的偏导数除了形式更为丰富而外, 本质上与一元函数的导数没有区别. ∎

3. 为什么多元函数偏导数的存在性与函数在该点的连续性之间没有必然的蕴含关系?

答　这个问题当然得追溯到偏导数和连续的概念上去. 比如, 考虑偏导数 $f_x(x_0, y_0)$ 时, 我们是先固定 $y = y_0$ 的, 然后考虑点 $(x, y_0) \to (x_0, y_0)$ (即 $x \to x_0$) 时增量比 $\dfrac{f(x, y_0) - f(x_0, y_0)}{x - x_0}$ 的变化情况. 也就是说, 探讨偏导数 $f_x(x_0, y_0)$ 的存在性时, 点 (x, y) 只能是沿着直线 $y = y_0$ 趋于 (x_0, y_0), 而不考虑点 (x, y) 按其他方式趋于 (x_0, y_0) 的情况.

但是，考虑 $f(x,y)$ 在点 (x_0,y_0) 的连续性时，并不只考虑点 (x,y) 按照某一特定方式趋于 (x_0,y_0) 的情况，而是无论按照什么方式趋于 (x_0,y_0) 时，都有 $\lim\limits_{(x,y)\to(x_0,y_0)} f(x,y)=f(x_0,y_0)$ 成立，才能称 $f(x,y)$ 在点 (x_0,y_0) 处连续. 如果我们给出函数沿曲线连续的概念：设 $f(x,y)$ 在点 (x_0,y_0) 的某个邻域内有定义，Γ 是平面上一条经过点 (x_0,y_0) 的连续曲线，如果 $\lim\limits_{\substack{(x,y)\to(x_0,y_0)\\(x,y)\in\Gamma}} f(x,y)=f(x_0,y_0)$，则称函数 $f(x,y)$ 在点 (x_0,y_0) 沿曲线 Γ 连续. 采用这个概念，当偏导数 $f_x(x_0,y_0)$ 存在时，容易看出有 $\lim\limits_{\substack{(x,y)\to(x_0,y_0)\\y=y_0}} f(x,y)=f(x_0,y_0)$，即 $f(x,y)$ 在点 (x_0,y_0) 沿直线 $y=y_0$ 连续. 同样地，当偏导数 $f_y(x_0,y_0)$ 存在时，有 $\lim\limits_{\substack{(x,y)\to(x_0,y_0)\\x=x_0}} f(x,y)=f(x_0,y_0)$，即 $f(x,y)$ 在点 (x_0,y_0) 沿直线 $x=x_0$ 连续. 可见，当函数 $f(x,y)$ 在点 (x_0,y_0) 处可导(即两个偏导数 $f_x(x_0,y_0)$ 和 $f_y(x_0,y_0)$ 都存在)时，只能得到 $f(x,y)$ 在点 (x_0,y_0) 沿直线 $y=y_0$ 和 $x=x_0$ 连续，而沿其他过点 (x_0,y_0) 的曲线 Γ 是否连续却无法保证，因而无法保证一般的连续性. 但是，不难看出，若 $f(x,y)$ 在点 (x_0,y_0) 处连续，则对任一过点 (x_0,y_0) 的曲线 Γ，$f(x,y)$ 在点 (x_0,y_0) 沿曲线 Γ 都连续.

另一方面，由于一元函数可以看成多元函数的特例，而一元函数的连续性无法保证可导性，因此多元函数情形连续性自然也无法保证偏导数的存在性.

下面举例说明：如函数 $f(x,y)=|x|+y$，$g(x,y)=x+|y|$，$h(xy)=|x|+|y|$ 都在原点 $(0,0)$ 处连续，但是 $f_x(0,0)$ 不存在，$f_y(0,0)=1$；$g_x(0,0)=1$，而 $g_y(0,0)$ 不存在；$h_x(0,0)$ 与 $h_y(0,0)$ 均不存在.

函数 $f(x,y)=\begin{cases}\dfrac{xy}{x^2+y^2}, & (x,y)\neq(0,0),\\ 0, & (x,y)=(0,0)\end{cases}$ 在 $(0,0)$ 处可导，且 $f_x(0,0)=f_y(0,0)=0$. 但是 $f(x,y)$ 在 $(0,0)$ 处不连续，因为极限 $\lim\limits_{(x,y)\to(0,0)} f(x,y)$ 不存在.

实际上，把上面的讨论稍稍一般化一点，即可知道，多元函数偏导数的存在性与函数在该点的极限存在与否也没有必然的蕴含关系.■

4. 我们都知道，当函数 $f(x,y)$ 在点 (x_0,y_0) 的一阶偏导数都存在时，函数 $f(x,y)$ 在点 (x_0,y_0) 未必连续. 那么当函数 $f(x,y)$ 在点 (x_0,y_0) 的二阶偏导数都存在时，是不是函数 $f(x,y)$ 在点 (x_0,y_0) 就会连续呢？

答　不一定! 比如，设函数

$$f(x,y)=\begin{cases}\dfrac{x^2y^2}{(x^2+y^2)^2}, & (x,y)\neq(0,0),\\ 0, & (x,y)=(0,0).\end{cases}$$

由于

$$\lim_{\substack{(x,y)\to(0,0)\\y=kx}} f(x,y) = \lim_{\substack{(x,y)\to(0,0)\\y=kx}} \frac{x^2y^2}{(x^2+y^2)^2} = \lim_{x\to0} \frac{k^2x^4}{(1+k^2)^2x^4} = \frac{k^2}{(1+k^2)^2}.$$

由此可知极限 $\lim\limits_{(x,y)\to(0,0)} f(x,y)$ 不存在, 从而函数在点 $(0,0)$ 处不连续. 但是, 不难计算得到

$$f_x(x,y) = \begin{cases} \dfrac{2xy^4 - 2x^3y^2}{(x^2+y^2)^3}, & (x,y)\neq(0,0), \\ 0, & (x,y)\neq(0,0), \end{cases} \qquad f_y(x,y) = \begin{cases} \dfrac{2x^4y - 2x^2y^3}{(x^2+y^2)^2}, & (x,y)\neq(0,0), \\ 0, & (x,y)\neq(0,0). \end{cases}$$

由此可得

$$f_{xx}(0,0) = \lim_{x\to0} \frac{f_x(x,0) - f_x(0,0)}{x-0} = \lim_{x\to0} \frac{0-0}{x-0} = 0,$$

$$f_{xy}(0,0) = \lim_{y\to0} \frac{f_x(0,y) - f_x(0,0)}{y-0} = \lim_{y\to0} \frac{0-0}{y-0} = 0,$$

$$f_{yx}(0,0) = \lim_{x\to0} \frac{f_y(x,0) - f_y(0,0)}{x-0} = \lim_{x\to0} \frac{0-0}{x-0} = 0,$$

$$f_{yy}(0,0) = \lim_{y\to0} \frac{f_y(0,y) - f_y(0,0)}{y-0} = \lim_{x\to0} \frac{0-0}{x-0} = 0.$$

可见, 函数 $f(x,y)$ 在点 $(0,0)$ 的二阶偏导数都存在, 但是函数 $f(x,y)$ 在点 $(0,0)$ 却不连续.

由此, 读者可以推广性地想一想: 若 $f(x,y)$ 在点 (x_0,y_0) 的直到 $n(>2)$ 阶偏导数都存在, 是不是就能保证 $f(x,y)$ 在点 (x_0,y_0) 连续呢? ∎

5. 设函数 $f(P)$ 在 P_0 的某个去心邻域内有定义, 并且对无数条经过 P_0 点的曲线 Γ, 当点 P 沿着曲线 Γ 趋于 P_0 时, $f(P)$ 都趋于同一个常数 A, 是否由此可以确定必有 $\lim\limits_{P\to P_0} f(P) = A$?

答　一般而言, 不可据此确定必有 $\lim\limits_{P\to P_0} f(P) = A$. 在 $\mathbb{R}^n$ 中, 点 P 趋于 P_0 的方式太多太多, 远不止所提到的那些沿着 Γ 的方式那么多. 求极限, 或者确定极限为某个常数, 所使用的方法不能只涉及某些特定的路径, 必须使用与具体路径无关的方法. 下面这两个例子表明, 即使点 P 沿着无限条曲线 Γ 趋于 P_0 时, $f(P)$ 都趋于同一个常数 A, 也不能说明 $\lim\limits_{P\to P_0} f(P) = A$.

(1) 对函数 $f(x,y) = \dfrac{x^2y}{x^4+y^2}$ 而言, 不难验证, 点 (x,y) 沿任何过原点的直线趋于 $(0,0)$ 时, $f(x,y)$ 都以 0 为极限. 但是 $\lim\limits_{(x,y)\to(0,0)} f(x,y)$ 并不存在, 因为在抛物线 $y=x^2$ 上, 只要 $(x,y)\neq(0,0)$, 总有 $f(x,y) = \dfrac{x^2\cdot x^2}{x^4+x^4} = \dfrac{1}{2}$. 因此 $\lim\limits_{\substack{(x,y)\to(0,0)\\y=x^2}} f(x,y) = \dfrac{1}{2}$.

(2) 若 $f(x,y) = \sin\dfrac{xy}{x+y}$, 则对任一过原点的直线 $y=kx(k\neq-1)$, 都有

$$\lim_{\substack{(x,y)\to(0,0)\\y=kx}} f(x,y) = \lim_{x\to0}\sin\frac{kx^2}{(1+k)x} = 0.$$

并且, 对于任意一条曲线 $y=x^n (n\in\mathbb{Z}^+)$, 也都有

$$\lim_{\substack{(x,y)\to(0,0)\\y=x^n}} f(x,y) = \lim_{x\to0}\sin\frac{x^{n+1}}{x+x^n} = 0.$$

但是 $\lim_{(x,y)\to(0,0)} f(x,y)$ 还是不存在！因为如果点 (x,y) 沿着抛物线 $x+y=x^2$, 即 $y=x^2-x$ 趋于 $(0,0)$ 时, 有

$$\lim_{\substack{(x,y)\to(0,0)\\y=x^2-x}} f(x,y) = \lim_{x\to0}\sin\frac{x^3-x^2}{x^2} = -\sin1\neq0.\ ■$$

6. 在求 $(x,y)\to(x_0,y_0)$ 时的二重极限时, 如果作极坐标变换 $x=x_0+\rho\cos\varphi, y=y_0+\rho\sin\varphi$, 并且有与 φ 无关的常数 A 使得 $\lim_{\rho\to0} f(x_0+\rho\cos\varphi, y_0+\rho\sin\varphi)=A$, 可否据此断定 $\lim_{(x,y)\to(x_0,y_0)} f(x,y)=A$?

答 表面上看, 好像这里只强调了 (x,y) 与 (x_0,y_0) 的距离 ρ, 并没有涉及具体的路径. 但是, 由于当 φ 为常数时, 实际上此时的极限是点 (x,y) 沿射线趋于 (x_0,y_0) 的极限. 因此只要是点 (x,y) 沿不同的射线趋于 (x_0,y_0) 时有相同极限的情形, 均符合所述条件. 然而, 当点 (x,y) 沿曲线趋于 (x_0,y_0) 时, 情形可能就不一样了.

比如, 对函数 $f(x,y)=\dfrac{xy^2}{x^2+y^4}$ 而言, 当点 (x,y) 沿射线趋于 $(0,0)$ 时, 有

$$\lim_{\rho\to0} f(\rho\cos\varphi,\rho\sin\varphi) = \lim_{\rho\to0}\frac{\rho^3\cos\varphi\sin^2\varphi}{\rho^2\cos^2\varphi+\rho^4\sin^4\varphi} = \lim_{\rho\to0}\frac{\rho\cos\varphi\sin^2\varphi}{\cos^2\varphi+\rho^2\sin^4\varphi} = 0,$$

但是, 当点 (x,y) 沿抛物线 $x=y^2$ 趋于 $(0,0)$ 时, 则有

$$\lim_{\substack{(x,y)\to(0,0)\\x=y^2}} f(x,y) = \lim_{y\to0}\frac{y^2\cdot y^2}{(y^2)^2+y^4} = \frac{1}{2},$$

因此, 极限 $\lim_{(x,y)\to(0,0)} f(x,y)$ 并不存在. ■

准确地说, $\lim_{\rho\to0} f(x_0+\rho\cos\varphi, y_0+\rho\sin\varphi)=A$ 只是 $\lim_{(x,y)\to(x_0,y_0)} f(x,y)=A$ 的必要条件, 而不是充分条件.

7. 我们知道, 当函数 $f(x,y)$ 在点 (x_0,y_0) 处可微时, 它在该点沿任一方向的方向导数都存在. 反过来, 若 $f(x,y)$ 在点 (x_0,y_0) 处沿任一方向的方向导数都存在, 它是否一定可微呢?

答 不一定. 比如, 设 $f(x,y)=\sqrt{x^2+y^2}$, 则对任一给定的方向 $\boldsymbol{e}_l=(\cos\alpha,\cos\beta)$, 有

$$\left.\frac{\partial f}{\partial\boldsymbol{l}}\right|_{(0,0)} = \lim_{\rho\to0}\frac{f(\rho\cos\alpha,\rho\cos\beta)-f(0,0)}{\rho} = \lim_{\rho\to0}\frac{\rho}{\rho} = 1.$$

但是, 由于

$$\lim_{x\to 0}\frac{f(x,0)-f(0,0)}{x-0}=\lim_{x\to 0}\frac{\sqrt{x^2}-0}{x}=\lim_{x\to 0}\frac{|x|}{x}$$

不存在, 因此函数 $f(x,y)$ 在点 $(0,0)$ 处关于 x 不可导(同样关于 y 也不可导), 因此更不可微!

从而几何上看, 曲面 $z=\sqrt{x^2+y^2}$ 是圆锥面, 其顶点为原点. 在原点处, 每一条母线都有切线(相当于沿每一方向都有方向导数), 但是圆锥面在顶点处没有切平面, 因此函数 $f(x,y)=\sqrt{x^2+y^2}$ 在点 $(0,0)$ 处不可微.■

6.5　典型错误辨析

6.5.1　方法错误一

例 6.5.1.1　求极限 $\displaystyle\lim_{(x,y)\to(0,0)}\frac{xy}{x+y}$.

错误解法　由于对任意直线 $L:y=kx(k\neq-1)$, 都有

$$\lim_{\substack{(x,y)\to(0,0)\\(x,y)\in L}}\frac{xy}{x+y}=\lim_{x\to 0}\frac{kx^2}{x+kx}=\lim_{x\to 0}\frac{kx}{1+k}=0,$$

故 $\displaystyle\lim_{\substack{(x,y)\to(0,0)\\(x,y)\in L}}\frac{xy}{x+y}=0.$

解析　当 (x,y) 沿任意条过点 $(0,0)$ 的直线趋于 $(0,0)$ 时, 函数 $f(x,y)$ 趋于同一常数 c, 并不能保证极限 $\displaystyle\lim_{(x,y)\to(0,0)}f(x,y)=c$. 一般地说, 不能用特定的路径极限来证明极限存在! 只有在否定极限存在时, 才可以利用特定的两条路径有不同极限来说明极限不存在.

正确解法　当 (x,y) 沿抛物线 $x+y=kx^2(k\neq 0)$ 趋于 $(0,0)$ 时, 有

$$\lim_{\substack{(x,y)\to(0,0)\\x+y=kx^2}}\frac{xy}{x+y}=\lim_{x\to 0}\frac{kx^3-x^2}{kx^2}=\lim_{x\to 0}\left(x-\frac{1}{k}\right)=-\frac{1}{k}.$$

这个极限随 k 的不同而各异, 因此 $\displaystyle\lim_{\substack{(x,y)\to(0,0)\\(x,y)\in L}}\frac{xy}{x+y}$ 不存在.

当然, 正确解法并不唯一.■

6.5.2　方法错误二

例 6.5.2.1　讨论极限 $\displaystyle\lim_{(x,y)\to(0,0)}\frac{x+y}{x-y}$ 是否存在.

错误解法　由于

$$\lim_{\substack{(x,y)\to(0,0)\\y=-x}}\frac{x+y}{x-y}=\lim_{x\to 0}\frac{x-x}{x+x}=0,\qquad \lim_{\substack{(x,y)\to(0,0)\\y=\frac{1}{x}}}\frac{x+y}{x-y}=\lim_{x\to 0}\frac{x+\frac{1}{x}}{x-\frac{1}{x}}=\lim_{x\to 0}\frac{x^2+1}{x^2-1}=-1.$$

故极限 $\lim\limits_{(x,y)\to(0,0)} \dfrac{x+y}{x-y}$ 不存在.

解析　当然, 本题的极限 $\lim\limits_{(x,y)\to(0,0)} \dfrac{x+y}{x-y}$ 确实不存在, 只是论证方法不正确. 这里的

论证错误在于: 沿曲线 $y=\dfrac{1}{x}$ 点 (x,y) 是无法趋于 $(0,0)$ 的.

正确解法　由于

$$\lim\limits_{\substack{(x,y)\to(0,0)\\x=0}} \frac{x+y}{x-y} = \lim\limits_{y\to0}\frac{y}{-y} = -1, \qquad \lim\limits_{\substack{(x,y)\to(0,0)\\y=0}} \frac{x+y}{x-y} = \lim\limits_{x\to0}\frac{x}{x} = 1,$$

两极限值不相等, 因此 $\lim\limits_{(x,y)\to(0,0)} \dfrac{x+y}{x-y}$ 不存在.∎

6.5.3　错用记法连同方法错误

例 6.5.3.1　设 $z=f(x,y)+g\left(\dfrac{y}{x}\right)$, 其中 $f,g\in C^{(2)}$, 求 $\dfrac{\partial z}{\partial x}, \dfrac{\partial z}{\partial y}, \dfrac{\partial^2 z}{\partial x\partial y}$.

错误解法　$\dfrac{\partial z}{\partial x}=f_x\cdot1+f_y\cdot0+g_x\cdot\dfrac{-y}{x^2}=f_x-\dfrac{y}{x^2}g_x,\quad \dfrac{\partial z}{\partial y}=f_x\cdot0+f_y\cdot1+g_y\cdot\dfrac{1}{x}=f_y+\dfrac{1}{x}g_y,$

$$\frac{\partial^2 z}{\partial x\partial y}=0-\frac{1}{x^2}g_x-\frac{y}{x^2}\cdot0=-\frac{1}{x^2}g_x.$$

解析　这里犯了两个错误. 一个是错用了记法 g_x,g_y,g_{xy}. 函数 $u=g\left(\dfrac{y}{x}\right)$ 是由一个

一元函数 $u=g(v)$ 与一个二元函数 $v=\dfrac{y}{x}$ 复合而成, 因此

$$\frac{\partial u}{\partial x}=g'(v)\cdot\frac{\partial v}{\partial x}=g'(v)\cdot\frac{-y}{x^2}=\frac{-y}{x^2}g'.$$

这里 $g'(v)$ 可以简写为 g', 但不能错误地写成 g_x. g 是一元法则, 其导数只能记为 $g',g'',g''',\cdots$, 而不能有多元函数偏导数的记法 $g_x,g_y,g_{xy},\cdots$.

本解法的第二个错误是在求二阶偏导数时错以为 $\dfrac{\partial}{\partial y}f_x=0,\dfrac{\partial}{\partial y}g_x=0$. 注意, 这里的 f_x 是偏导函数 $f_x(x,y)$ 的简写形式, 它不只是 x 的一元函数, 通常仍然是 x,y 的二元函数, 因此 $\dfrac{\partial}{\partial y}f_x=f_{xy}$. 同样的道理, $\dfrac{\partial}{\partial y}g'=g''\cdot\dfrac{1}{x}$.

正确解法　对所给式子两边分别关于 x,y 求导, 得

$$\frac{\partial z}{\partial x}=f_x\cdot1+f_y\cdot0+g'\cdot\frac{-y}{x^2}=f_x-\frac{y}{x^2}g',\qquad \frac{\partial z}{\partial y}=f_x\cdot0+f_y\cdot1+g'\cdot\frac{1}{x}=f_y+\frac{1}{x}g',$$

$$\frac{\partial^2 z}{\partial x\partial y}=f_{xx}\cdot0+f_{xy}\cdot1-\frac{1}{x^2}g'-\frac{y}{x^2}g''\cdot\frac{1}{x}=f_{xy}-\frac{1}{x^2}g'-\frac{y}{x^3}g''.∎$$

6.5.4 混淆记法

例 6.5.4.1 设 $z = f(x,y,z), y = g(x,t)$，其中 $f,g \in C^{(1)}$，且 $\dfrac{\partial f}{\partial z} \neq 1$. 求 $\dfrac{\partial z}{\partial x}$.

错误解法 所给方程两边关于 x 求导得

$$\frac{\partial z}{\partial x} = \frac{\partial z}{\partial x} \cdot 1 + \frac{\partial z}{\partial y} \cdot \frac{\partial y}{\partial x} + \frac{\partial z}{\partial z} \cdot \frac{\partial z}{\partial x}, \quad \frac{\partial y}{\partial x} = g_x \cdot 1 + g_t \cdot 0 = g_x.$$

由以上两式可得

$$\frac{\partial z}{\partial x} = -\frac{\partial z}{\partial y} \cdot \frac{\partial y}{\partial x} = -\frac{\partial z}{\partial y} g_x.$$

解析 这里在第一个方程 $z = f(x,y,z)$ 两边关于 x 求导时混淆了两个记法 $\dfrac{\partial z}{\partial x}$ 与 $\dfrac{\partial f}{\partial x}$，$\dfrac{\partial z}{\partial y}$ 与 $\dfrac{\partial f}{\partial y}$ 以及 $\dfrac{\partial z}{\partial z}$ 与 $\dfrac{\partial f}{\partial z}$. 这个方程相当于确定了一个隐函数 $z = z(x,y)$，而 $f(x,y,z)$ 却是变量 x,y,z 的三元函数, 因此在对方程 $z = f(x,y,z)$ 两边关于 x 求导时不能把左边的 $\dfrac{\partial z}{\partial x}$ 与右边的 $\dfrac{\partial f}{\partial x}$ 混淆, 同样不能混淆左边的 $\dfrac{\partial z}{\partial y}$ 与右边的 $\dfrac{\partial f}{\partial y}$、左边的 $\dfrac{\partial z}{\partial z}$ 与右边的 $\dfrac{\partial f}{\partial z}$. 本题本质上是两个方程所确定的隐函数求导问题, 因此只要不混淆前面提到的记法, 通常的三种隐函数求导方法都可以解决问题.

正确解法 我们这里只给出一种解法. 所给方程两边关于 x 求导得

$$\frac{\partial z}{\partial x} = \frac{\partial f}{\partial x} \cdot 1 + \frac{\partial f}{\partial y} \cdot \frac{\partial y}{\partial x} + \frac{\partial f}{\partial z} \cdot \frac{\partial z}{\partial x}, \quad \frac{\partial y}{\partial x} = \frac{\partial g}{\partial x} \cdot 1 + \frac{\partial g}{\partial t} \cdot 0 = \frac{\partial g}{\partial x},$$

由于 $\dfrac{\partial f}{\partial z} \neq 1$，故由以上两式可得

$$\frac{\partial z}{\partial x} = \frac{\dfrac{\partial f}{\partial x} + \dfrac{\partial f}{\partial y} \cdot \dfrac{\partial g}{\partial x}}{1 - \dfrac{\partial f}{\partial z}}.$$

【注】 也可以用隐函数定理的求导公式或者微分法来求.■

6.5.5 理解不到位

例 6.5.5.1 求曲面 $\varSigma: (x+y-z)^2 + (2x-y+z)^2 = 1$ 的过点 $(1,-1,1)$ 的切平面.

错误解法 令 $F(x,y,z) = (x+y-z)^2 + (2x-y+z)^2 - 1$，则

$$F_x = 2(x+y-z) + 4(2x-y+z), \quad F_y = 2(x+y-z) - 2(2x-y+z),$$

$$F_z = -2(x+y-z) + 2(2x-y+z).$$

因此在点 $(1,-1,1)$ 处, 切平面的法向量为 $\boldsymbol{n} = (14,-10,10)$，故所求切平面方程为

$$14(x-1)-10(y+1)+10(z-1)=0, \quad 即 \quad 7x-5y+5z=17.$$

解析　这里的错误在于审题不细致, 没有注意到点 $(1,-1,1)$ 不在曲面 Σ 上.

正确解法　令 $F(x,y,z)=(x+y-z)^2+(2x-y+z)^2-1$, 则

$$F_x=2(x+y-z)+4(2x-y+z), \quad F_y=2(x+y-z)-2(2x-y+z),$$
$$F_z=-2(x+y-z)+2(2x-y+z).$$

设所求切平面的切点为 (a,b,c), 则切平面的法向量为

$$\boldsymbol{n}=(F_x,F_y,F_z)\big|_{(a,b,c)}=(10a-2b+2c,-2a+4b-4c,2a-4b+4c),$$

故切平面方程为

$$(10a-2b+2c)(x-a)+(-2a+4b-4c)(y-b)+(2a-4b+4c)(z-c)=0.$$

由于切平面过点 $(1,-1,1)$, 故

$$(10a-2b+2c)(1-a)+(-2a+4b-4c)(-1-b)+(2a-4b+4c)(1-c)=0,$$

又由于点 (a,b,c) 在曲面 Σ 上, 因此

$$(a+b-c)^2+(2a-b+c)^2=1,$$

由以上两式可解得

$$\begin{cases} a+b-c=-1, \\ 2a-b+c=0, \end{cases} \quad 或者 \quad \begin{cases} a+b-c=\dfrac{15}{17}, \\ 2a-b+c=\dfrac{8}{17}, \end{cases}$$

因此切平面的法向量为 $\boldsymbol{n}_1=(-2,-2,2)=2(-1,-1,1)$, 或者 $\boldsymbol{n}_2=\left(\dfrac{62}{17},\dfrac{14}{17},-\dfrac{14}{17}\right)=\dfrac{2}{17}(31,7,-7)$.

从而所求切平面方程为

$$-(x-1)-(y+1)+(z-1)=0, \quad 即 \quad x+y-z+1=0,$$

或者

$$31(x-1)+7(y+1)-7(z-1)=0, \quad 即 \quad 31x+7y-7z-17=0. \blacksquare$$

6.6　例 题 选 讲

选例 6.6.1　设函数 $f(x,y),\varphi(x,y)$ 都是可微函数, 且 $\varphi_y(x,y)\neq 0$. 若 (x_0,y_0) 为 $f(x,y)$ 在条件 $\varphi(x,y)=0$ 下的条件极值点, 则(　　).

(A) 若 $f_x(x_0,y_0)=0$, 则 $f_y(x_0,y_0)=0$　　(B) 若 $f_x(x_0,y_0)\neq 0$, 则 $f_y(x_0,y_0)=0$

(C) 若 $f_x(x_0,y_0)=0$, 则 $f_y(x_0,y_0)\neq 0$　　(D) 若 $f_x(x_0,y_0)\neq 0$, 则 $f_y(x_0,y_0)\neq 0$

思路　条件极值问题的解决通常就是两个方向, 一个是转化为非条件极值, 一个是利用拉格朗日乘数法.

解法一　根据拉格朗日乘数法, 记 $F(x,y,\lambda) = f(x,y) + \lambda \varphi(x,y)$, 则当 (x_0, y_0) 为 $f(x,y)$ 在条件 $\varphi(x,y) = 0$ 下的条件极值点时, 应该有

$$\begin{cases} F_x(x_0, y_0, \lambda) = f_x(x_0, y_0) + \lambda \varphi_x(x_0, y_0) = 0, \\ F_y(x_0, y_0, \lambda) = f_y(x_0, y_0) + \lambda \varphi_y(x_0, y_0) = 0, \\ F_\lambda(x_0, y_0, \lambda) = \varphi(x_0, y_0) = 0. \end{cases}$$

若 $f_x(x_0, y_0) = 0$, 则由第一个式子可得 $\lambda \varphi_x(x_0, y_0) = 0$. 因此要么 $\lambda = 0$, 要么 $\varphi_x(x_0, y_0) = 0$. 若 $\lambda = 0$, 此时由第二个式子可知必有 $f_y(x_0, y_0) = 0$. 若 $\varphi_x(x_0, y_0) = 0$, 则从上述方程组就无法判断 $f_y(x_0, y_0) = 0$ 是否能够成立. 因此(A), (C)两个选择都是没有充分依据的.

若 $f_x(x_0, y_0) \neq 0$, 则由第一个式子可得 $\lambda \neq 0$. 由于已知 $\varphi_y(x, y) \neq 0$, 故由第二个方程可知, 必有 $f_y(x_0, y_0) = -\lambda \varphi_y(x_0, y_0) \neq 0$. 因此(D)是正确的.

解法二　由于 $\varphi_y(x, y) \neq 0$, 故方程 $\varphi(x, y) = 0$ 可以确定隐函数 $y = y(x)$. 从而当 (x_0, y_0) 为 $f(x,y)$ 在条件 $\varphi(x,y) = 0$ 下的条件极值点时, x_0 必为函数 $g(x) = f(x, y(x))$ 的极值点, 因此有

$$g'(x_0) = f_x(x_0, y_0) + f_y(x_0, y_0) \cdot y'(x_0) = f_x(x_0, y_0) + f_y(x_0, y_0) \cdot \frac{-\varphi_x(x_0, y_0)}{\varphi_y(x_0, y_0)} = 0.$$

由此可知, 若 $f_x(x_0, y_0) \neq 0$, 则必有 $f_y(x_0, y_0) \neq 0$. ■

选例 6.6.2　证明二元函数极限的柯西归并原理: $\lim\limits_{(x,y) \to (x_0, y_0)} f(x,y) = A$ 当且仅当对 $f(x,y)$ 定义域中的任一点列 $\{(x_n, y_n)\}$ (其中每个 $(x_n, y_n) \neq (x_0, y_0)$), 只要 $n \to \infty$ 时有 $(x_n, y_n) \to (x_0, y_0)$, 就有 $\lim\limits_{n \to \infty} f(x_n, y_n) = A$.

思路　用定义和反证法.

证明　必要性. 设 $\lim\limits_{(x,y) \to (x_0, y_0)} f(x,y) = A$, 且 $f(x,y)$ 定义域中异于 (x_0, y_0) 的点列 $\{(x_n, y_n)\}$ 收敛于点 (x_0, y_0) . 对任一正数 ε , 由 $\lim\limits_{(x,y) \to (x_0, y_0)} f(x,y) = A$ 知, 存在正数 δ 使得对 $f(x,y)$ 定义域中的任意点 (x, y) , 只要 $0 < \sqrt{(x - x_0)^2 + (y - y_0)^2} < \delta$, 就有 $|f(x,y) - A| < \varepsilon$. 又由 $\{(x_n, y_n)\}$ 收敛于点 (x_0, y_0) 可知, 存在自然数 N , 使得当 $n > N$ 时, 恒有 $0 < \sqrt{(x_n - x_0)^2 + (y_n - y_0)^2} < \delta$, 从而有

$$|f(x_n, y_n) - A| < \varepsilon.$$

这表明, $\lim\limits_{n \to \infty} f(x_n, y_n) = A$.

充分性. 采用反证法. 若 $\lim\limits_{(x,y) \to (x_0, y_0)} f(x,y) = A$ 不成立, 则存在正数 ε , 对任意正数 δ , 都存在 $f(x,y)$ 定义域中的点 (x, y) 使得 $0 < \sqrt{(x - x_0)^2 + (y - y_0)^2} < \delta$, 但是 $|f(x,y) - A| \geqslant \varepsilon$.

因此, 对任一自然数 n , 都存在 $f(x,y)$ 定义域中的点 (x_n, y_n) 使得 $0 < \sqrt{(x_n - x_0)^2 + (y_n - y_0)^2} < \frac{1}{n}$, 但是 $|f(x_n, y_n) - A| \geqslant \varepsilon$. 显然 $\{(x_n, y_n)\}$ 收敛于点 (x_0, y_0) , 但

是 $\lim\limits_{n\to\infty} f(x_n,y_n)=A$ 不成立, 这与假设矛盾!

类似的证明可知, 对任意多元函数的极限都有相应的柯西归并原理成立.∎

选例 6.6.3　试论证下列两个结论:

(1) 若 $\lim\limits_{(x,y)\to(x_0,y_0)} f(x,y)=A$, 且在 (x_0,y_0) 的某个去心邻域 U 内, 极限 $\lim\limits_{x\to x_0} f(x,y)$ 与 $\lim\limits_{y\to y_0} f(x,y)$ 均存在, 则 $\lim\limits_{y\to y_0}\lim\limits_{x\to x_0} f(x,y)=A$, 且 $\lim\limits_{x\to x_0}\lim\limits_{y\to y_0} f(x,y)=A$.

(2) 若在 (x_0,y_0) 的某个去心邻域内, 极限 $\lim\limits_{x\to x_0} f(x,y)$ 与 $\lim\limits_{y\to y_0} f(x,y)$ 均存在, 且 $\lim\limits_{y\to y_0}\lim\limits_{x\to x_0} f(x,y)=A$, $\lim\limits_{x\to x_0}\lim\limits_{y\to y_0} f(x,y)=A$, 此时未必有 $\lim\limits_{(x,y)\to(x_0,y_0)} f(x,y)=A$.

思路　结合定义与逻辑.

证明　(1) 由于证明方法的类似性, 只证明 $\lim\limits_{y\to y_0}\lim\limits_{x\to x_0} f(x,y)=A$. 为方便起见, 记 $\lim\limits_{x\to x_0} f(x,y)=k(y)$. 由于 $\lim\limits_{(x,y)\to(x_0,y_0)} f(x,y)=A$, 故对任一正数 ε, 存在 $\delta>0$, 使得当 $0<\sqrt{(x-x_0)^2+(y-y_0)^2}<\delta$ 时, 有

$$|f(x,y)-A|<\varepsilon.$$

对于使得 $0<\sqrt{(x-x_0)^2+(y-y_0)^2}<\delta$ 且 $(x_0,y)\in U$ 的固定的 y, 在上式中令 $x\to x_0$, 由于 $\lim\limits_{x\to x_0} f(x,y)=k(y)$, 故有

$$|k(y)-A|\leqslant\varepsilon.$$

可见有 $\lim\limits_{y\to y_0} k(y)=A$, 即 $\lim\limits_{y\to y_0}\lim\limits_{x\to x_0} f(x,y)=A$.

(2) 我们只需举一个例子即可.

设 $f(x,y)=\begin{cases}0, & |x|<|y|<|2x|,\\ 1, & |y|\leqslant|x|, \text{或者} |y|\geqslant|2x|.\end{cases}$ 则 $\lim\limits_{x\to0} f(x,y)=1$ 与 $\lim\limits_{y\to0} f(x,y)=1$ 均存在, 且

$$\lim\limits_{y\to y_0}\lim\limits_{x\to x_0} f(x,y)=1,\quad \lim\limits_{x\to x_0}\lim\limits_{y\to y_0} f(x,y)=1.$$

但是由于

$$\lim\limits_{\substack{(x,y)\to(0,0)\\x=y}} f(x,y)=1,\quad \lim\limits_{\substack{(x,y)\to(0,0)\\2x=3y}} f(x,y)=0.$$

因此, 极限 $\lim\limits_{(x,y)\to(x_0,y_0)} f(x,y)$ 不存在.∎

选例 6.6.4　设 $f(x,y)=\begin{cases}(x^2+y^2)^\alpha\sin\dfrac{1}{x^2+y^2}, & (x,y)\neq(0,0),\\ 0, & (x,y)=(0,0).\end{cases}$ 试讨论 $f(x,y)$ 在点 $(0,0)$ 处的连续性、偏导数存在性和可微性.

思路　这是讨论分片定义的函数在分片点处的连续性、偏导数存在性和可微性, 必须用定义来判断.

解　由于 $f(0,0)=0$，且

$$\lim_{(x,y)\to(0,0)} f(x,y) = \lim_{(x,y)\to(0,0)} (x^2+y^2)^\alpha \sin\frac{1}{x^2+y^2} = \begin{cases} 0, & \alpha>0, \\ \text{不存在}, & \alpha\leqslant 0, \end{cases}$$

故函数 $f(x,y)$ 在点 $(0,0)$ 处仅当 $\alpha>0$ 时连续. 又

$$\lim_{x\to 0}\frac{f(x,0)-f(0,0)}{x-0} = \lim_{x\to 0}\frac{x^{2\alpha}\sin\frac{1}{x^2}-0}{x} = \lim_{x\to 0} x^{2\alpha-1}\sin\frac{1}{x^2} = \begin{cases} 0, & \alpha>\frac{1}{2}, \\ \text{不存在}, & \alpha\leqslant\frac{1}{2}. \end{cases}$$

$$\lim_{y\to 0}\frac{f(0,y)-f(0,0)}{y-0} = \lim_{y\to 0}\frac{y^{2\alpha}\sin\frac{1}{y^2}-0}{y} = \lim_{y\to 0} y^{2\alpha-1}\sin\frac{1}{y^2} = \begin{cases} 0, & \alpha>\frac{1}{2}, \\ \text{不存在}, & \alpha\leqslant\frac{1}{2}. \end{cases}$$

因此函数 $f(x,y)$ 在点 $(0,0)$ 处仅当 $\alpha>\dfrac{1}{2}$ 时偏导数存在, 且此时 $f_x(0,0)=f_y(0,0)=0$.

此外, 当 $\alpha>\dfrac{1}{2}$ 时,

$$\lim_{(x,y)\to(0,0)} \frac{f(x,y)-f(0,0)-f_x(0,0)x-f_y(0,0)y}{\sqrt{x^2+y^2}}$$

$$= \lim_{(x,y)\to(0,0)} (x^2+y^2)^{\alpha-\frac{1}{2}}\sin\frac{1}{x^2+y^2} = \begin{cases} 0, & \alpha>\frac{1}{2}, \\ \text{不存在}, & \alpha\leqslant\frac{1}{2}. \end{cases}$$

因此函数 $f(x,y)$ 在点 $(0,0)$ 处仅当 $\alpha>\dfrac{1}{2}$ 时可微, 且此时有 $\mathrm{d}f\big|_{(0,0)}=0$. ■

选例 6.6.5　设 $u=\sqrt{x^2+y^2+z^2}$, 求 $\dfrac{\partial u}{\partial x},\dfrac{\partial u}{\partial y},\dfrac{\partial u}{\partial z}$ 及 $\dfrac{\partial^2 u}{\partial x^2}+\dfrac{\partial^2 u}{\partial y^2}+\dfrac{\partial^2 u}{\partial z^2}$.

思路　这是基本计算, 按照公式和法则计算即可.

解

$$\frac{\partial u}{\partial x} = \frac{1}{2\sqrt{x^2+y^2+z^2}}\cdot 2x = \frac{x}{\sqrt{x^2+y^2+z^2}} = \frac{x}{u},$$

$$\frac{\partial u}{\partial y} = \frac{1}{2\sqrt{x^2+y^2+z^2}}\cdot 2y = \frac{y}{\sqrt{x^2+y^2+z^2}} = \frac{y}{u},$$

$$\frac{\partial u}{\partial z} = \frac{1}{2\sqrt{x^2+y^2+z^2}}\cdot 2z = \frac{z}{\sqrt{x^2+y^2+z^2}} = \frac{z}{u}.$$

从上面求导结果可以看出, 把 $\dfrac{\partial u}{\partial x}$ 表达式中的 x,y 两个字母对调, 即得到 $\dfrac{\partial u}{\partial y}$; 把 $\dfrac{\partial u}{\partial x}$ 表达

式中的 x,z 两个字母对调, 即得到 $\dfrac{\partial u}{\partial z}$. 这并不奇怪, 因为在 $u=\sqrt{x^2+y^2+z^2}$ 的表达式

中, x,y,z 三个字母随便对调, 都不改变 u, 这种情形, 我们称函数 u 关于 x,y,z 是对称

的. 一般地说, 如果函数 $z=f(x,y)$ 满足等式 $f(x,y)=f(y,x)$, 则称函数 $z=f(x,y)$ 关于 x,y 是对称的. 此时, 若 $z=f(x,y)$ 是可导函数, 则对其各阶导数表达式而言, 把 x,y 两个字母对调, 也是成立的. 也就是说, 有

$$如果 \frac{\partial^{m+n}z}{\partial x^m \partial y^n}=K(x,y), 则必有 \frac{\partial^{m+n}z}{\partial y^m \partial x^n}=K(y,x).$$

在本题中, 由于

$$\frac{\partial^2 u}{\partial x^2}=\frac{1\cdot u-x\cdot\frac{\partial u}{\partial x}}{u^2}=\frac{u^2-x^2}{u^3}=\frac{y^2+z^2}{u^3},$$

分别把上式中的 x,y 两个字母和 x,z 两个字母对调(注意 u 不变!), 可得

$$\frac{\partial^2 u}{\partial y^2}=\frac{x^2+z^2}{u^3},\quad \frac{\partial^2 u}{\partial z^2}=\frac{x^2+y^2}{u^3}.$$

因此

$$\frac{\partial^2 u}{\partial x^2}+\frac{\partial^2 u}{\partial y^2}+\frac{\partial^2 u}{\partial z^2}=\frac{y^2+z^2}{u^3}+\frac{x^2+z^2}{u^3}+\frac{x^2+y^2}{u^3}=\frac{2}{u}.\blacksquare$$

选例 6.6.6 设 $F(u,v)\in C^{(2)}$, $z=F(\mathrm{e}^x\cos x,\mathrm{e}^x\sin x)$, 试求 $\frac{\mathrm{d}z}{\mathrm{d}x},\frac{\mathrm{d}z^2}{\mathrm{d}x^2}$.

思路 这是常规题, 按照公式和复合函数求导法则做即可.

解 直接求导可得

$$\frac{\mathrm{d}z}{\mathrm{d}x}=F_1'\cdot(\mathrm{e}^x\cos x-\mathrm{e}^x\sin x)+F_2'\cdot(\mathrm{e}^x\sin x+\mathrm{e}^x\cos x),$$

$$\frac{\mathrm{d}^2 z}{\mathrm{d}x^2}=[F_{11}''\cdot(\mathrm{e}^x\cos x-\mathrm{e}^x\sin x)+F_{12}''\cdot(\mathrm{e}^x\sin x+\mathrm{e}^x\cos x)](\mathrm{e}^x\cos x-\mathrm{e}^x\sin x)+F_1'\cdot(-2\mathrm{e}^x\sin x)$$

$$+[F_{21}''\cdot(\mathrm{e}^x\cos x-\mathrm{e}^x\sin x)+F_{22}''\cdot(\mathrm{e}^x\sin x+\mathrm{e}^x\cos x)](\mathrm{e}^x\sin x+\mathrm{e}^x\cos x)+F_2'\cdot 2\mathrm{e}^x\cos x$$

$$=F_{11}''\cdot\mathrm{e}^{2x}(1-\sin 2x)+2F_{12}''\cdot\mathrm{e}^{2x}\cos 2x+F_{22}''\cdot\mathrm{e}^{2x}(1+\sin 2x)-2F_1'\cdot\mathrm{e}^x\sin x+2F_2'\cdot\mathrm{e}^x\cos x.\blacksquare$$

选例 6.6.7 设 $z=u^v$, $u=\mathrm{e}^{2x^3 y}$, $v=3xy^2$, 求 $\frac{\partial^2 z}{\partial x\partial y}$.

思路 应用复合函数求导的链式法则, 或者消去中间变量化为普通二元函数求导, 以后者为佳.

解法一 由于

$$\frac{\partial z}{\partial u}=vu^{v-1},\quad \frac{\partial z}{\partial v}=u^v\ln u,\quad \frac{\partial u}{\partial x}=6x^2 y\mathrm{e}^{2x^3 y},\quad \frac{\partial u}{\partial y}=2x^3\mathrm{e}^{2x^3 y},\quad \frac{\partial v}{\partial x}=3y^2,\quad \frac{\partial v}{\partial y}=6xy.$$

因此由复合函数求导的链式法则, 依次关于 x 和关于 y 求导可得

$$\frac{\partial z}{\partial x}=\frac{\partial z}{\partial u}\cdot\frac{\partial u}{\partial x}+\frac{\partial z}{\partial v}\cdot\frac{\partial v}{\partial x}=vu^{v-1}\cdot 6x^2 y\mathrm{e}^{2x^3 y}+u^v\ln u\cdot 3y^2=24x^3 y^3\mathrm{e}^{6x^4 y^3}.$$

$$\frac{\partial^2 z}{\partial x \partial y} = \frac{\partial}{\partial y}(24x^3 y^3 e^{6x^4 y^3}) = 72x^3 y^2 e^{6x^4 y^3} + 432x^7 y^5 e^{6x^4 y^3} = 72x^3 y^2 (1+6x^4 y^3) e^{6x^4 y^3}.$$

解法二　消去中间变量可得 $z = e^{6x^4 y^3}$，因此依次关于 x 和关于 y 求导可得

$$\frac{\partial z}{\partial x} = e^{6x^4 y^3} \cdot 24x^3 y^3 = 24x^3 y^3 e^{6x^4 y^3},$$

$$\frac{\partial^2 z}{\partial x \partial y} = 72x^3 y^2 e^{6x^4 y^3} + 24x^3 y^3 e^{6x^4 y^3} \cdot 18x^4 y^2 = 72x^3 y^2 (1+6x^4 y^3) e^{6x^4 y^3}.$$

【注】 在第一种解法中，如果求出 $\dfrac{\partial z}{\partial x} = v u^{v-1} \cdot 6x^2 y e^{2x^3 y} + u^v \ln u \cdot 3y^2$ 而不加整理，则后续的二阶导数计算将非常繁琐. 因此解题要养成一个习惯，求完一阶导数要先整理清楚，再往下继续求导.■

选例 6.6.8　求常数 a,b 及可微函数 $f(x,y)$ 使得 $f_x = axy + 3y^2 + 1, f_y = 2x^2 + 6xy - 1$.

思路　利用二阶导数连续时与求导顺序无关这一性质可求出常数 a,b；利用偏积分方法可还原出 $f(x,y)$.

解　设可微函数 $f(x,y)$ 使得 $f_x = axy + 3y^2 + 1, f_y = 2x^2 + bxy - 1$. 则显然 $f(x,y)$ 有连续的二阶导数，因此有

$$f_{xy} \equiv f_{yx}, \quad 即 \quad ax + 6y \equiv 4x + by.$$

由此可知，$a = 4, b = 6$. 于是又有

$$f(x,y) = \int f_x \mathrm{d}x = \int (4xy + 3y^2 + 1)\mathrm{d}x = 2x^2 y + 3xy^2 + x + C(y),$$

其中 $C(y)$ 为与 x 无关、只与 y 相关的可微函数. 结合已知条件可得

$$f_y = 2x^2 + 6xy + C'(y) = 2x^2 + bxy - 1.$$

故 $C'(y) = -1$，从而 $C(y) = -y + C$（其中 C 为任意常数）. 因此

$$f(x,y) = 2x^2 y + 3xy^2 + x - y + C.■$$

选例 6.6.9　设 $f(x,y)$ 具有一阶连续偏导数，且满足 $\mathrm{d}f(x,y) = y e^y \mathrm{d}x + x(1+y)e^y \mathrm{d}y$ 及 $f(0,0) = 0$，求 $f(x,y)$.

思路　由 $\mathrm{d}f(x,y) = y e^y \mathrm{d}x + x(1+y)e^y \mathrm{d}y$ 可知，$\dfrac{\partial f}{\partial x} = y e^y, \dfrac{\partial f}{\partial y} = x(1+y)e^y$. 因此用偏积分法可以求出 $f(x,y)$ 的通解，再由 $f(0,0) = 0$ 即可确定 $f(x,y)$ 的表达式.

解　由 $\mathrm{d}f(x,y) = y e^y \mathrm{d}x + x(1+y)e^y \mathrm{d}y$ 可知

$$\frac{\partial f}{\partial x} = y e^y, \quad \frac{\partial f}{\partial y} x(1+y)e^y,$$

于是

$$f(x,y) = \int \frac{\partial f}{\partial x} \mathrm{d}x = \int y e^y \mathrm{d}x = xy e^y + C(y),$$

从而

$$\frac{\partial f}{\partial y} = x\mathrm{e}^y + xy\mathrm{e}^y + C'(y) = x(1+y)\mathrm{e}^y + C'(y).$$

由于 $\dfrac{\partial f}{\partial y} = x(1+y)\mathrm{e}^y$，故 $C'(y) = 0$，即 $C(y) = C$. 故 $f(x,y) = xy\mathrm{e}^y + C$. 又由于 $f(0,0) = 0$，

故 $C = 0$. 因此，$f(x,y) = xy\mathrm{e}^y.$ ■

选例 6.6.10 设 $F(x+z, y-z) = 0$，其中 $F(u,v) \in C^{(2)}$，$F_1' - F_2' \ne 0$. 又设 $x = x(s,t)$，

$y = y(s,t)$ 是由方程组 $\begin{cases} \mathrm{e}^x \sin t - y = s, \\ \mathrm{e}^y \cos t + x = t \end{cases}$ 确定的隐函数，试求偏导数 $\dfrac{\partial z}{\partial s}, \dfrac{\partial z}{\partial t}$.

思路 这是隐函数求导问题，通常的关于自变量求导、利用隐函数求导公式或者微分法都可以.

解法一 由题意，三个方程确定隐函数 $z = z(s,t)$. 三个方程两边同时关于 s 求导得 (注意 t 看作常数，而 x, y, z 都是 s 的函数)

$$\begin{cases} F_1' \cdot \left(\dfrac{\partial x}{\partial s} + \dfrac{\partial z}{\partial s}\right) + F_2' \cdot \left(\dfrac{\partial y}{\partial s} - \dfrac{\partial z}{\partial s}\right) = 0, \\ \dfrac{\partial x}{\partial s} \cdot \mathrm{e}^x \sin t - \dfrac{\partial y}{\partial s} = 1, \\ \dfrac{\partial y}{\partial s} \cdot \mathrm{e}^y \cos t + \dfrac{\partial x}{\partial s} = 0, \end{cases}$$

消去 $\dfrac{\partial x}{\partial s}, \dfrac{\partial y}{\partial s}$，解得 $\dfrac{\partial z}{\partial s} = \dfrac{F_1' \mathrm{e}^y \cos t - F_2'}{(F_2' - F_1')(1 + \mathrm{e}^{x+y} \sin t \cos t)}.$

同样地，三个方程两边同时关于 t 求导得

$$\begin{cases} F_1' \cdot \left(\dfrac{\partial x}{\partial t} + \dfrac{\partial z}{\partial t}\right) + F_2' \cdot \left(\dfrac{\partial y}{\partial t} - \dfrac{\partial z}{\partial t}\right) = 0, \\ \dfrac{\partial x}{\partial t} \cdot \mathrm{e}^x \sin t + \mathrm{e}^x \cos t - \dfrac{\partial y}{\partial t} = 0, \\ \dfrac{\partial y}{\partial t} \cdot \mathrm{e}^y \cos t - \mathrm{e}^y \sin t + \dfrac{\partial x}{\partial t} = 1, \end{cases}$$

消去 $\dfrac{\partial x}{\partial t}, \dfrac{\partial y}{\partial t}$，解得

$$\frac{\partial z}{\partial t} = \frac{F_1' \cdot (1 + \mathrm{e}^y \sin t - \mathrm{e}^{x+y} \cos^2 t) + F_2' \cdot \mathrm{e}^x (\sin t + \cos t + \mathrm{e}^y \sin^2 t)}{(F_2' - F_1')(1 + \mathrm{e}^{x+y} \sin t \cos t)}.$$

解法二 对三个方程两边同时取微分，可得

$$\begin{cases} F_1' \cdot (\mathrm{d}x + \mathrm{d}z) + F_2' \cdot (\mathrm{d}y - \mathrm{d}z) = 0, \\ \mathrm{e}^x \sin t \mathrm{d}x + \mathrm{e}^x \cos t \mathrm{d}t - \mathrm{d}y = \mathrm{d}s, \\ \mathrm{e}^y \cos t \mathrm{d}y - \mathrm{e}^y \sin t \mathrm{d}t + \mathrm{d}x = \mathrm{d}t. \end{cases}$$

消去 dx, dy 可得

$$dz = \frac{F_1' e^y \cos t - F_2'}{(F_2' - F_1')(1 + e^{x+y} \sin t \cos t)} ds$$

$$+ \frac{F_1' \cdot (1 + e^y \sin t - e^{x+y} \cos^2 t) + F_2' \cdot e^x (\sin t + \cos t + e^y \sin^2 t)}{(F_2' - F_1')(1 + e^{x+y} \sin t \cos t)} dt.$$

因此由微分形式可知

$$\begin{cases} \dfrac{\partial z}{\partial s} = \dfrac{F_1' e^y \cos t - F_2'}{(F_2' - F_1')(1 + e^{x+y} \sin t \cos t)}, \\[4mm] \dfrac{\partial z}{\partial t} = \dfrac{F_1' \cdot (1 + e^y \sin t - e^{x+y} \cos^2 t) + F_2' \cdot e^x (\sin t + \cos t + e^y \sin^2 t)}{(F_2' - F_1')(1 + e^{x+y} \sin t \cos t)}. \end{cases}$$

解法三　记 $\begin{cases} U(x,y,z,s,t) = F(x+z, y-z), \\ V(x,y,z,s,t) = e^x \sin t - y - s, \quad \text{则} \\ W(x,y,z,s,t) = e^y \cos t + x - t, \end{cases}$

$$U_x = F_1', \quad U_y = F_2', \quad U_z = F_1' - F_2', \quad U_s = 0, \quad U_t = 0;$$

$$V_x = e^x \sin t, \quad V_y = -1, \quad V_z = 0, \quad V_s = -1, \quad V_t = e^x \cos t;$$

$$W_x = 1, \quad W_y = e^y \cos t, \quad W_z = 0, \quad W_s = 0, \quad W_t = -e^y \sin t - 1.$$

于是由隐函数定理可知

$$\frac{\partial z}{\partial s} = -\frac{\dfrac{\partial(U,V,W)}{\partial(x,y,s)}}{\dfrac{\partial(U,V,W)}{\partial(x,y,z)}} = \frac{F_1' e^y \cos t - F_2'}{(F_2' - F_1')(1 + e^{x+y} \sin t \cos t)},$$

$$\frac{\partial z}{\partial t} = -\frac{\dfrac{\partial(U,V,W)}{\partial(x,y,t)}}{\dfrac{\partial(U,V,W)}{\partial(x,y,z)}} = \frac{F_1' \cdot (1 + e^y \sin t - e^{x+y} \cos^2 t) + F_2' \cdot e^x (\sin t + \cos t + e^y \sin^2 t)}{(F_2' - F_1')(1 + e^{x+y} \sin t \cos t)}. \blacksquare$$

选例 6.6.11　设可微函数 $f(x,y)$ 满足 $\dfrac{\partial f}{\partial x} = -f(x,y), f\left(0, \dfrac{\pi}{2}\right) = 1$，且

$$\lim_{n \to \infty} \left(\frac{f\left(0, y + \dfrac{1}{n}\right)}{f(0,y)} \right)^n = e^{\cos y}.$$

求 $f(x,y)$.

思路　首先利用微分方程 $\dfrac{\partial f}{\partial x} = -f(x,y)$ 可得 $f(x,y) = C(y) e^{-\int dx} = C(y) e^{-x}$. 再由条

件 $f\left(0,\dfrac{\pi}{2}\right)=1$ 和 $\displaystyle\lim_{n\to\infty}\left(\dfrac{f\left(0,y+\dfrac{1}{n}\right)}{f(0,y)}\right)^{n}=\mathrm{e}^{\cos y}$ 可确定 $C(y)$, 从而得到 $f(x,y)$ 的表达式.

解　当把 y 看成常数时, 方程 $\dfrac{\partial f}{\partial x}=-f(x,y)$ 是一个一阶线性齐次微分方程, 其通解为

$$f(x,y)=C(y)\mathrm{e}^{-\int \mathrm{d}x}=C(y)\mathrm{e}^{-x}.$$

由 $f\left(0,\dfrac{\pi}{2}\right)=1$ 可知, $C\left(\dfrac{\pi}{2}\right)=1$. 又由

$$\mathrm{e}^{\cos y}=\lim_{n\to\infty}\left(\dfrac{f\left(0,y+\dfrac{1}{n}\right)}{f(0,y)}\right)^{n}=\exp\left[\lim_{n\to\infty}\dfrac{\ln f\left(0,y+\dfrac{1}{n}\right)-\ln f(0,y)}{\dfrac{1}{n}}\right]=\exp\left[\dfrac{\mathrm{d}\ln f(0,y)}{\mathrm{d}y}\right]$$

$$=\exp\left[\dfrac{\mathrm{d}\ln C(y)}{\mathrm{d}y}\right]=\mathrm{e}^{\frac{C'(y)}{C(y)}},$$

因此有

$$\dfrac{C'(y)}{C(y)}=\cos y,$$

两边积分可得

$$\ln C(y)=\sin y+\ln C=\ln[C\mathrm{e}^{\sin y}],$$

故 $C(y)=C\mathrm{e}^{\sin y}$. 由 $C\left(\dfrac{\pi}{2}\right)=1$ 可得, $C=\mathrm{e}^{-1}$. 因此 $C(y)=\mathrm{e}^{-1+\sin y}$. 从而 $f(x,y)=\mathrm{e}^{-x-1+\sin y}$. ■

选例 6.6.12　已知函数 $f(x,y)$ 在点 $(0,0)$ 的某邻域内连续, 且 $\displaystyle\lim_{(x,y)\to(0,0)}\dfrac{f(x,y)-xy}{(x^{2}+y^{2})^{2}}=1$, 则(　　).

(A) 点 $(0,0)$ 不是 $f(x,y)$ 的极值点

(B) 点 $(0,0)$ 是 $f(x,y)$ 的极大值点

(C) 点 $(0,0)$ 是 $f(x,y)$ 的极小值点

(D) 点 $(0,0)$ 是否为 $f(x,y)$ 的极值点据所给条件无法判定

思路　特定点的极值问题应该从极值的定义和极限的性质出发加以讨论. 为了说明不是极值点, 就得说明在每个邻域里增量都不保持同号; 为了说明是极值点, 就得说明存在一个邻域, 其上增量保持同号.

解　应该选择(A). 因为由所给条件可知

$$f(0,0)=\lim_{(x,y)\to(0,0)}f(x,y)=\lim_{(x,y)\to(0,0)}xy+\lim_{(x,y)\to(0,0)}\left[\dfrac{f(x,y)-xy}{(x^{2}+y^{2})^{2}}\cdot(x^{2}+y^{2})^{2}\right]=0.$$

因此由极限与无穷小的关系可知, 又有

$$f(x,y)-f(0,0)=xy+(x^2+y^2)^2+\alpha\cdot(x^2+y^2)^2,\ \text{其中}\ \lim_{(x,y)\to(0,0)}\alpha=0.$$

可见, 在直线 $y=kx(k\neq0)$ 上有

$$f(x,kx)-f(0,0)=kx^2+(x^2+k^2x^2)^2+\alpha\cdot(x^2+k^2x^2)^2=kx^2+o(kx^2),$$

因此在 x 充分接近 0 时, $f(x,kx)-f(0,0)$ 与 k 同号. 这表明, 点 $(0,0)$ 不是 $f(x,y)$ 的极值点.■

选例 6.6.13　求函数 $f(x,y,z)=2x^2+2y^2+3z^2+2$ 在椭球体 $\Omega:4x^2+4y^2+z^2\leqslant4$ 上的最大值与最小值.

思路　这是一个常规题, 可先求出 Ω 内可能取得极值的点(即偏导数等于 0 或者偏导数不存在的点), 再用拉格朗日乘数法求出在 Ω 边界上的可能极值点, 然后计算这些点的函数值, 其中最大者即最大值, 最小者即最小值. 在求 Ω 边界上的可能极值点时, 也可以转化成非条件极值来求.

解法一　首先, 令

$$\begin{cases}f_x(x,y,z)=4x=0,\\ f_y(x,y,z)=4y=0,\\ f_z(x,y,z)=6z=0,\end{cases}$$

解得函数 $f(x,y,z)$ 在区域内唯一驻点 $(x,y,z)=(0,0,0)$. 再令

$$F(x,y,z,\lambda)=2x^2+2y^2+3z^2+2+\lambda(4x^2+4y^2+z^2-4),$$

再令

$$\begin{cases}F_x=4x+8\lambda x=0,\\ F_y=4y+8\lambda y=0,\\ F_z=6z+2\lambda z=0,\\ F_\lambda=4x^2+4y^2+z^2-4=0.\end{cases}$$

解得 $(x,y,z)=(0,0,-2),(0,0,2),\left(-\dfrac{\sqrt2}{2},-\dfrac{\sqrt2}{2},0\right),\left(\dfrac{\sqrt2}{2},\dfrac{\sqrt2}{2},0\right)$. 计算可知

$$f(0,0,0)=2,\quad f(0,0,-2)=f(0,0,2)=14,\quad f\left(-\dfrac{\sqrt2}{2},-\dfrac{\sqrt2}{2},0\right)=f\left(\dfrac{\sqrt2}{2},\dfrac{\sqrt2}{2},0\right)=4,$$

故所求的最大值为 $f(0,0,-2)=f(0,0,2)=14$, 最小值为 $f(0,0,0)=2$.

解法二　首先, 令

$$\begin{cases}f_x(x,y,z)=4x=0,\\ f_y(x,y,z)=4y=0,\\ f_z(x,y,z)=6z=0,\end{cases}$$

解得函数 $f(x,y,z)$ 在区域内唯一驻点 $(x,y,z)=(0,0,0)$, 且 $f(0,0,0)=2$.

在 Ω 边界上, $z^2=4-4x^2-4y^2$, 且 Ω 在 xOy 平面上的投影区域为 $D:x^2+y^2\leqslant1$. 因此在 Ω 边界上, 有

$$f(x,y,z) = 2x^2 + 2y^2 + 3(4 - 4x^2 - 4y^2) + 2 = 14 - 10(x^2 + y^2),$$

从而当 $x^2 + y^2 = 0$ 时 $f(x,y,z)$ 取得最大值 14, 此时 $(x,y,z) = (0,0,-2)$ 或 $(0,0,2)$; 当 $x^2 + y^2 = 1$ 时 $f(x,y,z)$ 取得最小值 4.

总而言之, 所求的最大值为 $f(0,0,-2) = f(0,0,2) = 14$, 最小值为 $f(0,0,0) = 2$. ■

选例 6.6.14 在曲面 $x^2 + y^2 + z^2 = 1$ 上求一点 $P_0(x_0, y_0, z_0)$, 使得函数 $u = x^2 - y^2 + 4z^2$ 在点 P_0 处沿函数 $f(x,y,z) = 2xy + z^2$ 在该点处的梯度方向的方向导数最大, 并求此最大方向导数的值.

思路 本题本质上是求一个函数在一个约束条件下的最大值, 因此是个条件极值问题. 这里涉及方向导数和梯度这两个概念, 如果概念掌握没问题, 就容易求出需要求其最大值的函数, 即函数 $u = x^2 - y^2 + 4z^2$ 沿某一特定方向(函数 $f(x,y,z) = 2xy + z^2$ 在 P_0 点的梯度方向)的方向导数, 然后再用拉格朗日乘数法即可.

解 设所求点为 $P_0(x_0, y_0, z_0)$, 则 $x_0^2 + y_0^2 + z_0^2 = 1$. 函数 $f(x,y,z) = 2xy + z^2$ 在 P_0 点的梯度为

$$\mathbf{grad}f(x_0, y_0, z_0) = (2y_0, 2x_0, 2z_0),$$

其方向余弦分别为

$$\cos\alpha = \frac{y_0}{\sqrt{x_0^2 + y_0^2 + z_0^2}} = y_0, \quad \cos\beta = \frac{x_0}{\sqrt{x_0^2 + y_0^2 + z_0^2}} = x_0, \quad \cos\gamma = \frac{z_0}{\sqrt{x_0^2 + y_0^2 + z_0^2}} = z_0.$$

又计算可得

$$\frac{\partial u}{\partial x} = 2x, \quad \frac{\partial u}{\partial y} = -2y, \quad \frac{\partial u}{\partial x} = 8z.$$

因此函数 $u = x^2 - y^2 + 4z^2$ 在点 P_0 处沿 $\mathbf{grad}f(x_0, y_0, z_0)$ 方向的方向导数为

$$\left.\frac{\partial u}{\partial \boldsymbol{l}}\right|_{P_0} = \frac{\partial u}{\partial x}\cos\alpha + \frac{\partial u}{\partial y}\cos\beta + \frac{\partial u}{\partial z}\cos\gamma = 2x_0 y_0 - 2y_0 x_0 + 8z_0^2 = 8z_0^2.$$

由于在曲面 $x^2 + y^2 + z^2 = 1$ 上 $0 \leqslant z^2 \leqslant 1$, 故当 $z_0^2 = 1$ 时, $\left.\dfrac{\partial u}{\partial \boldsymbol{l}}\right|_{P_0} = 8z_0^2$ 取得最大值, 此时 $P_0(0,0,1)$ 或者 $P_0(0,0,-1)$.

【注】 由于 $\left.\dfrac{\partial u}{\partial \boldsymbol{l}}\right|_{P_0} = 8z_0^2$ 的特殊性, 我们可以不必使用拉格朗日乘数法即可求出最大值. ■

选例 6.6.15 已知函数 $f(x,y) = x + y + xy$, 曲线 $C: x^2 + y^2 + xy = 3$, 求 $f(x,y)$ 在曲线 C 上的最大方向导数.

思路 注意到函数在一个点处取得最大方向导数的方向是函数在这一点的梯度方向, 因此就本题而言, 可先求出函数 $f(x,y)$ 在曲线 C 上每一点 (x,y) 处的最大方向导数(即沿 $f(x,y)$ 梯度方向的方向导数), 此方向导数就等于 $\|\mathbf{grad}f(x,y)\|$, 然后针对点落在 C 上这一条件使用拉格朗日乘数法即可.

解 由于 $\mathbf{grad}f(x,y) = (1 + y, 1 + x)$, 故 $f(x,y)$ 在点 (x,y) 处的最大方向导数为

$$M(x,y) = \|\mathbf{grad}f(x,y)\| = \sqrt{(1+y)^2 + (1+x)^2}.$$

由于 $\sqrt{(1+y)^2 + (1+x)^2}$ 取最大值与 $(1+y)^2 + (1+x)^2$ 取最大值是一致的, 因此令

$$F(x,y,\lambda) = (1+y)^2 + (1+x)^2 + \lambda(x^2 + y^2 + xy - 3),$$

再令

$$\begin{cases} F_x = 2(1+x) + 2\lambda x + \lambda y = 0, \\ F_y = 2(1+y) + 2\lambda y + \lambda x = 0, \\ F_z = x^2 + y^2 + xy - 3 = 0, \end{cases}$$

解得 $(x,y) = (1,1), (-1,-1), (2,-1), (-1,2)$. 计算可知

$$M(1,1) = 2\sqrt{2}, \quad M(-1,-1) = 0, \quad M(2,-1) = M(-1,2) = 3,$$

因此所求的最大方向导数为 3. ∎

选例 6.6.16　设函数 $f(u)$ 具有二阶导数, $z = f(e^x \cos y)$ 满足

$$\frac{\partial^2 z}{\partial x^2} + \frac{\partial^2 z}{\partial y^2} = (4z + e^x \cos y)e^{2x},$$

若 $f(0) = 0, f'(0) = 0$, 求 $f(u)$ 的表达式.

思路　首先利用已知的偏微分方程可得到 $f(u)$ 应该满足的微分方程, 求出此微分方程在初值条件下的特解, 即得所求的 $f(u)$ 的表达式.

解　由于函数 $f(u)$ 具有二阶导数, 且 $z = f(e^x \cos y)$, 因此有

$$\frac{\partial z}{\partial x} = f'(e^x \cos y) \cdot e^x \cos y, \quad \frac{\partial z}{\partial y} = f'(e^x \cos y) \cdot (-e^x \sin y),$$

$$\frac{\partial^2 z}{\partial x^2} = f''(e^x \cos y) \cdot (e^x \cos y)^2 + f'(e^x \cos y) \cdot e^x \cos y,$$

$$\frac{\partial^2 z}{\partial y^2} = f''(e^x \cos y) \cdot (-e^x \sin y)^2 + f'(e^x \cos y) \cdot (-e^x \cos y),$$

代入所给微分方程并整理得

$$f''(e^x \cos y) \cdot e^{2x} = (4f(e^x \cos y) + e^x \cos y)e^{2x}.$$

两边约去 e^{2x} 得

$$f''(e^x \cos y) - 4f(e^x \cos y) = e^x \cos y.$$

因此, $f(u)$ 满足微分方程

$$f''(u) - 4f(u) = u,$$

这是常系数非齐次二阶线性微分方程, 其特征方程为

$$r^2 - 4 = 0.$$

特征根为 $r = \pm 2$, 且容易看出它的一个特解为 $f^*(u) = -\dfrac{1}{4}u$, 因此有

$$f(u) = Ae^{2u} + Be^{-2u} - \frac{1}{4}u.$$

由初值条件 $f(0) = 0, f'(0) = 0$, 可得

$$\begin{cases} A + B = 0, \\ 2A - 2B - \dfrac{1}{4} = 0, \end{cases}$$

由此解得 $A = \dfrac{1}{16}, B = -\dfrac{1}{16}$. 故

$$f(u) = \frac{1}{16}(e^{2u} - e^{-2u} - 4u). \blacksquare$$

选例 6.6.17　设函数 $f(x, y)$ 在点 $(0,0)$ 附近有定义, 且 $f_x(0,0) = 2, f_y(0,0) = -3$, 则 (　　).

(A)　$\mathrm{d}z\big|_{(0,0)} = 2\mathrm{d}x - 3\mathrm{d}y$

(B)　曲面 $z = f(x, y)$ 在点 $(0,0)$ 处有法向量为 $\boldsymbol{n} = (2, -3, -1)$

(C)　曲线 $\begin{cases} z = f(x, y) \\ x = 0 \end{cases}$ 在点 $(0, 0, f(0,0))$ 处有切向量 $(0, 1, -3)$

(D)　曲线 $\begin{cases} z = f(x, y) \\ y = 0 \end{cases}$ 在点 $(0, 0, f(0,0))$ 处有切向量 $(2, 0, 1)$

思路　注意, 偏导数存在并不意味着可微, 从而也未必有切平面、法向量; 曲线的切向量的存在性则只需对应的参数方程里每个坐标函数的可导性和导数不全为零.

解　由于条件只有偏导数的存在性, 因此函数 $f(x, y)$ 在点 $(0,0)$ 未必可微, 从而也未必有法向量, 这样(A)、(B)两个答案自然不可选. 又曲线 $\begin{cases} z = f(x, y), \\ x = 0 \end{cases}$ 有参数方程 $\begin{cases} x = 0, \\ y = t, \\ z = f(0, t), \end{cases}$ 而原点处对应的参数 $t = 0$, 因此曲线在点 $(0, 0, f(0,0))$ 处有切向量

$$(x'(0), y'(0), z'(0)) = (0, 1, f_y(0,0)) = (0, 1, -3).$$

因此选择(C)是正确的. 因为曲线 $\begin{cases} z = f(x, y), \\ y = 0 \end{cases}$ 有参数方程 $\begin{cases} x = t, \\ y = 0, \\ z = f(t, 0) \end{cases}$ 且原点处对应的参数 $t = 0$, 因此曲线在点 $(0, 0, f(0,0))$ 处有切向量

$$(x'(0), y'(0), z'(0)) = (1, 0, f_x(0,0)) = (1, 0, 2).$$

故(D)是不正确的. $\blacksquare$

选例 6.6.18　求椭圆柱面 $\Sigma: x^2 + y^2 + xy = 1$ 的过点 $M(-1, 2, 1)$ 的两个切平面的夹角.

思路 如图 6.6-1 所示, 由于 Σ 是一个母线平行于 z 轴的椭圆柱面, 且点 M 在 Σ 所围成的区域之外, 故所求的切平面有两个, 它们都是平行于 z 轴的平面. 可以先找出点 M 在 xOy 平面上的投影点 M', 求出 xOy 平面上椭圆 $x^2 + y^2 + xy = 1$ 的过点 M' 的切线, 即可知道 Σ 的过点 M 的切平面 π_1 和 π_2, 进而可求出两个切平面的夹角.

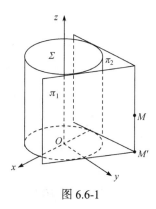

图 6.6-1

解 点 M 在 xOy 平面上的投影点 $M'(-1,2,0)$. 曲面 Σ 与 xOy 平面交线为 $C: x^2 + y^2 + xy = 1$, 设 xOy 平面上过点 M' 的直线 L 切曲线 C 于点 $N(a,b)$, 则有

$$\begin{cases} a^2 + b^2 + ab = 1, \\ -\dfrac{2a+b}{2b+a} = \dfrac{2-b}{-1-a}, \end{cases}$$

由此解得 $\begin{cases} a = \dfrac{-1+\sqrt{6}}{3}, \\ b = \dfrac{2}{3}, \end{cases}$ 或 $\begin{cases} a = \dfrac{-1-\sqrt{6}}{3}, \\ b = \dfrac{2}{3}, \end{cases}$ 因此 L 的方程为

$$y - 2 = \frac{2 - \dfrac{2}{3}}{-1 - \dfrac{-1+\sqrt{6}}{3}}(x+1) = (4 - 2\sqrt{6})(x+1), \quad 即 \quad (4 - 2\sqrt{6})x - y + 6 - 2\sqrt{6} = 0,$$

或者

$$y - 2 = \frac{2 - \dfrac{2}{3}}{-1 - \dfrac{-1-\sqrt{6}}{3}}(x+1) = (4 + 2\sqrt{6})(x+1), \quad 即 \quad (4 + 2\sqrt{6})x - y + 6 + 2\sqrt{6} = 0.$$

因此椭圆柱面 Σ 的过点 $M(-1,2,1)$ 的两个切平面的方程分别为

$$\pi_1 : (4 + 2\sqrt{6})x - y + 6 + 2\sqrt{6} = 0;$$
$$\pi_2 : (4 - 2\sqrt{6})x - y + 6 - 2\sqrt{6} = 0.$$

它们的法向量分别为 $\boldsymbol{n}_1 = (4 + 2\sqrt{6}, -1, 0), \boldsymbol{n}_2 = (4 - 2\sqrt{6}, -1, 0)$, 故两个切平面的夹角为

$$\theta = \arccos \left| \frac{\boldsymbol{n}_1 \cdot \boldsymbol{n}_2}{|\boldsymbol{n}_1| \cdot |\boldsymbol{n}_2|} \right| = \arccos \frac{|16 - 24 + 1|}{\sqrt{(4 + 2\sqrt{6})^2 + 1} \cdot \sqrt{(4 - 2\sqrt{6})^2 + 1}} = \arccos \frac{7}{\sqrt{145}}. \blacksquare$$

选例 6.6.19 过直线 $\begin{cases} 10x + 2y - 2z = 27, \\ x + y - z = 0 \end{cases}$ 作曲面 $3x^2 + y^2 - z^2 = 27$ 的切平面, 求此切平面的方程.

思路 作为切平面, 必然有切点, 因此可以先设切点为 (a,b,c), 然后可以写出切平面方程, 再利用直线 $\begin{cases} 10x + 2y - 2z = 27, \\ x + y - z = 0 \end{cases}$ 在该切平面上及切点在曲面上, 即可求出切点坐标，从而得到切平面方程.

解　设 $F(x,y,z)=3x^2+y^2-z^2-27$，则 $F_x=6x,F_y=2y,F_z=-2z$. 设所求切平面的切点为 (a,b,c)，则 $3a^2+b^2-c^2=27$，且切平面方程为

$$6a(x-a)+2b(y-b)-2c(z-c)=0,\quad 即 \quad 3ax+by-cz=27.$$

又过直线 $\begin{cases}10x+2y-2z=27,\\ x+y-z=0\end{cases}$ 的平面束方程为

$$\lambda(10x+2y-2z-27)+\mu(x+y-z)=0,$$

其法向量为 $\boldsymbol{n}'=(10\lambda+\mu,2\lambda+\mu,-2\lambda-\mu)$. 因此所求的切平面的切点应该满足

$$\begin{cases}\lambda(10a+2b-2c-27)+\mu(a+b-c)=0,\\ \dfrac{10\lambda+\mu}{3a}=\dfrac{2\lambda+\mu}{b}=\dfrac{-2\lambda-\mu}{-c},\\ 3a^2+b^2-c^2=27.\end{cases}$$

由此解得 $a=3,b=1,c=1,\lambda:\mu=1:(-1)$；或 $a=-3,b=-17,c=-17,\lambda:\mu=1:(-19)$. 因此所求的切平面方程为

$$9x+y-z-27=0 \quad 或者 \quad 9x+17y-17z+27=0.\ \blacksquare$$

选例 6.6.20　证明：不过原点的光滑曲面 $F(x,y,z)=0$ 上离原点最近的点的法线必过原点.

思路　利用条件极值的拉格朗日乘数法得到光滑曲面 $F(x,y,z)=0$ 上离原点最近的点应该满足的条件，利用这个条件来证明该点的法线经过原点.

证明　由于点 (x,y,z) 到原点的距离为 $\sqrt{x^2+y^2+z^2}$，令

$$G(x,y,z,\lambda)=x^2+y^2+z^2+\lambda F(x,y,z),$$

则曲面 $F(x,y,z)=0$ 上离原点最近的点 (x_0,y_0,z_0) 满足

$$\begin{cases}G_x(x_0,y_0,z_0,\lambda)=2x_0+\lambda F_x(x_0,y_0,z_0)=0,\\ G_y(x_0,y_0,z_0,\lambda)=2y_0+\lambda F_y(x_0,y_0,z_0)=0,\\ G_z(x_0,y_0,z_0,\lambda)=2z_0+\lambda F_z(x_0,y_0,z_0)=0,\\ G_\lambda(x_0,y_0,z_0,\lambda)=F(x_0,y_0,z_0)=0,\end{cases}$$

因此有

$$\frac{F_x(x_0,y_0,z_0)}{x_0}=\frac{F_y(x_0,y_0,z_0)}{y_0}=\frac{F_z(x_0,y_0,z_0)}{z_0}.$$

而曲面 $F(x,y,z)=0$ 在点 (x_0,y_0,z_0) 处的法线有方向向量

$$\boldsymbol{n}=(F_x(x_0,y_0,z_0),F_y(x_0,y_0,z_0),F_z(x_0,y_0,z_0)),$$

因此也有方向向量 $\boldsymbol{n}'=(x_0,y_0,z_0)$. 从而法线方程为

$$\frac{x-x_0}{x_0} = \frac{y-y_0}{y_0} = \frac{z-z_0}{z_0}.$$

显然该法线经过原点. ∎

选例 6.6.21　设函数 $F(x,y,z)$ 有连续的一阶偏导数, 且 $F_x^2 + F_y^2 + F_z^2 \neq 0$. 若存在正整数 n 使得 $F(x,y,z)$ 为 n 次齐次函数, 即对任一实数 t 及定义域中的任一点 (x,y,z), 恒有

$$F(tx,ty,tz) = t^n F(x,y,z),$$

则曲面 $F(x,y,z)=0$ 的所有切平面必相交于一个定点, 因此该曲面必定是锥面.

思路　首先, 一个光滑曲面是锥面当且仅当它的所有切平面相交于一定点(锥顶), 因此我们只需证明曲面 $F(x,y,z)=0$ 的所有切平面必相交于一个定点即可. 由于 $F(x,y,z)$ 为 n 次齐次函数, 故该锥顶应该是在原点. 从证明角度来说, 主要是利用齐次性, 得到曲面法向量的一个特定性质, 由此可推导出所有切平面过一个定点.

证明　由于函数 $F(x,y,z)$ 有连续的一阶偏导数, 故 $F(tx,ty,tz)$ 关于 t 可导. 令 $u=tx$, $v=ty, w=tz$, 对方程 $F(tx,ty,tz) = t^n F(x,y,z)$ 两边关于 t 求导, 得

$$xF_u + yF_v + zF_w = nt^{n-1}F(x,y,z).$$

于是对曲面 $F(x,y,z)=0$ 中的任一点 (x_0,y_0,z_0), 有 $F(x_0,y_0,z_0)=0$. 代入上式, 两边同时乘以 t 得

$$tx_0 F_u(tx_0,ty_0,tz_0) + ty_0 F_v(tx_0,ty_0,tz_0) + tz_0 F_w(tx_0,ty_0,tz_0) = nt^n F(x_0,y_0,z_0) \equiv 0,$$

令 $t=1$ 得

$$x_0 F_x(x_0,y_0,z_0) + y_0 F_y(x_0,y_0,z_0) + z_0 F_z(x_0,y_0,z_0) = 0. \tag{6.6.1}$$

又曲面 $F(x,y,z)=0$ 在点 (x_0,y_0,z_0) 处的切平面方程为

$$F_x(x_0,y_0,z_0)(x-x_0) + F_y(x_0,y_0,z_0)(y-y_0) + F_z(x_0,y_0,z_0)(z-z_0)=0. \tag{6.6.2}$$

由(6.6.1)式可知, 该切平面过原点. 由 (x_0,y_0,z_0) 的任意性知, 曲面 $F(x,y,z)=0$ 的所有切平面都相交于原点. ∎

选例 6.6.22　求函数 $u = x + \dfrac{y}{x} + \dfrac{z}{y} + \dfrac{2}{z}$ $(x>0,y>0,z>0)$ 的极值.

思路　使用通常求极值的方法. 可借助于重要不等式判断所取得的极值为极小值.

解　首先由均值不等式可知

$$u = x + \frac{y}{x} + \frac{z}{y} + \frac{2}{z} \geqslant 4\sqrt[4]{x \cdot \frac{y}{x} \cdot \frac{z}{y} \cdot \frac{2}{z}} = 4\sqrt[4]{2}.$$

又令

$$\begin{cases} u_x = 1 - \dfrac{y}{x^2} = 0, \\[2mm] u_y = \dfrac{1}{x} - \dfrac{z}{y^2} = 0, \\[2mm] u_z = \dfrac{1}{y} - \dfrac{2}{z^2} = 0, \end{cases}$$

解得唯一驻点 $(x,y,z)=\left(2^{\frac{1}{4}},2^{\frac{2}{4}},2^{\frac{3}{4}}\right)$，且在该点处，$u=4\sqrt[4]{2}$. 因此函数 u 有唯一的极小值 $u_m=4\sqrt[4]{2}$. 没有极大值.∎

选例 6.6.23 求函数 $f(x_1,x_2,\cdots,x_n)=\sum_{k=1}^{n}a_kx_k^2$ 在条件 $\sum_{k=1}^{n}x_k=c$ 下的最小值，其中 $a_k>0(k=1,2,\cdots,n),c$ 都是参数.

思路 使用拉格朗日乘数法.

解 令 $F(x_1,x_2,\cdots,x_n,\lambda)=\sum_{k=1}^{n}a_kx_k^2+\lambda\left(\sum_{k=1}^{n}x_k-c\right)$，再令

$$\begin{cases} F_{x_1}=2a_1x_1+\lambda=0, \\ \qquad\cdots\cdots \\ F_{x_n}=2a_nx_n+\lambda=0, \\ F_\lambda=\sum_{k=1}^{n}x_k-c=0, \end{cases}$$

解得唯一驻点 $(x_1,x_2,\cdots,x_n)=\left(\dfrac{c}{a_1\left(\sum\limits_{i=1}^{n}\frac{1}{a_i}\right)},\dfrac{c}{a_2\left(\sum\limits_{i=1}^{n}\frac{1}{a_i}\right)},\cdots,\dfrac{c}{a_n\left(\sum\limits_{i=1}^{n}\frac{1}{a_i}\right)}\right)$. 由于 $a_k>0(k=1,2,\cdots,n),c$ 为常数，故 $f(x_1,x_2,\cdots,x_n)$ 没有最大值，只有最小值. 因此在点 $\left(\dfrac{c}{a_1\left(\sum\limits_{i=1}^{n}\frac{1}{a_i}\right)},\right.$

$\left.\dfrac{c}{a_2\left(\sum\limits_{i=1}^{n}\frac{1}{a_i}\right)},\cdots,\dfrac{c}{a_n\left(\sum\limits_{i=1}^{n}\frac{1}{a_i}\right)}\right)$ 处取得最小值

$$f_m=\sum_{k=1}^{n}a_k\left[\dfrac{c}{a_k\left(\sum\limits_{i=1}^{n}\frac{1}{a_i}\right)}\right]^2=c^2\sum_{k=1}^{n}\frac{1}{a_k}\left(\sum_{i=1}^{n}\frac{1}{a_i}\right)^{-2}=c^2\left(\sum_{i=1}^{n}\frac{1}{a_i}\right)^{-2}\sum_{k=1}^{n}\frac{1}{a_k}=c^2\left(\sum_{i=1}^{n}\frac{1}{a_i}\right)^{-1}.∎$$

选例 6.6.24 设 $\triangle ABC$ 的三个顶点 A,B,C 分别落在三条光滑曲线 $f(x,y)=0$，$g(x,y)=0$ 和 $h(x,y)=0$ 上，其中 $\dfrac{\partial f}{\partial y}\cdot\dfrac{\partial g}{\partial y}\cdot\dfrac{\partial h}{\partial y}\neq0$.试证明：如果 $\triangle ABC$ 的面积能够取得极值，则在取得极值时，三条曲线在该三角形顶点处的切线与对边平行.

思路 利用拉格朗日乘数法，得到 $\triangle ABC$ 的面积取极值时对应顶点应该满足的条件，由此判定是否符合平行条件.

证明 设 $A(x_1,y_1),B(x_2,y_2),C(x_3,y_3)$，则 $f(x_1,y_1)=0,g(x_2,y_2)=0,h(x_3,y_3)=0$. 又 $\triangle ABC$ 的面积为

$$S = \frac{1}{2}\left|\overrightarrow{AB} \times \overrightarrow{AC}\right| = \frac{1}{2}\begin{Vmatrix} \boldsymbol{i} & \boldsymbol{j} & \boldsymbol{k} \\ x_2 - x_1 & y_2 - y_1 & 0 \\ x_3 - x_1 & y_3 - y_1 & 0 \end{Vmatrix} = \frac{1}{2}\left|(x_2 - x_1)(y_3 - y_1) - (x_3 - x_1)(y_2 - y_1)\right|.$$

令

$$\begin{aligned} F(x_1, x_2, x_3, y_1, y_2, y_3, \lambda_3, \lambda_3, \lambda_3) &= [(x_2 - x_1)(y_3 - y_1) - (x_3 - x_1)(y_2 - y_1)]^2 \\ &\quad + \lambda_1 f(x_1, y_1) + \lambda_2 g(x_2, y_2) + \lambda_3 h(x_3, y_3). \end{aligned}$$

如果△ABC 的面积能够取得极值, 则由拉格朗日乘数法可知, 在取得极值的对应点处, 必有

$$F_{x_1} = F_{x_2} = F_{x_3} = F_{y_1} = F_{y_2} = F_{y_3} = F_{\lambda_1} = F_{\lambda_2} = F_{\lambda_3} = 0.$$

由

$$\begin{cases} F_{x_1} = 2[(x_2 - x_1)(y_3 - y_1) - (x_3 - x_1)(y_2 - y_1)](y_2 - y_3) + \lambda_1 f_{x_1}(x_1, y_1) = 0, \\ F_{y_1} = 2[(x_2 - x_1)(y_3 - y_1) - (x_3 - x_1)(y_2 - y_1)](x_3 - x_2) + \lambda_1 f_{y_1}(x_1, y_1) = 0 \end{cases}$$

及 $f_{y_1} \neq 0$ 可得, 曲线 $f(x, y) = 0$ 在点 A 处的切线的斜率为

$$k_A = -\frac{f_{x_1}}{f_{y_1}} = \frac{y_3 - y_2}{x_3 - x_2} = k_{\overline{BC}},$$

这说明曲线 $f(x, y) = 0$ 在点 A 处的切线与 A 的对边 BC 平行.

同理可知, 曲线 $g(x, y) = 0$ 在点 B 处的切线与 B 的对边 AC 平行. 曲线 $h(x, y) = 0$ 在点 C 处的切线与 C 的对边 AB 平行.

【注】由所证明的结论可知, 当△ABC 的面积能够取得极值, 则三角形三个顶点在对应曲线的法线相交于△ABC 的垂心.■

选例 6.6.25　设函数 $u = f(x, y, z)$ 在条件 $\begin{cases} \varphi(x, y, z) = 0, \\ \psi(x, y, z) = 0 \end{cases}$ 下, 在点 (x_0, y_0, z_0) 处取得极值 m. 试证明: 三个曲面 $f(x, y, z) = m$, $\varphi(x, y, z) = 0$ 和 $\psi(x, y, z) = 0$ 在点 (x_0, y_0, z_0) 处的法线共面. 这里的三个函数 $f(x, y, z)$, $\varphi(x, y, z)$ 和 $\psi(x, y, z)$ 都有连续的一阶偏导数, 并且每个函数的三个偏导数都不同时为零.

思路　通过拉格朗日乘数法确定三个函数 $f(x, y, z)$, $\varphi(x, y, z)$ 和 $\psi(x, y, z)$ 在点 (x_0, y_0, z_0) 处的三个偏导数之间的关系式, 利用这些关系式导出三个曲面 $f(x, y, z) = m$, $\varphi(x, y, z) = 0$ 和 $\psi(x, y, z) = 0$ 在点 (x_0, y_0, z_0) 处的法向量之间的混合积为零, 从而三条法线共面.

证明　令 $F(x, y, z, \lambda, \mu) = f(x, y, z) + \lambda\varphi(x, y, z) + \mu\psi(x, y, z)$, 由假设, 点 (x_0, y_0, z_0) 应满足

$$\begin{cases} F_x\big|_{(x_0, y_0, z_0)} = f_x(x_0, y_0, z_0) + \lambda\varphi_x(x_0, y_0, z_0) + \mu\psi_x(x_0, y_0, z_0) = 0, \\ F_y\big|_{(x_0, y_0, z_0)} = f_y(x_0, y_0, z_0) + \lambda\varphi_y(x_0, y_0, z_0) + \mu\psi_y(x_0, y_0, z_0) = 0, \\ F_z\big|_{(x_0, y_0, z_0)} = f_z(x_0, y_0, z_0) + \lambda\varphi_z(x_0, y_0, z_0) + \mu\psi_z(x_0, y_0, z_0) = 0, \\ F_\lambda\big|_{(x_0, y_0, z_0)} = \varphi(x_0, y_0, z_0) = 0, \\ F_\mu\big|_{(x_0, y_0, z_0)} = \psi(x_0, y_0, z_0) = 0, \\ f(x_0, y_0, z_0) = m. \end{cases} \tag{6.6.3}$$

由于曲面 $f(x,y,z)=m$，$\varphi(x,y,z)=0$ 和 $\psi(x,y,z)=0$ 在点 (x_0,y_0,z_0) 处的法向量依次为

$$\boldsymbol{n}_1=(f_x,f_y,f_z)\big|_{(x_0,y_0,z_0)},\quad \boldsymbol{n}_2=(\varphi_x,\varphi_y,\varphi_z)\big|_{(x_0,y_0,z_0)},\quad \boldsymbol{n}_3=(\psi_x,\psi_y,\psi_z)\big|_{(x_0,y_0,z_0)},$$

利用(6.6.3)式可得

$$(\boldsymbol{n}_1\times\boldsymbol{n}_2)\cdot\boldsymbol{n}_3=\begin{vmatrix} f_x & f_y & f_z \\ \varphi_x & \varphi_y & \varphi_z \\ \psi_x & \psi_y & \psi_z \end{vmatrix}_{(x_0,y_0,z_0)}=\begin{vmatrix} -\lambda\varphi_x-\mu\psi_x & -\lambda\varphi_y-\mu\psi_y & -\lambda\varphi_z-\mu\psi_{zz} \\ \varphi_x & \varphi_y & \varphi_z \\ \psi_x & \psi_y & \psi_z \end{vmatrix}_{(x_0,y_0,z_0)}=0,$$

因此三个法向量 $\boldsymbol{n}_1,\boldsymbol{n}_2,\boldsymbol{n}_3$ 共面，从而三个曲面 $f(x,y,z)=m$，$\varphi(x,y,z)=0$ 和 $\psi(x,y,z)=0$ 在点 (x_0,y_0,z_0) 处的法线共面.∎

选例 6.6.26　求圆柱面 $x^2+y^2=16$ 被平面 $x+3y-2z=6$ 所截得的椭圆的长、短轴长.

思路　首先由对称性可知，椭圆的中心必定在 z 轴上，由此可知中心之坐标. 然后用拉格朗日乘数法求出椭圆上到椭圆中心的最长和最短距离，即可知椭圆的长、短轴长. 实际上根据条件，椭圆的短轴长一定等于圆柱面的直径，因此关键还在于求长轴长. 而长轴长也可以通过面积关系求出.

解法一　首先由对称性可知，椭圆的中心位于 z 轴与平面 $x+3y-2z=6$ 的交点处，即 $(0,0,-3)$. 注意到点 (x,y,z) 到点 $(0,0,-3)$ 的距离为 $\sqrt{x^2+y^2+(z+3)^2}$，令

$$F(x,y,z,\lambda,\mu)=x^2+y^2+(z+3)^2+\lambda(x^2+y^2-16)+\mu(x+3y-2z-6),$$

再令

$$\begin{cases} F_x=2x+2\lambda x+\mu=0, \\ F_y=2y+2\lambda y+3\mu=0, \\ F_z=2(z+3)-2\mu=0, \\ F_\lambda=x^2+y^2-16=0, \\ F_\mu=x+3y-2z-6=0, \end{cases}$$

由此可解得四个条件极值点:

$$\left(-\frac{12}{\sqrt{10}},\frac{4}{\sqrt{10}},-3\right),\quad \left(\frac{12}{\sqrt{10}},-\frac{4}{\sqrt{10}},-3\right),\quad \left(\frac{4}{\sqrt{10}},\frac{12}{\sqrt{10}},\frac{20-3\sqrt{10}}{\sqrt{10}}\right),\quad \left(-\frac{4}{\sqrt{10}},-\frac{12}{\sqrt{10}},\frac{3\sqrt{10}-20}{\sqrt{10}}\right).$$

这四个点到点 $(0,0,-3)$ 的距离分别为 $4,4,2\sqrt{14},2\sqrt{14}$.故所求的长轴长为 $4\sqrt{14}$，短轴长为 8.

解法二　由圆柱面的对称性可知，平面 $x+3y-2z=6$ 所截得的椭圆的短轴长一定等于圆柱面的直径，即为 8. 设该椭圆的长轴长为 $2a$，则该椭圆所围成的平面图形的面积为 $4a\pi$. 圆柱面的横截面面积为 16π. 由于平面 $x+3y-2z=6$ 有法向量 $\boldsymbol{n}=(1,3,-2)$，其第三个方向余弦为 $\cos\gamma=-\dfrac{2}{\sqrt{14}}$. 因此有

$$16\pi=4a\pi\cdot|\cos\gamma|=4a\pi\cdot\frac{2}{\sqrt{14}}.$$

由此解得 $a=2\sqrt{14}$. 故椭圆的长轴长为 $4\sqrt{14}$，短轴长为 8.∎

选例 6.6.27　已知平面曲线 $L: Ax^2 + 2Bxy + Cy^2 = 1$ 在满足条件 $\begin{cases} A > 0, \\ AC - B^2 > 0 \end{cases}$ 时是一个椭圆. 试求在此条件下 L 所围成的图形的面积.

思路　椭圆所围成的平面图形的面积可以由长短轴表示出来, 因此可以把问题转化为求椭圆的长、短轴. 而椭圆的长、短半轴长是椭圆的对称中心到椭圆上点的最远和最近距离, 因此问题转化为一个条件极值问题.

解　容易验证

$$(x, y) \in L \Leftrightarrow (-x, -y) \in L,$$

因此椭圆的对称中心为原点. 由此可知, 椭圆 L 的长、短半轴长就是原点到 L 上点的最远距离和最近距离. 为求面积, 需要求出椭圆 L 的长、短半轴长. 为此令

$$L(x, y, \lambda) = x^2 + y^2 + \lambda(Ax^2 + 2Bxy + Cy^2 - 1),$$

再令

$$\begin{cases} L_x = 2x + 2\lambda Ax + 2\lambda By = 0, \\ L_y = 2y + 2\lambda Bx + 2\lambda Cy = 0, \\ L_\lambda = Ax^2 + 2Bxy + Cy^2 - 1 = 0, \end{cases}$$

由此解得 $-\lambda = x^2 + y^2$. 因此条件极值点到原点的距离为 $d = \sqrt{x^2 + y^2} = \sqrt{-\lambda}$. 由于最远距离和最近距离肯定是存在的, 因此方程组

$$\begin{cases} L_x = 2x + 2\lambda Ax + 2\lambda By = 0, \\ L_y = 2y + 2\lambda Bx + 2\lambda Cy = 0 \end{cases}$$

必定有非零解, 因此系数行列式

$$\begin{vmatrix} 2 + 2\lambda A & 2\lambda B \\ 2\lambda B & 2 + 2\lambda C \end{vmatrix} = 0, \quad 即 \quad (AC - B^2)\lambda^2 + (A + C)\lambda + 1 = 0.$$

因此它有两个根

$$\lambda_{1,2} = \frac{-(A + C) \mp \sqrt{(A + C)^2 - 4(AC - B^2)}}{2(AC - B^2)} = \frac{-(A + C) \mp \sqrt{(A - C)^2 + 4B^2}}{2(AC - B^2)}.$$

于是得到椭圆的长、短半轴长分别为

$$d_1 = \sqrt{-\lambda_1} = \sqrt{\frac{(A + C) + \sqrt{(A - C)^2 + 4B^2}}{2(AC - B^2)}}, \quad d_2 = \sqrt{-\lambda_2} = \sqrt{\frac{(A + C) - \sqrt{(A - C)^2 + 4B^2}}{2(AC - B^2)}}.$$

故椭圆所围成的图形的面积为

$$S = \pi d_1 d_2 = \frac{\pi\sqrt{(A + C)^2 - [(A - C)^2 + 4B^2]}}{2(AC - B^2)} = \frac{\pi}{\sqrt{AC - B^2}}. \blacksquare$$

选例 6.6.28　给定一个边长固定的平面四边形 $ABCD$, 试证明: 当 A, B, C, D 四点共

圆时四边形面积取得最大值.

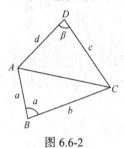

图 6.6-2

思路　以一对对角为自变量,把四边形面积表示成这对对角的函数,然后设法证明对角和为 π 时面积取得最大值. 利用这两个对角对应两个三角形的一条公共边,把问题转化成条件极值问题.

证明　为方便起见,记 $AB=a,BC=b,CD=c,DA=d,\angle ABC=\alpha,\angle CDA=\beta$. 如图 6.6-2 所示(注意,由于是求面积的最大值的情形,因此可以不考虑 $\triangle ABC$ 位于 $\triangle ADC$ 内或者 $\triangle ADC$ 位于 $\triangle ABC$ 内的情形). 四边形 $ABCD$ 的面积为

$$S(\alpha,\beta)=\frac{1}{2}(ab\sin\alpha+cd\sin\beta),\quad 0<\alpha,\beta<\pi.$$

由余弦定理知

$$AC^2=a^2+b^2-2ab\cos\alpha=c^2+d^2-2cd\cos\beta.$$

因此有

$$a^2+b^2-c^2-d^2-2ab\cos\alpha+2cd\cos\beta=0.$$

令

$$F(\alpha,\beta,\lambda)=\frac{1}{2}(ab\sin\alpha+cd\sin\beta)+\lambda(a^2+b^2-c^2-d^2-2ab\cos\alpha+2cd\cos\beta),$$

再令

$$\begin{cases} F_\alpha=\dfrac{1}{2}ab\cos\alpha+2\lambda ab\sin\alpha=0,\\[2mm] F_\beta=\dfrac{1}{2}cd\cos\beta-2\lambda cd\sin\beta=0,\\[2mm] F_\lambda=a^2+b^2-c^2-d^2-2ab\cos\alpha+2cd\cos\beta=0, \end{cases}$$

由此解得 $\sin(\alpha+\beta)=0$,且 $\alpha=\arccos\dfrac{a^2+b^2-c^2-d^2}{2(ab+cd)},\beta=\pi-\alpha$. 因此当 $\alpha+\beta=\pi$ 时,$S(\alpha,\beta)$ 取得最大值,此时 A,B,C,D 四点共圆.■

选例 6.6.29　求参数曲面 $\Sigma: x=r\sin\theta\cos\varphi, y=r\sin\theta\sin\varphi, z=r\cos2\theta$ (其中 $\theta\neq k\pi$ 为常数)上一点 $M_0(x(r_0,\varphi_0),y(r_0,\varphi_0),z(r_0,\varphi_0))$ 处的切平面方程.

思路　利用 $r=r_0$ 和 $\varphi=\varphi_0$ 所对应的两条曲线的切向量的叉积得到切平面的法向量,即可写出所求切平面的方程.

解　在曲面 Σ 上 $r=r_0$ 对应的曲线有参数方程 $x=r_0\sin\theta\cos\varphi, y=r_0\sin\theta\sin\varphi, z=r_0\cos2\theta$ (其中 φ 为参数),因此它在点 M_0 的切向量为

$$\tau_1=(-r_0\sin\theta\sin\varphi_0,r_0\sin\theta\cos\varphi_0,0).$$

在曲面 Σ 上 $\varphi=\varphi_0$ 对应的曲线有参数方程 $x=r\sin\theta\cos\varphi_0, y=r\sin\theta\sin\varphi_0, z=r\cos2\theta$ (r 为参数),因此它在点 M_0 的切向量为

$$\boldsymbol{\tau}_2 = (\sin\theta\cos\varphi_0, \sin\theta\sin\varphi_0, \cos2\theta).$$

故所求的切平面有法向量为

$$\boldsymbol{n} = \boldsymbol{\tau}_1 \times \boldsymbol{\tau}_2 = (r_0\sin\theta\cos\varphi_0\cos2\theta, r_0\sin\theta\sin\varphi_0\cos2\theta, -r_0\sin^2\theta).$$

因此, 所求的切平面的直角坐标方程为

$$r_0\sin\theta\cos\varphi_0\cos2\theta\cdot(x - r_0\sin\theta\cos\varphi_0) + r_0\sin\theta\sin\varphi_0\cos2\theta\cdot(y - r_0\sin\theta\sin\varphi_0)$$
$$- r_0\sin^2\theta\cdot(z - r_0\cos2\theta) = 0,$$

即

$$xr_0\sin\theta\cos\varphi_0\cos2\theta + yr_0\sin\theta\sin\varphi_0\cos2\theta - zr_0\sin^2\theta = 0. \blacksquare$$

选例 6.6.30　求原点到椭球面 $\dfrac{x^2}{a^2} + \dfrac{y^2}{b^2} + \dfrac{z^2}{c^2} = 1(a > 0, b > 0, c > 0)$ 上切平面的垂足的轨迹.

思路　给定椭球面上任一点, 求出原点到该点处切平面的垂足(原点到切平面上点的距离的最小值点), 利用给定点在椭球面上这个条件, 消去给定点的坐标, 即可得到垂足应该满足的方程.

解　设 (x_0, y_0, z_0) 为椭球面 $\dfrac{x^2}{a^2} + \dfrac{y^2}{b^2} + \dfrac{z^2}{c^2} = 1$ 上任一点, 则椭球面在该点的切平面 π_0 方程为

$$\pi_0 : \frac{x_0 x}{a^2} + \frac{y_0 y}{b^2} + \frac{z_0 z}{c^2} = 1. \tag{6.6.4}$$

过原点且以 π_0 的法向量 $\boldsymbol{n} = \left(\dfrac{x_0}{a^2}, \dfrac{y_0}{b^2}, \dfrac{z_0}{c^2}\right)$ 为方向向量的直线

$$L_0 : \frac{x - 0}{\dfrac{x_0}{a^2}} = \frac{y - 0}{\dfrac{y_0}{b^2}} = \frac{z - 0}{\dfrac{z_0}{c^2}}, \tag{6.6.5}$$

L_0 与 π_0 的交点就是原点到切平面 π_0 的垂足. 由于 (x_0, y_0, z_0) 为椭球面 $\dfrac{x^2}{a^2} + \dfrac{y^2}{b^2} + \dfrac{z^2}{c^2} = 1$ 上给定点, 故

$$\frac{x_0^2}{a^2} + \frac{y_0^2}{b^2} + \frac{z_0^2}{c^2} = 1. \tag{6.6.6}$$

从(6.6.4), (6.6.5), (6.6.6)中消去 x_0, y_0, z_0, 即得垂足的轨迹方程为

$$(x^2 + y^2 + z^2)^2 = a^2 x^2 + b^2 y^2 + c^2 z^2 \quad (x, y, z \text{ 不同时为 } 0).$$

【注】我们这里仅仅是求垂足所满足的轨迹方程, 并没有说满足这个方程的点全部都是垂足. 事实上, 原点满足轨迹方程, 但是原点不可能是这种垂足. $\blacksquare$

选例 6.6.31　证明: 当 $x \geqslant 0, y \geqslant 1$ 时, 有 $y\ln y - y + \mathrm{e}^x \geqslant xy$.

思路　转化为最大最小值问题.

解　令 $f(x, y) = y\ln y - y + \mathrm{e}^x - xy$, 则 $f(x, y)$ 在区域 $D = \left\{(x, y) \big| x \geqslant 0, y \geqslant 1\right\}$ 上是可微

函数. 令

$$\begin{cases} f_x(x,y) = e^x - y = 0, \\ f_y(x,y) = \ln y - x = 0. \end{cases}$$

得 $y = e^x$. 因此函数 $f(x,y)$ 在区域 D 内要取得最小值, 只能在曲线 $y = e^x$ 上取得, 而在曲线 $y = e^x$ 上,

$$f(x,e^x) = e^x \ln e^x - e^x + e^x - xe^x \equiv 0.$$

此外, 在边界 $y = 1, x \geqslant 0$ 上,

$$f(x,1) = \ln 1 - 1 + e^x - x = e^x - x - 1 \geqslant 0,$$

在边界 $y \geqslant 1, x = 0$ 上, $f(0,y) = y \ln y - y + e^0 - 0 = 1 + y(\ln y - 1) := g(y)$. 由于 $g'(y) = \ln y \geqslant 0$, 故 $g(y)$ 在 $[1,+\infty)$ 上单调递增, 故 $g(y) \geqslant g(1) = 0$. 即

$$f(0,y) = y \ln y - y + e^0 - 0 = 1 + y(\ln y - 1) \geqslant 0,$$

因此, 函数 $f(x,y)$ 在区域 D 上的最小值为0. 因此, 当 $x \geqslant 0, y \geqslant 1$ 时, 有 $f(x,y) \geqslant 0$, 即

$$\text{当 } x \geqslant 0, y \geqslant 1 \text{ 时, 有 } y \ln y - y + e^x \geqslant xy. \blacksquare$$

选例 6.6.32 设 m,n,k 是三个正整数, 求 $x > 0, y > 0, z > 0$ 时函数

$$f(x,y,z) = m \ln x + n \ln y + k \ln z$$

在球面 $x^2 + y^2 + z^2 = (m+n+k)R^2$ 上的最大值, 并证明: 当 a,b,c 为正数时, 有不等式

$$a^m b^n c^k \leqslant \frac{m^m n^n k^k}{(m+n+k)^{m+n+k}} (a+b+c)^{m+n+k}.$$

思路 求出条件极值点, 并论证其即为最大值点, 从而得到最大值. 至于不等式的证明, 则用最大值的关系, 一个简单的置换即可得到.

解 设 $F(x,y,z,\lambda) = m \ln x + n \ln y + k \ln z + \lambda(x^2 + y^2 + z^2 - (m+n+k)R^2)$, 并令

$$\begin{cases} F_x = \dfrac{m}{x} + 2\lambda x = 0, \\ F_y = \dfrac{n}{y} + 2\lambda y = 0, \\ F_z = \dfrac{k}{z} + 2\lambda z = 0, \\ F_\lambda = x^2 + y^2 + z^2 - (m+n+k)R^2 = 0, \end{cases} \qquad x > 0, y > 0, z > 0.$$

解得 $x = \sqrt{m}R, y = \sqrt{n}R, z = \sqrt{k}R$. 由于函数 $f(x,y,z)$ 在球面 $x^2 + y^2 + z^2 = (m+n+k)R^2$ 的第一卦限内可微且取正值, 在三条边界圆弧上取负无穷大, 因此 $f(x,y,z)$ 在球面 $x^2 + y^2 + z^2 = (m+n+k)R^2$ 的第一卦限内的极大值必然在内部取得. 而在第一卦限内部有唯一可能的极值点 $(\sqrt{m}R, \sqrt{n}R, \sqrt{k}R)$, 因此该点就是最大值点, 从而所求的最大值为

$$f_M = f\left(\sqrt{m}R, \sqrt{n}R, \sqrt{k}R\right) = (m+n+k)\ln R + \frac{1}{2}(m\ln m + n\ln n + k\ln k).$$

由上面推导可知，$x>0, y>0, z>0$ 时，有

$$m\ln x + n\ln y + k\ln z = \ln(x^m y^n z^k) \leqslant (m+n+k)\ln R + \frac{1}{2}(m\ln m + n\ln n + k\ln k)$$

$$= \frac{1}{2}\ln\left[\frac{m^m n^n k^k}{(m+n+k)^{m+n+k}}(x^2+y^2+z^2)^{m+n+k}\right].$$

因此 $x>0, y>0, z>0$ 时，有

$$x^{2m}y^{2n}z^{2k} \leqslant \frac{m^m n^n k^k}{(m+n+k)^{m+n+k}}(x^2+y^2+z^2)^{m+n+k}.$$

于是当 a,b,c 为正数时，令 $a=x^2, b=y^2, c=z^2$，则有

$$a^m b^n c^k \leqslant \frac{m^m n^n k^k}{(m+n+k)^{m+n+k}}(a+b+c)^{m+n+k}.$$

【注】这里使用的方法实际上可以用来证明许多重要不等式，只需把函数与约束条件作适当的改动即可．一般地说，如果函数 $f(p)$ 在条件 $\varphi(p)=a$ 下在点 p_0 处取得最大值 $M(a)$（最小值 $m(a)$），则有不等式

$$f(p) \leqslant M(a) \qquad (f(p) \geqslant m(a))$$

成立．∎

6.7　配套教材小节习题参考解答

习题 6.1

习题6.1参考解答

1. 由已知条件求下列函数的表达式：

(1) $f(x,y) = x^2 + y^2 - xy\tan\dfrac{x}{y}$，求 $f(tx,ty)$；

(2) $f\left(\dfrac{y}{x}\right) = \dfrac{\sqrt{x^2+y^2}}{|x|}$，求 $f(x)$；

(3) $f\left(x+y, \dfrac{y}{x}\right) = x^2 - y^2$，求 $f(x,y)$．

2. 求下列函数的定义域，并绘出定义域的图形：

(1) $z = \ln[x\ln(y-x)]$；

(2) $z = \dfrac{\sqrt{x^2+y^2-x}}{\sqrt{2x-x^2-y^2}}$；

(3) $z = \ln(1-|x|-|y|)$；

(4) $z = \dfrac{\sqrt{1-x^2-y^2}}{x+y}$．

3. 求下列极限:

(1) $\lim\limits_{(x,y)\to(1,0)}\dfrac{\ln(1+xy)}{y}$;

(2) $\lim\limits_{(x,y)\to(0,0)}\dfrac{xy}{\sqrt{2-e^{xy}}-1}$;

(3) $\lim\limits_{(x,y)\to(1,0)}\dfrac{\ln(x+e^y)}{\sqrt{x^2+y^2}}$;

(4) $\lim\limits_{(x,y)\to(0,0)}\dfrac{x^2y}{x^2+y^2}$;

(5) $\lim\limits_{(x,y)\to(0,a)}\dfrac{\sin(2xy)}{y}$;

(6) $\lim\limits_{(x,y)\to(0,0)}\dfrac{1-\cos(x^2+y^2)}{(x^2+y^2)e^{x^2y^2}}$.

4. 证明下列极限不存在:

(1) $\lim\limits_{(x,y)\to(0,0)}\dfrac{xy}{x+y}$;

(2) $\lim\limits_{(x,y)\to(0,0)}\dfrac{1-\cos(x^2+y^2)}{(x^2+y^2)x^2y^2}$;

(3) $\lim\limits_{(x,y)\to(0,0)}\dfrac{xy^2}{x^2+y^4}$;

(4) $\lim\limits_{(x,y)\to(0,0)}\dfrac{x^2y^2}{(x-y)^2+x^2y^2}$.

5. 下列函数在何处间断?

(1) $z=\dfrac{y^2+2x}{y^2-2x}$;

(2) $z=\dfrac{1}{\sin x\sin y}$.

6. 用定义证明: $\lim\limits_{(x,y)\to(0,0)}\dfrac{xy}{\sqrt{x^2+y^2}}=0$.

7*. 设 $F(x,y)=f(x),f(x)$ 在 x_0 处连续, 证明: 对任意 $y_0\in\mathbb{R}$, $F(x,y)$ 在 (x_0,y_0) 处连续.

习题 6.2

习题6.2参考解答

1. 求下列函数的一阶偏导数:

(1) $z=\sin(xy)+\cos^2(xy)$;

(2) $z=x^y\cdot y^x$;

(3) $z=(1+xy)^y$;

(4) $u=\displaystyle\int_{xz}^{yz}e^{t^2}\,dt$;

(5) $u=\arctan(x-y)^z$;

(6) $S=\dfrac{u^2+v^2}{uv}$.

2. 设 $f(x,y)=x+(y-1)\arcsin\sqrt{\dfrac{x}{y}}$, 求 $f_x(x,1)$.

3. 设 $f(x,y)=\begin{cases}\dfrac{x^2y}{x^2+y^2}, & (x,y)\neq(0,0),\\ 0, & (x,y)=(0,0),\end{cases}$ 证明: $f(x,y)$ 在点 $(0,0)$ 处连续且可偏导,

并求出 $f_x(0,0)$ 和 $f_y(0,0)$ 的值.

4. 曲线 $\begin{cases}z=\sqrt{1+x^2+y^2},\\ x=1\end{cases}$ 在点 $(1,1,\sqrt{3})$ 处的切线对于 y 轴的倾斜角是多少?

5. 求下列函数的 $\dfrac{\partial^2z}{\partial x^2},\dfrac{\partial^2z}{\partial y^2},\dfrac{\partial^2z}{\partial x\partial y}$:

(1) $z=e^{xy^2}$;

(2) $z=y^x$;

(3) $z=\arctan\dfrac{y}{x}$.

6. 是否存在一个函数 $f(x,y)$ 使得 $f_x(x,y)=x+4y, f_y(x,y)=3x-y$?

7. 设 $z=x\ln(xy)$, 求 $\dfrac{\partial^3 z}{\partial x^2 \partial y}, \dfrac{\partial^3 z}{\partial x \partial y^2}$.

8. 验证下列函数满足拉普拉斯方程 $u_{xx}+u_{yy}=0$.

(1) $u=\ln\sqrt{x^2+y^2}$;　　　　　　　　(2) $z=\arctan\dfrac{x}{y}$.

9. 验证函数 $u=\mathrm{e}^{-at}\sin x$ 满足热传导方程 $\dfrac{\partial u}{\partial t}=a\dfrac{\partial^2 u}{\partial x^2}$.

10. 验证 $r=\sqrt{x^2+y^2+z^2}$ 满足 $\dfrac{\partial^2 r}{\partial x^2}+\dfrac{\partial^2 r}{\partial y^2}+\dfrac{\partial^2 r}{\partial z^2}=\dfrac{2}{r}$.

习题 6.3

习题6.3参考解答

1. 求下列函数的全微分:

(1) $z=xy+\dfrac{x}{y}$;　　　(2) $z=\mathrm{e}^{xy}+\ln x$;　　　(3) $z=\dfrac{y}{\sqrt{x^2+y^2}}$;　　　(4) $u=x^{yz}$.

2. 设 $f(x,y)=\begin{cases}\dfrac{x^2 y}{x^4+y^2}, & (x,y)\neq(0,0),\\ 0, & (x,y)=(0,0),\end{cases}$ 则函数 $f(x,y)$ 在坐标原点 $(0,0)$ 处:

(1) 是否连续?

(2) 是否存在偏导数?

(3) 是否可微?

3. 讨论函数 $f(x,y)=\begin{cases}(x^2+y^2)\sin\dfrac{1}{\sqrt{x^2+y^2}}, & (x,y)\neq(0,0),\\ 0, & (x,y)=(0,0)\end{cases}$ 在坐标原点 $(0,0)$ 处:

(1) 是否连续?

(2) 是否存在偏导数?

(3) 是否可微?

4. 求函数 $u=\mathrm{e}^{x+z}\sin(x+y)$ 的全微分.

5. 求函数 $z=\mathrm{e}^{xy}$ 当 $x=1, y=1, \Delta x=0.15, \Delta y=0.1$ 时的全增量和全微分.

6. 求函数 $z=\dfrac{y}{x}$ 当 $x=2, y=1, \Delta x=0.1, \Delta y=-0.2$ 时的全增量和全微分.

7. 利用全微分求 $(1.97)^{1.05}$ 的近似值(已知 $\ln 2=0.693$).

8. 利用全微分求 $\ln(\sqrt[3]{1.03}+\sqrt[4]{0.98}-1)$ 的近似值.

9. 已知边长为 $x=6\mathrm{m}$ 与 $y=8\mathrm{m}$ 的矩形, 如果 x 边增加 5cm 而 y 边减少 10cm, 问这个矩形的对角线的近似变化怎样?

10. 设圆锥体的底半径 R 由 30cm 增加到 30.1cm, 高 H 由 60cm 减少到 59.5cm, 试求圆锥体体积变化的近似值.

习题 6.4

习题6.4参考解答

1. 求下列复合函数的全导数:

(1) $z = \arcsin(x - y), x = 3t, y = 2t^3$;　　　　　　(2) $z = e^{x-2y}, x = \sin t, y = 3t^3$;

(3) $u = e^{2x}(y + z), y = \sin x, z = 2\cos x$;　　　　(4) $u = \dfrac{e^{ax}(y - z)}{a^2 + 1}, y = a\sin x, z = \cos x$.

2. 设 $z = u^2 + v^2, u = 2x + y, v = x - 3y$, 求 $\dfrac{\partial z}{\partial x}, \dfrac{\partial z}{\partial y}$.

3. 设 $z = u^v, u = e^{xy}, v = x^2 y$, 求 $\dfrac{\partial z}{\partial x}, \dfrac{\partial^2 z}{\partial x^2}$.

4. 求下列复合函数的一阶偏导数(f 具有连续的导数或者偏导数):

(1) $z = f(x^2 - 2y^2, e^{xy})$;　　　(2) $u = f\left(\dfrac{x}{y}, \dfrac{y}{z}\right)$;　　　(3) $u = 3xy + zf\left(\dfrac{y}{x}\right)$.

5. 设 $z = \arctan \dfrac{x}{y}, x = u + v, y = u - v$, 验证: $\dfrac{\partial z}{\partial u} + \dfrac{\partial z}{\partial v} = \dfrac{u - v}{u^2 + v^2}$.

6. 设 $z = f(x^2 + y^2, 2xy)$, 其中 f 具有二阶连续偏导数, 求 $\dfrac{\partial^2 z}{\partial x^2}, \dfrac{\partial^2 z}{\partial x \partial y}$.

7. 设 $z = f\left(xy, \dfrac{x}{y}\right) + g\left(\dfrac{y}{x}\right)$, 其中 f 具有二阶连续偏导数, g 具有二阶连续导数, 求 $\dfrac{\partial^2 z}{\partial x \partial y}$.

8. 设 $z = f(\sin x, \cos y, e^{x+y})$, 其中 f 具有二阶连续偏导数, 求 $\dfrac{\partial^2 z}{\partial y^2}$.

9. 设 $z = xyf(x^2 + y^2, x^2 - y^2)$, 其中 f 可微, 求 dz.

10. 设函数 $f(x), g(x)$ 具有二阶连续导数, 证明: 函数 $u = f(s + at) + g(s - at)$ 满足波动方程 $\dfrac{\partial^2 u}{\partial t^2} = a^2 \dfrac{\partial^2 u}{\partial s^2}$.

11. 设函数 $f(x, y)$ 在 $(1,1)$ 处可微, 且 $f(1,1) = 1, \dfrac{\partial f}{\partial x}\Big|_{(1,1)} = 2, \dfrac{\partial f}{\partial y}\Big|_{(1,1)} = 3, \varphi(x) = f[x, f(x,x)]$, 求 $\dfrac{d}{dx}\varphi^3(x)\Big|_{x=1}$.

12. 设函数 $u = f(x, y)$ 的所有二阶偏导数连续, 试将表达式 $\dfrac{\partial^2 u}{\partial x^2} + \dfrac{\partial^2 u}{\partial y^2}$ 转换成极坐标下的形式.

习题 6.5

习题6.5参考解答

1. 求下列方程所确定的隐函数 $y = y(x)$ 的导数:

(1) $x^2 + xy - e^y = 0$;　　　　　　(2) $x\cos y + y\cos x = 1$;

(3) $x^y = y^x$;   (4) $\ln \sqrt{x^2 + y^2} = \arctan \dfrac{y}{x}$.

2. 求下列方程所确定的隐函数 $z = z(x, y)$ 的一阶偏导数:

(1) $\dfrac{x}{z} = \ln \dfrac{z}{y}$;   (2) $2\sin(x + 2y - 3z) = x + 2y - 3z$;   (3) $y^2 z e^{x+y} - \sin(xyz) = 0$.

3. 求下列方程所确定的隐函数的指定偏导数:

(1) $x + y + z = e^z, \dfrac{\partial^2 z}{\partial x^2}$;   (2) $e^{x+y} \sin(x + z) = 1, \dfrac{\partial^2 z}{\partial x \partial y}$;

(3) $z + \ln z - \displaystyle\int_y^x e^{-t^2} \mathrm{d}t = 0, \dfrac{\partial^2 z}{\partial x \partial y}$;   (4) $z^3 - 3xyz = 1, \dfrac{\partial^2 z}{\partial x \partial y}$.

4. 设 $u = xy^2 z^3$,

(1) 若 $z = z(x, y)$ 是由方程 $x^2 + y^2 + z^2 = 3xyz$ 所确定的隐函数, 求 $\left. \dfrac{\partial u}{\partial x} \right|_{(1,1,1)}$;

(2) 若 $y = y(z, x)$ 是由同一个方程所确定的隐函数, 求 $\left. \dfrac{\partial u}{\partial x} \right|_{(1,1,1)}$.

5. 设 $z = f(x, y)$ 是由方程 $z^5 - xz^4 + yz^3 = 1$ 所确定的隐函数, 求 $\left. \dfrac{\partial^2 z}{\partial x \partial y} \right|_{(0,0)}$.

6. 设 $x = x(y, z), y = y(z, x), z = z(x, y)$ 都是由方程 $F(x, y, z) = 0$ 所确定的具有连续偏导数的隐函数, 证明:

$$\frac{\partial x}{\partial y} \cdot \frac{\partial y}{\partial z} \cdot \frac{\partial z}{\partial x} = -1.$$

7. 设函数 $z = z(x, y)$ 由方程 $F\left(x + \dfrac{z}{y}, y + \dfrac{z}{x}\right) = 0$ 确定, 其中 $F(u, v)$ 有连续的偏导数, 求 $xz_x + yz_y$.

8. 设函数 $z = f(u)$ 可微, $u = u(x, y)$ 由方程 $u = \varphi(u) + \displaystyle\int_y^x p(t)\mathrm{d}t$ 确定, 其中 $\varphi(u)$ 可微, $p(t), \varphi'(u)$ 连续, 且 $\varphi'(u) \neq 1$. 求 $p(y)\dfrac{\partial z}{\partial x} + p(x)\dfrac{\partial z}{\partial y}$.

9. 求下列方程组所确定的隐函数的导数或偏导数:

(1) $\begin{cases} z = x^2 + y^2, \\ x^2 + 2y^2 + 3z^2 = 20, \end{cases}$ 求 $\dfrac{\mathrm{d}y}{\mathrm{d}x}, \dfrac{\mathrm{d}z}{\mathrm{d}x}$;   (2) $\begin{cases} x = e^u + u\sin v, \\ y = e^u - u\cos v, \end{cases}$ 求 $\dfrac{\partial u}{\partial x}, \dfrac{\partial u}{\partial y}, \dfrac{\partial v}{\partial x}, \dfrac{\partial v}{\partial y}$.

10. 设 $y = y(x), z = z(x)$ 是由方程 $z = xf(x + y)$ 和 $F(x, y, z) = 0$ 所确定的隐函数, 其中 f 和 F 分别具有一阶连续导数和一阶连续偏导数, 求 $\dfrac{\mathrm{d}z}{\mathrm{d}x}$.

11. 设 $x = e^u \cos v, y = e^u \sin v, z = uv$, 求 $\dfrac{\partial z}{\partial x}$ 和 $\dfrac{\partial z}{\partial y}$.

12. 设函数 $z = f(x, y)$ 是由方程 $xyz + \sqrt{x^2 + y^2 + z^2} = \sqrt{2}$ 确定的隐函数, 求 $z = f(x, y)$

在点 $(1,0,-1)$ 处的全微分 $\mathrm{d}z$.

习题 6.6

1. 求下列曲线在指定点 M 处的切线方程和法平面方程:

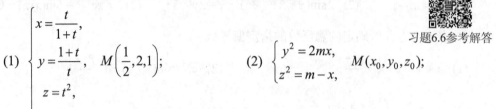

习题6.6参考解答

(1) $\begin{cases} x = \dfrac{t}{1+t}, \\ y = \dfrac{1+t}{t}, \quad M\left(\dfrac{1}{2},2,1\right); \\ z = t^2, \end{cases}$ 　　　(2) $\begin{cases} y^2 = 2mx, \\ z^2 = m - x, \end{cases}$ $M(x_0,y_0,z_0);$

(3) $\begin{cases} x^2 + y^2 + z^2 - 3x = 0, \\ 2x - 3y + 5z - 4 = 0, \end{cases}$ $M(1,1,1);$　(4) $\begin{cases} x^2 + y^2 + z^2 = 4a^2, \\ x^2 + y^2 = 2ay, \end{cases}$ $M(a,a,\sqrt{2}a)(a>0).$

2. 求下列曲面在指定点 M 处的切平面方程和法线方程:

(1) $x^2 + 2y^2 + 3z^2 = 21,\quad M(1,2,2);$ 　　　(2) $xyz = 6,\quad M(1,2,3);$

(3) $\mathrm{e}^z - z + xy = 3,\quad M(2,1,0);$ 　　　(4) $\dfrac{z}{c} = \dfrac{x^2}{a^2} + \dfrac{y^2}{b^2},\quad M(x_0,y_0,z_0);$

(5)* $\begin{cases} x = (2 - \sin\varphi)\cos\theta, \\ y = (2 - \sin\varphi)\sin\theta, \quad M\left(\dfrac{3\sqrt{3}}{4}, \dfrac{3}{4}, \dfrac{\sqrt{3}}{2}\right). \\ z = \cos\varphi, \end{cases}$

3. 求旋转抛物面 $z = 2(x^2 + y^2)$ 平行于平面 $4x + 2y - z = 0$ 的切平面方程.

4. 求曲面 $z = xy$ 上一点 M, 使得曲面在点 M 处法线垂直于平面 $x + 3y + z = 9$, 并写出该法线方程.

5. 求曲线 $\begin{cases} 3x^2 + 2y^2 = 12, \\ z = 0 \end{cases}$ 绕 y 轴旋转一周所得旋转曲面在点 $(0,\sqrt{3},\sqrt{2})$ 处的指向外侧的单位法向量.

6. 证明: 与锥面相切的平面通过锥顶.

7. 证明: 曲面 $xyz = c^3$ 上任一点处的切平面在各个坐标轴上的截距之积为常数.

8. 证明: 曲面 $\sqrt{x} + \sqrt{y} + \sqrt{z} = \sqrt{a}(a>0)$ 上任一点处的切平面在各个坐标轴上的截距之和等于 a.

9. 若两曲面在它们的交线上的任一点处的两个法向量互相垂直, 则称这两个曲面正交. 证明: 圆锥面 $z = \sqrt{x^2 + y^2}$ 与球面 $x^2 + y^2 + z^2 = 1$ 正交.

10. 求旋转椭球面 $3x^2 + y^2 + z^2 = 16$ 在点 $M(-1,-2,3)$ 处的切平面与 xOy 面的夹角余弦.

11. 证明曲线 $\begin{cases} x^2 - z = 0, \\ 3x + 2y + 1 = 0 \end{cases}$ 在点 $M(1,-2,1)$ 处的法平面与直线 $\begin{cases} 9x - 7y - 21z = 0, \\ x - y - z = 0 \end{cases}$ 平行.

12. 试求正数 λ, 使得曲面 $xyz = \lambda$ 与椭球面 $\dfrac{x^2}{a^2} + \dfrac{y^2}{b^2} + \dfrac{z^2}{c^2} = 1$ 在某一点相切, 并求切

点的坐标和切平面方程.

习题 6.7

习题6.7参考解答

1. 求函数 $z = x^2 + y^2$ 在点 $P(1,2)$ 处沿从点 $P(1,2)$ 到点 $Q(2,2+\sqrt{3})$ 的方向的方向导数.

2. 求函数 $z = \ln(x+y)$ 在抛物线 $y^2 = 4x$ 上点 $P(1,2)$ 处,沿着这条抛物线在该点处偏向 x 轴正向的切线方向的方向导数.

3. 求函数 $u = xyz$ 在点 $P(5,1,2)$ 处沿从点 $P(5,1,2)$ 到点 $Q(9,4,14)$ 的方向的方向导数.

4. 求函数 $z = 1 - \left(\dfrac{x^2}{a^2} + \dfrac{y^2}{b^2}\right)$ 在点 $P\left(\dfrac{a}{\sqrt{2}}, \dfrac{b}{\sqrt{2}}\right)$ 处沿曲线 $\dfrac{x^2}{a^2} + \dfrac{y^2}{b^2} = 1$ 在点 P 的内法线方向的方向导数.

5. 求 $u = xy + yz + zx$ 在点 $P(1,1,2)$ 处沿方向 $\boldsymbol{l}$ 的方向导数,其中 $\boldsymbol{l}$ 的方向角分别为 $\dfrac{\pi}{3}$,$\dfrac{\pi}{4}$,$\dfrac{\pi}{3}$.

6. 求函数 $u = \ln\left(x + \sqrt{y^2 + z^2}\right)$ 在点 $A(1,0,1)$ 处沿从点 A 到点 $B(3,-2,2)$ 的方向的方向导数.

7. 求函数 $u = x^2 + y^2 + z^2$ 在曲线 $x = t, y = t^2, z = t^3$ 上点 $(1,1,1)$ 处,沿曲线在该点的正切线方向(对应于 t 增大的方向)的方向导数.

8. 求函数 $u = x + y + z$ 在球面 $x^2 + y^2 + z^2 = 1$ 上点 $P(x_0, y_0, z_0)$ 处,沿球面在该点的外法线方向的方向导数.

9. 设 $f(x,y,z) = x^2 + 2y^2 + 3z^2 + xy + 3x - 2y - 6z$,求 $\mathbf{grad}f(0,0,0)$ 及 $\mathbf{grad}f(1,1,1)$,并问在哪些点处梯度为 $\mathbf{0}$.

10. 设 $f(r) \in C^{(1)}, r = \sqrt{x^2 + y^2 + z^2}$,求 $\mathbf{grad}f(r)$.

11. 求函数 $u = xy^2z$ 在点 $P(1,-1,2)$ 处变化最快的方向,并求沿这个方向的方向导数.

12. 设某金属板上的电压分布为 $V = 50 - 2x^2 - 4y^2$,

(1) 在点 $P(1,-2)$ 处,沿哪个方向电压升高得最快?

(2) 沿哪个方向电压下降得最快?

(3) 上升和下降的速率各为多少?

(4) 沿哪个方向电压变化得最慢?

习题 6.8

习题6.8参考解答

1. 求下列函数的极值:

(1) $f(x,y) = (6x - x^2)(4y - y^2)$;

(2) $f(x,y) = e^{2x}(x + y^2 + 2y)$;

(3) $f(x,y) = xy - \dfrac{8}{y} + \dfrac{1}{x}$;

(4) $f(x,y) = 3x^2y + y^3 - 3x^2 - 3y^2 + 2$.

2. 求下列函数在约束条件下的最大、最小值:

(1) $f(x,y) = 2x + y, x^2 + 4y^2 = 1$;　　　(2) $f(x,y) = x^2 + y^2, x^4 + y^4 = 1$;

(3) $f(x,y,z) = xyz, x^2 + 2y^2 + 3z^2 = 6$;　　(4) $f(x,y,z) = yz + xy, xy = 1, y^2 + z^2 = 1$.

3. 求下列函数在指定区域 D 上的最大、最小值:

(1) $f(x,y) = x^2 + 2xy + 3y^2$, D 是以点 $A(-1,1), B(2,1), C(-1,2)$ 为顶点的闭三角形区域;

(2) $f(x,y) = \sin x + \sin y + \sin(x+y)$, $D = \{(x,y) | 0 \leqslant x \leqslant 2\pi, 0 \leqslant y \leqslant 2\pi\}$;

(3) $f(x,y) = 1 + xy - x - y$, D 是由曲线 $y = x^2$ 和直线 $y = 4$ 所围成的有界闭区域;

(4) $f(x,y) = e^{-xy}$, $D = \{(x,y) | x^2 + 4y^2 \leqslant 1\}$.

4. 求由方程 $x^2 - 6xy + 10y^2 - 2yz - z^2 + 18 = 0$ 所确定的隐函数 $z = z(x,y)$ 的极值点和极值.

5. 求曲面 $xy - z^2 + 1 = 0$ 上离原点最近的点.

6. 从斜边之长为 l 的一切直角三角形中, 求有最大周长的直角三角形.

7. 求曲线 $\begin{cases} z = x^2 + 2y^2, \\ z = 6 - 2x^2 - y^2 \end{cases}$ 上点的 z 坐标的最大值和最小值.

8. 从平面 xOy 上求一点 P, 使得它到三直线 $x = 0, y = 0$ 和 $x + 2y = 16$ 的距离的平方和最小.

9. 求过点 $P\left(2,1,\dfrac{1}{3}\right)$ 的平面, 使得它与三个坐标面在第一卦限内围成的四面体体积最小.

10. 将周长为 $2a$ 的矩形绕它的一边旋转得一圆柱体, 问矩形的边长各为多少时, 所得圆柱体的体积为最大?

11. 旋转抛物面 $z = x^2 + y^2$ 被平面 $x + y + z = 1$ 截得一个椭圆, 求原点到这个椭圆的最长与最短距离.

12. 某厂家生产的一种产品同时在两个市场销售, 售价分别为 p_1 和 p_2, 销售量分别为 q_1 和 q_2, 需求函数分别为

$$q_1 = 24 - 0.2p_1, \quad q_2 = 10 - 0.05p_2,$$

总成本函数为

$$C = 35 + 40(q_1 + q_2).$$

试问: 厂家如何确定两个市场的售价, 能使其获得的总利润最大? 最大总利润是多少?

总习题六参考解答

1. 填空题.

(1) 设 $f_x(1,2) = 2$, 则 $\lim\limits_{x \to 0} \dfrac{f(1-x,2) - f(1,2)}{x} = $ _____.

(2) 设 $f(x,y) = e^{2x+y} + (x-1)\arctan\dfrac{y}{x}$, 则 $f_x(1,0) = $ _____.

(3) 函数 $u = \sqrt{x^2 + y^2 + z^2}$ 在点 $A(1,0,1)$ 处沿从 A 到 $B(3,-2,2)$ 方向的方向导数为_____.

(4) 设函数 $f(x,y,z) = axy^2 + byz + cx^3z^2$ 在点 $(1,2,-1)$ 处沿 z 轴正方向的最大变化率为 64, 则 $a = $_____, $b = $_____, $c = $_____.

(5) 原点到椭球面 $x^2 + y^2 + 2z^2 = 31$ 在点 $(3,2,3)$ 处的切平面的距离 $d = $_____.

(6) 在曲面 $x^2 + 2y^2 + 3z^2 + 2xy + 2xz + 4yz = 8$ 上切平面平行于 xOy 平面的点是_____.

(7) 已知 $z = 2x^2 + ax + xy^2 + 2y$ 在点 $(1,-1)$ 处取得极小值, 则常数 $a = $_____.

解　(1) 答案是 -2. 因为

$$\lim_{x \to 0} \frac{f(1-x,2) - f(1,2)}{x} = -\lim_{x \to 0} \frac{f(1+(-x),2) - f(1,2)}{(-x)} = -f_x(1,2) = -2.$$

(2) 答案是 $2e^2$. 因为 $f(x,0) = e^{2x}$, 故

$$f_x(1,0) = [f(x,0)]'_{x=1} = (e^{2x})'\big|_{x=1} = 2e^{2x}\big|_{x=1} = 2e^2.$$

(3) 答案是 $\dfrac{1}{\sqrt{2}}$. 因为, 对 $u = \sqrt{x^2 + y^2 + z^2}$ 求偏导数得

$$u_x = \frac{x}{\sqrt{x^2 + y^2 + z^2}}, \quad u_y = \frac{y}{\sqrt{x^2 + y^2 + z^2}}, \quad u_z = \frac{z}{\sqrt{x^2 + y^2 + z^2}}.$$

在点 $A(1,0,1)$ 处, 则有 $u_x = \dfrac{1}{\sqrt{2}}, u_y = 0, u_z = \dfrac{1}{\sqrt{2}}$. 又 $\overrightarrow{AB} = (2,-2,1)$, 其方向余弦依次为

$$\cos\alpha = \frac{2}{3}, \quad \cos\beta = -\frac{2}{3}, \quad \cos\gamma = \frac{1}{3},$$

因此所求的方向导数为

$$\frac{\partial u}{\partial \overrightarrow{AB}}\bigg|_A = u_x \cdot \cos\alpha + u_y \cdot \cos\beta + u_z \cdot \cos\gamma = \frac{1}{\sqrt{2}} \cdot \frac{2}{3} + 0 \cdot \left(-\frac{2}{3}\right) + \frac{1}{\sqrt{2}} \cdot \frac{1}{3} = \frac{1}{\sqrt{2}}.$$

(4) 答案是 $a = 6, b = 24, c = -8$.

由于取得最大方向导数的方向是函数的梯度方向, 因此由题意可知, 函数 $f(x,y,z) = axy^2 + byz + cx^3z^2$ 在点 $(1,2,-1)$ 处的梯度方向就是 z 轴正方向. 而计算可得

$$\mathbf{grad}f(x,y,z) = (ay^2 + 3cx^2z^2, 2axy + bz, by + 2cx^3z),$$

因此在点 $(1,2,-1)$ 处, $\mathbf{grad}f(1,2,-1) = (4a + 3c, 4a - b, 2b - 2c)$. 同时由于最大方向导数就等于梯度的模, 故

$$4a + 3c = 0, \quad 4a - b = 0, \quad 2b - 2c = 64.$$

由此解得: $a = 6, b = 24, c = -8$.

(5) 答案是 $d = \dfrac{31}{7}$. 事实上, 对椭球面方程 $x^2 + y^2 + 2z^2 = 31$ 两边微分, 得

$$2x\mathrm{d}x + 2y\mathrm{d}y + 4z\mathrm{d}z = 0,$$

在点 $(3,2,3)$ 处, 则有

$$6\mathrm{d}x + 4\mathrm{d}y + 12\mathrm{d}z = 0, \quad 即 \quad 3\mathrm{d}x + 2\mathrm{d}y + 6\mathrm{d}z = 0,$$

因此椭球面在点 $(3,2,3)$ 处的切平面方程为

$$3(x-3) + 2(y-2) + 6(z-3) = 0, \quad 即 \quad 3x + 2y + 6z - 31 = 0.$$

因此所求的距离为

$$d = \frac{\left|-31\right|}{\sqrt{3^2 + 2^2 + 6^2}} = \frac{31}{7}.$$

(6) 答案是 $(0, 2\sqrt{2}, -2\sqrt{2})$ 和 $(0, -2\sqrt{2}, 2\sqrt{2})$.

由于 xOy 平面有法向量 $\boldsymbol{k} = (0,0,1)$, 曲面 $x^2 + 2y^2 + 3z^2 + 2xy + 2xz + 4yz = 8$ 上任一点 (x_0, y_0, z_0) 处的切平面的法向量为 $\boldsymbol{n} = (2x_0 + 2y_0 + 2z_0, 2x_0 + 4y_0 + 4z_0, 2x_0 + 4y_0 + 6z_0)$, 若切平面与 xOy 平面平行, 则有 $\boldsymbol{n}/\!/\boldsymbol{k}$, 因而有

$$2x_0 + 2y_0 + 2z_0 = 0, \quad 2x_0 + 4y_0 + 4z_0 = 0, \quad 2x_0 + 4y_0 + 6z_0 \neq 0, \tag{*1}$$

同时又有

$$x_0^2 + 2y_0^2 + 3z_0^2 + 2x_0 y_0 + 2x_0 z_0 + 4y_0 z_0 = 8. \tag{*2}$$

联立(*1)和(*2), 可解得: $(x_0, y_0, z_0) = (0, 2\sqrt{2}, -2\sqrt{2})$, 或者 $(x_0, y_0, z_0) = (0, -2\sqrt{2}, 2\sqrt{2})$. 故所求点为 $(0, 2\sqrt{2}, -2\sqrt{2})$ 和 $(0, -2\sqrt{2}, 2\sqrt{2})$.

(7) 答案是 $a = -5$.

由于可微函数 $z = 2x^2 + ax + xy^2 + 2y$ 在 $(1,-1)$ 处取得极小值, 故必有 $z_x = z_y = 0$. 由

$$z_x = (4x + a + y^2)\Big|_{(1,-1)} = 5 + a = 0,$$

解得: $a = -5$. ∎

2. 单项选择题.

(1) $\displaystyle \lim_{(x,y)\to(0,1)} \frac{\ln(1+xy)}{\sqrt{1+xy}-1} = ($ 　　　$)$.

(A) 1　　　　　　　　(B) 2　　　　　　　(C) 3　　　　　　　(D) 0

(2) 设 $\rho = \sqrt{(\Delta x)^2 + (\Delta y)^2}$, $f(\Delta x, \Delta y) = f(0,0) + 2\Delta x + 3(\Delta y)^2 + o(\rho)$, 则(　　).

(A) $\displaystyle \lim_{(x,y)\to(0,0)} f(x,y)$ 不存在　　　　(B) $f_x(0,0), f_y(0,0)$ 皆不存在

(C) $f_x(0,0) = 2, f_y(0,0) = 3$　　　　　(D) $f(x,y)$ 在 $(0,0)$ 处可微

(3) 考虑二元函数 $f(x,y)$ 的下面四条性质:

(i) $f(x,y)$ 在 (x_0, y_0) 连续;　　　　(ii) $f_x(x,y), f_y(x,y)$ 在 (x_0, y_0) 连续;

(iii) $f(x,y)$ 在 (x_0, y_0) 可微分;　　　(iv) $f_x(x_0, y_0), f_y(x_0, y_0)$ 存在.

若用 $P \Rightarrow Q$ 表示可由性质 P 推出性质 Q, 则下列四个选项中正确的是(　　).

(A) (ii) $\Rightarrow$ (iii) $\Rightarrow$ (i)　　　　　　(B) (iii) $\Rightarrow$ (ii) $\Rightarrow$ (i)

(C) (iii) $\Rightarrow$ (iv) $\Rightarrow$ (i)　　　　　　(D) (iii) $\Rightarrow$ (i) $\Rightarrow$ (iv)

(4) 设有三元方程 $xy - z\ln y + e^{xz} = 1$, 根据隐函数存在定理, 存在点 $(0,1,1)$ 的一个邻域, 在此邻域内该方程( ).

(A) 只能确定一个具有连续偏导数的隐函数 $z = z(x,y)$

(B) 可确定两个具有连续偏导数的隐函数 $y = y(x,z)$ 和 $z = z(x,y)$

(C) 可确定两个具有连续偏导数的隐函数 $x = x(y,z)$ 和 $z = z(x,y)$

(D) 可确定两个具有连续偏导数的隐函数 $x = x(y,z)$ 和 $y = y(x,z)$

(5) 设 $z = f(x,y)$ 在点 $(0,0)$ 处有定义, 且 $f_x(0,0) = 3, f_y(0,0) = 1$, 则( ).

(A) $dz\big|_{(0,0)} = 3dx + dy$

(B) 曲面 $z = f(x,y)$ 在点 $(0,0,f(0,0))$ 的法向量为 $(3,1,1)$

(C) 曲线 $\begin{cases} z = f(x,y), \\ y = 0 \end{cases}$ 在点 $(0,0,f(0,0))$ 的切向量为 $(1,0,3)$

(D) 曲线 $\begin{cases} z = f(x,y), \\ y = 0 \end{cases}$ 在点 $(0,0,f(0,0))$ 的切向量为 $(3,0,1)$

(6) $f_x(x_0,y_0) = 0, f_y(x_0,y_0) = 0$ 是函数 $f(x,y)$ 在点 (x_0,y_0) 处取得极值的( ).

(A) 必要非充分条件　　　　(B) 充分非必要条件

(C) 充要条件　　　　　　　(D) 既非充分也非必要条件

解　(1)应该选择(B): 由于当 $(x,y) \to (0,0)$ 时, xy 是无穷小, 因此利用等价无穷小

$$\ln(1+xy) \sim xy, \quad \sqrt{1+xy} - 1 \sim \frac{1}{2}xy,$$

可得

$$\lim_{(x,y)\to(0,1)} \frac{\ln(1+xy)}{\sqrt{1+xy}-1} = \lim_{(x,y)\to(0,1)} \frac{xy}{\frac{1}{2}xy} = 2.$$

(2) 正确答案应该是(D): 因为由所设条件, 有

$$f(\Delta x, \Delta y) - f(0,0) = 2\Delta x + 0 \cdot \Delta y + 3(\Delta y)^2 + o(\rho),$$

而由于 $\left| \dfrac{3\Delta y}{\rho} \right| \leqslant 3, \displaystyle\lim_{(\Delta x, \Delta y)\to(0,0)} \Delta y = 0, \displaystyle\lim_{(\Delta x, \Delta y)\to(0,0)} \frac{o(\rho)}{\rho} = 0$, 故

$$\lim_{(\Delta x, \Delta y)\to(0,0)} \frac{3(\Delta y)^2 + o(\rho)}{\rho} = \lim_{(\Delta x, \Delta y)\to(0,0)} \frac{3\Delta y}{\rho} \cdot \Delta y + \lim_{(\Delta x, \Delta y)\to(0,0)} \frac{o(\rho)}{\rho} = 0 + 0 = 0.$$

因此有

$$f(\Delta x, \Delta y) - f(0,0) = 2\Delta x + 0 \cdot \Delta y + o(\rho).$$

从而由可微的定义可知, $f(x,y)$ 在 $(0,0)$ 处可微, 且 $f_x(0,0) = 2, f_y(0,0) = 0$. 同时, 由可微的必要条件知, $f(x,y)$ 在 $(0,0)$ 处连续, 从而 $\displaystyle\lim_{(x,y)\to(0,0)} f(x,y) = f(0,0)$. 可见, (A), (B), (C)都是错误的, 只有(D)是正确的, 因此应该选择(D).

(3) 正确的答案是(A): 由教材中定理 6.3.2 知, (ii)$\Rightarrow$(iii)真; 由教材中定理 6.3.1 知, (iii)$\Rightarrow$(i)真. 可见(A)是正确的.

函数 $f(x,y)=\begin{cases}\dfrac{xy}{x^2+y^2}, & (x,y)\neq(0,0),\\ 0, & (x,y)=(0,0)\end{cases}$ 在点 $(0,0)$ 不连续, 但是 $f_x(0,0)=f_y(0,0)=0$,

这表明(C)不对.

函数 $f(x,y)=\begin{cases}xy\sin\dfrac{1}{\sqrt{x^2+y^2}}, & (x,y)\neq(0,0),\\ 0, & (x,y)=(0,0)\end{cases}$ 在点 $(0,0)$ 处可微, 但 $f_x(x,y),f_y(x,y)$

在 $(0,0)$ 处均不连续, 因此(B)不对.

函数 $f(x,y)=|x|+|y|$ 在点 $(0,0)$ 连续, 但是 $f_x(0,0),f_y(0,0)$ 均不存在, 这表明(D)不对.

可见, 正确答案只有(A).

(4) 正确答案应该是(D):

令 $F(x,y,z)=xy-z\ln y+\mathrm{e}^{xz}-1$, 则容易看出, $F(x,y,z)$ 在点 $(0,1,1)$ 的半径为 $\varepsilon=1$ 的邻域 $U((0,1,1),\varepsilon)$ 内有一阶连续偏导数, 且

$$F_x=y+z\mathrm{e}^{xz}, \quad F_y=x-\frac{z}{y}, \quad F_z=-\ln y+x\mathrm{e}^{xz}.$$

在点 $(0,1,1)$ 处, $F_x=2\neq0$, $F_y=-1\neq0$, $F_z=0$. 因此根据隐函数定理, 方程 $F(x,y,z)=0$ 可在点 $(0,1,1)$ 的某个邻域内确定两个具有连续偏导数的隐函数 $x=x(y,z)$ 和 $y=y(x,z)$. 故正确答案是(D).

(5) 正确答案应该是(C): 首先, 偏导数存在未必可微, 从而也未必有切平面(也就未必有法向量), 因此不可选择(A)和(B); 由于曲线 $\begin{cases}z=f(x,y),\\ y=0\end{cases}$ 有参数方程 $\begin{cases}x=t,\\ y=0,\\ z=f(t,0),\end{cases}$

因此在点 $(0,0,f(0,0))$ 处有切向量 $\boldsymbol{\tau}=(1,0,f_x(0,0))=(1,0,3)$. 故选择(C).

(6) 正确答案应该是(D): 我们通过两个例子就可以知道为什么选择(D)了. 首先, 函数 $f(x,y)=|x|+|y|$ 显然在 $(0,0)$ 处取得极小值(同时也是最小值), 但是 $f_x(0,0)$, $f_y(0,0)$ 都不存在(因为左右导数不相等), 这说明一阶偏导数都等于 0 不是函数取得极值的必要条件; 其次, 函数 $f(x,y)=x^3y^2$ 在 $(0,0)$ 处满足 $f_x(0,0)=f_y(0,0)=0$, 但是 $f(0,0)$ 不是极值, 从而一阶偏导数都等于 0 也不是函数取得极值的充分条件. 因此正确答案是(D).■

3. 设 $r=\sqrt{x^2+y^2+z^2}\neq0$, 求 $\mathbf{grad}r^n$.

解 直接计算可得

$$\mathbf{grad}r^n=\left(\frac{\partial r^n}{\partial x},\frac{\partial r^n}{\partial y},\frac{\partial r^n}{\partial z}\right)=\left(nr^{n-1}\frac{\partial r}{\partial x},nr^{n-1}\frac{\partial r}{\partial y},nr^{n-1}\frac{\partial r}{\partial z}\right)$$
$$=\left(nr^{n-1}\cdot\frac{x}{r},nr^{n-1}\cdot\frac{y}{r},nr^{n-1}\cdot\frac{z}{r}\right)=nr^{n-2}(x,y,z).■$$

4. 设 $f(x,y) = \begin{cases} \dfrac{\sqrt{|xy|}}{x^2 + y^2}\sin(x^2 + y^2), & (x,y) \neq (0,0), \\ 0, & (x,y) = (0,0), \end{cases}$ 问:

(1) $f(x,y)$ 在 $(0,0)$ 处是否连续?

(2) $f_x(0,0), f_y(0,0)$ 是否存在? 若存在, 为何值?

(3) $f(x,y)$ 在 $(0,0)$ 处是否可微?

解　(1) 由于

$$\lim_{(x,y)\to(0,0)} f(x,y) = \lim_{(x,y)\to(0,0)} \frac{\sqrt{|xy|}}{x^2 + y^2}\sin(x^2 + y^2) = \lim_{(x,y)\to(0,0)} \frac{\sqrt{|xy|}}{x^2 + y^2} \cdot (x^2 + y^2)$$

$$= \lim_{(x,y)\to(0,0)} \sqrt{|xy|} = 0 = f(0,0).$$

因此, 函数 $f(x,y)$ 在 $(0,0)$ 处连续.

(2) 由于

$$\lim_{x\to 0} \frac{f(x,0) - f(0,0)}{x} = \lim_{x\to 0} \frac{\dfrac{\sqrt{|x \cdot 0|}}{x^2 + 0^2}\sin(x^2 + 0^2) - 0}{x} = 0,$$

$$\lim_{y\to 0} \frac{f(0,y) - f(0,0)}{y} = \lim_{y\to 0} \frac{\dfrac{\sqrt{|0 \cdot y|}}{0^2 + y^2}\sin(0^2 + y^2) - 0}{y} = 0,$$

故 $f_x(0,0), f_y(0,0)$ 都存在, 且 $f_x(0,0) = f_y(0,0) = 0$.

(3) 由于

$$\frac{f(x,y) - f(0,0) - f_x(0,0) \cdot x - f_y(0,0) \cdot y}{\sqrt{x^2 + y^2}} = \frac{\sqrt{|xy|}}{(x^2 + y^2)\sqrt{x^2 + y^2}}\sin(x^2 + y^2),$$

当 $(x,y) \to (0,0)$ 时,

$$\lim_{(x,y)\to(0,0)} \frac{\sqrt{|xy|}}{(x^2 + y^2)\sqrt{x^2 + y^2}}\sin(x^2 + y^2) = \lim_{(x,y)\to(0,0)} \frac{\sqrt{|xy|}}{\sqrt{x^2 + y^2}} = \lim_{(x,y)\to(0,0)} \sqrt{\frac{|xy|}{x^2 + y^2}},$$

当点 (x,y) 沿着直线 $y = kx(k \neq 0)$ 趋于 $(0,0)$ 时,

$$\lim_{\substack{(x,y)\to(0,0) \\ y=kx}} \sqrt{\frac{|xy|}{x^2 + y^2}} = \lim_{x\to 0} \sqrt{\left|\frac{kx^2}{x^2 + k^2 x^2}\right|} = \sqrt{\frac{|k|}{1 + k^2}}$$

是一个随着 k 变化而变化的数, 因此 $\displaystyle\lim_{(x,y)\to(0,0)} \sqrt{\frac{|xy|}{x^2 + y^2}}$ 不存在, 从而

$$\lim_{(x,y)\to(0,0)} \frac{f(x,y) - f(0,0) - f_x(0,0) \cdot x - f_y(0,0) \cdot y}{\sqrt{x^2 + y^2}}$$

也不存在. 这表明, 当 $(x,y) \to (0,0)$ 时, 不可能有关系式

$$f(x,y) - f(0,0) = f_x(0,0) \cdot x + f_y(0,0) \cdot y + o(\sqrt{x^2 + y^2})$$

成立, 因此 $f(x,y)$ 在 $(0,0)$ 处不可微. ■

5. 设 $z = f(2x-y) + g(x,xy), f \in D^{(2)}, g \in D^{(2)}$, 求 $\dfrac{\partial^2 z}{\partial x \partial y}$.

解 由于 $f \in D^{(2)}, g \in D^{(2)}$, 对函数 $z = f(2x-y) + g(x,xy)$ 求关于 x 的偏导数可得

$$\frac{\partial z}{\partial x} = f' \cdot 2 + g_1' \cdot 1 + g_2' \cdot y,$$

其中 f' 是 $f'(2x-y)$ 的简写. 再对上式两边求关于 y 的偏导数可得

$$\frac{\partial^2 z}{\partial x \partial y} = 2f'' \cdot (-1) + [g_{11}'' \cdot 0 + g_{12}'' \cdot x] + g_2' \cdot 1 + y \cdot [g_{21}'' \cdot 0 + g_{22}'' \cdot x]$$

$$= -2f'' + xg_{12}'' + g_2' + xyg_{22}''. ■$$

6. 设 $f \in C^{(2)}, z = f(\mathrm{e}^x \sin y)$, 满足 $\dfrac{\partial^2 z}{\partial x^2} + \dfrac{\partial^2 z}{\partial y^2} = \mathrm{e}^{2x} z$. 求 $f(u)$.

解 由于 $f \in C^{(2)}$, 对函数 $z = f(\mathrm{e}^x \sin y)$ 分别关于 x, y 求偏导数可得

$$\frac{\partial z}{\partial x} = f' \cdot \mathrm{e}^x \sin y, \quad \frac{\partial^2 z}{\partial x^2} = f'' \cdot (\mathrm{e}^x \sin y)^2 + f' \cdot \mathrm{e}^x \sin y;$$

$$\frac{\partial z}{\partial y} = f' \cdot \mathrm{e}^x \cos y, \quad \frac{\partial^2 z}{\partial y^2} = f'' \cdot (\mathrm{e}^x \cos y)^2 - f' \cdot \mathrm{e}^x \sin y.$$

代入 $\dfrac{\partial^2 z}{\partial x^2} + \dfrac{\partial^2 z}{\partial y^2} = \mathrm{e}^{2x} z$ 得

$$f'' \cdot \mathrm{e}^{2x}(\sin^2 y + \cos^2 y) + f' \cdot \mathrm{e}^x \sin y - f' \cdot \mathrm{e}^x \sin y = \mathrm{e}^{2x} \cdot f.$$

由于 $\mathrm{e}^{2x} > 0$, 故上式等价于

$$f'' - f = 0,$$

这是一个二阶常系数线性微分方程, 其特征方程为 $r^2 - 1 = 0$, 特征根为 $r = \pm 1$. 故

$$f(u) = C_1 \mathrm{e}^u + C_2 \mathrm{e}^{-u}.$$

其中 C_1, C_2 为任意常数. ■

7. 设函数 $z = z(x,y)$ 由方程 $x^y + y^z + z^x = 1$ 确定, 求 $\dfrac{\partial z}{\partial x}, \dfrac{\partial z}{\partial y}$.

解法一 令 $F(x,y,z) = x^y + y^z + z^x - 1$, 则求偏导数可得

$$F_x = yx^{y-1} + z^x \ln z, \quad F_y = x^y \ln x + zy^{z-1}, \quad F_z = y^z \ln y + xz^{x-1},$$

于是由隐函数定理可知, 所求的导数为

$$\frac{\partial z}{\partial x} = -\frac{F_x}{F_z} = -\frac{yx^{y-1} + z^x \ln z}{y^z \ln y + xz^{x-1}}, \quad \frac{\partial z}{\partial y} = -\frac{F_y}{F_z} = -\frac{x^y \ln x + zy^{z-1}}{y^z \ln y + xz^{x-1}}.$$

解法二　对方程 $x^y + y^z + z^x = 1$ 两边分别关于 x 和 y 求导(注意: $z = z(x,y)$)得

$$yx^{y-1} + y^z \ln y \cdot \frac{\partial z}{\partial x} + z^x\left(\ln z + x \cdot \frac{1}{z} \cdot \frac{\partial z}{\partial x}\right) = 0,$$

$$x^y \ln x + y^z\left(\ln y \cdot \frac{\partial z}{\partial y} + z \cdot \frac{1}{y}\right) + xz^{x-1} \cdot \frac{\partial z}{\partial y} = 0,$$

由此解得

$$\frac{\partial z}{\partial x} = -\frac{yx^{y-1} + z^x \ln z}{y^z \ln y + xz^{x-1}}, \quad \frac{\partial z}{\partial y} = -\frac{x^y \ln x + zy^{z-1}}{y^z \ln y + xz^{x-1}}.$$

解法三　对方程 $x^y + y^z + z^x = 1$ 两边微分, 得

$$x^y\left(\ln x \mathrm{d}y + \frac{y}{x}\mathrm{d}x\right) + y^z\left(\ln y \mathrm{d}z + \frac{z}{y}\mathrm{d}y\right) + z^x\left(\ln z \mathrm{d}x + \frac{x}{z}\mathrm{d}z\right) = 0,$$

整理可得

$$\mathrm{d}z = -\frac{yx^{y-1} + z^x \ln z}{y^z \ln y + xz^{x-1}}\mathrm{d}x - \frac{x^y \ln x + zy^{z-1}}{y^z \ln y + xz^{x-1}}\mathrm{d}y,$$

由此

$$\frac{\partial z}{\partial x} = -\frac{yx^{y-1} + z^x \ln z}{y^z \ln y + xz^{x-1}}, \quad \frac{\partial z}{\partial y} = -\frac{x^y \ln x + zy^{z-1}}{y^z \ln y + xz^{x-1}}. \blacksquare$$

8. 设二元函数 F 可微, 试证明由方程 $F\left(\dfrac{x-a}{z-c}, \dfrac{y-b}{z-c}\right) = 0$ 所确定的曲面的任一切平面都通过某定点.

解　令 $G(x,y,z) = F\left(\dfrac{x-a}{z-c}, \dfrac{y-b}{z-c}\right)$, 则

$$G_x = F_1' \cdot \frac{1}{z-c}, \quad G_y = F_2' \cdot \frac{1}{z-c}, \quad G_z = F_1' \cdot \frac{a-x}{(z-c)^2} + F_2' \cdot \frac{b-y}{(z-c)^2}.$$

设 (x_0, y_0, z_0) 为曲面 $F\left(\dfrac{x-a}{z-c}, \dfrac{y-b}{z-c}\right) = 0$ 上任意一点, 则曲面在该点的切平面方程为

$$G_x\big|_{(x_0,y_0,z_0)} \cdot (x - x_0) + G_y\big|_{(x_0,y_0,z_0)} \cdot (y - y_0) + G_z\big|_{(x_0,y_0,z_0)} \cdot (z - z_0) = 0,$$

即

$$F_1' \cdot \frac{1}{z_0-c} \cdot (x - x_0) + F_2' \cdot \frac{1}{z_0-c} \cdot (y - y_0) + \left(F_1' \cdot \frac{a-x_0}{(z_0-c)^2} + F_2' \cdot \frac{b-y_0}{(z_0-c)^2}\right) \cdot (z - z_0) = 0.$$

将 $x = a, y = b, z = c$ 代入上式, 恰好能够成立, 由此可知这个切平面经过点 (a,b,c).

可见, 方程 $F\left(\dfrac{x-a}{z-c}, \dfrac{y-b}{z-c}\right) = 0$ 所确定的曲面的任一切平面都通过点 (a,b,c). $\blacksquare$

9. 设 $\boldsymbol{e}_l = (\cos\varphi, \sin\varphi)$, 求函数 $f(x,y) = x^2 - xy + y^2$ 在点 $(1,1)$ 沿方向 $\boldsymbol{l}$ 的方向导数,

并分别确定转角 φ, 使得方向导数有(1)最大值; (2)最小值; (3)等于 0.

解 由于

$$f_x(x,y) = 2x - y, \quad f_y(x,y) = -x + 2y.$$

在点 $(1,1)$ 处, $f_x(1,1) = f_y(1,1) = 1$. 故函数 $f(x,y)$ 在点 $(1,1)$ 沿方向 $\boldsymbol{l}$ 的方向导数为

$$\left.\frac{\partial f}{\partial l}\right|_{(1,1)} = f_x(1,1)\cos\varphi + f_y(1,1)\sin\varphi = \cos\varphi + \sin\varphi = \sqrt{2}\sin\left(\varphi + \frac{\pi}{4}\right).$$

由此, 容易看出:

(1) 当 $\varphi = \dfrac{\pi}{4}$ 时, 方向导数 $\left.\dfrac{\partial f}{\partial l}\right|_{(1,1)}$ 取得最大值 $\sqrt{2}$;

(2) 当 $\varphi = \dfrac{5\pi}{4}$ 时, 方向导数 $\left.\dfrac{\partial f}{\partial l}\right|_{(1,1)}$ 取得最小值 $-\sqrt{2}$;

(3) 当 $\varphi = \dfrac{3\pi}{4}$, 或者 $\varphi = \dfrac{7\pi}{4}$ 时, 方向导数 $\left.\dfrac{\partial f}{\partial l}\right|_{(1,1)}$ 等于 0. ■

【注】 本题也可以用梯度的性质求解.

10. 求函数 $u = \dfrac{x^2}{a^2} + \dfrac{y^2}{b^2} + \dfrac{z^2}{c^2}$ 在点 $M(x,y,z)$ 处沿该点向径 $\boldsymbol{r} = \overrightarrow{OM}$ 方向的方向导数, 若对所有的点 M 均有 $\left.\dfrac{\partial u}{\partial r}\right|_M = |\nabla u(M)|$, 问 a,b,c 之间有何关系?

解 向径 $\boldsymbol{r} = \overrightarrow{OM}$ 的方向余弦分别为

$$\cos\alpha = \frac{x}{\sqrt{x^2 + y^2 + z^2}}, \quad \cos\beta = \frac{y}{\sqrt{x^2 + y^2 + z^2}}, \quad \cos\gamma = \frac{z}{\sqrt{x^2 + y^2 + z^2}}.$$

又函数 $u = \dfrac{x^2}{a^2} + \dfrac{y^2}{b^2} + \dfrac{z^2}{c^2}$ 在点 $M(x,y,z)$ 处的偏导数依次为

$$\frac{\partial u}{\partial x} = \frac{2x}{a^2}, \quad \frac{\partial u}{\partial y} = \frac{2y}{b^2}, \quad \frac{\partial u}{\partial z} = \frac{2z}{c^2}.$$

因此, 函数 $u = \dfrac{x^2}{a^2} + \dfrac{y^2}{b^2} + \dfrac{z^2}{c^2}$ 在点 $M(x,y,z)$ 处沿该点向径 $\boldsymbol{r} = \overrightarrow{OM}$ 方向的方向导数为

$$\begin{aligned}
\left.\frac{\partial u}{\partial r}\right|_M &= \frac{2x}{a^2}\cdot\frac{x}{\sqrt{x^2+y^2+z^2}} + \frac{2y}{b^2}\cdot\frac{y}{\sqrt{x^2+y^2+z^2}} + \frac{2z}{c^2}\cdot\frac{z}{\sqrt{x^2+y^2+z^2}} \\
&= \frac{2}{\sqrt{x^2+y^2+z^2}}\left(\frac{x^2}{a^2} + \frac{y^2}{b^2} + \frac{z^2}{c^2}\right) = \frac{2u}{\sqrt{x^2+y^2+z^2}}.
\end{aligned}$$

又

$$|\nabla u(M)| = \left|\left(\frac{2x}{a^2}, \frac{2y}{b^2}, \frac{2z}{c^2}\right)\right| = \sqrt{\left(\frac{2x}{a^2}\right)^2 + \left(\frac{2y}{b^2}\right)^2 + \left(\frac{2z}{c^2}\right)^2} = 2\sqrt{\frac{x^2}{a^4} + \frac{y^2}{b^4} + \frac{z^2}{c^4}}.$$

若对所有的点 M 均有 $\left.\dfrac{\partial u}{\partial \boldsymbol{r}}\right|_M = \left|\nabla u(M)\right|$，则对所有的点 $M(x,y,z)$ 均有

$$\frac{2}{\sqrt{x^2+y^2+z^2}}\left(\frac{x^2}{a^2}+\frac{y^2}{b^2}+\frac{z^2}{c^2}\right) \equiv 2\sqrt{\frac{x^2}{a^4}+\frac{y^2}{b^4}+\frac{z^2}{c^4}}.$$

取 $M(1,1,0)$ 则得到

$$\frac{2}{\sqrt{2}}\left(\frac{1}{a^2}+\frac{1}{b^2}\right) = 2\sqrt{\frac{1}{a^4}+\frac{1}{b^4}}. \quad \text{由此解得 } a^2=b^2.$$

取 $M(0,1,1)$ 则得到

$$\frac{2}{\sqrt{2}}\left(\frac{1}{b^2}+\frac{1}{c^2}\right) = 2\sqrt{\frac{1}{b^4}+\frac{1}{c^4}}. \quad \text{由此解得 } b^2=c^2.$$

因此 $a^2=b^2=c^2$.

此外，当 $a^2=b^2=c^2$ 时，确实对所有的点 $M(x,y,z)$ 均有

$$\frac{2}{\sqrt{x^2+y^2+z^2}}\left(\frac{x^2}{a^2}+\frac{y^2}{b^2}+\frac{z^2}{c^2}\right) \equiv 2\sqrt{\frac{x^2}{a^4}+\frac{y^2}{b^4}+\frac{z^2}{c^4}}$$

成立. 因此对所有的点 $M(x,y,z)$ 均有

$$\frac{2}{\sqrt{x^2+y^2+z^2}}\left(\frac{x^2}{a^2}+\frac{y^2}{b^2}+\frac{z^2}{c^2}\right) \equiv 2\sqrt{\frac{x^2}{a^4}+\frac{y^2}{b^4}+\frac{z^2}{c^4}}$$

成立的充分必要条件是 $a^2=b^2=c^2$. ∎

11. 设有一平面温度场 $T(x,y,)=100-x^2-2y^2$，场内一粒子从 $A(4,2)$ 处出发始终沿着温度上升最快的方向运动，试建立粒子运动所应满足的微分方程，并求出粒子运动的路径方程.

解　设粒子运动的路径方程为 $y=y(x)$，则 $y(4)=2$. 由于温度场 $T(x,y,)=100-x^2-2y^2$ 中点 (x,y) 处温度上升最快的方向为梯度方向，即 $\mathbf{grad}T\big|_{(x,y,)}=(-2x,-4y)$ 方向，因此根据题设可知，$y=y(x)$ 的切向量 $(\mathrm{d}x,\mathrm{d}y)$ 与 $(-2x,-4y)$ 同向，即有 $\dfrac{\mathrm{d}x}{-2x}=\dfrac{\mathrm{d}y}{-4y}$，从而得到粒子运动所应满足的微分方程为

$$x\mathrm{d}y-2y\mathrm{d}x=0,$$

其通解为 $y=Cx^2$. 由 $y(4)=2$ 知，$C=\dfrac{1}{8}$. 因此粒子运动的路径方程为 $y=\dfrac{1}{8}x^2$. ∎

12. 证明：函数 $f(x,y)=(1+\mathrm{e}^y)\cos x-y\mathrm{e}^y$ 有无穷多个极大值点，但无极小值点.

解　由于函数 $f(x,y)=(1+\mathrm{e}^y)\cos x-y\mathrm{e}^y$ 有任意阶的连续偏导数，故其极值点必定都是驻点. 令

$$\begin{cases} f_x(x,y)=-(1+\mathrm{e}^y)\sin x=0, \\ f_y(x,y)=\mathrm{e}^y(\cos x-y-1)=0, \end{cases}$$

解得 $f(x,y)$ 的全部驻点为：$(n\pi,(-1)^n-1)(n=0,\pm1,\pm2,\pm3,\cdots)$.

计算可得

$$f_{xx} = -(1+\mathrm{e}^y)\cos x, \quad f_{xy} = -\mathrm{e}^y \sin x, \quad f_{yy} = \mathrm{e}^y(\cos x - y - 2).$$

对任一偶数 n, 在点 $(n\pi, (-1)^n - 1) = (n\pi, 0)$ 处, 有

$$f_{xx} = -2 < 0, \quad f_{xy} = 0, f_{yy} = -1 < 0, \quad f_{xx} \cdot f_{yy} - (f_{xy})^2 = 2 > 0.$$

此时, $(n\pi, (-1)^n - 1) = (n\pi, 0)$ 为极大值点(总数有无穷多个!);

对任一奇数 n, 在点 $(n\pi, (-1)^n - 1) = (n\pi, -2)$ 处, 有

$$f_{xx} = 1 + \mathrm{e}^{-2} > 0, \quad f_{xy} = 0, \quad f_{yy} = -\mathrm{e}^{-2} < 0, \quad f_{xx} \cdot f_{yy} - (f_{xy})^2 = -\mathrm{e}^{-2}(1 + \mathrm{e}^{-2}) < 0.$$

此时, $(n\pi, (-1)^n - 1) = (n\pi, -2)$ 不是极值点.

因此, 函数 $f(x, y) = (1 + \mathrm{e}^y)\cos x - y\mathrm{e}^y$ 有无穷多个极大值点 $(2n\pi, 0)(n = 0, \pm 1, \pm 2, \pm 3, \cdots)$, 但是没有极小值点. ∎

13. 在椭球面 $x^2 + y^2 + \dfrac{z^2}{4} = 1$ 的第一卦限上求一点, 使椭球面在该点处的切平面在坐标轴上的截距的平方和最小.

解 令 $F(x, y, z) = x^2 + y^2 + \dfrac{z^2}{4} - 1$, 则椭球面 $x^2 + y^2 + \dfrac{z^2}{4} = 1$ 上一点 $M(x_0, y_0, z_0)$ 处的切平面的法向量为

$$\boldsymbol{n} = (F_x, F_y, F_z)\Big|_{(x_0, y_0, z_0)} = \left(2x_0, 2y_0, \frac{1}{2}z_0\right) = 2\left(x_0, y_0, \frac{1}{4}z_0\right).$$

从而切平面的方程为

$$x_0(x - x_0) + y_0(y - y_0) + \frac{1}{4}z_0(z - z_0) = 0.$$

由于 $M(x_0, y_0, z_0)$ 在椭球面上, 故

$$x_0^2 + y_0^2 + \frac{z_0^2}{4} = 1,$$

因此上述切平面方程可简化为

$$x_0 x + y_0 y + \frac{1}{4}z_0 z = 1.$$

现在设点 $M(x_0, y_0, z_0)$ 为第一卦限的椭球面 $x^2 + y^2 + \dfrac{z^2}{4} = 1$ 上的任一点, 则切平面在三个坐标轴上的截距之平方和为

$$P(x_0, y_0, z_0) = \frac{1}{x_0^2} + \frac{1}{y_0^2} + \frac{16}{z_0^2}.$$

令

$$G(x, y, z, \lambda) = \frac{1}{x^2} + \frac{1}{y^2} + \frac{16}{z^2} + \lambda\left(x^2 + y^2 + \frac{z^2}{4} - 1\right),$$

再令

$$
\begin{cases}
G_x = -\dfrac{2}{x^3} + 2\lambda x = 0, \\[2mm]
G_y = -\dfrac{2}{y^3} + 2\lambda y = 0, \\[2mm]
G_z = -\dfrac{32}{z^3} + \dfrac{1}{2}\lambda z = 0, \\[2mm]
G_\lambda = x^2 + y^2 + \dfrac{z^2}{4} - 1 = 0
\end{cases}
\quad (x>0, y>0, z>0).
$$

解得：$x = y = \dfrac{1}{2}, z = \sqrt{2}$. 由于所求的状态必然是存在的，故所求点就是 $\left(\dfrac{1}{2}, \dfrac{1}{2}, \sqrt{2}\right)$. 截距平方和的最小值则为 16.■

14. 求平面 $\dfrac{x}{3} + \dfrac{y}{4} + \dfrac{z}{5} = 1$ 和柱面 $x^2 + y^2 = 1$ 的交线上与 xOy 平面距离最短的点.

解法一　点 (x,y,z) 到 xOy 平面的距离为 $d = |z|$. 显然 d 最短当且仅当 $d^2 = |z|^2 = z^2$ 最小. 因此令

$$
F(x,y,z,\lambda,\mu) = z^2 + \lambda\left(\dfrac{x}{3} + \dfrac{y}{4} + \dfrac{z}{5} - 1\right) + \mu(x^2 + y^2 - 1).
$$

再令

$$
F_x = \dfrac{\lambda}{3} + 2\mu x = 0, \quad F_y = \dfrac{\lambda}{4} + 2\mu y = 0, \quad F_z = 2z + \dfrac{\lambda}{5} = 0,
$$

$$
F_\lambda = \dfrac{x}{3} + \dfrac{y}{4} + \dfrac{z}{5} - 1 = 0, \quad F_\mu = x^2 + y^2 - 1 = 0.
$$

解得：$x = \dfrac{4}{5}, y = \dfrac{3}{5}, z = \dfrac{35}{12}$，或者 $x = -\dfrac{4}{5}, y = -\dfrac{3}{5}, z = \dfrac{85}{12}$. 由于求的是 $d^2 = |z|^2 = z^2$ 最小的点，因此所求点为 $\left(\dfrac{4}{5}, \dfrac{3}{5}, \dfrac{35}{12}\right)$.

解法二　点 (x,y,z) 到 xOy 平面的距离为 $d = |z|$. 显然 d 最短当且仅当 $d^2 = |z|^2 = z^2$ 最小. 当点 (x,y,z) 在平面 $\dfrac{x}{3} + \dfrac{y}{4} + \dfrac{z}{5} = 1$ 上时，

$$
d^2 = z^2 = \left[5\left(1 - \dfrac{x}{3} - \dfrac{y}{4}\right)\right]^2.
$$

令

$$
F(x,y,\lambda) = 25\left(1 - \dfrac{x}{3} - \dfrac{y}{4}\right)^2 + \lambda(x^2 + y^2 - 1),
$$

再令

$$
F_x = 50\left(1 - \dfrac{x}{3} - \dfrac{y}{4}\right)\cdot\left(-\dfrac{1}{3}\right) + 2\lambda x = 0, \quad F_y = 50\left(1 - \dfrac{x}{3} - \dfrac{y}{4}\right)\cdot\left(-\dfrac{1}{4}\right) + 2\lambda y = 0, \quad F_\lambda = x^2 + y^2 - 1 = 0,
$$

解得：$x = \dfrac{4}{5}, y = \dfrac{3}{5}$，或者 $x = -\dfrac{4}{5}, y = -\dfrac{3}{5}$. 由于当 $x = \dfrac{4}{5}, y = \dfrac{3}{5}$ 时，$d = \dfrac{35}{12}$；当 $x = -\dfrac{4}{5}$，$y = -\dfrac{3}{5}$ 时，$d = \dfrac{85}{12}$. 因此所求点为 $\left(\dfrac{4}{5}, \dfrac{3}{5}, \dfrac{35}{12} \right)$. ■

15. 求函数 $f(x, y, z) = \ln x + \ln y + 3\ln z$ 在球面 $x^2 + y^2 + z^2 = 5R^2 (x > 0, y > 0, z > 0)$ 上的最大值，并证明对任何正数 a, b, c 有 $abc^3 \leqslant 27 \left(\dfrac{a+b+c}{5} \right)^5$.

解　由于当 $x > 0, y > 0, z > 0$ 时，$f(x, y, z) = \ln x + \ln y + 3\ln z = \ln(xyz^3)$，且函数 $\ln u$ 是单调递增函数，因此 $f(x, y, z)$ 取最大值当且仅当 xyz^3 取最大值. 故令
$$F(x, y, z, \lambda) = xyz^3 + \lambda(x^2 + y^2 + z^2 - 5R^2) \quad (x > 0, y > 0, z > 0),$$
再令
$$\begin{cases} F_x = yz^3 + 2\lambda x = 0, \\ F_y = xz^3 + 2\lambda y = 0, \\ F_z = 3xyz^2 + 2\lambda z = 0, \\ F_\lambda = x^2 + y^2 + z^2 - 5R^2 = 0. \end{cases}$$

解得 $x = R, y = R, z = \sqrt{3}R$. 由于函数 $f(x, y, z) = \ln x + \ln y + 3\ln z$ 在第一卦限球面 $x^2 + y^2 + z^2 = 5R^2$ 上的最大值是存在的，故最大值必定在点 $(R, R, \sqrt{3}R)$ 处取得，即所求的最大值为
$$f_M = \ln R + \ln R + 3\ln(\sqrt{3}R) = \ln(3\sqrt{3}R^5).$$

因此，若 $x > 0, y > 0, z > 0$，且 $x^2 + y^2 + z^2 = 5R^2$，则必有
$$\ln(xyz^3) \leqslant \ln(3\sqrt{3}R^5), \quad \text{从而 } xyz^3 \leqslant 3\sqrt{3}R^5.$$
两边平方，得
$$x^2 y^2 z^6 \leqslant 27R^{10}.$$

于是，对任意正数 a, b, c，记 $a = x^2, b = y^2, c = z^2$，再记 $R^2 = \dfrac{x^2 + y^2 + z^2}{5} = \dfrac{a+b+c}{5}$，代入上式，即得
$$abc^3 \leqslant 27 \left(\dfrac{a+b+c}{5} \right)^5. \quad ■$$

第 7 章　第一型积分

7.1　教学基本要求

1. 理解第一型积分的概念, 熟悉第一型积分的性质, 了解第一型积分的中值定理;
2. 掌握二重积分的计算方法(直角坐标; 极坐标), 会计算三重积分(直角坐标、柱面坐标和球面坐标);
3. 理解第一类曲线积分的概念、性质, 掌握其基本计算方法(参数法);
4. 了解第一类曲面积分的概念、性质, 掌握其基本计算方法(投影法);
5. 会用重积分、曲线积分及曲面积分求一些几何量与物理量(平面图形的面积、体积、曲面面积、弧长、质量、质心、转动惯量、引力等);
6. 了解向量函数的第一型积分的概念.

7.2　内容复习与整理

7.2.1　第一型积分的概念和性质

7.2.1.1　第一型积分的概念

1. 数量值函数的第一型积分的概念　设 Ω 是一个可测的几何体, $f(P)$ 是定义在 Ω 上的一个函数, 将 Ω 任意分割成 n 个可测的小块 $\Delta\Omega_i(i=1,2,\cdots,n)$, $\mu(\Delta\Omega_i)$ 表示 $\Delta\Omega_i$ 的测度, 在 $\Delta\Omega_i$ 上任取一点 P_i, 作乘积 $f(P_i)\mu(\Delta\Omega_i)$, 并作和式 $\sum\limits_{i=1}^{n}f(P_i)\mu(\Delta\Omega_i)$. 记 λ 表示各 $\Delta\Omega_i$ 的直径的最大值. 如果不论对 Ω 如何分割, 也不论 P_i 在 $\Delta\Omega_i$ 中如何选取, 只要 $\lambda\to 0$, 和式 $\sum\limits_{i=1}^{n}f(P_i)\mu(\Delta\Omega_i)$ 总是趋于同一个常数 I, 则称函数 $f(P)$ 在 Ω 上可积, 并把 I 称为**函数 $f(P)$ 在 Ω 上的第一型积分**(或第一类积分), 记为 $I=\int_{\Omega}f(P)\mathrm{d}\mu$, 即有

$$I=\int_{\Omega}f(P)\mathrm{d}\mu=\lim_{\lambda\to 0^{+}}\sum_{i=1}^{n}f(P_i)\mu(\Delta\Omega_i),$$

其中 $f(P)$ 称为**被积函数**, Ω 称为**积分区域**, $\mathrm{d}\mu$ 称为**积分微元**. 此时, 称函数 $f(P)$ 在 Ω 上是可积的.

若 Ω 为实数轴上的区间, 则该积分就是**定积分**; 若 Ω 为实平面上的区域, 则该积分就是**二重积分**; 若 Ω 为空间区域, 则该积分就是**三重积分**; 若 Ω 为曲线, 则该积分就是**第一型曲线积分(关于弧长的曲线积分)**; 若 Ω 为空间曲面, 则该积分就是**第一型曲面积**

分(关于面积的曲面积分).

当被积函数 $f(P)$ 恰好是 Ω 上点 P 处的密度时, 积分值就是分布在 Ω 上的总质量. 可测集上的连续函数总是可积的.

2. 向量值函数的第一型积分的概念　设 Ω 是一个可测的几何体,

$$A(P) = (A_1(P), A_2(P), \cdots, A_m(P))$$

是定义在 Ω 上的一个函数, 则 $A(P)$ 在 Ω 上的第一型积分定义为

$$I = \int_{\Omega} A(P)\mathrm{d}\mu = \lim_{\lambda \to 0^+} \sum_{i=1}^{n} A(P_i)\mu(\Delta\Omega_i) = \left(\int_{\Omega} A_1(P)\mathrm{d}\mu, \int_{\Omega} A_2(P)\mathrm{d}\mu, \cdots, \int_{\Omega} A_m(P)\mathrm{d}\mu \right).$$

7.2.1.2　柱面坐标

设 $M(x,y,z)$ 为空间中给定的一点, 其在 xOy 平面上的投影点为 $P(x,y,0)$. 以 ρ 表示点 P 到原点 O 的距离, φ 表示从 z 轴正向看向 xOy 平面时, x 轴正半轴沿逆时针方向绕向 $\overrightarrow{OP}$ 所转过的角度, 则除 z 轴上的点以外, 点 M 与有序数组 (ρ,φ,z) 是一一对应的. 因此把有序数组 (ρ,φ,z) 称为点 M 的柱面坐标, 如图 7.2-1 所示. 对于 z 轴上的点 $M(0,0,z)$, 其柱面坐标仍然规定为 $(0,0,z)$. 对应的坐标系就称为**柱面坐标系**. 这里, 我们规定:

$$0 \leqslant \rho < +\infty, \quad -\infty < \varphi < +\infty, \quad -\infty < z < +\infty.$$

柱面坐标系中的坐标面分别为

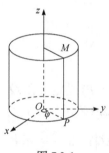

图 7.2-1

$\rho = a \geqslant 0$——以 z 轴为对称轴, 半径为 a 的圆柱面;

$\varphi = \varphi_0$——以 z 轴为边界的半平面;

$z = z_0$——垂直于 z 轴的平面.

如图 7.2-1 所示, 一个点的柱面坐标 (ρ,φ,z) 与空间直角坐标 (x,y,z) 之间的关系如下:

$$\begin{cases} x = \rho\cos\varphi, \\ y = \rho\sin\varphi, \\ z = z, \end{cases} \quad \text{或} \quad \begin{cases} \rho = \sqrt{x^2 + y^2}, \\ \tan\varphi = \dfrac{y}{x}. \end{cases}$$

7.2.1.3　球面坐标

设 $M(x,y,z)$ 为空间中给定的一点, 其在 xOy 平面上的投影点为 $P(x,y,0)$. 以 r 表示点 M 到原点 O 的距离, φ 表示从 z 轴正向看向 xOy 平面时, x 轴正半轴沿逆时针方向绕向 $\overrightarrow{OP}$ 所转过的角度, θ 表示向径 $\overrightarrow{OM}$ 与 z 轴正向的夹角, 则除原点以外, 点 M 与有序数组 (r,θ,φ) 是一一对应的. 因此把有序数组 (r,θ,φ) 称为点 M 的球面坐标, 如图 7.2-2 所示. 并规定原点的球面坐标为 $(0,0,0)$. 对应的坐标系就称为球面坐标系. 这里, 我们规定:

$$0 \leqslant r < +\infty, \quad 0 \leqslant \theta \leqslant \pi, \quad 0 \leqslant \varphi \leqslant 2\pi.$$

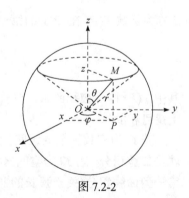

图 7.2-2

球面坐标系中的坐标面分别为

　　$r = R \geqslant 0$——以原点为球心, 半径为 R 的球面;

　　$\varphi = \varphi_0$——以 z 轴为边界的半平面;

　　$\theta = \theta_0$——对称轴为 z 轴的, 顶点在原点, 半顶角为 θ_0 的圆锥面.

如图 7.2-2 所示, 一个点的球面坐标 (r, θ, φ) 与空间直角坐标 (x, y, z) 之间的关系如下:

$$\begin{cases} x = r \sin\theta \cos\varphi, \\ y = r \sin\theta \sin\varphi, \\ z = r \cos\theta, \end{cases} \quad \text{或} \quad \begin{cases} \tan\varphi = \dfrac{y}{x}, \\ r = \sqrt{x^2 + y^2 + z^2}, \\ \cos\theta = \dfrac{z}{\sqrt{x^2 + y^2 + z^2}}. \end{cases}$$

7.2.2　基本理论与方法

7.2.2.1　数量值函数的第一型积分的性质

(1) **线性运算性质**　若函数 $f(P)$ 和 $g(P)$ 在 Ω 上都可积, α 和 β 是两个常数, 则 $\alpha f(P) + \beta g(P)$ 在 Ω 上也可积, 且有

$$\int_{\Omega} [\alpha f(P) + \beta g(P)] \mathrm{d}\mu = \alpha \int_{\Omega} f(P)\mathrm{d}\mu + \beta \int_{\Omega} g(P)\mathrm{d}\mu,$$

即线性运算与积分运算可以交换.

(2) **对区域的可加性**　若区域 Ω 被分割成两块可测区域 Ω_1 和 Ω_2, 且函数 $f(P)$ 在 Ω 上可积, 则函数 $f(P)$ 在 Ω_1 和 Ω_2 上也可积, 且有

$$\int_{\Omega} f(P)\mathrm{d}\mu = \int_{\Omega_1} f(P)\mathrm{d}\mu + \int_{\Omega_2} f(P)\mathrm{d}\mu.$$

(3) **单调性质**　若函数 $f(P)$ 和 $g(P)$ 在 Ω 上都可积, 且在 Ω 上恒有 $f(P) \leqslant g(P)$, 则

$$\int_{\Omega} f(P)\mathrm{d}\mu \leqslant \int_{\Omega} g(P)\mathrm{d}\mu,$$

即在同一个区域上函数越大, 积分值也越大.

　　推论 7.2.2.1　若函数 $f(P)$ 在 Ω 上可积, 则 $|f(P)|$ 在 Ω 上也可积, 且

$$\left| \int_{\Omega} f(P)\mathrm{d}\mu \right| \leqslant \int_{\Omega} |f(P)|\mathrm{d}\mu.$$

　　推论 7.2.2.2 (估值公式)　若函数 $f(P)$ 在 Ω 上可积, 且在 Ω 上恒有 $m \leqslant f(P) \leqslant M$, 则

$$m\mu(\Omega) \leqslant \int_{\Omega} f(P)\mathrm{d}\mu \leqslant M\mu(\Omega).$$

特别地, 若函数 $f(P)$ 在 Ω 上为常值函数, $f(P) \equiv C$, 则有

$$\int_{\Omega} f(P)\mathrm{d}\mu = C\mu(\Omega).$$

　　推论 7.2.2.3 (中值定理)　若函数 $f(P)$ 在有界闭区域 Ω 上连续, $\mu(\Omega)$ 表示 Ω 的测度, 则在 Ω 上至少存在一个点 P_0, 使得

$$\int_{\Omega} f(P)\mathrm{d}\mu = f(P_0)\mu(\Omega),$$

此 $f(P_0)$ 称为函数 $f(P)$ 在有界闭区域 Ω 上的平均值(中值).

7.2.2.2　二重积分的计算方法

1. 在直角坐标系下计算

(1) 若积分区域形如 $D = \left\{(x,y) \mid a \leqslant x \leqslant b, \varphi(x) \leqslant y \leqslant \psi(x)\right\}$ (称为 X -型区域), 则

$$\iint\limits_{D} f(x,y)\mathrm{d}x\mathrm{d}y = \int_a^b \mathrm{d}x \int_{\varphi(x)}^{\psi(x)} f(x,y)\mathrm{d}y.$$

如果上侧边界曲线 $y = \psi(x)$ (或者下侧边界曲线 $y = \varphi(x)$)是分段连续的, 则需要从分段点处作平行于 y 轴的直线把区域分成若干块 X -型区域分别进行积分.

(2) 若积分区域形如 $D = \left\{(x,y) \mid c \leqslant y \leqslant d, \varphi(y) \leqslant x \leqslant \psi(y)\right\}$ (称为 Y -型区域), 则

$$\iint\limits_{D} f(x,y)\mathrm{d}x\mathrm{d}y = \int_c^d \mathrm{d}y \int_{\varphi(y)}^{\psi(y)} f(x,y)\mathrm{d}x.$$

如图 7.2-3 所示. 如果右侧边界曲线 $x = \psi(y)$ (或者左侧边界曲线 $x = \varphi(y)$)是分段连续的, 则需要从分段点处作平行于 x 轴的直线把区域分成若干块 Y -型区域分别进行积分.

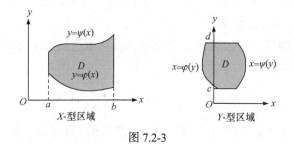

图 7.2-3

2. 在极坐标系下计算二重积分

在极坐标系下, 面积元素为 $\mathrm{d}\sigma = \rho\mathrm{d}\rho\mathrm{d}\varphi$. 因此有

$$\iint\limits_{D} f(x,y)\mathrm{d}x\mathrm{d}y = \iint\limits_{D} f(\rho\cos\varphi, \rho\sin\varphi)\rho\mathrm{d}\rho\mathrm{d}\varphi.$$

一般而言, 形如 $f(x^2 + y^2), f\left(\dfrac{y}{x}\right)$ 或者多项式类型的函数, 采用极坐标进行积分有一定的优势. 对于由圆弧、射线等极坐标方程比较简单的曲线围成的区域采用极坐标计算有一定的优势. 计算二重积分, 要根据被积函数和积分区域两个因素来进行坐标系的选择.

(1) **极点在积分区域 D 外的情形**　此时设想从极点出发的射线沿逆时针旋转时最初碰到区域 D 时对应的射线方程为 $\varphi = \alpha$, 最后碰到区域 D 时对应的射线方程为 $\varphi = \beta$. 同时射线把区域的边界分成两部分, 其中离极点比较近的部分方程为 $\rho = \rho_1(\varphi)$, 离极点比较远的部分方程为 $\rho = \rho_2(\varphi)$, 则积分区域 D 可表示为(图 7.2-4) $D = \{(\rho,\varphi) \mid \alpha \leqslant \varphi \leqslant \beta, \rho_1(\varphi) \leqslant \rho \leqslant \rho_2(\varphi)\}$. 从而有

$$\iint\limits_{D} f(x,y)\mathrm{d}x\mathrm{d}y = \int_{\alpha}^{\beta}\mathrm{d}\varphi\int_{\rho_1(\varphi)}^{\rho_2(\varphi)} f(\rho\cos\varphi,\rho\sin\varphi)\rho\mathrm{d}\rho.$$

(2) **极点在积分区域 D 的边界上的情形**　此时设想从极点出发的射线沿逆时针旋转时最初与区域 D 的边界相切于射线 $\varphi=\alpha$，最后与区域 D 的边界相切于射线 $\varphi=\beta$. 同时区域 D 的边界线方程为 $\rho=\rho(\varphi)$，则积分区域 D 可表示为(图 7.2-5)

$$D = \left\{(\rho,\varphi)\,\middle|\,\alpha\leqslant\varphi\leqslant\beta, 0\leqslant\rho\leqslant\rho(\varphi)\right\}.$$

从而有

$$\iint\limits_{D} f(x,y)\mathrm{d}x\mathrm{d}y = \int_{\alpha}^{\beta}\mathrm{d}\varphi\int_{0}^{\rho(\varphi)} f(\rho\cos\varphi,\rho\sin\varphi)\rho\mathrm{d}\rho.$$

(3) **极点在积分区域 D 内部的情形**　此时从极点出发的射线沿逆时针旋转过程中始终与区域 D 相交, 如果设区域 D 的边界线方程为 $\rho=\rho(\varphi)$，则积分区域 D 可表示为(图 7.2-6)

$$D = \left\{(\rho,\varphi)\,\middle|\,0\leqslant\varphi\leqslant 2\pi, 0\leqslant\rho\leqslant\rho(\varphi)\right\}.$$

从而有

$$\iint\limits_{D} f(x,y)\mathrm{d}x\mathrm{d}y = \int_{0}^{2\pi}\mathrm{d}\varphi\int_{0}^{\rho(\varphi)} f(\rho\cos\varphi,\rho\sin\varphi)\rho\mathrm{d}\rho.$$

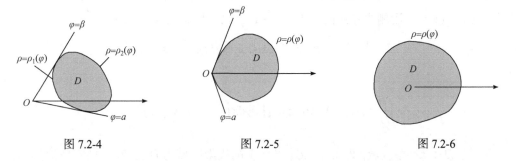

图 7.2-4　　　　　　　　图 7.2-5　　　　　　　　图 7.2-6

当然, 通常遇到的积分区域一般是如上三种特殊形式区域的复合体, 这时应根据具体情况应用积分对区域的可加性作适当的分割处理.

3.* 二重积分的换元积分法

设函数 $f(x,y)$ 在有界闭区域 D 上连续, 映射

$$\Phi: (x,y)\to(u,v)=(u(x,y),v(x,y))$$

把区域 D 一一对应地映射成 uv 平面上的区域 D', 其中函数 $u=u(x,y)$ 与 $v=v(x,y)$ 在 D 上有一阶连续偏导数, 且其逆变换 $x=x(u,v), y=y(u,v)$ 对应的雅可比行列式

$$\frac{\partial(x,y)}{\partial(u,v)} = \begin{vmatrix} \dfrac{\partial x}{\partial u} & \dfrac{\partial x}{\partial v} \\ \dfrac{\partial y}{\partial u} & \dfrac{\partial y}{\partial v} \end{vmatrix} \neq 0, \quad \forall(u,v)\in D',$$

则有换元积分公式

$$\iint\limits_{D} f(x,y)\mathrm{d}x\mathrm{d}y = \iint\limits_{D'} f(x(u,v),y(u,v))\left|\frac{\partial(x,y)}{\partial(u,v)}\right|\mathrm{d}u\mathrm{d}v.$$

7.2.2.3　三重积分的计算方法

三重积分计算的基本思想是转化成三次定积分来计算.

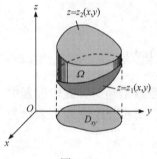

图 7.2-7

1. 在直角坐标系下计算三重积分

设函数 $f(x,y,z)$ 在空间有界闭区域 Ω 上连续.

(1) 先一后二积分法(先做一个定积分, 再做一个二重积分)

① 若 Ω 是 xy -型区域, 即 Ω 在 xOy 平面上的投影区域为 D_{xy}, 且 Ω 的上侧边界曲面方程为 $z = z_2(x,y)$, 下侧边界曲面方程为 $z = z_1(x,y)$, 从而 Ω 可表示为(图 7.2-7)

$$\Omega = \left\{(x,y,z)\middle| z_1(x,y) \leqslant z \leqslant z_2(x,y),(x,y)\in D_{xy}\right\},$$

此时有

$$\iiint\limits_{\Omega} f(x,y,z)\mathrm{d}x\mathrm{d}y\mathrm{d}z = \iint\limits_{D_{xy}}\mathrm{d}x\mathrm{d}y\int_{z_1(x,y)}^{z_2(x,y)} f(x,y,z)\mathrm{d}z.$$

② 若 Ω 是 yz -型区域, 即 Ω 在 yOz 平面上的投影区域为 D_{yz}, 且 Ω 的前侧边界曲面方程为 $x = x_2(y,z)$, 后侧边界曲面方程为 $x = x_1(y,z)$, 从而 Ω 可表示为

$$\Omega = \left\{(x,y,z)\middle| x_1(y,z) \leqslant x \leqslant x_2(y,z),(y,z)\in D_{yz}\right\},$$

此时有

$$\iiint\limits_{\Omega} f(x,y,z)\mathrm{d}x\mathrm{d}y\mathrm{d}z = \iint\limits_{D_{yz}}\mathrm{d}y\mathrm{d}z\int_{x_1(y,z)}^{x_2(y,z)} f(x,y,z)\mathrm{d}x.$$

③ 若 Ω 是 zx -型区域, 即 Ω 在 zOx 平面上的投影区域为 D_{zx}, 且 Ω 的右侧边界曲面方程为 $y = y_2(x,z)$, 左侧边界曲面方程为 $y = y_1(x,z)$, 从而 Ω 可表示为

$$\Omega = \left\{(x,y,z)\middle| y_1(x,z) \leqslant y \leqslant y_2(x,z),(x,z)\in D_{zx}\right\},$$

此时有

$$\iiint\limits_{\Omega} f(x,y,z)\mathrm{d}x\mathrm{d}y\mathrm{d}z = \iint\limits_{D_{zx}}\mathrm{d}z\mathrm{d}x\int_{y_1(x,z)}^{y_2(x,z)} f(x,y,z)\mathrm{d}y.$$

对于较复杂的一般区域, 利用积分对区域的可加性, 可以把区域分割成若干个上述形式的标准区域, 把每个小区域上的积分计算出来并相加即可.

(2) 先二后一积分法(即截面法, 先计算一个二重积分, 再计算一个定积分)

先计算一个截面上的二重积分, 再计算一个截面所分布区间上的定积分.

① 若空间有界闭区域 Ω 介于两个平面 $z = c_1$ 和 $z = c_2$ 之间, 且用过点 $(0,0,z)$

$(c_1 \leqslant z \leqslant c_2)$ 且垂直于 z 轴的平面截区域 Ω 所得的截面二维区域为 D_z (图 7.2-8), 则有

$$\iiint\limits_{\Omega} f(x,y,z)\mathrm{d}x\mathrm{d}y\mathrm{d}z = \int_{c_1}^{c_2} \mathrm{d}z \iint\limits_{D_z} f(x,y,z)\mathrm{d}x\mathrm{d}y$$

(这里把 D_z 看成 xOy 平面上的一个区域). 特别地, 若截面区域 D_z 的面积为 $A(z)$, 则单变量函数 $f(z)$ 在区域 Ω 上的三重积分为

$$\iiint\limits_{\Omega} f(z)\mathrm{d}x\mathrm{d}y\mathrm{d}z = \int_{c_1}^{c_2} \mathrm{d}z \iint\limits_{D_z} f(z)\mathrm{d}x\mathrm{d}y = \int_{c_1}^{c_2} f(z)A(z)\mathrm{d}z.$$

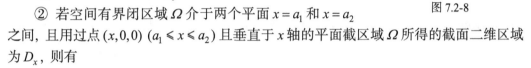

图 7.2-8

②　若空间有界闭区域 Ω 介于两个平面 $x=a_1$ 和 $x=a_2$ 之间, 且用过点 $(x,0,0)$ $(a_1 \leqslant x \leqslant a_2)$ 且垂直于 x 轴的平面截区域 Ω 所得的截面二维区域为 D_x, 则有

$$\iiint\limits_{\Omega} f(x,y,z)\mathrm{d}x\mathrm{d}y\mathrm{d}z = \int_{a_1}^{a_2} \mathrm{d}x \iint\limits_{D_x} f(x,y,z)\mathrm{d}y\mathrm{d}z$$

(这里把 D_x 看成 yOz 平面上的一个区域). 特别地, 若截面区域 D_x 的面积为 $A(x)$, 则单变量函数 $f(x)$ 在区域 Ω 上的三重积分为

$$\iiint\limits_{\Omega} f(x)\mathrm{d}x\mathrm{d}y\mathrm{d}z = \int_{a_1}^{a_2} \mathrm{d}x \iint\limits_{D_x} f(x)\mathrm{d}y\mathrm{d}z = \int_{a_1}^{a_2} f(x)A(x)\mathrm{d}x.$$

③　若空间有界闭区域 Ω 介于两个平面 $y=b_1$ 和 $y=b_2$ 之间, 且用过点 $(0,y,0)$ $(b_1 \leqslant y \leqslant b_2)$ 且垂直于 y 轴的平面截区域 Ω 所得的截面二维区域为 D_y, 则有

$$\iiint\limits_{\Omega} f(x,y,z)\mathrm{d}x\mathrm{d}y\mathrm{d}z = \int_{b_1}^{b_2} \mathrm{d}y \iint\limits_{D_y} f(x,y,z)\mathrm{d}z\mathrm{d}x$$

(这里把 D_y 看成 zOx 平面上的一个区域). 特别地, 若截面区域 D_y 的面积为 $A(y)$, 则单变量函数 $f(y)$ 在区域 Ω 上的三重积分为

$$\iiint\limits_{\Omega} f(y)\mathrm{d}x\mathrm{d}y\mathrm{d}z = \int_{b_1}^{b_2} \mathrm{d}y \iint\limits_{D_y} f(y)\mathrm{d}z\mathrm{d}x = \int_{b_1}^{b_2} f(y)A(y)\mathrm{d}y.$$

2. 在柱面坐标系下计算三重积分

设函数 $f(x,y,z)$ 在有界闭区域 Ω 上连续, 作柱面坐标变换 $\begin{cases} x = \rho\cos\varphi, \\ y = \rho\sin\varphi, \\ z = z. \end{cases}$ 若区域 Ω 在

xOy 平面上的投影区域 D 可用极坐标表示为 $D = \left\{ (\rho,\varphi) \middle| \alpha \leqslant \varphi \leqslant \beta, \rho_1(\varphi) \leqslant \rho \leqslant \rho_2(\varphi) \right\}$, Ω 的下侧边界曲面的柱面坐标方程为 $z = z_1(\rho,\varphi)$, 上侧边界曲面的柱面坐标方程为 $z = z_2(\rho,\varphi)$, 则区域 Ω 可以表示为

$$\Omega = \left\{ (\rho,\varphi,z) \middle| \alpha \leqslant \varphi \leqslant \beta, \rho_1(\varphi) \leqslant \rho \leqslant \rho_2(\varphi), z_1(\rho,\varphi) \leqslant z \leqslant z_2(\rho,\varphi) \right\},$$

从而有

$$\iiint_{\Omega} f(x,y,z)\mathrm{d}x\mathrm{d}y\mathrm{d}z = \int_{\alpha}^{\beta}\mathrm{d}\varphi\int_{\rho_1(\varphi)}^{\rho_2(\varphi)}\rho\mathrm{d}\rho\int_{z_1(\rho,\varphi)}^{z_2(\rho,\varphi)} f(\rho\cos\varphi,\rho\sin\varphi,z)\mathrm{d}z.$$

当然, 这只是用柱面坐标计算三重积分的一种累次积分形式, 也可以转化成其他次序的累次积分来计算. 用柱面坐标计算三重积分, 相当于先从下侧边界曲面到上侧边界曲面关于坐标 z 积分, 然后再利用极坐标在 Ω 关于 xOy 平面上的投影区域 D 上关于 ρ,φ 计算二重积分.

3. 在球面坐标系下计算三重积分

设函数 $f(x,y,z)$ 在有界闭区域 Ω 上连续, 作球面坐标变换 $\begin{cases} x = r\sin\theta\cos\varphi, \\ y = r\sin\theta\sin\varphi, \\ z = r\cos\theta, \end{cases}$ 若区域 Ω 可以表示为

$$\Omega = \left\{(\varphi,\theta,r)\big|\alpha\leqslant\varphi\leqslant\beta,\theta_1(\varphi)\leqslant\theta\leqslant\theta_2(\varphi),r_1(\varphi,\theta)\leqslant r\leqslant r_2(\varphi,\theta)\right\},$$

则有

$$\iiint_{\Omega} f(x,y,z)\mathrm{d}x\mathrm{d}y\mathrm{d}z = \int_{\alpha}^{\beta}\mathrm{d}\varphi\int_{\theta_1(\varphi)}^{\theta_2(\varphi)}\sin\theta\mathrm{d}\theta\int_{r_1(\varphi,\theta)}^{r_2(\varphi,\theta)} f(r\sin\theta\cos\varphi,r\sin\theta\sin\varphi,r\cos\theta)r^2\mathrm{d}r.$$

必须注意这里体积微元之间的关系式: $\mathrm{d}x\mathrm{d}y\mathrm{d}z = r^2\sin\theta\mathrm{d}\varphi\mathrm{d}\theta\mathrm{d}r$. 当然, 这只是用球面坐标计算三重积分的一种累次积分形式, 也可以转化成其他次序的累次积分来计算.

4. 三重积分的一般换元积分法

设函数 $f(x,y,z)$ 在 xyz-空间有界闭区域 Ω 上连续. 若映射

$$\psi : (x,y,z) \to (u,v,w) = (u(x,y,z),v(x,y,z),w(x,y,z))$$

把 Ω 一一地映射成 uvw-空间中的区域 Ω', 其中函数 $u=u(x,y,z),v=v(x,y,z),w=w(x,y,z)$ 在 Ω 上有连续的一阶偏导数, 且其反函数 $x=x(u,v,w),y=y(u,v,w),z=z(u,v,w)$ 对应的雅可比行列式满足

$$\frac{\partial(x,y,z)}{\partial(u,v,w)} = \begin{vmatrix} \dfrac{\partial x}{\partial u} & \dfrac{\partial x}{\partial v} & \dfrac{\partial x}{\partial w} \\ \dfrac{\partial y}{\partial u} & \dfrac{\partial y}{\partial v} & \dfrac{\partial y}{\partial w} \\ \dfrac{\partial z}{\partial u} & \dfrac{\partial z}{\partial v} & \dfrac{\partial z}{\partial w} \end{vmatrix} \neq 0, \quad \forall(u,v,w)\in\Omega',$$

则有

$$\iiint_{\Omega} f(x,y,z)\mathrm{d}x\mathrm{d}y\mathrm{d}z = \iiint_{\Omega'} f(x(u,v,w),y(u,v,w),z(u,v,w))\left|\frac{\partial(x,y,z)}{\partial(u,v,w)}\right|\mathrm{d}u\mathrm{d}v\mathrm{d}w.$$

上述公式称为三重积分的换元积分公式.

7.2.2.4　关于弧长的曲线积分的计算方法

基本方法是给出积分曲线的参数方程, 然后把积分转化为关于参数的定积分.

设函数 $f(x,y,z)$ 在光滑曲线 Γ 上连续, 若曲线 Γ 有参数方程

$$x = x(t), \quad y = y(t), \quad z = z(t) \quad (\alpha \leqslant t \leqslant \beta),$$

其中函数 $x = x(t), y = y(t), z = z(t)$ 在 $[\alpha, \beta]$ 上有连续的一阶偏导数, 则有

$$\int_{\Gamma} f(x,y,z)\mathrm{d}s = \int_{\alpha}^{\beta} f(x(t),y(t),z(t))\sqrt{x'^2(t)+y'^2(t)+z'^2(t)}\,\mathrm{d}t.$$

特别地, 对平面光滑曲线 L 而言,

(1) 若 L 的直角坐标方程为 $y = y(x)(a \leqslant x \leqslant b)$, 则可以把 x 看作参数, 从而有

$$\int_{L} f(x,y)\mathrm{d}s = \int_{a}^{b} f(x,y(x))\sqrt{1+y'^2(x)}\,\mathrm{d}x.$$

(2) 若 L 的直角坐标方程为 $x = x(y)(c \leqslant y \leqslant d)$, 则可以把 y 看作参数, 从而有

$$\int_{L} f(x,y)\mathrm{d}s = \int_{c}^{d} f(x(y),y)\sqrt{1+x'^2(y)}\,\mathrm{d}y.$$

(3) 若 L 的极坐标方程为 $\rho = \rho(\varphi)(\alpha \leqslant \varphi \leqslant \beta)$, 则把 φ 看作参数得到 L 的参数方程

$$\begin{cases} x = \rho(\varphi)\cos\varphi, \\ y = \rho(\varphi)\sin\varphi \end{cases} \quad (\alpha \leqslant \varphi \leqslant \beta),$$

从而有

$$\int_{L} f(x,y)\mathrm{d}s = \int_{\alpha}^{\beta} f(\rho(\varphi)\cos\varphi, \rho(\varphi)\sin\varphi)\sqrt{\rho^2(\varphi)+\rho'^2(\varphi)}\,\mathrm{d}\varphi.$$

因此, 对关于弧长的曲线积分而言, 写出积分曲线的一个好用的参数方程非常重要.

7.2.2.5　关于面积的曲面积分的计算方法

1. 设函数 $f(x,y,z)$ 在光滑曲面 Σ 上连续, 若 Σ 在 xOy 平面上的投影区域为 D_{xy}, 且 Σ 的方程可写成 $z = z(x,y)$, 其中 $z(x,y)$ 在 D_{xy} 上有一阶连续偏导数, 则

$$\iint_{\Sigma} f(x,y,z)\mathrm{d}S = \iint_{D_{xy}} f(x,y,z(x,y))\sqrt{1+z_x^2(x,y)+z_y^2(x,y)}\,\mathrm{d}x\mathrm{d}y.$$

2. 设函数 $f(x,y,z)$ 在光滑曲面 Σ 上连续, 若 Σ 在 yOz 平面上的投影区域为 D_{yz}, 且 Σ 的方程可写成 $x = x(y,z)$, 其中 $x(y,z)$ 在 D_{yz} 上有一阶连续偏导数, 则

$$\iint_{\Sigma} f(x,y,z)\mathrm{d}S = \iint_{D_{yz}} f(x(y,z),y,z)\sqrt{1+x_y^2(y,z)+x_z^2(y,z)}\,\mathrm{d}y\mathrm{d}z.$$

3. 设函数 $f(x,y,z)$ 在光滑曲面 Σ 上连续, 若 Σ 在 zOx 平面上的投影区域为 D_{zx}, 且 Σ 的方程可写成 $y = y(z,x)$, 其中 $y(z,x)$ 在 D_{zx} 上有连续偏导数, 则

$$\iint_{\Sigma} f(x,y,z)\mathrm{d}S = \iint_{D_{zx}} f(x,y(z,x),z)\sqrt{1+y_z^2(z,x)+y_x^2(z,x)}\,\mathrm{d}z\mathrm{d}x.$$

4*. 设函数 $f(x,y,z)$ 在光滑曲面 Σ 上连续, 更一般地, 若 Σ 有二元参数方程

$$x = x(u,v), \quad y = y(u,v), \quad z = z(u,v), \quad (u,v) \in D_{uv},$$

其中函数 $x = x(u,v), y = y(u,v), z = z(u,v)$ 在 D_{uv} 上有连续的一阶偏导数, 且

$$\left(\frac{\partial(y,z)}{\partial(u,v)}, \frac{\partial(z,x)}{\partial(u,v)}, \frac{\partial(x,y)}{\partial(u,v)} \right) \neq \mathbf{0}, \quad \forall (u,v) \in D_{uv},$$

则有

$$\iint\limits_{\Sigma} f(x,y,z)\mathrm{d}S = \iint\limits_{D_{uv}} f(x(u,v),y(u,v),z(u,v)) \sqrt{ \left(\frac{\partial(y,z)}{\partial(u,v)} \right)^2 + \left(\frac{\partial(z,x)}{\partial(u,v)} \right)^2 + \left(\frac{\partial(x,y)}{\partial(u,v)} \right)^2 } \mathrm{d}u\mathrm{d}v.$$

7.2.3　第一型积分的几何应用

一个可测的几何体 Ω 的测度为 $\mu(\Omega) = \displaystyle\int_{\Omega} \mathrm{d}\mu$. 据此可得

(1) 光滑的参数曲线 $\begin{cases} x = x(t), \\ y = y(t), (\alpha \leqslant t \leqslant \beta) \text{ 的长度为 } s = \displaystyle\int_{\alpha}^{\beta} \sqrt{x'^2(t) + y'^2(t) + z'^2(t)}\mathrm{d}t. \\ z = z(t) \end{cases}$

(2) 光滑曲面 $\Sigma : z = z(x,y), (x,y) \in D$ 的面积为 $A = \iint\limits_{\Sigma} \mathrm{d}S = \iint\limits_{D} \sqrt{1 + z_x^2(x,y) + z_y^2(x,y)}\mathrm{d}x\mathrm{d}y.$

光滑曲面 $\Sigma : x = x(y,z), (y,z) \in D$ 的面积为 $A = \iint\limits_{\Sigma} \mathrm{d}S = \iint\limits_{D} \sqrt{1 + x_y^2(y,z) + x_z^2(y,z)}\mathrm{d}y\mathrm{d}z.$

光滑曲面 $\Sigma : y = y(z,x), (z,x) \in D$ 的面积为 $A = \iint\limits_{\Sigma} \mathrm{d}S = \iint\limits_{D} \sqrt{1 + y_z^2(z,x) + y_x^2(z,x)}\mathrm{d}z\mathrm{d}x.$

光滑参数曲面 $\Sigma : x = x(u,v), y = y(u,v), z = z(u,v), (u,v) \in D$ 的面积为

$$A = \iint\limits_{\Sigma} \mathrm{d}S = \iint\limits_{D} \sqrt{ \left(\frac{\partial(y,z)}{\partial(u,v)} \right)^2 + \left(\frac{\partial(z,x)}{\partial(u,v)} \right)^2 + \left(\frac{\partial(x,y)}{\partial(u,v)} \right)^2 } \mathrm{d}u\mathrm{d}v.$$

特别地, 平面图形 $D = \left\{ (x,y) \big| a \leqslant x \leqslant b, \varphi(x) \leqslant y \leqslant \psi(x) \right\}$ 的面积为

$$A = \iint\limits_{D} \mathrm{d}x\mathrm{d}y = \int_{a}^{b} \mathrm{d}x \int_{\varphi(x)}^{\psi(x)} \mathrm{d}y = \int_{a}^{b} [\psi(x) - \varphi(x)]\mathrm{d}x.$$

(3) 空间区域 Ω 的体积为 $V = \iiint\limits_{\Omega} \mathrm{d}x\mathrm{d}y\mathrm{d}z.$

特别地, $\Omega = \left\{ (x,y,z) \big| z_1(x,y) \leqslant z \leqslant z_2(x,y), (x,y) \in D_{xy} \right\}$ 的体积为

$$V = \iiint\limits_{\Omega} \mathrm{d}x\mathrm{d}y\mathrm{d}z = \iint\limits_{D_{xy}} [z_2(x,y) - z_1(x,y)]\mathrm{d}x\mathrm{d}y.$$

$\Omega = \left\{ (x,y,z) \big| x_1(y,z) \leqslant x \leqslant x_2(y,z), (y,z) \in D_{yz} \right\}$ 的体积为

$$V = \iiint\limits_{\Omega} \mathrm{d}x\mathrm{d}y\mathrm{d}z = \iint\limits_{D_{yz}} [x_2(y,z) - x_1(y,z)]\mathrm{d}y\mathrm{d}z.$$

$\Omega = \left\{ (x,y,z) \big| y_1(z,x) \leqslant y \leqslant y_2(z,x), (z,x) \in D_{zx} \right\}$ 的体积为

$$V = \iiint\limits_{\Omega} \mathrm{d}x\mathrm{d}y\mathrm{d}z = \iint\limits_{D_{zx}} [y_2(z,x) - y_1(z,x)]\mathrm{d}z\mathrm{d}x.$$

7.2.4　第一型积分的物理应用

1. **质量**　密度函数在分布区域上关于测度积分就是分布在该区域上的总质量. 具体而言,

(1) 分布在光滑曲线 Γ 上, 线密度为 $\rho(x,y,z)$ 的线型物体的质量为 $m = \int_{\Gamma} \rho(x,y,z)\mathrm{d}s$.

(2) 分布在光滑曲面 Σ 上, 面密度为 $\rho(x,y,z)$ 的曲面型物体的质量为 $m = \iint\limits_{\Sigma} \rho(x,y,z)\mathrm{d}S$. 特别地, 分布在平面区域 D 上, 面密度为 $\rho(x,y)$ 的片状物体的质量为 $m = \iint\limits_{D} \rho(x,y)\mathrm{d}x\mathrm{d}y$.

(3) 分布在空间区域 Ω 上, 体密度为 $\rho(x,y,z)$ 的块状物体的质量为 $m = \iiint\limits_{\Omega} \rho(x,y,z)\mathrm{d}x\mathrm{d}y\mathrm{d}z$.

2. **转动惯量**　分布在可测几何体 Ω 上, 密度函数为 $\rho(x,y,z)$ 的物体绕直线(或点) L 作刚性旋转所产生的转动惯量为

$$I_L = \int_{\Omega} k^2(x,y,z)\rho(x,y,z)\mathrm{d}\mu,$$

其中 $k(x,y,z)$ 表示点 (x,y,z) 到 L 的距离. 特别地,

绕 x 轴旋转的转动惯量为 $I_x = \int_{\Omega} (y^2 + z^2)\rho(x,y,z)\mathrm{d}\mu$.

绕 y 轴旋转的转动惯量为 $I_y = \int_{\Omega} (x^2 + z^2)\rho(x,y,z)\mathrm{d}\mu$.

绕 z 轴旋转的转动惯量为 $I_z = \int_{\Omega} (x^2 + y^2)\rho(x,y,z)\mathrm{d}\mu$.

绕原点 O 旋转的转动惯量为 $I_O = \int_{\Omega} (x^2 + y^2 + z^2)\rho(x,y,z)\mathrm{d}\mu$.

3. **质心坐标与形心坐标**

分布在可测几何体 Ω 上, 密度函数为 $\rho(x,y,z)$ 的物体的质心 $(\bar{x}, \bar{y}, \bar{z})$ 坐标依次为

$$\bar{x} = \frac{\int_{\Omega} x\rho(x,y,z)\mathrm{d}\mu}{\int_{\Omega} \rho(x,y,z)\mathrm{d}\mu}, \quad \bar{y} = \frac{\int_{\Omega} y\rho(x,y,z)\mathrm{d}\mu}{\int_{\Omega} \rho(x,y,z)\mathrm{d}\mu}, \quad \bar{z} = \frac{\int_{\Omega} z\rho(x,y,z)\mathrm{d}\mu}{\int_{\Omega} \rho(x,y,z)\mathrm{d}\mu}.$$

当 $\rho(x,y,z)$ 为常数时, 质心也称为形心, 即图形的中心(如果分布在平面可测几何体上, 把密度函数改成 $\rho(x,y)$ 即可).

值得注意的是, 这个公式可以以下列方式用于一次函数的积分计算(若质心 $(\bar{x}, \bar{y}, \bar{z})$ 已知, 测度 $\mu(\Omega)$ 易求)

$$\int_{\Omega}(ax+by+cz+d)\mathrm{d}\mu = (a\bar{x}+b\bar{y}+c\bar{z}+d)\int_{\Omega}\mathrm{d}\mu = (a\bar{x}+b\bar{y}+c\bar{z}+d)\mu(\Omega).$$

4*. 引力

分布在可测几何体 Ω 上, 密度函数为 $\rho(x,y,z)$ 的物体对位于 (x_0, y_0, z_0) 且质量为 m 的质点的引力在三个坐标轴方向上的分力依次为

$$F_x = \int_{\Omega}\frac{Gm\rho(x,y,z)(x-x_0)}{(\sqrt{(x-x_0)^2+(y-y_0)^2+(z-z_0)^2})^3}\mathrm{d}\mu,$$

$$F_y = \int_{\Omega}\frac{Gm\rho(x,y,z)(y-y_0)}{(\sqrt{(x-x_0)^2+(y-y_0)^2+(z-z_0)^2})^3}\mathrm{d}\mu,$$

$$F_z = \int_{\Omega}\frac{Gm\rho(x,y,z)(z-z_0)}{(\sqrt{(x-x_0)^2+(y-y_0)^2+(z-z_0)^2})^3}\mathrm{d}\mu,$$

其中 G 为引力系数. 因此, 该物体对质点所产生的引力为 $\boldsymbol{F}=(F_x, F_y, F_z)$.

7.3　扩展与提高

7.3.1　第一型积分中的对称性

7.3.1.1　第一型积分中对称性的基本结论

设 Ω 表示一个积分区域(Ω 可以是一个区间、一个平面区域、一个空间区域, 也可以是一条分段光滑曲线或者一块分片光滑曲面), $f(P)$ 表示定义在 Ω 上的一个可积函数(其中 $P\in\Omega$), $f(P)$ 在 Ω 上关于测度的积分记为 $\int_{\Omega}f(P)\mathrm{d}\mu$. 而 π 表示一个几何体(可以是点、直线, 或者平面), 点 P 关于 π 的对称点记为 P'. 则有如下的定理.

定理 7.3.1.1　设区域 Ω 关于 π 对称, 并被分割成关于 π 对称的、没有公共内部的两个部分 Ω_1 和 Ω_2 的并集. 函数 $f(P)$ 是 Ω 上的一个可积函数, 则有

$$\int_{\Omega_1}f(P)\mathrm{d}\mu = \int_{\Omega_2}f(P')\mathrm{d}\mu, \quad \int_{\Omega_2}f(P)\mathrm{d}\mu = \int_{\Omega_1}f(P')\mathrm{d}v.$$

从而有

$$\int_{\Omega}f(P)\mathrm{d}\mu = \int_{\Omega}f(P')\mathrm{d}\mu,$$

也有

$$\int_{\Omega}f(P)\mathrm{d}\mu = \int_{\Omega_1}[f(P)+f(P')]\mathrm{d}\mu = \int_{\Omega_2}[f(P)+f(P')]\mathrm{d}\mu.$$

证明　由于 Ω_1 和 Ω_2 是关于 π 对称的两个区域, 且 $\Omega=\Omega_1\cup\Omega_2$, 因此当 $f(P)$ 在 Ω

上可积时, $f(P)$ 在 Ω_1 上和 Ω_2 上必定也可积. 现在对 Ω_1 和 Ω_2 作关于 π 对称的分割, 即 Ω_1 被分割成 n 个小区域 $\Delta\Omega_i(i=1,2,\cdots,n)$ 时, Ω_2 相应地被分割成 n 个小区域 $\Delta\Omega_i'(i=1,2,\cdots,n)$, 其中 $\Delta\Omega_i$ 与 $\Delta\Omega_i'$ 关于 π 对称(这里 $i=1,2,\cdots,n$). 下面我们仍然用符号 $\Delta\Omega_i$ 与 $\Delta\Omega_i'$ 表示该小区域的几何测度. 在每个对应的小区域 $\Delta\Omega_i$ 与 $\Delta\Omega_i'$ 上分别取关于 π 对称的点 $P_i\in\Delta\Omega_i$ 与 $P_i'\in\Delta\Omega_i'$. 这样给出的函数 $f(P)$ 在 Ω_1 上和 Ω_2 上的积分和分别为

$$\Omega_1:\sum_{i=1}^n f(P_i)\Delta\Omega_i \quad 和 \quad \Omega_2:\sum_{i=1}^n f(P_i')\Delta\Omega_i'.$$

由于在几何测度上 $\Delta\Omega_i=\Delta\Omega_i'(i=1,2,\cdots,n)$, 且 $(P_i')'=P_i$, 因此 $f(P)$ 在 Ω_1 上的积分和在数值上恰好等于 $f(P')$ 在 Ω_2 上对应的积分和! 因此, 利用可积性, 取分割无限加细的极限即可得到

$$\int_{\Omega_1}f(P)\mathrm{d}\mu=\int_{\Omega_2}f(P')\mathrm{d}\mu.$$

同理可得

$$\int_{\Omega_2}f(P)\mathrm{d}\mu=\int_{\Omega_1}f(P')\mathrm{d}\mu.$$

于是有

$$\int_\Omega f(P)\mathrm{d}\mu=\int_{\Omega_1}f(P)\mathrm{d}\mu+\int_{\Omega_2}f(P)\mathrm{d}\mu=\int_{\Omega_2}f(P')\mathrm{d}\mu+\int_{\Omega_1}f(P')\mathrm{d}\mu=\int_\Omega f(P')\mathrm{d}\mu,$$

$$\int_\Omega f(P)\mathrm{d}\mu=\int_{\Omega_1}f(P)\mathrm{d}\mu+\int_{\Omega_2}f(P)\mathrm{d}\mu=\int_{\Omega_1}f(P)\mathrm{d}\mu+\int_{\Omega_1}f(P')\mathrm{d}\mu=\int_{\Omega_1}[f(P)+f(P')]\mathrm{d}\mu,$$

$$\int_\Omega f(P)\mathrm{d}\mu=\int_{\Omega_1}f(P)\mathrm{d}\mu+\int_{\Omega_2}f(P)\mathrm{d}\mu=\int_{\Omega_2}f(P')\mathrm{d}\mu+\int_{\Omega_2}f(P)\mathrm{d}\mu=\int_{\Omega_2}[f(P)+f(P')]\mathrm{d}\mu.\blacksquare$$

由此定理, 我们可以轻松地得到如下一系列重要推论:

推论 7.3.1.1 设区域 Ω 关于 π 对称, 并被分割成关于 π 对称的、没有公共内部的两个部分 Ω_1 和 Ω_2 的并集. 函数 $f(P)$ 是 Ω 上的一个可积函数, 则有

(1) 若 $\forall P\in\Omega, f(P')=-f(P)$, 则 $\int_{\Omega_1}f(P)\mathrm{d}\mu=-\int_{\Omega_2}f(P)\mathrm{d}\mu$, 从而 $\int_\Omega f(P)\mathrm{d}\mu=0$.

(2) 若 $\forall P\in\Omega, f(P')=f(P)$, 则 $\int_{\Omega_1}f(P)\mathrm{d}\mu=\int_{\Omega_2}f(P)\mathrm{d}\mu$, 从而

$$\int_\Omega f(P)\mathrm{d}\mu=2\int_{\Omega_1}f(P)\mathrm{d}\mu.\blacksquare$$

这相当于奇偶函数在对称区间上的积分性质的推广形式.

具体到每一种积分, 有如下一些常用的结论.

1. **定积分情形** (1) 若函数 $f(x)$ 在 $[-a,a](a>0)$ 上可积, 则 $\int_{-a}^a f(x)\mathrm{d}x=\int_0^a[f(x)+f(-x)]\mathrm{d}x$, 特别地,

① 若 $f(x)$ 是奇函数, 则 $\int_{-a}^a f(x)\mathrm{d}x=0$.

② 若 $f(x)$ 是偶函数, 则 $\int_{-a}^{a} f(x)\mathrm{d}x = 2\int_{0}^{a} f(x)\mathrm{d}x$.

(2) 若函数 $f(x)$ 在 $[a,b](a<b)$ 上可积, 则 $\int_{a}^{b} f(x)\mathrm{d}x = \int_{a}^{b} f(a+b-x)\mathrm{d}x$.

2. 二重积分情形　若平面区域 D 关于点(或直线) L 对称, 并被 L 分成关于 L 对称的两部分 D_1 和 D_2, 点 (x,y) 关于 L 的对称点记为 (x',y'), $f(x,y)$ 是 D 上的可积函数, 则

$$\iint_{D_1} f(x,y)\mathrm{d}x\mathrm{d}y = \iint_{D_2} f(x',y')\mathrm{d}x\mathrm{d}y, \quad \iint_{D_2} f(x,y)\mathrm{d}x\mathrm{d}y = \iint_{D_1} f(x',y')\mathrm{d}x\mathrm{d}y.$$

从而有

$$\iint_{D} f(x,y)\mathrm{d}x\mathrm{d}y = \iint_{D} f(x',y')\mathrm{d}x\mathrm{d}y.$$

还有

$$\iint_{D} f(x,y)\mathrm{d}x\mathrm{d}y = \iint_{D_1} [f(x,y)+f(x',y')]\mathrm{d}x\mathrm{d}y = \iint_{D_2} [f(x,y)+f(x',y')]\mathrm{d}x\mathrm{d}y.$$

特别地, 有如下结果.

(1) 若平面区域 D 关于 x 轴对称, 并被分成关于 x 轴对称的两部分 D_1 和 D_2, 则

$$\iint_{D_1} f(x,y)\mathrm{d}x\mathrm{d}y = \iint_{D_2} f(x,-y)\mathrm{d}x\mathrm{d}y, \quad \iint_{D_2} f(x,y)\mathrm{d}x\mathrm{d}y = \iint_{D_1} f(x,-y)\mathrm{d}x\mathrm{d}y.$$

从而有

$$\iint_{D} f(x,y)\mathrm{d}x\mathrm{d}y = \iint_{D} f(x,-y)\mathrm{d}x\mathrm{d}y = \iint_{D_1} [f(x,y)+f(x,-y)]\mathrm{d}x\mathrm{d}y = \iint_{D_2} [f(x,y)+f(x,-y)]\mathrm{d}x\mathrm{d}y.$$

如果 $\forall (x,y) \in D, f(x,y) = -f(x,-y)$ (此 时 称 $f(x,y)$ 是 y 的 奇 函 数), 则 $\iint_{D} f(x,y)\mathrm{d}x\mathrm{d}y = 0$.

如果 $\forall (x,y) \in D, f(x,y) = f(x,-y)$ (此时称 $f(x,y)$ 是 y 的偶函数), 则

$$\iint_{D} f(x,y)\mathrm{d}x\mathrm{d}y = 2\iint_{D_1} f(x,y)\mathrm{d}x\mathrm{d}y.$$

(2) 若平面区域 D 关于 y 轴对称, 并被分成关于 y 轴对称的两部分 D_1 和 D_2, 则

$$\iint_{D_1} f(x,y)\mathrm{d}x\mathrm{d}y = \iint_{D_2} f(-x,y)\mathrm{d}x\mathrm{d}y, \quad \iint_{D_2} f(x,y)\mathrm{d}x\mathrm{d}y = \iint_{D_1} f(-x,y)\mathrm{d}x\mathrm{d}y.$$

从而有

$$\iint_{D} f(x,y)\mathrm{d}x\mathrm{d}y = \iint_{D} f(-x,y)\mathrm{d}x\mathrm{d}y = \iint_{D_1} [f(x,y)+f(-x,y)]\mathrm{d}x\mathrm{d}y = \iint_{D_2} [f(x,y)+f(-x,y)]\mathrm{d}x\mathrm{d}y.$$

如果 $\forall (x,y) \in D, f(x,y) = -f(-x,y)$ (此时称 $f(x,y)$ 是 x 的奇函数), 则 $\iint_{D} f(x,y)\mathrm{d}x\mathrm{d}y = 0$.

如果 $\forall (x,y) \in D, f(x,y) = f(-x,y)$ (此时称 $f(x,y)$ 是 x 的偶函数), 则

$$\iint\limits_{D} f(x,y)\mathrm{d}x\mathrm{d}y = 2\iint\limits_{D_1} f(x,y)\mathrm{d}x\mathrm{d}y.$$

(3) 若平面区域 D 关于直线 $x=y$ 对称, 并被分成关于该直线对称的两部分 D_1 和 D_2, 则

$$\iint\limits_{D_1} f(x,y)\mathrm{d}x\mathrm{d}y = \iint\limits_{D_2} f(y,x)\mathrm{d}x\mathrm{d}y ,\qquad \iint\limits_{D_2} f(x,y)\mathrm{d}x\mathrm{d}y = \iint\limits_{D_1} f(y,x)\mathrm{d}x\mathrm{d}y.$$

从而有

$$\iint\limits_{D} f(x,y)\mathrm{d}x\mathrm{d}y = \iint\limits_{D} f(y,x)\mathrm{d}x\mathrm{d}y = \iint\limits_{D_1}[f(x,y)+f(y,x)]\mathrm{d}x\mathrm{d}y = \iint\limits_{D_2}[f(x,y)+f(y,x)]\mathrm{d}x\mathrm{d}y.$$

如果 $\forall(x,y)\in D, f(x,y)=-f(y,x)$, 则 $\displaystyle\iint\limits_{D} f(x,y)\mathrm{d}x\mathrm{d}y = 0.$

如果 $\forall(x,y)\in D, f(x,y)=f(y,x)$, 则 $\displaystyle\iint\limits_{D} f(x,y)\mathrm{d}x\mathrm{d}y = 2\iint\limits_{D_1} f(x,y)\mathrm{d}x\mathrm{d}y.$

(4) 若平面区域 D 关于原点 O 对称, 并被分成关于原点对称的两部分 D_1 和 D_2, 则

$$\iint\limits_{D_1} f(x,y)\mathrm{d}x\mathrm{d}y = \iint\limits_{D_2} f(-x,-y)\mathrm{d}x\mathrm{d}y ,\qquad \iint\limits_{D_2} f(x,y)\mathrm{d}x\mathrm{d}y = \iint\limits_{D_1} f(-x,-y)\mathrm{d}x\mathrm{d}y,$$

从而有

$$\iint\limits_{D} f(x,y)\mathrm{d}x\mathrm{d}y = \iint\limits_{D} f(-x,-y)\mathrm{d}x\mathrm{d}y = \iint\limits_{D_1}[f(x,y)+f(-x,-y)]\mathrm{d}x\mathrm{d}y$$

$$= \iint\limits_{D_2}[f(x,y)+f(-x,-y)]\mathrm{d}x\mathrm{d}y.$$

如果 $\forall(x,y)\in D, f(x,y)=-f(-x,-y)$, 则 $\displaystyle\iint\limits_{D} f(x,y)\mathrm{d}x\mathrm{d}y = 0.$

如果 $\forall(x,y)\in D, f(x,y)=f(-x,-y)$, 则 $\displaystyle\iint\limits_{D} f(x,y)\mathrm{d}x\mathrm{d}y = 2\iint\limits_{D_1} f(x,y)\mathrm{d}x\mathrm{d}y.$

3. 三重积分情形　设空间区域 Ω 关于 π (可以是点、直线或者平面)对称, 并被分割成关于 π 对称的两个部分 Ω_1 和 Ω_2. 点 (x,y,z) 关于 π 的对称点记为 (x',y',z'), 函数 $f(x,y,z)$ 是 Ω 上的可积函数, 则

$$\iiint\limits_{\Omega_1} f(x,y,z)\mathrm{d}x\mathrm{d}y\mathrm{d}z = \iiint\limits_{\Omega_2} f(x',y',z')\mathrm{d}x\mathrm{d}y\mathrm{d}z ,\qquad \iiint\limits_{\Omega_2} f(x,y,z)\mathrm{d}x\mathrm{d}y\mathrm{d}z = \iiint\limits_{\Omega_1} f(x',y',z')\mathrm{d}x\mathrm{d}y\mathrm{d}z.$$

从而

$$\iiint\limits_{\Omega} f(x,y,z)\mathrm{d}x\mathrm{d}y\mathrm{d}z = \iiint\limits_{\Omega} f(x',y',z')\mathrm{d}x\mathrm{d}y\mathrm{d}z = \iiint\limits_{\Omega_1}[f(x,y,z)+f(x',y',z')]\mathrm{d}x\mathrm{d}y\mathrm{d}z$$

$$= \iiint\limits_{\Omega_2}[f(x,y,z)+f(x',y',z')]\mathrm{d}x\mathrm{d}y\mathrm{d}z.$$

特别地, 有如下结论.

(1) 若区域 Ω 关于 xOy 平面对称, 并被分割成关于 xOy 面对称的两个部分 Ω_1 和 Ω_2. 则

$$\iiint_\Omega f(x,y,z)\mathrm{d}x\mathrm{d}y\mathrm{d}z = \iiint_{\Omega_2} f(x,y,-z)\mathrm{d}x\mathrm{d}y\mathrm{d}z, \quad \iiint_{\Omega_2} f(x,y,z)\mathrm{d}x\mathrm{d}y\mathrm{d}z = \iiint_{\Omega_1} f(x,y,-z)\mathrm{d}x\mathrm{d}y\mathrm{d}z.$$

从而

$$\iiint_\Omega f(x,y,z)\mathrm{d}x\mathrm{d}y\mathrm{d}z = \iiint_\Omega f(x,y,-z)\mathrm{d}x\mathrm{d}y\mathrm{d}z = \iiint_{\Omega_1}[f(x,y,z)+f(x,y,-z)]\mathrm{d}x\mathrm{d}y\mathrm{d}z$$

$$= \iiint_{\Omega_2}[f(x,y,z)+f(x,y,-z)]\mathrm{d}x\mathrm{d}y\mathrm{d}z.$$

如果 $\forall(x,y,z)\in\Omega, f(x,y,z)=-f(x,y,-z)$, 则 $\iiint_\Omega f(x,y,z)\mathrm{d}x\mathrm{d}y\mathrm{d}z=0$.

如果 $\forall(x,y,z)\in\Omega, f(x,y,z)=f(x,y,-z)$, 则 $\iiint_\Omega f(x,y,z)\mathrm{d}x\mathrm{d}y\mathrm{d}z=2\iiint_{\Omega_1} f(x,y,z)\mathrm{d}x\mathrm{d}y\mathrm{d}z$.

(2) 若区域 Ω 关于 yOz 平面对称, 并被分割成关于 yOz 面对称的两个部分 Ω_1 和 Ω_2. 则

$$\iiint_\Omega f(x,y,z)\mathrm{d}x\mathrm{d}y\mathrm{d}z = \iiint_{\Omega_2} f(-x,y,z)\mathrm{d}x\mathrm{d}y\mathrm{d}z, \quad \iiint_{\Omega_2} f(x,y,z)\mathrm{d}x\mathrm{d}y\mathrm{d}z = \iiint_{\Omega_1} f(-x,y,z)\mathrm{d}x\mathrm{d}y\mathrm{d}z.$$

从而

$$\iiint_\Omega f(x,y,z)\mathrm{d}x\mathrm{d}y\mathrm{d}z = \iiint_\Omega f(-x,y,z)\mathrm{d}x\mathrm{d}y\mathrm{d}z = \iiint_{\Omega_1}[f(x,y,z)+f(-x,y,z)]\mathrm{d}x\mathrm{d}y\mathrm{d}z.$$

如果 $\forall(x,y,z)\in\Omega, f(x,y,z)=-f(-x,y,z)$, 则 $\iiint_\Omega f(x,y,z)\mathrm{d}x\mathrm{d}y\mathrm{d}z=0$.

如果 $\forall(x,y,z)\in\Omega, f(x,y,z)=f(-x,y,z)$, 则 $\iiint_\Omega f(x,y,z)\mathrm{d}x\mathrm{d}y\mathrm{d}z=2\iiint_{\Omega_1} f(x,y,z)\mathrm{d}x\mathrm{d}y\mathrm{d}z$.

(3) 若区域 Ω 关于 zOx 平面对称, 并被分割成关于 zOx 面对称的两个部分 Ω_1 和 Ω_2. 则

$$\iiint_\Omega f(x,y,z)\mathrm{d}x\mathrm{d}y\mathrm{d}z = \iiint_{\Omega_2} f(x,-y,z)\mathrm{d}x\mathrm{d}y\mathrm{d}z, \quad \iiint_{\Omega_2} f(x,y,z)\mathrm{d}x\mathrm{d}y\mathrm{d}z = \iiint_{\Omega_1} f(x,-y,z)\mathrm{d}x\mathrm{d}y\mathrm{d}z.$$

从而

$$\iiint_\Omega f(x,y,z)\mathrm{d}x\mathrm{d}y\mathrm{d}z = \iiint_\Omega f(x,-y,z)\mathrm{d}x\mathrm{d}y\mathrm{d}z = \iiint_{\Omega_1}[f(x,y,z)+f(x,-y,z)]\mathrm{d}x\mathrm{d}y\mathrm{d}z.$$

如果 $\forall(x,y,z)\in\Omega, f(x,y,z)=-f(x,-y,z)$, 则 $\iiint_\Omega f(x,y,z)\mathrm{d}x\mathrm{d}y\mathrm{d}z=0$.

如果 $\forall(x,y,z)\in\Omega, f(x,y,z)=f(x,-y,z)$, 则 $\iiint_\Omega f(x,y,z)\mathrm{d}x\mathrm{d}y\mathrm{d}z=2\iiint_{\Omega_1} f(x,y,z)\mathrm{d}x\mathrm{d}y\mathrm{d}z$.

(4) 若区域 Ω 关于原点 O 对称, 并被分割成关于 O 对称的两个部分 Ω_1 和 Ω_2. 则

$$\iiint_\Omega f(x,y,z)\mathrm{d}x\mathrm{d}y\mathrm{d}z = \iiint_{\Omega_2} f(-x,-y,-z)\mathrm{d}x\mathrm{d}y\mathrm{d}z, \quad \iiint_{\Omega_2} f(x,y,z)\mathrm{d}x\mathrm{d}y\mathrm{d}z = \iiint_{\Omega_1} f(-x,-y,-z)\mathrm{d}x\mathrm{d}y\mathrm{d}z.$$

从而

$$\iiint\limits_{\Omega} f(x,y,z)\mathrm{d}x\mathrm{d}y\mathrm{d}z = \iiint\limits_{\Omega} f(-x,-y,-z)\mathrm{d}x\mathrm{d}y\mathrm{d}z = \iiint\limits_{\Omega_1}[f(x,y,z)+f(-x,-y,-z)]\mathrm{d}x\mathrm{d}y\mathrm{d}z.$$

如果 $\forall(x,y,z)\in\Omega, f(x,y,z)=-f(-x,-y,-z)$，则 $\iiint\limits_{\Omega} f(x,y,z)\mathrm{d}x\mathrm{d}y\mathrm{d}z = 0.$

如果 $\forall(x,y,z)\in\Omega, f(x,y,z)=f(-x,-y,-z)$，则 $\iiint\limits_{\Omega} f(x,y,z)\mathrm{d}x\mathrm{d}y\mathrm{d}z =2\iiint\limits_{\Omega_1} f(x,y,z)\mathrm{d}x\mathrm{d}y\mathrm{d}z.$

(5) 若区域 Ω 关于平面 $x=y$ 对称，并被分割成关于平面 $x=y$ 对称的两个部分 Ω_1 和 Ω_2．则

$$\iiint\limits_{\Omega_1} f(x,y,z)\mathrm{d}x\mathrm{d}y\mathrm{d}z = \iiint\limits_{\Omega_2} f(y,x,z)\mathrm{d}x\mathrm{d}y\mathrm{d}z , \qquad \iiint\limits_{\Omega_2} f(x,y,z)\mathrm{d}x\mathrm{d}y\mathrm{d}z = \iiint\limits_{\Omega_1} f(y,x,z)\mathrm{d}x\mathrm{d}y\mathrm{d}z.$$

从而

$$\iiint\limits_{\Omega} f(x,y,z)\mathrm{d}x\mathrm{d}y\mathrm{d}z = \iiint\limits_{\Omega} f(y,x,z)\mathrm{d}x\mathrm{d}y\mathrm{d}z = \iiint\limits_{\Omega_1}[f(x,y,z)+f(y,x,z)]\mathrm{d}x\mathrm{d}y\mathrm{d}z.$$

如果 $\forall(x,y,z)\in\Omega, f(x,y,z)=-f(y,x,z)$，则 $\iiint\limits_{\Omega} f(x,y,z)\mathrm{d}x\mathrm{d}y\mathrm{d}z = 0.$

如果 $\forall(x,y,z)\in\Omega, f(x,y,z)=f(y,x,z)$，则 $\iiint\limits_{\Omega} f(x,y,z)\mathrm{d}x\mathrm{d}y\mathrm{d}z =2\iiint\limits_{\Omega_1} f(x,y,z)\mathrm{d}x\mathrm{d}y\mathrm{d}z.$

(6) 若区域 Ω 关于平面 $y=z$ 对称，并被分割成关于平面 $y=z$ 对称的两个部分 Ω_1 和 Ω_2．则

$$\iiint\limits_{\Omega_1} f(x,y,z)\mathrm{d}x\mathrm{d}y\mathrm{d}z = \iiint\limits_{\Omega_2} f(x,z,y)\mathrm{d}x\mathrm{d}y\mathrm{d}z , \qquad \iiint\limits_{\Omega_2} f(x,y,z)\mathrm{d}x\mathrm{d}y\mathrm{d}z = \iiint\limits_{\Omega_1} f(x,z,y)\mathrm{d}x\mathrm{d}y\mathrm{d}z.$$

从而

$$\iiint\limits_{\Omega} f(x,y,z)\mathrm{d}x\mathrm{d}y\mathrm{d}z = \iiint\limits_{\Omega} f(x,z,y)\mathrm{d}x\mathrm{d}y\mathrm{d}z = \iiint\limits_{\Omega_1}[f(x,y,z)+f(x,z,y)]\mathrm{d}x\mathrm{d}y\mathrm{d}z.$$

如果 $\forall(x,y,z)\in\Omega, f(x,y,z)=-f(x,z,y)$，则 $\iiint\limits_{\Omega} f(x,y,z)\mathrm{d}x\mathrm{d}y\mathrm{d}z = 0.$

如果 $\forall(x,y,z)\in\Omega, f(x,y,z)=f(x,z,y)$，则 $\iiint\limits_{\Omega} f(x,y,z)\mathrm{d}x\mathrm{d}y\mathrm{d}z =2\iiint\limits_{\Omega_1} f(x,y,z)\mathrm{d}x\mathrm{d}y\mathrm{d}z.$

(7) 若区域 Ω 关于平面 $z=x$ 对称，并被分割成关于平面 $z=x$ 对称的两个部分 Ω_1 和 Ω_2．则

$$\iiint\limits_{\Omega_1} f(x,y,z)\mathrm{d}x\mathrm{d}y\mathrm{d}z = \iiint\limits_{\Omega_2} f(z,y,x)\mathrm{d}x\mathrm{d}y\mathrm{d}z , \qquad \iiint\limits_{\Omega_2} f(x,y,z)\mathrm{d}x\mathrm{d}y\mathrm{d}z = \iiint\limits_{\Omega_1} f(z,y,x)\mathrm{d}x\mathrm{d}y\mathrm{d}z.$$

从而

$$\iiint\limits_{\Omega} f(x,y,z)\mathrm{d}x\mathrm{d}y\mathrm{d}z = \iiint\limits_{\Omega} f(z,y,x)\mathrm{d}x\mathrm{d}y\mathrm{d}z = \iiint\limits_{\Omega_1}[f(x,y,z)+f(z,y,x)]\mathrm{d}x\mathrm{d}y\mathrm{d}z.$$

如果 $\forall (x,y,z) \in \Omega, f(x,y,z) = -f(z,y,x)$ ，则 $\iiint\limits_{\Omega} f(x,y,z)\mathrm{d}x\mathrm{d}y\mathrm{d}z = 0.$

如果 $\forall (x,y,z) \in \Omega, f(x,y,z) = f(z,y,x)$ ，则 $\iiint\limits_{\Omega} f(x,y,z)\mathrm{d}x\mathrm{d}y\mathrm{d}z = 2\iiint\limits_{\Omega_{1}} f(x,y,z)\mathrm{d}x\mathrm{d}y\mathrm{d}z.$

(8) 若区域 Ω 关于 z 轴对称, 并被分割成关于 z 轴对称的两个部分 Ω_{1} 和 Ω_{2} . 则

$$\iiint\limits_{\Omega_{1}} f(x,y,z)\mathrm{d}x\mathrm{d}y\mathrm{d}z = \iiint\limits_{\Omega_{2}} f(-x,-y,z)\mathrm{d}x\mathrm{d}y\mathrm{d}z , \quad \iiint\limits_{\Omega_{2}} f(x,y,z)\mathrm{d}x\mathrm{d}y\mathrm{d}z = \iiint\limits_{\Omega_{1}} f(-x,-y,z)\mathrm{d}x\mathrm{d}y\mathrm{d}z.$$

从而

$$\iiint\limits_{\Omega} f(x,y,z)\mathrm{d}x\mathrm{d}y\mathrm{d}z = \iiint\limits_{\Omega} f(-x,-y,z)\mathrm{d}x\mathrm{d}y\mathrm{d}z = \iiint\limits_{\Omega_{1}} [f(x,y,z) + f(-x,-y,z)]\mathrm{d}x\mathrm{d}y\mathrm{d}z.$$

如果 $\forall (x,y,z) \in \Omega, f(x,y,z) = -f(-x,-y,z)$ ，则 $\iiint\limits_{\Omega} f(x,y,z)\mathrm{d}x\mathrm{d}y\mathrm{d}z = 0.$

如果 $\forall (x,y,z) \in \Omega, f(x,y,z) = f(-x,-y,z)$ ，则 $\iiint\limits_{\Omega} f(x,y,z)\mathrm{d}x\mathrm{d}y\mathrm{d}z = 2\iiint\limits_{\Omega_{1}} f(x,y,z)\mathrm{d}x\mathrm{d}y\mathrm{d}z.$

(9) 若区域 Ω 关于 x 轴对称, 并被分割成关于 x 轴对称的两个部分 Ω_{1} 和 Ω_{2} . 则

$$\iiint\limits_{\Omega_{1}} f(x,y,z)\mathrm{d}x\mathrm{d}y\mathrm{d}z = \iiint\limits_{\Omega_{2}} f(x,-y,-z)\mathrm{d}x\mathrm{d}y\mathrm{d}z , \quad \iiint\limits_{\Omega_{2}} f(x,y,z)\mathrm{d}x\mathrm{d}y\mathrm{d}z = \iiint\limits_{\Omega_{1}} f(x,-y,-z)\mathrm{d}x\mathrm{d}y\mathrm{d}z.$$

从而

$$\iiint\limits_{\Omega} f(x,y,z)\mathrm{d}x\mathrm{d}y\mathrm{d}z = \iiint\limits_{\Omega} f(x,-y,-z)\mathrm{d}x\mathrm{d}y\mathrm{d}z = \iiint\limits_{\Omega_{1}} [f(x,y,z) + f(x,-y,-z)]\mathrm{d}x\mathrm{d}y\mathrm{d}z.$$

如果 $\forall (x,y,z) \in \Omega, f(x,y,z) = -f(x,-y,-z)$ ，则 $\iiint\limits_{\Omega} f(x,y,z)\mathrm{d}x\mathrm{d}y\mathrm{d}z = 0.$

如果 $\forall (x,y,z) \in \Omega, f(x,y,z) = f(x,-y,-z)$ ，则 $\iiint\limits_{\Omega} f(x,y,z)\mathrm{d}x\mathrm{d}y\mathrm{d}z = 2\iiint\limits_{\Omega_{1}} f(x,y,z)\mathrm{d}x\mathrm{d}y\mathrm{d}z.$

(10) 若区域 Ω 关于 y 对称, 并被分割成关于 y 轴对称的两个部分 Ω_{1} 和 Ω_{2} . 则

$$\iiint\limits_{\Omega_{1}} f(x,y,z)\mathrm{d}x\mathrm{d}y\mathrm{d}z = \iiint\limits_{\Omega_{2}} f(-x,y,-z)\mathrm{d}x\mathrm{d}y\mathrm{d}z, \quad \iiint\limits_{\Omega_{2}} f(x,y,z)\mathrm{d}x\mathrm{d}y\mathrm{d}z = \iiint\limits_{\Omega_{1}} f(-x,y,-z)\mathrm{d}x\mathrm{d}y\mathrm{d}z.$$

从而

$$\iiint\limits_{\Omega} f(x,y,z)\mathrm{d}x\mathrm{d}y\mathrm{d}z = \iiint\limits_{\Omega} f(-x,y,-z)\mathrm{d}x\mathrm{d}y\mathrm{d}z = \iiint\limits_{\Omega_{1}} [f(x,y,z) + f(-x,y,-z)]\mathrm{d}x\mathrm{d}y\mathrm{d}z.$$

如果 $\forall (x,y,z) \in \Omega, f(x,y,z) = -f(-x,y,-z)$ ，则 $\iiint\limits_{\Omega} f(x,y,z)\mathrm{d}x\mathrm{d}y\mathrm{d}z = 0.$

如果 $\forall (x,y,z) \in \Omega, f(x,y,z) = f(-x,y,-z)$ ，则 $\iiint\limits_{\Omega} f(x,y,z)\mathrm{d}x\mathrm{d}y\mathrm{d}z = 2\iiint\limits_{\Omega_{1}} f(x,y,z)\mathrm{d}x\mathrm{d}y\mathrm{d}z.$

4. 第一类曲线积分情形　设分段光滑曲线 Γ 关于 π (可以是点, 直线或者平面)对称, 并被分割成关于 π 对称的两个部分 Γ_{1} 和 Γ_{2} . 点 (x,y,z) 关于 π 的对称点记为 (x',y',z') ,

函数 $f(x,y,z)$ 是 Γ 上的关于弧长可积的函数, 则

$$\int_{\Gamma_1} f(x,y,z)\mathrm{d}s = \int_{\Gamma_2} f(x',y',z')\mathrm{d}s, \quad \int_{\Gamma_2} f(x,y,z)\mathrm{d}s = \int_{\Gamma_1} f(x',y',z')\mathrm{d}s.$$

从而

$$\int_{\Gamma} f(x,y,z)\mathrm{d}s = \int_{\Gamma} f(x',y',z')\mathrm{d}s = \int_{\Gamma_1} [f(x,y,z) + f(x',y',z')]\mathrm{d}s.$$

特别地, 有如下结论.

(1) 若分段光滑曲线 Γ 关于平面 $x=y$ 对称, 并被分割成关于该平面对称的两段 Γ_1 和 Γ_2. 则

$$\int_{\Gamma_1} f(x,y,z)\mathrm{d}s = \int_{\Gamma_2} f(y,x,z)\mathrm{d}s, \quad \int_{\Gamma_2} f(x,y,z)\mathrm{d}s = \int_{\Gamma_1} f(y,x,z)\mathrm{d}s.$$

从而

$$\int_{\Gamma} f(x,y,z)\mathrm{d}s = \int_{\Gamma} f(y,x,z)\mathrm{d}s = \int_{\Gamma_1} [f(x,y,z) + f(y,x,z)]\mathrm{d}s.$$

如果 $\forall (x,y,z) \in \Gamma, f(x,y,z) = -f(y,x,z)$, 则 $\displaystyle\int_{\Gamma} f(x,y,z)\mathrm{d}s = 0.$

如果 $\forall (x,y,z) \in \Gamma, f(x,y,z) = f(y,x,z)$, 则 $\displaystyle\int_{\Gamma} f(x,y,z)\mathrm{d}s = 2\int_{\Gamma_1} f(x,y,z)\mathrm{d}s.$

(2) 若分段光滑曲线 Γ 关于平面 $y=z$ 对称, 并被分割成关于该平面对称的两段 Γ_1 和 Γ_2. 则

$$\int_{\Gamma_1} f(x,y,z)\mathrm{d}s = \int_{\Gamma_2} f(x,z,y)\mathrm{d}s, \quad \int_{\Gamma_2} f(x,y,z)\mathrm{d}s = \int_{\Gamma_1} f(x,z,y)\mathrm{d}s.$$

从而

$$\int_{\Gamma} f(x,y,z)\mathrm{d}s = \int_{\Gamma} f(x,z,y)\mathrm{d}s = \int_{\Gamma_1} [f(x,y,z) + f(x,z,y)]\mathrm{d}s.$$

如果 $\forall (x,y,z) \in \Gamma, f(x,y,z) = -f(x,z,y)$, 则 $\displaystyle\int_{\Gamma} f(x,y,z)\mathrm{d}s = 0.$

如果 $\forall (x,y,z) \in \Gamma, f(x,y,z) = f(x,z,y)$, 则 $\displaystyle\int_{\Gamma} f(x,y,z)\mathrm{d}s = 2\int_{\Gamma_1} f(x,y,z)\mathrm{d}s.$

(3) 若分段光滑曲线 Γ 关于平面 $z=x$ 对称, 并被分割成关于该平面对称的两段 Γ_1 和 Γ_2. 则

$$\int_{\Gamma_1} f(x,y,z)\mathrm{d}s = \int_{\Gamma_2} f(z,y,x)\mathrm{d}s, \quad \int_{\Gamma_2} f(x,y,z)\mathrm{d}s = \int_{\Gamma_1} f(z,y,x)\mathrm{d}s.$$

从而

$$\int_{\Gamma} f(x,y,z)\mathrm{d}s = \int_{\Gamma} f(z,y,x)\mathrm{d}s = \int_{\Gamma_1} [f(x,y,z) + f(z,y,x)]\mathrm{d}s.$$

如果 $\forall (x,y,z) \in \Gamma, f(x,y,z) = -f(z,y,x)$, 则 $\displaystyle\int_{\Gamma} f(x,y,z)\mathrm{d}s = 0.$

如果 $\forall (x,y,z) \in \Gamma, f(x,y,z) = f(z,y,x)$, 则 $\displaystyle\int_{\Gamma} f(x,y,z)\mathrm{d}s = 2\int_{\Gamma_1} f(x,y,z)\mathrm{d}s.$

(4) 若分段光滑曲线 Γ 关于平面 xOy 对称, 并被分割成关于该平面对称的两段 Γ_1 和 Γ_2. 则

$$\int_{\Gamma_1} f(x,y,z)\mathrm{d}s = \int_{\Gamma_2} f(x,y,-z)\mathrm{d}s, \quad \int_{\Gamma_2} f(x,y,z)\mathrm{d}s = \int_{\Gamma_1} f(x,y,-z)\mathrm{d}s.$$

从而

$$\int_{\Gamma} f(x,y,z)\mathrm{d}s = \int_{\Gamma} f(x,y,-z)\mathrm{d}s = \int_{\Gamma_1} [f(x,y,z) + f(x,y,-z)]\mathrm{d}s.$$

如果 $\forall (x,y,z) \in \Gamma, f(x,y,z) = -f(x,y,-z)$, 则 $\int_{\Gamma} f(x,y,z)\mathrm{d}s = 0$.

如果 $\forall (x,y,z) \in \Gamma, f(x,y,z) = f(x,y,-z)$, 则 $\int_{\Gamma} f(x,y,z)\mathrm{d}s = 2\int_{\Gamma_1} f(x,y,z)\mathrm{d}s$.

(5) 若分段光滑曲线 Γ 关于平面 yOz 对称, 并被分割成关于该平面对称的两段 Γ_1 和 Γ_2. 则

$$\int_{\Gamma_1} f(x,y,z)\mathrm{d}s = \int_{\Gamma_2} f(-x,y,z)\mathrm{d}s, \quad \int_{\Gamma_2} f(x,y,z)\mathrm{d}s = \int_{\Gamma_1} f(-x,y,z)\mathrm{d}s.$$

从而

$$\int_{\Gamma} f(x,y,z)\mathrm{d}s = \int_{\Gamma} f(-x,y,z)\mathrm{d}s = \int_{\Gamma_1} [f(x,y,z) + f(-x,y,z)]\mathrm{d}s.$$

如果 $\forall (x,y,z) \in \Gamma, f(x,y,z) = -f(-x,y,z)$, 则 $\int_{\Gamma} f(x,y,z)\mathrm{d}s = 0$.

如果 $\forall (x,y,z) \in \Gamma, f(x,y,z) = f(-x,y,z)$, 则 $\int_{\Gamma} f(x,y,z)\mathrm{d}s = 2\int_{\Gamma_1} f(x,y,z)\mathrm{d}s$.

(6) 若分段光滑曲线 Γ 关于平面 zOx 对称, 并被分割成关于该平面对称的两段 Γ_1 和 Γ_2. 则

$$\int_{\Gamma_1} f(x,y,z)\mathrm{d}s = \int_{\Gamma_2} f(x,-y,z)\mathrm{d}s, \quad \int_{\Gamma_2} f(x,y,z)\mathrm{d}s = \int_{\Gamma_1} f(x,-y,z)\mathrm{d}s.$$

从而

$$\int_{\Gamma} f(x,y,z)\mathrm{d}s = \int_{\Gamma} f(x,-y,z)\mathrm{d}s = \int_{\Gamma_1} [f(x,y,z) + f(x,-y,z)]\mathrm{d}s.$$

如果 $\forall (x,y,z) \in \Gamma, f(x,y,z) = -f(x,-y,z)$, 则 $\int_{\Gamma} f(x,y,z)\mathrm{d}s = 0$.

如果 $\forall (x,y,z) \in \Gamma, f(x,y,z) = f(x,-y,z)$, 则 $\int_{\Gamma} f(x,y,z)\mathrm{d}s = 2\int_{\Gamma_1} f(x,y,z)\mathrm{d}s$.

(7) 若分段光滑曲线 Γ 关于原点 O 对称, 并被分割成关于原点对称的两段 Γ_1 和 Γ_2. 则

$$\int_{\Gamma_1} f(x,y,z)\mathrm{d}s = \int_{\Gamma_2} f(-x,-y,-z)\mathrm{d}s, \quad \int_{\Gamma_2} f(x,y,z)\mathrm{d}s = \int_{\Gamma_1} f(-x,-y,-z)\mathrm{d}s.$$

从而

$$\int_{\Gamma} f(x,y,z)\mathrm{d}s = \int_{\Gamma} f(-x,-y,-z)\mathrm{d}s = \int_{\Gamma_1} [f(x,y,z) + f(-x,-y,-z)]\mathrm{d}s.$$

如果 $\forall (x,y,z) \in \Gamma, f(x,y,z) = -f(-x,-y,-z)$, 则 $\int_{\Gamma} f(x,y,z) \mathrm{d}s = 0$.

如果 $\forall (x,y,z) \in \Gamma, f(x,y,z) = f(-x,-y,-z)$, 则 $\int_{\Gamma} f(x,y,z) \mathrm{d}s = 2 \int_{\Gamma_1} f(x,y,z) \mathrm{d}s$.

(8) 若分段光滑曲线 Γ 关于 x 轴对称, 并被分割成关于 x 轴对称的两段 Γ_1 和 Γ_2. 则

$$\int_{\Gamma_1} f(x,y,z) \mathrm{d}s = \int_{\Gamma_2} f(x,-y,-z) \mathrm{d}s, \qquad \int_{\Gamma_2} f(x,y,z) \mathrm{d}s = \int_{\Gamma_1} f(x,-y,-z) \mathrm{d}s.$$

从而

$$\int_{\Gamma} f(x,y,z) \mathrm{d}s = \int_{\Gamma} f(x,-y,-z) \mathrm{d}s = \int_{\Gamma_1} [f(x,y,z) + f(x,-y,-z)] \mathrm{d}s.$$

如果 $\forall (x,y,z) \in \Gamma, f(x,y,z) = -f(x,-y,-z)$, 则 $\int_{\Gamma} f(x,y,z) \mathrm{d}s = 0$.

如果 $\forall (x,y,z) \in \Gamma, f(x,y,z) = f(x,-y,-z)$, 则 $\int_{\Gamma} f(x,y,z) \mathrm{d}s = 2 \int_{\Gamma_1} f(x,y,z) \mathrm{d}s$.

(9) 若分段光滑曲线 Γ 关于 y 轴对称, 并被分割成关于 y 轴对称的两段 Γ_1 和 Γ_2. 则

$$\int_{\Gamma_1} f(x,y,z) \mathrm{d}s = \int_{\Gamma_2} f(-x,y,-z) \mathrm{d}s, \qquad \int_{\Gamma_2} f(x,y,z) \mathrm{d}s = \int_{\Gamma_1} f(-x,y,-z) \mathrm{d}s.$$

从而

$$\int_{\Gamma} f(x,y,z) \mathrm{d}s = \int_{\Gamma} f(-x,y,-z) \mathrm{d}s = \int_{\Gamma_1} [f(x,y,z) + f(-x,y,-z)] \mathrm{d}s.$$

如果 $\forall (x,y,z) \in \Gamma, f(x,y,z) = -f(-x,y,-z)$, 则 $\int_{\Gamma} f(x,y,z) \mathrm{d}s = 0$.

如果 $\forall (x,y,z) \in \Gamma, f(x,y,z) = f(-x,y,-z)$, 则 $\int_{\Gamma} f(x,y,z) \mathrm{d}s = 2 \int_{\Gamma_1} f(x,y,z) \mathrm{d}s$.

(10) 若分段光滑曲线 Γ 关于 z 轴对称, 并被分割成关于 z 轴对称的两段 Γ_1 和 Γ_2. 则

$$\int_{\Gamma_1} f(x,y,z) \mathrm{d}s = \int_{\Gamma_2} f(-x,-y,z) \mathrm{d}s, \qquad \int_{\Gamma_2} f(x,y,z) \mathrm{d}s = \int_{\Gamma_1} f(-x,-y,z) \mathrm{d}s.$$

从而

$$\int_{\Gamma} f(x,y,z) \mathrm{d}s = \int_{\Gamma} f(-x,-y,z) \mathrm{d}s = \int_{\Gamma_1} [f(x,y,z) + f(-x,-y,z)] \mathrm{d}s.$$

如果 $\forall (x,y,z) \in \Gamma, f(x,y,z) = -f(-x,-y,z)$, 则 $\int_{\Gamma} f(x,y,z) \mathrm{d}s = 0$.

如果 $\forall (x,y,z) \in \Gamma, f(x,y,z) = f(-x,-y,z)$, 则 $\int_{\Gamma} f(x,y,z) \mathrm{d}s = 2 \int_{\Gamma_1} f(x,y,z) \mathrm{d}s$.

5. 第一类曲面积分情形 设分片光滑曲面 Σ 关于 π (可以是点, 直线或者平面)对称, 并被分割成关于 π 对称的两个部分 Σ_1 和 Σ_2. 点 (x,y,z) 关于 π 的对称点记为 (x',y',z'), 函数 $f(x,y,z)$ 是 Σ 上的关于面积可积的函数, 则

$$\iint_{\Sigma_1} f(x,y,z) \mathrm{d}S = \iint_{\Sigma_2} f(x',y',z') \mathrm{d}S, \qquad \iint_{\Sigma_2} f(x,y,z) \mathrm{d}S = \iint_{\Sigma_1} f(x',y',z') \mathrm{d}S.$$

从而

$$\iint\limits_{\Sigma} f(x,y,z)\mathrm{d}S = \iint\limits_{\Sigma} f(x',y',z')\mathrm{d}S = \iint\limits_{\Sigma_1} [f(x,y,z)+f(x',y',z')]\mathrm{d}S.$$

特别地, 有如下结论.

(1) 若分片光滑曲面 Σ 关于原点 O 对称, 并被分割成关于 O 对称的两个部分 Σ_1 和 Σ_2. 则

$$\iint\limits_{\Sigma_1} f(x,y,z)\mathrm{d}S = \iint\limits_{\Sigma_2} f(-x,-y,-z)\mathrm{d}S, \quad \iint\limits_{\Sigma_2} f(x,y,z)\mathrm{d}S = \iint\limits_{\Sigma_1} f(-x,-y,-z)\mathrm{d}S.$$

从而

$$\iint\limits_{\Sigma} f(x,y,z)\mathrm{d}S = \iint\limits_{\Sigma} f(-x,-y,-z)\mathrm{d}S = \iint\limits_{\Sigma_1} [f(x,y,z)+f(-x,-y,-z)]\mathrm{d}S.$$

如果 $\forall(x,y,z)\in\Sigma, f(x,y,z)=-f(-x,-y,-z)$, 则 $\iint\limits_{\Sigma} f(x,y,z)\mathrm{d}S = 0$.

如果 $\forall(x,y,z)\in\Sigma, f(x,y,z)=f(-x,-y,-z)$, 则 $\iint\limits_{\Sigma} f(x,y,z)\mathrm{d}S = 2\iint\limits_{\Sigma_1} f(x,y,z)\mathrm{d}S.$

(2) 若分片光滑曲面 Σ 关于平面 xOy 对称, 并被分割成关于该平面对称的两个部分 Σ_1 和 Σ_2. 则

$$\iint\limits_{\Sigma_1} f(x,y,z)\mathrm{d}S = \iint\limits_{\Sigma_2} f(x,y,-z)\mathrm{d}S, \quad \iint\limits_{\Sigma_2} f(x,y,z)\mathrm{d}S = \iint\limits_{\Sigma_1} f(x,y,-z)\mathrm{d}S.$$

从而

$$\iint\limits_{\Sigma} f(x,y,z)\mathrm{d}S = \iint\limits_{\Sigma} f(x,y,-z)\mathrm{d}S = \iint\limits_{\Sigma_1} [f(x,y,z)+f(x,y,-z)]\mathrm{d}S.$$

如果 $\forall(x,y,z)\in\Sigma, f(x,y,z)=-f(x,y,-z)$, 则 $\iint\limits_{\Sigma} f(x,y,z)\mathrm{d}S = 0$.

如果 $\forall(x,y,z)\in\Sigma, f(x,y,z)=f(x,y,-z)$, 则 $\iint\limits_{\Sigma} f(x,y,z)\mathrm{d}S = 2\iint\limits_{\Sigma_1} f(x,y,z)\mathrm{d}S.$

(3) 若分片光滑曲面 Σ 关于平面 yOz 对称, 并被分割成关于该平面对称的两个部分 Σ_1 和 Σ_2. 则

$$\iint\limits_{\Sigma_1} f(x,y,z)\mathrm{d}S = \iint\limits_{\Sigma_2} f(-x,y,z)\mathrm{d}S, \quad \iint\limits_{\Sigma_2} f(x,y,z)\mathrm{d}S = \iint\limits_{\Sigma_1} f(-x,y,z)\mathrm{d}S.$$

从而

$$\iint\limits_{\Sigma} f(x,y,z)\mathrm{d}S = \iint\limits_{\Sigma} f(-x,y,z)\mathrm{d}S = \iint\limits_{\Sigma_1} [f(x,y,z)+f(-x,y,z)]\mathrm{d}S.$$

如果 $\forall(x,y,z)\in\Sigma, f(x,y,z)=-f(-x,y,z)$, 则 $\iint\limits_{\Sigma} f(x,y,z)\mathrm{d}S = 0$.

如果 $\forall(x,y,z)\in\Sigma, f(x,y,z)=f(-x,y,z)$, 则 $\iint\limits_{\Sigma} f(x,y,z)\mathrm{d}S = 2\iint\limits_{\Sigma_1} f(x,y,z)\mathrm{d}S.$

(4) 若分片光滑曲面 $\varSigma$ 关于平面 zOx 对称, 并被分割成关于该平面对称的两个部分 $\varSigma_1$ 和 $\varSigma_2$. 则

$$\iint\limits_{\varSigma_1} f(x,y,z)\mathrm{d}S = \iint\limits_{\varSigma_2} f(x,-y,z)\mathrm{d}S, \quad \iint\limits_{\varSigma_2} f(x,y,z)\mathrm{d}S = \iint\limits_{\varSigma_1} f(x,-y,z)\mathrm{d}S.$$

从而

$$\iint\limits_{\varSigma} f(x,y,z)\mathrm{d}S = \iint\limits_{\varSigma} f(x,-y,z)\mathrm{d}S = \iint\limits_{\varSigma_1} [f(x,y,z) + f(x,-y,z)]\mathrm{d}S.$$

如果 $\forall (x,y,z) \in \varSigma, f(x,y,z) = -f(x,-y,z)$, 则 $\displaystyle\iint\limits_{\varSigma} f(x,y,z)\mathrm{d}S = 0$.

如果 $\forall (x,y,z) \in \varSigma, f(x,y,z) = f(x,-y,z)$, 则 $\displaystyle\iint\limits_{\varSigma} f(x,y,z)\mathrm{d}S = 2\iint\limits_{\varSigma_1} f(x,y,z)\mathrm{d}S$.

(5) 若分片光滑曲面 $\varSigma$ 关于平面 $x = y$ 对称, 并被分割成关于该平面对称的两个部分 $\varSigma_1$ 和 $\varSigma_2$. 则

$$\iint\limits_{\varSigma_1} f(x,y,z)\mathrm{d}S = \iint\limits_{\varSigma_2} f(y,x,z)\mathrm{d}S, \quad \iint\limits_{\varSigma_2} f(x,y,z)\mathrm{d}S = \iint\limits_{\varSigma_1} f(y,x,z)\mathrm{d}S.$$

从而

$$\iint\limits_{\varSigma} f(x,y,z)\mathrm{d}S = \iint\limits_{\varSigma} f(y,x,z)\mathrm{d}S = \iint\limits_{\varSigma_1} [f(x,y,z) + f(y,x,z)]\mathrm{d}S.$$

如果 $\forall (x,y,z) \in \varSigma, f(x,y,z) = -f(y,x,z)$, 则 $\displaystyle\iint\limits_{\varSigma} f(x,y,z)\mathrm{d}S = 0$.

如果 $\forall (x,y,z) \in \varSigma, f(x,y,z) = f(y,x,z)$, 则 $\displaystyle\iint\limits_{\varSigma} f(x,y,z)\mathrm{d}S = 2\iint\limits_{\varSigma_1} f(x,y,z)\mathrm{d}S$.

(6) 若分片光滑曲面 $\varSigma$ 关于平面 $y = z$ 对称, 并被分割成关于 O 对称的两个部分 $\varSigma_1$ 和 $\varSigma_2$. 则

$$\iint\limits_{\varSigma_1} f(x,y,z)\mathrm{d}S = \iint\limits_{\varSigma_2} f(x,z,y)\mathrm{d}S, \quad \iint\limits_{\varSigma_2} f(x,y,z)\mathrm{d}S = \iint\limits_{\varSigma_1} f(x,z,y)\mathrm{d}S.$$

从而

$$\iint\limits_{\varSigma} f(x,y,z)\mathrm{d}S = \iint\limits_{\varSigma} f(x,z,y)\mathrm{d}S = \iint\limits_{\varSigma_1} [f(x,y,z) + f(x,z,y)]\mathrm{d}S.$$

如果 $\forall (x,y,z) \in \varSigma, f(x,y,z) = -f(x,z,y)$, 则 $\displaystyle\iint\limits_{\varSigma} f(x,y,z)\mathrm{d}S = 0$.

如果 $\forall (x,y,z) \in \varSigma, f(x,y,z) = f(x,z,y)$, 则 $\displaystyle\iint\limits_{\varSigma} f(x,y,z)\mathrm{d}S = 2\iint\limits_{\varSigma_1} f(x,y,z)\mathrm{d}S$.

(7) 若分片光滑曲面 $\varSigma$ 关于平面 $z = x$ 对称, 并被分割成关于该平面对称的两个部分 $\varSigma_1$ 和 $\varSigma_2$, 则

$$\iint_{\Sigma_1} f(x,y,z)\mathrm{d}S = \iint_{\Sigma_2} f(z,y,x)\mathrm{d}S\,,\qquad \iint_{\Sigma_2} f(x,y,z)\mathrm{d}S = \iint_{\Sigma_1} f(z,y,x)\mathrm{d}S.$$

从而

$$\iint_{\Sigma} f(x,y,z)\mathrm{d}S = \iint_{\Sigma} f(z,y,x)\mathrm{d}S = \iint_{\Sigma_1}[f(x,y,z)+f(z,y,x)]\mathrm{d}S.$$

如果 $\forall(x,y,z)\in\Sigma, f(x,y,z)=-f(z,y,x)$，则 $\displaystyle\iint_{\Sigma} f(x,y,z)\mathrm{d}S = 0.$

如果 $\forall(x,y,z)\in\Sigma, f(x,y,z)=f(z,y,x)$，则 $\displaystyle\iint_{\Sigma} f(x,y,z)\mathrm{d}S = 2\iint_{\Sigma_1} f(x,y,z)\mathrm{d}S.$

(8) 若分片光滑曲面 Σ 关于 x 轴对称, 并被分割成关于 x 轴对称的两个部分 Σ_1 和 Σ_2, 则

$$\iint_{\Sigma_1} f(x,y,z)\mathrm{d}S = \iint_{\Sigma_2} f(x,-y,-z)\mathrm{d}S\,,\qquad \iint_{\Sigma_2} f(x,y,z)\mathrm{d}S = \iint_{\Sigma_1} f(x,-y,-z)\mathrm{d}S.$$

从而

$$\iint_{\Sigma} f(x,y,z)\mathrm{d}S = \iint_{\Sigma} f(x,-y,-z)\mathrm{d}S = \iint_{\Sigma_1}[f(x,y,z)+f(x,-y,-z)]\mathrm{d}S.$$

如果 $\forall(x,y,z)\in\Sigma, f(x,y,z)=-f(x,-y,-z)$，则 $\displaystyle\iint_{\Sigma} f(x,y,z)\mathrm{d}S = 0.$

如果 $\forall(x,y,z)\in\Sigma, f(x,y,z)=f(x,-y,-z)$，则 $\displaystyle\iint_{\Sigma} f(x,y,z)\mathrm{d}S = 2\iint_{\Sigma_1} f(x,y,z)\mathrm{d}S.$

(9) 若分片光滑曲面 Σ 关于 y 轴对称, 并被分割成关于 y 轴对称的两个部分 Σ_1 和 Σ_2. 则

$$\iint_{\Sigma_1} f(x,y,z)\mathrm{d}S = \iint_{\Sigma_2} f(-x,y,-z)\mathrm{d}S\,,\qquad \iint_{\Sigma_2} f(x,y,z)\mathrm{d}S = \iint_{\Sigma_1} f(-x,y,-z)\mathrm{d}S.$$

从而

$$\iint_{\Sigma} f(x,y,z)\mathrm{d}S = \iint_{\Sigma} f(-x,y,-z)\mathrm{d}S = \iint_{\Sigma_1}[f(x,y,z)+f(-x,y,-z)]\mathrm{d}S.$$

如果 $\forall(x,y,z)\in\Sigma, f(x,y,z)=-f(-x,y,-z)$，则 $\displaystyle\iint_{\Sigma} f(x,y,z)\mathrm{d}S = 0.$

如果 $\forall(x,y,z)\in\Sigma, f(x,y,z)=f(-x,y,-z)$，则 $\displaystyle\iint_{\Sigma} f(x,y,z)\mathrm{d}S = 2\iint_{\Sigma_1} f(x,y,z)\mathrm{d}S.$

(10) 若分片光滑曲面 Σ 关于 z 轴对称, 并被分割成关于 z 轴对称的两个部分 Σ_1 和 Σ_2. 则

$$\iint_{\Sigma_1} f(x,y,z)\mathrm{d}S = \iint_{\Sigma_2} f(-x,-y,z)\mathrm{d}S\,,\qquad \iint_{\Sigma_2} f(x,y,z)\mathrm{d}S = \iint_{\Sigma_1} f(-x,-y,z)\mathrm{d}S.$$

从而

$$\iint\limits_{\Sigma} f(x,y,z)\mathrm{d}S = \iint\limits_{\Sigma} f(-x,-y,z)\mathrm{d}S = \iint\limits_{\Sigma_1}[f(x,y,z)+f(-x,-y,z)]\mathrm{d}S.$$

如果 $\forall(x,y,z)\in\Sigma,f(x,y,z)=-f(-x,-y,z)$，则 $\iint\limits_{\Sigma} f(x,y,z)\mathrm{d}S = 0.$

如果 $\forall(x,y,z)\in\Sigma,f(x,y,z)=f(-x,-y,z)$，则 $\iint\limits_{\Sigma} f(x,y,z)\mathrm{d}S = 2\iint\limits_{\Sigma_1} f(x,y,z)\mathrm{d}S.$

7.3.1.2　应用举例

利用积分区域的对称性, 有些积分的计算会变得非常简单.

例 7.3.1.1　求 $\iint\limits_{\Sigma}(x-2y+3z)^2\mathrm{d}S$，其中 Σ 表示球面 $x^2+y^2+z^2=1.$

解　由于 Σ 关于三个坐标面及平面 $x=y,y=z$ 和 $z=x$ 都是对称的, 因此

$$\iint\limits_{\Sigma} xy\mathrm{d}S = \iint\limits_{\Sigma} yz\mathrm{d}S = \iint\limits_{\Sigma} zx\mathrm{d}S = 0 \quad 且 \quad \iint\limits_{\Sigma} x^2\mathrm{d}S = \iint\limits_{\Sigma} y^2\mathrm{d}S = \iint\limits_{\Sigma} z^2\mathrm{d}S,$$

于是

$$\begin{aligned}
\iint\limits_{\Sigma}(x-2y+3z)^2\mathrm{d}S &= \iint\limits_{\Sigma}(x^2+4y^2+9z^2-4xy-12yz+6zx)\mathrm{d}S \\
&= \iint\limits_{\Sigma}(x^2+4y^2+9z^2)\mathrm{d}S \\
&= \frac{14}{3}\iint\limits_{\Sigma}(x^2+y^2+z^2)\mathrm{d}S \\
&= \frac{14}{3}\iint\limits_{\Sigma}\mathrm{d}S = \frac{14}{3}\cdot 4\pi = \frac{56\pi}{3}. \quad\blacksquare
\end{aligned}$$

例 7.3.1.2　求定积分 $\int_{-1}^{1}\frac{\ln(1+x^2)}{1+\mathrm{e}^x}\mathrm{d}x.$

解　由 7.3.1 节 1 的(1)可知, 有

$$\begin{aligned}
\int_{-1}^{1}\frac{\ln(1+x^2)}{1+\mathrm{e}^x}\mathrm{d}x &= \int_{0}^{1}\left[\frac{\ln(1+x^2)}{1+\mathrm{e}^x}+\frac{\ln(1+(-x)^2)}{1+\mathrm{e}^{-x}}\right]\mathrm{d}x \\
&= \int_{0}^{1}\ln(1+x^2)\mathrm{d}x \\
&= x\ln(1+x^2)\Big|_{0}^{1} - \int_{0}^{1}\frac{2x^2}{1+x^2}\mathrm{d}x \\
&= \ln 2 - [2x-2\arctan x]\Big|_{0}^{1} \\
&= \ln 2 - 2 + \frac{\pi}{2}. \quad\blacksquare
\end{aligned}$$

7.3.2　利用特殊分割法求第一型积分举例

对于某些特定的被积函数的第一型积分, 可以采用特殊的分割区域的方法, 直接把

积分转化为关于某一参数的定积分. 比如, 对于形如 $f(ax+by+cz)$ 的连续函数的第一型积分, 就可以用平面 $\pi_t : ax+by+cz=t$ 对积分区域进行分割, 此时 Ω 的介于两个相邻平面 $\pi_t : ax+by+cz=t$ 和 $\pi_{t+dt} : ax+by+cz=t+dt$ 之间的这块小区域上, 被积函数的值都近似于 $f(t)$, 而这部分区域的测度如果方便计算出来 $dV \approx v(t)dt$, 则积分和在这一部分区域上就表现为 $f(t)v(t)dt$. 此外, 通过计算可以知道, 平面 π_t 与积分区域 Ω 有交集当且仅当 $\alpha \leqslant t \leqslant \beta$, 则所求积分就等于定积分

$$\int_\alpha^\beta f(t)v(t)dt.$$

为什么这种方法成立呢? 我们知道, 当函数可积时, 无论怎么分割区域, 无论如何在小区域上取点, 所得积分和尽管不同, 但是在分割无限加细时的极限总是一样的. 因此, 在分割区域时, 可以根据被积函数本身的特点采用特殊的分割方法. 我们上面举例中提到的分割方法, 是利用被积函数 $f(ax+by+cz)$ 在平面 $\pi_t : ax+by+cz=t$ 上为常数 $f(t)$ 这一特殊条件而采取的特殊分割法. 这种分割法, 实际上相当于先用一组平面 π_t 把 Ω 切成一些小片, 然后再把每个小片再切割成许多 "厚度" 相同的小块, 在每个介于两个相邻平面 $\pi_t : ax+by+cz=t$ 和 $\pi_{t+dt} : ax+by+cz=t+dt$ 之间的小块上都取平面 π_t 上的点 (ξ_i, η_i, ζ_i) 构成积分和. 当把积分和中位于两个相邻平面 $\pi_t : ax+by+cz=t$ 和 $\pi_{t+dt} : ax+by+cz=t+dt$ 之间的小块的对应项加在一起, 正是 $f(t)v(t)dt$. 因此所求积分就等于定积分

$$\int_\alpha^\beta f(t)v(t)dt.$$

具体的可参见后面的选例 7.6.21—选例 7.6.23.

7.4 释 疑 解 惑

1. 为什么在计算积分 $\iint\limits_D (x^2+y^2)^2 dxdy$ (其中 D 是由 $x^2+y^2=a^2$ 所围成的有界闭区域)时, 不能把被积函数替换成 a^4, 而在计算积分 $\int_L (x^2+y^2)^2 ds$ (其中 L 是圆周 $x^2+y^2=a^2$)时却可以把被积函数替换成 a^4?

答 因为二重积分是在区域 $D : x^2+y^2 \leqslant a^2$ 上计算, 而被积函数仅仅在 D 的边界圆周 $x^2+y^2=a^2$ 上才取值 a^4, 在 D 的内部取值是小于 a^4 的, 因此把被积函数替换成 a^4 是错误的!

但是, 曲线积分是在圆周 $x^2+y^2=a^2$ 上积分, 此时被积函数在整个圆周 $x^2+y^2=a^2$ 上取值恒为 a^4, 因此此时把被积函数替换成 a^4 是正确的!

一般地说, 积分区域用不等式表示的积分(如定积分、二重积分和三重积分), 被积函数不能用其在积分区域边界上的函数值来替换; 积分区域用等式表示的积分(如曲线积分和曲面积分), 被积函数的函数值可以用积分区域的方程代入.■

2. 为什么把二重积分或者三重积分化为累次积分时, 每个单积分的下限要小于上限?

答 对这个问题的说明, 涉及积分的定义和化为累次积分时的推导过程. 我们只以直角坐标系下化二重积分为累次积分的计算为例来加以说明. 当函数 $f(x,y)$ 在区域 D 上可积时, 积分的存在性与分割区域的方法无关, 因此我们可以用平行于坐标轴的直线网格对区域进行分割, 此时的积分大致上可以化成如下形式的极限

$$\iint\limits_D f(x,y)\mathrm{d}x\mathrm{d}y = \lim_{\lambda\to0}\sum_{i=1}^m\sum_{j=1}^n f(\xi_{i,j},\eta_{i,j})\Delta x_i \Delta y_j,$$

其中 $\Delta x_i \Delta y_j$ 是小矩形的面积, 而 $\Delta x_i, \Delta y_j$ 是小矩形的边长, 它们都取正值. 而在把二重积分化为累次积分时保持单积分的下限小于上限, 就是为了保证 $\Delta x_i > 0, \Delta y_j > 0$. 可见, 这样做是由二重积分的定义本身所决定的, 不得随意更改.

类似地, 把三重积分化为累次积分时也要保证每个单积分的下限小于上限.

同时要注意, 在把累次积分进行交换积分次序的计算时, 要把累次积分化为二重积分(或者三重积分), 然后再转化为所需的累次积分. 而原先给出的累次积分则需要注意上下限的大小关系是否正常, 若出现下限大于上限的情况, 则需要先调整, 再转化. 比如, 在交换二次积分 $\int_0^2 \mathrm{d}x \int_x^{x^2} f(x,y)\mathrm{d}y$ 的积分次序时, 由于当 $x \in [0,1]$ 时, $x^2 \le x$; 而当 $x \in [1,2]$ 时, $x \le x^2$. 因此

$$\int_0^2 \mathrm{d}x \int_x^{x^2} f(x,y)\mathrm{d}y = -\int_0^1 \mathrm{d}x \int_{x^2}^x f(x,y)\mathrm{d}y + \int_1^2 \mathrm{d}x \int_x^{x^2} f(x,y)\mathrm{d}y = \iint\limits_{D_2} f(x,y)\mathrm{d}x\mathrm{d}y - \iint\limits_{D_1} f(x,y)\mathrm{d}x\mathrm{d}y.$$

为了交换积分次序, D_2 还可以进一步分割为 $D_3 + D_4$, 如图 7.4-1 所示. 从而有

$$\int_0^2 \mathrm{d}x \int_x^{x^2} f(x,y)\mathrm{d}y = \iint\limits_{D_3} f(x,y)\mathrm{d}x\mathrm{d}y + \iint\limits_{D_4} f(x,y)\mathrm{d}x\mathrm{d}y - \iint\limits_{D_1} f(x,y)\mathrm{d}x\mathrm{d}y,$$

交换积分次序可得

$$\int_0^2 \mathrm{d}x \int_x^{x^2} f(x,y)\mathrm{d}y = \int_1^2 \mathrm{d}y \int_{\sqrt{y}}^y f(x,y)\mathrm{d}x + \int_2^4 \mathrm{d}y \int_{\sqrt{y}}^2 f(x,y)\mathrm{d}x - \int_0^1 \mathrm{d}y \int_y^{\sqrt{y}} f(x,y)\mathrm{d}x. \blacksquare$$

3. 在利用极坐标计算二重积分时, 是不是只能用先关于 ρ, 再关于 φ 的累次积分来计算? 如果也可以用先关于 φ, 再关于 ρ 的累次积分来计算, ρ 和 φ 的积分限如何确定?

答 当然不是! 只是由于大部分曲线的参数方程呈现为 $\rho = \rho(\varphi)$ 的形式, 所以一般教材都重点介绍先关于 ρ, 再关于 φ 的累次积分. 那么, 如果要用先关于 φ, 再关于 ρ 的累次积分来计算二重积分, 又如何确定 ρ 和 φ 的积分限呢? 为简单起见, 我们只介绍一种情形:

设二重积分 $\iint\limits_D f(x,y)\mathrm{d}x\mathrm{d}y$ 的积分区域 D 放在极坐标系下, 如图 7.4-2 所示, 它位于两个圆周 $\rho = a$ 与 $\rho = b$ 之间(其中 $0 \le a < b$), 其极角比较小的边界方程可写成 $\varphi = \varphi_1(\rho)$, 极角比较大的边界方程可写成 $\varphi = \varphi_2(\rho)$ (其中 $\varphi = \varphi_1(\rho), \varphi = \varphi_2(\rho)$ 都是连续函数). 则 D 可表示为

$$D = \left\{ (\rho, \varphi) \,\middle|\, a \leqslant \rho \leqslant b, \varphi_1(\rho) \leqslant \varphi \leqslant \varphi_2(\rho) \right\},$$

并且有

$$\iint\limits_{D} f(x,y)\mathrm{d}x\mathrm{d}y = \int_a^b \rho\,\mathrm{d}\rho \int_{\varphi_1(\rho)}^{\varphi_2(\rho)} f(\rho\cos\varphi, \rho\sin\varphi)\mathrm{d}\varphi. \quad \blacksquare$$

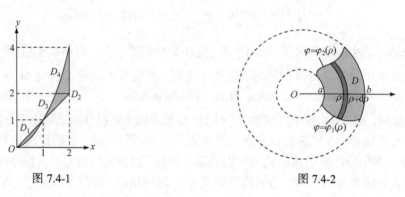

图 7.4-1　　　　　　　　　　　　　　　　　　图 7.4-2

我们一般是怎么去寻找 $a, b, \varphi_1(\rho), \varphi_2(\rho)$ 的呢? 按照如下方法去寻找即可:

如图 7.4-3 那样, 用中心在极点、半径逐渐放大的同心圆去扫描平面, 当第一次碰到区域 D 时, 圆的半径就是 a, 最后一次触碰 D 时, 圆的半径就是 b. 然后对于半径为 ρ $(a < \rho < b)$ 的圆周, 它与 D 相交于一段圆弧, 其两个端点分别落在 D 的边界上, 极角比较小的那个端点的极角就是 $\varphi_1(\rho)$(其值随 ρ 的不同而变换), 极角比较大的那个端点的极角就是 $\varphi_2(\rho)$.

例 7.4.1.1　计算 $D = \left\{ (x,y) \,\middle|\, 1 \leqslant x^2 + y^2 \leqslant 4, x \geqslant 0, y \geqslant \dfrac{1}{8}(x^2 + y^2)^{\frac{3}{2}} \right\}$ 的面积.

解　区域图大致上如图 7.4-4 所示. 曲线 $y = \dfrac{1}{8}(x^2 + y^2)^{\frac{3}{2}}$ 的极坐标方程为

$$\rho\sin\varphi = \frac{1}{8}\rho^3, \quad \text{即} \quad \varphi = \arcsin\frac{\rho^2}{8}.$$

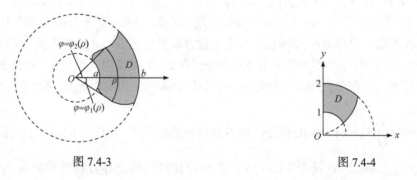

图 7.4-3　　　　　　　　　　　　　　　　　　图 7.4-4

故采用极坐标, D 可表示为 $D = \left\{ (\rho, \varphi) \,\middle|\, 1 \leqslant \rho \leqslant 2, \arcsin\dfrac{\rho^2}{8} \leqslant \varphi \leqslant \dfrac{\pi}{2} \right\}$. 因此所求的面积为

$$A = \iint\limits_{D} \mathrm{d}x\mathrm{d}y = \int_1^2 \rho\mathrm{d}\rho \int_{\arcsin\frac{\rho^2}{8}}^{\frac{\pi}{2}} \mathrm{d}\varphi = \int_1^2 \rho\left(\frac{\pi}{2} - \arcsin\frac{\rho^2}{8}\right)\mathrm{d}\rho$$

$$\xlongequal{\rho^2=8t} \frac{3\pi}{4} - 4\int_{\frac{1}{8}}^{\frac{1}{2}} \arcsin t\mathrm{d}t = \frac{3\pi}{4} - 4[t\arcsin t + \sqrt{1-t^2}]\Big|_{\frac{1}{8}}^{\frac{1}{2}}$$

$$= \frac{5\pi}{12} - 2\sqrt{3} + \frac{\sqrt{63}}{2} + \frac{1}{2}\arcsin\frac{1}{8}. \blacksquare$$

4. 对于一个给定的累次积分, 怎么确定其所对应的积分区域?

答　问题的关键是弄清楚积分区域. 一般地说, 若给定二次积分 $\int_a^b \mathrm{d}x \int_{\varphi(x)}^{\psi(x)} f(x,y)\mathrm{d}y$,
则表明积分区域就是由四条曲线 $x=a, x=b, y=\varphi(x), y=\psi(x)$ 所围成的区域, 多数情形
即不等式组 $\begin{cases} a \leqslant x \leqslant b, \\ \varphi(x) \leqslant y \leqslant \psi(x) \end{cases}$ 所确定的平面区域, 其左侧边界为 $x=a$ 的一部分, 右侧边
界为 $x=b$ 的一部分, 上侧边界为 $y=\psi(x)$ 位于区间 $[a,b]$ 的一部分, 下侧边界是
$y=\varphi(x)$ 位于区间 $[a,b]$ 的一部分. 只要画出这四条曲线, 其所围成的区域就是积分区
域. 当然, 偶尔会出现非标准形式, 即在区间 $[a,b]$ 上, $\varphi(x) \leqslant y \leqslant \psi(x)$ 并不总是成立,
此时可参考前面的 2.

对于三次积分 $\int_a^b \mathrm{d}x \int_{y_1(x)}^{y_2(x)} \mathrm{d}y \int_{z_1(x,y)}^{z_2(x,y)} f(x,y,z)\mathrm{d}z$, 其对应的积分区域 Ω 在 xOy 平面上的投
影区域 D 由不等式组 $\begin{cases} a \leqslant x \leqslant b, \\ y_1(x) \leqslant y \leqslant y_2(x) \end{cases}$ 确定, Ω 的位于下侧的边界曲面方程为 $z=z_1(x,y)$,
位于上侧的边界曲面方程为 $z=z_2(x,y)$. 由此即可知, Ω 实际上就是由四个柱面
$x=a, x=b, y=y_1(x), y=y_2(x)$ 所围成的柱体中以 $z=z_1(x,y)$ 为底、$z=z_2(x,y)$ 为顶的那一
部分区域.

对于柱面坐标系下的三次积分 $\int_\alpha^\beta \mathrm{d}\varphi \int_{\rho_1(\varphi)}^{\rho_2(\varphi)} \rho\mathrm{d}\rho \int_{z_1(\varphi,\rho)}^{z_2(\varphi,\rho)} f(\rho\cos\varphi, \rho\sin\varphi, z)\mathrm{d}z$, 其对应
的积分区域 Ω 在 xOy 平面上的投影区域 D 由极坐标不等式组 $\begin{cases} \alpha \leqslant \varphi \leqslant \beta, \\ \rho_1(\varphi) \leqslant \rho \leqslant \rho_2(\varphi) \end{cases}$ 确定,
它由两条射线 $\varphi=\alpha, \varphi=\beta$ 和两条曲线 $\rho=\rho_1(\varphi), \rho=\rho_2(\varphi)$ 所围成; Ω 的位于下侧的边界
曲面方程为 $z=z_1(\varphi,\rho)$, 位于上侧的边界曲面方程为 $z=z_2(\varphi,\rho)$. 由此即可知, Ω 实际
上就是由四个柱面 $\varphi=\alpha, \varphi=\beta, \rho=\rho_1(\varphi), \rho=\rho_2(\varphi)$ 所围成的柱体中以 $z=z_1(\varphi,\rho)$ 为底、
$z=z_2(\varphi,\rho)$ 为顶的那一部分区域.

对于球面坐标系下的三次积分 $\int_\alpha^\beta \mathrm{d}\varphi \int_{\theta_1(\varphi)}^{\theta_2(\varphi)} \sin\theta\mathrm{d}\theta \int_{r_1(\varphi,\theta)}^{r_2(\varphi,\theta)} f(r\sin\theta\cos\varphi, r\sin\theta\sin\varphi,$
$r\cos\theta)r^2\mathrm{d}r$, 其对应的积分区域 Ω 的把握稍微会难一些. 一般地, 可以先根据方程 $r=$
$r_1(\varphi,\theta)$ 和 $r=r_2(\varphi,\theta)$ 确定围成区域 Ω 的是怎样的两个曲面, 再根据条件 $\alpha \leqslant \varphi \leqslant \beta, \theta_1(\varphi) \leqslant$
$\theta \leqslant \theta_2(\varphi)$ 确定区域 Ω 究竟是怎样的区域. 比如, 对三次积分 $\int_0^\pi \mathrm{d}\varphi \int_{\frac{\pi}{4}}^{\frac{\pi}{2}} \mathrm{d}\theta \int_{\cot\theta\csc\theta}^{\sqrt{2}} r^4\sin^3\theta\mathrm{d}r$

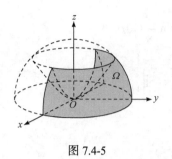

图 7.4-5

而言, 变量 r 的上下限对应的两个曲面 $r=\sqrt{2}$ 与 $r=\cot\theta \cdot \csc\theta$ 分别表示球面 $x^2+y^2+z^2=2$ 和抛物面 $z=x^2+y^2$, 再由 $0\leqslant\varphi\leqslant\pi$ 知, 所围成的区域在半空间 $y\geqslant0$, 又由 $\dfrac{\pi}{4}\leqslant\theta\leqslant\dfrac{\pi}{2}$ 知, Ω 在上半空间 $z\geqslant0$. 注意到球面与抛物面的交线恰好在圆锥面 $\theta=\dfrac{\pi}{4}$ 上, 因此最终可知 Ω 是如图7.4-5 那样的空间区域.■

5. 如何把三重积分 $\iiint\limits_{\Omega}f(x,y,z)\mathrm{d}x\mathrm{d}y\mathrm{d}z$ 转化为球面坐标下的累次积分?

答　下面说说在把三重积分转化为球面坐标下的累次积分时如何确定积分变量 φ,θ,r 的积分限. 如图 7.4-6 所示, 首先, 把 Ω 投影在 xOy 平面上得到平面区域 D, 其极角区间 $[\alpha,\beta]$ 给出了变量 φ 的积分上限 β 和积分下限 α; 其次, 选定一个角 $\varphi\in[\alpha,\beta]$, 作一个以 z 轴为边界的极角为 φ 的半平面 π, 它截 Ω 得一个截面 π_{φ}, 当正 z 轴沿 π_{φ} 旋转扫描时, 最先碰到 π_{φ} 时扫过的角度为 $\theta_1(\varphi)$, 最后碰到 π_{φ} 时扫过的角度为 $\theta_2(\varphi)$, 则给出了变量 θ 的积分上限 $\theta_2(\varphi)$ 和积分下限 $\theta_1(\varphi)$; 此时, 确定变量 θ 的积分上、下限的两条射线把 π_{φ} 的边界线分成离原点比较近的一段(其方程为 $r=r_1(\varphi,\theta)$)和离原点比较远的一段(其方程为 $r=r_2(\varphi,\theta)$), $r_1(\varphi,\theta)$ 即为变量 r 的积分下限, $r_2(\varphi,\theta)$ 即为变量 r 的积分上限. 于是区域 Ω 可以表示为

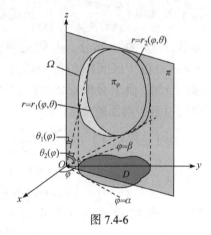

图 7.4-6

$$\Omega=\left\{(\varphi,\theta,r)\,\middle|\,\alpha\leqslant\varphi\leqslant\beta,\theta_1(\varphi)\leqslant\theta\leqslant\theta_2(\varphi),r_1(\varphi,\theta)\leqslant r\leqslant r_2(\varphi,\theta)\right\}.$$

从而有

$$\iiint\limits_{\Omega}f(x,y,z)\mathrm{d}x\mathrm{d}y\mathrm{d}z=\int_{\alpha}^{\beta}\mathrm{d}\varphi\int_{\theta_1(\varphi)}^{\theta_2(\varphi)}\sin\theta\mathrm{d}\theta\int_{r_1(\varphi,\theta)}^{r_2(\varphi,\theta)}f(r\sin\theta\cos\varphi,r\sin\theta\sin\varphi,r\cos\theta)r^2\mathrm{d}r.$$

当然, 在上述过程中最重要的一点是对区域 Ω 本身的把握, 没有这个基础, 上述过程也难以完成. 特别需要注意的是, 此时体积元素是 $r^2\sin\theta\mathrm{d}r\mathrm{d}\theta\mathrm{d}\varphi$, 这里的 $r^2\sin\theta$ 不能漏掉.

以上是用球面坐标计算三重积分的最重要的一种累次积分. 当然, 也可以用其他次序的球面坐标下的累次积分来计算, 这里不再赘述.

下面用一个具体例子来说明一下上述过程的具体实施.

把积分 $\iiint\limits_{\Omega}f(x,y,z)\mathrm{d}x\mathrm{d}y\mathrm{d}z$ 化为球面坐标系下的三次积分, 其中 Ω 是由曲面 $x^2+y^2+z^2=2z$ 与 $z=\sqrt{2(x^2+y^2)}$ 所围成的含有 z 轴的那部分区域.

由于 $x^2 + y^2 + z^2 = 2z$ 是个中心在 $(0,0,1)$，半径为 1 的球面，而 $z = \sqrt{2(x^2 + y^2)}$ 是个以 z 轴为对称轴、半顶角为 $\arctan \dfrac{\sqrt{2}}{2}$ 的圆锥面，两者的交线位于平面 $z = \dfrac{4}{3}$ 上，已经在球心 $(0,0,1)$ 的上方，因此区域 Ω 的图形如图 7.4-7 所示，其在 xOy 平面上的投影区域为 $D: x^2 + y^2 \leqslant \dfrac{8}{9}$．由此可知，极角 φ 的取值范围为 $[0, 2\pi]$；而对于任一 $\varphi \in [0, 2\pi]$，半平面 π 在区域 Ω 的截面 π_φ 是一个角型平面区域，如图 7.4-8 所示，在这个角型平面区域上，θ 最小值在正 z 轴上取得，为 0，最大值在圆锥面的母线上取得，为 $\arctan \dfrac{\sqrt{2}}{2}$；在 π_φ 上，除了前面提到的两条边界射线外，离原点最近的边界就是原点本身，最远的边界是球面上的一段弧，其球面坐标方程为 $r = 2\cos\theta$，因此在 π_φ 上，$0 \leqslant r \leqslant 2\cos\theta$．故 Ω 可表示为

$$\Omega = \left\{ (r, \theta, \varphi) \,\middle|\, 0 \leqslant \varphi \leqslant 2\pi, 0 \leqslant \theta \leqslant \arctan \frac{\sqrt{2}}{2}, 0 \leqslant r \leqslant 2\cos\theta \right\}.$$

从而

$$\iiint\limits_{\Omega} f(x, y, z)\,\mathrm{d}x\mathrm{d}y\mathrm{d}z = \int_0^{2\pi} \mathrm{d}\varphi \int_0^{\arctan \frac{\sqrt{2}}{2}} \sin\theta\,\mathrm{d}\theta \int_0^{2\cos\theta} f(r\sin\theta\cos\varphi, r\sin\theta\sin\varphi, r\cos\theta) r^2\,\mathrm{d}r. \blacksquare$$

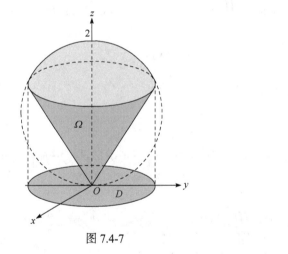

图 7.4-7

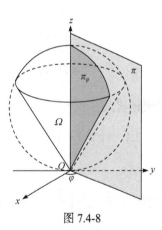

图 7.4-8

6. 在第一型积分的计算中，如何利用积分区域和函数形式的对称性来简化计算？

答　这是一个很大的问题，我们在 7.3.1 节中很详细地讨论了这个问题，请仔细阅读那一节内容，这里就不再赘述了．$\blacksquare$

7.5　典型错误辨析

7.5.1　错误地使用对称性

例 7.5.1.1　计算二重积分 $\displaystyle\iint\limits_{D} \mathrm{e}^{x+y}\,\mathrm{d}x\mathrm{d}y$，其中 $D = \left\{ (x, y) \,\middle|\, |x| + |y| \leqslant 1 \right\}$.

错误解法　记 D 的位于第一象限的部分为 D_1，由于区域 D 关于两条坐标轴都对称，故

$$\iint_D e^{x+y}dxdy = 4\iint_{D_1} e^{x+y}dxdy = 4\int_0^1 dx\int_0^{1-x} e^{x+y}dy = 4\int_0^1 (e - e^x)dx = 4.$$

解析　这里的错误是滥用了对称性. 使用对称性简化积分计算时，不能只考虑积分区域的对称性，还要考虑被积函数在对称点处的函数值是否相等或相反. 本题中尽管区域 D 关于两条坐标轴都对称，但是被积函数在对称点处的函数值既不相等，也不相反，因此这里要谨慎利用对称性来简化计算，实际上函数在各个象限部分区域上的积分是互不相等的，因此积分值并不等于第一象限部分积分的四倍.

正确解法一　记 D 的位于 y 轴左边的部分为 D_1，位于 y 轴右边的部分为 D_2，则

$$D_1 = \{(x,y)|-1\leqslant x \leqslant 0, -x-1\leqslant y \leqslant x+1\},\quad D_2 = \{(x,y)|0\leqslant x \leqslant 1, x-1\leqslant y \leqslant -x+1\}.$$

因此，

$$\iint_D e^{x+y}dxdy = \int_{-1}^0 dx\int_{-x-1}^{x+1} e^{x+y}dy + \int_0^1 dx\int_{x-1}^{1-x} e^{x+y}dy$$

$$= \int_{-1}^0 (e^{2x+1} - e^{-1})dx + \int_0^1 (e - e^{2x-1})dx = e - e^{-1}.$$

正确解法二　记 D 的位于 x 轴上方的部分为 D'，位于第一象限的部分为 D_1，则

$$\iint_D e^{x+y}dxdy = \iint_{D'} (e^{x+y} + e^{x-y})dxdy = \iint_{D_1} (e^{x+y} + e^{x-y} + e^{-x+y} + e^{-x-y})dxdy$$

$$= \int_0^1 dx\int_0^{1-x} (e^{x+y} + e^{x-y} + e^{-x+y} + e^{-x-y})dy$$

$$= \int_0^1 (e - e^{-1} - e^{2x-1} + e^{1-2x})dx = e - e^{-1}.\blacksquare$$

7.5.2　错误地代入

例 7.5.2.1　计算 $I = \iiint_\Omega (x^2 + y^2 + z^2)^2 dV$，其中 Ω 是由 $x^2 + y^2 + z^2 = R^2$ 所围成的空间区域.

错误解法　$I = \iiint_\Omega (x^2 + y^2 + z^2)^2 dV = \iiint_\Omega R^4 dV = R^4\iiint_\Omega dV = R^4 \cdot \frac{4}{3}\pi R^3 = \frac{4}{3}\pi R^7.$

解析　这里的错误在于把被积函数中的 $x^2 + y^2 + z^2$ 直接替换成了 R^2. Ω 是个空间区域，实际上是个球体，只有在 Ω 的表面才有 $x^2 + y^2 + z^2 = R^2$，而在内部却是 $x^2 + y^2 + z^2 < R^2$. 因此在 Ω 上做三重积分时就不可以把边界上才成立的条件代入到整个区域上去. 空间的三维区域、平面上的二维区域和直线上的区间都是用不等式表示的，因此定积分、二重积分和三重积分都不能把边界条件代入被积表达式. 只有曲线积分和曲面积分才可以用方程代入被积表达式，因为曲线和曲面都是用等式表示的.

正确解法　采用球面坐标，则有

$$I = \int_0^{2\pi} d\varphi\int_0^\pi \sin\theta d\theta\int_0^R r^4 \cdot r^2 dr = 2\pi \cdot 2 \cdot \frac{1}{7}R^7 = \frac{4}{7}\pi R^7.\blacksquare$$

7.5.3　不注意积分上下限的大小关系

例 7.5.3.1　交换二次积分 $\int_0^1 dx \int_x^{x^2} f(x,y)dy$ 的积分次序.

错误解法　$\int_0^1 dx \int_x^{x^2} f(x,y)dy = \int_0^1 dy \int_y^{\sqrt{y}} f(x,y)dx.$

解析　这里没有注意到在区间 $[0,1]$ 上，$x^2 \leqslant x$. 把一个重积分化成累次积分时，要注意积分下限小于积分上限，这样解题才不容易出问题. 而对于交换积分次序这类的题目，要养成先检查积分上下限的大小关系的习惯.

正确解法　$\int_0^1 dx \int_x^{x^2} f(x,y)dy = -\int_0^1 dx \int_{x^2}^x f(x,y)dy = -\int_0^1 dy \int_y^{\sqrt{y}} f(x,y)dx.$ ■

7.5.4　混淆了弧长元素 ds 与面积元素 dS，也混淆了两种积分

例 7.5.4.1　设 Σ 是以 $\Gamma: x^2 + y^2 = R^2$ 为边界的上半球面 $z = \sqrt{R^2 - x^2 - y^2}$，试计算积分 $\iint\limits_\Sigma (x^2 + y^2)dS.$

错误解法　由于 Γ 有参数方程 $x = R\cos\theta, y = R\sin\theta(0 \leqslant \theta \leqslant 2\pi)$. 故

$$dS = \sqrt{x'^2(\theta) + y'^2(\theta)}d\theta = \sqrt{(-R\sin\theta)^2 + (R\cos\theta)^2}d\theta = Rd\theta.$$

因此

$$\iint\limits_\Sigma (x^2 + y^2)dS = \int_0^{2\pi} R^2 \cdot Rd\theta = 2\pi R^3.$$

解析　这里的错误首先是混淆了弧长元素 ds 与面积元素 dS，其次是把关于面积的曲面积分理解成了关于弧长的曲线积分. 弧长元素 ds 与面积元素 dS 是完全不同的两个对象，为了区分，印刷体用了字母的大小写，但是手写体就不那么容易区分了. 但是本题因为有两个积分号并列，因此是曲面积分，不是曲线积分.

正确解法　由于曲面 Σ 的方程为 $z = \sqrt{R^2 - x^2 - y^2}$，因此

$$z_x = \frac{-x}{\sqrt{R^2 - x^2 - y^2}}, \quad z_y = \frac{-y}{\sqrt{R^2 - x^2 - y^2}}.$$

从而

$$dS = \sqrt{1 + z_x^2 + z_y^2}dxdy = \sqrt{1 + \left(\frac{-x}{\sqrt{R^2 - x^2 - y^2}}\right)^2 + \left(\frac{-y}{\sqrt{R^2 - x^2 - y^2}}\right)^2}dxdy = \frac{Rdxdy}{\sqrt{R^2 - x^2 - y^2}},$$

又 Σ 在 xOy 平面上的投影区域为 $D: x^2 + y^2 \leqslant R^2$. 因此

$$\iint\limits_\Sigma (x^2 + y^2)dS = \iint\limits_D \frac{R(x^2 + y^2)dxdy}{\sqrt{R^2 - x^2 - y^2}} = R\int_0^{2\pi}d\varphi\int_0^R \frac{\rho^2 \cdot \rho d\rho}{\sqrt{R^2 - \rho^2}}$$

$$\xlongequal{\rho = R\sin\theta} 2\pi R\int_0^{\frac{\pi}{2}} \frac{R^3\sin^3\theta \cdot R\cos\theta d\theta}{R\cos\theta} = 2\pi R^4\int_0^{\frac{\pi}{2}}\sin^3\theta d\theta = 2\pi R^4 \cdot \frac{2}{3} = \frac{4}{3}\pi R^4.$$ ■

7.6　例 题 选 讲

选例 7.6.1　记 $D=[a,b]\times[c,d]\,(a<b,c<d)$. 设函数 $f(x,y)$ 在 D 上有连续的二阶偏导数, 则

(1) $\displaystyle\iint_D \frac{\partial^2 f}{\partial x\partial y}\mathrm{d}x\mathrm{d}y = \iint_D \frac{\partial^2 f}{\partial y\partial x}\mathrm{d}x\mathrm{d}y$;

(2) 在 D 上恒有 $\dfrac{\partial^2 f}{\partial x\partial y}=\dfrac{\partial^2 f}{\partial y\partial x}$.

思路　对于(1), 直接计算即可证得; 对于(2), 只需证明 $\dfrac{\partial^2 f}{\partial x\partial y}-\dfrac{\partial^2 f}{\partial y\partial x}\equiv 0$. 利用二阶偏导数的连续性和(1)的结论于任意小的矩形邻域, 反证法将是很好的工具.

证明　(1) 直接化成累次积分计算可得

$$\iint_D \frac{\partial^2 f}{\partial x\partial y}\mathrm{d}x\mathrm{d}y = \int_a^b \mathrm{d}x \int_c^d \frac{\partial^2 f}{\partial x\partial y}\mathrm{d}y = \int_a^b [f_x(x,d)-f_x(x,c)]\mathrm{d}x$$
$$= f(b,d)-f(a,d)+f(a,c)-f(b,c),$$
$$\iint_D \frac{\partial^2 f}{\partial y\partial x}\mathrm{d}x\mathrm{d}y = \int_c^d \mathrm{d}y \int_a^b \frac{\partial^2 f}{\partial y\partial x}\mathrm{d}x = \int_c^d [f_y(b,y)-f_y(a,y)]\mathrm{d}y$$
$$= f(b,d)-f(a,d)+f(a,c)-f(b,c),$$

可见

$$\iint_D \frac{\partial^2 f}{\partial x\partial y}\mathrm{d}x\mathrm{d}y = \iint_D \frac{\partial^2 f}{\partial y\partial x}\mathrm{d}x\mathrm{d}y.$$

(2) 令 $F(x,y)=\dfrac{\partial^2 f}{\partial x\partial y}-\dfrac{\partial^2 f}{\partial y\partial x}$, 则 $F(x,y)$ 为区域 D 上的连续函数. 若在 D 上 $F(x,y)\neq 0$, 则存在一点 $(x_0,y_0)\in D$ 使得 $F(x_0,y_0)=A\neq 0$. 不妨设 $A>0$, 则由 $F(x,y)$ 在区域 D 上的连续性可知, 存在常数 $a'<b',c'<d'$ 使得 $(x_0,y_0)\in [a',b']\times[c',d']\subset D$, 且在 $D'=[a',b']\times[c',d']$ 上恒有 $F(x,y)>\dfrac{1}{2}A>0$. 从而

$$\iint_{D'} F(x,y)\mathrm{d}x\mathrm{d}y > \frac{1}{2}A\cdot(b'-a')(d'-c')>0.$$

但是, 由(1)容易知道

$$\iint_{D'} F(x,y)\mathrm{d}x\mathrm{d}y = \iint_{D'}\left[\frac{\partial^2 f}{\partial x\partial y}-\frac{\partial^2 f}{\partial y\partial x}\right]\mathrm{d}x\mathrm{d}y = \iint_{D'}\frac{\partial^2 f}{\partial x\partial y}\mathrm{d}x\mathrm{d}y - \iint_{D'}\frac{\partial^2 f}{\partial y\partial x}\mathrm{d}x\mathrm{d}y = 0,$$

矛盾! 故在 D 上恒有 $\dfrac{\partial^2 f}{\partial x\partial y}=\dfrac{\partial^2 f}{\partial y\partial x}$.

【注】本题的结论(2)在 D 为一般的平面区域, 且函数 $f(x,y)$ 在 D 上有连续的二阶偏导数时也是成立的. 因为对于 D 的任一内点处都有一个含于 D 内的长方形区域, 而由前面证明可知, 在这个长方形区域上(2)成立, 这表明(2)式在 D 的每个内点处都成立, 因此由二阶偏导数的连续性可知, (2)式在 D 的边界上也成立, 从而整个 D 上成立. ■

选例 7.6.2 交换下列累次积分的积分次序:

(1) $I = \displaystyle\int_0^1 \mathrm{d}x \int_{-\sqrt{2x-x^2}}^{\sqrt{2x-x^2}} f(x,y)\mathrm{d}y + \int_1^2 \mathrm{d}x \int_{-\sqrt{2x-x^2}}^{2-x} f(x,y)\mathrm{d}y;$

(2) $I = \displaystyle\int_0^1 \mathrm{d}y \int_{-\sqrt{y}}^{y} f(x,y)\mathrm{d}x + \int_1^2 \mathrm{d}y \int_{y-2}^{2-y} f(x,y)\mathrm{d}x.$

思路　首先要弄清楚积分区域, 分得清区域的上下边界和左右边界, 并能够用不等式组把它表示出来, 有必要时还知道该如何分割区域. 则交换积分次序自然就没什么问题了.

解　(1) 积分区域为(图 7.6-1)

$$D = \left\{(x,y)\Big| 0 \leqslant x \leqslant 1, -\sqrt{2x-x^2} \leqslant y \leqslant \sqrt{2x-x^2}\right\} + \left\{(x,y)\Big| 1 \leqslant x \leqslant 2, -\sqrt{2x-x^2} \leqslant y \leqslant 2-x\right\}$$

$$= \left\{(x,y)\Big| -1 \leqslant y \leqslant 0, 1-\sqrt{1-y^2} \leqslant x \leqslant 1+\sqrt{1-y^2}\right\} + \left\{(x,y)\Big| 0 \leqslant y \leqslant 1, 1-\sqrt{1-y^2} \leqslant x \leqslant 2-y\right\},$$

因此, 交换积分次序可得

$$I = \int_{-1}^0 \mathrm{d}y \int_{1-\sqrt{1-y^2}}^{1+\sqrt{1-y^2}} f(x,y)\mathrm{d}x + \int_0^1 \mathrm{d}y \int_{1-\sqrt{1-y^2}}^{2-y} f(x,y)\mathrm{d}x.$$

(2) 积分区域为(图 7.6-2)

$$D = \left\{(x,y)\Big| 0 \leqslant y \leqslant 1, -\sqrt{y} \leqslant x \leqslant y\right\} + \left\{(x,y)\big| 1 \leqslant y \leqslant 2, y-2 \leqslant x \leqslant 2-y\right\}$$

$$= \left\{(x,y)\big| -1 \leqslant x \leqslant 0, x^2 \leqslant y \leqslant 2+x\right\} + \left\{(x,y)\big| 0 \leqslant x \leqslant 1, x \leqslant y \leqslant 2-x\right\},$$

因此交换积分次序可得

$$I = \int_{-1}^0 \mathrm{d}x \int_{x^2}^{2+x} f(x,y)\mathrm{d}y + \int_0^1 \mathrm{d}x \int_{x}^{2-x} f(x,y)\mathrm{d}y. ■$$

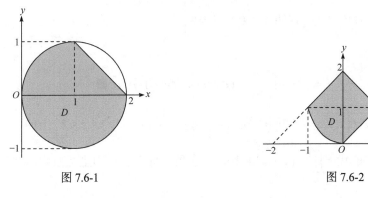

图 7.6-1　　　　　　　　　　　　　　　图 7.6-2

选例 7.6.3 把下列直角坐标系下的二次积分转化为极坐标系下的二次积分:

(1) $\quad I = \int_0^{\frac{3}{4}} dx \int_{\sqrt{x-x^2}}^{\sqrt{2x-x^2}} f(x,y) dy + \int_{\frac{3}{4}}^{\frac{3}{2}} dx \int_{\frac{x}{\sqrt{3}}}^{\sqrt{2x-x^2}} f(x,y) dy;$

(2) $\quad I = \int_0^1 dx \int_0^{1-\sqrt{1-x^2}} f(x,y) dy + \int_1^2 dx \int_0^{\sqrt{2x-x^2}} f(x,y) dy.$

思路 首先弄清楚积分区域, 把区域的边界的极坐标方程写出来, 从而可知积分区域在极坐标系下的不等式表示, 也就可以写出所需的累次积分了.

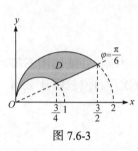

图 7.6-3

解 (1) 由于曲线 $y = \sqrt{x-x^2}, y = \sqrt{2x-x^2}$ 都是上半圆周, 而 $y = \dfrac{x}{\sqrt{3}}$ 是倾角为 $\dfrac{\pi}{6}$ 的直线, 它们的交点分别为 $\left(\dfrac{3}{4}, \dfrac{\sqrt{3}}{4}\right)$ 和 $\left(\dfrac{3}{2}, \dfrac{\sqrt{3}}{2}\right)$, 它们的极坐标方程分别为 $\rho = \cos\varphi, \rho = 2\cos\varphi, \varphi = \dfrac{\pi}{6}$. 因此积分区域为(图 7.6-3)

$$D = \left\{(x,y)\,\middle|\,0 \leqslant x \leqslant \frac{3}{4}, \sqrt{x-x^2} \leqslant y \leqslant \sqrt{2x-x^2}\right\} + \left\{(x,y)\,\middle|\,\frac{3}{4} \leqslant x \leqslant \frac{3}{2}, \frac{x}{\sqrt{3}} \leqslant y \leqslant \sqrt{2x-x^2}\right\}$$

$$= \left\{(\rho,\varphi)\,\middle|\,\frac{\pi}{6} \leqslant \varphi \leqslant \frac{\pi}{2}, \cos\varphi \leqslant \rho \leqslant 2\cos\varphi\right\},$$

故有

$$I = \int_{\frac{\pi}{6}}^{\frac{\pi}{2}} d\varphi \int_{\cos\varphi}^{2\cos\varphi} f(\rho\cos\varphi, \rho\sin\varphi) \cdot \rho d\rho.$$

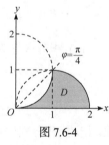

图 7.6-4

(2) 由于曲线 $y = 1-\sqrt{1-x^2}, y = \sqrt{2x-x^2}$ 都是圆弧, 它们的交点为 $(1,1)$, 它们的极坐标方程分别为 $\rho = 2\sin\varphi, \rho = 2\cos\varphi$, 因此积分区域为(图 7.6-4)

$$D = \left\{(x,y)\,\middle|\,0 \leqslant x \leqslant 1, 1 \leqslant y \leqslant 1-\sqrt{1-x^2}\right\} + \left\{(x,y)\,\middle|\,1 \leqslant x \leqslant 2, 0 \leqslant y \leqslant \sqrt{2x-x^2}\right\}$$

$$= \left\{(\rho,\varphi)\,\middle|\,0 \leqslant \varphi \leqslant \frac{\pi}{4}, 2\sin\varphi \leqslant \rho \leqslant 2\cos\varphi\right\},$$

故有

$$I = \int_0^{\frac{\pi}{4}} d\varphi \int_{2\sin\varphi}^{2\cos\varphi} f(\rho\cos\varphi, \rho\sin\varphi) \cdot \rho d\rho. \blacksquare$$

选例 7.6.4 设 $f(x,y,z)$ 是空间区域 $\Omega = \left\{(x,y,z)\,\middle|\,\dfrac{1}{2}(x^2+y^2) \leqslant z \leqslant 2\right\}$ 上的一个连续函数, 试分别写出三重积分 $\iiint\limits_{\Omega} f(x,y,z) dx dy dz$ 在直角坐标系、柱面坐标系和球面坐标系下的一个三次积分式.

思路 首先要充分了解积分区域 Ω, 弄清楚它在 xOy 平面上的投影区域 D、Ω 的上下两侧曲面的柱面坐标方程、Ω 的各个部分表面的球面坐标方程, 以及需不需要对 Ω 进行分块处理等等. 这一切弄清楚了, 自然就可以用对应的不等式来表示区域 Ω, 各种坐标系下的三次积分式自然就可以写出来了.

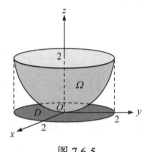

图 7.6-5

解 (1) 直角坐标系情形. 由于曲面 $z = \dfrac{1}{2}(x^2 + y^2)$ 与 $z = 2$ 的交线是平面 $z = 2$ 上的一个圆周 $\begin{cases} x^2 + y^2 = 4, \\ z = 2, \end{cases}$ 它也是 Ω 的最宽的部分, 因此 Ω 在 xOy 平面上的投影区域为 $D: x^2 + y^2 \leqslant 4$ (图 7.6-5). 又 Ω 的下侧边界曲面为抛物面 $z = \dfrac{1}{2}(x^2 + y^2)$, 上侧边界曲面为平面 $z = 2$, 因此有

$$\iiint\limits_{\Omega} f(x,y,z)\mathrm{d}x\mathrm{d}y\mathrm{d}z = \int_{-2}^{2} \mathrm{d}x \int_{-\sqrt{4-x^2}}^{\sqrt{4-x^2}} \mathrm{d}y \int_{\frac{1}{2}(x^2+y^2)}^{2} f(x,y,z)\mathrm{d}z.$$

(2) 柱面坐标系情形. 由于 Ω 在 xOy 平面上的投影区域为

$$D = \left\{ (x,y) \,\middle|\, x^2 + y^2 \leqslant 4 \right\} = \left\{ (\rho,\varphi) \,\middle|\, 0 \leqslant \varphi \leqslant 2\pi, 0 \leqslant \rho \leqslant 2 \right\}.$$

又 Ω 的下侧边界曲面为抛物面 $z = \dfrac{1}{2}(x^2 + y^2)$, 其柱面坐标方程为 $z = \dfrac{1}{2}\rho^2$, 上侧边界曲面为平面 $z = 2$, 因此有

$$\iiint\limits_{\Omega} f(x,y,z)\mathrm{d}x\mathrm{d}y\mathrm{d}z = \int_{0}^{2\pi} \mathrm{d}\varphi \int_{0}^{2} \rho\,\mathrm{d}\rho \int_{\frac{1}{2}\rho^2}^{2} f(\rho\cos\varphi, \rho\sin\varphi, z)\mathrm{d}z.$$

(3) 球面坐标系情形. 由于 Ω 的边界曲面由抛物面 $z = \dfrac{1}{2}(x^2 + y^2)$ 与平面 $z = 2$ 构成, 它们相交于交圆周 $\begin{cases} x^2 + y^2 = 4, \\ z = 2, \end{cases}$ 因此可以作一个圆锥面 $z = x^2 + y^2$ (其球面坐标方程为

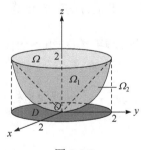

图 7.6-6

$\theta = \dfrac{\pi}{4}$)把 Ω 分成两部分: 位于该圆锥面上方的部分记为 Ω_1, 位于该圆锥面下方的部分记为 Ω_2. Ω_1 的下侧表面是圆锥面 $\theta = \dfrac{\pi}{4}$, 上侧表面是平面 $z = 2$, 其球面坐标方程为 $r = 2\sec\theta$. Ω_2 的下侧表面是抛物面, 其球面坐标方程为 $r = 2\cot\theta\csc\theta$, 上侧表面是圆锥面 $\theta = \dfrac{\pi}{4}$. Ω_1 与 Ω_2 在 xOy 平面上的投影区域均为圆盘 $D: x^2 + y^2 \leqslant 4$ (图 7.6-6). 因此有

$$\Omega_1 = \left\{ (\varphi,\theta,r) \,\middle|\, 0 \leqslant \varphi \leqslant 2\pi, 0 \leqslant \theta \leqslant \frac{\pi}{4}, 0 \leqslant r \leqslant 2\sec\theta \right\},$$

$$\Omega_2 = \left\{ (\varphi,\theta,r) \,\middle|\, 0 \leqslant \varphi \leqslant 2\pi, \frac{\pi}{4} \leqslant \theta \leqslant \frac{\pi}{2}, 0 \leqslant r \leqslant 2\cot\theta\csc\theta \right\},$$

从而有

$$\iiint\limits_{\Omega} f(x,y,z)\mathrm{d}x\mathrm{d}y\mathrm{d}z = \int_0^{2\pi}\mathrm{d}\varphi\int_0^{\frac{\pi}{4}}\sin\theta\mathrm{d}\theta\int_0^{2\sec\theta} f(r\sin\theta\cos\varphi,r\sin\theta\sin\varphi,r\cos\theta)r^2\mathrm{d}r$$

$$+ \int_0^{2\pi}\mathrm{d}\varphi\int_{\frac{\pi}{4}}^{\frac{\pi}{2}}\sin\theta\mathrm{d}\theta\int_0^{2\cot\theta\csc\theta} f(r\sin\theta\cos\varphi,r\sin\theta\sin\varphi,r\cos\theta)r^2\mathrm{d}r. \blacksquare$$

选例 7.6.5　设 $f(x,y,z)$ 为连续函数，试把直角坐标系下的三次积分 $I = \int_{-3}^3\mathrm{d}x\int_{-\sqrt{9-x^2}}^{\sqrt{9-x^2}}\mathrm{d}y\int_{\sqrt{x^2+y^2}}^{3\sqrt3} f(x,y,z)\mathrm{d}z$ 表示成柱面坐标系和球面坐标系下的三次积分.

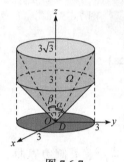
图 7.6-7

思路　关键是弄清楚积分区域 Ω，Ω 在 xOy 平面上的投影区域、Ω 的各个表面在柱面坐标系和球面坐标系下的方程以及需不需要利用积分对区域的可加性.

解　如图 7.6-7 所示，积分区域 Ω 是个陀螺型区域，其表面由三部分组成：圆锥面 $z = \sqrt{x^2+y^2}(0\leqslant z\leqslant 3)$，圆柱面 $x^2+y^2 = 9(3\leqslant z\leqslant 3\sqrt3)$ 和平面 $z = 3\sqrt3$. 而且 Ω 在 xOy 平面上的投影区域为 $D: x^2+y^2\leqslant 9$. 因此

(1) 柱面坐标情形. 由于 Ω 的下侧边界曲面的柱面坐标方程为 $z = \rho$，上侧边界曲面的柱面坐标方程为 $z = 3\sqrt3$. 且 Ω 在 xOy 平面上的投影区域为 $D = \{(\rho,\varphi)\,|\,0\leqslant\varphi\leqslant 2\pi,\ 0\leqslant\rho\leqslant 3\}$. 故有

$$I = \int_0^{2\pi}\mathrm{d}\varphi\int_0^3\rho\mathrm{d}\rho\int_\rho^{3\sqrt3} f(\rho\cos\varphi,\rho\sin\varphi,z)\mathrm{d}z.$$

(2) 如图 7.6-7 所示，作一个半顶角为 $\beta = \dfrac{\pi}{6}$ 的圆锥面 $\Sigma: z = \sqrt{3(x^2+y^2)}$，它与 Ω 的边界曲面相交于圆周 $\begin{cases} x^2+y^2 = 27, \\ z = 3\sqrt3. \end{cases}$ 此时，Σ 把 Ω 分成两部分，位于 Σ 上方的部分记为 Ω_1，位于 Σ 下方的部分记为 Ω_2，它们在 xOy 平面上的投影区域均为 $D = \{(\rho,\varphi)\,|\,0\leqslant\varphi\leqslant 2\pi,0\leqslant\rho\leqslant 3\}$. 平面 $z = 3\sqrt3$ 的球面坐标方程为 $r = 3\sqrt3\sec\theta$，圆柱面 $x^2+y^2 = 9$ 的球面坐标方程为 $r = 3\csc\theta$，Σ 的球面坐标方程为 $\theta = \dfrac{\pi}{6}$，圆锥面 $z = \sqrt{x^2+y^2}$ 的球面坐标方程为 $\theta = \dfrac{\pi}{4}$. 因此在球面坐标系下，Ω_1 与 Ω_2 可分别表示为

$$\Omega_1 = \left\{(\varphi,\theta,r)\,\middle|\,0\leqslant\varphi\leqslant 2\pi,0\leqslant\theta\leqslant\frac{\pi}{6},0\leqslant r\leqslant 3\sqrt3\sec\theta\right\},$$

$$\Omega_2 = \left\{(\varphi,\theta,r)\,\middle|\,0\leqslant\varphi\leqslant 2\pi,\frac{\pi}{6}\leqslant\theta\leqslant\frac{\pi}{4},0\leqslant r\leqslant 3\csc\theta\right\}.$$

于是有

$$I = \int_0^{2\pi} d\varphi \int_0^{\frac{\pi}{6}} \sin\theta d\theta \int_0^{3\sqrt{3}\sec\theta} f(r\sin\theta\cos\varphi, r\sin\theta\sin\varphi, r\cos\theta) r^2 dr$$

$$+ \int_0^{2\pi} d\varphi \int_{\frac{\pi}{6}}^{\frac{\pi}{4}} \sin\theta d\theta \int_0^{3\csc\theta} f(r\sin\theta\cos\varphi, r\sin\theta\sin\varphi, r\cos\theta) r^2 dr. \blacksquare$$

选例 7.6.6　求下列极限:

(1)　$\displaystyle\lim_{n\to\infty} \frac{1}{n^2} \sum_{i=1}^n \sum_{j=1}^n \sin\left(\frac{i+j}{n}\right).$　　　　(2)　$\displaystyle\lim_{n\to\infty} \frac{1}{n^3} \sum_{i=1}^n \sum_{j=1}^n \sum_{k=1}^n \cos\left(\frac{i+2j+3k}{n}\right).$

思路　(1) 是一个二重积分的积分和的极限, (2) 是一个三重积分的积分和的极限.

解　(1) 把正方形 $D = \left\{(x,y) \big| 0 \leqslant x \leqslant 1, 0 \leqslant y \leqslant 1\right\}$ 用两组直线 $x = \dfrac{i}{n}(0 \leqslant i \leqslant n)$ 和 $y = \dfrac{j}{n}$

$(0 \leqslant j \leqslant n)$ 分割成 n^2 个小正方形, 记由四条直线 $x = \dfrac{i-1}{n}, x = \dfrac{i}{n}, y = \dfrac{j-1}{n}, y = \dfrac{j}{n}$ 所围成的小

正方形区域为 $\Delta_{i,j}(1 \leqslant i, j \leqslant n)$, 其面积均为 $\dfrac{1}{n^2}$, 直径均为 $\dfrac{\sqrt{2}}{n}$. 在区域 $\Delta_{i,j}$ 取一个点

$(\xi_{i,j}, \eta_{i,j}) = \left(\dfrac{i}{n}, \dfrac{j}{n}\right)$, 由于函数 $\sin(x+y)$ 在 D 上连续, 因此 $\sin(x+y)$ 在 D 上二重积分存

在, 且有

$$\iint\limits_D \sin(x+y) dx dy = \lim_{\lambda\to 0} \sum_{i,j=1}^n \sin(\xi_{i,j} + \eta_{i,j}) \cdot \mu(\Delta_{i,j}) = \lim_{n\to\infty} \frac{1}{n^2} \sum_{i=1}^n \sum_{j=1}^n \sin\left(\frac{i+j}{n}\right).$$

因此

$$\lim_{n\to\infty} \frac{1}{n^2} \sum_{i=1}^n \sum_{j=1}^n \sin\left(\frac{i+j}{n}\right) = \iint\limits_D \sin(x+y) dx dy = \int_0^1 dx \int_0^1 \sin(x+y) dy$$

$$= \int_0^1 (\cos x - \cos(x+1)) dx = 2\sin 1 - \sin 2.$$

(2) 把正方体 $\Omega = \left\{(x,y,z) \big| 0 \leqslant x \leqslant 1, 0 \leqslant y \leqslant 1, 0 \leqslant z \leqslant 1\right\}$ 用三组平面

$$x = \frac{i}{n}(0 \leqslant i \leqslant n), \quad y = \frac{j}{n}(0 \leqslant j \leqslant n) \quad \text{和} \quad z = \frac{k}{n}(0 \leqslant k \leqslant n)$$

分割成 n^3 个小正方体, 记由六个平面 $x = \dfrac{i-1}{n}, x = \dfrac{i}{n}, y = \dfrac{j-1}{n}, y = \dfrac{j}{n}, z = \dfrac{k-1}{n}, z = \dfrac{k}{n}$ 所围成

的小正方体区域为 $\Omega_{i,j,k}(1 \leqslant i, j, k \leqslant n)$, 其体积均为 $\mu(\Omega_{i,j,k}) = \dfrac{1}{n^3}$, 直径均为 $\dfrac{\sqrt{3}}{n}$. 在每个

区域 $\Omega_{i,j,k}$ 上取一个点 $(\xi_{i,j,k}, \eta_{i,j,k}, \zeta_{i,j,k}) = \left(\dfrac{i}{n}, \dfrac{j}{n}, \dfrac{k}{n}\right)$, 由于函数 $\cos(x+2y+3z)$ 在 Ω 上连

续, 因此 $\cos(x+2y+3z)$ 在 Ω 上三重积分存在, 且有

$$\iiint\limits_\Omega \cos(x+2y+3z) dx dy dz = \lim_{n\to\infty} \sum_{i=1}^n \sum_{j=1}^n \sum_{k=1}^n \cos\left(\frac{i}{n} + \frac{2j}{n} + \frac{3k}{n}\right) \cdot \frac{1}{n^3}.$$

因此

$$\lim_{n\to\infty}\frac{1}{n^3}\sum_{i=1}^{n}\sum_{j=1}^{n}\sum_{k=1}^{n}\cos\left(\frac{i+2j+3k}{n}\right)=\iiint\limits_{\Omega}\cos(x+2y+3z)\mathrm{d}x\mathrm{d}y\mathrm{d}z$$

$$=\int_0^1\mathrm{d}x\int_0^1\mathrm{d}y\int_0^1\cos(x+2y+3z)\mathrm{d}z$$

$$=\frac{1}{3}\int_0^1\mathrm{d}x\int_0^1[\sin(x+2y+3)-\sin(x+2y)]\mathrm{d}y$$

$$=\frac{1}{6}\int_0^1[\cos(x+3)-\cos(x+5)+\cos(x+2)-\cos x]\mathrm{d}x$$

$$=\frac{1}{6}(-\sin6+\sin5+\sin4-\sin2-\sin1).\blacksquare$$

选例 7.6.7　计算三次积分 $I=\int_0^1\mathrm{d}x\int_0^{1-x}\mathrm{d}y\int_{x+y}^1\frac{\sin z}{z}\mathrm{d}z$.

思路　本题虽然已经把一个三重积分化成了三次积分,但是由于第一步关于 z 积分时 $\frac{\sin z}{z}$ 的原函数不是初等函数,因此第一步就走不动了! 这样就必须更换积分次序,或

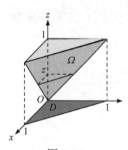

图 7.6-8

者更换坐标系来进行计算. 注意到被积函数是 z 的单变量函数 $\frac{\sin z}{z}$,因此在直角坐标系下用截面法应该是个很好的选择.

解　由所给的三次积分可知,三重积分的积分区域 Ω 在 xOy 平面上的投影区域是

$$D=\left\{(x,y)\big|0\leqslant x\leqslant1,0\leqslant y\leqslant1-x\right\},$$

Ω 的下侧边界曲面是平面 $z=x+y$,上侧边界曲面是平面 $z=1$.因此,Ω 是一个四面体(图 7.6-8).

$$\Omega=\left\{(x,y,z)\big|0\leqslant x\leqslant1,0\leqslant y\leqslant1-x,x+y\leqslant z\leqslant1\right\}=\left\{(x,y,z)\big|0\leqslant z\leqslant1,0\leqslant x\leqslant z,0\leqslant y\leqslant z-x\right\}.$$

因此有

解法一　$$I=\int_0^1\mathrm{d}z\int_0^z\mathrm{d}x\int_0^{z-x}\frac{\sin z}{z}\mathrm{d}y=\int_0^1\mathrm{d}z\int_0^z\frac{(z-x)\sin z}{z}\mathrm{d}x$$

$$=\frac{1}{2}\int_0^1z\sin z\mathrm{d}z=\frac{1}{2}[\sin z-z\cos z]\Big|_0^1=\frac{1}{2}(\sin1-\cos1).$$

解法二　由于过点 $(0,0,z)(0\leqslant z\leqslant1)$ 且垂直于 z 轴的平面截区域 Ω 所得截面 D_z 的面积为 $A(z)=\frac{1}{2}z^2$,且被积函数是 z 的单变量函数 $\frac{\sin z}{z}$,因此用截面法可得

$$I=\int_0^1\mathrm{d}z\iint\limits_{D_z}\frac{\sin z}{z}\mathrm{d}x\mathrm{d}y=\int_0^1\frac{\sin z}{z}\cdot A(z)\mathrm{d}z=\frac{1}{2}\int_0^1z\sin z\mathrm{d}z=\frac{1}{2}[\sin z-z\cos z]\Big|_0^1=\frac{1}{2}(\sin1-\cos1).\blacksquare$$

选例 7.6.8　求 $\iint\limits_{D}\operatorname{sgn}(xy-1)\mathrm{d}x\mathrm{d}y$,其中 $D=\{(x,y)\,|\,0\leqslant x\leqslant2,0\leqslant y\leqslant2\}$.

思路　这里的被积函数 $\mathrm{sgn}(xy-1)$ 在积分区域 D 上是分片定义的函数, 因此首先要确定在不同片上函数的具体值, 再利用积分对区域的可加性进行求解.

解　记 $D_2=\{(x,y)\mid 0\leqslant x\leqslant 2,0\leqslant y\leqslant 2,xy\geqslant 1\}$, 则

$$
\iint\limits_{D}\mathrm{sgn}(xy-1)\mathrm{d}x\mathrm{d}y=\iint\limits_{D_2}\mathrm{sgn}(xy-1)\mathrm{d}x\mathrm{d}y+\iint\limits_{D-D_2}\mathrm{sgn}(xy-1)\mathrm{d}x\mathrm{d}y
$$

$$
=\iint\limits_{D_2}1\mathrm{d}x\mathrm{d}y+\iint\limits_{D-D_2}(-1)\mathrm{d}x\mathrm{d}y=2\iint\limits_{D_2}1\mathrm{d}x\mathrm{d}y-\iint\limits_{D}\mathrm{d}x\mathrm{d}y
$$

$$
=2\int_{\frac{1}{2}}^{2}\mathrm{d}x\int_{\frac{1}{x}}^{2}\mathrm{d}y-4=2-4\ln 2.\blacksquare
$$

选例 7.6.9　设 D 是由不等式组 $\begin{cases}2(x^2+y^2)\leqslant x\leqslant 4(x^2+y^2),\\2(x^2+y^2)\leqslant y\leqslant 4(x^2+y^2)\end{cases}$ 所确定的平面区域, 计算二重积分 $\displaystyle\iint\limits_{D}\frac{1}{xy}\mathrm{d}x\mathrm{d}y$.

思路　注意到区域 D 的边界线都是与坐标轴相切于原点的圆弧的弧段, 其极坐标方程相对比较简单, 又 D 关于直线 $x=y$ 对称, 且被积函数 $\dfrac{1}{xy}$ 在关于直线 $x=y$ 的对称点上函数值保持相等, 因此利用极坐标和区域的对称性不难计算该积分.

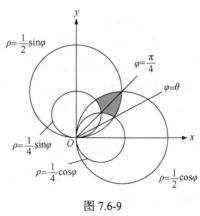

图 7.6-9

解　如图 7.6-9 所示, 积分区域 D(图中阴影部分)关于直线 $x=y$ 对称, 并且在极坐标系中它由不等式组

$$
\begin{cases}\dfrac{1}{4}\cos\varphi\leqslant\rho\leqslant\dfrac{1}{2}\cos\varphi,\\[2mm]\dfrac{1}{4}\sin\varphi\leqslant\rho\leqslant\dfrac{1}{2}\sin\varphi\end{cases}
$$

所确定, 若记 D_1 为 D 的位于射线 $\varphi=\theta$ 和 $\varphi=\dfrac{\pi}{4}$ 之间的部分(其中 θ 为圆弧 $\rho=\dfrac{1}{2}\sin\varphi$ 与 $\rho=\dfrac{1}{4}\cos\varphi$ 交点的极角, 即 $\theta=\arctan\dfrac{1}{2}$), 则有

$$
\iint\limits_{D}\frac{1}{xy}\mathrm{d}x\mathrm{d}y=2\iint\limits_{D_1}\frac{1}{xy}\mathrm{d}x\mathrm{d}y=2\int_{\theta}^{\frac{\pi}{4}}\mathrm{d}\varphi\int_{\frac{1}{4}\cos\varphi}^{\frac{1}{2}\sin\varphi}\frac{1}{\rho\cos\varphi\cdot\rho\sin\varphi}\rho\mathrm{d}\rho
$$

$$
=2\int_{\theta}^{\frac{\pi}{4}}\frac{1}{\cos\varphi\sin\varphi}\ln\rho\Big|_{\frac{1}{4}\cos\varphi}^{\frac{1}{2}\sin\varphi}\mathrm{d}\varphi=2\int_{\theta}^{\frac{\pi}{4}}\frac{1}{\cos\varphi\sin\varphi}\ln(2\tan\varphi)\mathrm{d}\varphi
$$

$$
\xlongequal{t=2\tan\varphi}2\int_{1}^{2}\frac{\ln t}{t}\mathrm{d}t=(\ln t)^2\Big|_{1}^{2}=\ln^2 2.
$$

【注】 本题在直角坐标系下计算会比较复杂, 需划分成三个小区域分别进行计算, 且

原函数也不容易得到. 因此利用极坐标是显然的选择.∎

选例 7.6.10　设 a,b 是两个正实数，$D = \left\{ (x,y) \middle| 0 \leqslant x \leqslant \dfrac{\pi}{2}, 0 \leqslant y \leqslant \min\left\{ \dfrac{a}{\cos x}, \dfrac{b}{\sin x} \right\} \right\}$.
求二重积分 $\displaystyle\iint\limits_{D} y \mathrm{d}x\mathrm{d}y$.

思路　本题的积分区域的上侧边界是连续的分段曲线，因此可以用过分段点的铅直直线把积分区域竖切成两块，再化成累次积分进行计算.

解　为方便起见，记 $\theta = \arctan\dfrac{b}{a}$，则

$$\iint\limits_{D} y\mathrm{d}x\mathrm{d}y = \int_0^{\theta} \mathrm{d}x \int_0^{\frac{a}{\cos x}} y\mathrm{d}y + \int_{\theta}^{\frac{\pi}{2}} \mathrm{d}x \int_0^{\frac{b}{\sin x}} y\mathrm{d}y = \frac{a^2}{2}\int_0^{\theta} \sec^2 x \mathrm{d}x + \frac{b^2}{2}\int_{\theta}^{\frac{\pi}{2}} \csc^2 x \mathrm{d}x$$

$$= \frac{a^2}{2}\tan x \Big|_0^{\theta} - \frac{b^2}{2}\cot x \Big|_{\theta}^{\frac{\pi}{2}} = ab.∎$$

选例 7.6.11　计算三重积分 $\displaystyle\iiint\limits_{\Omega} \frac{\mathrm{d}x\mathrm{d}y\mathrm{d}z}{(1+x^2+y^2+z^2)^2}$，其中 $\Omega = \{(x,y,z) \mid -1 \leqslant x \leqslant 1, -1 \leqslant y \leqslant 1, -1 \leqslant z \leqslant 1\}$.

思路　首先，注意到积分区域 Ω 关于三个坐标面和平面 $x=y, y=z$ 及 $z=x$ 都是对称的，且被积函数在关于这些平面的对称点处的函数值总是相等的，因此可以把积分归结为第一卦限部分区域上积分的八倍；而在第一卦限部分的积分利用截面法归结为正方形上的二重积分，再利用对称性和极坐标，可以巧妙地计算出结果来.

解　记

$$D = \left\{(x,y) \middle| 0 \leqslant x \leqslant 1, 0 \leqslant y \leqslant 1\right\}, \quad D_1 = \left\{(x,y) \middle| 0 \leqslant x \leqslant 1, 0 \leqslant y \leqslant x\right\},$$

$$\Omega_1 = \left\{(x,y,z) \middle| 0 \leqslant x \leqslant 1, 0 \leqslant y \leqslant 1, 0 \leqslant z \leqslant 1\right\}.$$

则由对称性可得

$$\iiint\limits_{\Omega} \frac{\mathrm{d}x\mathrm{d}y\mathrm{d}z}{(1+x^2+y^2+z^2)^2} = 8\iiint\limits_{\Omega_1} \frac{\mathrm{d}x\mathrm{d}y\mathrm{d}z}{(1+x^2+y^2+z^2)^2} = 8\int_0^1 \mathrm{d}z \iint\limits_{D} \frac{\mathrm{d}x\mathrm{d}y}{(1+x^2+y^2+z^2)^2}$$

$$= 16\int_0^1 \mathrm{d}z \iint\limits_{D_1} \frac{\mathrm{d}x\mathrm{d}y}{(1+x^2+y^2+z^2)^2} = 16\int_0^1 \mathrm{d}z \int_0^{\frac{\pi}{4}} \mathrm{d}\varphi \int_0^{\sec\varphi} \frac{\rho\mathrm{d}\rho}{(1+\rho^2+z^2)^2}$$

$$= 8\int_0^1 \mathrm{d}z \int_0^{\frac{\pi}{4}} \left(\frac{1}{1+z^2} - \frac{1}{1+\sec^2\varphi+z^2} \right)\mathrm{d}\varphi$$

$$= 8\int_0^{\frac{\pi}{4}} \mathrm{d}\theta \int_0^1 \frac{\mathrm{d}z}{1+z^2} - 8\int_0^1 \mathrm{d}z \int_0^{\frac{\pi}{4}} \frac{1}{1+\sec^2\varphi+z^2}\mathrm{d}\varphi$$

$$= 8 \cdot \frac{\pi}{4} \cdot \arctan z \Big|_0^1 - 8\int_0^1 \mathrm{d}z \int_0^{\frac{\pi}{4}} \frac{1}{1+\sec^2\varphi+z^2}\mathrm{d}\varphi$$

$$\xlongequal{z=\tan t} \frac{\pi^2}{2} - 8\int_0^{\frac{\pi}{4}} \mathrm{d}t \int_0^{\frac{\pi}{4}} \frac{\sec^2 t}{\sec^2 t + \sec^2\varphi}\mathrm{d}\varphi = \frac{\pi^2}{2} - 4\int_0^{\frac{\pi}{4}} \mathrm{d}t \int_0^{\frac{\pi}{4}} \frac{\sec^2 t + \sec^2\varphi}{\sec^2 t + \sec^2\varphi}\mathrm{d}\varphi = \frac{\pi^2}{4}.∎$$

选例 7.6.12 设 Σ 表示球面 $x^2 + y^2 + z^2 = R^2 (R > 0)$，则 $\displaystyle\iint\limits_{\Sigma} \frac{(x^2 + y^2 + z^2)(e^{x^2} + e^{y^2})}{e^{x^2} + e^{y^2} + e^{z^2}} \mathrm{d}S$ = _____.

思路 充分利用积分球面的对称性化简积分计算.

解 由于曲面 Σ 关于平面 $x = y, y = z, z = x$ 都对称，因此

$$\iint\limits_{\Sigma} \frac{(x^2 + y^2 + z^2)e^{x^2}}{e^{x^2} + e^{y^2} + e^{z^2}} \mathrm{d}S = \iint\limits_{\Sigma} \frac{(x^2 + y^2 + z^2)e^{y^2}}{e^{x^2} + e^{y^2} + e^{z^2}} \mathrm{d}S = \iint\limits_{\Sigma} \frac{(x^2 + y^2 + z^2)e^{z^2}}{e^{x^2} + e^{y^2} + e^{z^2}} \mathrm{d}S.$$

于是有

$$\iint\limits_{\Sigma} \frac{(x^2 + y^2 + z^2)(e^{x^2} + e^{y^2})}{e^{x^2} + e^{y^2} + e^{z^2}} \mathrm{d}S = \frac{2}{3} \iint\limits_{\Sigma} \left[\frac{(x^2 + y^2 + z^2)e^{x^2}}{e^{x^2} + e^{y^2} + e^{z^2}} + \frac{(x^2 + y^2 + z^2)e^{y^2}}{e^{x^2} + e^{y^2} + e^{z^2}} + \frac{(x^2 + y^2 + z^2)e^{z^2}}{e^{x^2} + e^{y^2} + e^{z^2}} \right] \mathrm{d}S$$

$$= \frac{2}{3} \iint\limits_{\Sigma} (x^2 + y^2 + z^2) \mathrm{d}S = \frac{2R^2}{3} \iint\limits_{\Sigma} \mathrm{d}S = \frac{2R^2}{3} \cdot 4\pi R^2 = \frac{8\pi R^4}{3}. \blacksquare$$

选例 7.6.13 计算 $I = \oiint\limits_{\Sigma} [(x+y)^2 + z^2 + 2yz] \mathrm{d}S$，其中 $\Sigma: x^2 + y^2 + z^2 = 2x + 2z$.

思路 注意到 Σ 是一个关于 zOx 平面对称的球面，因此所求积分可以约简为 $\oiint\limits_{\Sigma} (x^2 + y^2 + z^2) \mathrm{d}S$. 再利用球面方程，又可以转化为 $\oiint\limits_{\Sigma} (2x + 2z) \mathrm{d}S$，最后用形心公式，就很容易得到所求积分的值.

解 由于积分曲面 Σ 是一个关于 zOx 平面对称的球面, 因此

$$\oiint\limits_{\Sigma} 2xy \mathrm{d}S = \oiint\limits_{\Sigma} 2yz \mathrm{d}S = 0,$$

从而

$$I = \oiint\limits_{\Sigma} [(x+y)^2 + z^2 + 2yz] \mathrm{d}S = \oiint\limits_{\Sigma} (x^2 + 2xy + y^2 + z^2 + 2yz) \mathrm{d}S = \oiint\limits_{\Sigma} (x^2 + y^2 + z^2) \mathrm{d}S,$$

而由曲面方程知, 在 Σ 上, $x^2 + y^2 + z^2 = 2x + 2z$. 因此又有

$$I = \oiint\limits_{\Sigma} (2x + 2z) \mathrm{d}S.$$

通过配方, Σ 的方程可以改写成 $(x-1)^2 + y^2 + (z-1)^2 = 2$. 因此 Σ 的形心为 $(\overline{x}, \overline{y}, \overline{z}) = (1, 0, 1)$. Σ 的面积为 $A = 4\pi(\sqrt{2})^2 = 8\pi$. 故由形心坐标公式可得

$$I = \oiint\limits_{\Sigma} (2x + 2z) \mathrm{d}S = 2\overline{x}A + 2\overline{z}A = 4A = 32\pi.$$

【注】 当然本题也可以用常规方法来计算, 或者经过平移变换来计算, 由于方法上远不如这里所用的方法好, 故此略去. $\blacksquare$

选例 7.6.14 设空间曲线 Γ 的方程为 $\begin{cases} x^2 + y^2 + z^2 = a^2, \\ x + y + z = 0 \end{cases}$ $(a > 0)$，试求曲线积分 $\oint_{\Gamma} (2-x)^2 \mathrm{d}s$.

思路 可利用积分曲线 Γ 的对称性求出积分 $\oint_{\Gamma} (2-x)^2 \mathrm{d}s$. 也可以写出 Γ 的一个适当的参数方程，把曲线积分转化成定积分进行求解.

解法一 由于曲线 Γ 是球面 $x^2 + y^2 + z^2 = a^2$ 的一个大圆，其周长为 $2\pi a$，并且由 Γ 的方程可知，Γ 关于三个平面 $x = y, y = z$ 及 $z = x$ 都对称，因此有

$$\oint_{\Gamma} x\mathrm{d}s = \oint_{\Gamma} y\mathrm{d}s = \oint_{\Gamma} z\mathrm{d}s, \quad \oint_{\Gamma} x^2\mathrm{d}s = \oint_{\Gamma} y^2\mathrm{d}s = \oint_{\Gamma} z^2\mathrm{d}s.$$

于是结合曲线 Γ 的方程，可得

$$\oint_{\Gamma} (2-x)^2\mathrm{d}s = \oint_{\Gamma} (4 - 4x + x^2)\mathrm{d}s = 4\oint_{\Gamma} \mathrm{d}s - \frac{4}{3}\oint_{\Gamma} (x+y+z)\mathrm{d}s + \frac{1}{3}\oint_{\Gamma} (x^2+y^2+z^2)\mathrm{d}s$$

$$= 4 \cdot 2\pi a - \frac{4}{3}\oint_{\Gamma} 0\mathrm{d}s + \frac{1}{3}\oint_{\Gamma} a^2\mathrm{d}s = 8\pi a + \frac{a^2}{3} \cdot 2\pi a = 8\pi a + \frac{2\pi a^3}{3}.$$

解法二 由 Γ 的方程可得

$$x^2 + y^2 + (-x-y)^2 = a^2, \quad 即 \quad 2x^2 + 2y^2 + 2xy = a^2,$$

令 $x = u + v, y = u - v$，则可得

$$2(u+v)^2 + 2(u-v)^2 + 2(u^2 - v^2) = a^2, \quad 即 \quad 6u^2 + 2v^2 = a^2,$$

再令 $u = \dfrac{a}{\sqrt{6}}\cos\theta, v = \dfrac{a}{\sqrt{2}}\sin\theta$，从而得到 Γ 的如下参数方程

$$\begin{cases} x = \dfrac{a}{\sqrt{6}}\cos\theta + \dfrac{a}{\sqrt{2}}\sin\theta, \\[2mm] y = \dfrac{a}{\sqrt{6}}\cos\theta - \dfrac{a}{\sqrt{2}}\sin\theta, \quad (0 \leqslant \theta \leqslant 2\pi), \\[2mm] z = -\dfrac{2a}{\sqrt{6}}\cos\theta \end{cases}$$

因此

$$\mathrm{d}s = \sqrt{\left(\frac{-a}{\sqrt{6}}\sin\theta + \frac{a}{\sqrt{2}}\cos\theta\right)^2 + \left(\frac{-a}{\sqrt{6}}\sin\theta - \frac{a}{\sqrt{2}}\cos\theta\right)^2 + \left(\frac{2a}{\sqrt{6}}\sin\theta\right)^2}\,\mathrm{d}\theta = a\mathrm{d}\theta.$$

于是又有

$$\oint_{\Gamma}(2-x)^2\,\mathrm{d}s=\int_0^{2\pi}\left(2-\frac{a}{\sqrt{6}}\cos\theta-\frac{a}{\sqrt{2}}\sin\theta\right)^2\cdot a\mathrm{d}\theta$$

$$=\int_0^{2\pi}\left(4+\frac{a^2}{6}\cos^2\theta+\frac{a^2}{2}\sin^2\theta-\frac{4a}{\sqrt{6}}\cos\theta-\frac{4a}{\sqrt{2}}\sin\theta+\frac{a^2}{\sqrt{3}}\sin\theta\cos\theta\right)a\mathrm{d}\theta$$

$$\xlongequal{\theta=\pi+t}\int_{-\pi}^{\pi}\left(4+\frac{a^2}{6}\cos^2 t+\frac{a^2}{2}\sin^2 t+\frac{4a}{\sqrt{6}}\cos t+\frac{4a}{\sqrt{2}}\sin t+\frac{a^2}{\sqrt{3}}\sin t\cos t\right)a\mathrm{d}t$$

$$=\int_{-\pi}^{\pi}\left(4+\frac{a^2}{6}\cos^2 t+\frac{a^2}{2}\sin^2 t\right)a\mathrm{d}t=4a\int_0^{\frac{\pi}{2}}\left(4+\frac{a^2}{6}\cos^2 t+\frac{a^2}{2}\sin^2 t\right)\mathrm{d}t$$

$$=4a\left[2\pi+\frac{a^2}{6}\cdot\frac{1}{2}\cdot\frac{\pi}{2}+\frac{a^2}{2}\cdot\frac{1}{2}\cdot\frac{\pi}{2}\right]=8a\pi+\frac{2}{3}\pi a^3.\ \blacksquare$$

选例 7.6.15　设 $\Sigma:(x-a)^2+(y-b)^2+(z-c)^2=R^2$，求曲面积分 $\displaystyle\oiint_{\Sigma}[(x+a)^2+(y+b)^2+(z+c)^2]\mathrm{d}S$.

思路　利用曲面的已知形心和方程，可以很方便地得出积分值. 也可以作平移变换，利用对称性来计算.

解法一　由于 Σ 的形心坐标为 $(\overline{x},\overline{y},\overline{z})=(a,b,c)$，面积为 $A=4\pi R^2$，故有

$$\oiint_{\Sigma}[(x+a)^2+(y+b)^2+(z+c)^2]\mathrm{d}S$$

$$=\oiint_{\Sigma}[(x-a)^2+(y-b)^2+(z-c)^2+4ax+4by+4cz]\mathrm{d}S$$

$$=\oiint_{\Sigma}(R^2+4ax+4by+4cz)\mathrm{d}S=\oiint_{\Sigma}R^2\mathrm{d}S+4\oiint_{\Sigma}(ax+by+cz)\mathrm{d}S$$

$$=R^2\cdot 4\pi R^2+4(a\overline{x}A+b\overline{y}A+c\overline{z}A)=4\pi R^2(R^2+4a^2+4b^2+4c^2).$$

解法二*　作平移变换 $u=x-a,v=y-b,w=z-c$. 则曲面 Σ 变为

$$\Sigma':x^2+y^2+z^2=R^2,$$

它在 $O'\text{-}uvw$ 坐标系中关于三条坐标轴、三个坐标面和坐标原点都是对称的. 于是

$$\oiint_{\Sigma}[(x+a)^2+(y+b)^2+(z+c)^2]\mathrm{d}S$$

$$=\oiint_{\Sigma'}[(u+2a)^2+(v+2b)^2+(w+2c)^2]\mathrm{d}S'$$

$$=\oiint_{\Sigma'}[(u^2+v^2+w^2)+4au+4bv+4cw+4(a^2+b^2+c^2)]\mathrm{d}S'$$

$$=\oiint_{\Sigma'}[R^2+4(a^2+b^2+c^2)]\mathrm{d}S'=4\pi R^2(R^2+4a^2+4b^2+4c^2).\ \blacksquare$$

选例 7.6.16　计算曲线积分 $\displaystyle\int_L\sqrt{x^2+y^2}\,\mathrm{d}s$，其中 $L:x^2+y^2=4x$.

思路　给出积分曲线的适当的参数方程, 把曲线积分转化为定积分计算.

解法一　由于 L 的极坐标方程为 $\rho = 4\cos\varphi\left(-\dfrac{\pi}{2} \leqslant \varphi \leqslant \dfrac{\pi}{2}\right)$, 故以极角 φ 为参数, 可得到 L 的参数方程

$$\begin{cases} x = \rho\cos\varphi = 4\cos^2\varphi, \\ y = \rho\sin\varphi = 2\sin 2\varphi \end{cases} \left(-\dfrac{\pi}{2} \leqslant \varphi \leqslant \dfrac{\pi}{2}\right).$$

因此

$$\int_L \sqrt{x^2+y^2}\,ds = \int_{-\frac{\pi}{2}}^{\frac{\pi}{2}} \sqrt{(4\cos^2\varphi)^2+(2\sin 2\varphi)^2} \cdot \sqrt{(-4\sin 2\varphi)^2+(4\cos 2\varphi)^2}\,d\varphi$$

$$= \int_{-\frac{\pi}{2}}^{\frac{\pi}{2}} 4\cos\varphi \cdot 4\,d\varphi = 16\sin\varphi \Big|_{-\frac{\pi}{2}}^{\frac{\pi}{2}} = 32.$$

解法二　L 的方程可以改写成 $(x-2)^2+y^2=4$, 因此以圆心角 θ 为参数可以得到 L 的参数方程:

$$L: \begin{cases} x = 2+2\cos\theta, \\ y = 2\sin\theta \end{cases} (0 \leqslant \theta \leqslant 2\pi).$$

因此

$$\int_L \sqrt{x^2+y^2}\,ds = \int_0^{2\pi} \sqrt{(2+2\cos\theta)^2+(2\sin\theta)^2} \cdot \sqrt{(-2\sin\theta)^2+(2\cos\theta)^2}\,d\theta$$

$$= \int_0^{2\pi} \sqrt{8(1+\cos\theta)} \cdot 2\,d\theta = 2\int_0^{2\pi} \left|4\cos\dfrac{\theta}{2}\right|\,d\theta$$

$$= 16\int_0^{\pi} \cos\dfrac{\theta}{2}\,d\theta = 32\sin\dfrac{\theta}{2}\Big|_0^{\pi} = 32. \blacksquare$$

选例 7.6.17　计算曲面积分 $I = \iint\limits_{\Sigma} |z|\,dS$, 其中 Σ 为圆柱体 $x^2+y^2 \leqslant ax(a>0)$ 被球面 $x^2+y^2+z^2=a^2$ 所截取部分的整个表面.

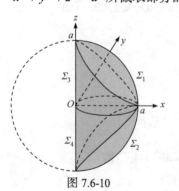

图 7.6-10

思路　首先利用对称性对所求积分进行约简, 然后转化为二重积分进行具体计算.

解　由于圆柱体 $x^2+y^2 \leqslant ax$ 和球面 $x^2+y^2+z^2=a^2$ 都是关于 xOy 平面和 zOx 平面对称的, 故曲面 Σ 也是关于 xOy 平面和 zOx 平面对称的. 记 Σ 中的球面部分当中位于 xOy 平面上方的部分为 Σ_1, 位于 xOy 平面下方的部分为 Σ_2; Σ 中的圆柱面部分当中位于 xOy 平面上方的部分为 Σ_3, 位于 xOy 平面下方的部分为 Σ_4 (图 7.6-10). 由于被积函数 $|z|$ 在关于 xOy 平面或 zOx 平面的对称点的函数值总是相等, 故

$$I = \iint\limits_{\Sigma} |z| \mathrm{d}S = \iint\limits_{\Sigma_1} |z| \mathrm{d}S + \iint\limits_{\Sigma_2} |z| \mathrm{d}S + \iint\limits_{\Sigma_3} |z| \mathrm{d}S + \iint\limits_{\Sigma_4} |z| \mathrm{d}S = 2\iint\limits_{\Sigma_1} |z| \mathrm{d}S + 2\iint\limits_{\Sigma_3} |z| \mathrm{d}S = 2\iint\limits_{\Sigma_1} z \mathrm{d}S + 2\iint\limits_{\Sigma_3} z \mathrm{d}S.$$

由于曲面 Σ_1 的方程为 $z = \sqrt{a^2 - x^2 - y^2}$，其在 xOy 平面上投影区域为 $D_1 : x^2 + y^2$ $\leqslant ax$. 故

$$\iint\limits_{\Sigma_1} z \mathrm{d}S = \iint\limits_{D_1} \sqrt{a^2 - x^2 - y^2} \cdot \sqrt{1 + z_x^2 + z_y^2} \mathrm{d}x \mathrm{d}y = \iint\limits_{D_1} a \mathrm{d}x \mathrm{d}y = a \cdot \pi \left(\frac{a}{2}\right)^2 = \frac{\pi a^3}{4}.$$

由于曲面 Σ_3 可以被 zOx 平面分成对称的前后两片，若把位于正 y 轴方向这一侧的部分记为 Σ_{31}，位于负 y 轴方向这一侧的部分记为 Σ_{32}，则

$$\iint\limits_{\Sigma_3} z \mathrm{d}S = \iint\limits_{\Sigma_{31}} z \mathrm{d}S + \iint\limits_{\Sigma_{32}} z \mathrm{d}S = 2\iint\limits_{\Sigma_{31}} z \mathrm{d}S.$$

从方程组 $\begin{cases} x^2 + y^2 + z^2 = a^2, \\ x^2 + y^2 = ax \end{cases}$ 中消去 y 得 $z^2 = a^2 - ax$，因此 Σ_{31} 在 zOx 平面上的投影区域为

$$D_2 : 0 \leqslant z \leqslant \sqrt{a^2 - ax}, 0 \leqslant x \leqslant a.$$

又 Σ_{31} 的方程可写成 $y = \sqrt{ax - x^2}$. 因此

$$\iint\limits_{\Sigma_{31}} z \mathrm{d}S = \iint\limits_{D_2} z \cdot \sqrt{1 + y_x^2 + y_z^2} \mathrm{d}z \mathrm{d}x = \iint\limits_{D_2} \frac{az}{2\sqrt{ax - x^2}} \mathrm{d}z \mathrm{d}x$$

$$= \int_0^a \mathrm{d}x \int_0^{\sqrt{a^2 - ax}} \frac{az}{2\sqrt{ax - x^2}} \mathrm{d}z = \frac{a}{4} \int_0^a \frac{a^2 - ax}{\sqrt{ax - x^2}} \mathrm{d}x$$

$$\xlongequal{x = a\sin^2\theta} \frac{a}{4} \int_0^{\frac{\pi}{2}} \frac{a^2 - a^2 \sin^2\theta}{a \sin\theta \cos\theta} \cdot 2a \sin\theta \cos\theta \mathrm{d}\theta = \frac{\pi a^3}{8},$$

因此，最后可得

$$I = 2\iint\limits_{\Sigma_1} z \mathrm{d}S + 4\iint\limits_{\Sigma_{31}} z \mathrm{d}S = 2 \cdot \frac{\pi a^3}{4} + 4 \cdot \frac{\pi a^3}{8} = \pi a^3. \blacksquare$$

选例 7.6.18 给定一个空间区域 $\Omega : \frac{(x - x_0)^2}{a^2} + \frac{(y - y_0)^2}{b^2} + \frac{(z - z_0)^2}{c^2} \leqslant 1$，其中 a, b, c 都是正数. 试计算三重积分 $\iiint\limits_{\Omega} (ax + by + cz) \mathrm{d}x \mathrm{d}y \mathrm{d}z$.

思路 本题通常有两种处理方法：一种是通过平移变换 $\begin{cases} u = x - x_0, \\ v = y - y_0, \\ w = z - z_0 \end{cases}$ 把区域 Ω 变为标准椭球区域 $\Omega' : \frac{x^2}{a^2} + \frac{y^2}{b^2} + \frac{z^2}{c^2} \leqslant 1$. 从而把所求积分化为

$$\iiint\limits_{\Omega} (ax + by + cz) \mathrm{d}x \mathrm{d}y \mathrm{d}z = \iiint\limits_{\Omega'} (au + bv + cw + ax_0 + by_0 + cz_0) \mathrm{d}u \mathrm{d}v \mathrm{d}w,$$

再利用对称性求出积分值; 另一种是直接借助于形心坐标公式

$$\overline{x}=\frac{\iiint\limits_{\Omega}x\mathrm{d}x\mathrm{d}y\mathrm{d}z}{\iiint\limits_{\Omega}\mathrm{d}x\mathrm{d}y\mathrm{d}z}, \quad \overline{y}=\frac{\iiint\limits_{\Omega}y\mathrm{d}x\mathrm{d}y\mathrm{d}z}{\iiint\limits_{\Omega}\mathrm{d}x\mathrm{d}y\mathrm{d}z}, \quad \overline{z}=\frac{\iiint\limits_{\Omega}z\mathrm{d}x\mathrm{d}y\mathrm{d}z}{\iiint\limits_{\Omega}\mathrm{d}x\mathrm{d}y\mathrm{d}z}$$

的变形

$$\iiint\limits_{\Omega}x\mathrm{d}x\mathrm{d}y\mathrm{d}z=\overline{x}\iiint\limits_{\Omega}\mathrm{d}x\mathrm{d}y\mathrm{d}z=\overline{x}V, \quad \iiint\limits_{\Omega}y\mathrm{d}x\mathrm{d}y\mathrm{d}z=\overline{y}\iiint\limits_{\Omega}\mathrm{d}x\mathrm{d}y\mathrm{d}z=\overline{y}V,$$

$$\iiint\limits_{\Omega}z\mathrm{d}x\mathrm{d}y\mathrm{d}z=\overline{z}\iiint\limits_{\Omega}\mathrm{d}x\mathrm{d}y\mathrm{d}z=\overline{z}V$$

和 Ω 的已知形心坐标 (x_0,y_0,z_0) 来求积分.

解　这里我们只给出第二种解法. 空间区域 Ω 是个椭球体, 其形心位于点 (x_0,y_0,z_0) 处, 体积为 $V=\frac{4}{3}\pi abc$. 因此由形心坐标公式可得

$$\iiint\limits_{\Omega}(ax+by+cz)\mathrm{d}x\mathrm{d}y\mathrm{d}z=ax_0V+by_0V+cz_0V=\frac{4}{3}\pi abc(ax_0+by_0+cz_0).$$

【注】 一般地说, 若几何体 Ω 的形心坐标已知为 $(\overline{x},\overline{y},\overline{z})$, 测度 $\mu(\Omega)$ 已知, 则有第一型积分公式

$$\int_{\Omega}(ax+by+cz+k)\mathrm{d}\mu=(a\overline{x}+b\overline{y}+c\overline{z}+k)\mu(\Omega).\blacksquare$$

选例 7.6.19　设 Ω 是由平面 $y=a(>0),y=x,x=t(>a),z=x$ 及 $z=y$ 所围成的空间区域, n 为自然数, $f(x)$ 在 $[a,+\infty)$ 上可微, 且 $f(a)=0$. 求极限

$$\lim_{t\to a^+}\frac{1}{(t-a)^{n+4}}\iiint\limits_{\Omega}(x-y)^nf(y)\,\mathrm{d}x\mathrm{d}y\mathrm{d}z.$$

思路　注意到 Ω 是一个四面体 $M\text{-}NPQ$, 其顶点分别为 $M(t,a,a),N(t,a,t),P(a,a,a),$

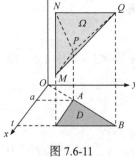

图 7.6-11

$Q(t,t,t)$. Ω 在 xOy 平面上的投影区域为 $D=\{(x,y)\,|\,a\leqslant y\leqslant t,$ $y\leqslant x\leqslant t\}$, 位于区域下侧的边界曲面是面 $MPQ:z=y$, 位于区域上侧的边界曲面是面 $NPQ:z=x$, 而面 MNP 和面 MNQ 分别平行于 zOx 平面和 yOz 平面(图 7.6-11). 因此可先把积分 $\iiint\limits_{\Omega}(x-y)^nf(y)\mathrm{d}x\mathrm{d}y\mathrm{d}z$ 化为累次积分 $\int_a^t\mathrm{d}y\int_y^t\mathrm{d}x\int_y^x(x-y)^nf(y)\mathrm{d}z$, 进而化为定积分 $\frac{1}{n+2}\int_a^t(t-y)^{n+2}f(y)\mathrm{d}y$, 然后借助于洛必达法则, 不难求出极限值.

解　由于区域 Ω 可以表示为 $\Omega=\{(x,y,z)\,|\,a\leqslant y\leqslant t,y\leqslant x\leqslant t,y\leqslant z\leqslant x\}$. 因此

$$\iiint\limits_{\Omega}(x-y)^nf(y)\mathrm{d}x\mathrm{d}y\mathrm{d}z=\int_a^t\mathrm{d}y\int_y^t\mathrm{d}x\int_y^x(x-y)^nf(y)\mathrm{d}z$$

$$=\int_a^t\mathrm{d}y\int_y^t(x-y)^{n+1}f(y)\mathrm{d}x=\frac{1}{n+2}\int_a^t(t-y)^{n+2}f(y)\mathrm{d}y.$$

注意到 $f(x)$ 在 $[a, +\infty)$ 上可微, 且 $f(a) = 0$, 于是反复利用洛必达法则可得

$$
\begin{aligned}
\lim_{t \to a^+} \frac{1}{(t-a)^{n+4}} \iiint\limits_{\Omega} (x-y)^n f(y)\mathrm{d}x\mathrm{d}y\mathrm{d}z &= \frac{1}{n+2} \lim_{t \to a^+} \frac{\int_a^t (t-y)^{n+2} f(y)\mathrm{d}y}{(t-a)^{n+4}} \\
&= \frac{1}{n+2} \lim_{t \to a^+} \frac{\int_a^t (n+2)(t-y)^{n+1} f(y)\mathrm{d}y}{(n+4)(t-a)^{n+3}} \\
&= \frac{1}{n+4} \lim_{t \to a^+} \frac{\int_a^t (t-y)^{n+1} f(y)\mathrm{d}y}{(t-a)^{n+3}} \\
&= \frac{1}{n+4} \lim_{t \to a^+} \frac{\int_a^t (n+1)(t-y)^n f(y)\mathrm{d}y}{(n+3)(t-a)^{n+2}} \\
&= \frac{n+1}{(n+4)(n+3)} \lim_{t \to a^+} \frac{\int_a^t (t-y)^n f(y)\mathrm{d}y}{(t-a)^{n+2}} \\
&= \cdots \\
&= \frac{(n+1)!}{(n+4)(n+3)\cdots 3} \lim_{t \to a^+} \frac{\int_a^t f(y)\mathrm{d}y}{(t-a)^2} \\
&= \frac{(n+1)!}{(n+4)(n+3)\cdots 3 \cdot 2} \lim_{t \to a^+} \frac{f(t)}{t-a} \\
&= \frac{1}{(n+4)(n+3)(n+2)} \lim_{t \to a^+} \frac{f(t) - f(a)}{t-a} = \frac{f'(a)}{(n+4)(n+3)(n+2)}.
\end{aligned}
$$

【注】 这里要注意变上限函数求导时, 有

$$
\frac{\mathrm{d}}{\mathrm{d}t} \int_a^t (t-y)^{n+2} f(y)\mathrm{d}y = \int_a^t (n+2)(t-y)^{n+1} f(y)\mathrm{d}y + (t-t)^{n+2} f(t) \cdot 1 - (t-a)^{n+2} f(a) \cdot 0
$$

$$
= (n+2) \int_a^t (t-y)^{n+1} f(y)\mathrm{d}y.
$$

可参考《高等数学学习指导(上册)》3.3.2 节内容.■

选例 7.6.20 设 $f(u)$ 是个可微函数, 且 $f(0) = 0, f'(0) = 1$. 空间区域 $\Omega = \{(x,y,z) \mid |x| + |y| + |z| \leqslant a\}$ (其中 $a > 0$), 定义 $I_a = \iiint\limits_{\Omega} f(|x| + |y| + |z|)\mathrm{d}V$, 试求 $\lim\limits_{a \to 0^+} \dfrac{I_a}{a^4}$.

思路 首先可以利用函数和区域的对称性特点, 把积分 I_a 归结为函数 $f(|x| + |y| + |z|)$ 在 Ω 的位于第一卦限部分 Ω_1 上的积分的八倍; 而在 Ω_1 上, $f(|x| + |y| + |z|) = f(x+y+z)$. 其次, 由于函数的具体表达式是未知的, 因此可采用特殊分割区域的方法来把三重积分归化为定积分: 用平面 $\pi_t : x + y + z = t$ 分割积分区域 Ω_1, 在两个相邻平面 $\pi_t : x + y + z = t$ 和 $\pi_{t+\mathrm{d}t} : x + y + z = t + \mathrm{d}t$ 之间的这块区域上, 被积函数的值都近似于 $f(t)$, 而这部分区域的体积为 $\mathrm{d}V = \frac{1}{6}[(t+\mathrm{d}t)^3 - t^3] \approx \frac{1}{2} t^2 \mathrm{d}t$. 因此积分和在这一部分区域上就表现为 $\frac{1}{2} f(t) t^2 \mathrm{d}t$.

而 $t \in [0, a]$，因此有 $I_a = \int_0^a \frac{1}{2} f(t) t^2 \mathrm{d}t$. 接下来利用洛必达法则就容易求出极限值了.

当然，在选择积分变量时，也可以不选择截距 t，而选择其他变量，比如像下面解法中那样选择原点到平面 $\pi_t : x + y + z = t$ 的距离 r.

解 记 Ω 在第一卦限部分为 Ω_1，则由对称性可知

$$I_a = 8 \iiint_{\Omega_1} f(|x| + |y| + |z|) \mathrm{d}V = 8 \iiint_{\Omega_1} f(x + y + z) \mathrm{d}V.$$

记平面 $\pi_t : x + y + z = t$，用 π_t 截四面体 Ω_1 所得小四面体的体积为 $V = \frac{1}{6} t^3$. 原点到平面 π_t 的距离为 $r = \frac{t}{\sqrt{3}}$，因此有 $V = \frac{1}{6}(\sqrt{3}r)^3 = \frac{\sqrt{3}}{2} r^3$，$\mathrm{d}V = \frac{3\sqrt{3}}{2} r^2 \mathrm{d}r$. 故

$$I_a = 8 \int_0^{\frac{a}{\sqrt{3}}} f(\sqrt{3}r) \cdot \frac{3\sqrt{3}}{2} r^2 \mathrm{d}r = 12\sqrt{3} \int_0^{\frac{a}{\sqrt{3}}} r^2 f(\sqrt{3}r) \mathrm{d}r.$$

于是

$$\lim_{a \to 0^+} \frac{I_a}{a^4} = \lim_{a \to 0^+} \frac{12\sqrt{3} \int_0^{\frac{a}{\sqrt{3}}} r^2 f(\sqrt{3}r) \mathrm{d}r}{a^4} = \lim_{a \to 0^+} \frac{12\sqrt{3} \left(\frac{a}{\sqrt{3}}\right)^2 f\left(\sqrt{3} \cdot \frac{a}{\sqrt{3}}\right) \cdot \frac{1}{\sqrt{3}}}{4a^3}$$

$$= \lim_{a \to 0^+} \frac{f(a) - f(0)}{a - 0} = f'(0) = 1. \blacksquare$$

选例 7.6.21 设函数 $f(x)$ 连续，a, b, c 为常数，Σ 是单位球面 $x^2 + y^2 + z^2 = 1$. 记第一型曲面积分 $I = \iint_{\Sigma} f(ax + by + cz) \mathrm{d}S$. 求证：$I = 2\pi \int_{-1}^1 f\left(\sqrt{a^2 + b^2 + c^2} u\right) \mathrm{d}u$.

思路 可以模仿上题，利用特殊分割法分割积分区域，给出曲面积分的一个定积分表示.

证明 由于 Σ 的面积为 4π，故当 a, b, c 都为零时，等式显然成立.

当 a, b, c 不全为 0 时，可知原点到平面 $ax + by + cz + d = 0$ 的距离是 $\frac{|d|}{\sqrt{a^2 + b^2 + c^2}}$. 我们考虑一个特殊的区域分割法：考虑平面 $P_u : u = \frac{ax + by + cz}{\sqrt{a^2 + b^2 + c^2}}$，其中 u 固定，则 $|u|$ 是原点到平面 P_u 的距离，从而 $-1 \leqslant u \leqslant 1$. 相邻两平面 P_u 和 $P_{u+\mathrm{d}u}$ 截单位球面 Σ 所截下的部分上，被积函数取值近似为 $f\left(\sqrt{a^2 + b^2 + c^2} u\right)$，这部分曲面摊开来可以近似看成是一个细长条矩形，其长是 $2\pi\sqrt{1 - u^2}$，宽是 $\frac{\mathrm{d}u}{\sqrt{1 - u^2}}$，它的面积是 $2\pi\mathrm{d}u$，因而这一部分的积分和为 $f\left(\sqrt{a^2 + b^2 + c^2} u\right) \cdot 2\pi\mathrm{d}u$，从而

$$I = \int_{-1}^1 f\left(\sqrt{a^2 + b^2 + c^2} u\right) \cdot 2\pi\mathrm{d}u = 2\pi \int_{-1}^1 f\left(\sqrt{a^2 + b^2 + c^2} u\right) \mathrm{d}u.$$

故得证.■

选例 7.6.22　设 a,b,c 为不全为零的常数, Ω 是单位球 $\Omega = \left\{(x,y,z): x^2+y^2+z^2 \leqslant 1\right\}$, 试计算三重积分

$$I = \iiint\limits_{\Omega} \cos(ax+by+cz)\mathrm{d}V.$$

思路　用平面 $\pi_t : ax+by+cz=t\left(-\sqrt{a^2+b^2+c^2} \leqslant t \leqslant \sqrt{a^2+b^2+c^2}\right)$ 分割积分区域 Ω, 在 Ω 的位于两个相邻平面 $\pi_t : ax+by+cz=t$ 和 $\pi_{t+\mathrm{d}t}: ax+by+cz=t+\mathrm{d}t$ 之间的这块区域上, 被积函数的值都近似于 $\cos t$, 而这部分区域的体积为 $\mathrm{d}V = \dfrac{\pi(a^2+b^2+c^2-t^2)}{[a^2+b^2+c^2]^{\frac{3}{2}}}\mathrm{d}t.$

因此有

$$I = \int_{-\sqrt{a^2+b^2+c^2}}^{\sqrt{a^2+b^2+c^2}} \frac{\pi(a^2+b^2+c^2-t^2)}{[a^2+b^2+c^2]^{\frac{3}{2}}}\cos t\mathrm{d}t = \frac{\pi}{[a^2+b^2+c^2]^{\frac{3}{2}}}\int_{-\sqrt{a^2+b^2+c^2}}^{\sqrt{a^2+b^2+c^2}}(a^2+b^2+c^2-t^2)\cos t\mathrm{d}t.$$

由此不难求出积分值.

解　为方便起见, 记 $k=\sqrt{a^2+b^2+c^2}$. 用平面

$$\pi_t : ax+by+cz=t \quad \left(-\sqrt{a^2+b^2+c^2} \leqslant t \leqslant \sqrt{a^2+b^2+c^2}\right)$$

分割积分区域 Ω, 在 Ω 的位于两个相邻平面 $\pi_t : ax+by+cz=t$ 和 $\pi_{t+\mathrm{d}t}: ax+by+cz=t+\mathrm{d}t$ 之间的这块区域上, 被积函数的值都近似于 $\cos t$. 由于原点到平面 $\pi_t : ax+by+cz=t$ 的距离为 $\dfrac{|t|}{\sqrt{a^2+b^2+c^2}}=\dfrac{|t|}{k}$, 因此球体 Ω 被该平面切去球冠之后的体积为

$$V(t) = \int_{\frac{|t|}{k}}^{1}\pi(1-z^2)\mathrm{d}z = \left(\pi z-\frac{\pi}{3}z^3\right)\Big|_{\frac{|t|}{k}}^{1} = \frac{2\pi}{3}-\frac{\pi|t|}{k}+\frac{\pi|t|^3}{3k^3}.$$

因此 Ω 的位于两个相邻平面 $\pi_t : ax+by+cz=t$ 和 $\pi_{t+\mathrm{d}t}: ax+by+cz=t+\mathrm{d}t$ 之间的这块区域的体积为

$$\mathrm{d}V = \frac{\pi(k^2-t^2)}{k^3}\mathrm{d}t,$$

于是有

$$I = \int_{-k}^{k}\cos t \cdot \frac{\pi(k^2-t^2)}{k^3}\mathrm{d}t = \frac{2\pi}{k^3}\int_0^k (k^2-t^2)\cos t\mathrm{d}t$$

$$= \frac{2\pi}{k^3}[(k^2-t^2)\sin t-2t\cos t+2\sin t]\Big|_0^k = \frac{4\pi}{k^3}(\sin k-k\cos k).■$$

选例 7.6.23　设 Σ 是椭球面 $\dfrac{x^2}{2}+\dfrac{y^2}{2}+z^2=1$ 的上半部分, 对于曲面 Σ 上的点 $P(x,y,z)$, 记 π_P 为曲面 Σ 在点 P 处的切平面, $\rho(P)=\rho(x,y,z)$ 为原点到平面 π_P 的距离, 试计算曲

面积分 $\iint\limits_{\Sigma} \dfrac{z}{\rho(x,y,z)}\mathrm{d}S.$

思路　首先求出距离函数 $\rho(x,y,z)$，得到一个正常的被积函数已知的确定的第一型曲面积分．再按照通常的算法将该曲面积分转化成二重积分来计算；也可以通过坐标变换，转化成新的坐标系下的二重积分来计算．

解法一　首先，容易求出：$\pi_P : x_0 x + y_0 y + 2z_0 z = 2.$ 故 $\rho(x,y,z) = \dfrac{2}{\sqrt{x^2+y^2+4z^2}} = \dfrac{\sqrt{2}}{\sqrt{1+z^2}}.$ 于是

$$\iint\limits_{\Sigma} \dfrac{z}{\rho(x,y,z)}\mathrm{d}S = \dfrac{1}{\sqrt{2}}\iint\limits_{\Sigma} z\sqrt{1+z^2}\,\mathrm{d}S.$$

由于曲面方程可以改写成 $z = \sqrt{1 - \dfrac{1}{2}(x^2+y^2)}$，求导可得：$z_x = -\dfrac{x}{2z}, z_y = -\dfrac{y}{2z}.$ 因此

$$\mathrm{d}S = \sqrt{1+z_x^2+z_y^2}\,\mathrm{d}x\mathrm{d}y = \sqrt{1 + \dfrac{x^2}{4z^2} + \dfrac{y^2}{4z^2}}\,\mathrm{d}x\mathrm{d}y = \dfrac{\sqrt{1+z^2}}{\sqrt{2}z}\,\mathrm{d}x\mathrm{d}y.$$

又 Σ 在 xOy 平面上的投影区域为 $D : x^2+y^2 \leqslant 2.$ 因此利用极坐标可得

$$\iint\limits_{\Sigma} \dfrac{z}{\rho(x,y,z)}\mathrm{d}S = \dfrac{1}{\sqrt{2}}\iint\limits_{\Sigma} z\sqrt{1+z^2}\,\mathrm{d}S = \dfrac{1}{2}\iint\limits_{D}\left(2 - \dfrac{x^2+y^2}{2}\right)\mathrm{d}x\mathrm{d}y$$

$$= \dfrac{1}{4}\int_0^{2\pi}\mathrm{d}\varphi\int_0^{\sqrt{2}}(4-\rho^2)\rho\,\mathrm{d}\rho = \dfrac{1}{4}\cdot 2\pi \cdot \left[2\rho^2 - \dfrac{1}{4}\rho^4\right]\Bigg|_0^{\sqrt{2}} = \dfrac{3\pi}{2}.$$

解法二　首先，容易求出：$\pi_P : x_0 x + y_0 y + 2z_0 z = 2.$ 故 $\rho(x,y,z) = \dfrac{2}{\sqrt{x^2+y^2+4z^2}} = \dfrac{\sqrt{2}}{\sqrt{1+z^2}}.$ 于是

$$\iint\limits_{\Sigma} \dfrac{z}{\rho(x,y,z)}\mathrm{d}S = \dfrac{1}{\sqrt{2}}\iint\limits_{\Sigma} z\sqrt{1+z^2}\,\mathrm{d}S.$$

作变换 $\begin{cases} x = \sqrt{2}\sin\theta\cos\varphi \\ y = \sqrt{2}\sin\theta\sin\varphi, \\ z = \cos\theta, \end{cases}$ $(\theta,\varphi)\in D = \left\{(\theta,\varphi)\,\Big|\,0\leqslant\theta\leqslant\dfrac{\pi}{2}, 0\leqslant\varphi\leqslant 2\pi\right\}.$ 则

$$\mathrm{d}S = \Big|(\sqrt{2}\cos\theta\cos\varphi, \sqrt{2}\cos\theta\sin\varphi, -\sin\theta)\times(-\sqrt{2}\sin\theta\sin\varphi, \sqrt{2}\sin\theta\cos\varphi, 0)\Big|\mathrm{d}\theta\mathrm{d}\varphi$$

$$= \sqrt{2}\sin\theta\sqrt{1+\cos^2\theta}\,\mathrm{d}\theta\mathrm{d}\varphi.$$

因此

$$\iint\limits_{\Sigma}\frac{z}{\rho(x,y,z)}\mathrm{d}S=\frac{1}{\sqrt{2}}\iint\limits_{\Sigma}z\sqrt{1+z^2}\mathrm{d}S=\frac{1}{\sqrt{2}}\int_0^{2\pi}\mathrm{d}\varphi\int_0^{\frac{\pi}{2}}\sqrt{2}\cos\theta\sin\theta(1+\cos^2\theta)\mathrm{d}\theta$$

$$=2\pi\int_0^{\frac{\pi}{2}}\cos\theta\sin\theta(1+\cos^2\theta)\mathrm{d}\theta=2\pi\left[\frac{1}{2}\sin^2\theta-\frac{1}{4}\cos^4\theta\right]\Bigg|_0^{\frac{\pi}{2}}=\frac{3\pi}{2}.\blacksquare$$

选例 7.6.24　设函数 $f(t)$ 在 $[0,+\infty)$ 上连续，$\Omega_t=\{(x,y,z)\,|\,x^2+y^2+z^2\leqslant t^2,z\geqslant0,$ $t>0\}$，Σ_t 是 Ω_t 的表面，D_t 是 Ω_t 在 xOy 平面上的投影区域，L_t 是 D_t 的边界曲线. 已知对任一 $t\in(0,+\infty)$ 都有

$$\oint\limits_{L_t}f(x^2+y^2)\sqrt{x^2+y^2}\mathrm{d}s+\oiint\limits_{\Sigma_t}(x^2+y^2+z^2)\mathrm{d}S=\iint\limits_{D_t}f(x^2+y^2)\mathrm{d}x\mathrm{d}y+\iiint\limits_{\Omega_t}\sqrt{x^2+y^2+z^2}\mathrm{d}x\mathrm{d}y\mathrm{d}z.$$

试求 $f(t)$ 的表达式.

思路　把各个积分均表示为定积分，利用变上限积分求导方法可得一个关于 $f(t)$ 的微分方程，解该方程即可得 $f(t)$ 的表达式.

解　利用球面坐标，可得

$$\iiint\limits_{\Omega_t}\sqrt{x^2+y^2+z^2}\mathrm{d}x\mathrm{d}y\mathrm{d}z=\int_0^{2\pi}\mathrm{d}\varphi\int_0^{\frac{\pi}{2}}\sin\theta\mathrm{d}\theta\int_0^t r\cdot r^2\mathrm{d}r=\frac{\pi}{2}t^4.$$

记 $\Sigma_{1,t}$ 表示上半球面 $z=\sqrt{t^2-x^2-y^2}$，$\Sigma_{2,t}$ 表示圆盘 $x^2+y^2\leqslant t^2,z=0$. 则有 $\Sigma_t=\Sigma_{1,t}+\Sigma_{2,t}$，从而

$$\oiint\limits_{\Sigma_t}(x^2+y^2+z^2)\mathrm{d}S=\oiint\limits_{\Sigma_{1,t}}(x^2+y^2+z^2)\mathrm{d}S+\oiint\limits_{\Sigma_{2,t}}(x^2+y^2+z^2)\mathrm{d}S$$

$$=\oiint\limits_{\Sigma_{1,t}}t^2\mathrm{d}S+\iint\limits_{D_t}(x^2+y^2)\mathrm{d}x\mathrm{d}y=t^2\cdot2\pi t^2+\int_0^{2\pi}\mathrm{d}\varphi\int_0^t\rho^2\cdot\rho\mathrm{d}\rho$$

$$=2\pi t^4+2\pi\cdot\frac{1}{4}t^4=\frac{5}{2}\pi t^4.$$

利用极坐标，可得

$$\iint\limits_{D_t}f(x^2+y^2)\mathrm{d}x\mathrm{d}y=\int_0^{2\pi}\mathrm{d}\varphi\int_0^t f(\rho^2)\cdot\rho\mathrm{d}\rho=2\pi\int_0^t\rho f(\rho^2)\mathrm{d}\rho.$$

由于曲线 L_t 有参数方程：$x=t\cos\theta,y=t\sin\theta(0\leqslant\theta\leqslant2\pi)$. 故

$$\oint\limits_{L_t}f(x^2+y^2)\sqrt{x^2+y^2}\mathrm{d}s=\int_0^{2\pi}f(t^2)\cdot t\cdot t\mathrm{d}\theta=2\pi t^2 f(t^2).$$

因此，由所给条件可得

$$2\pi t^2 f(t^2)+\frac{5}{2}\pi t^4=2\pi\int_0^t\rho f(\rho^2)\mathrm{d}\rho+\frac{\pi}{2}t^4.$$

即有

$$t^2 f(t^2) + t^4 = \int_0^t \rho f(\rho^2) \mathrm{d}\rho.$$

两边关于 t 求导可得(注意到 $t > 0$)

$$2t f(t^2) + 2t^3 f'(t^2) + 4t^3 = t f(t^2), \quad \text{即有} \quad f(t^2) + 2t^2 f'(t^2) + 4t^2 = 0.$$

令 $t^2 = u$, 则有

$$f'(u) + \frac{1}{2u} f(u) = -2,$$

这是一个一阶线性非齐次微分方程, 故

$$f(u) = \mathrm{e}^{-\int \frac{1}{2u} \mathrm{d}u} \left[\int \left(-2\mathrm{e}^{\int \frac{1}{2u} \mathrm{d}u} \right) \mathrm{d}u + C \right] = \frac{1}{\sqrt{u}} \left[-\int 2\sqrt{u} \mathrm{d}u + C \right] = -\frac{4}{3} u + \frac{C}{\sqrt{u}},$$

其中 C 为常数. 由于函数 $f(t)$ 在 $[0,+\infty)$ 上连续, 故 $C = 0$. 从而

$$f(t) = -\frac{4}{3} t. \blacksquare$$

选例 7.6.25　设 $f(u) \in C^{(2)}[0,+\infty)$, 且对任一实数 t, 有

$$f(t^2) = 1 + \iint\limits_{x^2+y^2 \leqslant t^2} f(x^2 + y^2) \mathrm{d}x \mathrm{d}y + \iiint\limits_{x^2+y^2+z^2 \leqslant t^2} f(x^2 + y^2 + z^2) \mathrm{d}x \mathrm{d}y \mathrm{d}z.$$

试求 $f(u)$ 的表达式.

　　思路　把二重积分和三重积分分别表示成定积分, 得到一个积分方程, 然后通过求导得到微分方程, 由此可求得 $f(u)$ 的表达式. 别忘了积分方程内含初值条件.

　　解　首先, 在所给的等式中令 $t = 0$, 可得 $f(0) = 1$. 下面不妨设 $t \geqslant 0$, 则有

$$\iint\limits_{x^2+y^2 \leqslant t^2} f(x^2 + y^2) \mathrm{d}x \mathrm{d}y = \int_0^{2\pi} \mathrm{d}\varphi \int_0^t f(\rho^2) \rho \mathrm{d}\rho = 2\pi \int_0^t f(\rho^2) \rho \mathrm{d}\rho.$$

$$\iiint\limits_{x^2+y^2+z^2 \leqslant t^2} f(x^2 + y^2 + z^2) \mathrm{d}x \mathrm{d}y \mathrm{d}z = \int_0^{2\pi} \mathrm{d}\varphi \int_0^\pi \sin\theta \mathrm{d}\theta \int_0^t f(r^2) r^2 \mathrm{d}r = 4\pi \int_0^t f(r^2) r^2 \mathrm{d}r.$$

于是有

$$f(t^2) = 1 + 2\pi \int_0^t f(\rho^2) \rho \mathrm{d}\rho + 4\pi \int_0^t f(r^2) r^2 \mathrm{d}r.$$

两边关于 t 求导, 得

$$2t f'(t^2) = 2\pi t f(t^2) + 4\pi t^2 f(t^2), \quad \text{即} \quad f'(t^2) = \pi f(t^2) + 2\pi t f(t^2).$$

令 $t = \sqrt{u}$, 则有

$$f'(u) = \pi f(u) + 2\pi \sqrt{u} f(u).$$

这是一个可分离变量的一阶微分方程, 分离变量并积分可得

$$f(u) = C \mathrm{e}^{\pi u + \frac{4}{3} \pi \sqrt{u^3}}.$$

由于 $f(0)=1$，故 $C=1$. 由于 $f(u)$ 在 $u=0$ 处右连续，因此 $f(u)=\mathrm{e}^{\pi u+\frac{4}{3}\pi\sqrt{u^3}}$ $(0\leqslant u<+\infty)$. ■

选例 7.6.26　设 l 是过原点、方向为 (α,β,γ)（其中 $\alpha^2+\beta^2+\gamma^2=1$）的直线，均匀椭球 $\dfrac{x^2}{a^2}+\dfrac{y^2}{b^2}+\dfrac{z^2}{c^2}\leqslant 1$（其中 $0<c<b<a$，密度为 1）绕 l 旋转.

(1) 求其转动惯量;

(2) 求其转动惯量关于方向 (α,β,γ) 的最大值与最小值.

思路　首先，绕 l 旋转的转动惯量公式为 $I=\iiint\limits_{\Omega}d^2\rho(x,y,z)\mathrm{d}V$（其中 d 为点 (x,y,z) 到转轴 l 的距离，$\rho(x,y,z)$ 为密度函数，Ω 为椭球 $\dfrac{x^2}{a^2}+\dfrac{y^2}{b^2}+\dfrac{z^2}{c^2}\leqslant 1$ 所占的空间区域），因此当然应该先求出距离函数 d，然后再计算对应的三重积分. 当转动惯量计算出来后，它显然是 (α,β,γ) 的三元函数，由于 (α,β,γ) 满足方程 $\alpha^2+\beta^2+\gamma^2=1$，因此第二个问题就是一个条件极值问题，按照通常的方法就可以求出转动惯量的最大值与最小值.

解　(1) 设旋转轴 l 的方向向量为 $\boldsymbol{s}=(\alpha,\beta,\gamma)$，椭球内任一点 $P(x,y,z)$ 的径向量为 $\boldsymbol{r}$，则点 P 到旋转轴 l 的距离的平方为

$$d^2=\boldsymbol{r}^2-(\boldsymbol{r}\cdot\boldsymbol{s})^2=(1-\alpha^2)x^2+(1-\beta^2)y^2+(1-\gamma^2)z^2-2\alpha\beta xy-2\beta\gamma yz-2\alpha\gamma xz,$$

由积分区域关于三个坐标面的对称性可知

$$\iiint\limits_{\Omega}(2\alpha\beta xy+2\beta\gamma yz+2\alpha\gamma xz)\mathrm{d}V=0,$$

其中 $\Omega=\left\{(x,y,z)\left|\dfrac{x^2}{a^2}+\dfrac{y^2}{b^2}+\dfrac{z^2}{c^2}\leqslant 1\right.\right\}$. 又利用截面法，可得

$$\iiint\limits_{\Omega}x^2\mathrm{d}V=\int_{-a}^{a}x^2\mathrm{d}x\iint\limits_{\frac{y^2}{b^2}+\frac{z^2}{c^2}\leqslant 1-\frac{x^2}{a^2}}\mathrm{d}y\mathrm{d}z=\int_{-a}^{a}x^2\cdot\pi bc\left(1-\frac{x^2}{a^2}\right)\mathrm{d}x=\frac{4a^3bc\pi}{15}$$

（或者使用换元法，有 $\iiint\limits_{\Omega}x^2\mathrm{d}V=\int_0^{2\pi}\mathrm{d}\varphi\int_0^{\pi}\mathrm{d}\theta\int_0^1 a^2r^2\sin^2\theta\cos^2\varphi\cdot abcr^2\sin\theta\mathrm{d}r=\dfrac{4a^3bc\pi}{15}$）.

利用形式对称性，同理可得

$$\iiint\limits_{\Omega}y^2\mathrm{d}V=\frac{4ab^3c\pi}{15},\quad\iiint\limits_{\Omega}z^2\mathrm{d}V=\frac{4abc^3\pi}{15}.$$

故由转动惯量的定义（注意到密度 $\rho(x,y,z)\equiv 1$），有

$$I_l=\iiint\limits_{\Omega}d^2\mathrm{d}V=\frac{4abc\pi}{15}[(1-\alpha^2)a^2+(1-\beta^2)b^2+(1-\gamma^2)c^2].$$

(2) 考虑目标函数 $V(\alpha,\beta,\gamma)=(1-\alpha^2)a^2+(1-\beta^2)b^2+(1-\gamma^2)c^2$ 在约束条件 $\alpha^2+\beta^2+\gamma^2=1$ 的条件极值. 令

$$L(\alpha,\beta,\gamma,\lambda)=(1-\alpha^2)a^2+(1-\beta^2)b^2+(1-\gamma^2)c^2+\lambda(\alpha^2+\beta^2+\gamma^2-1),$$

再令

$$L'_\alpha(\alpha,\beta,\gamma,\lambda)=0,\quad L'_\beta(\alpha,\beta,\gamma,\lambda)=0,\quad L'_\gamma(\alpha,\beta,\gamma,\lambda)=0,\quad L'_\lambda(\alpha,\beta,\gamma,\lambda)=0,$$

解得极值点为 $Q_1(\pm1,0,0,a^2),Q_2(0,\pm1,0,b^2),Q_3(0,0,\pm1,c^2)$，由于 $0<c<b<a$，通过比较可知

绕 z 轴(短轴)的转动惯量最大，并且有 $I_{\max}=\dfrac{4abc\pi}{15}(a^2+b^2)$，

绕 x 轴(长轴)的转动惯量最小，并且有 $I_{\min}=\dfrac{4abc\pi}{15}(b^2+c^2)$. ∎

选例 7.6.27* 求曲面 $\left(\dfrac{x}{a}\right)^{\frac{2}{3}}+\left(\dfrac{y}{b}\right)^{\frac{2}{3}}+\left(\dfrac{z}{c}\right)^{\frac{2}{3}}=1$ 所围成的立体 Ω 的体积.

思路 通过坐标变换,把图形规范化,从而可方便地求出所求的体积.

解 作广义坐标变换 $x=ar^3\sin^3\theta\cos^3\varphi,y=br^3\sin^3\theta\sin^3\varphi,z=cr^3\cos^3\theta$，则

$$\Omega:\left(\dfrac{x}{a}\right)^{\frac{2}{3}}+\left(\dfrac{y}{b}\right)^{\frac{2}{3}}+\left(\dfrac{z}{c}\right)^{\frac{2}{3}}\leqslant1\text{变为}\Omega':0\leqslant r\leqslant1,0\leqslant\varphi\leqslant2\pi,0\leqslant\theta\leqslant\pi.$$

$$\mathrm{d}x\mathrm{d}y\mathrm{d}z=27abcr^8\sin^5\theta\cos^2\theta\sin^2\varphi\cos^2\varphi\mathrm{d}r\mathrm{d}\theta\mathrm{d}\varphi.$$

因此所求体积为

$$\iiint\limits_\Omega\mathrm{d}x\mathrm{d}y\mathrm{d}z=\iiint\limits_{\Omega'}27abcr^8\sin^5\theta\cos^2\theta\sin^2\varphi\cos^2\varphi\mathrm{d}r\mathrm{d}\theta\mathrm{d}\varphi$$

$$=27abc\int_0^1r^8\mathrm{d}r\int_0^\pi\sin^5\theta\cos^2\theta\mathrm{d}\theta\int_0^{2\pi}\sin^2\varphi\cos^2\varphi\mathrm{d}\varphi$$

$$=27abc\cdot\dfrac{1}{9}\cdot\dfrac{16}{105}\cdot\dfrac{\pi}{4}=\dfrac{4}{35}\pi abc. ∎$$

选例 7.6.28 设空间曲线 $\Gamma:\begin{cases}x^2+y^2+z^2=a^2,\\x+y+z=a\end{cases}$ 上分布有质量,线密度为 $\rho(x,y,z)=|x|+|y|+|z|$，求该物体绕直线 $L:x=y=z$ 旋转所产生的转动惯量.

思路 首先 Γ 是个圆周,其所在平面与直线 L 垂直,且 Γ 关于 L 是对称的,因此 Γ 所在平面与 L 的交点就是 Γ 的圆心. 故 Γ 上每个点到 L 的距离都等于 Γ 的半径. 写出曲线 Γ 的一个好用的参数方程,把转动惯量表示为关于参数的定积分,并注意利用对称性简化计算.

解 首先,由 Γ 的方程中消去 z 可得

$$x^2+y^2+(a-x-y)^2=a^2,\quad\text{即}\quad x^2+y^2+xy-ax-ay=0.$$

令 $x=u-v,y=u+v$ 代入上式并整理可得

$$3u^2-2au+v^2=0,\quad\text{即}\quad\left(u-\dfrac{a}{3}\right)^2+\dfrac{v^2}{3}=\dfrac{a^2}{9}.$$

于是可设 $u - \dfrac{a}{3} = \dfrac{a}{3}\cos\theta, v = \dfrac{\sqrt{3}}{3}a\sin\theta$，则得到曲线 Γ 的参数方程

$$\begin{cases} x = \dfrac{a}{3}(1+\cos\theta) - \dfrac{\sqrt{3}}{3}a\sin\theta, \\[2mm] y = \dfrac{a}{3}(1+\cos\theta) + \dfrac{\sqrt{3}}{3}a\sin\theta, \quad (0 \leqslant \theta \leqslant 2\pi). \\[2mm] z = \dfrac{a}{3} - \dfrac{2a}{3}\cos\theta \end{cases}$$

由弧微分公式得

$$\mathrm{d}s = \sqrt{\left(-\dfrac{a}{3}\sin\theta - \dfrac{\sqrt{3}}{3}a\cos\theta\right)^2 + \left(-\dfrac{a}{3}\sin\theta + \dfrac{\sqrt{3}}{3}a\cos\theta\right)^2 + \left(\dfrac{2a}{3}\sin\theta\right)^2} = \dfrac{\sqrt{6}}{3}a\mathrm{d}\theta.$$

其次, 由曲线方程中坐标 x, y, z 的形式对称性可知, 曲线 Γ 是个位于平面 $x + y + z = a$ 上的圆周, 圆心由 $\begin{cases} x+y+z=a, \\ x=y=z \end{cases}$ 可解得为 $\left(\dfrac{a}{3}, \dfrac{a}{3}, \dfrac{a}{3}\right)$. 由于平面 $x+y+z=a$ 与直线 L 垂直, 因此 Γ 上每一点到转轴 L 的距离都等于 Γ 的半径 $r = \sqrt{a^2 - \left(\dfrac{a}{3}-0\right)^2 - \left(\dfrac{a}{3}-0\right)^2 - \left(\dfrac{a}{3}-0\right)^2}$

$= \sqrt{\dfrac{2}{3}}a$. 故所求的转动惯量为

$$I = \oint_{\Gamma} r^2 \rho(x,y,z)\mathrm{d}s = \dfrac{2}{3}a^2 \oint_{\Gamma} \left(|x| + |y| + |z|\right)\mathrm{d}s.$$

由于 Γ 关于三个平面 $x=y, y=z$ 及 $z=x$ 均对称, 故 $\oint_{\Gamma}|x|\mathrm{d}s = \oint_{\Gamma}|y|\mathrm{d}s = \oint_{\Gamma}|z|\mathrm{d}s$. 从而

$$I = 2a^2 \oint_{\Gamma}|z|\mathrm{d}s = 2a^2 \int_0^{2\pi} \left|\dfrac{a}{3} - \dfrac{2a}{3}\cos\theta\right| \cdot \dfrac{\sqrt{6}}{3}a\mathrm{d}\theta = \dfrac{2\sqrt{6}}{9}a^4 \int_0^{2\pi} |1 - 2\cos\theta|\mathrm{d}\theta$$

$$= \dfrac{4\sqrt{6}}{9}a^4 \left[\int_0^{\frac{\pi}{3}} (2\cos\theta - 1)\mathrm{d}\theta + \int_{\frac{\pi}{3}}^{\pi} (1 - 2\cos\theta)\mathrm{d}\theta\right]$$

$$= \dfrac{4\sqrt{6}}{9}a^4 \left[(2\sin\theta - \theta)\Big|_0^{\frac{\pi}{3}} + (\theta - 2\sin\theta)\Big|_{\frac{\pi}{3}}^{\pi}\right] = \dfrac{4\sqrt{6}}{9}a^4\left(2\sqrt{3} + \dfrac{\pi}{3}\right). ∎$$

选例 7.6.29 计算由曲面 $\Sigma: (x^2 + y^2 + z^2)^2 = a^3 z$ (其中 $a > 0$ 为常数)围成的空间区域 Ω 的体积.

思路 由于函数 $F(x,y,z) = (x^2 + y^2 + z^2)^2 - a^3 z$ 处处有连续的任意阶导数, 故曲面 Σ 是个光滑曲面. 又容易看出曲面 Σ 是由曲线 $\begin{cases} (y^2 + z^2) = a^3 z, \\ x = 0 \end{cases}$ 绕 z 轴旋转而得的旋转曲面, 因此 Ω 在 xOy 平面上的投影区域必定是个圆盘. 又 $(0,0,0) \in \Sigma$, 并且在 Σ 上 $z \geqslant 0$. 故

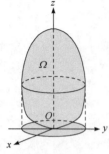

图 7.6-12

曲面的原点处与 xOy 平面相切. 如果采用球面坐标, 则曲面 Σ 的方程可写成 $r=a\sqrt[3]{\cos\theta}$. 因此在球面坐标系下, 区域 Ω 可由不等式组表示为

$$\Omega:\begin{cases}0\leqslant\varphi\leqslant2\pi,\\[1mm]0\leqslant\theta\leqslant\dfrac{\pi}{2},\\[2mm]0\leqslant z\leqslant a\sqrt[3]{\cos\theta},\end{cases}$$

如图 7.6-12 所示. 于是利用球面坐标, 不难求出 Ω 的体积.

解 所求体积为

$$V=\iiint\limits_{\Omega}\mathrm{d}x\mathrm{d}y\mathrm{d}z=\int_0^{2\pi}\mathrm{d}\varphi\int_0^{\frac{\pi}{2}}\sin\theta\mathrm{d}\theta\int_0^{a\sqrt[3]{\cos\theta}}r^2\mathrm{d}r=2\pi\int_0^{\frac{\pi}{2}}\sin\theta\cdot\frac{1}{3}a^3\cos\theta\mathrm{d}\theta=\frac{1}{3}\pi a^3. \quad\blacksquare$$

选例 7.6.30 设曲面 Σ 的球面坐标方程为 $r=r(\theta,\varphi),(\theta,\varphi)\in D$, 其中函数 $r(\theta,\varphi)$ 有连续的偏导数. 试证明: 曲面 Σ 的面积为

$$A=\iint\limits_{D}\sqrt{\left[r^2+\left(\frac{\partial r}{\partial\varphi}\right)^2\right]\sin^2\varphi+\left(\frac{\partial r}{\partial\theta}\right)^2}\,r\mathrm{d}\varphi\mathrm{d}\theta.$$

思路 利用参数曲面的面积公式.

证明 如果曲面 Σ 有球面坐标方程 $r=r(\theta,\varphi),(\theta,\varphi)\in D$. 则 Σ 有如下以 θ,φ 为参数的参数方程:

$$x=r(\theta,\varphi)\sin\theta\cos\varphi,\quad y=r(\theta,\varphi)\sin\theta\sin\varphi,\quad z=r(\theta,\varphi)\cos\theta,\quad(\theta,\varphi)\in D.$$

计算可得

$$\frac{\partial(x,y)}{\partial(\theta,\varphi)}=\begin{vmatrix}\dfrac{\partial r}{\partial\theta}\sin\theta\cos\varphi+r\cos\theta\cos\varphi & \dfrac{\partial r}{\partial\varphi}\sin\theta\cos\varphi-r\sin\theta\sin\varphi\\[3mm]\dfrac{\partial r}{\partial\theta}\sin\theta\sin\varphi+r\cos\theta\sin\varphi & \dfrac{\partial r}{\partial\varphi}\sin\theta\sin\varphi+r\sin\theta\cos\varphi\end{vmatrix}$$

$$=r\frac{\partial r}{\partial\theta}\sin^2\theta+r^2\sin\theta\cos\theta.$$

$$\frac{\partial(y,z)}{\partial(\theta,\varphi)}=\begin{vmatrix}\dfrac{\partial r}{\partial\theta}\sin\theta\sin\varphi+r\cos\theta\sin\varphi & \dfrac{\partial r}{\partial\varphi}\sin\theta\sin\varphi+r\sin\theta\cos\varphi\\[3mm]\dfrac{\partial r}{\partial\theta}\cos\theta-r\sin\theta & \dfrac{\partial r}{\partial\varphi}\cos\theta\end{vmatrix}$$

$$=r\frac{\partial r}{\partial\varphi}\sin\varphi-r\frac{\partial r}{\partial\varphi}\sin\theta\cos\theta\cos\varphi+r^2\sin^2\theta\cos\varphi.$$

$$\frac{\partial(z,x)}{\partial(\theta,\varphi)}=\begin{vmatrix}\dfrac{\partial r}{\partial\theta}\cos\theta-r\sin\theta & \dfrac{\partial r}{\partial\varphi}\cos\theta\\[3mm]\dfrac{\partial r}{\partial\theta}\sin\theta\cos\varphi+r\cos\theta\cos\varphi & \dfrac{\partial r}{\partial\varphi}\sin\theta\cos\varphi-r\sin\theta\sin\varphi\end{vmatrix}$$

$$= -r\frac{\partial r}{\partial \varphi}\cos\varphi - r\frac{\partial r}{\partial \theta}\sin\theta\cos\theta\sin\varphi + r^2\sin^2\theta\sin\varphi.$$

于是有

$$A = \iint\limits_{\Sigma}\mathrm{d}S = \iint\limits_{D}\sqrt{\left(\frac{\partial(x,y)}{\partial(\theta,\varphi)}\right)^2 + \left(\frac{\partial(y,z)}{\partial(\theta,\varphi)}\right)^2 + \left(\frac{\partial(z,x)}{\partial(\theta,\varphi)}\right)^2}\,\mathrm{d}\varphi\mathrm{d}\theta$$

$$= \iint\limits_{D}\sqrt{\left[r^2 + \left(\frac{\partial r}{\partial \varphi}\right)^2\right]\sin^2\varphi + \left(\frac{\partial r}{\partial \theta}\right)^2}\,r\mathrm{d}\varphi\mathrm{d}\theta.\blacksquare$$

7.7 配套教材小节习题参考解答

习题 7.1

习题7.1参考解答

1.设 $f(P)$ 在有界闭几何体 Ω 上连续, 试利用第一型积分的定义证明:

(1) $\int_{\Omega}kf(P)\mathrm{d}\mu = k\int_{\Omega}f(P)\mathrm{d}\mu$, 其中 k 为常数;

(2) 若 $f(P)\geqslant 0$, 但 $f(P)$ 不恒等于0, 且 Ω 是有界闭区域, 则有 $\int_{\Omega}f(P)\mathrm{d}\mu > 0$.

2. 利用第一型积分的性质, 比较下列积分的大小:

(1) $I_1 = \iint\limits_{D}(x+y)^2\mathrm{d}\sigma, I_2 = 2\iint\limits_{D}(x^2+y^2)\mathrm{d}\sigma$, 其中 D 是圆域 $x^2+y^2\leqslant R^2$;

(2) $I_1 = \iint\limits_{D}\mathrm{e}^{xy}\mathrm{d}\sigma, I_2 = \iint\limits_{D}\mathrm{e}^{2xy}\mathrm{d}\sigma$, 其中 $D = [-1,0]\times[0,1]$.

3. 利用积分性质, 估计下列积分的值:

(1) $\iint\limits_{D}xy(x+y)\mathrm{d}\sigma$, $D = [0,1]\times[0,1]$;

(2) $\iiint\limits_{\Omega}\ln(1+x^2+y^2+z^2)\mathrm{d}V, \Omega = \left\{(x,y,z)\big| x^2+y^2+z^2\leqslant 1\right\}$;

(3) $\iint\limits_{\Sigma}\frac{1}{x^2+y^2+z^2}\mathrm{d}S$, 其中 Σ 为柱面 $x^2+y^2=1$ 被平面 $z=0, z=1$ 所截下的部分.

4. 设有一太阳灶, 其聚光镜是旋转抛物面 Σ, 设旋转轴为 z 轴, 顶点在原点处. 已知聚光镜的口径为 $4a$ 米, 深为 a^2 米, 其中 $a > 0$. 聚光镜将太阳能汇聚在灶上, 已知聚光镜的能流(即单位面积传播的能量)是 z 的函数 $P = \frac{1}{\sqrt{1+z}}$, 试用第一型曲面积分表示聚光镜汇聚的总能量.

5. 指出下列积分的值:

(1) $\int_{L}(x^2+y^2)\mathrm{d}s$, 其中 L 是下半圆周 $y = -\sqrt{1-x^2}$;

(2) $\iint\limits_{\Sigma}(x^2+y^2+z^2)\mathrm{d}S$, 其中曲面 Σ 为球面 $x^2+y^2+z^2=R^2$.

6. 设 $f(x,y)$ 在区域 D 上连续, (x_0, y_0) 是 D 的一个内点, D_r 是以 (x_0, y_0) 为中心, 以 r 为半径的闭圆盘, 试求极限 $\lim\limits_{r \to 0^+} \dfrac{1}{\pi r^2} \iint\limits_{D_r} f(x,y)\mathrm{d}x\mathrm{d}y$.

7. 设 Ω 是可度量的连通的有界闭几何体, f 和 g 均在 Ω 上连续, 且 g 在 Ω 上不变号, 证明: 至少存在一点 $P \in \Omega$ 使得

$$\int_\Omega f \cdot g \mathrm{d}\mu = f(P) \int_\Omega g \mathrm{d}\mu.$$

8. 设 $A(x) = \left(\dfrac{x^2-1}{x^2+1}, \arctan x, (x-1)\sqrt{2x-x^2} \right)$, 计算 $\int_0^1 A(x)\mathrm{d}x$.

习题7.2参考解答

习题 7.2

1. 按两种不同的积分次序化下列二重积分 $\iint\limits_D f(x,y)\mathrm{d}x\mathrm{d}y$ 为二次积分, 其中 D 为

(1) 由直线 $y = x$ 和抛物线 $y^2 = 4x$ 所围成的有界闭区域;

(2) 由 $y = 0$ 及 $y = \sin x(0 \leqslant x \leqslant \pi)$ 所围成的区域;

(3) 由 $y = 0, y = x^3$ 及 $x + y = 2$ 所围成的区域;

(4) 由 $y = x^2 + x$ 和 $y = x + 1$ 所围成的区域;

(5) $D = \left\{ (x,y) \big| |x| + |y| \leqslant 1 \right\}$;

(6) 由 $y = 0, y = 1$ 和曲线 $x^2 - y^2 = 1$ 所围成的区域.

2. 计算下列二重积分:

(1) $\iint\limits_D (x+y)^2 \mathrm{d}x\mathrm{d}y, D = [0,1] \times [0,1]$;

(2) $\iint\limits_D x\mathrm{e}^{xy}\mathrm{d}x\mathrm{d}y, D = [0,1] \times [-1,0]$;

(3) $\iint\limits_D \dfrac{2y}{1+x}\mathrm{d}x\mathrm{d}y, D$ 是由直线 $x = 0, y = 0, y = x-1$ 所围成的闭区域;

(4) $\iint\limits_D \dfrac{\ln y}{x}\mathrm{d}x\mathrm{d}y, D$ 是由直线 $y = 1, y = x, x = 2$ 所围成的闭区域;

(5) $\iint\limits_D \sin\dfrac{x}{y}\mathrm{d}x\mathrm{d}y, D$ 是由直线 $y = x, y = 2$ 和曲线 $x = y^3$ 所围成的闭区域;

(6) $\iint\limits_D |\cos(x+y)|\mathrm{d}x\mathrm{d}y, D$ 是由直线 $y = x, y = 0, x = \dfrac{\pi}{2}$ 所围成的闭区域;

(7) $\iint\limits_D \mathrm{e}^{\max\{x^2, y^2\}}\mathrm{d}x\mathrm{d}y, D = [0,1] \times [0,1]$.

3. 通过交换积分次序计算下列二重积分:

(1) $\int_0^1 \mathrm{d}y \int_{3y}^3 \mathrm{e}^{x^2} \mathrm{d}x$;　　　　　(2) $\int_0^1 \mathrm{d}y \int_{\sqrt{y}}^1 \sqrt{x^3+1}\mathrm{d}x$;

(3) $\int_0^1 dx \int_{x^2}^1 \dfrac{xy}{\sqrt{1+y^3}} dy;$　　　　　　(4) $\int_0^1 dy \int_{\arcsin y}^{\frac{\pi}{2}} \cos x \sqrt{1+\cos^2 x} dx.$

4. 利用极坐标计算下列二重积分:

(1) $\displaystyle\iint\limits_D \sin(x^2+y^2) dxdy, D = \left\{(x,y) \middle| \pi^2 \leqslant x^2+y^2 \leqslant 4\pi^2 \right\};$

(2) $\displaystyle\iint\limits_D (x^2+y^2) dxdy, D = \left\{(x,y) \middle| 2x \leqslant x^2+y^2 \leqslant 4, x \geqslant 0, y \geqslant 0 \right\};$

(3) $\displaystyle\iint\limits_D \ln(1+x^2+y^2) dxdy$，其中 D 是由圆周 $x^2+y^2=1$ 及坐标轴所围成的位于第一象限的闭区域;

(4) $\displaystyle\iint\limits_D \arctan \dfrac{y}{x} dxdy$，其中 D 是由圆周 $x^2+y^2=4, x^2+y^2=1$ 及直线 $y=0, y=x$ 所围成的在第一象限的闭区域;

(5) $\displaystyle\int_{\frac{1}{\sqrt{2}}}^1 dx \int_{\sqrt{1-x^2}}^x xy dy + \int_1^{\sqrt{2}} dx \int_0^x xy dy + \int_{\sqrt{2}}^2 dx \int_0^{\sqrt{4-x^2}} xy dy.$

5. 求下列各组曲线所围图形的面积:

(1) 双曲线 $xy = a^2$ 与直线 $x+y = \dfrac{5}{2}a (a>0)$;

(2) 三叶玫瑰线 $\rho = \cos 3\varphi$ 的一叶所围区域;

(3) 位于圆周 $\rho = 3\cos\varphi$ 的内部及心脏线 $\rho = 1+\cos\varphi$ 外部的区域.

6. 利用二重积分计算下列各立体的体积:

(1) 由平面 $x=0, y=0, z=0, x=1, y=1$ 及 $2x+3y+z=6$ 所围立体;

(2) 由抛物面 $z = 10-3x^2-3y^2$ 与平面 $z=4$ 所围立体;

(3) 由柱面 $x^2+y^2=y$ 和平面 $6x+4y+z=12, z=0$ 所围立体;

(4) 以双纽线 $(x^2+y^2)^2 = 2(x^2-y^2)$ 的一支所围区域为底，以抛物面 $z = x^2+y^2$ 的一部分为顶的曲顶柱体.

7. 设边长为 a 的正方形平面薄板的各点处的面密度与该点到正方形中心的距离的平方成正比，求该薄片的质量.

8. 设 $f(x,y)$ 在矩形区域 $[a,b] \times [c,d]$ 上连续,

$$g(x,y) = \int_a^x du \int_c^y f(u,v) dv \quad (a \leqslant x \leqslant b, c \leqslant y \leqslant d),$$

证明: $\dfrac{\partial^2 g}{\partial x \partial y} = \dfrac{\partial^2 g}{\partial y \partial x} = f(x,y).$

9. 设 $f(x)$ 在 $[a,b]$ 上连续, 试利用二重积分证明:

$$\left[\int_a^b f(x) dx\right]^2 \leqslant (b-a) \int_a^b f^2(x) dx.$$

习题7.3参考解答

习题 7.3

1. 在直角坐标系下，化三重积分 $\iiint\limits_{\Omega} f(x,y,z)\mathrm{d}V$ 为三次积分，其中积分区域 Ω 如下：

(1) 由平面 $z=0, z=y$ 及柱面 $y=\sqrt{1-x^2}$ 所围成的闭区域；

(2) 由曲面 $z=x^2+2y^2$ 及 $z=2-x^2$ 所围成的闭区域；

(3) 由曲面 $z=xy, x^2+y^2=1, z=0$ 所围成的位于第一卦限的闭区域；

(4) 由锥面 $z=\sqrt{x^2+y^2}$ 及平面 $z=1$ 所围成的闭区域.

2. 计算下列三重积分：

(1) $\iiint\limits_{\Omega} xy\mathrm{d}x\mathrm{d}y\mathrm{d}z$，$\Omega$ 是以点 $(0,0,0),(1,0,0),(0,2,0),(0,0,3)$ 为顶点的四面体；

(2) $\iiint\limits_{\Omega} \mathrm{e}^x\mathrm{d}x\mathrm{d}y\mathrm{d}z$，$\Omega$ 是由平面 $x=0, y=1, z=0, y=x$ 和 $x+y-z=0$ 所围成的区域；

(3) $\iiint\limits_{\Omega} \left(\dfrac{y\sin z}{1+x^2}-1\right)\mathrm{d}x\mathrm{d}y\mathrm{d}z$，$\Omega: -1\leqslant x\leqslant 1, 0\leqslant y\leqslant 2, 0\leqslant z\leqslant\pi$；

(4) $\iiint\limits_{\Omega} yz\mathrm{d}x\mathrm{d}y\mathrm{d}z$，$\Omega$ 是由平面 $z=0, z=y, y=1$ 及抛物柱面 $y=x^2$ 所围成的闭区域.

3. 利用柱面坐标计算下列三重积分：

(1) $\iiint\limits_{\Omega} \sqrt{x^2+y^2}\mathrm{d}x\mathrm{d}y\mathrm{d}z$，$\Omega$ 是由曲面 $z=9-x^2-y^2$ 与 $z=0$ 所围成的闭区域.

(2) $\iiint\limits_{\Omega} z\mathrm{d}x\mathrm{d}y\mathrm{d}z$，$\Omega$ 是由曲面 $z=x^2+y^2$ 与 $z=2y$ 所围成的闭区域.

(3) $\iiint\limits_{\Omega} (x+y)\mathrm{d}x\mathrm{d}y\mathrm{d}z$，$\Omega$ 是介于两柱面 $x^2+y^2=1$ 和 $x^2+y^2=4$ 之间被平面 $z=0$ 和 $z=x+2$ 所截下的部分.

(4) $\iiint\limits_{\Omega} (z+x^2+y^2)\mathrm{d}x\mathrm{d}y\mathrm{d}z$，$\Omega$ 是由曲线 $\begin{cases} y^2=2z, \\ x=0 \end{cases}$ 绕 z 轴旋转一周形成的曲面与平面 $z=4$ 所围成的立体区域.

(5) $\iiint\limits_{\Omega} (x^3+xy^2)\mathrm{d}x\mathrm{d}y\mathrm{d}z$，$\Omega$ 是由柱面 $x^2+(y-1)^2=1$ 及平面 $z=0, z=2$ 所围成的立体区域.

4. 利用球面坐标计算下列三重积分：

(1) $\iiint\limits_{\Omega} y^2\mathrm{d}x\mathrm{d}y\mathrm{d}z$，$\Omega$ 为介于两球面 $x^2+y^2+z^2=a^2$ 和 $x^2+y^2+z^2=b^2$ 之间的部分 $(0\leqslant a\leqslant b)$；

(2) $\iiint\limits_{\Omega} (x^2+y^2+z^2)\mathrm{d}x\mathrm{d}y\mathrm{d}z$，$\Omega$ 为球体 $x^2+y^2+(z-1)^2\leqslant 1$；

(3) $\iiint\limits_{\Omega} z\mathrm{d}x\mathrm{d}y\mathrm{d}z$，$\Omega$ 由曲面 $z=\sqrt{4-x^2-y^2}$ 与 $z=\sqrt{x^2+y^2}$ 围成；

(4) $\iiint\limits_{\Omega} x\mathrm{e}^{(x^2+y^2+z^2)^2}\mathrm{d}x\mathrm{d}y\mathrm{d}z$，$\Omega$ 是第一卦限中两球面 $x^2+y^2+z^2=1$ 和 $x^2+y^2+z^2=4$ 之间的部分.

5. 选取适当坐标系计算下列积分：

(1) $\iiint\limits_{\Omega} \sin z\mathrm{d}x\mathrm{d}y\mathrm{d}z$，$\Omega$ 是由曲面 $z=\sqrt{x^2+y^2}$ 与 $z=\pi$ 所围立体；

(2) $\iiint\limits_{\Omega} (x^2+y^2)\mathrm{d}x\mathrm{d}y\mathrm{d}z$，$\Omega$ 是由曲面 $x^2+y^2=2z$ 及平面 $z=2$ 所围成的闭区域；

(3) $\iiint\limits_{\Omega} \dfrac{1}{\sqrt{x^2+y^2+z^2}}\mathrm{d}x\mathrm{d}y\mathrm{d}z$，$\Omega$ 是由曲面 $z=\sqrt{x^2+y^2}$ 与 $z=1$ 所围立体；

(4) $\iiint\limits_{\Omega} z\mathrm{d}x\mathrm{d}y\mathrm{d}z$，$\Omega$ 是由曲面 $z=1+\sqrt{1-x^2-y^2}$ 与 $z=1$ 所围成的闭区域.

6. 选取适当坐标系计算下列三次积分：

(1) $\displaystyle\int_0^1\mathrm{d}y\int_0^{\sqrt{1-y^2}}\mathrm{d}x\int_{x^2+y^2}^{\sqrt{x^2+y^2}}xyz\mathrm{d}z;$ 　　　　(2) $\displaystyle\int_0^1\mathrm{d}x\int_0^x\mathrm{d}y\int_0^y\dfrac{\sin z}{(1-z)^2}\mathrm{d}z;$

(3) $\displaystyle\int_{-3}^3\mathrm{d}x\int_{-\sqrt{9-x^2}}^{\sqrt{9-x^2}}\mathrm{d}y\int_0^{\sqrt{9-x^2-y^2}}z\sqrt{x^2+y^2+z^2}\mathrm{d}z.$

7. 设函数 $f(x)$ 连续，$F(t)=\iiint\limits_{\Omega}[z^2+f(x^2+y^2)]\mathrm{d}x\mathrm{d}y\mathrm{d}z$，其中 $\Omega: 0\leqslant z\leqslant h, x^2+y^2\leqslant t^2$，求 $F'(t)$.

8. 设 $f(u)$ 连续，且 $f(0)=0, f'(0)=1, \Omega_t=\left\{(x,y,z)\big|x^2+y^2+z^2\leqslant t^2\right\}$，求极限

$$\lim_{t\to 0^+}\frac{1}{\pi t^4}\iiint\limits_{\Omega_t}f\left(\sqrt{x^2+y^2+z^2}\right)\mathrm{d}x\mathrm{d}y\mathrm{d}z.$$

9. 设 $f(z)$ 是个连续函数，试证明：$\displaystyle\int_0^1\mathrm{d}x\int_0^x\mathrm{d}y\int_0^y f(z)\mathrm{d}z=\frac{1}{2}\int_0^1(1-z)^2f(z)\mathrm{d}z.$

习题 7.4

1. 计算下列曲线积分：

习题7.4参考解答

(1) $\displaystyle\int_L y^2\mathrm{d}s$，其中 L 是摆线 $x=a(t-\sin t), y=a(1-\cos t)(0\leqslant t\leqslant 2\pi)$；

(2) $\displaystyle\int_L \sqrt{x}\mathrm{d}s$，其中 L 是抛物线 $y=\sqrt{x}$ 从点 $(0,0)$ 到点 $(1,1)$ 的一段弧；

(3) $\displaystyle\int_L xy\mathrm{d}s$，其中 L 是椭圆 $\dfrac{x^2}{a^2}+\dfrac{y^2}{b^2}=1$ 位于第一象限的弧段；

(4) $\displaystyle\int_L (x+y)\mathrm{e}^{x^2+y^2}\mathrm{d}s$，其中 L 是圆弧 $y=\sqrt{a^2-x^2}$ 与直线 $y=x, y=-x$ 所围成的扇形区域的整个边界；

(5) $\int_{\Gamma}|y|\mathrm{d}s$，其中 Γ 是球面 $x^2+y^2+z^2=2$ 与平面 $x=y$ 的交线；

(6) $\int_{\Gamma}xyz\mathrm{d}s$，其中 Γ 为折线 ABC，这里 A,B,C 依次为点 $(0,0,0),(1,2,3)$ 和 $(1,4,3)$；

(7) $\int_{\Gamma}(x^2+y^2)z\mathrm{d}s$，其中 Γ 是锥面螺线 $x=t\cos t,y=t\sin t,z=t$ 相应于 t 从 0 变到 1 的一段弧；

(8) $\int_{\Gamma}\dfrac{\mathrm{d}s}{x^2+y^2+z^2}$，其中 Γ 是曲线 $x=\mathrm{e}^t\cos t,y=\mathrm{e}^t\sin t,z=\mathrm{e}^t(0\leqslant t\leqslant 2)$.

2. 计算曲线 $\Gamma:x=\mathrm{e}^{-t}\cos t,y=\mathrm{e}^{-t}\sin t,z=\mathrm{e}^{-t}(0<t<+\infty)$ 的弧长.

3. 利用第一类曲线积分求圆柱面 $x^2+y^2=ax$ 位于平面 $z=0$ 和锥面 $z=\sqrt{x^2+y^2}$ 之间的部分的面积.

4. 计算下列曲面积分：

(1) $\iint_{\Sigma}\left(2x+\dfrac{4}{3}y+z\right)\mathrm{d}S$，其中 Σ 为平面 $\dfrac{x}{2}+\dfrac{y}{3}+\dfrac{z}{4}=1$ 在第一卦限的部分；

(2) $\iint_{\Sigma}(x^2+y^2)\mathrm{d}S$，其中 Σ 为抛物面 $z=1-x^2-y^2$ 位于 xOy 平面上方的部分；

(3) $\iint_{\Sigma}\dfrac{1}{(1+x+y)^2}\mathrm{d}S$，其中 Σ 为以点 $(0,0,0),(1,0,0),(0,1,0),(0,0,1)$ 为顶点的四面体的整个边界表面；

(4) $\iint_{\Sigma}(xy+yz+zx)\mathrm{d}S$，其中 Σ 为锥面 $z=\sqrt{x^2+y^2}$ 被柱面 $x^2+y^2=2ax$ 所截得的部分；

(5) $\iint_{\Sigma}(x^2+y^2+z^2)\mathrm{d}S$，其中 Σ 为两圆柱面 $x^2+z^2=a^2$ 和 $x^2+y^2=a^2$ 位于第一卦限的部分与三个坐标面所围成的区域的整个边界曲面；

(6) $\iint_{\Sigma}|xyz|\mathrm{d}S$，其中 Σ 为曲面 $z=x^2+y^2$ 在平面 $z=1$ 下的部分.

5. 求底圆半径相等的两个直交圆柱面 $x^2+y^2=R^2$ 和 $x^2+z^2=R^2$ 所围立体的表面积.

6. 设 Σ 是球面 $x^2+y^2+z^2=R^2$，计算曲面积分 $\iint_{\Sigma}\left[x+yz^2+\dfrac{1}{(x^2+y^2+z^2)^{3/2}}\right]\mathrm{d}S$.

习题 7.5

1. 求下列曲面的面积：

习题7.5参考解答

(1) 平面 $3x+2y+z=1$ 被椭圆柱面 $2x^2+y^2=1$ 截下的部分；

(2) 锥面 $z=\sqrt{x^2+y^2}$ 被柱面 $z^2=2x$ 截下的部分；

(3) 半球面 $z=\sqrt{a^2-x^2-y^2}$ 含在圆柱面 $x^2+y^2=ax$ 内的部分；

(4) 由 $x=u\cos v,y=u\sin v,z=v,0\leqslant u\leqslant 1,0\leqslant v\leqslant\pi$ 构成的曲面；

(5) 由 $x=uv, y=u+v, z=u-v, u^2+v^2 \leqslant 1$ 构成的曲面.

2. 求下列图形的形心:

(1) 椭圆盘 $\dfrac{x^2}{a^2}+\dfrac{y^2}{b^2} \leqslant 1$ 位于第一象限的部分;

(2) 由 $y=\sqrt{2x}, x=a(a>0), y=0$ 所围成的区域;

(3) 由双纽线 $\rho^2=2\cos 2\varphi$ 位于右半平面的一支所围成的区域;

(4) 由 $\dfrac{x^2}{a^2}+\dfrac{y^2}{b^2}+\dfrac{z^2}{c^2} \leqslant 1, x \geqslant 0, y \geqslant 0, z \geqslant 0$ 所围成的空间立体;

(5) 由 $0 \leqslant z \leqslant x^2+y^2, x \geqslant 0, y \geqslant 0, x+y \leqslant 1$ 所围成的空间立体;

(6) 由 $x^2+y^2 \leqslant 2z, x^2+y^2+z^2 \leqslant 3$ 所围成的空间立体.

3. 设平面薄片 D 由 $x+y=2, y=x$ 和 x 轴所围成, 其面密度为 $\rho=x^2+y^2$, 求该薄片的质量.

4. 设圆盘 $x^2+y^2 \leqslant 2ax$ 内各点处的面密度与该点到坐标原点的距离成正比, 试求该圆盘的重心.

5. 设平面均匀薄片(面密度为 1)由 $x+y=1, \dfrac{x}{3}+y=1, y=0$ 所围成, 求此薄片对 x 轴的转动惯量.

6. 求由曲面 $x^2+y^2+z^2=2, x^2+y^2=z^2$ 所围成的含 z 轴正向部分的均匀立体对 z 轴的转动惯量(设体密度为 ρ).

7. 设曲线
$$\begin{cases} x^2+y^2+z^2=R^2, \\ x^2+y^2=Rx \end{cases} \quad (z \geqslant 0, R>0)$$
的线密度为 $\sqrt{x}$, 求其对三个坐标轴的转动惯量之和 $I_x+I_y+I_z$.

8. 求均匀柱体 $x^2+y^2 \leqslant R^2, 0 \leqslant z \leqslant h$ 对位于点 $M_0(0,0,a)(a>h)$ 处的单位质点的引力.

9. 求面密度为 ρ 的均匀半圆形薄片 $0 \leqslant y \leqslant \sqrt{a^2-x^2}, z=0$ 对位于点 $M_0(0,0,b)(b>0)$ 处的单位质点的引力.

10. 求密度均匀的心脏线 $\rho=a(1+\cos\varphi), 0 \leqslant \varphi \leqslant 2\pi$ 的形心.

11. 设 $f(x) \in C^{(1)}[a,b], f(x) \geqslant 0, A$ 为平面曲线 $y=f(x), a \leqslant x \leqslant b$ 绕 x 轴旋转所得的旋转曲面的面积, 试利用曲面积分计算公式证明:
$$A=2\pi\int_a^b f(x)\sqrt{1+[f'(x)]^2}\,\mathrm{d}x,$$
并由此计算正弦弧段 $y=\sin x, 0 \leqslant x \leqslant \pi$ 绕 x 轴旋转所得的旋转曲面的面积.

总习题七参考解答

1. 填空题.

(1) 函数 $f(x,y)$ 在有界闭区域 D 上的二重积分存在的充分条件是 $f(x,y)$ 在 D

上_____, 在此条件下, 必有点 $(\xi, \eta) \in D$, 使得 $\iint\limits_{D} f(x, y)\mathrm{d}\sigma =$ _____;

(2) 设 $D: a \leqslant x \leqslant b, 0 \leqslant y \leqslant 1$, 且 $\iint\limits_{D} yf(x)\mathrm{d}x\mathrm{d}y = 1$, 则 $\int_{a}^{b} f(x)\mathrm{d}x =$ _____;

(3) 交换二次积分次序后, $\int_{0}^{2} \mathrm{d}y \int_{-\sqrt{2y-y^2}}^{\sqrt{2y-y^2}} f(x, y)\mathrm{d}x =$ _____;

(4) 积分 $\iint\limits_{|x|+|y| \leqslant 1} (x+y)^2 \mathrm{d}x\mathrm{d}y =$ _____;

(5) 设 L 是周长为 a 的椭圆 $\dfrac{x^2}{4} + \dfrac{y^2}{3} = 1$, 则 $\oint\limits_{L} (2xy + 3x^2 + 4y^2)\mathrm{d}s =$ _____;

(6) 设 Σ 为锥面 $z = \sqrt{x^2 + y^2}$ 在柱体 $x^2 + y^2 \leqslant 2x$ 内的部分, 则 $\iint\limits_{D} |y|\mathrm{d}S =$ _____.

解 (1) 第一个空应填 连续; 第二个空应填 $\underline{f(\xi, \eta)\mu(D)}$ (其中 $\mu(D)$ 表示 D 的面积).

(2) $1 = \iint\limits_{D} yf(x)\mathrm{d}x\mathrm{d}y = \int_{a}^{b} \mathrm{d}x \int_{0}^{1} yf(x)\mathrm{d}y = \dfrac{1}{2}\int_{a}^{b} f(x)\mathrm{d}x$, 因此 $\int_{a}^{b} f(x)\mathrm{d}x = \underline{\quad 2 \quad}$.

(3) 这个二次积分的积分区域是圆盘 $D: x^2 + (y-1)^2 \leqslant 1$. 因此交换积分次序可得

$$\int_{0}^{2} \mathrm{d}y \int_{-\sqrt{2y-y^2}}^{\sqrt{2y-y^2}} f(x, y)\mathrm{d}x = \underline{\int_{-1}^{1} \mathrm{d}x \int_{1-\sqrt{1-x^2}}^{1+\sqrt{1-x^2}} f(x, y)\mathrm{d}y}.$$

(4) 由于积分区域 $D: |x| + |y| \leqslant 1$ 是个边与坐标轴成 $45°$ 角、中心在原点的正方形, 它关于坐标轴、坐标原点及直线 $y = \pm x$ 都是对称的, 因此若记 $D_1: |x| + |y| \leqslant 1, x \geqslant 0$. 则有

$$\iint\limits_{|x|+|y| \leqslant 1} (x+y)^2 \mathrm{d}x\mathrm{d}y = \iint\limits_{|x|+|y| \leqslant 1} (x^2 + 2xy + y^2)\mathrm{d}x\mathrm{d}y = \iint\limits_{|x|+|y| \leqslant 1} (x^2 + y^2)\mathrm{d}x\mathrm{d}y = 2\iint\limits_{|x|+|y| \leqslant 1} x^2 \mathrm{d}x\mathrm{d}y$$

$$= 4\iint\limits_{D_1} x^2 \mathrm{d}x\mathrm{d}y = 4\int_{0}^{1} \mathrm{d}x \int_{x-1}^{1-x} x^2 \mathrm{d}y = 8\int_{0}^{1} (x^2 - x^3)\mathrm{d}x = 8\left(\dfrac{1}{3} - \dfrac{1}{4}\right) = \underline{\dfrac{2}{3}}.$$

(5) 由于 L 关于两条坐标轴都是对称的, 故 $\oint\limits_{L} 2xy\mathrm{d}s = 0$, 因此

$$\oint\limits_{L} (2xy + 3x^2 + 4y^2)\mathrm{d}s = \oint\limits_{L} (3x^2 + 4y^2)\mathrm{d}s = 12\oint\limits_{L} \left(\dfrac{x^2}{4} + \dfrac{y^2}{3}\right)\mathrm{d}s = 12\oint\limits_{L} \mathrm{d}s = \underline{12a}.$$

(6) 由于 $z_x = \dfrac{x}{\sqrt{x^2 + y^2}}, z_y = \dfrac{y}{\sqrt{x^2 + y^2}}$, 因此

$$\mathrm{d}S = \sqrt{1 + \left(\dfrac{x}{\sqrt{x^2 + y^2}}\right)^2 + \left(\dfrac{y}{\sqrt{x^2 + y^2}}\right)^2} \mathrm{d}x\mathrm{d}y = \sqrt{2}\mathrm{d}x\mathrm{d}y,$$

同时 Σ 在 xOy 平面上的投影区域为 $D: x^2 + y^2 \leqslant 2x$, 故

$$\iint\limits_{\Sigma}|y|\mathrm{d}S = \iint\limits_{D}\sqrt{2}|y|\mathrm{d}x\mathrm{d}y = \sqrt{2}\int_{-\frac{\pi}{2}}^{\frac{\pi}{2}}\mathrm{d}\varphi\int_{0}^{2\cos\varphi}|\rho\sin\varphi|\cdot\rho\mathrm{d}\rho$$

$$= \frac{8\sqrt{2}}{3}\int_{-\frac{\pi}{2}}^{\frac{\pi}{2}}|\sin\varphi|\cos^3\varphi\mathrm{d}\varphi = \frac{16\sqrt{2}}{3}\int_{0}^{\frac{\pi}{2}}\cos^3\varphi\sin\varphi\mathrm{d}\varphi = \frac{4\sqrt{2}}{3}.\blacksquare$$

2. 单项选择题.

(1) 设 $\Omega: -\sqrt{1-x^2-y^2} \leqslant z \leqslant 0$, 记 $I_1 = \iiint\limits_{\Omega} z\mathrm{e}^{-x^2-y^2}\mathrm{d}V, I_2 = \iiint\limits_{\Omega} z^2\mathrm{e}^{-x^2-y^2}\mathrm{d}V, I_3 = \iiint\limits_{\Omega} z^3\mathrm{e}^{-x^2-y^2}\mathrm{d}V$, 则( ).

(A) $I_3 \leqslant I_1 \leqslant I_2$ (B) $I_2 \leqslant I_3 \leqslant I_1$ (C) $I_3 \leqslant I_2 \leqslant I_1$ (D) $I_1 \leqslant I_3 \leqslant I_2$

(2) 设 D 是 xOy 平面上以 $(1,1),(-1,1)$ 和 $(-1,-1)$ 为顶点的三角形区域, D_1 为 D 的第一象限部分, 则二重积分 $\iint\limits_{D}(xy+\cos x\sin y)\mathrm{d}x\mathrm{d}y = ($).

(A) $2\iint\limits_{D_1}\cos x\sin y\mathrm{d}x\mathrm{d}y$

(B) $2\iint\limits_{D_1}xy\mathrm{d}x\mathrm{d}y$

(C) $2\iint\limits_{D_1}(xy+\cos x\sin y)\mathrm{d}x\mathrm{d}y$

(D) 0

(3) 设曲面 Σ 为 $x^2+y^2+z^2 = a(z \geqslant 0)$, Σ_1 是 Σ 在第一卦限的部分, 则有( ).

(A) $\iint\limits_{\Sigma}x\mathrm{d}S = 4\iint\limits_{\Sigma_1}x\mathrm{d}S$

(B) $\iint\limits_{\Sigma}y\mathrm{d}S = 4\iint\limits_{\Sigma_1}y\mathrm{d}S$

(C) $\iint\limits_{\Sigma}z\mathrm{d}S = 4\iint\limits_{\Sigma_1}z\mathrm{d}S$

(D) $\iint\limits_{\Sigma}xyz\mathrm{d}S = 4\iint\limits_{\Sigma_1}xyz\mathrm{d}S$

(4) 设空间区域 $\Omega = \left\{(x,y,z)\,\middle|\,x^2+y^2+z^2 \leqslant a^2\right\}$, Ω_1 是 Ω 在第一卦限的部分, 则下列等式不成立的是( ).

(A) $\iiint\limits_{\Omega}(x+y+z)^2\mathrm{d}V = \iiint\limits_{\Omega}(x^2+y^2+z^2)\mathrm{d}V$

(B) $\iiint\limits_{\Omega}(x+y+z)^2\mathrm{d}V = 8\iiint\limits_{\Omega_1}(x^2+y^2+z^2)\mathrm{d}V$

(C) $\iiint\limits_{\Omega}(x+y+z)^2\mathrm{d}V = 24\iiint\limits_{\Omega_1}x^2\mathrm{d}V$

(D) $\iiint\limits_{\Omega}(x+y+z)^2\mathrm{d}V = 8\iiint\limits_{\Omega_1}(x+y+z)^2\mathrm{d}V$

解 (1) 应该选择(D): 因为在区域 $\Omega: -\sqrt{1-x^2-y^2} \leqslant z \leqslant 0$ 上, $-1 \leqslant z \leqslant 0$, 所以 $z \leqslant z^3 \leqslant 0 \leqslant z^2$. 从而有 $z\mathrm{e}^{-x^2-y^2} \leqslant z^3\mathrm{e}^{-x^2-y^2} \leqslant z^2\mathrm{e}^{-x^2-y^2}$. 于是由第一型积分的单调性质可知

$$\iiint\limits_{\Omega} z\mathrm{e}^{-x^2-y^2}\mathrm{d}V \leqslant \iiint\limits_{\Omega} z^3\mathrm{e}^{-x^2-y^2}\mathrm{d}V \leqslant \iiint\limits_{\Omega} z^2\mathrm{e}^{-x^2-y^2}\mathrm{d}V, \quad 即 \quad I_1 \leqslant I_3 \leqslant I_2.$$

(2) 应该选(A)，理由如下：如图 1 所示，区域 D 可以分成四个部分：D_1, D_2, D_3, D_4. 其中 D_1 与 D_2 关于 y 轴对称，D_3 与 D_4 关于 x 轴对称，D_2 与 D_3 关于直线 $y = -x$ 轴对称，

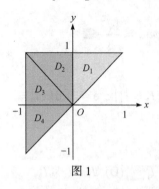

图 1

$D_1 + D_2$ 与 $D_3 + D_4$ 关于直线 $y = -x$ 轴也对称. 而函数 xy 关于 x 与 y 都是奇函数，$\cos x \sin y$ 关于 y 是奇函数，关于 x 则是偶函数，因此

$$\iint\limits_{D_1} xy\mathrm{d}x\mathrm{d}y = -\iint\limits_{D_2} xy\mathrm{d}x\mathrm{d}y, \quad \iint\limits_{D_3} xy\mathrm{d}x\mathrm{d}y = -\iint\limits_{D_4} xy\mathrm{d}x\mathrm{d}y.$$

$$\iint\limits_{D_1} \cos x \sin y\mathrm{d}x\mathrm{d}y = \iint\limits_{D_2} \cos x \sin y\mathrm{d}x\mathrm{d}y,$$

$$\iint\limits_{D_3} \cos x \sin y\mathrm{d}x\mathrm{d}y = -\iint\limits_{D_4} \cos x \sin y\mathrm{d}x\mathrm{d}y.$$

因此，利用积分对区域的可加性，可得

$$\iint\limits_{D} (xy + \cos x \sin y)\mathrm{d}x\mathrm{d}y = 2\iint\limits_{D_1} \cos x \sin y\mathrm{d}x\mathrm{d}y.$$

所以应该选(A).

(3) 应该选择(C)：如果把 Σ 位于第 n 象限的部分记为 $\Sigma_n (n = 1, 2, 3, 4)$，则 Σ_1 与 Σ_2 关于 yOz 平面对称，Σ_2 与 Σ_3 关于 zOx 平面对称，Σ_1 与 Σ_3 关于 z 轴对称，Σ_1 与 Σ_4 关于 zOx 平面对称，Σ_4 与 Σ_2 关于 z 轴对称. 因此

$$\iint\limits_{\Sigma_1} x\mathrm{d}S = -\iint\limits_{\Sigma_2} x\mathrm{d}S, \quad \iint\limits_{\Sigma_3} x\mathrm{d}S = -\iint\limits_{\Sigma_4} x\mathrm{d}S; \quad \iint\limits_{\Sigma_2} y\mathrm{d}S = -\iint\limits_{\Sigma_3} y\mathrm{d}S, \quad \iint\limits_{\Sigma_1} y\mathrm{d}S = -\iint\limits_{\Sigma_4} y\mathrm{d}S;$$

$$\iint\limits_{\Sigma_1} xyz\mathrm{d}S = -\iint\limits_{\Sigma_2} xyz\mathrm{d}S, \quad \iint\limits_{\Sigma_3} xyz\mathrm{d}S = -\iint\limits_{\Sigma_4} xyz\mathrm{d}S; \quad \iint\limits_{\Sigma_1} z\mathrm{d}S = \iint\limits_{\Sigma_2} z\mathrm{d}S = \iint\limits_{\Sigma_3} z\mathrm{d}S = \iint\limits_{\Sigma_4} z\mathrm{d}S.$$

因此 $\iint\limits_{\Sigma} z\mathrm{d}S = 4\iint\limits_{\Sigma_1} z\mathrm{d}S$. 故应该选(C).

(4) 应该选择(D)：由于

$$(x + y + z)^2 = x^2 + y^2 + z^2 + 2xy + 2yz + 2zx$$

且函数 $2xy$ 在左右两个半球上的积分值刚好相反；函数 $2yz$ 在上下两个半球上的积分值刚好相反；函数 $2zx$ 在前后两个半球上的积分值刚好相反. 因此有

$$\iiint\limits_{\Omega} (x + y + z)^2 \mathrm{d}V = \iiint\limits_{\Omega} (x^2 + y^2 + z^2)\mathrm{d}V.$$

同时，球 Ω 关于平面 $x = y, y = z$ 及 $z = x$ 都是对称的，因此

$$\iiint\limits_{\Omega} x^2\mathrm{d}V = \iiint\limits_{\Omega} y^2\mathrm{d}V = \iiint\limits_{\Omega} z^2\mathrm{d}V.$$

又由于函数 x^2 在关于 xOy 平面的对称点处函数值相等，在关于 yOz 平面的对称点处函数值相等，在关于 zOx 平面的对称点处函数值也相等，因此

$$\iiint\limits_{\Omega}(x+y+z)^2\,\mathrm{d}V=\iiint\limits_{\Omega}(x^2+y^2+z^2)\,\mathrm{d}V=3\iiint\limits_{\Omega}x^2\,\mathrm{d}V=24\iiint\limits_{\Omega_1}x^2\,\mathrm{d}V.$$

故(A), (B), (C)都是成立的, 唯一不成立的是(D), 应该选择(D).

同时, 由于在 Ω_1 内部, 有

$$(x+y+z)^2=x^2+y^2+z^2+2xy+2yz+2zx>x^2+y^2+z^2,$$

因此也有如下结论

$$\iiint\limits_{\Omega}(x+y+z)^2\,\mathrm{d}V=8\iiint\limits_{\Omega_1}(x^2+y^2+z^2)\,\mathrm{d}V<8\iiint\limits_{\Omega_1}(x+y+z)^2\,\mathrm{d}V.\ \blacksquare$$

3. 计算下列二重积分:

(1) $\displaystyle\iint\limits_{D}|y-x^2|\,\mathrm{d}x\mathrm{d}y$, 其中 $D=\left\{(x,y)\,|-1\leqslant x\leqslant1,0\leqslant y\leqslant1\right\}$;

(2) $\displaystyle\iint\limits_{D}f(x,y)\,\mathrm{d}x\mathrm{d}y$, 其中 $D=\left\{(x,y)\,\big||x|+|y|\leqslant2\right\}$, $f(x,y)=\begin{cases}x^2, & |x|+|y|\leqslant1,\\ \dfrac{1}{\sqrt{x^2+y^2}}, & 1<|x|+|y|\leqslant2;\end{cases}$

(3) $\displaystyle\iint\limits_{D}(x+y)\,\mathrm{d}x\mathrm{d}y$, 其中 $D=\left\{(x,y)\,\big|x^2+y^2\leqslant x+y\right\}$;

(4) $\displaystyle\iint\limits_{D}x^2\,\mathrm{d}x\mathrm{d}y$, 其中 D 为心形线 $\rho=a(1-\cos\varphi)(a>0)$ 所围的区域.

解　(1) 如图 2 所示, 抛物线 $y=x^2$ 把 D 分成两部分 D_1 和 D_2, 在 D_1 上, $y\geqslant x^2$; 在 D_2 上, $y\leqslant x^2$. 因此有

$$\begin{aligned}\iint\limits_{D}|y-x^2|\,\mathrm{d}x\mathrm{d}y&=\iint\limits_{D_1}(y-x^2)\,\mathrm{d}x\mathrm{d}y-\iint\limits_{D_2}(y-x^2)\,\mathrm{d}x\mathrm{d}y\\ &=\int_{-1}^1\mathrm{d}x\int_{x^2}^1(y-x^2)\,\mathrm{d}y-\int_{-1}^1\mathrm{d}x\int_0^{x^2}(y-x^2)\,\mathrm{d}y\\ &=\int_{-1}^1\left(\frac{1}{2}x^4-x^2+\frac{1}{2}\right)\mathrm{d}x-\int_{-1}^1\left(-\frac{1}{2}x^4\right)\mathrm{d}x\\ &=\int_{-1}^1\left(x^4-x^2+\frac{1}{2}\right)\mathrm{d}x=\left[\frac{1}{5}x^5-\frac{1}{3}x^3+\frac{1}{2}x\right]_{-1}^1=\frac{11}{15}.\end{aligned}$$

【注】 当被积函数带有绝对值符号, 先要用绝对值号里面函数等于 0 这条线(或者曲面)把区域进行分割, 使得在每个小区域里绝对值里面的函数保持同号, 从而可以去掉绝对值号.

(2) 如图 3 所示, 曲线 $|x|+|y|=1$ 把 D 分成两部分 D_1 和 D_2, 在 D_1 上, $f(x,y)=x^2$; 在 D_2 上, $f(x,y)=\dfrac{1}{\sqrt{x^2+y^2}}$. 因此有

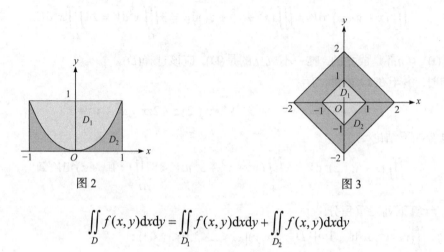

图 2　　　　　　　　　　　　　　　图 3

$$\iint\limits_{D} f(x,y)\mathrm{d}x\mathrm{d}y = \iint\limits_{D_1} f(x,y)\mathrm{d}x\mathrm{d}y + \iint\limits_{D_2} f(x,y)\mathrm{d}x\mathrm{d}y$$

$$= \iint\limits_{D_1} x^2\mathrm{d}x\mathrm{d}y + \iint\limits_{D_2} \frac{1}{\sqrt{x^2+y^2}}\mathrm{d}x\mathrm{d}y.$$

由于 D_1 和 D_2 都关于 x 轴、y 轴及坐标原点对称, 且被积函数 x^2 与 $\dfrac{1}{\sqrt{x^2+y^2}}$ 在关于 x 轴、y 轴及坐标原点的对称点处的函数值总是相等, 因此 D_1 和 D_2 上的积分都可以表示为第一象限部分积分的四倍, 故

$$\iint\limits_{D} f(x,y)\mathrm{d}x\mathrm{d}y = 4\int_0^1 \mathrm{d}x\int_0^{1-x} x^2\mathrm{d}y + 4\int_0^{\frac{\pi}{2}}\mathrm{d}\varphi\int_{\frac{1}{\cos\varphi+\sin\varphi}}^{\frac{2}{\cos\varphi+\sin\varphi}}\frac{1}{\rho}\cdot\rho\mathrm{d}\rho$$

$$= 4\int_0^1 (x^2-x^3)\mathrm{d}x + 4\int_0^{\frac{\pi}{2}}\frac{\mathrm{d}\varphi}{\cos\varphi+\sin\varphi} = \frac{1}{3} + 2\sqrt{2}\int_0^{\frac{\pi}{2}}\frac{\mathrm{d}\left(\varphi-\frac{\pi}{4}\right)}{\cos\left(\varphi-\frac{\pi}{4}\right)}$$

$$= \frac{1}{3} + 2\sqrt{2}\ln\left[\sec\left(\varphi-\frac{\pi}{4}\right)+\tan\left(\varphi-\frac{\pi}{4}\right)\right]\Bigg|_0^{\frac{\pi}{2}} = \frac{1}{3} + 4\sqrt{2}\ln(\sqrt{2}+1).$$

这里 D_2 的位于第一象限部分的积分采用极坐标计算比较简单, 如果用直角坐标进行计算, 计算量将很大, 大家也可以试着计算一下看看.

【注】分片定义的函数积分要逐片积分后相加.

(3) 注意, $D=\left\{(x,y)\big| x^2+y^2\leqslant x+y\right\}$ 实际上是个圆盘 $D=\left\{(x,y)\bigg|\left(x-\frac{1}{2}\right)^2+\left(y-\frac{1}{2}\right)^2\right.$ $\left.\leqslant\frac{1}{2}\right\}$, 其中形心在点 $(\overline{x},\overline{y})=\left(\frac{1}{2},\frac{1}{2}\right)$ 处, 面积为 $A=\frac{\pi}{2}$. 于是由形心坐标公式可得

$$\iint\limits_{D}(x+y)\mathrm{d}x\mathrm{d}y = \iint\limits_{D}x\mathrm{d}x\mathrm{d}y + \iint\limits_{D}y\mathrm{d}x\mathrm{d}y = A\cdot\overline{x} + A\cdot\overline{y} = \frac{\pi}{2}\cdot\frac{1}{2} + \frac{\pi}{2}\cdot\frac{1}{2} = \frac{\pi}{2}.$$

【注】这是形心坐标公式的妙用! 直接计算当然也可以, 不过比较而言, 就要繁琐得多.

(4) 如图 4 所示，积分区域 D 可以分成关于极轴对称的两部分 D_1 和 D_2，且被积函数 x^2 在关于极轴的对称点处函数值总是相等，因此

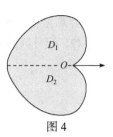

图 4

$$\iint\limits_{D} x^2\mathrm{d}x\mathrm{d}y = 2\iint\limits_{D_1} x^2\mathrm{d}x\mathrm{d}y = 2\int_0^\pi \mathrm{d}\varphi \int_0^{a(1-\cos\varphi)} (\rho\cos\varphi)^2 \cdot \rho\mathrm{d}\rho$$

$$= \frac{1}{2}a^4 \int_0^\pi (1-\cos\varphi)^4 \cos^2\varphi \mathrm{d}\varphi$$

$$\xlongequal{\varphi=\frac{\pi}{2}+\theta} \frac{1}{2}a^4 \int_{-\frac{\pi}{2}}^{\frac{\pi}{2}} (1+\sin\theta)^4 (-\sin\theta)^2 \mathrm{d}\theta$$

$$= \frac{1}{2}a^4 \int_{-\frac{\pi}{2}}^{\frac{\pi}{2}} (\sin^2\theta + 4\sin^3\theta + 6\sin^4\theta + 4\sin^5\theta + \sin^6\theta)\mathrm{d}\theta$$

$$= a^4 \int_0^{\frac{\pi}{2}} (\sin^2\theta + 6\sin^4\theta + \sin^6\theta)\mathrm{d}\theta$$

$$= a^4 \left(\frac{1}{2}\cdot\frac{\pi}{2} + 6\cdot\frac{3}{4}\cdot\frac{1}{2}\cdot\frac{\pi}{2} + \frac{5}{6}\cdot\frac{3}{4}\cdot\frac{1}{2}\cdot\frac{\pi}{2} \right) = \frac{49}{32}\pi a^4.\blacksquare$$

4. 计算下列三重积分:

(1) $\iiint\limits_{\Omega} xy^2\mathrm{d}V$，$\Omega$ 是由平面 $z=0, x+y-z=0, x-y-z=0, x=1$ 所围成的区域;

(2) $\iiint\limits_{\Omega} (x^2+y^2)\mathrm{d}V$，$\Omega$ 是由柱面 $y=\sqrt{x}$ 及平面 $y+z=1, x=0, z=0$ 所围成的区域;

(3) $\iiint\limits_{\Omega} \sin z\mathrm{d}V$，$\Omega$ 是由锥面 $z=\sqrt{x^2+y^2}$ 和平面 $z=\pi$ 所围成的区域;

(4) $\iiint\limits_{\Omega} z^2\mathrm{d}V$，$\Omega$ 是两个球体 $x^2+y^2+z^2 \leqslant R^2$ 与 $x^2+y^2+z^2 \leqslant 2Rz(R>0)$ 的公共部分;

(5) $\iiint\limits_{\Omega} |xyz|\mathrm{d}V$，$\Omega$ 是椭球体 $\dfrac{x^2}{a^2}+\dfrac{y^2}{b^2}+\dfrac{z^2}{c^2} \leqslant 1.$

解　(1) 如图 5 所示，Ω 是一个以 $(1,-1,0),(1,1,0),(1,0,1)$ 和坐标原点为顶点的四面体，其在 zOx 平面上的投影区域为 $D: 0 \leqslant x \leqslant 1, 0 \leqslant z \leqslant x$. 左侧曲面方程为 $y=z-x$，右侧曲面方程为 $y=x-z$. 因此有

$$\iiint\limits_{\Omega} xy^2\mathrm{d}V = \int_0^1 \mathrm{d}x \int_0^x \mathrm{d}z \int_{z-x}^{x-z} xy^2\mathrm{d}y$$

$$= \frac{2}{3}\int_0^1 \mathrm{d}x \int_0^x (x^4 - 3x^3z + 3x^2z^2 - xz^3)\mathrm{d}z$$

$$= \frac{1}{6}\int_0^1 x^5\mathrm{d}x = \frac{1}{36}.$$

【注】 该积分当然可以用不同的三次积分来计算，我们使用的这一种不需要分割区域，

相对计算量比较小一点.

(2) 积分区域 Ω 如图 6 所示, 其在 xOy 平面上的投影区域为

$$D: 0 \leqslant y \leqslant 1, \ 0 \leqslant x \leqslant y^2,$$

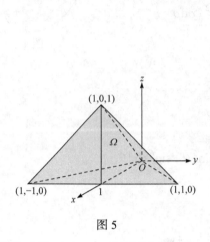

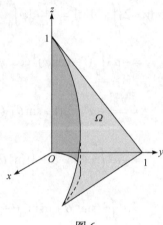

图 5　　　　　　　　　　　　　　　　图 6

上侧曲面是 $z = 1 - y$, 下侧曲面是 $z = 0$. 因此有

$$\iiint\limits_{\Omega}(x^2+y^2)\mathrm{d}V = \int_0^1\mathrm{d}y\int_0^{y^2}\mathrm{d}x\int_0^{1-y}(x^2+y^2)\mathrm{d}z$$

$$= \int_0^1\mathrm{d}y\int_0^{y^2}(1-y)(x^2+y^2)\mathrm{d}x$$

$$= \int_0^1\left[\frac{(1-y)y^6}{3}+(1-y)y^4\right]\mathrm{d}y$$

$$= \left[\frac{1}{21}y^7-\frac{1}{24}y^8+\frac{1}{5}y^5-\frac{1}{6}y^6\right]\Bigg|_0^1 = \frac{11}{280}.$$

(3) 积分区域 Ω 如图 7 所示.

解法一　由于被积函数 $\sin z$ 仅仅是 z 的函数, 并且平行于 xOy 平面的截面区域为 $D_z: x^2+y^2 \leqslant z^2$, 面积为 πz^2, 因此采用截面法, 可得

$$\iiint\limits_{\Omega}\sin z\mathrm{d}V = \int_0^{\pi}\mathrm{d}z\iint\limits_{D_z}\sin z\mathrm{d}x\mathrm{d}y = \int_0^{\pi}\pi z^2\sin z\mathrm{d}z$$

$$= -\pi z^2\cos z\Big|_0^{\pi}+2\pi\int_0^{\pi}z\cos z\mathrm{d}z$$

$$= \pi^3+2\pi(z\sin z+\cos z)\Big|_0^{\pi} = \pi^3-4\pi.$$

解法二　Ω 在 xOy 平面上的投影区域为 $D: x^2+y^2 \leqslant \pi^2$. 因此采用柱面坐标, 则有

$$\iiint\limits_{\Omega}\sin z\mathrm{d}V = \int_0^{2\pi}\mathrm{d}\varphi\int_0^{\pi}\rho\mathrm{d}\rho\int_{\rho}^{\pi}\sin z\mathrm{d}z = \int_0^{2\pi}\mathrm{d}\varphi\int_0^{\pi}\rho(1+\cos\rho)\mathrm{d}\rho$$

$$= \int_0^{2\pi}\left(\frac{1}{2}\pi^2-2\right)\mathrm{d}\varphi = \pi^3-4\pi.$$

(4) 积分区域 Ω 如图 8 所示, 其在 xOy 平面上的投影区域为 $D: x^2 + y^2 \leqslant \dfrac{3}{4}R^2$. 两个

球面相交处 $z = \dfrac{1}{2}R$. 下面我们用两种方法进行解题.

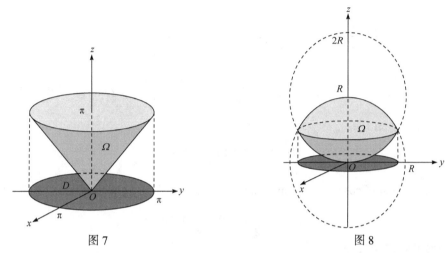

图 7　　　　　　　　　　　　　　　　　　　　　图 8

解法一　由于被积函数 z^2 是单变量函数, 且 Ω 被平行于 xOy 面的平面所截得的截面区域是规范的圆盘, 因此用截面法无疑是好方法. 由于 Ω 的上半部分被平行于 xOy 面的平面所截得的截面区域是 $D_z^1: x^2 + y^2 \leqslant R^2 - z^2$, 其面积为

$$A(z) = \pi(R^2 - z^2) \quad \left(\frac{1}{2}R \leqslant z \leqslant R\right);$$

Ω 的下半部分被平行于 xOy 面的平面所截得的截面区域是 $D_z^2: x^2 + y^2 \leqslant 2Rz - z^2$, 其面积为

$$A(z) = \pi(2Rz - z^2) \quad \left(0 \leqslant z \leqslant \frac{1}{2}R\right);$$

因此

$$\iiint\limits_{\Omega} z^2 \mathrm{d}V = \int_0^{\frac{1}{2}R} \mathrm{d}z \iint\limits_{D_z^2} z^2 \mathrm{d}x\mathrm{d}y + \int_{\frac{1}{2}R}^{R} \mathrm{d}z \iint\limits_{D_z^1} z^2 \mathrm{d}x\mathrm{d}y$$

$$= \int_0^{\frac{1}{2}R} z^2 \cdot \pi(2Rz - z^2)\mathrm{d}z + \int_{\frac{1}{2}R}^{R} z^2 \cdot \pi(R^2 - z^2)\mathrm{d}z$$

$$= \left(\frac{1}{2}\pi Rz^4 - \frac{\pi}{5}z^5\right)\Big|_0^{\frac{1}{2}R} + \left(\frac{\pi}{3}R^2 z^3 - \frac{\pi}{5}z^5\right)\Big|_{\frac{1}{2}R}^{R} = \frac{59}{480}\pi R^5.$$

解法二　由于 Ω 是个以 z 轴为转轴的旋转型区域, 因此用柱面坐标也是很自然的方法.

$$\iiint\limits_{\Omega} z^2 \mathrm{d}V = \int_0^{2\pi} \mathrm{d}\varphi \int_0^{\frac{\sqrt{3}}{2}R} \rho\,\mathrm{d}\rho \int_{R - \sqrt{R^2 - \rho^2}}^{\sqrt{R^2 - \rho^2}} z^2 \mathrm{d}z$$

$$= \frac{2\pi}{3} \int_0^{\frac{\sqrt{3}}{2}R} \rho \left[\left(\sqrt{R^2 - \rho^2} \right)^3 - \left(R - \sqrt{R^2 - \rho^2} \right)^3 \right] \mathrm{d}\rho$$

$$\xLeftarrow{\sqrt{R^2-\rho^2}=t} \frac{2\pi}{3} \int_{\frac{1}{2}R}^{R} [t^3 - (R-t)^3] t \mathrm{d}t = \frac{2\pi}{3} \int_{\frac{1}{2}R}^{R} (2t^4 + 3R^2 t^2 - 3Rt^3 - R^3 t) \mathrm{d}t$$

$$= \frac{2\pi}{3} \left(\frac{2}{5} t^5 + R^2 t^3 - \frac{3}{4} Rt^4 - \frac{1}{2} R^3 t^2 \right) \Big|_{\frac{1}{2}R}^{R} = \frac{59}{480} \pi R^5.$$

(5) 记 $\Omega_1 = \left\{ (x,y,z) \Big| x \geqslant 0, y \geqslant 0, z \geqslant 0, \frac{x^2}{a^2} + \frac{y^2}{b^2} + \frac{z^2}{c^2} \leqslant 1 \right\}$ 表示 Ω 的位于第一卦限的部分, 则由对称性易知, 有

$$\iiint_{\Omega} |xyz| \mathrm{d}V = 8 \iiint_{\Omega_1} xyz \mathrm{d}V.$$

作变换 $x = ar\sin\theta\cos\varphi, y = br\sin\theta\sin\varphi, z = cr\cos\theta$, 则在此变换下, Ω_1 变换为如下的

$$\Omega_1': 0 \leqslant \varphi \leqslant \frac{\pi}{2}, 0 \leqslant \theta \leqslant \frac{\pi}{2}, 0 \leqslant r \leqslant 1.$$

并且该变换的雅可比行列式

$$\frac{\partial(x,y,z)}{\partial(\varphi,\theta,r)} = \begin{vmatrix} -ar\sin\theta\sin\varphi & ar\cos\theta\cos\varphi & a\sin\theta\cos\varphi \\ br\sin\theta\cos\varphi & br\cos\theta\sin\varphi & b\sin\theta\sin\varphi \\ 0 & -cr\sin\theta & c\cos\theta \end{vmatrix} = -abcr^2\sin\theta.$$

因此

$$\iiint_{\Omega} |xyz| \mathrm{d}V = 8 \iiint_{\Omega_1} xyz \mathrm{d}V = 8 \iiint_{\Omega_1'} abcr^3 \sin^2\theta\cos\theta\sin\varphi\cos\varphi \cdot abcr^2\sin\theta \mathrm{d}r\mathrm{d}\theta\mathrm{d}\varphi$$

$$= 8a^2b^2c^2 \int_0^{\frac{\pi}{2}} \sin\varphi\cos\varphi\mathrm{d}\varphi \int_0^{\frac{\pi}{2}} \sin^3\theta\cos\theta\mathrm{d}\theta \int_0^1 r^5 \mathrm{d}r$$

$$= 8a^2b^2c^2 \cdot \frac{1}{2} \cdot \frac{1}{4} \cdot \frac{1}{6} = \frac{1}{6} a^2b^2c^2.$$

【注】本题不用坐标变换当然也可以做, 在直角坐标系下, 利用对称性可得

$$\iiint_{\Omega} |xyz| \mathrm{d}V = 8 \iiint_{\Omega_1} xyz \mathrm{d}V = 8 \int_0^a x\mathrm{d}x \int_0^{b\sqrt{1-\frac{x^2}{a^2}}} y\mathrm{d}y \int_0^{c\sqrt{1-\frac{x^2}{a^2}-\frac{y^2}{c^2}}} z\mathrm{d}z$$

$$= 4c^2 \int_0^a x\mathrm{d}x \int_0^{b\sqrt{1-\frac{x^2}{a^2}}} y \left(1 - \frac{x^2}{a^2} - \frac{y^2}{c^2} \right) \mathrm{d}y$$

$$= 4c^2 \int_0^a x \left[\frac{b^2}{2} \left(1 - \frac{x^2}{a^2} \right)^2 - \frac{b^4}{4c^2} \left(1 - \frac{x^2}{a^2} \right)^2 \right] \mathrm{d}x = \frac{1}{6} a^2b^2c^2. ■$$

5. 设 $f(x)$ 在区间 $[0,1]$ 上连续, $\int_0^1 f(x)\mathrm{d}x = A$, 求 $\int_0^1 \mathrm{d}x \int_0^1 f(x)f(y)\mathrm{d}y$.

解 $\int_0^1 \mathrm{d}x \int_0^1 f(x)f(y)\mathrm{d}y = \int_0^1 f(x)\mathrm{d}x \int_0^1 f(y)\mathrm{d}y = A \int_0^1 f(x)\mathrm{d}x = A^2.$

【注】上题可推广为如下更一般的情况: 设 $f(x)$ 在区间 $[0,1]$ 上连续, $\int_0^1 f(x)\mathrm{d}x = A$,
求 $\int_0^1 \mathrm{d}x \int_0^x f(x)f(y)\mathrm{d}y$.

解法一　记 $D_1 = \left\{(x,y)\,\middle|\,0 \leqslant x \leqslant 1, 0 \leqslant y \leqslant x\right\}, D_2 = \left\{(x,y)\,\middle|\,0 \leqslant x \leqslant 1, x \leqslant y \leqslant 1\right\}$, 则 D_1 与 D_2
关于直线 $y = x$ 对称, 且 $D_1 + D_2 = D = \left\{(x,y)\,\middle|\,0 \leqslant x \leqslant 1, 0 \leqslant y \leqslant 1\right\}$. 又函数 $f(x)f(y)$ 在关于
直线 $y = x$ 的对称点处函数值总是相等, 因此

$$\int_0^1 \mathrm{d}x \int_0^x f(x)f(y)\mathrm{d}y = \iint\limits_{D_1} f(x)f(y)\mathrm{d}x\mathrm{d}y = \iint\limits_{D_2} f(x)f(y)\mathrm{d}x\mathrm{d}y$$

$$= \frac{1}{2}\left(\iint\limits_{D_1} f(x)f(y)\mathrm{d}x\mathrm{d}y + \iint\limits_{D_2} f(x)f(y)\mathrm{d}x\mathrm{d}y\right) = \frac{1}{2}\iint\limits_{D} f(x)f(y)\mathrm{d}x\mathrm{d}y$$

$$= \frac{1}{2}\int_0^1 \mathrm{d}x \int_0^1 f(x)f(y)\mathrm{d}y = \frac{1}{2}\int_0^1 f(x)\mathrm{d}x \int_0^1 f(y)\mathrm{d}y = \frac{1}{2}A^2.$$

解法二　由于 $f(x)$ 在区间 $[0,1]$ 上连续, 故 $f(x)$ 在区间 $[0,1]$ 上有原函数 $F(x)$, 由
$\int_0^1 f(x)\mathrm{d}x = A$ 可得: $F(1) - F(0) = A$. 于是

$$\int_0^1 \mathrm{d}x \int_0^x f(x)f(y)\mathrm{d}y = \int_0^1 f(x)[F(x) - F(0)]\mathrm{d}x = \int_0^1 f(x)F(x)\mathrm{d}x - F(0)\int_0^1 f(x)\mathrm{d}x$$

$$= \int_0^1 F(x)\mathrm{d}F(x) - F(0)[F(1) - F(0)] = \frac{1}{2}F^2(x)\Big|_0^1 - F(0)[F(1) - F(0)]$$

$$= \frac{1}{2}[F(1) - F(0)]^2 = \frac{1}{2}A^2. \blacksquare$$

6. 改变二次积分 $I = \int_{\frac{1}{2}}^1 \mathrm{d}x \int_{1-x}^x f(x,y)\mathrm{d}y + \int_1^{+\infty} \mathrm{d}x \int_0^x f(x,y)\mathrm{d}y$ 的顺序并把它化成极坐标
的二重积分.

解　二次积分 $I = \int_{\frac{1}{2}}^1 \mathrm{d}x \int_{1-x}^x f(x,y)\mathrm{d}y + \int_1^{+\infty} \mathrm{d}x \int_0^x f(x,y)\mathrm{d}y$ 对应的二重积分的积分区域为

$$D = \left\{(x,y)\,\middle|\,\frac{1}{2} \leqslant x \leqslant 1, 1-x \leqslant y \leqslant x\right\} \bigcup \left\{(x,y)\,\middle|\,1 \leqslant x \leqslant +\infty, 0 \leqslant y \leqslant x\right\},$$

如图 9 所示, 它也可以表示为

$$D = \left\{(x,y)\,\middle|\,0 \leqslant y \leqslant \frac{1}{2}, 1-y \leqslant x \leqslant +\infty\right\}$$

$$\bigcup \left\{(x,y)\,\middle|\,\frac{1}{2} \leqslant y \leqslant +\infty, y \leqslant x < +\infty\right\},$$

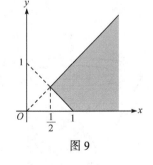

图 9

在极坐标下, 又可以表示为

$$D = \left\{(\rho,\varphi)\,\middle|\,0 \leqslant \varphi \leqslant \frac{\pi}{4}, \frac{1}{\cos\varphi + \sin\varphi} \leqslant \rho < +\infty\right\},$$

因此

$$I = \int_0^{\frac{1}{2}} \mathrm{d}y \int_{1-y}^{+\infty} f(x,y)\mathrm{d}x + \int_{\frac{1}{2}}^{+\infty} \mathrm{d}y \int_y^{+\infty} f(x,y)\mathrm{d}y = \int_0^{\frac{\pi}{4}} \mathrm{d}\varphi \int_{\frac{1}{\cos\varphi+\sin\varphi}}^{+\infty} f(\rho\cos\varphi, \rho\sin\varphi)\rho\mathrm{d}\rho. \blacksquare$$

7. 计算对弧长的曲线积分 $\oint_L \left(x^{\frac{4}{3}} + y^{\frac{4}{3}} \right) \mathrm{d}s$，其中 L 是星形线 $x^{\frac{2}{3}} + y^{\frac{2}{3}} = a^{\frac{2}{3}}(a>0)$.

解　星形线 $L: x^{\frac{2}{3}} + y^{\frac{2}{3}} = a^{\frac{2}{3}}$ 有参数方程

$$L: x = a\cos^3\theta, y = a\sin^3\theta (0 \leqslant \theta \leqslant 2\pi),$$

因此

$$\oint_L \left(x^{\frac{4}{3}} + y^{\frac{4}{3}} \right) \mathrm{d}s = \int_0^{2\pi} a^{\frac{4}{3}} (\cos^4\theta + \sin^4\theta) \cdot \sqrt{(-3a\cos^2\theta\sin\theta)^2 + (3a\sin^2\theta\cos\theta)^2} \mathrm{d}\theta$$

$$= 3a^{\frac{7}{3}} \int_0^{2\pi} (\cos^4\theta + \sin^4\theta) \cdot |\sin\theta\cos\theta| \mathrm{d}\theta$$

$$= 12a^{\frac{7}{3}} \int_0^{\frac{\pi}{2}} (\cos^4\theta + \sin^4\theta)\sin\theta\cos\theta\mathrm{d}\theta = 2a^{\frac{7}{3}} (\sin^6\theta - \cos^6\theta) \Big|_0^{\frac{\pi}{2}} = 4a^{\frac{7}{3}}. \blacksquare$$

8. 证明：抛物面 $z = x^2 + y^2 + 1$ 上任一点处的切平面与曲面 $z = x^2 + y^2$ 所围成的立体的体积为一定值.

证明　设 (a,b,c) 是抛物面 $z = x^2 + y^2 + 1$ 上任意一点，则 $c = a^2 + b^2 + 1$，且抛物面在该点的切平面方程为

$$2a(x-a) + 2b(y-b) = z - c,$$

即

$$2ax + 2by - z = a^2 + b^2 - 1.$$

记该切平面与曲面 $z = x^2 + y^2$ 所围成的立体为 Ω，如图 10 所示，则 Ω 在 xOy 平面上的投影区域为

$$D: (x-a)^2 + (y-b)^2 \leqslant 1.$$

因此 Ω 的体积为

$$V = \iint_D [(2ax + 2by - a^2 - b^2 + 1) - (x^2 + y^2)]\mathrm{d}x\mathrm{d}y$$

$$= \iint_D [1 - (x-a)^2 - (y-b)^2]\mathrm{d}x\mathrm{d}y$$

$$\xlongequal{x-a=u, y-b=v} \iint_{u^2+v^2\leqslant 1} (1 - u^2 - v^2)\mathrm{d}u\mathrm{d}v$$

$$= \int_0^{2\pi} \mathrm{d}\varphi \int_0^1 (1-\rho^2) \cdot \rho\mathrm{d}\rho = 2\pi \cdot \left(\frac{1}{2}\rho^2 - \frac{1}{4}\rho^4 \right) \Big|_0^1 = \frac{\pi}{2}.$$

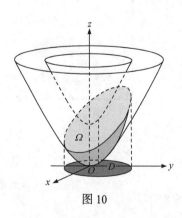

图 10

这是一个与点 (a,b,c) 无关的常数. 因此, 抛物面 $z = x^2 + y^2 + 1$ 上任一点处的切平面与曲面 $z = x^2 + y^2$ 所围成的立体的体积为一定值 $\dfrac{\pi}{2}$. ∎

9. 在半径为 R 的球体上打一个半径为 r 的圆柱形穿心孔($r < R$), 孔的中心轴为球的直径, 试求穿孔后的球体剩余部分的体积. 若设孔壁的高为 h, 证明此体积仅与 h 的值有关.

解　如图 11 所示建立直角坐标系, 如果记 $D : x^2 + y^2 \leqslant r^2$, 则所求体积等于球的体积减去两个以 $z = \sqrt{R^2 - x^2 - y^2}$ 为曲顶, 以 D 为底的曲顶柱体之体积所得. 注意到 $h^2 = 4(R^2 - r^2)$, 因此所求体积为

$$
\begin{aligned}
V &= \frac{4}{3}\pi R^3 - 2\iint\limits_{D} \sqrt{R^2 - x^2 - y^2}\,\mathrm{d}x\mathrm{d}y \\
&= \frac{4}{3}\pi R^3 - 2\int_0^{2\pi}\mathrm{d}\varphi \int_0^r \sqrt{R^2 - \rho^2}\cdot\rho\,\mathrm{d}\rho \\
&= \frac{4}{3}\pi R^3 - 4\pi\left[-\frac{1}{3}(\sqrt{R^2 - \rho^2})^3\right]\Bigg|_0^r \\
&= \frac{4}{3}\pi (R^2 - r^2)^{\frac{3}{2}} = \frac{1}{6}\pi h^3,
\end{aligned}
$$

可见, 这个体积确实只与 h 的值有关. ∎

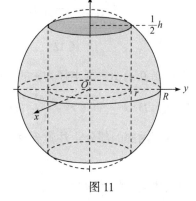

图 11

10. 求由曲面 $x^2 + y^2 = az, z = 2a - \sqrt{x^2 + y^2}$ 所围立体的表面积($a > 0$).

解　两曲面的交线 $\Gamma : \begin{cases} x^2 + y^2 = az, \\ z = 2a - \sqrt{x^2 + y^2} \end{cases}$　在 xOy 平面上的投影曲线为 $x^2 + y^2 = a^2$.

由此不难知道, 由曲面 $x^2 + y^2 = az, z = 2a - \sqrt{x^2 + y^2}$ 所围立体 Ω 在 xOy 平面上的投影区域为 $D : x^2 + y^2 \leqslant a^2$, 如图 12 所示. Ω 的表面由两部分构成, 一部分是椭圆抛物面 $z = \dfrac{1}{a}(x^2 + y^2)$, 一部分是圆锥面 $z = 2a - \sqrt{x^2 + y^2}$. 它们在 xOy 平面上的投影区域均为 $D : x^2 + y^2 \leqslant a^2$. 因此所求面积为

$$
\begin{aligned}
A &= \iint\limits_{D} \sqrt{1 + \left(\frac{-x}{\sqrt{x^2 + y^2}}\right)^2 + \left(\frac{-y}{\sqrt{x^2 + y^2}}\right)^2}\,\mathrm{d}x\mathrm{d}y + \iint\limits_{D} \sqrt{1 + \left(\frac{2x}{a}\right)^2 + \left(\frac{2y}{a}\right)^2}\,\mathrm{d}x\mathrm{d}y \\
&= \iint\limits_{D}\left(\sqrt{2} + \frac{1}{a}\sqrt{a^2 + 4(x^2 + y^2)}\right)\mathrm{d}x\mathrm{d}y = \int_0^{2\pi}\mathrm{d}\varphi \int_0^a \left(\sqrt{2} + \frac{1}{a}\sqrt{a^2 + 4\rho^2}\right)\cdot\rho\,\mathrm{d}\rho \\
&= 2\pi\left[\frac{\sqrt{2}}{2}\rho^2 + \frac{1}{12a}(a^2 + 4\rho^2)^{\frac{3}{2}}\right]\Bigg|_0^a = \frac{\pi}{6}a^2\left(6\sqrt{2} + 5\sqrt{5} - 1\right). ∎
\end{aligned}
$$

11. 设半径为 r 的球的球心在半径为 a 的定球面上, 试求 r 的值, 使得半径为 r 的球的表面位于定球面内部的那一部分的面积取得最大值.

解　如图 13 所示, 建立直角坐标系, 以定球的球心为原点, 半径为 r 的球的球心位

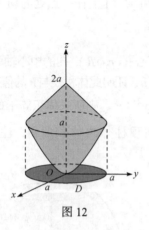

图 12

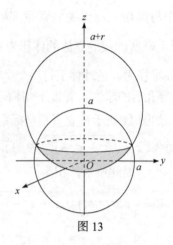

图 13

于点 $(0,0,a)$ 处. 则半径为 r 的球的表面位于定球面内部的那一部分在 xOy 平面上的投影区域为 $D: x^2 + y^2 \leqslant r^2 - \dfrac{r^4}{4a^2}$ (这里不妨设 $r < 2a$, 否则半径为 r 的球的表面不可能有位于定球面内部的部分). 注意到这块曲面的方程为

$$z = a - \sqrt{r^2 - x^2 - y^2},$$

故这块曲面的面积为

$$A(r) = \iint_D \sqrt{1 + z_x^2 + z_y^2} \, dxdy = \iint_D \sqrt{1 + \left(-\frac{x}{\sqrt{r^2 - x^2 - y^2}} \right)^2 + \left(-\frac{y}{\sqrt{r^2 - x^2 - y^2}} \right)^2} \, dxdy$$

$$= \iint_D \frac{r}{\sqrt{r^2 - x^2 - y^2}} \, dxdy = \int_0^{2\pi} d\varphi \int_0^{\sqrt{r^2 - \frac{r^4}{4a^2}}} \frac{r}{\sqrt{r^2 - \rho^2}} \cdot \rho d\rho$$

$$= \left. -2\pi r \sqrt{r^2 - \rho^2} \right|_0^{\sqrt{r^2 - \frac{r^4}{4a^2}}} = 2\pi r^2 - \frac{\pi r^3}{a}.$$

令

$$A'(r) = 4\pi r - \frac{3\pi r^2}{a} = 0,$$

解得 $r = 0$ (舍去), 或者 $r = \dfrac{4}{3}a$. 当 $0 < r < \dfrac{4}{3}a$ 时, $A'(r) > 0$; 当 $\dfrac{4}{3}a < r < 2a$ 时, $A'(r) < 0$. 因此当 $r = \dfrac{4}{3}a$ 时, $A(r)$ 取得最大值 $A\left(\dfrac{4}{3}a \right) = \dfrac{32}{27}\pi a^2$. ∎

12. 设曲线 Γ 的参数方程为

$$x = \int_0^t e^u(\cos u - \sin u) du, \quad y = e^t, \quad z = e^t \sin t (0 \leqslant t \leqslant 1).$$

其上质量均匀分布, 密度为 $\rho(x, y, z) = 1$.

(1) 求分布在 Γ 上的质量;

(2) 求 Γ 的重心的 y 坐标;

(3) 求 Γ 关于 x 轴的转动惯量.

解　(1) 所求质量为

$$m = \int_\Gamma \rho(x,y,z)\mathrm{d}s = \int_0^1 1 \cdot \sqrt{(\mathrm{e}^t(\cos t - \sin t))^2 + (\mathrm{e}^t)^2 + (\mathrm{e}^t(\cos t + \sin t))^2}\,\mathrm{d}t$$

$$= \sqrt{3}\int_0^1 \mathrm{e}^t \mathrm{d}t = \sqrt{3}(\mathrm{e}-1).$$

(2) 由于

$$m_y = \int_\Gamma y\rho(x,y,z)\mathrm{d}s = \int_0^1 \mathrm{e}^t \cdot 1 \cdot \sqrt{(\mathrm{e}^t(\cos t - \sin t))^2 + (\mathrm{e}^t)^2 + (\mathrm{e}^t(\cos t + \sin t))^2}\,\mathrm{d}t$$

$$= \sqrt{3}\int_0^1 \mathrm{e}^{2t} \mathrm{d}t = \frac{\sqrt{3}}{2}(\mathrm{e}^2 - 1),$$

因此, Γ 的重心的 y 坐标为

$$\bar{y} = \frac{m_y}{m} = \frac{\dfrac{\sqrt{3}}{2}(\mathrm{e}^2 - 1)}{\sqrt{3}(\mathrm{e}-1)} = \frac{1}{2}(\mathrm{e}+1).$$

我们下面顺便把 Γ 的重心的 x 坐标也计算一下. 由于

$$m_x = \int_\Gamma x\rho(x,y,z)\mathrm{d}s = \int_0^1 \left(\int_0^t \mathrm{e}^u(\cos u - \sin u)\mathrm{d}u\right) \cdot 1 \cdot \sqrt{(\mathrm{e}^t(\cos t - \sin t))^2 + (\mathrm{e}^t)^2 + (\mathrm{e}^t(\cos t + \sin t))^2}\,\mathrm{d}t$$

$$= \sqrt{3}\int_0^1 \mathrm{e}^t \mathrm{d}t \int_0^t \mathrm{e}^u(\cos u - \sin u)\mathrm{d}u = \sqrt{3}\int_0^1 (\mathrm{e}^{2t}\cos t - \mathrm{e}^t)\mathrm{d}t$$

$$= \left[\frac{\sqrt{3}}{5}\mathrm{e}^{2t}(2\cos t + \sin t) - \sqrt{3}\mathrm{e}^t\right]\Bigg|_0^1 = \frac{3\sqrt{3}}{5} + \frac{\sqrt{3}}{5}\mathrm{e}^2(2\cos 1 + \sin 1) - \sqrt{3}\mathrm{e},$$

因此 Γ 的重心的 x 坐标为

$$\bar{x} = \frac{m_x}{m} = \frac{\dfrac{3\sqrt{3}}{5} + \dfrac{\sqrt{3}}{5}\mathrm{e}^2(2\cos 1 + \sin 1) - \sqrt{3}\mathrm{e}}{\sqrt{3}(\mathrm{e}-1)}.$$

(3) Γ 关于 x 轴的转动惯量.

$$I_x = \int_\Gamma (y^2 + z^2)\rho(x,y,z)\mathrm{d}s = \int_0^1 \mathrm{e}^{2t}(1 + \sin^2 t) \cdot 1 \cdot \sqrt{(\mathrm{e}^t(\cos t - \sin t))^2 + (\mathrm{e}^t)^2 + (\mathrm{e}^t(\cos t + \sin t))^2}\,\mathrm{d}t$$

$$= \sqrt{3}\int_0^1 \mathrm{e}^{3t}(1 + \sin^2 t)\mathrm{d}t = \frac{\sqrt{3}}{2}\int_0^1 \mathrm{e}^{3t}(3 - \cos 2t)\mathrm{d}t$$

$$= \left[\frac{\sqrt{3}}{2}\mathrm{e}^{3t} - \frac{\sqrt{3}}{26}\mathrm{e}^{3t}(3\cos 2t + 2\sin 2t)\right]\Bigg|_0^1 = \frac{\sqrt{3}}{2}(\mathrm{e}^3 - 1) - \frac{\sqrt{3}}{26}\mathrm{e}^3(3\cos 2 + 2\sin 2) + \frac{3\sqrt{3}}{26}.\ ■$$

13. 设函数 $f(x)$ 非负连续, 且 $f(0)=0, f'(0)=1$.

$$\Omega(t) = \left\{(x,y,z)\,\big|\, x^2 + y^2 + z^2 \leqslant t^2\right\}, \quad D(t) = \left\{(x,y)\,\big|\, x^2 + y^2 \leqslant t^2\right\},$$

$$F(t) = \frac{\iiint\limits_{\Omega(t)} f(x^2 + y^2 + z^2)\mathrm{d}V}{\iint\limits_{D(t)} f(x^2 + y^2)\mathrm{d}\sigma}, \quad G(t) = \frac{\iint\limits_{D(t)} f(x^2 + y^2)\mathrm{d}\sigma}{\int_{-t}^{t} f(x^2)\mathrm{d}x}.$$

(1) 证明: $F(t)$ 在 $(0, +\infty)$ 内单调增加;

(2) 证明: 当 $t > 0$ 时, $F(t) > \dfrac{2}{\pi} G(t)$.

证明 首先利用球面坐标和极坐标, 可得

$$\iiint\limits_{\Omega(t)} f(x^2 + y^2 + z^2)\mathrm{d}V = \int_0^{2\pi} \mathrm{d}\varphi \int_0^{\pi} \sin\theta \mathrm{d}\theta \int_0^t f(r^2) \cdot r^2 \mathrm{d}r = 4\pi \int_0^t r^2 f(r^2)\mathrm{d}r,$$

$$\iint\limits_{D(t)} f(x^2 + y^2)\mathrm{d}\sigma = \int_0^{2\pi} \mathrm{d}\varphi \int_0^t f(\rho^2) \cdot \rho \mathrm{d}\rho = 2\pi \int_0^t \rho f(\rho^2)\mathrm{d}\rho = 2\pi \int_0^t r f(r^2)\mathrm{d}r,$$

同时, 又有

$$\int_{-t}^{t} f(x^2)\mathrm{d}x = 2\int_0^t f(x^2)\mathrm{d}x = 2\int_0^t f(r^2)\mathrm{d}r,$$

因此,

$$F(t) = \frac{\iiint\limits_{\Omega(t)} f(x^2 + y^2 + z^2)\mathrm{d}V}{\iint\limits_{D(t)} f(x^2 + y^2)\mathrm{d}\sigma} = \frac{4\pi \int_0^t r^2 f(r^2)\mathrm{d}r}{2\pi \int_0^t r f(r^2)\mathrm{d}r} = \frac{2\int_0^t r^2 f(r^2)\mathrm{d}r}{\int_0^t r f(r^2)\mathrm{d}r}.$$

$$G(t) = \frac{\iint\limits_{D(t)} f(x^2 + y^2)\mathrm{d}\sigma}{\int_{-t}^{t} f(x^2)\mathrm{d}x} = \frac{\pi \int_0^t r f(r^2)\mathrm{d}r}{\int_0^t f(r^2)\mathrm{d}r}.$$

由于函数 $f(x)$ 非负连续, 且 $f(0) = 0, f'(0) = 1$. 故当 $t > 0$ 时, $\displaystyle\int_0^t r^2 f(r^2)\mathrm{d}r$, $\displaystyle\int_0^t r f(r^2)\mathrm{d}r$ 及 $\displaystyle\int_0^t f(r^2)\mathrm{d}r$ 均取正值.

(1) 显然, $F(t)$ 在 $(0, +\infty)$ 内是个可微函数, 且

$$F'(t) = \frac{2\left[t^2 f(t^2)\int_0^t r f(r^2)\mathrm{d}r - t f(t^2)\int_0^t r^2 f(r^2)\mathrm{d}r \right]}{\left[\int_0^t r f(r^2)\mathrm{d}r \right]^2} = \frac{2 t f(t^2)\int_0^t r(t - r) f(r^2)\mathrm{d}r}{\left[\int_0^t r f(r^2)\mathrm{d}r \right]^2} > 0.$$

因此, $F(t)$ 在 $(0, +\infty)$ 内单调增加.

(2) 当 $t > 0$ 时,

$$F(t) - \frac{2}{\pi} G(t) = \frac{2\int_0^t r^2 f(r^2)\mathrm{d}r}{\int_0^t r f(r^2)\mathrm{d}r} - \frac{2}{\pi} \cdot \frac{2\pi \int_0^t r f(r^2)\mathrm{d}r}{\int_{-t}^{t} f(x^2)\mathrm{d}x} = \frac{2\int_0^t r^2 f(r^2)\mathrm{d}r}{\int_0^t r f(r^2)\mathrm{d}r} - \frac{2\int_0^t r f(r^2)\mathrm{d}r}{\int_0^t f(r^2)\mathrm{d}r}$$

$$= 2\frac{\int_0^t r^2 f(r^2)\mathrm{d}r \cdot \int_0^t f(r^2)\mathrm{d}r - \left[\int_0^t r f(r^2)\mathrm{d}r\right]^2}{\int_0^t r f(r^2)\mathrm{d}r \cdot \int_0^t f(r^2)\mathrm{d}r}.$$

由柯西不等式可知, 有

$$\int_0^t r^2 f(r^2)\mathrm{d}r \cdot \int_0^t f(r^2)\mathrm{d}r \geqslant \left[\int_0^t r f(r^2)\mathrm{d}r\right]^2,$$

由于函数 $r^2 f(r^2)$ 与 $f(r^2)$ 显然不满足线性关系, 因此当 $t>0$ 时, 有

$$\int_0^t r^2 f(r^2)\mathrm{d}r \cdot \int_0^t f(r^2)\mathrm{d}r > \left[\int_0^t r f(r^2)\mathrm{d}r\right]^2,$$

同时, 当 $t>0$ 时, 显然也有

$$\int_0^t r f(r^2)\mathrm{d}r \cdot \int_0^t f(r^2)\mathrm{d}r > 0,$$

故当 $t>0$ 时, 有

$$F(t) - \frac{2}{\pi}G(t) > 0, \quad 即 \quad F(t) > \frac{2}{\pi}G(t). \blacksquare$$

14. 在计算导弹、卫星轨道时, 需要了解飞行体在地球上空不同高度所受的地球引力. 设地球的半径为 R, 密度为 ρ (常数), 飞行体的质量为 m, 且距离地球表面高度为 h. 求地球对飞行体的引力, 并说明该引力如同地球质量完全集中于地心时, 两质点之间的引力.

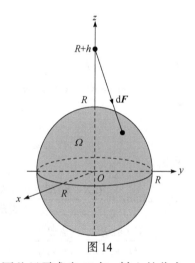

图 14

解　如图 14 所示建立直角坐标系, 地心作为坐标原点, 飞行体在 z 轴上, 记地球为 Ω, 位于地球上点 (x,y,z) 处一小块体积为 $\mathrm{d}V$ 的部分对飞行体的引力记为 $\mathrm{d}\boldsymbol{F}$, 由对称性容易看出, 所求引力 $\boldsymbol{F}$ 在 x 轴和 y 轴方向上的分力均为 0, 因此只需求出 $\boldsymbol{F}$ 在 z 轴上的分力 $\boldsymbol{F}_z$ 即可. 由于

$$\mathrm{d}\boldsymbol{F} = \frac{km\rho\,\mathrm{d}V}{\left[\sqrt{(x-0)^2 + (y-0)^2 + (z-R-h)^2}\right]^2} = \frac{km\rho\,\mathrm{d}V}{x^2 + y^2 + (z-R-h)^2},$$

因此, $\boldsymbol{F}$ 在 z 轴上的分力 $\boldsymbol{F}_z$ 为

$$\boldsymbol{F}_z = \iiint\limits_{\Omega} \frac{z-R-h}{\sqrt{x^2+y^2+(z-R-h)^2}}\,\mathrm{d}\boldsymbol{F} = \iiint\limits_{\Omega} \frac{(z-R-h)km\rho\,\mathrm{d}V}{\left[\sqrt{x^2+y^2+(z-R-h)^2}\right]^3}$$

$$= km\rho\int_0^{2\pi}\mathrm{d}\varphi\int_0^R r\mathrm{d}r\int_{-\sqrt{R^2-r^2}}^{\sqrt{R^2-r^2}} \frac{(z-R-h)\mathrm{d}z}{\left[\sqrt{r^2+(z-R-h)^2}\right]^3}$$

$$= km\rho\int_0^{2\pi}\mathrm{d}\varphi\int_0^R \left(\frac{1}{\sqrt{(R+h)^2 + R^2 + 2(R+h)\sqrt{R^2-r^2}}}\right.$$

$$-\frac{1}{\sqrt{(R+h)^2+R^2-2(R+h)\sqrt{R^2-r^2}}}\Bigg)r\mathrm{d}r$$

$$\xlongequal{\sqrt{R^2-r^2}=t}2k\pi m\rho\int_0^R\left(\frac{1}{\sqrt{(R+h)^2+R^2+2(R+h)t}}-\frac{1}{\sqrt{(R+h)^2+R^2-2(R+h)t}}\right)t\mathrm{d}t.$$

由于

$$\int\frac{t\mathrm{d}t}{\sqrt{a+bt}}=\frac{1}{b}\int\frac{(a+bt)-a}{\sqrt{a+bt}}\mathrm{d}t=\frac{1}{b}\int\sqrt{a+bt}\mathrm{d}t-\frac{a}{b}\int\frac{\mathrm{d}t}{\sqrt{a+bt}}=\frac{2bt-4a}{3b^2}\sqrt{a+bt}+C,$$

故

$$\int_0^R\frac{t\mathrm{d}t}{\sqrt{(R+h)^2+R^2+2(R+h)t}}=\left[\frac{4(R+h)t-4((R+h)^2+R^2)}{12(R+h)^2}\sqrt{(R+h)^2+R^2+2(R+h)t}\right]\Bigg|_0^R$$

$$=-\frac{(2R+h)(R^2+h^2+Rh)-(\sqrt{(R+h)^2+R^2})^3}{3(R+h)^2},$$

$$\int_0^R\frac{t\mathrm{d}t}{\sqrt{(R+h)^2+R^2-2(R+h)t}}=\left[\frac{-4(R+h)t-4((R+h)^2+R^2)}{12(R+h)^2}\sqrt{(R+h)^2+R^2-2(R+h)t}\right]\Bigg|_0^R$$

$$=-\frac{3R^2h+h^3+3Rh^2-(\sqrt{(R+h)^2+R^2})^3}{3(R+h)^2},$$

因此

$$\boldsymbol{F_z}=2k\pi m\rho\left[-\frac{(2R+h)(R^2+h^2+Rh)-(\sqrt{(R+h)^2+R^2})^3}{3(R+h)^2}+\frac{3R^2h+h^3+3Rh^2-(\sqrt{(R+h)^2+R^2})^3}{3(R+h)^2}\right]$$

$$=-\frac{4k\pi m\rho R^3}{3(R+h)^2}=-\frac{kmM}{(R+h)^2}.$$

其中 $M=\dfrac{\rho4\pi R^3}{3}$ 为地球的质量. 从而所求的引力为 $\boldsymbol{F}=\left(0,0,-\dfrac{kmM}{(R+h)^2}\right)$. 从数值上看,

这个引力如同地球质量完全集中于地心时, 两质点之间的引力.■

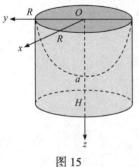

图 15

15. 设有半径为 R、高为 H 的圆柱形容器, 盛有 $\dfrac{2}{3}H$ 高的水,

放在离心机上高速运转, 受离心力的作用, 水面呈旋转抛物面

状, 问水刚要溢出容器时, 液面的最低点在何处?

解 如图 15 所示建立直角坐标系, 设水刚要溢出容器时,

液面的最低点在 $z=a$ 处, 则此时水面方程为

$$z=a-\frac{a}{R^2}(x^2+y^2).$$

由假设条件可知, 此时抛物面 $z=a-\dfrac{a}{R^2}(x^2+y^2)$ 与平面 $z=0$ 所围区域的体积为圆柱体

体积的 $\frac{1}{3}$，即为 $\frac{1}{3}\pi R^2 H$. 如果记 $D: x^2+y^2 \leqslant R^2$，则有

$$\frac{1}{3}\pi R^2 H = \iint_D \left(a - \frac{a}{R^2}(x^2+y^2)\right)\mathrm{d}x\mathrm{d}y = a\int_0^{2\pi}\mathrm{d}\varphi\int_0^R\left(1-\frac{\rho^2}{R^2}\right)\cdot\rho\mathrm{d}\rho = \frac{1}{2}a\pi R^2.$$

由此解得：$a=\frac{2}{3}H$. 这表明，此时液面的最低点的高度为 $H-\frac{2}{3}H=\frac{1}{3}H$. ∎

16. 设有高度为 $h(t)$（t 为时间）的雪堆，在融化过程中，其侧面满足方程 $z=h(t)-\frac{2(x^2+y^2)}{h(t)}$（设长度单位为厘米，时间单位为小时）. 已知体积减少的速度与侧面积成正比，比例系数为 0.9，问高度为 130 厘米时的雪堆全部融化需要多少时间？

解　在 t 时刻，雪堆占地区域为 $D(t): x^2+y^2 \leqslant \frac{1}{2}h^2(t)$. 因此雪堆的侧面积为

$$A(t)=\iint_{D(t)}\sqrt{1+z_x^2+z_y^2}\mathrm{d}x\mathrm{d}y=\iint_{D(t)}\sqrt{1+\left(-\frac{4x}{h(t)}\right)^2+\left(-\frac{4y}{h(t)}\right)^2}\mathrm{d}x\mathrm{d}y$$

$$=\int_0^{2\pi}\mathrm{d}\varphi\int_0^{\frac{\sqrt{2}}{2}h(t)}\sqrt{1+\frac{16\rho^2}{h^2(t)}}\cdot\rho\mathrm{d}\rho=2\pi\cdot\frac{h^2(t)}{48}\left(1+\frac{16\rho^2}{h^2(t)}\right)^{\frac{3}{2}}\bigg|_0^{\frac{\sqrt{2}}{2}h(t)}=\frac{13\pi}{12}h^2(t).$$

又雪堆的体积为

$$V(t)=\iint_{D(t)}\left[h(t)-\frac{2(x^2+y^2)}{h(t)}\right]\mathrm{d}x\mathrm{d}y=\int_0^{2\pi}\mathrm{d}\varphi\int_0^{\frac{\sqrt{2}}{2}h(t)}\left(h(t)-\frac{2\rho^2}{h(t)}\right)\cdot\rho\mathrm{d}\rho=\frac{\pi}{4}h^3(t).$$

由所给条件知，有

$$\frac{\mathrm{d}V(t)}{\mathrm{d}t}=-0.9A(t),\quad 即\quad \frac{3\pi}{4}h^2(t)h'(t)=-0.9\cdot\frac{13\pi}{12}h^2(t),$$

由此可得，$h'(t)=-1.3$，故 $h(t)=h(0)-1.3t$.

若 $h(0)=130$，令 $h(t)=130-1.3t=0$，由此解得：$t=100$. 也就是说，大约需要 100 个小时这个雪堆才能全部融化. ∎

第8章 第二型积分

8.1 教学基本要求

1. 理解第二型曲线积分与第二型曲面积分的概念，了解其性质，了解两类曲线、曲面积分之间的关系.

2. 掌握两种第二型积分的基本计算方法.

3. 掌握格林(Green)公式及其常规应用，并会运用平面曲线积分与路径无关的条件，了解曲线积分基本定理，会求二元函数全微分的原函数.

4. 会用高斯(Gauss)公式、斯托克斯(Stokes)公式计算曲面和曲线积分. 了解曲面积分只与边界有关的条件.

5. 了解散度、旋度的概念，并会计算向量场的散度和旋度.

6. 会求通量和环流量.

8.2 内容复习与整理

8.2.1 基本概念

8.2.1.1 第二型曲线积分

设函数 $f(x,y,z)$ 为在定向光滑曲线 $\Gamma = \overset{\frown}{AB}$ 上有定义的有界函数. 任意插入 $n-1$ 个分点 $M_1, M_2, \cdots, M_{n-1}$ 把 Γ 顺向分成 n 个小段 $\overset{\frown}{M_0 M_1}, \overset{\frown}{M_1 M_2}, \cdots, \overset{\frown}{M_{n-1} M_n}$ (其中 $M_0 = A, M_n = B$)，这些弧段的最大长度记为 λ. 设 $M_i(x_i, y_i, z_i), \Delta x_i = x_i - x_{i-1}, \Delta y_i = y_i - y_{i-1}, \Delta z_i = z_i - z_{i-1}$ $(i = 1, 2, \cdots, n)$. 任取一点 $(\xi_i, \eta_i, \zeta_i) \in \overset{\frown}{M_{i-1} M_i}(i = 1, 2, \cdots, n)$，若存在常数 I 使得无论怎么分割、无论如何取点，总有

$$\lim_{\lambda \to 0^+} \sum_{i=1}^{n} f(\xi_i, \eta_i, \zeta_i) \cdot \Delta x_i = I.$$

则称函数 $f(x,y,z)$ 在定向光滑曲线 Γ 上关于坐标 x 可积，并把 I 称为函数 $f(x,y,z)$ 在 Γ 上关于坐标 x 的曲线积分，记为 $\int_{\Gamma} f(x,y,z)\mathrm{d}x$，即有

$$\int_{\Gamma} f(x,y,z)\mathrm{d}x = \lim_{\lambda \to 0^+} \sum_{i=1}^{n} f(\xi_i, \eta_i, \zeta_i) \cdot \Delta x_i.$$

类似地可以定义函数 $f(x,y,z)$ 在 Γ 上关于坐标 y, z 的曲线积分分别为

$$\int_{\Gamma} f(x,y,z) \mathrm{d}y = \lim_{\lambda \to 0^+} \sum_{i=1}^{n} f(\xi_i, \eta_i, \zeta_i) \cdot \Delta y_i,$$

$$\int_{\Gamma} f(x,y,z) \mathrm{d}z = \lim_{\lambda \to 0^+} \sum_{i=1}^{n} f(\xi_i, \eta_i, \zeta_i) \cdot \Delta z_i.$$

常见的是合记形式

$$\int_{\Gamma} P(x,y,z)\mathrm{d}x + Q(x,y,z)\mathrm{d}y + R(x,y,z)\mathrm{d}z.$$

若记 $\boldsymbol{A}(x,y,z) = P(x,y,z)\boldsymbol{i} + Q(x,y,z)\boldsymbol{j} + R(x,y,z)\boldsymbol{k}$，$\mathrm{d}\boldsymbol{r} = (\mathrm{d}x, \mathrm{d}y, \mathrm{d}z)$，则有如下记法

$$\int_{\Gamma} P(x,y,z)\mathrm{d}x + Q(x,y,z)\mathrm{d}y + R(x,y,z)\mathrm{d}z = \int_{\Gamma} \boldsymbol{A} \cdot \mathrm{d}\boldsymbol{r}.$$

对于平面曲线 L 及二元函数 $P(x,y), Q(x,y)$，则退化为

$$\int_{L} P(x,y)\mathrm{d}x + Q(x,y)\mathrm{d}y.$$

背景　在力场 $\boldsymbol{F}(x,y,z) = P(x,y,z)\boldsymbol{i} + Q(x,y,z)\boldsymbol{j} + R(x,y,z)\boldsymbol{k}$ 中，质点沿定向光滑曲线 Γ 移动时力 $\boldsymbol{F}$ 所做的功为

$$W = \int_{\Gamma} P(x,y,z)\mathrm{d}x + Q(x,y,z)\mathrm{d}y + R(x,y,z)\mathrm{d}z.$$

8.2.1.2　第二型曲面积分

1. **一块定向光滑曲面 ΔS 在坐标面上的投影**　如果 ΔS 上每一点处的法向量 $\boldsymbol{n}$ 与 z 轴正向的夹角 γ 的余弦 $\cos\gamma$ 不变号，且 ΔS 在 xOy 面上的投影区域的面积为 $\Delta\sigma$，则规定 ΔS 在 xOy 面上的投影 $(\Delta S)_{xy}$ 为

$$(\Delta S)_{xy} = \begin{cases} \Delta\sigma, & \cos\gamma > 0, \\ -\Delta\sigma, & \cos\gamma < 0, \\ 0, & \cos\gamma \equiv 0. \end{cases}$$

类似地可定义 ΔS 在 yOz 面上的投影 $(\Delta S)_{yz}$ 和 ΔS 在 zOx 面上的投影 $(\Delta S)_{zx}$.

2. **第二型曲面积分的定义**　设函数 $f(x,y,z)$ 为在定向光滑曲面 Σ 上有定义的有界函数. 把 Γ 任意分成 n 块小曲面 $\Delta S_1, \Delta S_2, \cdots, \Delta S_n$ 使得每一小块 $\Delta S_i (1 \leqslant i \leqslant n)$ 上其法向量 $\boldsymbol{n}$ 与 z 轴正向的夹角 γ 的余弦 $\cos\gamma$ **不变号**，这些小曲面的最大直径记为 λ. 任取一点 $(\xi_i, \eta_i, \zeta_i) \in \Delta S_i (i = 1, 2, \cdots, n)$，若存在常数 I 使得无论怎么分割、无论如何取点，总有

$$\lim_{\lambda \to 0^+} \sum_{i=1}^{n} f(\xi_i, \eta_i, \zeta_i) \cdot (\Delta S_i)_{xy} = I.$$

则称函数 $f(x,y,z)$ 在定向光滑曲面 Σ 上关于坐标 x, y 可积，并把 I 称为函数 $f(x,y,z)$ 在曲面 Σ 上关于坐标 x, y 的曲面积分，记为 $\displaystyle\iint_{\Sigma} f(x,y,z)\mathrm{d}x\mathrm{d}y$，即有

$$\iint_{\Sigma} f(x,y,z)\mathrm{d}x\mathrm{d}y = \lim_{\lambda \to 0^+} \sum_{i=1}^{n} f(\xi_i, \eta_i, \zeta_i) \cdot (\Delta S_i)_{xy}.$$

类似地可定义函数 $f(x,y,z)$ 在定向光滑曲面 Σ 上关于坐标 y,z 和 z,x 的曲面积分分别为

$$\iint\limits_{\Sigma} f(x,y,z)\mathrm{d}y\mathrm{d}z = \lim_{\lambda \to 0^+} \sum_{i=1}^{n} f(\xi_i,\eta_i,\zeta_i)\cdot(\Delta S_i)_{yz},$$

$$\iint\limits_{\Sigma} f(x,y,z)\mathrm{d}z\mathrm{d}x = \lim_{\lambda \to 0^+} \sum_{i=1}^{n} f(\xi_i,\eta_i,\zeta_i)\cdot(\Delta S_i)_{zx}.$$

常见的是合记形式

$$\iint\limits_{\Sigma} P(x,y,z)\mathrm{d}y\mathrm{d}z + Q(x,y,z)\mathrm{d}z\mathrm{d}x + R(x,y,z)\mathrm{d}x\mathrm{d}y.$$

若记 $\boldsymbol{A}(x,y,z) = P(x,y,z)\boldsymbol{i} + Q(x,y,z)\boldsymbol{j} + R(x,y,z)\boldsymbol{k}$ ，$\mathrm{d}\boldsymbol{S} = (\mathrm{d}y\mathrm{d}z, \mathrm{d}z\mathrm{d}x, \mathrm{d}x\mathrm{d}y)$ ，则有如下记法

$$\iint\limits_{\Sigma} P(x,y,z)\mathrm{d}y\mathrm{d}z + Q(x,y,z)\mathrm{d}z\mathrm{d}x + R(x,y,z)\mathrm{d}x\mathrm{d}y = \iint\limits_{\Sigma} \boldsymbol{A}\cdot\mathrm{d}\boldsymbol{S}.$$

背景　流速场 $\boldsymbol{V}(x,y,z) = P(x,y,z)\boldsymbol{i} + Q(x,y,z)\boldsymbol{j} + R(x,y,z)\boldsymbol{k}$ 中流经定向曲面 Σ 的指定侧的流量为

$$\Phi = \iint\limits_{\Sigma} P(x,y,z)\mathrm{d}y\mathrm{d}z + Q(x,y,z)\mathrm{d}z\mathrm{d}x + R(x,y,z)\mathrm{d}x\mathrm{d}y.$$

8.2.1.3　单连通区域

若平面区域 D 内任一简单闭曲线所围成的区域都包含在 D 内，则称 D 为(平面)单连通区域.

若空间区域 Ω 内任一简单闭曲线 Γ 都能张成一张完全包含在 Ω 内的曲面(即以 Γ 为边界的曲面)，则称 Ω 为一维单连通区域；若空间区域 Ω 内任一简单闭曲面所围成的空间区域都完全包含在 Ω 内，则称 Ω 为二维单连通区域.

8.2.1.4　曲线积分与路径无关的概念

1. 平面曲线积分与路径无关的概念　设函数 $P(x,y),Q(x,y)$ 在平面区域 D 内连续，若对 D 中的任意两个点 A,B 以及 D 内任意两条以 A 为起点，B 为终点的曲线 L_1 与 L_2，总有

$$\int_{L_1} P(x,y)\mathrm{d}x + Q(x,y)\mathrm{d}y = \int_{L_2} P(x,y)\mathrm{d}x + Q(x,y)\mathrm{d}y$$

成立，则称曲线积分 $\int_L P(x,y)\mathrm{d}x + Q(x,y)\mathrm{d}y$ 在 D 内与路径无关.

2. 空间曲线积分与路径无关的概念　设函数 $P(x,y,z),Q(x,y,z),R(x,y,z)$ 在空间区域 G 内连续，若对 G 中的任意两个点 A,B 以及 G 内任意两条以 A 为起点，B 为终点的曲线 Γ_1 与 Γ_2，总有

$$\int_{\Gamma_1} P(x,y,z)\mathrm{d}x + Q(x,y,z)\mathrm{d}y + R(x,y,z)\mathrm{d}z = \int_{\Gamma_2} P(x,y,z)\mathrm{d}x + Q(x,y,z)\mathrm{d}y + R(x,y,z)\mathrm{d}z$$

成立, 则称曲线积分 $\int_\Gamma P(x,y,z)\mathrm{d}x + Q(x,y,z)\mathrm{d}y + R(x,y,z)\mathrm{d}z$ 在 G 内与路径无关.

8.2.1.5　通量(流量)、散度、旋度和环流量

给定向量场 $A(x,y,z) = P(x,y,z)\boldsymbol{i} + Q(x,y,z)\boldsymbol{j} + R(x,y,z)\boldsymbol{k}$ 和位于场内的一张定向光滑曲面 Σ, 称

$$\Phi = \iint\limits_{\Sigma} P(x,y,z)\mathrm{d}y\mathrm{d}z + Q(x,y,z)\mathrm{d}z\mathrm{d}x + R(x,y,z)\mathrm{d}x\mathrm{d}y$$

为向量场 $A(x,y,z)$ 流经曲面 Σ 指定侧的**通量**. 当向量场 $A(x,y,z)$ 为流速场, Φ 也称为**流量**.

$\mathrm{div}A = \dfrac{\partial P}{\partial x} + \dfrac{\partial Q}{\partial y} + \dfrac{\partial R}{\partial z}$ 称为向量场 $A(x,y,z)$ 在点 (x,y,z) 处的**散度(源流强度)**.

若 Γ 是场内一条定向闭曲线, 则称

$$I = \oint_\Gamma P(x,y,z)\mathrm{d}x + Q(x,y,z)\mathrm{d}y + R(x,y,z)\mathrm{d}z$$

为向量场 $A(x,y,z)$ 沿定向闭曲线 Γ 的**环流量**. 而

$$\mathrm{rot}A = \begin{vmatrix} \boldsymbol{i} & \boldsymbol{j} & \boldsymbol{k} \\ \dfrac{\partial}{\partial x} & \dfrac{\partial}{\partial y} & \dfrac{\partial}{\partial z} \\ P & Q & R \end{vmatrix} = \left(\dfrac{\partial R}{\partial y} - \dfrac{\partial Q}{\partial z} \right)\boldsymbol{i} + \left(\dfrac{\partial P}{\partial z} - \dfrac{\partial R}{\partial x} \right)\boldsymbol{j} + \left(\dfrac{\partial Q}{\partial x} - \dfrac{\partial P}{\partial y} \right)\boldsymbol{k}$$

则称为向量场 $A(x,y,z)$ 的**旋度**.

散度恒为零的场称为**无源场**, 旋度恒为零的场称为**无旋场**, 无旋且无源的场称为**调和场**.

8.2.2　基本理论与方法

8.2.2.1　第二型曲线积分的性质

1. **与线性运算可交换**　若函数 $f(x,y,z), g(x,y,z)$ 在定向光滑曲线 Γ 上均关于坐标可积, λ, μ 为常数, 则

$$\int_\Gamma [\lambda f(x,y,z) + \mu g(x,y,z)]\mathrm{d}x = \lambda \int_\Gamma f(x,y,z)\mathrm{d}x + \mu \int_\Gamma g(x,y,z)\mathrm{d}x,$$

$$\int_\Gamma [\lambda f(x,y,z) + \mu g(x,y,z)]\mathrm{d}y = \lambda \int_\Gamma f(x,y,z)\mathrm{d}y + \mu \int_\Gamma g(x,y,z)\mathrm{d}y,$$

$$\int_\Gamma [\lambda f(x,y,z) + \mu g(x,y,z)]\mathrm{d}z = \lambda \int_\Gamma f(x,y,z)\mathrm{d}z + \mu \int_\Gamma g(x,y,z)\mathrm{d}z.$$

2. **对曲线的可加性**　若把定向光滑曲线 Γ 分成两段 Γ_1 和 Γ_2, 函数 $f(x,y,z)$ 在曲线 Γ 上关于坐标可积, 则 $f(x,y,z)$ 在曲线 Γ_1 和 Γ_2 上关于坐标也可积, 且有

$$\int_\Gamma f(x,y,z)\mathrm{d}x = \int_{\Gamma_1} f(x,y,z)\mathrm{d}x + \int_{\Gamma_2} f(x,y,z)\mathrm{d}x,$$

$$\int_\Gamma f(x,y,z)\mathrm{d}y = \int_{\Gamma_1} f(x,y,z)\mathrm{d}y + \int_{\Gamma_2} f(x,y,z)\mathrm{d}y,$$

$$\int_\Gamma f(x,y,z)\mathrm{d}z = \int_{\Gamma_1} f(x,y,z)\mathrm{d}z + \int_{\Gamma_2} f(x,y,z)\mathrm{d}z.$$

3. 反向奇性　若 Γ 与 Γ^- 是相反定向的同一条光滑(分段光滑)曲线, 且函数 $f(x,y,z)$ 在曲线 Γ 上关于坐标可积, 则

$$-\int_\Gamma f(x,y,z)\mathrm{d}x = \int_{\Gamma^-} f(x,y,z)\mathrm{d}x,$$

$$-\int_\Gamma f(x,y,z)\mathrm{d}y = \int_{\Gamma^-} f(x,y,z)\mathrm{d}y,$$

$$-\int_\Gamma f(x,y,z)\mathrm{d}z = \int_{\Gamma^-} f(x,y,z)\mathrm{d}z.$$

8.2.2.2　第二型曲面积分的性质

1. 与线性运算可交换　若函数 $f(x,y,z), g(x,y,z)$ 在定向光滑曲面 Σ 上均关于坐标可积, λ, μ 为常数, 则

$$\iint_\Sigma [\lambda f(x,y,z) + \mu g(x,y,z)]\mathrm{d}x\mathrm{d}y = \lambda \iint_\Sigma f(x,y,z)\mathrm{d}x\mathrm{d}y + \mu \iint_\Sigma g(x,y,z)\mathrm{d}x\mathrm{d}y,$$

$$\iint_\Sigma [\lambda f(x,y,z) + \mu g(x,y,z)]\mathrm{d}y\mathrm{d}z = \lambda \iint_\Sigma f(x,y,z)\mathrm{d}y\mathrm{d}z + \mu \iint_\Sigma g(x,y,z)\mathrm{d}y\mathrm{d}z,$$

$$\iint_\Sigma [\lambda f(x,y,z) + \mu g(x,y,z)]\mathrm{d}z\mathrm{d}x = \lambda \iint_\Sigma f(x,y,z)\mathrm{d}z\mathrm{d}x + \mu \iint_\Sigma g(x,y,z)\mathrm{d}z\mathrm{d}x.$$

2. 对曲面的可加性　若把定向光滑曲面 Σ 分成两片 Σ_1 和 Σ_2, 函数 $f(x,y,z)$ 在曲面 Σ 上关于坐标可积, 则 $f(x,y,z)$ 在曲面 Σ_1 和 Σ_2 上关于坐标也可积, 且有

$$\iint_\Sigma f(x,y,z)\mathrm{d}x\mathrm{d}y = \iint_{\Sigma_1} f(x,y,z)\mathrm{d}x\mathrm{d}y + \iint_{\Sigma_2} f(x,y,z)\mathrm{d}x\mathrm{d}y,$$

$$\iint_\Sigma f(x,y,z)\mathrm{d}y\mathrm{d}z = \iint_{\Sigma_1} f(x,y,z)\mathrm{d}y\mathrm{d}z + \iint_{\Sigma_2} f(x,y,z)\mathrm{d}y\mathrm{d}z,$$

$$\iint_\Sigma f(x,y,z)\mathrm{d}z\mathrm{d}x = \iint_{\Sigma_1} f(x,y,z)\mathrm{d}z\mathrm{d}x + \iint_{\Sigma_2} f(x,y,z)\mathrm{d}z\mathrm{d}x.$$

3. 反向奇性　若 Σ 与 Σ^- 是相反定向的同一张光滑(分片光滑)曲面, 且函数 $f(x,y,z)$ 在曲面 Σ 上关于坐标可积, 则

$$\iint_{\Sigma^-} f(x,y,z)\mathrm{d}x\mathrm{d}y = -\iint_\Sigma f(x,y,z)\mathrm{d}x\mathrm{d}y,$$

$$\iint_{\Sigma^-} f(x,y,z)\mathrm{d}y\mathrm{d}z = -\iint_\Sigma f(x,y,z)\mathrm{d}y\mathrm{d}z,$$

$$\iint_{\Sigma^-} f(x,y,z)\mathrm{d}z\mathrm{d}x = -\iint_\Sigma f(x,y,z)\mathrm{d}z\mathrm{d}x.$$

8.2.2.3　两种曲线、曲面积分之间的关系

1.若定向光滑曲线 Γ 有单位正切向量 $\boldsymbol{\tau}=(\cos\alpha,\cos\beta,\cos\gamma)$，函数 $P(x,y,z),Q(x,y,z),R(x,y,z)$ 在曲线 Γ 上连续，则有下列关系式

$$\int_{\Gamma}P(x,y,z)\mathrm{d}x+Q(x,y,z)\mathrm{d}y+R(x,y,z)\mathrm{d}z$$
$$=\int_{\Gamma}[P(x,y,z)\cos\alpha+Q(x,y,z)\cos\beta+R(x,y,z)\cos\gamma]\mathrm{d}s.$$

形式上看，有 $\mathrm{d}x=\mathrm{d}s\cdot\cos\alpha,\mathrm{d}y=\mathrm{d}s\cdot\cos\beta,\mathrm{d}z=\mathrm{d}s\cdot\cos\gamma$.

2. 若定向光滑曲面 Σ 指定侧有单位正法向量 $\boldsymbol{\tau}=(\cos\alpha,\cos\beta,\cos\gamma)$，且函数 $P(x,y,z)$，$Q(x,y,z)$ 和 $R(x,y,z)$ 在曲面 Σ 上均连续，则有下列关系式

$$\iint_{\Sigma}P(x,y,z)\mathrm{d}y\mathrm{d}z+Q(x,y,z)\mathrm{d}z\mathrm{d}x+R(x,y,z)\mathrm{d}x\mathrm{d}y$$
$$=\iint_{\Sigma}[P(x,y,z)\cos\alpha+Q(x,y,z)\cos\beta+R(x,y,z)\cos\gamma]\mathrm{d}S.$$

形式上看，即有 $\mathrm{d}y\mathrm{d}z=\mathrm{d}S\cdot\cos\alpha,\mathrm{d}z\mathrm{d}x=\mathrm{d}S\cdot\cos\beta,\mathrm{d}x\mathrm{d}y=\mathrm{d}S\cdot\cos\gamma$.

8.2.2.4　第二型曲线积分的基本计算

若曲线 Γ 有参数方程 $x=x(t),y=y(t),z=z(t),t:\alpha\to\beta$（这里 α,β 分别为起点和终点所对应的参数），则有

$$\int_{\Gamma}P(x,y,z)\mathrm{d}x+Q(x,y,z)\mathrm{d}y+R(x,y,z)\mathrm{d}z$$
$$=\int_{\alpha}^{\beta}[P(x(t),y(t),z(t))x'(t)+Q(x(t),y(t),z(t))y'(t)+R(x(t),y(t),z(t))z'(t)]\mathrm{d}t.$$

8.2.2.5　第二型曲面积分的基本计算

1. 分面投影法

(1) 若光滑曲面 Σ 的方程为 $z=z(x,y)$，其在 xOy 平面上的投影区域为 D_{xy}，并且 Σ 都取与 z 轴正向同侧(异侧)，函数 $R(x,y,z)$ 在 Σ 上连续，则

$$\iint_{\Sigma}R(x,y,z)\mathrm{d}x\mathrm{d}y=\pm\iint_{D_{xy}}R(x,y,z(x,y))\mathrm{d}x\mathrm{d}y\quad(\text{与}z\text{轴正向同侧取}+,\text{与}z\text{轴负向同侧取}-);$$

(2) 若光滑曲面 Σ 的方程为 $y=y(z,x)$，其在 zOx 平面上的投影区域为 D_{zx}，并且 Σ 都取与 y 轴正向同侧(异侧)，函数 $Q(x,y,z)$ 在 Σ 上连续，则

$$\iint_{\Sigma}Q(x,y,z)\mathrm{d}z\mathrm{d}x=\pm\iint_{D_{zx}}Q(x,y(z,x),z)\mathrm{d}z\mathrm{d}x\quad(\text{与}y\text{轴正向同侧取}+,\text{与}y\text{轴负向同侧取}-);$$

(3) 若光滑曲面 Σ 的方程为 $x=x(y,z)$，其在 yOz 平面上的投影区域为 D_{yz}，并且 Σ 都取与 x 轴正向同侧(异侧)，函数 $P(x,y,z)$ 在 Σ 上连续，则

$$\iint\limits_{\Sigma} P(x,y,z)\mathrm{d}y\mathrm{d}z = \pm\iint\limits_{D_{yz}} P(x(y,z),y,z)\mathrm{d}y\mathrm{d}z \quad (\text{与}\ x\ \text{轴正向同侧取}+,\ \text{与}\ x\ \text{轴负向同侧取}-).$$

与 x 轴正向同侧称为前侧, 与 x 轴负向同侧称为后侧; 与 y 轴正向同侧称为右侧, 与 y 轴负向同侧称为左侧; 与 z 轴正向同侧称为上侧, 与 z 轴负向同侧称为下侧.

2. 合一投影法

(1) 若光滑曲面 Σ 的方程可写为 $z = z(x,y)$, 其在 xOy 平面上的投影区域为 D_{xy}, 函数 $z(x,y)$ 在 D_{xy} 上有连续的一阶偏导数, 并且 Σ 都取与 z 轴正向同侧(异侧), 函数 $P(x,y,z)$, $Q(x,y,z),R(x,y,z)$ 在 Σ 上连续, 则

$$\iint\limits_{\Sigma} P(x,y,z)\mathrm{d}y\mathrm{d}z + Q(x,y,z)\mathrm{d}z\mathrm{d}x + R(x,y,z)\mathrm{d}x\mathrm{d}y$$

$$= \iint\limits_{\Sigma} [P(x,y,z)\cdot(-z'_x(x,y)) + Q(x,y,z)\cdot(-z'_y(x,y)) + R(x,y,z)]\mathrm{d}x\mathrm{d}y$$

$$= \pm\iint\limits_{D_{xy}} [P(x,y,z(x,y))\cdot(-z'_x(x,y)) + Q(x,y,z(x,y))\cdot(-z'_y(x,y)) + R(x,y,z(x,y))]\mathrm{d}x\mathrm{d}y.$$

当 Σ 取与 z 轴正向同侧时取 $+$, 当 Σ 取与 z 轴负向同侧时取 $-$.

(2) 若光滑曲面 Σ 的方程可写为 $y = y(z,x)$, 其在 zOx 平面上的投影区域为 D_{zx}, 函数 $y(z,x)$ 在 D_{zx} 上有连续的一阶偏导数, 并且 Σ 都取与 y 轴正向同侧(异侧), 函数 $P(x,y,z)$, $Q(x,y,z),R(x,y,z)$ 在 Σ 上连续, 则

$$\iint\limits_{\Sigma} P(x,y,z)\mathrm{d}y\mathrm{d}z + Q(x,y,z)\mathrm{d}z\mathrm{d}x + R(x,y,z)\mathrm{d}x\mathrm{d}y$$

$$= \iint\limits_{\Sigma} [P(x,y,z)\cdot(-y'_x(z,x)) + Q(x,y,z) + R(x,y,z)\cdot(-y'_z(z,x))]\mathrm{d}z\mathrm{d}x$$

$$= \pm\iint\limits_{D_{zx}} [P(x,y(z,x),z)\cdot(-y'_x(z,x)) + Q(x,y(z,x),z) + R(x,y(z,x),z)\cdot(-y'_z(z,x))]\mathrm{d}z\mathrm{d}x.$$

当 Σ 取与 y 轴正向同侧时取 $+$, 当 Σ 取与 y 轴负向同侧时取 $-$.

(3) 若光滑曲面 Σ 的方程可写为 $x = x(y,z)$, 其在 yOz 平面上的投影区域为 D_{yz}, 函数 $x(y,z)$ 在 D_{yz} 上有连续的一阶偏导数, 并且 Σ 都取与 x 轴正向同侧(异侧), 函数 $P(x,y,z)$, $Q(x,y,z),R(x,y,z)$ 在 Σ 上连续, 则

$$\iint\limits_{\Sigma} P(x,y,z)\mathrm{d}y\mathrm{d}z + Q(x,y,z)\mathrm{d}z\mathrm{d}x + R(x,y,z)\mathrm{d}x\mathrm{d}y$$

$$= \iint\limits_{\Sigma} [P(x,y,z) + Q(x,y,z)\cdot(-x'_y(y,z)) + R(x,y,z)\cdot(-x'_z(y,z))]\mathrm{d}y\mathrm{d}z$$

$$= \pm\iint\limits_{D_{yz}} [P(x(y,z),y,z) + Q(x(y,z),y,z)\cdot(-x'_y(y,z)) + R(x(y,z),y,z)\cdot(-x'_z(y,z))]\mathrm{d}y\mathrm{d}z.$$

当 Σ 取与 x 轴正向同侧时取 $+$, 当 Σ 取与 x 轴负向同侧时取 $-$.

8.2.2.6　格林公式及其应用

1. **格林公式**　设 D 是平面上一个有界闭区域, 其边界光滑或分段光滑, 函数 $P(x,y)$, $Q(x,y)$ 在 D 上有一阶连续偏导数, 则有

$$\oint_{\partial D^+} P(x,y)\mathrm{d}x + Q(x,y)\mathrm{d}y = \iint_D \left(\frac{\partial Q}{\partial x} - \frac{\partial P}{\partial y} \right) \mathrm{d}x\mathrm{d}y,$$

其中 ∂D^+ 表示 D 的正向边界, 即当人沿着这个方向在 D 的边界行走时, D 总是在他的左手边.

2. **格林公式诱导的平面图形 D 的常用面积公式:**

$$A = \oint_{\partial D^+} -y\mathrm{d}x = \oint_{\partial D^+} x\mathrm{d}y = \frac{1}{2} \oint_{\partial D^+} -y\mathrm{d}x + x\mathrm{d}y.$$

3. **平面曲线积分与路径无关的条件**

设 D 是平面上一个单连通区域, 函数 $P(x,y), Q(x,y)$ 在 D 内有连续的一阶偏导数, 则下列四个条件相互等价:

(1) 曲线积分 $\int_L P(x,y)\mathrm{d}x + Q(x,y)\mathrm{d}y$ 在 D 内与路径无关;

(2) 对 D 内任一定向简单闭曲线 L, 都有 $\oint_L P(x,y)\mathrm{d}x + Q(x,y)\mathrm{d}y = 0$;

(3) 在区域 D 内有 $\dfrac{\partial Q}{\partial x} \equiv \dfrac{\partial P}{\partial y}$;

(4) 存在在 D 内可微的函数 $U(x,y)$ 使得 $\mathrm{d}U = P(x,y)\mathrm{d}x + Q(x,y)\mathrm{d}y$.

【注】这个 $U(x,y)$ 称为 $P(x,y)\mathrm{d}x + Q(x,y)\mathrm{d}y$ 的一个原函数.

4. **全微分方程求解**　满足 $\dfrac{\partial Q}{\partial x} \equiv \dfrac{\partial P}{\partial y}$ 的一阶微分方程 $P(x,y)\mathrm{d}x + Q(x,y)\mathrm{d}y = 0$ 称为全微分方程(恰当方程), 只要求出 $P(x,y)\mathrm{d}x + Q(x,y)\mathrm{d}y$ 的一个原函数 $U(x,y)$, 则该方程的通解即为 $U(x,y) = C$.

5. **求全微分 $P(x,y)\mathrm{d}x + Q(x,y)\mathrm{d}y$ 的一个原函数 $U(x,y)$ 的三种基本方法.**

(1) **凑微分法**　根据微分运算法则, 把表达式 $P(x,y)\mathrm{d}x + Q(x,y)\mathrm{d}y$ 逐渐归化为函数 $U(x,y)$ 的微分 $\mathrm{d}U(x,y)$.

(2) **偏积分法**　设 $\mathrm{d}U(x,y) = P(x,y)\mathrm{d}x + Q(x,y)\mathrm{d}y$, 则 $\dfrac{\partial U}{\partial x} = P(x,y), \dfrac{\partial U}{\partial y} = Q(x,y)$, 于是

$$U(x,y) = \int \frac{\partial U}{\partial x}\mathrm{d}x = \int P(x,y)\mathrm{d}x = M(x,y) + C(y), \quad \text{其中} \frac{\partial M}{\partial x} = P(x,y).$$

再由 $\dfrac{\partial M}{\partial y} + C'(y) = \dfrac{\partial U}{\partial y} = Q(x,y)$ 解得 $C(y)$, 从而得到 $U(x,y)$.

这里的积分 $\int P(x,y)\mathrm{d}x$ 称为 $P(x,y)$ 关于 x 的偏积分, 在积分时把 y 当成常数, x 当成积分变量.

(3) 沿特殊曲线积分法　由于积分与路径无关，因此可以选一条从某定点 (x_0,y_0) 到动点 (x,y) 的方便的路径 L 进行积分，得出的结果就是一个原函数 $U(x,y)$，点 (x_0,y_0) 选得不同，会相差一个常数. 最常用的是沿折线积分的如下方法:

① $U(x,y) = \int_{x_0}^{x} P(x,y_0)\mathrm{d}x + \int_{y_0}^{y} Q(x,y)\mathrm{d}y$，后一积分中 x 当成常数;

② $U(x,y) = \int_{y_0}^{y} Q(x_0,y)\mathrm{d}y + \int_{x_0}^{x} P(x,y)\mathrm{d}x$，后一积分中 y 当成常数.

当然，也可以选取直线等特殊路径积分以得到 $U(x,y)$.

8.2.2.7　高斯公式及其应用

1. 高斯公式　设函数 $P(x,y,z),Q(x,y,z),R(x,y,z)$ 在空间有界闭区域 Ω 上有连续的一阶偏导数，Ω 的边界曲面 $\partial\Omega$ 光滑或者分片光滑，则有

$$\oiint_{\partial\Omega^+} P(x,y,z)\mathrm{d}y\mathrm{d}z + Q(x,y,z)\mathrm{d}z\mathrm{d}x + R(x,y,z)\mathrm{d}x\mathrm{d}y = \iiint_{\Omega} \left(\frac{\partial P}{\partial x} + \frac{\partial Q}{\partial y} + \frac{\partial R}{\partial z}\right)\mathrm{d}x\mathrm{d}y\mathrm{d}z,$$

或者

$$\oiint_{\partial\Omega} [P(x,y,z)\cos\alpha + Q(x,y,z)\cos\beta + R(x,y,z)\cos\gamma]\mathrm{d}S = \iiint_{\Omega} \left(\frac{\partial P}{\partial x} + \frac{\partial Q}{\partial y} + \frac{\partial R}{\partial z}\right)\mathrm{d}x\mathrm{d}y\mathrm{d}z,$$

其中 $\partial\Omega^+$ 表示 Ω 的外侧表面，$\boldsymbol{n} = (\cos\alpha,\cos\beta,\cos\gamma)$ 为 Ω 的外侧表面的单位法向量.

高斯公式的物理解释　在饱和场的任何一个闭区域上，单位时间所产生的流体总量等于从区域内流出的流体总量.

2. 高斯公式诱导的常用体积计算公式　空间连通区域 Ω 的体积为

$$V = \oiint_{\partial\Omega^+} x\mathrm{d}y\mathrm{d}z = \oiint_{\partial\Omega^+} y\mathrm{d}z\mathrm{d}x = \oiint_{\partial\Omega^+} z\mathrm{d}x\mathrm{d}y = \frac{1}{3}\oiint_{\partial\Omega^+} x\mathrm{d}y\mathrm{d}z + y\mathrm{d}z\mathrm{d}x + z\mathrm{d}x\mathrm{d}y.$$

3*. 二维单连通区域内曲面积分与曲面无关，而只与曲面的边界有关的条件

(1) 曲面积分与曲面无关，而只与曲面的边界有关的概念

设 G 是空间二维单连通区域，$P(x,y,z),Q(x,y,z),R(x,y,z)$ 是三个在 G 内连续的函数. 如果对于 G 内任一定向简单闭曲线 Γ，以及任意两张以 Γ 为边界，且其定侧与 Γ 的定向符合右手准则的曲面 Σ_1 与 Σ_2，都有

$$\iint_{\Sigma_1} P\mathrm{d}y\mathrm{d}z + Q\mathrm{d}z\mathrm{d}x + R\mathrm{d}x\mathrm{d}y = \iint_{\Sigma_2} P\mathrm{d}y\mathrm{d}z + Q\mathrm{d}z\mathrm{d}x + R\mathrm{d}x\mathrm{d}y.$$

则称曲面积分 $\iint_{\Sigma} P\mathrm{d}y\mathrm{d}z + Q\mathrm{d}z\mathrm{d}x + R\mathrm{d}x\mathrm{d}y$ 在 G 内与曲面无关，而只与曲面的边界有关.

(2) 二维单连通区域 G 内曲面积分与曲面无关，而只与曲面的边界有关的条件

设 G 是空间二维单连通区域，$P(x,y,z),Q(x,y,z),R(x,y,z)$ 是三个在 G 内有连续的一阶偏导数的函数. 则下列条件相互等价:

(i) 在区域 G 内曲面积分 $\iint\limits_{\Sigma} P\mathrm{d}y\mathrm{d}z + Q\mathrm{d}z\mathrm{d}x + R\mathrm{d}x\mathrm{d}y$ 在 G 内与曲面无关, 而只与曲面的边界有关;

(ii) 在区域 G 内 $\dfrac{\partial P}{\partial x} + \dfrac{\partial Q}{\partial y} + \dfrac{\partial R}{\partial z} \equiv 0$;

(iii) 对区域 G 内任一定向光滑闭曲面 Σ, 都有 $\iint\limits_{\Sigma} P\mathrm{d}y\mathrm{d}z + Q\mathrm{d}z\mathrm{d}x + R\mathrm{d}x\mathrm{d}y = 0.$

8.2.2.8　斯托克斯公式及其应用

1. **斯托克斯公式**　设 Σ 是一张光滑曲面, 其边界曲线 Γ 光滑(或者分片光滑), 函数 $P(x,y,z), Q(x,y,z)$ 和 $R(x,y,z)$ 在包含 Σ 的空间有界闭区域 Ω 上有连续的一阶偏导数, Σ 的定侧与 Γ 的定向符合右手准则(即右手的四个手指沿着 Γ 的定向伸出握拳时大拇指的指向正是 Σ 的指定侧), 则

$$\oint_{\Gamma} P(x,y,z)\mathrm{d}x + Q(x,y,z)\mathrm{d}y + R(x,y,z)\mathrm{d}z$$

$$= \iint\limits_{\Sigma} \left(\frac{\partial R}{\partial y} - \frac{\partial Q}{\partial z}\right)\mathrm{d}y\mathrm{d}z + \left(\frac{\partial P}{\partial z} - \frac{\partial R}{\partial x}\right)\mathrm{d}z\mathrm{d}x + \left(\frac{\partial Q}{\partial x} - \frac{\partial P}{\partial y}\right)\mathrm{d}x\mathrm{d}y$$

$$= \iint\limits_{\Sigma} \left[\left(\frac{\partial R}{\partial y} - \frac{\partial Q}{\partial z}\right)\cos\alpha + \left(\frac{\partial P}{\partial z} - \frac{\partial R}{\partial x}\right)\cos\beta + \left(\frac{\partial Q}{\partial x} - \frac{\partial P}{\partial y}\right)\cos\gamma\right]\mathrm{d}S$$

$$= \iint\limits_{\Sigma} \begin{vmatrix} \mathrm{d}y\mathrm{d}z & \mathrm{d}z\mathrm{d}x & \mathrm{d}x\mathrm{d}y \\ \dfrac{\partial}{\partial x} & \dfrac{\partial}{\partial y} & \dfrac{\partial}{\partial z} \\ P & Q & R \end{vmatrix} = \iint\limits_{\Sigma} \begin{vmatrix} \cos\alpha & \cos\beta & \cos\gamma \\ \dfrac{\partial}{\partial x} & \dfrac{\partial}{\partial y} & \dfrac{\partial}{\partial z} \\ P & Q & R \end{vmatrix} \mathrm{d}S,$$

其中 $\boldsymbol{n} = (\cos\alpha, \cos\beta, \cos\gamma)$ 为 Σ 的指定侧的单位法向量.

斯托克斯公式的物理解释　场内任一闭路上的环流量等于其旋度场在该闭路所张成的曲面对应侧的通量.

2*. **空间曲线积分与路径无关的条件**

设函数 $P(x,y,z), Q(x,y,z), R(x,y,z)$ 在空间一维单连通区域 G 内有连续的一阶偏导数, 则下列四个条件相互等价:

(1) 在 G 内 $\dfrac{\partial R}{\partial y} \equiv \dfrac{\partial Q}{\partial z}, \dfrac{\partial P}{\partial z} \equiv \dfrac{\partial R}{\partial x}, \dfrac{\partial Q}{\partial x} \equiv \dfrac{\partial P}{\partial y}$;

(2) 对 G 内任一简单闭曲线 Γ, 都有 $\oint_{\Gamma} P(x,y,z)\mathrm{d}x + Q(x,y,z)\mathrm{d}y + R(x,y,z)\mathrm{d}z = 0$;

(3) 在 G 内曲线积分 $\int_{\Gamma} P(x,y,z)\mathrm{d}x + Q(x,y,z)\mathrm{d}y + R(x,y,z)\mathrm{d}z$ 与路径无关;

(4) 存在 G 内的可微函数 $U(x,y,z)$ 使得 $\mathrm{d}U = P(x,y,z)\mathrm{d}x + Q(x,y,z)\mathrm{d}y + R(x,y,z)\mathrm{d}z$, 这里的 $U(x,y,z)$ 称为全微分 $P(x,y,z)\mathrm{d}x + Q(x,y,z)\mathrm{d}y + R(x,y,z)\mathrm{d}z$ 的一个原函数.

3*. 全微分 $P(x,y,z)\mathrm{d}x + Q(x,y,z)\mathrm{d}y + R(x,y,z)\mathrm{d}z$ 的原函数 $U(x,y,z)$ 的求法

(1) 凑微分法.

(2) 偏积分法.

(3) 沿特殊曲线积分法.

具体操作与二元函数时类似, 具体的可参考选例 8.6.18.

4. 曲线积分基本定理　设函数 $P(x,y,z),Q(x,y,z),R(x,y,z)$ 在空间一维单连通区域 G 内有连续的一阶偏导数, Γ 是 G 内任意一条从点 $M(x_1,y_1,z_1)$ 到点 $N(x_2,y_2,z_2)$ 的光滑或者分段光滑的曲线, 若 $U(x,y,z)$ 是全微分 $P(x,y,z)\mathrm{d}x + Q(x,y,z)\mathrm{d}y + R(x,y,z)\mathrm{d}z$ 的一个原函数, 则

$$\int_{\Gamma} P(x,y,z)\mathrm{d}x + Q(x,y,z)\mathrm{d}y + R(x,y,z)\mathrm{d}z = U(x,y,z)\Big|_{(x_1,y_1,z_1)}^{(x_2,y_2,z_2)} = U(x_2,y_2,z_2) - U(x_1,y_1,z_1).$$

8.3　扩展与提高

8.3.1　第二型积分中的对称性

由于第二型积分都是关于坐标的积分, 因此在对称性问题上主要的是考虑关于坐标轴、坐标面和坐标原点对称的定向曲线或定向曲面的积分中的对称性.

8.3.1.1　第二型曲线积分的对称性

1. 平面曲线情形

(1) 若平面曲线 L 与 L' 的形状关于 x 轴对称, 并且定向也关于 x 轴对称, 如图 8.3-1 所示. 又函数 $f(x,y)$ 为连续函数, 则有

$$\int_L f(x,y)\mathrm{d}x = \int_{L'} f(x,-y)\mathrm{d}x, \quad \int_L f(x,y)\mathrm{d}y = -\int_{L'} f(x,-y)\mathrm{d}y.$$

证明　设 L 有参数方程 $\begin{cases} x = x(t), \\ y = y(t), \end{cases} t:\alpha \to \beta$. 则由对称性可知, L' 有参数方程 $\begin{cases} x = x(t), \\ y = -y(t), \end{cases}$

$t:\alpha \to \beta$. 因此

$$\int_L f(x,y)\mathrm{d}x = \int_{\alpha}^{\beta} f(x(t),y(t))x'(t)\mathrm{d}t = \int_{\alpha}^{\beta} f(x(t),-(-y(t)))x'(t)\mathrm{d}t = \int_{L'} f(x,-y)\mathrm{d}x.$$

$$\int_L f(x,y)\mathrm{d}y = \int_{\alpha}^{\beta} f(x(t),y(t))y'(t)\mathrm{d}t = -\int_{\alpha}^{\beta} f(x(t),-(-y(t)))(-y'(t))\mathrm{d}t = -\int_{L'} f(x,-y)\mathrm{d}y. \blacksquare$$

类似的证明可以得到下面的结果.

(2) 若平面曲线 L 与 L' 的形状关于 x 轴对称, 并且 L 的定向与 L' 的相反定向关于 x 轴对称, 如图 8.3-2 所示. 又函数 $f(x,y)$ 为连续函数, 则有

$$\int_L f(x,y)\mathrm{d}x = -\int_{L'} f(x,-y)\mathrm{d}x, \quad \int_L f(x,y)\mathrm{d}y = \int_{L'} f(x,-y)\mathrm{d}y.$$

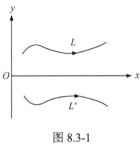

图 8.3-1

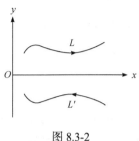

图 8.3-2

(3) 若平面曲线 L 与 L' 的形状关于 y 轴对称, 并且其定向也关于 y 轴对称. 又函数 $f(x,y)$ 为连续函数, 则有

$$\int_L f(x,y)\mathrm{d}x = -\int_{L'} f(-x,y)\mathrm{d}x, \quad \int_L f(x,y)\mathrm{d}y = \int_{L'} f(-x,y)\mathrm{d}y.$$

(4) 若平面曲线 L 与 L' 的形状关于 y 轴对称, 并且 L 的定向与 L' 的相反定向关于 y 轴对称. 又函数 $f(x,y)$ 为连续函数, 则有

$$\int_L f(x,y)\mathrm{d}x = \int_{L'} f(-x,y)\mathrm{d}x, \quad \int_L f(x,y)\mathrm{d}y = -\int_{L'} f(-x,y)\mathrm{d}y.$$

(5) 若平面曲线 L 与 L' 的形状关于原点对称, 并且其定向也关于原点对称, 如图 8.3-3 所示. 又函数 $f(x,y)$ 为连续函数, 则有

$$\int_L f(x,y)\mathrm{d}x = -\int_{L'} f(-x,-y)\mathrm{d}x, \quad \int_L f(x,y)\mathrm{d}y = -\int_{L'} f(-x,-y)\mathrm{d}y.$$

(6) 若平面曲线 L 与 L' 的形状关于原点对称, 并且 L 的定向与 L' 的相反定向关于原点对称, 如图 8.3-4 所示. 又函数 $f(x,y)$ 为连续函数, 则有

$$\int_L f(x,y)\mathrm{d}x = \int_{L'} f(-x,-y)\mathrm{d}x, \quad \int_L f(x,y)\mathrm{d}y = \int_{L'} f(-x,-y)\mathrm{d}y.$$

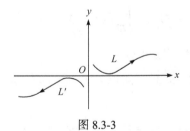

图 8.3-3

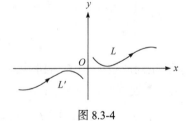

图 8.3-4

由于证明上的类似性, 以下我们都只给出结论而不再证明.

2. 空间曲线情形

(1) 若空间曲线 Γ 与 Γ' 的形状关于 x 轴对称, 并且定向也关于 x 轴对称, 又函数 $f(x,y,z)$ 为连续函数, 则有公式

$$\int_\Gamma f(x,y,z)\mathrm{d}x = \int_{\Gamma'} f(x,-y,-z)\mathrm{d}x, \quad \int_\Gamma f(x,y,z)\mathrm{d}y = -\int_{\Gamma'} f(x,-y,-z)\mathrm{d}y,$$

$$\int_\Gamma f(x,y,z)\mathrm{d}z = -\int_{\Gamma'} f(x,-y,-z)\mathrm{d}z.$$

若空间曲线 Γ 与 Γ' 的形状关于 x 轴对称, 并且 Γ 的定向与 Γ' 的相反定向关于 x 轴对称, 又函数 $f(x,y,z)$ 为连续函数, 则有公式

$$\int_{\Gamma} f(x,y,z)\mathrm{d}x = -\int_{\Gamma'} f(x,-y,-z)\mathrm{d}x, \quad \int_{\Gamma} f(x,y,z)\mathrm{d}y = \int_{\Gamma'} f(x,-y,-z)\mathrm{d}y,$$

$$\int_{\Gamma} f(x,y,z)\mathrm{d}z = \int_{\Gamma'} f(x,-y,-z)\mathrm{d}z.$$

(2) 若空间曲线 Γ 与 Γ' 的形状关于 y 轴对称, 并且定向也关于 y 轴对称, 又函数 $f(x,y,z)$ 为连续函数, 则有公式

$$\int_{\Gamma} f(x,y,z)\mathrm{d}x = -\int_{\Gamma'} f(-x,y,-z)\mathrm{d}x, \quad \int_{\Gamma} f(x,y,z)\mathrm{d}y = \int_{\Gamma'} f(-x,y,-z)\mathrm{d}y,$$

$$\int_{\Gamma} f(x,y,z)\mathrm{d}z = -\int_{\Gamma'} f(-x,y,-z)\mathrm{d}z.$$

若空间曲线 Γ 与 Γ' 的形状关于 y 轴对称, 并且 Γ 的定向与 Γ' 的相反定向关于 y 轴对称, 又函数 $f(x,y,z)$ 为连续函数, 则有公式

$$\int_{\Gamma} f(x,y,z)\mathrm{d}x = \int_{\Gamma'} f(-x,y,-z)\mathrm{d}x, \quad \int_{\Gamma} f(x,y,z)\mathrm{d}y = -\int_{\Gamma'} f(-x,y,-z)\mathrm{d}y,$$

$$\int_{\Gamma} f(x,y,z)\mathrm{d}z = \int_{\Gamma'} f(-x,y,-z)\mathrm{d}z.$$

(3) 若空间曲线 Γ 与 Γ' 的形状关于 z 轴对称, 并且定向也关于 z 轴对称, 又函数 $f(x,y,z)$ 为连续函数, 则有公式

$$\int_{\Gamma} f(x,y,z)\mathrm{d}x = -\int_{\Gamma'} f(-x,-y,z)\mathrm{d}x, \quad \int_{\Gamma} f(x,y,z)\mathrm{d}y = -\int_{\Gamma'} f(-x,-y,z)\mathrm{d}y,$$

$$\int_{\Gamma} f(x,y,z)\mathrm{d}z = \int_{\Gamma'} f(-x,-y,z)\mathrm{d}z.$$

若空间曲线 Γ 与 Γ' 的形状关于 z 轴对称, 并且 Γ 的定向与 Γ' 的相反定向关于 z 轴对称, 又函数 $f(x,y,z)$ 为连续函数, 则有公式

$$\int_{\Gamma} f(x,y,z)\mathrm{d}x = \int_{\Gamma'} f(-x,-y,z)\mathrm{d}x, \quad \int_{\Gamma} f(x,y,z)\mathrm{d}y = \int_{\Gamma'} f(-x,-y,z)\mathrm{d}y,$$

$$\int_{\Gamma} f(x,y,z)\mathrm{d}z = -\int_{\Gamma'} f(-x,-y,z)\mathrm{d}z.$$

(4) 若空间曲线 Γ 与 Γ' 的形状关于 xOy 面对称, 并且定向也关于 xOy 面对称, 又函数 $f(x,y,z)$ 为连续函数, 则有公式

$$\int_{\Gamma} f(x,y,z)\mathrm{d}x = \int_{\Gamma'} f(x,y,-z)\mathrm{d}x, \quad \int_{\Gamma} f(x,y,z)\mathrm{d}y = \int_{\Gamma'} f(x,y,-z)\mathrm{d}y,$$

$$\int_{\Gamma} f(x,y,z)\mathrm{d}z = -\int_{\Gamma'} f(x,y,-z)\mathrm{d}z.$$

若空间曲线 Γ 与 Γ' 的形状关于 xOy 面对称, 并且 Γ 的定向与 Γ' 的相反定向关于 xOy 面对称, 又函数 $f(x,y,z)$ 为连续函数, 则有公式

$$\int_{\Gamma} f(x,y,z)\mathrm{d}x = -\int_{\Gamma'} f(x,y,-z)\mathrm{d}x, \quad \int_{\Gamma} f(x,y,z)\mathrm{d}y = -\int_{\Gamma'} f(x,y,-z)\mathrm{d}y,$$

$$\int_{\Gamma} f(x,y,z)\mathrm{d}z = \int_{\Gamma'} f(x,y,-z)\mathrm{d}z.$$

(5) 若空间曲线 Γ 与 Γ' 的形状关于 yOz 面对称, 并且定向也关于 yOz 面对称, 又函数 $f(x,y,z)$ 为连续函数, 则有公式

$$\int_{\Gamma} f(x,y,z)\mathrm{d}x = -\int_{\Gamma'} f(-x,y,z)\mathrm{d}x, \quad \int_{\Gamma} f(x,y,z)\mathrm{d}y = \int_{\Gamma'} f(-x,y,z)\mathrm{d}y,$$

$$\int_{\Gamma} f(x,y,z)\mathrm{d}z = \int_{\Gamma'} f(-x,y,z)\mathrm{d}z.$$

若空间曲线 Γ 与 Γ' 的形状关于 yOz 面对称, 并且 Γ 的定向与 Γ' 的相反定向关于 yOz 面对称, 又函数 $f(x,y,z)$ 为连续函数, 则有公式

$$\int_{\Gamma} f(x,y,z)\mathrm{d}x = \int_{\Gamma'} f(-x,y,z)\mathrm{d}x, \quad \int_{\Gamma} f(x,y,z)\mathrm{d}y = -\int_{\Gamma'} f(-x,y,z)\mathrm{d}y,$$

$$\int_{\Gamma} f(x,y,z)\mathrm{d}z = -\int_{\Gamma'} f(-x,y,z)\mathrm{d}z.$$

(6) 若空间曲线 Γ 与 Γ' 的形状关于 zOx 面对称, 并且定向也关于 zOx 面对称, 又函数 $f(x,y,z)$ 为连续函数, 则有公式

$$\int_{\Gamma} f(x,y,z)\mathrm{d}x = \int_{\Gamma'} f(x,-y,z)\mathrm{d}x, \quad \int_{\Gamma} f(x,y,z)\mathrm{d}y = -\int_{\Gamma'} f(x,-y,z)\mathrm{d}y,$$

$$\int_{\Gamma} f(x,y,z)\mathrm{d}z = \int_{\Gamma'} f(x,-y,z)\mathrm{d}z.$$

若空间曲线 Γ 与 Γ' 的形状关于 zOx 面对称, 并且 Γ 的定向与 Γ' 的相反定向关于 zOx 面对称, 又函数 $f(x,y,z)$ 为连续函数, 则有公式

$$\int_{\Gamma} f(x,y,z)\mathrm{d}x = -\int_{\Gamma'} f(x,-y,z)\mathrm{d}x, \quad \int_{\Gamma} f(x,y,z)\mathrm{d}y = \int_{\Gamma'} f(x,-y,z)\mathrm{d}y,$$

$$\int_{\Gamma} f(x,y,z)\mathrm{d}z = -\int_{\Gamma'} f(x,-y,z)\mathrm{d}z.$$

(7) 若空间曲线 Γ 与 Γ' 的形状关于原点对称, 并且定向也关于原点对称, 又函数 $f(x,y,z)$ 为连续函数, 则有公式

$$\int_{\Gamma} f(x,y,z)\mathrm{d}x = -\int_{\Gamma'} f(-x,-y,-z)\mathrm{d}x, \quad \int_{\Gamma} f(x,y,z)\mathrm{d}y = -\int_{\Gamma'} f(-x,-y,-z)\mathrm{d}y,$$

$$\int_{\Gamma} f(x,y,z)\mathrm{d}z = -\int_{\Gamma'} f(-x,-y,-z)\mathrm{d}z.$$

若空间曲线 Γ 与 Γ' 的形状关于原点对称, 并且 Γ 的定向与 Γ' 的相反定向关于原点对称, 又函数 $f(x,y,z)$ 为连续函数, 则有公式

$$\int_{\Gamma} f(x,y,z)\mathrm{d}x = \int_{\Gamma'} f(-x,-y,-z)\mathrm{d}x, \quad \int_{\Gamma} f(x,y,z)\mathrm{d}y = \int_{\Gamma'} f(-x,-y,-z)\mathrm{d}y,$$

$$\int_{\Gamma} f(x,y,z)\mathrm{d}z = \int_{\Gamma'} f(-x,-y,-z)\mathrm{d}z.$$

8.3.1.2　第二型曲面积分的对称性

设 Σ 和 Σ' 是两张定向光滑曲面, 函数 $f(x,y,z)$ 在包含 Σ 和 Σ' 的某个区域内连续.

1. 若 Σ 和 Σ' 关于 xOy 平面对称, 且它们的定向也关于 xOy 平面对称, 则

$$\iint\limits_{\Sigma} f(x,y,z)\mathrm{d}x\mathrm{d}y = -\iint\limits_{\Sigma'} f(x,y,-z)\mathrm{d}x\mathrm{d}y.$$

证明 对 Σ 和 Σ' 作关于 xOy 平面对称的分割, 设 Σ 被分成 n 个小片 $\Delta S_1, \Delta S_2, \cdots, \Delta S_n$, Σ' 相应地被分成 n 个小片 $\Delta S_1', \Delta S_2', \cdots, \Delta S_n'$, 并且 ΔS_i 与 $\Delta S_i'$ 关于 xOy 平面对称 $(i = 1, 2, \cdots, n)$. 任取 $(\xi_i, \eta_i, \zeta_i) \in \Delta S_i$, 对应地取 $(\xi_i, \eta_i, -\zeta_i) \in \Delta S_i'$, 则由于 Σ 和 Σ' 关于 xOy 平面对称, 且它们的定向也关于 xOy 平面对称, 故有

$$(\Delta S_i)_{xy} = -(\Delta S_i')_{xy}, \quad i = 1, 2, \cdots, n,$$

于是有

$$\iint\limits_{\Sigma} f(x,y,z)\mathrm{d}x\mathrm{d}y = \lim_{\lambda \to 0^+} \sum_{i=1}^{n} f(\xi_i, \eta_i, \zeta_i)(\Delta S_i)_{xy}$$

$$= -\lim_{\lambda \to 0^+} \sum_{i=1}^{n} f(\xi_i, \eta_i, -(-\zeta_i))(-\Delta S_i)_{xy} = -\iint\limits_{\Sigma'} f(x,y,-z)\mathrm{d}x\mathrm{d}y. \ \blacksquare$$

类似的证明可以得到

$$\iint\limits_{\Sigma} f(x,y,z)\mathrm{d}y\mathrm{d}z = \iint\limits_{\Sigma'} f(x,y,-z)\mathrm{d}y\mathrm{d}z, \quad \iint\limits_{\Sigma} f(x,y,z)\mathrm{d}z\mathrm{d}x = \iint\limits_{\Sigma'} f(x,y,-z)\mathrm{d}z\mathrm{d}x.$$

若 Σ 和 Σ' 关于 xOy 平面对称, 且 Σ 的定向和 Σ' 的反方向的定向关于 xOy 平面对称, 则

$$\iint\limits_{\Sigma} f(x,y,z)\mathrm{d}x\mathrm{d}y = \iint\limits_{\Sigma'} f(x,y,-z)\mathrm{d}x\mathrm{d}y,$$

$$\iint\limits_{\Sigma} f(x,y,z)\mathrm{d}y\mathrm{d}z = -\iint\limits_{\Sigma'} f(x,y,-z)\mathrm{d}y\mathrm{d}z, \quad \iint\limits_{\Sigma} f(x,y,z)\mathrm{d}z\mathrm{d}x = -\iint\limits_{\Sigma'} f(x,y,-z)\mathrm{d}z\mathrm{d}x.$$

2. 若 Σ 和 Σ' 关于 yOz 平面对称, 且它们的定向也关于 yOz 平面对称, 则

$$\iint\limits_{\Sigma} f(x,y,z)\mathrm{d}y\mathrm{d}z = -\iint\limits_{\Sigma'} f(-x,y,z)\mathrm{d}y\mathrm{d}z,$$

$$\iint\limits_{\Sigma} f(x,y,z)\mathrm{d}z\mathrm{d}x = \iint\limits_{\Sigma'} f(-x,y,z)\mathrm{d}z\mathrm{d}x, \quad \iint\limits_{\Sigma} f(x,y,z)\mathrm{d}x\mathrm{d}y = \iint\limits_{\Sigma'} f(-x,y,z)\mathrm{d}x\mathrm{d}y.$$

若 Σ 和 Σ' 关于 yOz 平面对称, 且 Σ 的定向和 Σ' 的反方向的定向关于 yOz 平面对称, 则

$$\iint\limits_{\Sigma} f(x,y,z)\mathrm{d}y\mathrm{d}z = \iint\limits_{\Sigma'} f(-x,y,z)\mathrm{d}y\mathrm{d}z,$$

$$\iint\limits_{\Sigma} f(x,y,z)\mathrm{d}z\mathrm{d}x = -\iint\limits_{\Sigma'} f(-x,y,z)\mathrm{d}z\mathrm{d}x, \quad \iint\limits_{\Sigma} f(x,y,z)\mathrm{d}x\mathrm{d}y = -\iint\limits_{\Sigma'} f(-x,y,z)\mathrm{d}x\mathrm{d}y.$$

3. 若 Σ 和 Σ' 关于 zOx 平面对称, 且它们的定向也关于 zOx 平面对称, 则

$$\iint\limits_{\Sigma} f(x,y,z)\mathrm{d}z\mathrm{d}x = -\iint\limits_{\Sigma'} f(x,-y,z)\mathrm{d}z\mathrm{d}x,$$

$$\iint\limits_{\Sigma} f(x,y,z)\mathrm{d}y\mathrm{d}z = \iint\limits_{\Sigma'} f(x,-y,z)\mathrm{d}y\mathrm{d}z, \quad \iint\limits_{\Sigma} f(x,y,z)\mathrm{d}x\mathrm{d}y = \iint\limits_{\Sigma'} f(x,-y,z)\mathrm{d}x\mathrm{d}y.$$

若 Σ 和 Σ' 关于 zOx 平面对称, 且 Σ 的定向和 Σ' 的反方向的定向关于 zOx 平面对称, 则

$$\iint_{\Sigma} f(x,y,z)\mathrm{d}z\mathrm{d}x = \iint_{\Sigma'} f(x,-y,z)\mathrm{d}z\mathrm{d}x,$$

$$\iint_{\Sigma} f(x,y,z)\mathrm{d}y\mathrm{d}z = -\iint_{\Sigma'} f(x,-y,z)\mathrm{d}y\mathrm{d}z, \qquad \iint_{\Sigma} f(x,y,z)\mathrm{d}x\mathrm{d}y = -\iint_{\Sigma'} f(x,-y,z)\mathrm{d}x\mathrm{d}y.$$

4. 若 Σ 和 Σ' 关于原点对称, 且它们的定向也关于原点对称, 则

$$\iint_{\Sigma} f(x,y,z)\mathrm{d}y\mathrm{d}z = -\iint_{\Sigma'} f(-x,-y,-z)\mathrm{d}y\mathrm{d}z,$$

$$\iint_{\Sigma} f(x,y,z)\mathrm{d}z\mathrm{d}x = -\iint_{\Sigma'} f(-x,-y,-z)\mathrm{d}z\mathrm{d}x, \qquad \iint_{\Sigma} f(x,y,z)\mathrm{d}x\mathrm{d}y = -\iint_{\Sigma'} f(-x,-y,-z)\mathrm{d}x\mathrm{d}y.$$

若 Σ 和 Σ' 关于原点对称, 且 Σ 的定向和 Σ' 的反方向的定向关于原点对称, 则

$$\iint_{\Sigma} f(x,y,z)\mathrm{d}y\mathrm{d}z = \iint_{\Sigma'} f(-x,-y,-z)\mathrm{d}y\mathrm{d}z,$$

$$\iint_{\Sigma} f(x,y,z)\mathrm{d}z\mathrm{d}x = \iint_{\Sigma'} f(-x,-y,-z)\mathrm{d}z\mathrm{d}x, \qquad \iint_{\Sigma} f(x,y,z)\mathrm{d}x\mathrm{d}y = \iint_{\Sigma'} f(-x,-y,-z)\mathrm{d}x\mathrm{d}y.$$

5. 若 Σ 和 Σ' 关于 z 轴对称, 且它们的定向也关于 z 轴对称, 则

$$\iint_{\Sigma} f(x,y,z)\mathrm{d}y\mathrm{d}z = -\iint_{\Sigma'} f(-x,-y,z)\mathrm{d}y\mathrm{d}z,$$

$$\iint_{\Sigma} f(x,y,z)\mathrm{d}z\mathrm{d}x = -\iint_{\Sigma'} f(-x,-y,z)\mathrm{d}z\mathrm{d}x, \qquad \iint_{\Sigma} f(x,y,z)\mathrm{d}x\mathrm{d}y = \iint_{\Sigma'} f(-x,-y,z)\mathrm{d}x\mathrm{d}y.$$

若 Σ 和 Σ' 关于 z 轴对称, 且 Σ 的定向和 Σ' 的反方向的定向关于 z 轴对称, 则

$$\iint_{\Sigma} f(x,y,z)\mathrm{d}y\mathrm{d}z = \iint_{\Sigma'} f(-x,-y,z)\mathrm{d}y\mathrm{d}z,$$

$$\iint_{\Sigma} f(x,y,z)\mathrm{d}z\mathrm{d}x = \iint_{\Sigma'} f(-x,-y,z)\mathrm{d}z\mathrm{d}x, \qquad \iint_{\Sigma} f(x,y,z)\mathrm{d}x\mathrm{d}y = -\iint_{\Sigma'} f(-x,-y,z)\mathrm{d}x\mathrm{d}y.$$

6. 若 Σ 和 Σ' 关于 y 轴对称, 且它们的定向也关于 y 轴对称, 则

$$\iint_{\Sigma} f(x,y,z)\mathrm{d}y\mathrm{d}z = -\iint_{\Sigma'} f(-x,y,-z)\mathrm{d}y\mathrm{d}z,$$

$$\iint_{\Sigma} f(x,y,z)\mathrm{d}z\mathrm{d}x = \iint_{\Sigma'} f(-x,y,-z)\mathrm{d}z\mathrm{d}x, \qquad \iint_{\Sigma} f(x,y,z)\mathrm{d}x\mathrm{d}y = -\iint_{\Sigma'} f(-x,y,-z)\mathrm{d}x\mathrm{d}y.$$

若 Σ 和 Σ' 关于 y 轴对称, 且 Σ 的定向和 Σ' 的反方向的定向关于 y 轴对称, 则

$$\iint_{\Sigma} f(x,y,z)\mathrm{d}y\mathrm{d}z = \iint_{\Sigma'} f(-x,y,-z)\mathrm{d}y\mathrm{d}z,$$

$$\iint_{\Sigma} f(x,y,z)\mathrm{d}z\mathrm{d}x = -\iint_{\Sigma'} f(-x,y,-z)\mathrm{d}z\mathrm{d}x, \qquad \iint_{\Sigma} f(x,y,z)\mathrm{d}x\mathrm{d}y = \iint_{\Sigma'} f(-x,y,-z)\mathrm{d}x\mathrm{d}y.$$

7. 若 Σ 和 Σ' 关于 x 轴对称, 且它们的定向也关于 x 轴对称, 则

$$\iint\limits_{\Sigma} f(x,y,z)\mathrm{d}y\mathrm{d}z = \iint\limits_{\Sigma'} f(x,-y,-z)\mathrm{d}y\mathrm{d}z,$$

$$\iint\limits_{\Sigma} f(x,y,z)\mathrm{d}z\mathrm{d}x = -\iint\limits_{\Sigma'} f(x,-y,-z)\mathrm{d}z\mathrm{d}x, \qquad \iint\limits_{\Sigma} f(x,y,z)\mathrm{d}x\mathrm{d}y = -\iint\limits_{\Sigma'} f(x,-y,-z)\mathrm{d}x\mathrm{d}y.$$

若 Σ 和 Σ' 关于 x 轴对称, 且 Σ 的定向和 Σ' 的反方向的定向关于 x 轴对称, 则

$$\iint\limits_{\Sigma} f(x,y,z)\mathrm{d}y\mathrm{d}z = -\iint\limits_{\Sigma'} f(x,-y,-z)\mathrm{d}y\mathrm{d}z,$$

$$\iint\limits_{\Sigma} f(x,y,z)\mathrm{d}z\mathrm{d}x = \iint\limits_{\Sigma'} f(x,-y,-z)\mathrm{d}z\mathrm{d}x, \qquad \iint\limits_{\Sigma} f(x,y,z)\mathrm{d}x\mathrm{d}y = \iint\limits_{\Sigma'} f(x,-y,-z)\mathrm{d}x\mathrm{d}y.$$

【注】 在以上关于对称性的结论当中, 如果被积函数 $f(x,y,z)$ 关于某个变量是奇函数或者偶函数, 把它与区域的对称性结合起来, 可以得到一些常用的简化算法, 读者可自行推导, 此处略去.

8.3.2　空间定向曲线上的第二型曲线积分转化为坐标面上投影曲线上的第二型曲线积分

给定空间定向曲线 $\Gamma: \begin{cases} F(x,y,z)=0, \\ G(x,y,z)=0, \end{cases}$ 设它在 xOy 平面上的投影曲线为 $L:$ $\begin{cases} \varphi(x,y)=0, \\ z=0, \end{cases}$ 并按 Γ 的投影方向给以定向. 若在 Γ 上 $z=f(x,y)$, 其中 $f(x,y) \in C^{(1)}$, 又函数 $P(x,y,z),\ Q(x,y,z),\ R(x,y,z)$ 都是连续函数, 则在 Γ 上有 $\mathrm{d}z = f_x\mathrm{d}x + f_y\mathrm{d}y$, 从而有

$$\int_{\Gamma} P(x,y,z)\mathrm{d}x + Q(x,y,z)\mathrm{d}y + R(x,y,z)\mathrm{d}z$$

$$= \int_{L} P(x,y,f(x,y))\mathrm{d}x + Q(x,y,f(x,y))\mathrm{d}y + R(x,y,f(x,y))(f_x\mathrm{d}x + f_y\mathrm{d}y)$$

$$= \int_{L} [P(x,y,f(x,y)) + R(x,y,f(x,y)) \cdot f_x]\mathrm{d}x + [Q(x,y,f(x,y)) + R(x,y,f(x,y)) \cdot f_y]\mathrm{d}y.$$

事实上, 若曲线 L 有参数方程表示 $L: x=x(t), y=y(t), t: \alpha \to \beta$. 则 Γ 有参数方程

$$\Gamma: x=x(t),\ y=y(t),\ z=f(x(t),y(t)), t: \alpha \to \beta,$$

于是把 Γ 上的曲线积分与 L 的相应曲线积分都化为关于参数 t 的定积分即可看出公式的正确性.

类似地也可以把空间曲线上的第二型曲线积分转化为在 yOz 平面和 zOx 平面上的投影曲线上的第二型积分.

例 8.3.2.1　计算曲线积分 $\oint_{\Gamma}(x-y)\mathrm{d}x + (y-z)\mathrm{d}y + (z-x)\mathrm{d}z$, 其中 $\Gamma: \begin{cases} x^2+2y^2+3z^2=6, \\ x+z=1, \end{cases}$ 从 z 轴正向往负向看去, Γ 是逆时针方向.

解　曲线 Γ 在 xOy 平面上的投影曲线为 $L: 4x^2 - 6x + 2y^2 = 3$. L 取逆时针方向, 其所

围成的平面区域为 $D:\left(x-\dfrac{3}{4}\right)^2+\dfrac{y^2}{2}\leqslant\dfrac{21}{16}$. 在曲线 $\varGamma$ 上 $z=1-x,\mathrm{d}z=-\mathrm{d}x$. 因此利用上述公式和格林公式可得

$$\oint_{\varGamma}(x-y)\mathrm{d}x+(y-z)\mathrm{d}y+(z-x)\mathrm{d}z=\oint_{L}(x-y)\mathrm{d}x+(y-(1-x))\mathrm{d}y+(1-2x)(-\mathrm{d}x)$$

$$=\oint_{L}(3x-y-1)\mathrm{d}x+(x+y-1)\mathrm{d}y$$

$$=\iint_{D}(1-(-1))\mathrm{d}x\mathrm{d}y=2\cdot\pi\cdot\sqrt{2}\cdot\frac{21}{16}=\frac{21\sqrt{2}}{8}\pi.\blacksquare$$

8.4　释　疑　解　惑

1. 设 C 表示取逆时针方向的单位圆周 $C:x^2+y^2=1$，C_1 为其位于 x 轴上方的部分，C_2 为其位于 x 轴下方的部分，连续函数 $f(x,y)$ 满足：$f(x,-y)=f(x,y)$. 此时 C_1 与 C_2 的形状关于 x 轴对称，并且函数 $f(x,y)$ 在关于 x 轴的对称点处函数值相等，那么 $\displaystyle\int_{C_1}f(x,y)\mathrm{d}x=\int_{C_2}f(x,y)\mathrm{d}x$ 是否成立？

答　取参数方程 $C:x=\cos\theta,y=\sin\theta,\theta:0\to2\pi$. 则

$$\int_{C_1}f(x,y)\mathrm{d}x=\int_0^{\pi}f(\cos\theta,\sin\theta)(-\sin\theta)\mathrm{d}\theta=-\int_0^{\pi}f(\cos\theta,\sin\theta)\sin\theta\mathrm{d}\theta.$$

$$\int_{C_2}f(x,y)\mathrm{d}x=\int_{\pi}^{2\pi}f(\cos\theta,\sin\theta)(-\sin\theta)\mathrm{d}\theta=-\int_{\pi}^{2\pi}f(\cos\theta,\sin\theta)\sin\theta\mathrm{d}\theta.$$

$$\xlongequal{t=2\pi-\theta}-\int_{\pi}^{0}f(\cos(2\pi-t),\sin(2\pi-t))\sin(2\pi-t)(-\mathrm{d}t)$$

$$=\int_{\pi}^{0}f(\cos t,-\sin t)(-\sin t)\mathrm{d}t=\int_0^{\pi}f(\cos t,-\sin t)\sin t\mathrm{d}t$$

$$=\int_0^{\pi}f(\cos t,\sin t)\sin t\mathrm{d}t=-\int_{C_1}f(x,y)\mathrm{d}x.$$

因此此时不是 $\displaystyle\int_{C_1}f(x,y)\mathrm{d}x=\int_{C_2}f(x,y)\mathrm{d}x$，而是 $\displaystyle\int_{C_1}f(x,y)\mathrm{d}x=-\int_{C_2}f(x,y)\mathrm{d}x$.

对于第二型积分，对称性问题不但要考虑形状对称和对称点处函数值之间的关系，还必须考虑定向的对称性. 实际上 C_1 与 C_2 形状上关于 x 轴对称，但是 C_1 的定向与 C_2 的反方向恰好关于 x 轴对称，因此根据 8.3.1.1 中的 1(2)即可知道，此时应该有 $\displaystyle\int_{C_1}f(x,y)\mathrm{d}x=$

$-\displaystyle\int_{C_2}f(x,y)\mathrm{d}x$.

想要能够熟练地应用对称性来简化第二型积分的计算，首先要仔细领会 8.3.1 节中的

相关知识.∎

2. 设 $P(x,y),Q(x,y)$ 在区域 D 内有连续偏导数, 为什么只在单连通区域 $G \subset D$ 内才能保证 $\dfrac{\partial Q}{\partial x} \equiv \dfrac{\partial P}{\partial y}$ 等价于曲线积分 $\displaystyle\int_L P(x,y)\mathrm{d}x + Q(x,y)\mathrm{d}y$ 与路径无关, 而不能保证在 D 内 $\dfrac{\partial Q}{\partial x} \equiv \dfrac{\partial P}{\partial y}$ 等价于曲线积分 $\displaystyle\int_L P(x,y)\mathrm{d}x + Q(x,y)\mathrm{d}y$ 与路径无关呢?

答　曲线积分在区域 D 内与路径无关的定义是这样的: 对区域 D 内任意两个点 A,B 以及 D 内任意两条以 A 为起点, B 为终点的光滑或分段光滑的定向曲线 L_1,L_2 都有 $\displaystyle\int_{L_1} P\mathrm{d}x + Q\mathrm{d}y = \int_{L_2} P\mathrm{d}x + Q\mathrm{d}y$. 因此由第二型曲线积分的反向奇性, 自然地得到一个结论: 曲线积分 $\displaystyle\int_{L_1} P\mathrm{d}x + Q\mathrm{d}y$ 在区域 D 内与路径无关等价于对区域 D 内任一定向简单闭曲线 L 都有 $\displaystyle\oint_L P\mathrm{d}x + Q\mathrm{d}y = 0$.

如果 D 是单连通区域, 则利用格林公式容易证得, 对区域 D 内任一定向简单闭曲线 L 都有 $\displaystyle\oint_L P\mathrm{d}x + Q\mathrm{d}y = 0$ 等价于在 D 内恒有 $\dfrac{\partial Q}{\partial x} = \dfrac{\partial P}{\partial y}$ 成立.

但是, 当区域 D 不是单连通区域时, 沿任一定向简单闭曲线 L 都有 $\displaystyle\oint_L P\mathrm{d}x + Q\mathrm{d}y = 0$ 只是 D 内恒有 $\dfrac{\partial Q}{\partial x} = \dfrac{\partial P}{\partial y}$ 成立的充分而非必要条件. 比如, 考虑平面复连通区域 $D = \left\{(x,y)\,\middle|\,x^2 + y^2 > 0\right\}$ 及两个函数 $P = \dfrac{-y}{x^2 + y^2}, Q = \dfrac{x}{x^2 + y^2}$. 在区域 D 内, 确实有 $\dfrac{\partial P}{\partial y} = \dfrac{y^2 - x^2}{(x^2 + y^2)^2} = \dfrac{\partial Q}{\partial x}$. 但是, 对区域 D 内的正向圆周 $L : x^2 + y^2 = 1$, 却有 $\displaystyle\oint_L P\mathrm{d}x + Q\mathrm{d}y = 2\pi \neq 0$.

而如果对区域 D 内任一定向简单闭曲线 L 都有 $\displaystyle\oint_L P\mathrm{d}x + Q\mathrm{d}y = 0$, 我们可以证明在区域 D 内恒有 $\dfrac{\partial Q}{\partial x} = \dfrac{\partial P}{\partial y}$. 用反证法证明如下:

若存在 $(x_0, y_0) \in D$ 使得 $\dfrac{\partial Q}{\partial x}\Big|_{(x_0, y_0)} \neq \dfrac{\partial P}{\partial y}\Big|_{(x_0, y_0)}$. 记 $f(x,y) = \dfrac{\partial Q}{\partial x} - \dfrac{\partial P}{\partial y}$, 不妨设 $f(x_0, y_0) = a > 0$. 由于 $f(x,y)$ 在点 (x_0, y_0) 处连续, 故存在正数 δ 使得 $U((x_0, y_0), \delta) \subset D$, 且当 $(x,y) \in U((x_0, y_0), \delta)$ 时, 恒有 $f(x,y) \geqslant \dfrac{a}{2}$. 令 L 表示正向圆周 $(x - x_0)^2 + (y - y_0)^2 = \delta^2$, 则由格林公式可得

$$\oint_L P\mathrm{d}x + Q\mathrm{d}y = \iint\limits_{(x-x_0)^2 + (y-y_0)^2 \leqslant \delta^2} f(x,y)\mathrm{d}x\mathrm{d}y \geqslant \frac{a}{2}\pi\delta^2 > 0,$$

矛盾! 因此在区域 D 内恒有 $\dfrac{\partial Q}{\partial x}=\dfrac{\partial P}{\partial y}$.

因此, 在利用积分与路径无关来处理某些问题时, 一定要注意, 只有在单连通区域内才能保证无误.∎

3. 若 $P(x,y),Q(x,y)$ 在区域 D 内有连续偏导数, L 是 D 内一条分段光滑曲线, 该怎么考虑使用格林公式来求曲线积分 $\displaystyle\int_L Pdx+Qdy$ 呢?

答 在假设条件下考虑使用格林公式来求曲线积分 $\displaystyle\int_L Pdx+Qdy$, 可以按照如下逻辑步骤进行.

(1) 如果 L 是 D 内一条分段光滑闭曲线, 则先检查 L 所围的区域 D_L 是否包含在 D 内. 如果 $D_L\subset D$, 则直接使用格林公式, 此时要注意 L 的定向, 以确定化成二重积分时前面该带什么符号; 如果 D_L 中含有使得 $\dfrac{\partial Q}{\partial x}-\dfrac{\partial P}{\partial y}$ 不连续的点, 则不能直接使用格林公式. 此时如果还要用格林公式, 则需要在区域 D 内另外作一条闭曲线 L' 使得 L 与 L' 之间的区域 $D_{L,L'}\subset D$, 从而以如下方式使用格林公式

$$\oint_L Pdx+Qdy=\oint_{L+L'}Pdx+Qdy-\oint_{L'}Pdx+Qdy=\pm\iint_{D_{L,L'}}\left(\frac{\partial Q}{\partial x}-\frac{\partial P}{\partial y}\right)dxdy-\oint_{L'}Pdx+Qdy,$$

此时要特别注意 L' 的定向, 必须要使得 $L+L'$ 构成 $D_{L,L'}$ 的正向边界(或负向边界). 一般是在 $\dfrac{\partial Q}{\partial x}-\dfrac{\partial P}{\partial y}=0$ 时使用这种方法, 以把 $\displaystyle\oint_L Pdx+Qdy$ 的计算转化为 $\displaystyle\oint_{L'}Pdx+Qdy$ 的计算. 因此 L' 的选取就很关键, 基本原则是要保证 $\displaystyle\oint_{L'}Pdx+Qdy$ 的计算和 $\displaystyle\iint_{D_{L,L'}}\left(\frac{\partial Q}{\partial x}-\frac{\partial P}{\partial y}\right)dxdy$ 的计算的总体难度比 $\displaystyle\oint_L Pdx+Qdy$ 的计算难度小.

(2) 如果 L 是 D 内一条不封闭的分段光滑曲线, 想要用格林公式帮助计算, 则需要在区域 D 内另外作一条曲线 L' 使得 L 与 L' 所围成的区域 $D_{L,L'}\subset D$, 从而以如下方式使用格林公式

$$\int_L Pdx+Qdy=\oint_{L+L'}Pdx+Qdy-\int_{L'}Pdx+Qdy=\pm\iint_{D_{L,L'}}\left(\frac{\partial Q}{\partial x}-\frac{\partial P}{\partial y}\right)dxdy-\int_{L'}Pdx+Qdy,$$

此时需特别注意 L' 的定向与 L 的定向的一致性, 务必使得 $L+L'$ 构成 $D_{L,L'}$ 的正向边界(或负向边界). 因此 L' 的选取就很关键, 既要保证能够在 $D_{L,L'}$ 上使用格林公式, 还要保证 $\displaystyle\int_{L'}Pdx+Qdy$ 的计算与 $\displaystyle\iint_{D_{L,L'}}\left(\frac{\partial Q}{\partial x}-\frac{\partial P}{\partial y}\right)dxdy$ 的计算在难度和计算量上都优于 $\displaystyle\int_L Pdx+Qdy$, 才是有意义的.∎

4. 若 $P(x,y,z),Q(x,y,z),R(x,y,z)$ 在空间区域 Ω 内有一阶连续偏导数, Σ 是 Ω 内一

张分片光滑曲面, 该怎么考虑使用高斯公式来求曲面积分 $\iint\limits_{\Sigma} Pdydz + Qdzdx + Rdxdy$ 呢?

答　在假设条件下要使用高斯公式来求曲面积分 $\iint\limits_{\Sigma} Pdydz + Qdzdx + Rdxdy$, 可按如下逻辑步骤进行.

(1) 如果 Σ 是 Ω 内一张闭曲面, 则先检查 Σ 所围成的区域 Ω_{Σ} 是否包含于 Ω. 若 $\Omega_{\Sigma} \subset \Omega$, 则可直接使用高斯公式, 此时需注意曲面 Σ 的定向是内侧还是外侧, 以便确定曲面积分化成三重积分时要不要带个负号. 若 $\Omega_{\Sigma} \subset \Omega$ 不成立, 即 Ω_{Σ} 上 P, Q, R 不是处处都有连续的一阶偏导数, 则需在 Ω 内另外作一个辅助闭曲面 Σ', 使得介于 Σ 与 Σ' 之间的区域 $\Omega_{\Sigma+\Sigma'} \subset \Omega$, 然后以如下方式使用高斯公式

$$\iint\limits_{\Sigma} Pdydz + Qdzdx + Rdxdy = \oiint\limits_{\Sigma+\Sigma'} Pdydz + Qdzdx + Rdxdy - \iint\limits_{\Sigma'} Pdydz + Qdzdx + Rdxdy$$

$$= \pm \iiint\limits_{\Omega_{\Sigma+\Sigma'}} \left(\frac{\partial P}{\partial x} + \frac{\partial Q}{\partial y} + \frac{\partial R}{\partial z} \right) dxdydz - \iint\limits_{\Sigma'} Pdydz + Qdzdx + Rdxdy.$$

此时需要注意以下几点:

① Σ' 的定向要与 Σ 协调, 即使得 $\Sigma + \Sigma'$ 构成 $\Omega_{\Sigma+\Sigma'}$ 的外侧表面(或内侧表面);

② 要确保 $\Omega_{\Sigma+\Sigma'} \subset \Omega$, 即 P, Q, R 在 $\Omega_{\Sigma+\Sigma'}$ 上要有连续的一阶偏导数;

③ 要使得 $\iiint\limits_{\Omega_{\Sigma+\Sigma'}} \left(\frac{\partial P}{\partial x} + \frac{\partial Q}{\partial y} + \frac{\partial R}{\partial z} \right) dxdydz$ 与 $\iint\limits_{\Sigma'} Pdydz + Qdzdx + Rdxdy$ 在计算难度和计算量上优于直接计算原积分.

因此, Σ' 的选取是很讲究的. 这种使用法通常是在 Ω 中 $\frac{\partial P}{\partial x} + \frac{\partial Q}{\partial y} + \frac{\partial R}{\partial z} \equiv 0$ 时.

(2) 如果 Σ 不是 Ω 内的一张闭曲面, 要想使用高斯公式, 则需在 Ω 内另外作一张辅助曲面 Σ', 使得 Σ 与 Σ' 所围成的区域 $\Omega_{\Sigma+\Sigma'} \subset \Omega$, 然后以如下方式使用高斯公式

$$\iint\limits_{\Sigma} Pdydz + Qdzdx + Rdxdy = \oiint\limits_{\Sigma+\Sigma'} Pdydz + Qdzdx + Rdxdy - \iint\limits_{\Sigma'} Pdydz + Qdzdx + Rdxdy$$

$$= \pm \iiint\limits_{\Omega_{\Sigma+\Sigma'}} \left(\frac{\partial P}{\partial x} + \frac{\partial Q}{\partial y} + \frac{\partial R}{\partial z} \right) dxdydz - \iint\limits_{\Sigma'} Pdydz + Qdzdx + Rdxdy.$$

此时同样需要注意以下几点:

① Σ' 的定向要与 Σ 一致, 即使得 $\Sigma + \Sigma'$ 构成 $\Omega_{\Sigma+\Sigma'}$ 的外侧表面(或内侧表面);

② 要确保 $\Omega_{\Sigma+\Sigma'} \subset \Omega$, 即 P, Q, R 在 $\Omega_{\Sigma+\Sigma'}$ 上要有连续的一阶偏导数;

③ 要使得 $\iiint\limits_{\Omega_{\Sigma+\Sigma'}} \left(\frac{\partial P}{\partial x} + \frac{\partial Q}{\partial y} + \frac{\partial R}{\partial z} \right) dxdydz$ 与 $\iint\limits_{\Sigma'} Pdydz + Qdzdx + Rdxdy$ 在计算难度和计算量上优于直接计算原积分.

因此, Σ' 的选取同样是有讲究的. ■

8.5　典型错误辨析

8.5.1　错误地利用对称性

例 8.5.1.1　求曲面积分 $\iint\limits_{\Sigma} z\mathrm{d}x\mathrm{d}y$，其中 Σ 是外侧球面 $x^2 + y^2 + z^2 = R^2$.

错误解法　由于被积函数 z 在关于 xOy 面的对称点处函数值相反，且 Σ 关于 xOy 面对称，因此函数 z 在上下半球面上积分相反，因此 $\iint\limits_{\Sigma} z\mathrm{d}x\mathrm{d}y = 0$.

例 8.5.1.2　求曲面积分 $\iint\limits_{\Sigma} z^2\mathrm{d}x\mathrm{d}y$，其中 Σ 是上半球面 $z = \sqrt{R^2 - x^2 - y^2}$ 的上侧.

错误解法　记 Σ_0 表示外侧球面 $x^2 + y^2 + z^2 = R^2$，由于被积函数 z^2 在关于 xOy 面的对称点处函数值相等，且 Σ_0 关于 xOy 面对称，因此函数 z^2 在上下半球面上积分相等. 因为 Σ 的上侧正好是外侧，因此

$$\iint\limits_{\Sigma} z^2\mathrm{d}x\mathrm{d}y = \frac{1}{2}\iint\limits_{\Sigma_0} z^2\mathrm{d}x\mathrm{d}y,$$

又因为球面 Σ_0 关于平面 $x = y, y = z, z = x$ 都对称，所以

$$\iint\limits_{\Sigma} z^2\mathrm{d}x\mathrm{d}y = \frac{1}{2}\iint\limits_{\Sigma_0} z^2\mathrm{d}x\mathrm{d}y = \frac{1}{6}\iint\limits_{\Sigma_0} (x^2 + y^2 + z^2)\mathrm{d}x\mathrm{d}y = \frac{1}{6}\iint\limits_{\Sigma_0} R^2\mathrm{d}x\mathrm{d}y = \frac{1}{6}R^2 \cdot 4\pi R^2 = \frac{2}{3}\pi R^4.$$

解析　以上两个例子的解法中对称性处理是错误的，实际上是完全当成第一型积分来处理了. 第二型积分因为是在定向曲线或者定向曲面上定义的，它有反向奇性，因此对称性的处理比第一型积分要复杂一些，不但要考虑形状对称，函数在对称点的函数值是否相等或相反，还要考虑定向是否对称. 我们 8.3.1 节比较详细地探讨了第二型曲线积分和第二型曲面积分中的对称性问题，要用对称性方法简化第二型积分的计算，最好是先熟悉 8.3.1 节中的结论.

上面例 8.5.1.1 的解法中，积分其实不为零，对称性刚好用反了.

例 8.5.1.2 的解法中，第一个等号不成立，左边不为零，而右边为零；第二个等号也不成立，因为在上侧的上半球面 $z = \sqrt{R^2 - x^2 - y^2}$ 上，积分 $\iint\limits_{\Sigma} z^2\mathrm{d}x\mathrm{d}y$ 与 $\iint\limits_{\Sigma} x^2\mathrm{d}x\mathrm{d}y$，$\iint\limits_{\Sigma} y^2\mathrm{d}x\mathrm{d}y$ 并不相等，前者不为零，而后二者均为零；第四个等号也不成立，因为左边积分

$$\iint\limits_{\Sigma_0} R^2\mathrm{d}x\mathrm{d}y = 0.$$

正确解法　**例 8.5.1.1**　**解法一**　由于被积函数 z 在关于 xOy 面的对称点处函数值相反，且 Σ 关于 xOy 面对称，由于 Σ 取外侧，故其定向关于 xOy 面也对称. 记 Σ_1 表示上侧的上半球面 $z = \sqrt{R^2 - x^2 - y^2}$，则由 8.3.2.1 节可知

$$\iint\limits_{\Sigma} z\mathrm{d}x\mathrm{d}y = 2\iint\limits_{\Sigma_1} z\mathrm{d}x\mathrm{d}y = 2\iint\limits_{x^2+y^2\leqslant R^2} \sqrt{R^2-x^2-y^2}\mathrm{d}x\mathrm{d}y = 2\int_0^{2\pi}\mathrm{d}\varphi\int_0^R \sqrt{R^2-\rho^2}\rho\mathrm{d}\rho = \frac{4\pi}{3}R^3.$$

解法二　由高斯公式得

$$\iint\limits_{\Sigma} z\mathrm{d}x\mathrm{d}y = \iiint\limits_{x^2+y^2+z^2\leqslant R^2} \mathrm{d}x\mathrm{d}y\mathrm{d}z = \frac{4\pi}{3}R^3.$$

例 8.5.1.2　$\displaystyle\iint\limits_{\Sigma} z^2\mathrm{d}x\mathrm{d}y = \iint\limits_{x^2+y^2\leqslant R^2}(R^2-x^2-y^2)\mathrm{d}x\mathrm{d}y = \int_0^{2\pi}\mathrm{d}\varphi\int_0^R(R^2-\rho^2)\rho\mathrm{d}\rho = \frac{\pi}{2}R^4.$ ■

8.5.2 不注意定向

例 8.5.2.1　计算曲线积分 $\displaystyle\oint_L(x^2+y^2)\mathrm{d}x+x\mathrm{d}y$，其中 L 为上半圆周 $y=\sqrt{2x-x^2}$ 上从 $(0,0)$ 到 $(2,0)$ 的一段.

错误解法　因为曲线 L 有参数方程 $L:\begin{cases}x=1+\cos\theta,\\ y=\sin\theta\end{cases}(0\leqslant\theta\leqslant\pi)$，所以

$$\int_L(x^2+y^2)\mathrm{d}x+x\mathrm{d}y = \int_0^{\pi}[2(1+\cos\theta)(-\sin\theta)+(1+\cos\theta)\cos\theta]\mathrm{d}\theta$$

$$=\left[2\cos\theta+\cos^2\theta+\sin\theta+\frac{1}{2}\theta+\frac{1}{4}\sin 2\theta\right]_0^{\pi}=\frac{\pi}{2}-4.$$

解析　把第二型曲线积分化为定积分时，积分下限是起点所对应的参数，本题中应该是 π；积分上限是终点所对应的参数，本题中应该是 0. 这里提供的解法恰恰把上下限给搞反了.

正确解法　因为曲线 L 有参数方程 $L:\begin{cases}x=1+\cos\theta,\\ y=\sin\theta\end{cases}(\theta:\pi\to 0)$，因此

$$\int_L(x^2+y^2)\mathrm{d}x+x\mathrm{d}y = \int_{\pi}^0[2(1+\cos\theta)(-\sin\theta)+(1+\cos\theta)\cos\theta]\mathrm{d}\theta = 4-\frac{\pi}{2}.$$ ■

8.5.3 刻板记忆重要公式

例 8.5.3.1　计算曲面积分 $\displaystyle\oiint\limits_{\Sigma} x\mathrm{d}x\mathrm{d}y+y\mathrm{d}y\mathrm{d}z+z\mathrm{d}z\mathrm{d}x$，其中 Σ 为外侧球面 $x^2+y^2+z^2=R^2$.

错误解法　记 $\Omega:x^2+y^2+z^2\leqslant R^2$. 则由高斯公式可得

$$\oiint\limits_{\Sigma} x\mathrm{d}x\mathrm{d}y+y\mathrm{d}y\mathrm{d}z+z\mathrm{d}z\mathrm{d}x = \iiint\limits_{\Omega}(1+1+1)\mathrm{d}x\mathrm{d}y\mathrm{d}z = 3\cdot\frac{4}{3}\pi R^3 = 4\pi R^3.$$

解析　高斯公式

$$\oiint\limits_{\Sigma} P\mathrm{d}y\mathrm{d}z+Q\mathrm{d}z\mathrm{d}x+R\mathrm{d}x\mathrm{d}y = \iiint\limits_{\Omega}\left(\frac{\partial P}{\partial x}+\frac{\partial Q}{\partial y}+\frac{\partial R}{\partial z}\right)\mathrm{d}x\mathrm{d}y\mathrm{d}z.$$

右边关于 x 求导的是左边 $\mathrm{d}y\mathrm{d}z$ 项的系数 P, 并不是摆在第一项的函数就关于 x 求导; 关于 y 求导的是左边 $\mathrm{d}z\mathrm{d}x$ 项的系数 Q, 也并不是摆在第二项的函数就关于 y 求导; 关于 z 求导的是左边 $\mathrm{d}x\mathrm{d}y$ 项的系数 R, 也并不是摆在第三项的函数就关于 z 求导. 比如, 下面公式

$$\oiint_{\partial\Omega^+} P\mathrm{d}x\mathrm{d}y + Q\mathrm{d}y\mathrm{d}z + R\mathrm{d}z\mathrm{d}x = \iiint_{\Omega}\left(\frac{\partial P}{\partial x}+\frac{\partial Q}{\partial y}+\frac{\partial R}{\partial z}\right)\mathrm{d}x\mathrm{d}y\mathrm{d}z$$

就不对, 正确的应该是

$$\oiint_{\partial\Omega^+} P\mathrm{d}x\mathrm{d}y + Q\mathrm{d}y\mathrm{d}z + R\mathrm{d}z\mathrm{d}x = \iiint_{\Omega}\left(\frac{\partial P}{\partial z}+\frac{\partial Q}{\partial x}+\frac{\partial R}{\partial y}\right)\mathrm{d}x\mathrm{d}y\mathrm{d}z.$$

形式上看, 可以这样帮助记忆

$$P\mathrm{d}y\mathrm{d}z \to \frac{\partial P}{\partial x}\mathrm{d}x\mathrm{d}y\mathrm{d}z, \quad Q\mathrm{d}z\mathrm{d}x \to \frac{\partial Q}{\partial y}\mathrm{d}x\mathrm{d}y\mathrm{d}z, \quad R\mathrm{d}x\mathrm{d}y \to \frac{\partial R}{\partial z}\mathrm{d}x\mathrm{d}y\mathrm{d}z,$$

当然, 记高斯公式、格林公式、斯托克斯公式还得注意定向问题.

正确解法 记 $\Omega: x^2+y^2+z^2 \leqslant R^2$. 则由高斯公式可得

$$\oiint_{\Sigma} x\mathrm{d}x\mathrm{d}y + y\mathrm{d}y\mathrm{d}z + z\mathrm{d}z\mathrm{d}x = \iiint_{\Omega}(0+0+0)\mathrm{d}x\mathrm{d}y\mathrm{d}z = 0. \blacksquare$$

8.5.4 不注意重要公式的使用条件

例 8.5.4.1 求曲线积分 $\oint_C \dfrac{y\mathrm{d}x - x\mathrm{d}y}{x^2+4y^2}$, 其中 C 为正向圆周 $(x-1)^2+y^2=R^2(R\neq 1)$.

错误解法 令 $P=\dfrac{y}{x^2+4y^2}$, $Q=\dfrac{-x}{x^2+4y^2}$, 又记 C 所围成的平面区域为 D, 则由格林公式得

$$\oint_C \frac{y\mathrm{d}x-x\mathrm{d}y}{x^2+4y^2} = \iint_D\left(\frac{\partial Q}{\partial x}-\frac{\partial P}{\partial y}\right)\mathrm{d}x\mathrm{d}y = \iint_D\left(\frac{x^2-4y^2}{(x^2+4y^2)^2}-\frac{x^2-4y^2}{(x^2+4y^2)^2}\right)\mathrm{d}x\mathrm{d}y = 0.$$

解析 这里的两个函数 P,Q 在原点处没有定义, 而当 $R\geqslant 1$ 时, C 就包围或经过了原点, 因此在 C 所围成的平面区域 D 就不能直接利用格林公式来进行解题. 上述解法只有在 $0<R<1$ 时才成立.

正确解法 令 $P=\dfrac{-y}{4x^2+y^2}$, $Q=\dfrac{x}{4x^2+y^2}$, 则当 $(x,y)\neq(0,0)$ 时, 有

$$\frac{\partial Q}{\partial x} = \frac{x^2-4y^2}{(x^2+4y^2)^2} = \frac{\partial P}{\partial y}.$$

记 C 所围成的平面区域为 D, 则当 $0<R<1$ 时, $(0,0)\notin D$, 因此有

$$\oint_C \frac{y\mathrm{d}x-x\mathrm{d}y}{x^2+4y^2} = \iint_D\left(\frac{\partial Q}{\partial x}-\frac{\partial P}{\partial y}\right)\mathrm{d}x\mathrm{d}y = \iint_D\left(\frac{x^2-4y^2}{(x^2+4y^2)^2}-\frac{x^2-4y^2}{(x^2+4y^2)^2}\right)\mathrm{d}x\mathrm{d}y = 0.$$

而当 $R > 1$ 时, $(0,0) \in D$. 作正向曲线 $C': x^2 + 4y^2 = 9R^2$, 记 C 与 C' 之间的区域为 D', 则 $(0,0) \notin D'$, 因此在 D' 上 P, Q 有连续的一阶偏导数, 因此

$$\oint_C \frac{y\mathrm{d}x - x\mathrm{d}y}{x^2 + 4y^2} = \oint_{C+C'^-} \frac{y\mathrm{d}x - x\mathrm{d}y}{x^2 + 4y^2} - \oint_{C'^-} \frac{y\mathrm{d}x - x\mathrm{d}y}{x^2 + 4y^2} = -\iint_{D'}\left(\frac{\partial Q}{\partial x} - \frac{\partial P}{\partial y}\right)\mathrm{d}x\mathrm{d}y + \oint_{C'} \frac{y\mathrm{d}x - x\mathrm{d}y}{x^2 + 4y^2}$$

$$= \oint_{C'} \frac{y\mathrm{d}x - x\mathrm{d}y}{x^2 + 4y^2}.$$

由于定向曲线 C' 有参数方程 $C: x = 3R\cos\theta, y = \dfrac{3}{2}R\sin\theta(\theta: 0 \to 2\pi)$. 因此

$$\oint_{C'} \frac{y\mathrm{d}x - x\mathrm{d}y}{x^2 + 4y^2} = \frac{1}{9R^2}\int_0^{2\pi}\left[\frac{3}{2}R\sin\theta \cdot (-3R\sin\theta) - 3R\cos\theta \cdot \frac{3}{2}R\cos\theta\right]\mathrm{d}\theta = -\pi.$$

因此也有 $\oint_C \dfrac{y\mathrm{d}x - x\mathrm{d}y}{x^2 + 4y^2} = -\pi.$ ∎

8.5.5　公式掌握不准确

例 8.5.5.1　求积分 $\displaystyle\int_L 2xe^{-y}\mathrm{d}x - x^2e^{-y}\mathrm{d}y$, 其中 L 为上半圆周 $(x-1)^2 + y^2 = 4$ 中从 $(-1,0)$ 到 $(1,2)$ 的一段弧.

错误解法　由于在整个平面上有

$$\frac{\partial}{\partial x}(-x^2e^{-y}) = \frac{\partial}{\partial y}(2xe^{-y}) = -2xe^{-y},$$

因此积分与路径无关, 故

$$\int_L 2xe^{-y}\mathrm{d}x - x^2e^{-y}\mathrm{d}y = \int_{-1}^1 2xe^{-0}\mathrm{d}x + \int_0^2 -0^2 \cdot e^{-y}\mathrm{d}y = 0.$$

解析　这里的错误在于没有准确掌握公式. 当曲线积分 $\displaystyle\int_L P(x,y)\mathrm{d}x + Q(x,y)\mathrm{d}y$ 在单连通区域 G 内与路径无关时, 对于 G 内以 (x_0, y_0) 为起点, (x, y) 为终点的定向曲线 L, 当取折线积分时可得

$$\int_L P(x,y)\mathrm{d}x + Q(x,y)\mathrm{d}y = \int_{x_0}^x P(x, y_0)\mathrm{d}x + \int_{y_0}^y Q(x, y)\mathrm{d}y$$

$$= \int_{y_0}^y Q(x_0, y)\mathrm{d}y + \int_{x_0}^x P(x, y)\mathrm{d}x.$$

而不是

$$\int_L P(x,y)\mathrm{d}x + Q(x,y)\mathrm{d}y = \int_{x_0}^x P(x, y_0)\mathrm{d}x + \int_{y_0}^y Q(x_0, y)\mathrm{d}y.$$

正确解法　$\displaystyle\int_L 2xe^{-y}\mathrm{d}x - x^2e^{-y}\mathrm{d}y = \int_{-1}^1 2xe^{-0}\mathrm{d}x + \int_0^2 -1^2 \cdot e^{-y}\mathrm{d}y = e^{-2} - 1.$ ∎

8.5.6　不注意积分方向

例 8.5.6.1　把第二型曲线积分 $\int_L P(x,y)\mathrm{d}x + Q(x,y)\mathrm{d}y$ 化为第一型曲线积分, 其中 L 为从点 $(1,0)$ 到 $(-3,-8)$ 的抛物线弧 $y = 1 - x^2$.

错误解法　由于 $y' = -2x$, 故 L 上点 (x,y) 处的切向量为 $\tau = (1, -2x)$, 因此切向量的方向余弦分别为

$$\cos\alpha = \frac{1}{\sqrt{1+4x^2}}, \quad \cos\beta = \frac{-2x}{\sqrt{1+4x^2}}.$$

于是根据两种曲线积分的关系可得

$$\int_L P(x,y)\mathrm{d}x + Q(x,y)\mathrm{d}y = \int_L \frac{P(x,y) - 2xQ(x,y)}{\sqrt{1+4x^2}}\mathrm{d}s.$$

解析　这里的错误是在转化过程中未考虑曲线的积分方向. 在两种曲线积分的关系式中, 方向余弦是指曲线正切向量的方向余弦, 我们现在的积分曲线 L 的积分方向是沿着横坐标 x 减少的方向, 因此正切向量应该是 $\tau = -(1, -2x) = (-1, 2x)$, 从而方向余弦为

$$\cos\alpha = \frac{-1}{\sqrt{1+4x^2}}, \quad \cos\beta = \frac{2x}{\sqrt{1+4x^2}}.$$

正确解法　由于 $y' = -2x$, 故 L 上点 (x,y) 处的正切向量为 $\tau = (-1, 2x)$, 因此正切向量的方向余弦分别为

$$\cos\alpha = \frac{-1}{\sqrt{1+4x^2}}, \quad \cos\beta = \frac{2x}{\sqrt{1+4x^2}}.$$

于是根据两种曲线积分的关系可得

$$\int_L P(x,y)\mathrm{d}x + Q(x,y)\mathrm{d}y = \int_L \frac{-P(x,y) + 2xQ(x,y)}{\sqrt{1+4x^2}}\mathrm{d}s. \blacksquare$$

8.5.7　错用对称性, 不注意积分方向, 或者公式把握不准确

例 8.5.7.1　计算曲面积分 $\iint_\Sigma x\mathrm{d}y\mathrm{d}z + 2y\mathrm{d}z\mathrm{d}x + 3z\mathrm{d}x\mathrm{d}y$, 其中 Σ 为上半球面 $z = 1 + \sqrt{1-x^2-y^2}$ 的上侧.

错误解法一　由于 Σ 关于 yOz 平面和 zOx 平面都对称, 故

$$\iint_\Sigma x\mathrm{d}y\mathrm{d}z = \iint_\Sigma 2y\mathrm{d}z\mathrm{d}x = 0.$$

又 Σ 在 xOy 平面上的投影区域为 $D: x^2 + y^2 \leqslant 1$, 并且 Σ 取上侧, 故利用二重积分的几何意义可得

$$\iint_{\Sigma} x\mathrm{d}y\mathrm{d}z + 2y\mathrm{d}z\mathrm{d}x + 3z\mathrm{d}x\mathrm{d}y = \iint_{\Sigma} 3z\mathrm{d}x\mathrm{d}y = 3\iint_{D}(1+\sqrt{1-x^2-y^2})\mathrm{d}x\mathrm{d}y$$

$$= 3\left(\pi + \frac{1}{2}\cdot\frac{4}{3}\pi\cdot 1^3\right) = 5\pi.$$

错误解法二　作平面 $\Sigma': z = 1(x^2+y^2 \leqslant 1)$，取上侧，并记 Σ 与 Σ' 所围成的空间区域为 Ω，Σ 在 xOy 平面上的投影区域为 $D: x^2+y^2 \leqslant 1$. 由于 Σ' 与 yOz 平面和 zOx 平面都垂直，由高斯公式可得

$$\iint_{\Sigma} x\mathrm{d}y\mathrm{d}z + 2y\mathrm{d}z\mathrm{d}x + 3z\mathrm{d}x\mathrm{d}y = \left(\oiint_{\Sigma+\Sigma'} - \iint_{\Sigma'}\right) x\mathrm{d}y\mathrm{d}z + 2y\mathrm{d}z\mathrm{d}x + 3z\mathrm{d}x\mathrm{d}y$$

$$= \iiint_{\Omega} 6\mathrm{d}x\mathrm{d}y\mathrm{d}z - \iint_{\Sigma'} 3z\mathrm{d}x\mathrm{d}y$$

$$= 6\cdot\frac{1}{2}\cdot\frac{4}{3}\pi\cdot 1^3 - \iint_{D} 3\mathrm{d}x\mathrm{d}y = 4\pi - 3\pi = \pi.$$

错误解法三　Σ 在 xOy 平面上的投影区域为 $D: x^2+y^2 \leqslant 1$. 由于 Σ 的方程为 $z = 1 + \sqrt{1-x^2-y^2}$，求导得

$$\frac{\partial z}{\partial x} - \frac{-x}{\sqrt{1-x^2-y^2}}, \quad \frac{\partial z}{\partial y} = \frac{-y}{\sqrt{1-x^2-y^2}},$$

由于曲面 Σ 取上侧，故

$$\iint_{\Sigma} x\mathrm{d}y\mathrm{d}z + 2y\mathrm{d}z\mathrm{d}x + 3z\mathrm{d}x\mathrm{d}y = \iint_{\Sigma}\left[x\cdot\frac{-x}{\sqrt{1-x^2-y^2}} + 2y\cdot\frac{-y}{\sqrt{1-x^2-y^2}} + 3z\right]\mathrm{d}x\mathrm{d}y$$

$$= \iint_{D}\left[\frac{-x^2-2y^2}{\sqrt{1-x^2-y^2}} + 3 + 3\sqrt{1-x^2-y^2}\right]\mathrm{d}x\mathrm{d}y$$

$$= \int_0^{2\pi}\mathrm{d}\varphi\int_0^1\left(3 + \frac{3-4\rho^2\cos^2\varphi - 5\rho^2\sin^2\varphi}{\sqrt{1-\rho^2}}\right)\rho\mathrm{d}\rho$$

$$= \int_0^{2\pi}\left(\frac{9}{2} - \frac{8}{3}\cos^2\varphi - \frac{10}{3}\sin^2\varphi\right)\mathrm{d}\varphi = 3\pi.$$

解析　第一种解法的错误之处是误用对称性. 第二型积分的对称性问题不能像第一型积分那样，仅仅根据形状对称，对称点处函数值相反，就简单地认为积分相反，因为积分还要考虑方向问题，我们在 8.3.1 节中有详细讨论. 第二种解法的错误是辅助曲面 Σ' 的定侧不对，这样定侧导致 $\Sigma+\Sigma'$ 既不是 Ω 的内侧表面，也不是 Ω 的外侧表面，因而无法使用高斯公式. 第三种解法则是公式把握不准确，此时合一公式应该是

$$\iint_{\Sigma} x\mathrm{d}y\mathrm{d}z + 2y\mathrm{d}z\mathrm{d}x + 3z\mathrm{d}x\mathrm{d}y = \iint_{\Sigma}\left[x\cdot\left(-\frac{-x}{\sqrt{1-x^2-y^2}}\right) + 2y\cdot\left(-\frac{-y}{\sqrt{1-x^2-y^2}}\right) + 3z\right]\mathrm{d}x\mathrm{d}y,$$

即 $\mathrm{d}y\mathrm{d}z$ 前面的函数要乘以 $-\frac{\partial z}{\partial x}$，$\mathrm{d}z\mathrm{d}x$ 前面的函数要乘以 $-\frac{\partial z}{\partial y}$.

正确解法 本题正常的解法有两种，一种是利用合一投影法，一种是通过作辅助曲面，利用高斯公式. 我们这里只用第二种方法给出解答.

作平面 $\Sigma': z = 1(x^2 + y^2 \leqslant 1)$，取下侧，并记 Σ 与 Σ' 所围成的空间区域为 Ω，则 $\Sigma + \Sigma'$ 构成 Ω 的外侧表面. 记 Σ' 在 xOy 平面上的投影区域为 $D: x^2 + y^2 \leqslant 1$. 由于 Σ' 与 yOz 平面和 zOx 平面都垂直，故由高斯公式可得

$$\iint_{\Sigma} x\mathrm{d}y\mathrm{d}z + 2y\mathrm{d}z\mathrm{d}x + 3z\mathrm{d}x\mathrm{d}y = \left(\oiint_{\Sigma+\Sigma'} - \iint_{\Sigma'}\right) x\mathrm{d}y\mathrm{d}z + 2y\mathrm{d}z\mathrm{d}x + 3z\mathrm{d}x\mathrm{d}y$$

$$= \iiint_{\Omega} 6\mathrm{d}x\mathrm{d}y\mathrm{d}z - \iint_{\Sigma'} x\mathrm{d}y\mathrm{d}z + 2y\mathrm{d}z\mathrm{d}x + 3z\mathrm{d}x\mathrm{d}y$$

$$= \iiint_{\Omega} 6\mathrm{d}x\mathrm{d}y\mathrm{d}z - 3\iint_{\Sigma'} z\mathrm{d}x\mathrm{d}y = 6 \cdot \frac{1}{2} \cdot \frac{4}{3}\pi \cdot 1^3 + \iint_{D} 3\mathrm{d}x\mathrm{d}y = 4\pi + 3\pi = 7\pi. \blacksquare$$

8.6 例 题 选 讲

选例 8.6.1 求曲线积分 $\oint_C x\arcsin\dfrac{y}{\sqrt{x^2+y^2}}\mathrm{d}x + y\arccos\dfrac{x}{\sqrt{x^2+y^2}}\mathrm{d}y$，其中 C 为逆时针方向的单位圆周 $x^2 + y^2 = 1$.

思路 这里的两个函数 $x\arcsin\dfrac{y}{\sqrt{x^2+y^2}}, y\arccos\dfrac{x}{\sqrt{x^2+y^2}}$ 在 C 所围成的平面区域 $D: x^2 + y^2 \leqslant 1$ 上并不处处有连续的一阶偏导数(比如在点 $(0,0)$ 偏导函数就不连续)，因此不能直接利用格林公式来进行解题. 但是曲线本身很容易给出一个参数方程来，因此直接用参数法即可. 不过要特别注意反三角函数的换算. 此外，如果熟悉对称性处理方法，则可以很快得出结论.

解法一 定向曲线 C 有参数方程 $C: x = \cos\theta, y = \sin\theta(\theta: 0 \to 2\pi)$. 因此

$$\oint_C x\arcsin\frac{y}{\sqrt{x^2+y^2}}\mathrm{d}x + y\arccos\frac{x}{\sqrt{x^2+y^2}}\mathrm{d}y$$

$$= \int_0^{2\pi} [\cos\theta \cdot \arcsin(\sin\theta) \cdot (-\sin\theta) + \sin\theta \cdot \arccos(\cos\theta) \cdot \cos\theta]\mathrm{d}\theta$$

$$= \int_0^{2\pi} [\arccos(\cos\theta) - \arcsin(\sin\theta)]\sin\theta\cos\theta\mathrm{d}\theta$$

$$= \int_0^{\frac{\pi}{2}} (\theta - \theta)\sin\theta\cos\theta\mathrm{d}\theta + \int_{\frac{\pi}{2}}^{\pi} (\theta - (\pi - \theta))\sin\theta\cos\theta\mathrm{d}\theta$$

$$+ \int_{\pi}^{\frac{3\pi}{2}} [(2\pi - \theta) - (\pi - \theta)]\sin\theta\cos\theta\mathrm{d}\theta + \int_{\frac{3\pi}{2}}^{2\pi} [(2\pi - \theta) + (2\pi - \theta)]\sin\theta\cos\theta\mathrm{d}\theta$$

$$= \int_{\frac{\pi}{2}}^{\pi} (2\theta - \pi)\sin\theta\cos\theta\mathrm{d}\theta + \int_{\pi}^{\frac{3\pi}{2}} \pi\sin\theta\cos\theta\mathrm{d}\theta + \int_{\frac{3\pi}{2}}^{2\pi} (4\pi - 2\theta)\sin\theta\cos\theta\mathrm{d}\theta$$

$$= \frac{1}{4}[\sin 2\theta - (2\theta - \pi)\cos 2\theta]\Big|_{\frac{\pi}{2}}^{\pi} - \frac{\pi}{4}\cos 2\theta\Big|_{\pi}^{\frac{3\pi}{2}} - \frac{1}{4}[\sin 2\theta + (4\pi - 2\theta)\cos 2\theta]\Big|_{\frac{3\pi}{2}}^{2\pi}$$

$$= -\frac{\pi}{4} + \frac{\pi}{2} - \frac{\pi}{4} = 0.$$

【注】 这里需要特别注意, 在 $\theta \in [0, 2\pi]$ 上别犯 $\arcsin(\sin\theta) = \theta, \arccos(\cos\theta) = \theta$ 这种形式的错误.

解法二　若记上半圆周为 C_1, 下半圆周为 C_2, 则 C_1 与 C_2 形状关于 x 轴对称, 且 C_1 的定向与 C_2 的相反定向关于 x 轴对称, 因此根据前面 8.3.1.1 节中的 1(2)可知, 有

$$\int_{C_2} x\arcsin\frac{y}{\sqrt{x^2+y^2}}\mathrm{d}x = -\int_{C_1} x\arcsin\frac{-y}{\sqrt{x^2+(-y)^2}}\mathrm{d}x = \int_{C_1} x\arcsin\frac{y}{\sqrt{x^2+y^2}}\mathrm{d}x,$$

$$\int_{C_2} y\arccos\frac{x}{\sqrt{x^2+y^2}}\mathrm{d}y = \int_{C_1} -y\arccos\frac{x}{\sqrt{x^2+(-y)^2}}\mathrm{d}y = -\int_{C_1} y\arccos\frac{x}{\sqrt{x^2+y^2}}\mathrm{d}y,$$

因此

$$\oint_C y\arccos\frac{x}{\sqrt{x^2+y^2}}\mathrm{d}y = \int_{C_1} y\arccos\frac{x}{\sqrt{x^2+y^2}}\mathrm{d}y + \int_{C_2} y\arccos\frac{x}{\sqrt{x^2+y^2}}\mathrm{d}y = 0.$$

$$\int_C x\arcsin\frac{y}{\sqrt{x^2+y^2}}\mathrm{d}x = 2\int_{C_1} x\arcsin\frac{y}{\sqrt{x^2+y^2}}\mathrm{d}x.$$

再记 C_{11} 为 C_1 位于第一象限的部分, C_{12} 为 C_1 位于第二象限的部分, 则 C_{11} 与 C_{12} 形状关于 y 轴对称, 且 C_{11} 的定向与 C_{12} 的相反定向关于 y 轴对称, 因此由 8.3.1.1 节中的 1(4)可得

$$\int_{C_{12}} x\arcsin\frac{y}{\sqrt{x^2+y^2}}\mathrm{d}x = \int_{C_{11}} (-x)\arcsin\frac{y}{\sqrt{(-x)^2+y^2}}\mathrm{d}x = -\int_{C_{11}} x\arcsin\frac{y}{\sqrt{x^2+y^2}}\mathrm{d}x.$$

因此

$$\int_{C_1} x\arcsin\frac{y}{\sqrt{x^2+y^2}}\mathrm{d}x = \int_{C_{11}} x\arcsin\frac{y}{\sqrt{x^2+y^2}}\mathrm{d}x + \int_{C_{12}} x\arcsin\frac{y}{\sqrt{x^2+y^2}}\mathrm{d}x = 0,$$

最终可得

$$\oint_C x\arcsin\frac{y}{\sqrt{x^2+y^2}}\mathrm{d}x + y\arccos\frac{x}{\sqrt{x^2+y^2}}\mathrm{d}y = 0. \blacksquare$$

选例 8.6.2　计算曲线积分 $\displaystyle\int_L (1+xy^2)\mathrm{e}^{xy^2}\mathrm{d}x + (2x^2y\mathrm{e}^{xy^2} + xy)\mathrm{d}y$, 其中 L 为从点 $(0,0)$ 到 $\left(\frac{\pi}{2}, 1\right)$ 的正弦曲线 $y = \sin x$.

思路　本题如果直接用曲线方程把曲线积分化为关于 x 的定积分也可以做, 但寻找原函数的过程比较复杂, 计算量偏大. 因此可以考虑用格林公式, 或者部分利用积分与路径无关, 部分用参数方程.

解法一　如图 8.6-1 作辅助线

$$L_1: \begin{cases} x=t, \\ y=0, \end{cases} t:0 \to \frac{\pi}{2}; \quad L_2: \begin{cases} x=\dfrac{\pi}{2}, \\ y=t, \end{cases} t:0 \to 1.$$

记 $L+L_1^-+L_2^-$ 所围区域为 D，则 $L+L_1^-+L_2^-$ 为 D 的负向边界，故由
格林公式可得

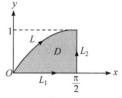

图 8.6-1

$$\int_L (1+xy^2)\mathrm{e}^{xy^2}\mathrm{d}x + (2x^2y\mathrm{e}^{xy^2}+xy)\mathrm{d}y = \left(\oint_{L+L_1^-+L_2^-} + \int_{L_1} + \int_{L_2}\right)(1+xy^2)\mathrm{e}^{xy^2}\mathrm{d}x + (2x^2y\mathrm{e}^{xy^2}+xy)\mathrm{d}y$$

$$= -\iint_D y\mathrm{d}x\mathrm{d}y + \int_0^{\frac{\pi}{2}}\mathrm{d}t + \int_0^1\left(\frac{\pi^2 t}{2}\mathrm{e}^{\frac{\pi t^2}{2}} + \frac{\pi t}{2}\right)\mathrm{d}t$$

$$= -\int_0^{\frac{\pi}{2}}\mathrm{d}x\int_0^{\sin x}y\mathrm{d}y + \frac{\pi}{2} + \left(\frac{\pi}{2}\mathrm{e}^{\frac{\pi}{2}t^2} + \frac{\pi}{4}t^2\right)\Big|_0^1$$

$$= -\frac{\pi}{8} + \frac{\pi}{2} + \frac{\pi}{2}\mathrm{e}^{\frac{\pi}{2}} + \frac{\pi}{4} - \frac{\pi}{2} = \frac{\pi}{2}\mathrm{e}^{\frac{\pi}{2}} + \frac{\pi}{8}.$$

解法二　由于

$$(1+xy^2)\mathrm{e}^{xy^2}\mathrm{d}x + (2x^2y\mathrm{e}^{xy^2}+xy)\mathrm{d}y = \mathrm{e}^{xy^2}\mathrm{d}x + xy^2\mathrm{e}^{xy^2}\mathrm{d}x + 2x^2y\mathrm{e}^{xy^2}\mathrm{d}y + xy\mathrm{d}y$$

$$= \mathrm{e}^{xy^2}\mathrm{d}x + x\mathrm{d}\mathrm{e}^{xy^2} + xy\mathrm{d}y = \mathrm{d}(x\mathrm{e}^{xy^2}) + xy\mathrm{d}y,$$

因此由曲线积分基本定理可得

$$\int_L (1+xy^2)\mathrm{e}^{xy^2}\mathrm{d}x + (2x^2y\mathrm{e}^{xy^2}+xy)\mathrm{d}y = \int_L \mathrm{d}(x\mathrm{e}^{xy^2}) + xy\mathrm{d}y = \int_L \mathrm{d}(x\mathrm{e}^{xy^2}) + \int_L xy\mathrm{d}y$$

$$= x\mathrm{e}^{xy^2}\Big|_{(0,0)}^{\left(\frac{\pi}{2},1\right)} + \int_0^{\frac{\pi}{2}}x\sin x\cdot\cos x\mathrm{d}x = \frac{\pi}{2}\mathrm{e}^{\frac{\pi}{2}} + \frac{1}{2}\int_0^{\frac{\pi}{2}}x\sin 2x\mathrm{d}x$$

$$= \frac{\pi}{2}\mathrm{e}^{\frac{\pi}{2}} + \frac{1}{8}(\sin 2x - 2x\cos 2x)\Big|_0^{\frac{\pi}{2}} = \frac{\pi}{2}\mathrm{e}^{\frac{\pi}{2}} + \frac{\pi}{8}. ∎$$

选例 8.6.3　计算曲线积分 $\displaystyle\int_L y^2\mathrm{d}x + z^2\mathrm{d}y + x^2\mathrm{d}z$，其中 $L: \begin{cases} x^2+y^2+z^2=R^2, \\ x^2+y^2=Rx \end{cases}(R>0,$

$z\geqslant 0)$，沿 z 轴方向看去，L 取顺时针方向.

思路　写出 L 的一个合适的参数方程，把曲线积分化为定积分计算，要注意参数定向.

解　由 $x^2+y^2=Rx$ 配方可得 $\left(x-\dfrac{R}{2}\right)^2 + y^2 = \left(\dfrac{R}{2}\right)^2$，因此可令

$$x = \frac{R}{2} + \frac{R}{2}\cos\theta, \quad y = \frac{R}{2}\sin\theta,$$

代入 $x^2+y^2+z^2=R^2$，由于 $z\geqslant 0$，可解得

$$z = \sqrt{R^2 - x^2 - y^2} = \sqrt{R^2 - \left(\frac{R}{2} + \frac{R}{2}\cos\theta\right)^2 - \left(\frac{R}{2}\sin\theta\right)^2} = R\sin\frac{\theta}{2}.$$

再根据 L 的定向, 可得到 L 的如下参数表达式

$$L: x = \frac{R}{2} + \frac{R}{2}\cos\theta, y = \frac{R}{2}\sin\theta, z = R\sin\frac{\theta}{2}, \quad \theta: 0 \to 2\pi,$$

因此

$$\int_L y^2 dx + z^2 dy + x^2 dz = \int_0^{2\pi}\left[\frac{R^2}{4}\sin^2\theta \cdot \left(-\frac{R}{2}\sin\theta\right) + R^2\sin^2\frac{\theta}{2} \cdot \frac{R}{2}\cos\theta + \left(\frac{R}{2} + \frac{R}{2}\cos\theta\right)^2 \cdot \frac{R}{2}\cos\frac{\theta}{2}\right]d\theta$$

$$\xlongequal{\theta=\pi+t} \frac{R^3}{8}\int_{-\pi}^{\pi}\left(\sin^3 t - 4\cos t\cos^2\frac{t}{2} + 4\sin^5\frac{t}{2}\right)dt$$

$$= -\frac{R^3}{2}\int_{-\pi}^{\pi}\cos t\cos^2\frac{t}{2}dt = -\frac{R^3}{4}\int_{-\pi}^{\pi}(\cos t + \cos^2 t)dt$$

$$= -\frac{R^3}{4}\int_{-\pi}^{\pi}\left(\cos t + \frac{1+\cos 2t}{2}\right)dt = -\frac{\pi R^3}{4}. ∎$$

【注】L 也有参数方程 $x=R\cos^2\varphi, y=R\cos\varphi\sin\varphi, z=R(\sin\varphi), \varphi: -\frac{\pi}{2} \to \frac{\pi}{2}.$

选例 8.6.4 设 $f(u)\in C^{(1)}$, 求曲线积分

$$I = \int_L \frac{1+y^2 f(xy)}{y}dx + \frac{x}{y^2}[y^2 f(xy)-1]dy,$$

其中 L 为从点 $A\left(-4,-\frac{1}{2}\right)$ 到 $B(-1,-2)$ 的直线段.

思路 首先确定在下半平面积分与路径无关, 再选一条方便的路径积分. 从被积函数来看, 显然选择路径 $xy=2$ 最合适, 因为在这条路径上, $f(xy)\equiv 2$.

解法一 令 $P = \frac{1+y^2 f(xy)}{y}, Q = \frac{x}{y^2}[y^2 f(xy)-1]$, 则 P,Q 在下半平面 $y<0$ (这是个单连通区域!)内有连续的一阶偏导数, 且

$$\frac{\partial Q}{\partial x} = \frac{1}{y^2}[y^2 f(xy)-1] + xyf'(xy) = \frac{\partial P}{\partial y},$$

因此曲线积分 $\int_C Pdx + Qdy$ 在下半平面内与路径无关. 记 $L': xy=2, x: -4 \to -1$. 则

$$I = \int_L Pdx + Qdy = \int_{L'} Pdx + Qdy$$

$$= \int_{-4}^{-1}\left[\frac{x}{2} + \frac{2}{x}f(2) + \frac{x^3}{4}\left(\frac{4}{x^2}f(2)-1\right)\cdot\frac{-2}{x^2}\right]dx$$

$$= \int_{-4}^{-1} xdx = \frac{x^2}{2}\Big|_{-4}^{-1} = -\frac{15}{2}.$$

【注】也可以沿折线积分.

解法二　若记 $F(u)$ 为 $f(u)$ 的原函数, 则

$$\frac{1+y^2 f(xy)}{y}dx + \frac{x}{y^2}[y^2 f(xy)-1]dy = \frac{1}{y}dx - \frac{x}{y^2}dy + yf(xy)dx + xf(xy)dy$$

$$= \frac{1}{y}dx + xd\frac{1}{y} + f(xy)(ydx+xdy) = d\frac{x}{y} + f(xy)d(xy)$$

$$= d\frac{x}{y} + dF(xy) = d\left[\frac{x}{y} + F(xy)\right].$$

因此, 由曲线积分基本定理可得

$$I = \int_L \frac{1+y^2 f(xy)}{y}dx + \frac{x}{y^2}[y^2 f(xy)-1]dy = \left[\frac{x}{y} + F(xy)\right]\Bigg|_{(-4,-\frac{1}{2})}^{(-1,-2)} = -\frac{15}{2}.\blacksquare$$

选例 8.6.5　设函数 $u(x,y), v(x,y)$ 在有界闭区域 D 上有连续的一阶偏导数, 证明:

(1) $\iint\limits_D v\frac{\partial u}{\partial x}dxdy = \oint\limits_{\partial D^+} uvdy - \iint\limits_D u\frac{\partial v}{\partial x}dxdy$;

(2) $\iint\limits_D v\frac{\partial u}{\partial y}dxdy = -\oint\limits_{\partial D^+} uvdx - \iint\limits_D u\frac{\partial v}{\partial y}dxdy$.

思路　因为是曲线积分与二重积分的关系式, 所以自然应该考虑用格林公式.

证明　(1) 由格林公式可得

$$\oint\limits_{\partial D^+} uvdy = \iint\limits_D \frac{\partial}{\partial x}(uv)dxdy = \iint\limits_D \left(v\frac{\partial u}{\partial x} + u\frac{\partial v}{\partial x}\right)dxdy = \iint\limits_D v\frac{\partial u}{\partial x}dxdy + \iint\limits_D u\frac{\partial v}{\partial x}dxdy,$$

移项得

$$\iint\limits_D v\frac{\partial u}{\partial x}dxdy = \oint\limits_{\partial D^+} uvdy - \iint\limits_D u\frac{\partial v}{\partial x}dxdy.$$

(2) 由格林公式可得

$$\oint\limits_{\partial D^+} uvdx = \iint\limits_D \left[-\frac{\partial}{\partial y}(uv)\right]dxdy = \iint\limits_D \left(-v\frac{\partial u}{\partial y} - u\frac{\partial v}{\partial y}\right)dxdy = -\iint\limits_D v\frac{\partial u}{\partial y}dxdy - \iint\limits_D u\frac{\partial v}{\partial y}dxdy,$$

移项得

$$\iint\limits_D v\frac{\partial u}{\partial y}dxdy = -\oint\limits_{\partial D^+} uvdx - \iint\limits_D u\frac{\partial v}{\partial y}dxdy. \blacksquare$$

选例 8.6.6　设 $A = P(x,y)\boldsymbol{i} + Q(x,y)\boldsymbol{j}$, 其中 $P(x,y), Q(x,y)$ 在区域 D 内有连续的一阶偏导数. 若对 D 内的任一正向圆周 C, 都有 $\oint\limits_C A\cdot\boldsymbol{n}ds = 0$, 其中 $\boldsymbol{n}$ 是圆周的单位外法向量, 证明: 在区域 D 内有 $\frac{\partial P}{\partial x} + \frac{\partial Q}{\partial y} \equiv 0$.

思路　利用格林公式和反证法.

解　设正向圆周 C 的单位正切向量为 $\boldsymbol{\tau} = (\cos\alpha, \cos\beta)$, 则 $\boldsymbol{n} = (\cos\beta, -\cos\alpha)$, 因此

由已知条件和两类曲线积分之间的关系式可得

$$0 = \oint_C A \cdot n \mathrm{d}s = \oint_C (P\cos\beta - Q\cos\alpha)\mathrm{d}s = \oint_C P\mathrm{d}y - Q\mathrm{d}x = \iint_D \left(\frac{\partial P}{\partial x} + \frac{\partial Q}{\partial y}\right)\mathrm{d}x\mathrm{d}y.$$

若在区域 D 内 $\dfrac{\partial P}{\partial x} + \dfrac{\partial Q}{\partial y} \not\equiv 0$，则存在点 $(x_0, y_0) \in D$ 使得 $\left.\left(\dfrac{\partial P}{\partial x} + \dfrac{\partial Q}{\partial y}\right)\right|_{(x_0, y_0)} = a \neq 0$. 不

妨设 $a > 0$. 则由 $P(x,y), Q(x,y)$ 在区域 D 内的连续性知，存在一个正数 $\delta > 0$ 使得当

$U((x_0, y_0), \delta) \subset D$，并且当 $(x, y) \in U((x_0, y_0), \delta)$ 时，都有 $\dfrac{\partial P}{\partial x} + \dfrac{\partial Q}{\partial y} > \dfrac{1}{2}a$. 令 C 表示正向圆

周 $(x - x_0)^2 + (y - y_0)^2 = \dfrac{1}{4}\delta^2$，并令 D_0 表示 C 所围成的区域，则有

$$0 = \int_C A \cdot n \mathrm{d}s = \iint_{D_0} \left(\frac{\partial P}{\partial x} + \frac{\partial Q}{\partial y}\right)\mathrm{d}x\mathrm{d}y > \iint_{D_0} \frac{1}{2}a\mathrm{d}x\mathrm{d}y = \frac{1}{8}\pi a \delta^2 > 0.$$

矛盾！因此在区域 D 内有 $\dfrac{\partial P}{\partial x} + \dfrac{\partial Q}{\partial y} \equiv 0$.

【注】 由本题的证明，结合格林公式，自然容易证得下列命题(请读者自己完成证明).

设函数 $u(x,y)$ 有连续的二阶偏导数，试证明：对任一定向光滑简单闭曲线 C 都有

$\displaystyle\int_C \frac{\partial u}{\partial n}\mathrm{d}s = 0$ (其中 n 表示 C 的外法向量)当且仅当 $\dfrac{\partial^2 u}{\partial x^2} + \dfrac{\partial^2 u}{\partial y^2} \equiv 0$. ■

选例 8.6.7 计算积分 $I = \displaystyle\int_L x\ln(x^2 + y^2 - 1)\mathrm{d}x + y\ln(x^2 + y^2 - 1)\mathrm{d}y$，其中 L 是被积函

数定义域内从点 $A(2,0)$ 到点 $B(0,2)$ 的一条分段光滑曲线弧.

思路 先确定被积函数的定义域，再检验等式 $\dfrac{\partial Q}{\partial x} \equiv \dfrac{\partial P}{\partial y}$ 是否成立以判断积分是否与

路径无关. 在确定积分与路径无关之后，可在定义域中选取一条合适的路径进行积分.

解 令 $P = x\ln(x^2 + y^2 - 1), Q = y\ln(x^2 + y^2 - 1)$，则容易看出，它们的定义域是 D：

$x^2 + y^2 > 1$. 即 D 为平面去掉一个洞 "$K: x^2 + y^2 \leq 1$" 所得的区域. 在区域 D 内，计算可知

$$\frac{\partial Q}{\partial x} = \frac{2xy}{x^2 + y^2 - 1} = \frac{\partial P}{\partial y}.$$

因此曲线积分 $\displaystyle\int_C P\mathrm{d}x + Q\mathrm{d}y$ 在 D 的任一单连通子区域内与路径无关.

我们先证明：

(1) 对于环绕洞 K 一周的任一定向闭曲线 C，都有 $\displaystyle\oint_C P\mathrm{d}x + Q\mathrm{d}y = 0$.

事实上，若定向闭曲线 C 环绕洞 K 一周，由于在 D 内恒有 $\dfrac{\partial Q}{\partial x} = \dfrac{\partial P}{\partial y}$ 成立，故对 D 内

两条不同的环绕洞 K 的正向闭曲线 C 和 C'，由格林公式可得

$$\oint_C P\mathrm{d}x + Q\mathrm{d}y = \oint_{C'} P\mathrm{d}x + Q\mathrm{d}y.$$

因此取 C' 为正向圆周 $C': x^2 + y^2 = 2$，可得

$$\oint_{C'} P\mathrm{d}x + Q\mathrm{d}y = \oint_{C'} x\ln 1\mathrm{d}x + y\ln 1\mathrm{d}y = 0.$$

故 (1) 成立.

若曲线 L 未环绕洞 K 一周，作折线路径 $L' = \overrightarrow{AC} + \overrightarrow{CB}$，其中点 $C(2,2)$. 则 $L - L'$ 是一条定向闭曲线，要么环绕洞 K 一周，如图 8.6-2 所示，要么落在 D 内某一个单连通区域 G 内，如图 8.6-3 所示，因此由 (1) 和积分与路径无关的条件可知，总有

$$\oint_{L-L'} P\mathrm{d}x + Q\mathrm{d}y = 0，从而 \int_{L} P\mathrm{d}x + Q\mathrm{d}y = \int_{L'} P\mathrm{d}x + Q\mathrm{d}y.$$

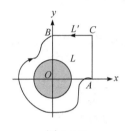 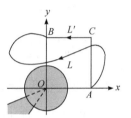

图 8.6-2　　　　　　　　　　　　　　　图 8.6-3

由于 L' 中的两段直线段有参数方程

$$\overrightarrow{AC}: x \equiv 2, y = t, t: 0 \to 2; \quad \overrightarrow{CB}: x = t, y \equiv 2, t: 2 \to 0.$$

于是有

$$I = \int_{\overrightarrow{AC}} P\mathrm{d}x + Q\mathrm{d}y + \int_{\overrightarrow{CB}} P\mathrm{d}x + Q\mathrm{d}y = \int_0^2 t\ln(3 + t^2)\mathrm{d}t + \int_2^0 t\ln(3 + t^2)\mathrm{d}t = 0.$$

若曲线 L 环绕洞 K n 周，则由 (1) 可知，对任一环绕洞 K n 周的定向闭曲线 C，也有 $\oint_C P\mathrm{d}x + Q\mathrm{d}y = 0$. 因此通过作辅助线 $L' = \overrightarrow{AC} + \overrightarrow{CB}$ 可得 $I = \int_{L'} P\mathrm{d}x + Q\mathrm{d}y = 0.$ ∎

选例 8.6.8　计算曲线积分 $\int_L y\mathrm{d}x + z\mathrm{d}y + x\mathrm{d}z$，其中积分曲线 L 为

$$\begin{cases} \dfrac{x^2}{a^2} + \dfrac{y^2}{b^2} + \dfrac{z^2}{c^2} = 1, \\ \dfrac{x}{a} + \dfrac{z}{c} = 1 \end{cases} \quad (x \geqslant 0, y \geqslant 0, z \geqslant 0)$$

中从点 $A(a,0,0)$ 到点 $C(0,0,c)$ 的一段.

思路　写出 L 的一个好用的参数方程，将曲线积分化为定积分来计算.

解　从曲线方程中消去 z，并配方整理可得

$$\frac{\left(x - \dfrac{a}{2}\right)^2}{\left(\dfrac{a}{2}\right)^2} + \frac{y^2}{\left(\dfrac{b}{\sqrt{2}}\right)^2} = 1,$$

因此, 可令 $x = \dfrac{a}{2} + \dfrac{a}{2}\cos\theta, y = \dfrac{b}{\sqrt{2}}\sin\theta$, 从而 $z = \dfrac{c}{2} - \dfrac{c}{2}\cos\theta$. 于是得到 L 的参数方程:

$$\begin{cases} x = \dfrac{a}{2} + \dfrac{a}{2}\cos\theta, \\[2mm] \quad y = \dfrac{b}{\sqrt{2}}\sin\theta, \qquad (\theta: 0 \to \pi), \\[2mm] z = \dfrac{c}{2} - \dfrac{c}{2}\cos\theta \end{cases}$$

因此,

$$\int_L y\mathrm{d}x + z\mathrm{d}y + x\mathrm{d}z = \int_0^\pi \left[-\frac{b}{\sqrt{2}}\sin\theta \cdot \frac{a}{2}\sin\theta + \left(\frac{c}{2} - \frac{c}{2}\cos\theta\right)\frac{b}{\sqrt{2}}\cos\theta + \left(\frac{a}{2} + \frac{a}{2}\cos\theta\right)\frac{c}{2}\sin\theta \right]\mathrm{d}\theta$$

$$= \int_0^{\frac{\pi}{2}} \left(-\frac{ab}{\sqrt{2}}\sin^2\theta - \frac{bc}{\sqrt{2}}\cos^2\theta + \frac{ac}{2}\sin\theta \right)\mathrm{d}\theta = \frac{ac}{2} - \frac{(a+c)b\pi}{4\sqrt{2}}. \blacksquare$$

选例 8.6.9 证明: 存在无限组常数 a,b 使得 $\dfrac{(4x+ay)\mathrm{d}x + (bx+6y)\mathrm{d}y}{2x^2 + 3y^2}$ 为全微分. 若常数 a,b 还满足其乘积为 -1, 且 $a > b$, 就下列两种情形, 计算曲线积分

$$I = \oint_L \frac{(4x+ay)\mathrm{d}x + (bx+6y)\mathrm{d}y}{2x^2 + 3y^2}.$$

(1) L 为圆周 $(x-2)^2 + (y-3)^2 = 1$, 取逆时针方向.

(2) L 为曲线 $2|x| + 3|y| = 1$, 取逆时针方向.

思路 首先利用条件 "$P\mathrm{d}x + Q\mathrm{d}y$ 是全微分 $\Leftrightarrow \dfrac{\partial Q}{\partial x} \equiv \dfrac{\partial P}{\partial y}$" 求出常数 a,b 的值. 然后利用格林公式来计算曲线积分 $I = \oint_L \dfrac{(4x+ay)\mathrm{d}x + (bx+6y)\mathrm{d}y}{2x^2 + 3y^2}$. 只是应该关注函数有一个奇点, 即原点. 在不含有原点的单连通区域内积分与路径无关, 因此沿这种区域内的闭曲线的积分为 0.

解 设 $P = \dfrac{4x+ay}{2x^2 + 3y^2}, Q = \dfrac{bx+6y}{2x^2 + 3y^2}$, 则 $(x,y) \neq (0,0)$ 时, 有

$$\frac{\partial Q}{\partial x} = \frac{b(2x^2 + 3y^2) - 4x(bx+6y)}{(2x^2 + 3y^2)^2}, \quad \frac{\partial P}{\partial y} = \frac{a(2x^2 + 3y^2) - 6y(4x+ay)}{(2x^2 + 3y^2)^2},$$

若 $P\mathrm{d}x + Q\mathrm{d}y$ 为全微分, 则应有

$$\frac{b(2x^2 + 3y^2) - 4x(bx+6y)}{(2x^2 + 3y^2)^2} \equiv \frac{a(2x^2 + 3y^2) - 6y(4x+ay)}{(2x^2 + 3y^2)^2},$$

比较系数得: $a = -b$. 而且只要 $a = -b$, 就有 $\dfrac{\partial Q}{\partial x} \equiv \dfrac{\partial P}{\partial y}$, 从而 $P\mathrm{d}x + Q\mathrm{d}y$ 就是全微分. 可见, 确实存在无限组常数 a,b 使得 $\dfrac{(4x+ay)\mathrm{d}x + (bx+6y)\mathrm{d}y}{2x^2 + 3y^2}$ 为全微分.

若常数 a,b 还满足 $ab=-1$，且 $a>b$，则 $a=1,b=-1$. 下面就计算当 $a-1,b=-1$ 时积分 I 的值.

(1) 由已知条件及前面的推导可知，此时曲线积分 $\displaystyle\oint_L \frac{(4x+y)\mathrm{d}x+(-x+6y)\mathrm{d}y}{2x^2+3y^2}$ 在不含

原点的单连通区域内与路径无关，而曲线 $L:(x-2)^2+(y-3)^2=1$ 恰好含在第一象限这个不含有原点的单连通区域内，记 $D:(x-2)^2+(y-3)^2\leqslant 1$. 则由格林公式得

$$I=\oint_L \frac{(4x+y)\mathrm{d}x+(-x+6y)\mathrm{d}y}{2x^2+3y^2}=\iint_D 0\mathrm{d}x\mathrm{d}y=0.$$

(2) 如图 8.6-4 所示，由于曲线 $L:2|x|+3|y|=1$ 围绕原点，因此此时不能像上面第(1)小题那样直接利用格林公式来进行计算. 但是由于被积表达式满足 $\dfrac{\partial Q}{\partial x}\equiv\dfrac{\partial P}{\partial y}$ （$(x,y)\neq(0,0)$ 时），

因此可以作一条新的曲线 $L':2x^2+3y^2=6$，也取逆时针方向，并记 L 与 L' 之间的区域为 D，则

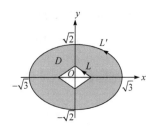

图 8.6-4

$$\begin{aligned}
I&=\oint_{L-L'}\frac{(4x+y)\mathrm{d}x+(-x+6y)\mathrm{d}y}{2x^2+3y^2}+\oint_{L'}\frac{(4x+y)\mathrm{d}x+(-x+6y)\mathrm{d}y}{2x^2+3y^2}\\
&=-\iint_D 0\mathrm{d}x\mathrm{d}y+\frac{1}{6}\oint_{L'}(4x+y)\mathrm{d}x+(-x+6y)\mathrm{d}y\\
&=\frac{1}{6}\iint_{2x^2+3y^2\leqslant 6}[(-1)-1]\mathrm{d}x\mathrm{d}y=-\frac{1}{3}\cdot\pi\cdot\sqrt{2}\cdot\sqrt{3}=-\frac{\sqrt{6}}{3}\pi.
\end{aligned}$$

【注】　这里之所以作辅助线 $L':2x^2+3y^2=6$，是因为此时被积表达式的分母是个常数，这样为后面的计算提供了方便.■

选例 8.6.10　已知平面区域 $D=\{(x,y)\mid 0\leqslant x\leqslant\pi,0\leqslant y\leqslant\pi\}$，$L$ 为 D 的正向边界，试证:

(1) $\displaystyle\oint_L x\mathrm{e}^{\sin y}\mathrm{d}y-y\mathrm{e}^{-\sin x}\mathrm{d}x=\oint_L x\mathrm{e}^{-\sin y}\mathrm{d}y-y\mathrm{e}^{\sin x}\mathrm{d}x$;

(2) $\displaystyle\oint_L x\mathrm{e}^{\sin y}\mathrm{d}y-y\mathrm{e}^{-\sin x}\mathrm{d}x\geqslant\frac{5}{2}\pi^2$.

思路　第(1)小题自然可以考虑格林公式和积分的对称性; 第(2)小题则可先用格林公式转化为具有单调性的二重积分，这样才方便比较大小，然后可考虑用泰勒公式及二重积分的单调性.

证明　(1) 由格林公式可得

$$\oint_L x\mathrm{e}^{\sin y}\mathrm{d}y-y\mathrm{e}^{-\sin x}\mathrm{d}x=\iint_D(\mathrm{e}^{\sin y}+\mathrm{e}^{-\sin x})\mathrm{d}x\mathrm{d}y,\quad\oint_L x\mathrm{e}^{-\sin y}\mathrm{d}y-y\mathrm{e}^{\sin x}\mathrm{d}x=\iint_D(\mathrm{e}^{-\sin y}+\mathrm{e}^{\sin x})\mathrm{d}x\mathrm{d}y,$$

由于区域 D 关于直线 $x=y$ 对称，因此

$$\iint_D(\mathrm{e}^{\sin y}+\mathrm{e}^{-\sin x})\mathrm{d}x\mathrm{d}y=\iint_D(\mathrm{e}^{-\sin y}+\mathrm{e}^{\sin x})\mathrm{d}x\mathrm{d}y,$$

从而有

$$\oint_L x\mathrm{e}^{\sin y}\mathrm{d}y - y\mathrm{e}^{-\sin x}\mathrm{d}x = \oint_L x\mathrm{e}^{-\sin y}\mathrm{d}y - y\mathrm{e}^{\sin x}\mathrm{d}x.$$

(2) 由于区域 D 关于直线 $x = y$ 对称，因此

$$\iint_D \mathrm{e}^{\sin y}\mathrm{d}x\mathrm{d}y = \iint_D \mathrm{e}^{\sin x}\mathrm{d}x\mathrm{d}y, \quad \iint_D \mathrm{e}^{-\sin y}\mathrm{d}x\mathrm{d}y = \iint_D \mathrm{e}^{-\sin x}\mathrm{d}x\mathrm{d}y,$$

从而由格林公式可得

$$\oint_L x\mathrm{e}^{\sin y}\mathrm{d}y - y\mathrm{e}^{-\sin x}\mathrm{d}x = \iint_D (\mathrm{e}^{\sin y} + \mathrm{e}^{-\sin y})\mathrm{d}x\mathrm{d}y = \iint_D (\mathrm{e}^{\sin x} + \mathrm{e}^{-\sin x})\mathrm{d}x\mathrm{d}y.$$

把函数 $\mathrm{e}^x + \mathrm{e}^{-x}$ 展开成三阶麦克劳林(Maclaurin)公式得

$$\mathrm{e}^x + \mathrm{e}^{-x} = 2 + x^2 + \frac{\mathrm{e}^{\xi} + \mathrm{e}^{-\xi}}{4!}x^4 \geqslant 2 + x^2 \quad (\text{其中 } \xi \text{ 介于 } 0 \text{ 与 } x \text{ 之间}),$$

因此

$$\oint_L x\mathrm{e}^{\sin y}\mathrm{d}y - y\mathrm{e}^{-\sin x}\mathrm{d}x = \iint_D (\mathrm{e}^{\sin x} + \mathrm{e}^{-\sin x})\mathrm{d}x\mathrm{d}y \geqslant \iint_D (2 + \sin^2 x)\mathrm{d}x\mathrm{d}y$$

$$= \int_0^{\pi}\mathrm{d}x\int_0^{\pi}(2 + \sin^2 x)\mathrm{d}y = \pi\int_0^{\pi}(2 + \sin^2 x)\mathrm{d}x = \frac{5}{2}\pi^2. \blacksquare$$

选例 8.6.11 设函数 $\varphi(x)$ 具有连续的导数，并且在围绕原点的任意光滑的正向简单闭曲线 C 上，曲线积分 $\oint_C \dfrac{2xy\mathrm{d}x + \varphi(x)\mathrm{d}y}{x^4 + y^2}$ 的值为常数.

(1) 设 C 为正向闭曲线 $(x-2)^2 + y^2 = 1$，证明：$\oint_C \dfrac{2xy\mathrm{d}x + \varphi(x)\mathrm{d}y}{x^4 + y^2} = 0$；

(2) 求函数 $\varphi(x)$；

(3) 设 C 是围绕原点的光滑简单正向闭曲线，求 $\oint_C \dfrac{2xy\mathrm{d}x + \varphi(x)\mathrm{d}y}{x^4 + y^2}$.

思路 (1) 通过作辅助线，可以由 C 构造两条具有部分相同线段的围绕原点的简单闭曲线，然后利用这两条正向闭曲线上的积分相等以及曲线积分对曲线的可加性，可以得出所需证明的结论. (2)由(1)的推证过程可以看出，在不包含原点的单连通区域内积分与路径无关，由此可得 $\varphi(x)$ 应满足的微分方程，从而可解出 $\varphi(x)$. 至于(3)，可以选取一条方便积分的曲线进行积分，比如取曲线 $C_0 : x^4 + y^2 = 1$ 来积分，再利用格林公式即可很快求出积分值.

解 (1) 如图 8.6-5 所示，在曲线 C 上任取两点 M, N，并作辅助曲线 $\overset{\frown}{MPN}$，则得到两条围绕原点的正向简单闭曲线：$C_1 : \overset{\frown}{MPN} + \overset{\frown}{NAM}$ 和 $C_2 : \overset{\frown}{MPN} + \overset{\frown}{NBM}$. 由假设可知

$$\oint_{C_1} \frac{2xy\mathrm{d}x + \varphi(x)\mathrm{d}y}{x^4 + y^2} = \oint_{C_2} \frac{2xy\mathrm{d}x + \varphi(x)\mathrm{d}y}{x^4 + y^2},$$

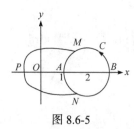

图 8.6-5

即

$$\int_{\widehat{NBM}+\widehat{MPN}} \frac{2xy\mathrm{d}x + \varphi(x)\mathrm{d}y}{x^4 + y^2} = \int_{\widehat{NAM}+\widehat{MPN}} \frac{2xy\mathrm{d}x + \varphi(x)\mathrm{d}y}{x^4 + y^2},$$

因此

$$\int_{\widehat{NBM}} \frac{2xy\mathrm{d}x + \varphi(x)\mathrm{d}y}{x^4 + y^2} = \int_{\widehat{NAM}} \frac{2xy\mathrm{d}x + \varphi(x)\mathrm{d}y}{x^4 + y^2},$$

由此可得

$$\oint_C \frac{2xy\mathrm{d}x + \varphi(x)\mathrm{d}y}{x^4 + y^2} = \int_{\widehat{NBM}} \frac{2xy\mathrm{d}x + \varphi(x)\mathrm{d}y}{x^4 + y^2} - \int_{\widehat{NAM}} \frac{2xy\mathrm{d}x + \varphi(x)\mathrm{d}y}{x^4 + y^2} = 0.$$

实际上用这种方法, 可以证明对任一不环绕原点的简单闭曲线 C, 都有

$$\oint_C \frac{2xy\mathrm{d}x + \varphi(x)\mathrm{d}y}{x^4 + y^2} = 0.$$

(2) 由(1)可知, 在不含原点的单连通区域内积分 $\int_L \dfrac{2xy\mathrm{d}x + \varphi(x)\mathrm{d}y}{x^4 + y^2}$ 与路径无关, 因此

当 $(x,y) \neq (0,0)$ 时, 有

$$\frac{\partial}{\partial x}\left(\frac{\varphi(x)}{x^4 + y^2}\right) \equiv \frac{\partial}{\partial y}\left(\frac{2xy}{x^4 + y^2}\right), \quad \text{即} \quad \frac{\varphi'(x)(x^4+y^2) - 4x^3\varphi(x)}{(x^4+y^2)^2} \equiv \frac{2x(x^4+y^2) - 2y\cdot 2xy}{(x^4+y^2)^2},$$

由此可得: 当 $(x,y) \neq (0,0)$ 时, 有

$$\varphi'(x)(x^4+y^2) - 4x^3\varphi(x) \equiv 2x^5 - 2xy^2, \tag{8.6.1}$$

令 $y=0, x\neq 0$ 代入上式, 可得

$$\varphi'(x) - \frac{4}{x}\varphi(x) = 2x,$$

因此

$$\varphi(x) = \mathrm{e}^{-\int -\frac{4}{x}\mathrm{d}x}\left[\int 2x\mathrm{e}^{\int -\frac{4}{x}\mathrm{d}x}\mathrm{d}x + C\right] = x^4\left(\int \frac{2}{x^3}\mathrm{d}x + C\right) = -x^2 + Cx^4,$$

代入(8.6.1)式可知, $C=0$. 故 $\varphi(x) = -x^2$.

(3) 令 $C_0: x^4 + y^2 = 1$(取逆时针方向), 并记 $D: x^4 + y^2 \leqslant 1$. 则 D 关于 y 轴对称. 于是对任一环绕原点的正向闭曲线 C, 都有

$$\oint_C \frac{2xy\mathrm{d}x + \varphi(x)\mathrm{d}y}{x^4 + y^2} = \oint_C \frac{2xy\mathrm{d}x - x^2\mathrm{d}y}{x^4 + y^2} = \oint_{C_0} \frac{2xy\mathrm{d}x - x^2\mathrm{d}y}{x^4 + y^2}$$

$$= \oint_{C_0} 2xy\mathrm{d}x - x^2\mathrm{d}y = \iint_D (-2x - 2x)\mathrm{d}x\mathrm{d}y = 0. \blacksquare$$

选例 8.6.12 设函数 $u = u(x)$ 连续可微, $u(2) = 1$, 且 $\int_L (x+2y)u\mathrm{d}x + (x+u^3)u\mathrm{d}y$ 在右

半平面上与路径无关, 求 $u(x)$.

思路　利用积分与路径无关, 得到 $u(x)$ 应该满足的微分方程, 解该方程及初值条件构成的初值问题的解即得到函数 $u = u(x)$.

解　由积分与路径无关可知, 当 $x > 0$ 时, 有

$$\frac{\partial}{\partial x}[(x + u^3)u] \equiv \frac{\partial}{\partial y}[(x + 2y)u], \quad 即 \quad u + xu' + 4u^3u' = 2u,$$

由此可得: 当 $x > 0$ 时, 有

$$\frac{\mathrm{d}x}{\mathrm{d}u} - \frac{1}{u}x = 4u^2,$$

因此

$$x = \mathrm{e}^{-\int -\frac{1}{u}\mathrm{d}u}\left[\int 4u^2 \mathrm{e}^{\int -\frac{1}{u}\mathrm{d}u}\mathrm{d}u + C\right] = u\left[\int 4u^2 \cdot \frac{1}{u}\mathrm{d}u + C\right] = 2u^3 + Cu,$$

由 $u(2) = 1$ 可知, $C = 0$. 从而 $u = \sqrt[3]{\dfrac{x}{2}}$. ∎

选例 8.6.13　设 Σ 是一个光滑的封闭曲面, 方向朝外, 给定第二型的曲面积分

$$I = \iint\limits_{\Sigma}(x^3 - x)\mathrm{d}y\mathrm{d}z + (2y^3 - y)\mathrm{d}z\mathrm{d}x + (3z^2 - z)\mathrm{d}x\mathrm{d}y.$$

试确定曲面 Σ, 使得积分 I 的值最小, 并求该最小值.

思路　由于第二型曲面积分没有单调性, 不好比较大小, 也就不方便确定最大值最小值问题, 因此首先可通过高斯公式转化为第一型的三重积分. 三重积分本质上就是求和, 和要小, 参与运算的负项要多. 因此要使得三重积分取得最小值, 那就要使被积函数尽可能不取正值. 因此使得被积函数取负值的最大区域就可以保证积分 I 的值最小.

解　设 Σ 围成的立体区域为 Ω, 则由高斯公式, 有

$$I = \iiint\limits_{\Omega}(3x^2 + 6y^2 + 9z^2 - 3)\mathrm{d}x\mathrm{d}y\mathrm{d}z = 3\iiint\limits_{\Omega}(x^2 + 2y^2 + 3z^2 - 1)\mathrm{d}x\mathrm{d}y\mathrm{d}z,$$

为了使 I 达到最小, 就是要使 Ω 是使得 $x^2 + 2y^2 + 3z^2 - 1 \leqslant 0$ 的最大空间区域, 即

$$\Omega = \left\{(x, y, z) \,\middle|\, x^2 + 2y^2 + 3z^2 \leqslant 1\right\}.$$

所以当 Ω 是一个椭球 $x^2 + 2y^2 + 3z^2 \leqslant 1$, 而 Σ 是椭球 Ω 的表面时, 积分 I 最小. 下面求 I 的最小值.

利用截面法, 可得

$$\iiint\limits_{\Omega}x^2\mathrm{d}x\mathrm{d}y\mathrm{d}z = \int_{-1}^{1}x^2\mathrm{d}x\iint\limits_{D_x}\mathrm{d}y\mathrm{d}z = \int_{-1}^{1}x^2 \cdot \pi\sqrt{\frac{1-x^2}{2}} \cdot \sqrt{\frac{1-x^2}{3}}\mathrm{d}x = \frac{4\pi}{15\sqrt{6}}.$$

$$\iiint\limits_{\Omega}y^2\mathrm{d}x\mathrm{d}y\mathrm{d}z = \int_{-\frac{1}{\sqrt{2}}}^{\frac{1}{\sqrt{2}}}y^2\mathrm{d}y\iint\limits_{D_y}\mathrm{d}z\mathrm{d}x = \int_{-\frac{1}{\sqrt{2}}}^{\frac{1}{\sqrt{2}}}y^2 \cdot \pi\sqrt{1-2y^2} \cdot \sqrt{\frac{1-2y^2}{3}}\mathrm{d}y = \frac{2\pi}{15\sqrt{6}}.$$

$$\iiint\limits_{\Omega} z^2 \mathrm{d}x\mathrm{d}y\mathrm{d}z = \int_{-\frac{1}{\sqrt{3}}}^{\frac{1}{\sqrt{3}}} z^2 \mathrm{d}z \iint\limits_{D_z} \mathrm{d}x\mathrm{d}y = \int_{-\frac{1}{\sqrt{3}}}^{\frac{1}{\sqrt{3}}} z^2 \cdot \pi\sqrt{1-3z^2} \cdot \sqrt{\frac{1-3z^2}{2}}\mathrm{d}z = \frac{4\pi}{45\sqrt{6}}.$$

$$\iiint\limits_{\Omega} \mathrm{d}x\mathrm{d}y\mathrm{d}z = \frac{4}{3}\pi \cdot 1 \cdot \frac{1}{\sqrt{2}} \cdot \frac{1}{\sqrt{3}} = \frac{4\pi}{3\sqrt{6}}.$$

因此

$$I = 3\left(\frac{4\pi}{15\sqrt{6}} + 2\cdot\frac{2\pi}{15\sqrt{6}} + 3\cdot\frac{4\pi}{45\sqrt{6}} - \frac{4\pi}{3\sqrt{6}}\right) = -\frac{4\sqrt{6}}{15}\pi.$$

【注】也可以用换元法求 I 的最小值: 做变换

$$x = u, \quad y = v/\sqrt{2}, \quad z = w/\sqrt{3}, \quad \frac{\partial(x,y,z)}{\partial(u,v,w)} = \frac{1}{\sqrt{6}},$$

则有

$$I = \frac{3}{\sqrt{6}}\iiint\limits_{u^2+v^2+w^2\leqslant 1}(u^2+v^2+w^2-1)\mathrm{d}V = \frac{3}{\sqrt{6}}\int_0^{2\pi}\mathrm{d}\varphi\int_0^\pi\mathrm{d}\theta\int_0^1(r^2-1)r^2\sin\theta\mathrm{d}r = -\frac{4\sqrt{6}}{15}\pi.\ \blacksquare$$

选例 8.6.14 设 $I_a(r) = \int_c \frac{y\mathrm{d}x - x\mathrm{d}y}{(x^2+y^2)^a}$, 其中 a 为常数, 曲线 C 为椭圆 $x^2+xy+y^2=r^2$ (其中 $r>0$), 取正向. 试求极限 $\lim\limits_{r\to+\infty} I_a(r)$.

思路 首先给出曲线 C 的一个合适的参数方程, 把曲线积分化为定积分, 然后再设法求其极限.

解 做变换 $x = \frac{u-v}{\sqrt{2}}, y = \frac{u+v}{\sqrt{2}}$. 曲线 C 的参数方程化为 $L: \frac{3}{2}u^2 + \frac{1}{2}v^2 = r^2$. 由于

$$\frac{\partial(x,y)}{\partial(u,v)} = \begin{vmatrix} \frac{1}{\sqrt{2}} & -\frac{1}{\sqrt{2}} \\ \frac{1}{\sqrt{2}} & \frac{1}{\sqrt{2}} \end{vmatrix} = 1 > 0,$$

故曲线 L 在 uOv 平面也是取正向, 且有

$$x^2+y^2 = u^2+v^2, \quad y\mathrm{d}x - x\mathrm{d}y = v\mathrm{d}u - u\mathrm{d}v, \quad I_a(r) = \int_\Gamma \frac{v\mathrm{d}u - u\mathrm{d}v}{(u^2+v^2)^a}.$$

L 有参数方程: $u = \sqrt{\frac{2}{3}}r\cos\theta, v = \sqrt{2}r\sin\theta, \theta: 0\to 2\pi$, 则有 $v\mathrm{d}u - u\mathrm{d}v = -\frac{2}{\sqrt{3}}r^2\mathrm{d}\theta$,

$$I_a(r) = -\frac{2r^{2(1-a)}}{\sqrt{3}}\int_0^{2\pi}\frac{\mathrm{d}\theta}{(2\cos^2\theta/3 + 2\sin^2\theta)^a} = -\frac{2r^{2(1-a)}}{\sqrt{3}}J_a,$$

其中 $J_a = \int_0^{2\pi}\frac{\mathrm{d}\theta}{(2\cos^2\theta/3 + 2\sin^2\theta)^a}$ 是个取正值的常数.

因此当 $a>1$ 和 $a<1$ 时, 所求极限分别为 0 和 $-\infty$.

而当 $a=1$ 时，$I_1(r) = \int_c \dfrac{y\mathrm{d}x - x\mathrm{d}y}{(x^2 + y^2)^1}$ 满足积分与路径无关的条件，可以把 C 换成 $C': x^2$ $+y^2 = 1$ (取正向)，则

$$I_1(r) = \int_{c'} \frac{y\mathrm{d}x - x\mathrm{d}y}{(x^2 + y^2)^1} = \int_{C'} y\mathrm{d}x - x\mathrm{d}y = \iint\limits_{x^2+y^2 \leqslant 1} -2\mathrm{d}x\mathrm{d}y = -2\pi.$$

故所求极限为 $\lim\limits_{r \to \infty} I_a(r) = \begin{cases} 0, & a > 1, \\ -\infty, & a < 1, \\ -2\pi, & a = 1. \end{cases}$

【注】 也可以直接给出 C 的参数方程

$$x = \frac{1}{\sqrt{3}} r\cos\theta - r\sin\theta, \quad y = \frac{1}{\sqrt{3}} r\cos\theta - r\sin\theta, \quad \theta : 0 \to 2\pi,$$

再把 $I_a(r)$ 表示成定积分.

此外，由此还可以得到 $J_1 = \int_0^{2\pi} \dfrac{\mathrm{d}\theta}{2\cos^2\theta/3 + 2\sin^2\theta} = \sqrt{3}\pi$. 这个结论直接计算还是挺麻烦的.∎

选例 8.6.15 (1) 设一球缺高为 h，所在球半径为 R. 证明：该球缺的体积为 $\dfrac{\pi}{3}(3R-h)h^2$，球冠的面积为 $2\pi Rh$.

(2) 设球体 $(x-1)^2 + (y-1)^2 + (z-1)^2 \leqslant 12$ 被平面 $P: x+y+z = 6$ 所截的小球缺为 Ω. 记球缺上的球冠为 Σ，方向指向球外，求第二型曲面积分 $I = \iint\limits_{\Sigma} x\mathrm{d}y\mathrm{d}z + y\mathrm{d}z\mathrm{d}x + z\mathrm{d}x\mathrm{d}y$.

思路 问题(1)是很常规的问题，直接用积分方法解决即可. 由于对称性，可取一个以坐标轴为对称轴的球缺来进行计算. 问题(2)可添加辅助曲面利用高斯公式来处理，这样也可以利用问题(1)的结论.

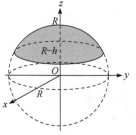

图 8.6-6

解 (1) 如图 8.6-6 所示，设球缺所在球表面 Σ 方程为 $x^2 + y^2 + z^2 = R^2$，球缺的对称轴为 z 轴，记球缺所占的区域为 Ω，则利用截面法，其体积为

$$\iiint\limits_{\Omega} \mathrm{d}V = \int_{R-h}^R \mathrm{d}z \iint\limits_{D_z} \mathrm{d}x\mathrm{d}y = \int_{R-h}^R \pi\left(R^2 - z^2\right)\mathrm{d}z = \frac{\pi}{3}(3R-h)h^2.$$

该球缺在 xOy 面上的投影区域为 $x^2 + y^2 \leqslant R^2 - (R-h)^2$. 球冠 Σ 的方程为 $z = \sqrt{R^2 - x^2 - y^2}$，其面积为

$$S = \iint\limits_{\Sigma} \mathrm{d}S = \iint\limits_{D} \sqrt{1 + \left(\frac{-x}{\sqrt{R^2-x^2-y^2}}\right)^2 + \left(\frac{-y}{\sqrt{R^2-x^2-y^2}}\right)^2}\, \mathrm{d}x\mathrm{d}y = \iint\limits_{D} \frac{R}{\sqrt{R^2-x^2-y^2}}\mathrm{d}x\mathrm{d}y$$

$$= \int_0^{2\pi}\mathrm{d}\varphi \int_0^{\sqrt{2Rh-h^2}} \frac{R\rho\mathrm{d}\rho}{\sqrt{R^2-\rho^2}} = -2\pi R\sqrt{R^2-\rho^2}\,\Big|_0^{\sqrt{2Rh-h^2}} = 2\pi Rh.$$

(2) 记球缺 Ω 的底面圆盘为 Σ_1，方向指向球缺外，且记

$$J = \iint\limits_{\Sigma_1} x\mathrm{d}y\mathrm{d}z + y\mathrm{d}z\mathrm{d}x + z\mathrm{d}x\mathrm{d}y,$$

由高斯公式, 有

$$I + J = \iiint\limits_{\Omega} 3\mathrm{d}V = 3V(\Omega),$$

其中 $V(\Omega)$ 为 Ω 的体积. 由于平面 Σ_1 的正向单位法向量为 $\dfrac{-1}{\sqrt{3}}(1,1,1)$，故

$$J = \frac{-1}{\sqrt{3}}\iint\limits_{\Sigma_1}(x+y+z)\mathrm{d}S = \frac{-1}{\sqrt{3}}\iint\limits_{\Sigma_1}6\mathrm{d}S = \frac{-6}{\sqrt{3}}S(\Sigma_1) = -2\sqrt{3}S(\Sigma_1),$$

其中 $S(\Sigma_1)$ 为 Σ_1 的面积. 故

$$I = 3V(\Omega) - J = 3V(\Omega) + 2\sqrt{3}S(\Sigma_1).$$

因为球缺底面圆心为 $Q(2,2,2)$，而球缺的顶点为 $M(3,3,3)$，故球缺的高度为 $h = |MQ| = \sqrt{3}$. 再由(1)所证并代入 $h = \sqrt{3}, R = 2\sqrt{3}$ 得

$$I = 3 \cdot \frac{\pi}{3}(3R - h)h^2 + 2\sqrt{3}\pi(2Rh - h^2) = 33\sqrt{3}\pi. \blacksquare$$

选例 8.6.16　设曲线 Γ 为在 $x^2 + y^2 + z^2 = 1, x + z = 1, x \geqslant 0, y \geqslant 0, z \geqslant 0$ 上从 $A(1,0,0)$ 到 $B(0,0,1)$ 的一段, 求曲线积分 $I = \int_\Gamma y\mathrm{d}x + z\mathrm{d}y + x\mathrm{d}z$.

思路　本题有两种基本解法. 一种是直接给出曲线 Γ 的参数方程, 把曲线积分化为定积分计算; 另一种是添加一条合适的辅助定向曲线 Γ_1 使得 $\Gamma + \Gamma_1$ 为一张曲面 Σ 的正向边界, 然后利用斯托克斯公式进行计算. 后一方法必须注意 Γ_1 和 Σ 的定向和计算的方便程度.

解法一　将 $z = 1 - x$ 代入 $x^2 + y^2 + z^2 = 1$ 可得

$$2x^2 - 2x + y^2 = 0, \quad 即\ 2\left(x - \frac{1}{2}\right)^2 + y^2 = \frac{1}{2}, \quad 也即\ \frac{\left(x - \frac{1}{2}\right)^2}{\left(\frac{1}{2}\right)^2} + \frac{y^2}{\left(\frac{1}{\sqrt{2}}\right)^2} = 1.$$

因此可以写出 Γ 的一个参数方程为

$$\Gamma: \begin{cases} x = \dfrac{1}{2} + \dfrac{1}{2}\cos\theta, \\ y = \dfrac{1}{\sqrt{2}}\sin\theta, \qquad \theta: 0 \to \pi. \\ z = \dfrac{1}{2} - \dfrac{1}{2}\cos\theta, \end{cases}$$

因此

$$I = \int_{\Gamma} y\mathrm{d}x + z\mathrm{d}y + x\mathrm{d}z = \int_0^\pi \left[-\frac{1}{2\sqrt{2}}\sin^2\theta + \left(\frac{1}{2} - \frac{1}{2}\cos\theta\right)\frac{1}{\sqrt{2}}\cos\theta + \left(\frac{1}{2} + \frac{1}{2}\cos\theta\right)\frac{1}{2}\sin\theta \right]\mathrm{d}\theta$$

$$= \frac{1}{2} - \frac{\sqrt{2}}{4}\pi.$$

解法二　记 Γ_1 为从 B 到 A 的直线段, 其参数方程为

$$\Gamma_1: x = t, y = 0, z = 1-t, t: 0 \to 1.$$

则有

$$\int_{\Gamma_1} y\mathrm{d}x + z\mathrm{d}y + x\mathrm{d}z = \int_0^1 t\mathrm{d}(1-t) = -\frac{1}{2}.$$

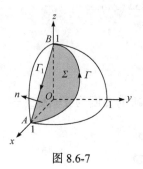

图 8.6-7

又设 Γ 和 Γ_1 所围成的平面区域为 Σ, 其定向与 $\Gamma + \Gamma_1$ 的定向符合右手法则, 如图 8.6-7 所示. Σ 有法向量 $\boldsymbol{n} = (1,0,1)$, 因此由斯托克斯公式可得

$$\oint_{\Gamma+\Gamma_1} y\mathrm{d}x + z\mathrm{d}y + x\mathrm{d}z = \iint_{\Sigma} \begin{vmatrix} \dfrac{1}{\sqrt{2}} & 0 & \dfrac{1}{\sqrt{2}} \\ \dfrac{\partial}{\partial x} & \dfrac{\partial}{\partial y} & \dfrac{\partial}{\partial z} \\ y & z & x \end{vmatrix} \mathrm{d}S = -\iint_{\Sigma} \sqrt{2}\mathrm{d}S,$$

由于 Σ 在 xOy 平面上的投影区域为 $\begin{cases} x^2 + y^2 + (1-x)^2 \leqslant 1, \\ y \geqslant 0, \end{cases}$ 即 $\begin{cases} \dfrac{\left(x - \dfrac{1}{2}\right)^2}{\left(\dfrac{1}{2}\right)^2} + \dfrac{y^2}{\left(\dfrac{1}{\sqrt{2}}\right)^2} \leqslant 1, \\ y \geqslant 0, \end{cases}$ 这

是半个椭圆盘, 其面积为 $A = \frac{1}{2}\pi \cdot \frac{1}{2} \cdot \frac{1}{\sqrt{2}} = \frac{\sqrt{2}}{8}\pi$. 故 Σ 的面积为 $S = \sqrt{2}A = \frac{\pi}{4}$. 从而

$$\oint_{\Gamma+\Gamma_1} y\mathrm{d}x + z\mathrm{d}y + x\mathrm{d}z = -\iint_{\Sigma} \sqrt{2}\mathrm{d}S = -\frac{\sqrt{2}}{4}\pi,$$

因此

$$\int_{\Gamma} y\mathrm{d}x + z\mathrm{d}y + x\mathrm{d}z = \oint_{\Gamma+\Gamma_1} y\mathrm{d}x + z\mathrm{d}y + x\mathrm{d}z - \int_{\Gamma_1} y\mathrm{d}x + z\mathrm{d}y + x\mathrm{d}z = \frac{1}{2} - \frac{\sqrt{2}}{4}\pi. \blacksquare$$

选例 8.6.17　设函数 $f(t)$ 在 $t \neq 0$ 时有一阶连续导数, 并且 $f(1) = 0$. 求函数 $f(x^2 - y^2)$, 使得曲线积分 $\int_L y(2 - f(x^2 - y^2))\mathrm{d}x + xf(x^2 - y^2)\mathrm{d}y$ 与路径无关, 其中 L 为任一不与直线 $y = \pm x$ 相交的分段光滑闭曲线.

思路　利用积分与路径无关的条件建立函数 $f(t)$ 应该满足的微分方程, 结合初值条件, 求出该微分方程初值问题的解就得到函数 $f(t)$, 自然也就求出了 $f(x^2 - y^2)$.

解 设 $P(x,y)=y(2-f(x^2-y^2)),Q(x,y)=xf(x^2-y^2)$, 由题设可知积分与路径无关, 于是有

$$\frac{\partial Q}{\partial x}=\frac{\partial P}{\partial y}, \quad 即有 \quad \left(x^2-y^2\right)f'(x^2-y^2)+f(x^2-y^2)=1,$$

记 $t=x^2-y^2$, 则得微分方程

$$tf'(t)+f(t)=1, \quad 即 \quad (tf(t))'=1,tf(t)=t+C,$$

又 $f(1)=0$, 可得 $C=-1,f(t)=1-\frac{1}{t}$, 从而 $f(x^2-y^2)=1-\frac{1}{x^2-y^2}$. ■

选例 8.6.18 证明 $z^2(\sin(xy)+xy\cos(xy))\mathrm{d}x+x^2z^2\cos(xy)\mathrm{d}y+2xz\sin(xy)\mathrm{d}z$ 是某个三元函数 $U(x,y,z)$ 的全微分, 并求出一个这样的函数 $U(x,y,z)$.

思路 根据教材中定理 8.5.2 的等价条件证明该表达式恰好为某一三元函数的全微分. 至于求原函数 $U(x,y,z)$, 则可以用凑微分法、沿特殊曲线积分法和偏积分法等三种方法来求.

证明 令 $P=z^2(\sin(xy)+xy\cos(xy)),Q=x^2z^2\cos(xy),R=2xz\sin(xy)$, 则 P,Q,R 在整个空间中处处有连续的一阶偏导数, 并且

$$\frac{\partial P}{\partial y}-\frac{\partial Q}{\partial x}=z^2(2x\cos(xy)-x^2y\sin(xy))-2xz^2\cos(xy)+x^2yz^2\sin(xy)=0,$$

$$\frac{\partial Q}{\partial z}-\frac{\partial R}{\partial y}=2x^2z\cos(xy)-2x^2z\cos(xy)=0,$$

$$\frac{\partial R}{\partial x}-\frac{\partial P}{\partial z}=2z\sin(xy)+2xyz\cos(xy)-2z(\sin(xy)+xy\cos(xy))=0.$$

因此, 由教材中的定理 8.5.2 可知, $z^2(\sin(xy)+xy\cos(xy))\mathrm{d}x+x^2z^2\cos(xy)\mathrm{d}y+2xz\sin(xy)\mathrm{d}z$ 是某个三元函数 $U(x,y,z)$ 的全微分.

下面来求一个这样的函数 $U(x,y,z)$. 通常可以有三种不同的方法.

解法一 (沿折线积分法) 记 L 表示从点 $O(0,0,0)$ 出发到点 $A(x,0,0)$, 再到点 $B(x,y,0)$, 最后到点 $C(x,y,z)$ 的定向折线, 则一个所求的函数 $U(x,y,z)$ 为

$$U(x,y,z)=\int_L z^2(\sin(xy)+xy\cos(xy))\mathrm{d}x+x^2z^2\cos(xy)\mathrm{d}y+2xz\sin(xy)\mathrm{d}z$$

$$=\left(\int_{OA}+\int_{AB}+\int_{BC}\right)z^2(\sin(xy)+xy\cos(xy))\mathrm{d}x+x^2z^2\cos(xy)\mathrm{d}y+2xz\sin(xy)\mathrm{d}z$$

$$=\int_0^x 0\mathrm{d}x+\int_0^y 0\mathrm{d}y+\int_0^z 2xz\sin(xy)\mathrm{d}z=xz^2\sin(xy).$$

解法二 (偏积分法) 设 $U(x,y,z)$ 满足 $\mathrm{d}U=P\mathrm{d}x+Q\mathrm{d}y+R\mathrm{d}z$, 则有

$$\frac{\partial U}{\partial x}=z^2(\sin(xy)+xy\cos(xy)), \quad \frac{\partial U}{\partial y}=x^2z^2\cos(xy), \quad \frac{\partial U}{\partial z}=2xz\sin(xy).$$

于是

$$U = \int \frac{\partial U}{\partial x} dx = \int [z^2 (\sin(xy) + xy \cos(xy))] dx = z^2 \int [\sin(xy) + xy \cos(xy)] dx$$

$$= xz^2 \sin(xy) + C(y,z),$$

于是有

$$\frac{\partial U}{\partial y} = x^2 z^2 \cos(xy) + \frac{\partial C}{\partial y} = x^2 z^2 \cos(xy), \quad 即有 \quad \frac{\partial C}{\partial y} = 0,$$

所以 $C(y,z) = C(z)$，从而 $U = xz^2 \sin(xy) + C(z)$. 因此又有

$$\frac{\partial U}{\partial z} = 2xz \sin(xy) + C'(z) = 2xz \sin(xy),$$

由此得 $C'(z) = 0$，从而 $C(z) = C$. 因此 $U = xz^2 \sin(xy) + C$(其中 C 为任意常数).

解法三 (凑微分法)　利用乘积函数微分法则 $d(uvw) = vwdu + uwdv + uvdw$ 可得

$$z^2 (\sin(xy) + xy \cos(xy)) dx + x^2 z^2 \cos(xy) dy + 2xz \sin(xy) dz$$

$$= z^2 \sin(xy) dx + xz^2 [y \cos(xy) dx + x \cos(xy) dy] + x \sin(xy) d(z^2)$$

$$= z^2 \sin(xy) dx + xz^2 d[\sin(xy)] + x \sin(xy) d(z^2)$$

$$= d[xz^2 \sin(xy)],$$

因此所求函数为 $U = xz^2 \sin(xy) + C$(其中 C 为任意常数). ■

选例 8.6.19　设 $f(u)$ 是奇函数，Σ 表示曲面 $|x| + |y| + |z| = 1$ 的外侧，试利用对称性求出或简化下列积分：

(1) $I_1 = \iint\limits_{\Sigma} dxdy + dydz + dzdx;$　　　　(2) $I_2 = \iint\limits_{\Sigma} f(z) dxdy;$

(3) $I_3 = \iint\limits_{\Sigma} f^2(z) dxdy;$　　　　(4) $I_4 = \iint\limits_{\Sigma} xf^2(z) dxdy;$

(5) $I_5 = \iint\limits_{\Sigma} (x+y-z) f(x+y+z) dxdy.$

思路　根据曲面形状、定向的对称性及被积函数在对称点处的函数值相等或相反来确定.

解　(1) 如图 8.6-8 所示，由于 Σ 关于 xOy 平面对称，且定向也恰好对称，故两块关

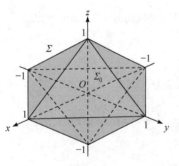

图 8.6-8

于 xOy 平面对称的小曲面在 xOy 平面上的投影值相反，因此 $\iint\limits_{\Sigma} dxdy = 0$. 同理，利用 Σ 关于 yOz 平面和 zOx 平面的对称性，可得到 $\iint\limits_{\Sigma} dydz = \iint\limits_{\Sigma} dzdx = 0$. 因此 $I_1 = 0$.

(2) 由于 Σ 关于 xOy 平面对称，且定向也恰好对称，故两块关于 xOy 平面对称的小曲面在 xOy 平面上的投影值相反；又由于 $f(z)$ 是奇函数，因此它在关于 xOy 平面的对称点处的函数值相反. 两者合起来可知，若记 Σ 的

位于 xOy 平面上方的部分为 Σ_1，则 $I_2 = \iint\limits_{\Sigma} f(z)\mathrm{d}x\mathrm{d}y = 2\iint\limits_{\Sigma_1} f(z)\mathrm{d}x\mathrm{d}y.$ 再记 Σ_0 表示 Σ 的位于第一卦限的部分，则 Σ 的位于第二卦限、第三卦限和第四卦限的部分其形状和定向都与 Σ_0 要么关于 yOz 平面对称，要么关于 zOx 平面对称，要么关于 z 轴对称，对称小曲面在 xOy 平面上的投影值相等，且函数 $f(z)$ 在对称点的函数值相等，故 $f(z)$ 在这四部分关于坐标 x, y 的积分相等，从而有

$$I_2 = \iint\limits_{\Sigma} f(z)\mathrm{d}x\mathrm{d}y = 2\iint\limits_{\Sigma_1} f(z)\mathrm{d}x\mathrm{d}y = 8\iint\limits_{\Sigma_0} f(z)\mathrm{d}x\mathrm{d}y.$$

(3) 由于 Σ 关于 xOy 平面对称，且定向也恰好对称，故两块关于 xOy 平面对称的小曲面在 xOy 平面上的投影值相反；同时由于函数 $f(z)$ 为奇函数，因此 $f^2(z)$ 在关于 xOy 平面的对称点处的函数值相等。由此可知，$I_3 = \iint\limits_{\Sigma} f^2(z)\mathrm{d}x\mathrm{d}y = 0.$

(4) 由于 Σ 关于 xOy 平面对称，且定向也恰好对称，故两块关于 xOy 平面对称的小曲面在 xOy 平面上的投影值相反；同时由于函数 $f(z)$ 为奇函数，因此 $xf^2(z)$ 在关于 xOy 平面的对称点处的函数值相等。由此可知，$I_4 = \iint\limits_{\Sigma} xf^2(z)\mathrm{d}x\mathrm{d}y = 0.$

(5) 由于 Σ 位于第一卦限的部分与位于第七卦限的部分关于原点对称，并且它们的定向也关于原点对称，因此两块关于原点对称的小曲面在 xOy 平面上的投影值刚好相反；同时由于函数 $f(z)$ 为奇函数，故函数 $(x+y-z)f(x+y+z)$ 在关于原点的对称点处的函数值恰好相等，因此这两块曲面上的积分相互抵消。同理，第二卦限与第八卦限两块曲面、第三卦限与第五卦限两块曲面以及第四卦限与第六卦限两块曲面上的积分也相互抵消。因此 $I_5 = 0.$ ∎

选例 8.6.20 计算曲面积分 $\oiint\limits_{\Sigma} (x+a)^2\mathrm{d}y\mathrm{d}z + (y+b)^2\mathrm{d}z\mathrm{d}x + (z+c)^2\mathrm{d}x\mathrm{d}y$，其中 Σ 是外侧椭球面

$$\frac{(x-a)^2}{a^2} + \frac{(y-b)^2}{b^2} + \frac{(z-c)^2}{c^2} = 1,$$

其中 a, b, c 为正数.

思路 利用高斯公式和形心坐标公式.

解 设 Σ 所围成的空间区域为 Ω，则 Ω 的形心坐标为 $(\bar{x}, \bar{y}, \bar{z}) = (a, b, c)$，$\Omega$ 的体积为 $V = \dfrac{4}{3}\pi abc.$ 于是由高斯公式可得

$$\oiint\limits_{\Sigma} (x+a)^2\mathrm{d}y\mathrm{d}z + (y+b)^2\mathrm{d}z\mathrm{d}x + (z+c)^2\mathrm{d}x\mathrm{d}y = \iiint\limits_{\Omega} [2(x+y+z) + 2(a+b+c)]\mathrm{d}x\mathrm{d}y\mathrm{d}z$$

$$= [2(\bar{x}+\bar{y}+\bar{z}) + 2(a+b+c)]V$$

$$= \frac{16}{3}\pi abc(a+b+c). ∎$$

选例 8.6.21　设 Σ 表示上半球面 $z = \sqrt{a^2 - x^2 - y^2}$，$\boldsymbol{n} = (\cos\alpha, \cos\beta, \cos\gamma)$ 是球面上指向内侧的单位法向量. 试计算曲面积分 $\iint\limits_{\Sigma} (xz\cos\alpha + z^2\cos\gamma)\mathrm{d}S$.

思路　转化为第二型曲面积分，然后合一为关于坐标 x, y 的积分的单一形式进行计算，或贴补辅助曲面借用高斯公式求解. 需要注意的是，此时 Σ 的内侧就是下侧.

解法一　由于 Σ 的方程为 $z = \sqrt{a^2 - x^2 - y^2}$，故 $z_x = \dfrac{-x}{\sqrt{a^2 - x^2 - y^2}} = -\dfrac{x}{z}$. Σ 在 xOy 平面上的投影区域为 $D: x^2 + y^2 \leqslant a^2$. 于是由两类曲面积分之间的关系式可知

$$\iint\limits_{\Sigma} (xz\cos\alpha + z^2\cos\gamma)\mathrm{d}S = \iint\limits_{\Sigma} xz\mathrm{d}y\mathrm{d}z + z^2\mathrm{d}x\mathrm{d}y = \iint\limits_{\Sigma} (xz\cdot(-z_x) + z^2)\mathrm{d}x\mathrm{d}y$$

$$= \iint\limits_{\Sigma} (x^2 + z^2)\mathrm{d}x\mathrm{d}y = -\iint\limits_{D} (a^2 - y^2)\mathrm{d}x\mathrm{d}y$$

$$= -\int_0^{2\pi} \mathrm{d}\varphi \int_0^a (a^2 - \rho^2\sin^2\varphi)\rho\mathrm{d}\rho = -\frac{3}{4}\pi a^4.$$

解法二　记 $\Sigma': z = 0\,(x^2 + y^2 \leqslant a^2)$，取上侧；又记 $\Omega: 0 \leqslant z \leqslant \sqrt{a^2 - x^2 - y^2}$. 则由两类曲面积分之间的关系和高斯公式，可得

$$\iint\limits_{\Sigma} (xz\cos\alpha + z^2\cos\gamma)\mathrm{d}S = \iint\limits_{\Sigma} xz\mathrm{d}y\mathrm{d}z + z^2\mathrm{d}x\mathrm{d}y$$

$$= \oiint\limits_{\Sigma+\Sigma'} xz\mathrm{d}y\mathrm{d}z + z^2\mathrm{d}x\mathrm{d}y - \iint\limits_{\Sigma'} xz\mathrm{d}y\mathrm{d}z + z^2\mathrm{d}x\mathrm{d}y$$

$$= -\iiint\limits_{\Omega} 3z\mathrm{d}x\mathrm{d}y\mathrm{d}z - 0 = -3\int_0^a z\cdot\pi(a^2 - z^2)\mathrm{d}z = -\frac{3}{4}\pi a^4.\blacksquare$$

选例 8.6.22　设光滑闭曲面 Σ 的球面坐标方程为 $r = r(\theta, \varphi)$，ψ 表示 Σ 上的点的外法向量与向径的夹角. 试证明：曲面 Σ 所围成的空间区域 Ω 的体积为 $V = \dfrac{1}{3}\oiint\limits_{\Sigma} r\cos\psi\mathrm{d}S$.

思路　利用高斯公式.

证明　设曲面 Σ 上点 (x, y, z) 处的单位外法向量为 $\boldsymbol{n} = (\cos\alpha, \cos\beta, \cos\gamma)$，同时该点处的单位径向量为 $\boldsymbol{e} = \left(\dfrac{x}{r}, \dfrac{y}{r}, \dfrac{z}{r}\right)$（其中 $r = \sqrt{x^2 + y^2 + z^2}$），因此

$$\cos\psi = \frac{\boldsymbol{e}\cdot\boldsymbol{n}}{|\boldsymbol{e}||\boldsymbol{n}|} = \boldsymbol{e}\cdot\boldsymbol{n} = \frac{1}{r}(x\cos\alpha + y\cos\beta + z\cos\gamma),$$

因此，利用高斯公式可得

$$\frac{1}{3}\oiint\limits_{\Sigma} r\cos\psi\mathrm{d}S = \frac{1}{3}\oiint\limits_{\Sigma} (x\cos\alpha + y\cos\beta + z\cos\gamma)\mathrm{d}S$$

$$= \frac{1}{3}\oiint\limits_{\Sigma} x\mathrm{d}y\mathrm{d}z + y\mathrm{d}z\mathrm{d}x + z\mathrm{d}x\mathrm{d}y = \frac{1}{3}\iiint\limits_{\Omega} 3\mathrm{d}V = V.\blacksquare$$

选例 8.6.23　设 Σ 是一张不过原点的光滑闭曲面, $\boldsymbol{r}=(x,y,z)$ 表示点 (x,y,z) 处的径向量, ψ 表示 Σ 上点 (x,y,z) 处的外法向量与径向量的夹角. 试求曲面积分 $I=\displaystyle\oiint_{\Sigma}\frac{\cos\psi}{|\boldsymbol{r}|^2}\mathrm{d}S$.

思路　利用高斯公式.

解　设 Σ 上点 (x,y,z) 处的单位外法向量为 $\boldsymbol{n}=(\cos\alpha,\cos\beta,\cos\gamma)$, 则

$$\cos\psi=\frac{\boldsymbol{r}\cdot\boldsymbol{n}}{|\boldsymbol{r}||\boldsymbol{n}|}=\frac{1}{|\boldsymbol{r}|}(x\cos\alpha+y\cos\beta+z\cos\gamma).$$

因此

$$I=\oiint_{\Sigma}\frac{x\cos\alpha+y\cos\beta+z\cos\gamma}{|\boldsymbol{r}|^3}\mathrm{d}S=\oiint_{\Sigma}\frac{x}{r^3}\mathrm{d}y\mathrm{d}z+\frac{y}{r^3}\mathrm{d}z\mathrm{d}x+\frac{z}{r^3}\mathrm{d}x\mathrm{d}y,$$

其中右边曲面积分取 Σ 的外侧, 且 $r=|\boldsymbol{r}|=\sqrt{x^2+y^2+z^2}$. 由于

$$\frac{\partial}{\partial x}\left(\frac{x}{r^3}\right)=\frac{r^3-x\cdot 3r^2\cdot\dfrac{x}{r}}{r^6}=\frac{r^2-3x^2}{r^5},$$

利用对称性, 又可得

$$\frac{\partial}{\partial y}\left(\frac{y}{r^3}\right)=\frac{r^2-3y^2}{r^5},\quad\frac{\partial}{\partial z}\left(\frac{z}{r^3}\right)=\frac{r^2-3z^2}{r^5}.$$

记 Σ 所围成的空间区域为 Ω, 则

(1) 若原点 $O\notin\Omega$, 则由高斯公式可得

$$I=\iiint_{\Omega}\left[\frac{\partial}{\partial x}\left(\frac{x}{r^3}\right)+\frac{\partial}{\partial y}\left(\frac{y}{r^3}\right)+\frac{\partial}{\partial z}\left(\frac{z}{r^3}\right)\right]\mathrm{d}V=\iiint_{\Omega}0\mathrm{d}V=0.$$

(2) 若原点 $O\in\Omega$, 作一个充分大的球面 $\Sigma':x^2+y^2+z^2=R^2$ (取外侧)使得 Σ 被 Σ' 包围在里面. 记 Σ 与 Σ' 之间的空间区域为 Ω', 则利用高斯公式可得

$$I=\oiint_{\Sigma+\Sigma'^-}\frac{x}{r^3}\mathrm{d}y\mathrm{d}z+\frac{y}{r^3}\mathrm{d}z\mathrm{d}x+\frac{z}{r^3}\mathrm{d}x\mathrm{d}y+\oiint_{\Sigma'}\frac{x}{r^3}\mathrm{d}y\mathrm{d}z+\frac{y}{r^3}\mathrm{d}z\mathrm{d}x+\frac{z}{r^3}\mathrm{d}x\mathrm{d}y$$

$$=-\iiint_{\Omega'}0\mathrm{d}V+\frac{1}{R^3}\oiint_{\Sigma'}x\mathrm{d}y\mathrm{d}z+y\mathrm{d}z\mathrm{d}x+z\mathrm{d}x\mathrm{d}y$$

$$=\frac{1}{R^3}\iiint_{x^2+y^2+z^2\leqslant R^2}3\mathrm{d}V=\frac{3}{R^3}\cdot\frac{4}{3}\pi R^3=4\pi.\blacksquare$$

选例 8.6.24　计算曲面积分 $I=\displaystyle\iint_{\Sigma}\frac{x\mathrm{d}y\mathrm{d}z+y\mathrm{d}z\mathrm{d}x+z\mathrm{d}x\mathrm{d}y}{(x^2+y^2+2z^2)^{\frac{3}{2}}}$, 其中 Σ 为上半球面 $z=\sqrt{1-x^2-y^2}$ 的上侧.

思路　记 $r=\sqrt{x^2+y^2+2z^2}$, 则当 $(x,y,z)\neq(0,0,0)$ 时, 计算可知 $\dfrac{\partial}{\partial x}\left(\dfrac{x}{r^3}\right)+\dfrac{\partial}{\partial y}\left(\dfrac{y}{r^3}\right)+$

$\dfrac{\partial}{\partial z}\left(\dfrac{z}{r^3}\right) \equiv 0.$ 因此在不包含原点的二维单连通区域内积分与曲面无关, 只与边界有关. 故可以选取一个比较容易积分的曲面来进行积分, 选择新曲面的基本原则是保证积分方便计算, 就本题而言, 当然是让分母变为常量.

解 $r = \sqrt{x^2 + y^2 + 2z^2}$, 则当 $(x,y,z) \neq (0,0,0)$ 时, 计算可知

$$\frac{\partial}{\partial x}\left(\frac{x}{r^3}\right) = \frac{r^2 - 3x^2}{r^5}, \quad \frac{\partial}{\partial y}\left(\frac{y}{r^3}\right) = \frac{r^2 - 3y^2}{r^5}, \quad \frac{\partial}{\partial z}\left(\frac{z}{r^3}\right) = \frac{r^2 - 6z^2}{r^5}.$$

因此有

$$\frac{\partial}{\partial x}\left(\frac{x}{r^3}\right) + \frac{\partial}{\partial y}\left(\frac{y}{r^3}\right) + \frac{\partial}{\partial z}\left(\frac{z}{r^3}\right) \equiv 0.$$

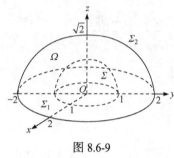

图 8.6-9

故在不包含原点的二维单连通区域内曲面积分与曲面无关, 只与其边界有关. 如图 8.6-9 所示, 令 Σ_1 表示平面区域 $1 \leqslant x^2 + y^2 \leqslant 4$ 的上侧, Σ_2 表示上半椭球面 $x^2 + y^2 + 2z^2 = 4(z \geqslant 0)$ 的下侧, 记 $\Sigma + \Sigma_1 + \Sigma_2$ 所围成的空间区域为 Ω, 则由高斯公式可得

$$\iint\limits_{\Sigma} \frac{x\mathrm{d}y\mathrm{d}z + y\mathrm{d}z\mathrm{d}x + z\mathrm{d}x\mathrm{d}y}{(x^2 + y^2 + 2z^2)^{\frac{3}{2}}} = \oiint\limits_{\Sigma + \Sigma_1 + \Sigma_2} \frac{x\mathrm{d}y\mathrm{d}z + y\mathrm{d}z\mathrm{d}x + z\mathrm{d}x\mathrm{d}y}{(x^2 + y^2 + 2z^2)^{\frac{3}{2}}} - \left(\iint\limits_{\Sigma_1} + \iint\limits_{\Sigma_2}\right) \frac{x\mathrm{d}y\mathrm{d}z + y\mathrm{d}z\mathrm{d}x + z\mathrm{d}x\mathrm{d}y}{(x^2 + y^2 + 2z^2)^{\frac{3}{2}}}$$

$$= -\iiint\limits_{\Omega} 0\mathrm{d}V - \iint\limits_{\Sigma_1} \frac{x\mathrm{d}y\mathrm{d}z + y\mathrm{d}z\mathrm{d}x + z\mathrm{d}x\mathrm{d}y}{(x^2 + y^2 + 2z^2)^{\frac{3}{2}}} - \iint\limits_{\Sigma_2} \frac{x\mathrm{d}y\mathrm{d}z + y\mathrm{d}z\mathrm{d}x + z\mathrm{d}x\mathrm{d}y}{(x^2 + y^2 + 2z^2)^{\frac{3}{2}}}.$$

由于 Σ_1 的方程为 $z = 0$, 且与 yOz 平面及 zOx 平面都垂直, 因此

$$\iint\limits_{\Sigma_1} \frac{x\mathrm{d}y\mathrm{d}z + y\mathrm{d}z\mathrm{d}x + z\mathrm{d}x\mathrm{d}y}{(x^2 + y^2 + 2z^2)^{\frac{3}{2}}} = 0.$$

记 Σ_3 表示平面区域 $x^2 + y^2 \leqslant 4$ 的上侧, Ω' 表示上半椭球 $0 \leqslant z \leqslant \sqrt{2 - \dfrac{x^2 + y^2}{2}}$. 则利用高斯公式可得(注意到 Σ_3 的方程为 $z = 0$, 且与 yOz 平面及 zOx 平面都垂直)

$$\iint\limits_{\Sigma_2} \frac{x\mathrm{d}y\mathrm{d}z + y\mathrm{d}z\mathrm{d}x + z\mathrm{d}x\mathrm{d}y}{(x^2 + y^2 + 2z^2)^{\frac{3}{2}}} = \frac{1}{8} \iint\limits_{\Sigma_2} x\mathrm{d}y\mathrm{d}z + y\mathrm{d}z\mathrm{d}x + z\mathrm{d}x\mathrm{d}y$$

$$= \frac{1}{8} \oiint\limits_{\Sigma_2 + \Sigma_3} x\mathrm{d}y\mathrm{d}z + y\mathrm{d}z\mathrm{d}x + z\mathrm{d}x\mathrm{d}y - \frac{1}{8} \iint\limits_{\Sigma_3} x\mathrm{d}y\mathrm{d}z + y\mathrm{d}z\mathrm{d}x + z\mathrm{d}x\mathrm{d}y$$

$$= -\frac{1}{8} \iiint\limits_{\Omega'} 3\mathrm{d}V - 0 = -\frac{3}{8} \cdot \frac{2}{3} \pi \cdot 2 \cdot 2 \cdot \sqrt{2} = -\sqrt{2}\pi.$$

因此 $I = \sqrt{2}\pi$.

【注】 (1) 本题作辅助曲面时可以更简单一点, 只需作辅助曲面 $\Sigma': x^2 + y^2 + 2z^2 = 1$,

并取下侧, 则有

$$\iint_{\Sigma} = \oiint_{\Sigma+\Sigma'} - \iint_{\Sigma'} = -\iiint_{\Omega} 0\mathrm{d}V - \iint_{\Sigma'} = \cdots = \sqrt{2}\pi.$$

(2) 若 a,b,c 是三个正数, 则可以用类似方法求得曲面积分

$$I = \iint_{\Sigma} \frac{x\mathrm{d}y\mathrm{d}z + y\mathrm{d}z\mathrm{d}x + z\mathrm{d}x\mathrm{d}y}{(ax^2 + by^2 + cz^2)^{\frac{3}{2}}} = \frac{2\pi}{\sqrt{abc}}. \blacksquare$$

选例 8.6.25　计算曲线积分 $\int_{\Gamma} x\mathrm{d}y - y\mathrm{d}x$, 其中 Γ 是上半球面 $z = \sqrt{a^2 - x^2 - y^2}\ (a > 0)$ 与柱面 $x^2 + y^2 = ay$ 的交线, 沿 z 轴方向看去, Γ 取顺时针方向.

思路　可以直接用参数方程化为定积分计算, 也可以借用斯托克斯公式化为曲面积分计算.

解法一　曲线 Γ 有参数方程 $\begin{cases} x = a\cos\varphi\sin\varphi, \\ y = a\sin^2\varphi, \\ z = a|\cos\varphi| \end{cases} (\varphi : 0 \to \pi).$ 因此

$$\int_{\Gamma} x\mathrm{d}y - y\mathrm{d}x = \int_0^{\pi} [a\cos\varphi\sin\varphi \cdot 2a\sin\varphi\cos\varphi - a\sin^2\varphi \cdot a\cos 2\varphi]\mathrm{d}\varphi$$

$$= a^2 \int_0^{\pi} \sin^2\varphi\mathrm{d}\varphi = 2a^2 \int_0^{\frac{\pi}{2}} \sin^2\varphi\mathrm{d}\varphi = \frac{\pi}{2}a^2.$$

解法二　曲线 Γ 有参数方程 $\begin{cases} x = \dfrac{a}{2}\cos\theta, \\ y = \dfrac{a}{2} + \dfrac{a}{2}\sin\theta, \\ z = a\left|\sin\left(\dfrac{\pi}{4} - \dfrac{\theta}{2}\right)\right| \end{cases} (\varphi : 0 \to 2\pi).$ 因此

$$\int_{\Gamma} x\mathrm{d}y - y\mathrm{d}x = \int_0^{2\pi} \left[\frac{a}{2}\cos\theta \cdot \left(\frac{a}{2}\cos\theta\right) - \left(\frac{a}{2} + \frac{a}{2}\sin\theta\right) \cdot \left(-\frac{a}{2}\sin\theta\right)\right]\mathrm{d}\theta$$

$$= \frac{a^2}{4} \int_0^{2\pi} (1 + \sin\theta)\mathrm{d}\theta = \frac{\pi}{2}a^2.$$

解法三　设 Σ 表示含于柱面 $x^2 + y^2 = ay$ 内的上半球面 $z = \sqrt{a^2 - x^2 - y^2}$ (图 8.6-10 中的阴影部分), 取上侧, 其在 xOy 平面上的投影区域为 $D: x^2 + y^2 \leqslant ay$. 则 Σ 以 Γ 为边界, 且它们的定向符合右手法则, 因此由斯托克斯公式可得

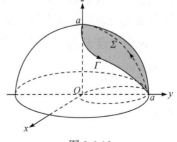

$$\int_{\Gamma} x\mathrm{d}y - y\mathrm{d}x = \iint_{\Sigma} 2\mathrm{d}x\mathrm{d}y = \iint_{D} 2\mathrm{d}x\mathrm{d}y = 2 \cdot \pi\left(\frac{a}{2}\right)^2 = \frac{\pi}{2}a^2.$$

解法四　设 Σ_1 是柱面 $x^2 + y^2 = ay$ 的位于 xOy 平面上方且位于 Σ 下方的部分, 取内侧; Σ_2 就是 xOy 平面上

图 8.6-10

的圆盘 $D: x^2 + y^2 \leqslant ay$，取上侧. 则曲面 $\Sigma_1 + \Sigma_2$ 以 Γ 为边界，且它们的定向符合右手法则，因此由斯托克斯公式可得

$$\int_\Gamma x\mathrm{d}y - y\mathrm{d}x = \iint\limits_{\Sigma_1+\Sigma_2} 2\mathrm{d}x\mathrm{d}y = \iint\limits_{\Sigma_1} 2\mathrm{d}x\mathrm{d}y + \iint\limits_{\Sigma_2} 2\mathrm{d}x\mathrm{d}y = 0 + \iint\limits_{D} 2\mathrm{d}x\mathrm{d}y = 2 \cdot \pi \left(\frac{a}{2}\right)^2 = \frac{\pi}{2}a^2.$$

这里由于 Σ_1 与 xOy 平面垂直，因此 $\iint\limits_{\Sigma_1} 2\mathrm{d}x\mathrm{d}y = 0.$ ■

选例 8.6.26 计算曲线积分 $\int_\Gamma (x^2 + yz)\mathrm{d}x + (y^2 + zx)\mathrm{d}y + (z^2 + xy)\mathrm{d}z$，其中 Γ 是曲线
$\begin{cases} x^2 + y^2 + z^2 = 1, \\ x^3 + y^3 + z^3 = 1 \end{cases}$ 从点 $(1,0,0)$ 到 $(0,0,1)$ 的一段.

思路 本题涉及的曲线不是封闭的，因此斯托克斯公式的使用基本可以排除. 此外，想写出一种好用的参数方程显然也不太可能. 注意一下被积表达式，不难发现它是个全微分，因此利用曲线积分基本定理就很容易得到积分值.

解 由于在整个空间里有

$$(x^2 + yz)\mathrm{d}x + (y^2 + zx)\mathrm{d}y + (z^2 + xy)\mathrm{d}z = x^2\mathrm{d}x + y^2\mathrm{d}y + z^2\mathrm{d}z + (yz\mathrm{d}x + zx\mathrm{d}y + xy\mathrm{d}z)$$
$$= \mathrm{d}\left(\frac{1}{3}x^3\right) + \mathrm{d}\left(\frac{1}{3}y^3\right) + \mathrm{d}\left(\frac{1}{3}y^3\right) + \mathrm{d}(xyz)$$
$$= \mathrm{d}\left[\frac{1}{3}(x^3 + y^3 + z^3) + xyz\right],$$

因此该曲线积分在整个空间内与路径无关，故

$$\int_\Gamma (x^2 + yz)\mathrm{d}x + (y^2 + zx)\mathrm{d}y + (z^2 + xy)\mathrm{d}z = \left[\frac{1}{3}(x^3 + y^3 + z^3) + xyz\right]\Big|_{(1,0,0)}^{(0,0,1)} = 0.$$ ■

选例 8.6.27 设 Σ 是光滑闭曲面，其所围成的空间闭区域为 Ω，函数 $u(x,y,z)$，$v(x,y,z)$ 在 Ω 上有连续的二阶偏导数. 设 n 表示 Σ 的外法向量，试证明空间第二格林公式:

$$\iint\limits_\Sigma \begin{vmatrix} \dfrac{\partial u}{\partial n} & \dfrac{\partial v}{\partial n} \\ u & v \end{vmatrix} \mathrm{d}S = \iiint\limits_\Omega \begin{vmatrix} \Delta u & \Delta v \\ u & v \end{vmatrix} \mathrm{d}x\mathrm{d}y\mathrm{d}z.$$

思路 这是联系曲面积分与曲面所围区域上的三重积分之间的一个关系式，自然可以考虑使用高斯公式来帮助证明.

证明 设 Σ 的单位外法向量为 $n^\circ = (\cos\alpha, \cos\beta, \cos\gamma)$，则

$$\frac{\partial u}{\partial n} = u_x\cos\alpha + u_y\cos\beta + u_z\cos\gamma = \nabla u \cdot n^\circ, \quad \frac{\partial v}{\partial n} = v_x\cos\alpha + v_y\cos\beta + v_z\cos\gamma = \nabla v \cdot n^\circ.$$

因此

$$\iint\limits_{\Sigma}\begin{vmatrix}\dfrac{\partial u}{\partial \boldsymbol{n}} & \dfrac{\partial v}{\partial \boldsymbol{n}} \\ u & v\end{vmatrix}\mathrm{d}S = \iint\limits_{\Sigma}\begin{vmatrix}\nabla u \cdot \boldsymbol{n}^{\circ} & \nabla v \cdot \boldsymbol{n}^{\circ} \\ u & v\end{vmatrix}\mathrm{d}S = \iint\limits_{\Sigma}(v(\nabla u \cdot \boldsymbol{n}^{\circ}) - u(\nabla v \cdot \boldsymbol{n}^{\circ}))\mathrm{d}S$$

$$= \iint\limits_{\Sigma}(v\nabla u - u\nabla v)\cdot \boldsymbol{n}^{\circ}\mathrm{d}S = \iint\limits_{\Sigma}(vu_x - uv_x, vu_y - uv_y, vu_z - uv_z)\cdot \mathrm{d}\boldsymbol{S}$$

$$= \iiint\limits_{\Omega}\left[\frac{\partial}{\partial x}(vu_x - uv_x) + \frac{\partial}{\partial y}(vu_y - uv_y) + \frac{\partial}{\partial z}(vu_z - uv_z)\right]\mathrm{d}x\mathrm{d}y\mathrm{d}z$$

$$= \iiint\limits_{\Omega}[(vu_{xx} - uv_{xx}) + (vu_{yy} - uv_{yy}) + (vu_{zz} - uv_{zz})]\mathrm{d}x\mathrm{d}y\mathrm{d}z$$

$$= \iiint\limits_{\Omega}[v(u_{xx} + u_{yy} + u_{zz}) - u(v_{xx} + v_{yy} + v_{zz})]\mathrm{d}x\mathrm{d}y\mathrm{d}z$$

$$= \iiint\limits_{\Omega}[v\cdot \Delta u - u\cdot \Delta v]\mathrm{d}x\mathrm{d}y\mathrm{d}z = \iiint\limits_{\Omega}\begin{vmatrix}\Delta u & \Delta v \\ u & v\end{vmatrix}\mathrm{d}x\mathrm{d}y\mathrm{d}z.\blacksquare$$

选例 8.6.28　设 Σ 是圆锥面 $z = \sqrt{x^2 + y^2}\ (0 \leqslant z \leqslant 1)$ 的下侧，Γ 表示 Σ 与平面 $2x + 3z = 1$ 的交线，连续函数 $f(x, y)$ 满足

$$f(x, y) = x^2 + y^2 + \iint\limits_{\Sigma}\frac{x^4\mathrm{d}y\mathrm{d}z + f(x, y)\mathrm{d}z\mathrm{d}x + (z - 1)f(x, y)\mathrm{d}x\mathrm{d}y}{x^2 + y^2 - z^2 + 1}.$$

试求 $f(x, y)$，并用 Γ 的周长 l 表示积分 $\int_{\Gamma}[f_x(x, y) + f_y(x, y)]\mathrm{d}s$ 的值.

　　思路　首先要注意到，条件中的那个积分是个常数，因此再做一次这种运算，得到关于这个常数的一个方程，并求出这个常数，就得到了函数 $f(x, y)$，剩下的就是常规的计算题了，只要计算出 Γ 的形心，由形心坐标公式即可得到结果.

　　解　设 $a = \iint\limits_{\Sigma}\dfrac{x^4\mathrm{d}y\mathrm{d}z + f(x, y)\mathrm{d}z\mathrm{d}x + (z - 1)f(x, y)\mathrm{d}x\mathrm{d}y}{x^2 + y^2 - z^2 + 1}$. 由于 Σ 满足方程 $x^2 + y^2 - z^2 = 0$，因此

$$a = \iint\limits_{\Sigma}x^4\mathrm{d}y\mathrm{d}z + f(x, y)\mathrm{d}z\mathrm{d}x + (z - 1)f(x, y)\mathrm{d}x\mathrm{d}y,$$

从而 $f(x, y) = x^2 + y^2 + a$. 于是又有

$$a = \iint\limits_{\Sigma}x^4\mathrm{d}y\mathrm{d}z + (x^2 + y^2 + a)\mathrm{d}z\mathrm{d}x + (z - 1)(x^2 + y^2 + a)\mathrm{d}x\mathrm{d}y.$$

作 $\Sigma' : z = 1(x^2 + y^2 \leqslant 1)$，取上侧，并记 $\Omega : \sqrt{x^2 + y^2} \leqslant z \leqslant 1$. 由于 Σ' 与 yOz 平面和 zOx 平面均垂直，且方程为 $z = 1$，故

$$\iint\limits_{\Sigma'}x^4\mathrm{d}y\mathrm{d}z + (x^2 + y^2 + a)\mathrm{d}z\mathrm{d}x + (z - 1)(x^2 + y^2 + a)\mathrm{d}x\mathrm{d}y$$

$$= \iint\limits_{\Sigma'}(z - 1)(x^2 + y^2 + a)\mathrm{d}x\mathrm{d}y = \iint\limits_{x^2 + y^2 \leqslant 1}0\mathrm{d}x\mathrm{d}y = 0.$$

因此由高斯公式、利用 Ω 关于 yOz 平面和 zOx 平面对称可得

$$a = \left(\oiint\limits_{\Sigma+\Sigma'} - \iint\limits_{\Sigma'} \right) x^4 \mathrm{d}y\mathrm{d}z + (x^2+y^2+a)\mathrm{d}z\mathrm{d}x + (z-1)(x^2+y^2+a)\mathrm{d}x\mathrm{d}y$$

$$= \oiint\limits_{\Sigma+\Sigma'} x^4\mathrm{d}y\mathrm{d}z + (x^2+y^2+a)\mathrm{d}z\mathrm{d}x + (z-1)(x^2+y^2+a)\mathrm{d}x\mathrm{d}y - 0$$

$$= \iiint\limits_{\Omega} (4x^3+2y+x^2+y^2+a)\mathrm{d}x\mathrm{d}y\mathrm{d}z = \iiint\limits_{\Omega} (x^2+y^2+a)\mathrm{d}x\mathrm{d}y\mathrm{d}z \text{(利用对称性简化)}$$

$$= \int_0^{2\pi} \mathrm{d}\varphi \int_0^1 \rho\mathrm{d}\rho \int_\rho^1 (\rho^2+a)\mathrm{d}z = \frac{\pi}{10} + \frac{\pi}{3}a.$$

因此, $a = \dfrac{3\pi}{30-10\pi}$. 从而 $f(x,y) = x^2+y^2+\dfrac{3\pi}{30-10\pi}$.

Γ 的方程为 $\begin{cases} z=\sqrt{x^2+y^2}, \\ 2x+3z=1. \end{cases}$ 这是一个椭圆, 从方程中消去 z 得到

$$x^2+y^2 = \frac{1}{9}(1-4x+4x^2), \quad \text{即} \quad \frac{\left(x+\dfrac{2}{5}\right)^2}{\left(\dfrac{3}{5}\right)^2} + \frac{y^2}{\left(\dfrac{1}{\sqrt{5}}\right)^2} = 1,$$

因此 Γ 的形心为 $(\bar{x},\bar{y},\bar{z}) = \left(-\dfrac{2}{5}, 0, \dfrac{3}{5}\right)$. 于是

$$\int_\Gamma [f_x(x,y)+f_y(x,y)]\mathrm{d}s = \int_\Gamma (2x+2y)\mathrm{d}s = (2\bar{x}+2\bar{y})l = \frac{-4}{5}l. \blacksquare$$

选例 8.6.29 设 Σ 表示椭球面 $(x+y)^2+4(y-z)^2+9(z-x)^2=1, k(x,y,z)$ 表示原点到椭球面 Σ 上点 (x,y,z) 处切平面的距离, 求曲面积分 $\oiint\limits_{\Sigma} k(x,y,z)\mathrm{d}S$.

思路 通过切平面的单位外法向量写出切平面方程, 再利用高斯公式转化为三重积分计算. 在计算三重积分时, 通过坐标变换可以更方便地求出结果.

解 设椭球面 Σ 上点 (x,y,z) 处的单位外法向量为 $\boldsymbol{n}=(\cos\alpha,\cos\beta,\cos\gamma)$, 则切平面方程为

$$(X-x)\cos\alpha + (Y-y)\cos\beta + (Z-z)\cos\gamma = 0.$$

注意到向径 $\boldsymbol{r}=(x,y,z)$ 与外法向量 $\boldsymbol{n}$ 的夹角总是小于 $\dfrac{\pi}{2}$, 故可得

$$k(x,y,z) = \frac{\left|(0-x)\cos\alpha + (0-y)\cos\beta + (0-z)\cos\gamma\right|}{\sqrt{\cos^2\alpha+\cos^2\beta+\cos^2\gamma}} = x\cos\alpha + y\cos\beta + z\cos\gamma.$$

记 Σ 所围成的空间区域为 Ω, 则利用高斯公式可得

$$\oiint\limits_{\Sigma} k(x,y,z)\mathrm{d}S = \oiint\limits_{\Sigma} (x\cos\alpha + y\cos\beta + z\cos\gamma)\mathrm{d}S = \iiint\limits_{\Omega} 3\mathrm{d}x\mathrm{d}y\mathrm{d}z.$$

作变换 $u = x + y, v = y - z, w = z - x$，则 Ω 变为 $\Omega': u^2 + 4v^2 + 9w^2 \leqslant 1$，并且变换的雅可比行列式

$$\frac{\partial(u,v,w)}{\partial(x,y,z)} = \begin{vmatrix} 1 & 1 & 0 \\ 0 & 1 & -1 \\ -1 & 0 & 1 \end{vmatrix} = \begin{vmatrix} 1 & 1 & 0 \\ 0 & 1 & -1 \\ 0 & 1 & 1 \end{vmatrix} = 2.$$

因此

$$\oiint_{\Sigma} k(x,y,z)\mathrm{d}S = \iiint_{\Omega} 3\mathrm{d}x\mathrm{d}y\mathrm{d}z = \frac{3}{2}\iiint_{\Omega'}\mathrm{d}u\mathrm{d}v\mathrm{d}w = \frac{3}{2}\cdot\frac{4}{3}\pi\cdot 1\cdot\frac{1}{2}\cdot\frac{1}{3} = \frac{\pi}{3}. \blacksquare$$

8.7　配套教材小节习题参考解答

习题 8.1

习题8.1参考解答

1. 填空题.

(1) 若 L 为 x 轴从 $x = a$ 到 $x = b$ 的一段定向曲线, 则 $\int_L y\mathrm{d}x + x\mathrm{d}y = $ ＿＿＿＿＿＿；

(2) 若 L 为沿 $y = 1 - |x-1|$ 从 $O(0,0)$ 到 $A(2,0)$ 的折线段, 则 $\int_L x\mathrm{d}y - y\mathrm{d}x = $ ＿＿＿＿＿＿；

(3) 若 L 是 xOy 平面上的曲线 $xy = 1$ 上从 $\left(\frac{1}{2}, 2\right)$ 到 $\left(2, \frac{1}{2}\right)$ 的定向弧段, 则 $\int_L \cos(x + y)(y\mathrm{d}x + x\mathrm{d}y) = $ ＿＿＿＿＿＿；

(4) 设 L 是抛物线 $y = x^2$ 上从 $O(0,0)$ 到 $A(1,1)$ 的一段定向曲线, 则对坐标的曲线积分 $\int_L P(x,y)\mathrm{d}x + Q(x,y)\mathrm{d}y$ 化成对弧长的曲线积分为 ＿＿＿＿＿＿.

2. 计算下列曲线积分:

(1) $\int_L (x^2 - 2xy)\mathrm{d}x + (y^2 - 2xy)\mathrm{d}y$，其中 L 是抛物线 $y = x^2$ 上从 $(-1,1)$ 到 $(1,1)$ 的一段定向曲线;

(2) $\oint_L 2x\mathrm{d}x + (x+y)^2\mathrm{d}y$，其中 L 是正向圆周 $x^2 + y^2 = 2x$;

(3) $\int_L (x+y)\mathrm{d}x + (y-2x)\mathrm{d}y$，其中 L 是由 $y = \sin x (0 \leqslant x \leqslant \pi)$ 与 x 轴所围平面图形的正向边界;

(4) $\int_L y\mathrm{d}x + (y+x)\mathrm{d}y$，其中 L 是从点 $O(0,0)$ 沿摆线 $\begin{cases} x = t - \sin t, \\ y = 1 - \cos t \end{cases}$ 到 $A(2\pi, 0)$ 的定向弧段.

3. 计算下列曲线积分:

(1) $\int_{\Gamma} z\mathrm{d}x - x\mathrm{d}y + y\mathrm{d}z$，其中 Γ 是圆柱螺线 $x = a\cos t, y = a\sin t, z = bt (a > 0, b > 0)$ 上从 $t = 0$ 到 $t = 2\pi$ 的一段定向曲线;

(2) $\displaystyle\int_{\Gamma}(x+z)\mathrm{d}x-z\mathrm{d}y+x\mathrm{d}z$,其中 Γ 是圆周 $\begin{cases}x^2+y^2+z^2=1,\\ x-y=0,\end{cases}$ 从 x 轴正向向负向看去,Γ 取逆时针方向;

(3) $\displaystyle\oint_{\Gamma}(y-z)\mathrm{d}x+(z-x)\mathrm{d}y+(x-y)\mathrm{d}z$,其中 Γ 是椭圆 $x^2+y^2=1,x+z=1$,沿着 x 轴正向看去,Γ 为顺时针方向.

4. 计算曲线积分 $\displaystyle\int_{L}\frac{y\mathrm{d}x-x\mathrm{d}y}{|x|+|y|}$,其中 L 分别如下:

(1) 以 $A(-1,0),B(0,1),C(1,0),D(0,-1)$ 为顶点的正方形的正向边界;

(2) 正向单位圆周 $x^2+y^2=1$.

5. $\displaystyle\int_{\Gamma}\frac{\mathrm{d}x-\mathrm{d}y+\mathrm{d}z}{x^2+y^2+z^2}$,其中 Γ 是指数螺线 $x=\mathrm{e}^t\cos t,y=\mathrm{e}^t\sin t,z=\mathrm{e}^t$ 是从 $t=0$ 到 $t=\pi$ 的一段定向曲线.

6. $\displaystyle\int_{\Gamma}z\mathrm{d}x-x\mathrm{d}y+y\mathrm{d}z$,其中 Γ 是圆锥螺线 $x=t\cos t,y=t\sin t,z=2t$ 上从 $t=0$ 到 $t=2\pi$ 的一段定向曲线.

7. 已知 Γ 为从 $A(0,\sqrt{2},0)$ 到 $B(0,-\sqrt{2},0)$ 的一段曲线,其方程为 $\begin{cases}z=\sqrt{2-x^2-y^2},\\ z=x,\end{cases}$ 试计算曲线积分

$$\int_{\Gamma}(y+z)\mathrm{d}x+(z^2-x^2+y)\mathrm{d}y+(x^2+y^2)\mathrm{d}z.$$

8. 在变力 $\boldsymbol{F}=yz\boldsymbol{i}+zx\boldsymbol{j}+xy\boldsymbol{k}$ 作用下,质点从原点沿直线运动到椭球面 $\dfrac{x^2}{a^2}+\dfrac{y^2}{b^2}+\dfrac{z^2}{c^2}=1$ 上位于第一卦限的点 (ξ,η,ζ).问 ξ,η,ζ 取何值时,力 $\boldsymbol{F}$ 所做功 W 最大?并求出 W 的最大值.

9. 设 L 是一条长为 s 的定向光滑曲线,$P(x,y)$ 和 $Q(x,y)$ 都是 L 上的连续函数. 若记 $\sqrt{P^2(x,y)+Q^2(x,y)}$ 在 L 上的最大值为 M,证明: $\left|\displaystyle\int_{L}P(x,y)\mathrm{d}x+Q(x,y)\mathrm{d}y\right|\leqslant Ms$.

习题 8.2

习题8.2参考解答

1. 若 $f(u)$ 具有连续导数,L 是一条平面简单闭曲线,则

(1) $\displaystyle\oint_{L}f(xy)(x\mathrm{d}y+y\mathrm{d}x)=$ _____; (2) $\displaystyle\oint_{L}f(x^2+y^2)(x\mathrm{d}x+y\mathrm{d}y)=$ _____.

2. 设 $f(x,y)$ 在 $\dfrac{x^2}{2}+\dfrac{y^2}{3}\leqslant 1$ 上具有连续的二阶偏导数,L 表示取顺时针方向的椭圆 $\dfrac{x^2}{2}+\dfrac{y^2}{3}=1$,则曲线积分 $\displaystyle\oint_{L}[f_x(x,y)-2y]\mathrm{d}x+[3x+f_y(x,y)]\mathrm{d}y=$ _____.

3. 若 L 为曲线 $x^2 + y^2 + xy = 1$ 正向一周, 则 $\oint_L e^{xy}(x\mathrm{d}x + y\mathrm{d}y) = $ _____.

4. 设 L 为抛物线 $y = x^2$ 与直线 $y = x$ 所围成的有界闭区域 D 的正向边界, 试计算曲线积分 $\int_L (2xy - x^2)\mathrm{d}x + (x + y^2)\mathrm{d}y$, 进而验证在本题所给条件下格林公式的正确性.

5. 利用格林公式计算下列各积分:

(1) $\oint_L (2x^2 + 4x - y)\mathrm{d}x + (5y^2 + 3x - 6y)\mathrm{d}y$, 其中 L 为顶点分别为 $(0,0), (3,0)$ 和 $(3,2)$ 的三角形的正向边界;

(2) $\oint_L \sqrt{x^2 + y^2}\mathrm{d}x + (x + y\ln(x + \sqrt{x^2 + y^2}))\mathrm{d}y$, 其中 L 为正向圆周 $(x-1)^2 + (y-1)^2 = 1$;

(3) $\int_L (x^2 - y)\mathrm{d}x - (x + \sin^2 y)\mathrm{d}y$, 其中 L 是在上半圆周 $y = \sqrt{2x - x^2}$ 上从点 $(0,0)$ 到点 $(1,1)$ 的一段弧;

(4) $\oint_L \dfrac{x\mathrm{d}y - y\mathrm{d}x}{4x^2 + y^2}$, 其中 L 为正向圆周 $(x-1)^2 + y^2 = R^2 (R \neq 1)$;

(5) $\int_L (12xy + e^y)\mathrm{d}x - (\cos y - xe^y)\mathrm{d}y$, 其中 L 是从点 $(-1,0)$ 沿上半圆周 $y = \sqrt{1 - x^2}$ 到点 $(0,1)$, 再沿直线段 $y = 1$ 到点 $(1,1)$ 的一段弧;

(6) $\int_L (2a - y)\mathrm{d}x + x\mathrm{d}y$, 其中 L 为摆线
$$x = a(t - \sin t), \quad y = a(1 - \cos t) \quad (0 \leqslant t \leqslant 2\pi)$$
沿 t 增加的方向的一拱.

6. 计算 $\int_L \dfrac{(x - y)\mathrm{d}x + (x + y)\mathrm{d}y}{x^2 + y^2}$, 其中 L 分别如下:

(1) 不包围原点的正向简单闭曲线;

(2) $|x| + |y| \leqslant 1$ 的正向边界.

7. 利用曲线积分计算下列平面曲线所围成的平面图形的面积:

(1) 椭圆 $\dfrac{x^2}{a^2} + \dfrac{y^2}{b^2} = 1$;

(2) 三叶玫瑰线 $\rho = a\cos 3\varphi (a > 0)$;

(3) $\begin{cases} x = \cos t, \\ y = \sin^3 t \end{cases} \quad (0 \leqslant t \leqslant 2\pi)$.

8. 设有平面力场 $\boldsymbol{F} = (2xy^3 - y^2\cos x)\boldsymbol{i} + (1 - 2y\sin x + 3x^2y^2)\boldsymbol{j}$, 求一质点沿曲线 $y^2 = \sin x$ 从点 $(0,0)$ 移动到点 $\left(\dfrac{\pi}{2}, 1\right)$ 时, 场力所做的功.

9. 设曲线积分 $\int_L (f(x) - e^x)\sin y\mathrm{d}x - f(x)\cos y\mathrm{d}y$ 与路径无关, 其中 $f(x)$ 具有一阶连续导数, 且 $f(0) = 0$, 求函数 $f(x)$.

10. 设 $Q(x, y)$ 在 xOy 平面上具有一阶连续偏导数，曲线积分 $\int_L 2xy\mathrm{d}x + Q(x, y)\mathrm{d}y$ 与路径无关，并且对任意实数 t，恒有 $\int_{(0,0)}^{(t,1)} 2xy\mathrm{d}x + Q(x, y)\mathrm{d}y = \int_{(0,0)}^{(1,t)} 2xy\mathrm{d}x + Q(x, y)\mathrm{d}y$，试求 $Q(x, y)$.

11. 试确定常数 λ，使得在右半平面 $x > 0$ 上向量 $A(x, y) = 2xy(x^4 + y^2)^\lambda \boldsymbol{i} - x^2(x^4 + y^2)^\lambda \boldsymbol{j}$ 为某个二元函数 $U(x, y)$ 的梯度，并求 $U(x, y)$.

12. 设函数 $\varphi(y)$ 具有连续导函数，且在环绕原点的任意分段光滑的简单闭曲线 L 上，曲线积分 $\oint_L \dfrac{\varphi(y)\mathrm{d}x + 2xy\mathrm{d}y}{2x^2 + y^4}$ 的值恒为同一常数.

(1) 证明：对右半平面 $x > 0$ 内的任意分段光滑的简单闭曲线 L，有

$$\oint_L \frac{\varphi(y)\mathrm{d}x + 2xy\mathrm{d}y}{2x^2 + y^4} = 0 \, ;$$

(2) 求函数 $\varphi(y)$ 的表达式.

13. 解下列全微分方程：

(1) $\sin x \sin 2y\mathrm{d}x - 2\cos x \cos 2y\mathrm{d}y = 0$；

(2) $(x^2 - y)\mathrm{d}x - (x + \sin^2 y)\mathrm{d}y = 0$；

(3) $(2x + \mathrm{e}^x \sin 2y)\mathrm{d}x + (2\mathrm{e}^x \cos 2y - y)\mathrm{d}y = 0$.

14. 曲线积分 $\int_L xy^2\mathrm{d}x + y\varphi(x)\mathrm{d}y$ 在 xOy 平面内与路径无关，其中 $\varphi(x)$ 有连续导数，且 $\varphi(0) = 0$，求 $\varphi(x)$ 及积分 $\int_{(0,0)}^{(1,1)} xy^2\mathrm{d}x + y\varphi(x)\mathrm{d}y$ 的值.

习题 8.3

习题8.3参考解答

1. 设 Σ 是曲面 $x^2 + y^2 + z^2 = a^2 (a > 0)$ 的外侧，则

(1) $\iint\limits_{\Sigma} \mathrm{d}x\mathrm{d}y = \underline{\hspace{2cm}}$；　　　　(2) $\iint\limits_{\Sigma} z\mathrm{d}x\mathrm{d}y = \underline{\hspace{2cm}}$；

(3) $\iint\limits_{\Sigma} (x^2 + y^2 + z^2)\mathrm{d}x\mathrm{d}y = \underline{\hspace{2cm}}$.

2. 如果 Σ 是 xOy 平面上的一块有界闭区域 D，则 $\iint\limits_{\Sigma} R(x, y, z)\mathrm{d}x\mathrm{d}y$ 与二重积分 $\iint\limits_{D} R(x, y, 0)\mathrm{d}x\mathrm{d}y$ 有何关系？

3. 设 Σ_1 表示上半球面 $z = \sqrt{R^2 - x^2 - y^2}$ 的上侧，Σ_2 表示下半球面 $z = -\sqrt{R^2 - x^2 - y^2}$ 的下侧，则 Σ_1 和 Σ_2 的形状和定向都关于 xOy 平面对称，试问：若函数 $f(x, y, z)$ 在关于 xOy 平面对称的点上总是相等，是否有 $\iint\limits_{\Sigma_1} f(x, y, z)\mathrm{d}x\mathrm{d}y = \iint\limits_{\Sigma_2} f(x, y, z)\mathrm{d}x\mathrm{d}y$ 成立？

4. 试在下列条件下, 把第二型曲面积分 $\iint\limits_{\Sigma} P\mathrm{d}y\mathrm{d}z + Q\mathrm{d}z\mathrm{d}x + R\mathrm{d}x\mathrm{d}y$ 转化为第一型的曲面积分:

(1) Σ 为 yOz 平面上中心在原点的单位圆盘, 取前侧;

(2) Σ 为平面 $3x + 2y + 2\sqrt{3}z = 6$ 被圆柱面 $x^2 + y^2 = 1$ 截下的椭圆片, 取前侧;

(3) Σ 为上侧抛物面 $z = \dfrac{1}{2}(x^2 + y^2)(z \leqslant 1)$;

(4) Σ 为右半球面 $y = \sqrt{a^2 - x^2 - z^2}$, 取左侧.

5. 计算下列曲面积分:

(1) $\iint\limits_{\Sigma} x\mathrm{d}y\mathrm{d}z - y\mathrm{d}z\mathrm{d}x + z\mathrm{d}x\mathrm{d}y$, 其中 Σ 为平面 $x + 2y - z = 4$ 被柱面 $x^2 + y^2 = 1$ 截下的部分的前侧;

(2) $\iint\limits_{\Sigma} x\mathrm{d}y\mathrm{d}z + y\mathrm{d}z\mathrm{d}x + z\mathrm{d}x\mathrm{d}y$, 其中 Σ 为圆柱面 $x^2 + y^2 = 1$ 被平面 $z = 0$ 和 $z = 3$ 所截得的位于第一卦限部分的右侧;

(3) $\iint\limits_{\Sigma} (y^2 - x)\mathrm{d}y\mathrm{d}z + (z^2 - y)\mathrm{d}z\mathrm{d}x + (x^2 - z)\mathrm{d}x\mathrm{d}y$, 其中 Σ 为抛物面 $z = 2 - x^2 - y^2$ $(1 \leqslant z \leqslant 2)$ 的下侧;

(4) $\iint\limits_{\Sigma} -y\mathrm{d}z\mathrm{d}x + (z+1)\mathrm{d}x\mathrm{d}y$, 其中 Σ 为圆柱面 $x^2 + y^2 = 4$ 被平面 $z = 0$ 和 $x + z = 2$ 所截部分的外侧;

(5) $\iint\limits_{\Sigma} x(8y+1)\mathrm{d}y\mathrm{d}z + 2(1-y^2)\mathrm{d}z\mathrm{d}x - 4yz\mathrm{d}x\mathrm{d}y$, 其中 Σ 为由曲线 $\begin{cases} z = \sqrt{y-1}, \\ x = 0 \end{cases} (1 \leqslant y \leqslant 3)$ 绕 y 轴旋转一周所得的曲面, 其法向量与 y 轴所成角度恒大于 $\dfrac{\pi}{2}$;

(6) $\iint\limits_{\Sigma} x\mathrm{d}y\mathrm{d}z + yz\mathrm{d}z\mathrm{d}x$, 其中 Σ 为上半球面 $x^2 + y^2 + z^2 = 4$ 的上侧.

6*. 求曲面积分 $\iint\limits_{\Sigma} x^3\mathrm{d}y\mathrm{d}z$, 其中 Σ 为上半椭球面 $\dfrac{x^2}{a^2} + \dfrac{y^2}{b^2} + \dfrac{z^2}{c^2} = 1(z \geqslant 0)$ 的上侧.

习题 8.4

习题8.4参考解答

1. 填空题.

(1) 设 Σ 是介于 $z = 0$ 和 $z = 3$ 之间的圆柱体 $x^2 + y^2 \leqslant 9$ 的整个表面的外侧, 则曲面积分 $\oiint\limits_{\Sigma} x\mathrm{d}y\mathrm{d}z + y\mathrm{d}z\mathrm{d}x + z\mathrm{d}x\mathrm{d}y = \underline{\qquad}$;

(2) 若 Σ 是由 $x=1, x=2, y=1, y=2, z=1, z=3$ 所围成的六面体的内侧表面, 则 $\oiint\limits_{\Sigma} (xy + z)\mathrm{d}x\mathrm{d}y + (xz + y)\mathrm{d}z\mathrm{d}x + (yz + x)\mathrm{d}y\mathrm{d}z = \underline{\qquad}$;

(3) 向量场 $A = (x - y)i + x^3 zj + (y^2 - z)k$ 的散度为 $\mathrm{div}A =$ _____；

(4) 向量场 $A = \mathrm{e}^{xy}i + \cos(xy)j + \cos(xz^2)k$ 的散度为 $\mathrm{div}A =$ _____；

(5) 设函数 $u = u(x, y, z)$ 有连续的二阶偏导数, 则 $\mathrm{div}(\mathbf{grad}u) =$ _____.

2. 利用高斯公式计算曲面积分:

(1) $\iint\limits_{\Sigma}(x + xy)\mathrm{d}y\mathrm{d}z + (y + yz)\mathrm{d}z\mathrm{d}x + (z + zx)\mathrm{d}x\mathrm{d}y$, 其中 Σ 是闭曲面 $|x| + |y| + |z| = 1$ 的外侧;

(2) $\iint\limits_{\Sigma} x^2 yz^2 \mathrm{d}y\mathrm{d}z - xy^2 z^2 \mathrm{d}z\mathrm{d}x + z(1 + xyz)\mathrm{d}x\mathrm{d}y$, 其中 Σ 为由曲面 $z = a^2 - x^2 - y^2$ 与平面 $z = 0$ 所围成的闭区域 Ω 的边界曲面的外侧;

(3) $\iint\limits_{\Sigma} xz^2 \mathrm{d}y\mathrm{d}z + (x^2 y - z^3)\mathrm{d}z\mathrm{d}x + (2xy + y^2 z)\mathrm{d}x\mathrm{d}y$, 其中 Σ 为上半球体 $0 \leqslant z \leqslant \sqrt{a^2 - x^2 - y^2}$ 的表面外侧;

(4) $\iint\limits_{\Sigma} xy\mathrm{d}y\mathrm{d}z + (xz + y)\mathrm{d}z\mathrm{d}x + xz\mathrm{d}x\mathrm{d}y$, 其中 Σ 为球面 $x^2 + y^2 + z^2 = a^2$ 在第一卦限部分的上侧;

(5) $\iint\limits_{\Sigma}(x - 1)^3 \mathrm{d}y\mathrm{d}z + (y - 1)^3 \mathrm{d}z\mathrm{d}x + (z - 1)^3 \mathrm{d}x\mathrm{d}y$, 其中 Σ 为抛物面 $z = x^2 + y^2 (z \leqslant 1)$ 的上侧;

(6) $\iint\limits_{\Sigma} A \cdot \mathrm{d}S$, 其中 $A = x^3 i + 2xz^2 j + 3y^2 zk$, Σ 为抛物面 $z = 4 - x^2 - y^2 (z \geqslant 0)$ 的下侧.

3. 求曲面积分 $\iint\limits_{\Sigma} x^3 \mathrm{d}y\mathrm{d}z + y^3 \mathrm{d}z\mathrm{d}x + xyz\mathrm{d}x\mathrm{d}y$, 其中 Σ 为由 yOz 面上的抛物线段 $z = y^2$ $(1 \leqslant y \leqslant 2)$ 绕 z 轴旋转一周所得的曲面, 取上侧.

4. 求下列向量场 A 穿过曲面 Σ 流向指定侧的流量:

(1) $A = (2x + 3z)i - (xz + y)j + (y^2 + 2z)k$, $\Sigma:(x - 3)^2 + (y + 1)^2 + (z - 2)^2 = 9$, 外侧;

(2) $A = x(y - z)i + y(z - 2x)j + z(x - 3y)k$, $\Sigma:\dfrac{x^2}{a^2} + \dfrac{y^2}{b^2} + \dfrac{z^2}{c^2} = 1$, 外侧;

(3) $A = x^2 i + y^2 j + z^2 k$, $\Sigma:x^2 + y^2 + z^2 = 1$ 位于第一卦限的部分, 上侧.

5. 证明题. 设 Σ 是简单光滑闭曲面, n 为 Σ 的外法向量, a 为任意非零常向量, 求证:
$$\iint\limits_{\Sigma} \cos(n, a)\mathrm{d}S = 0.$$

6. 试证明散度具有如下性质:

(1) 线性性质: 设 λ, μ 为常数, A, B 是两个向量场, 则 $\mathrm{div}(\lambda A + \mu B) = \lambda \mathrm{div}A + \mu \mathrm{div}B$;

(2) 设 $u = u(x, y, z)$ 为具有连续偏导数的函数, A 为向量场, 则 $\mathrm{div}(uA) = \mathbf{grad}u \cdot A + u\mathrm{div}A$.

7. 令 $\Delta = \dfrac{\partial^2}{\partial x^2} + \dfrac{\partial^2}{\partial y^2} + \dfrac{\partial^2}{\partial z^2}$ 表示三维拉普拉斯算子, Σ 是空间有界闭区域 Ω 的整个边

界, $\boldsymbol{n}$ 为 Σ 的外法向量, $u(x,y,z)$ 和 $v(x,y,z)$ 是在 Ω 上有二阶连续偏导数的函数, 试证明:

(1) $\iiint\limits_{\Omega} u\Delta v\mathrm{d}x\mathrm{d}y\mathrm{d}z = \oiint\limits_{\Sigma} u\dfrac{\partial v}{\partial \boldsymbol{n}}\mathrm{d}\boldsymbol{S} - \iiint\limits_{\Omega}(\nabla u\cdot\nabla v)\mathrm{d}x\mathrm{d}y\mathrm{d}z$;

(2) $\iiint\limits_{\Omega}(u\Delta v - v\Delta u)\mathrm{d}x\mathrm{d}y\mathrm{d}z = \oiint\limits_{\Sigma}\left(u\dfrac{\partial v}{\partial \boldsymbol{n}} - v\dfrac{\partial u}{\partial \boldsymbol{n}}\right)\mathrm{d}\boldsymbol{S}$.

8. 设 $u(x,y,z)$, $v(x,y,z)$ 是两个具有二阶连续偏导数的函数, 证明: $\mathrm{div}(\nabla u\times\nabla v)=0$.

9. 已知函数 $u(x,y,z)$ 沿光滑闭曲面 Σ 的外法向量的方向导数是常数 c, Σ 所围成的空间区域为 Ω, Σ 的面积为 A, 证明:

$$\iiint\limits_{\Omega}\mathrm{div}(\nabla u)\mathrm{d}V = cA.$$

习题 8.5

习题8.5参考解答

1. 利用斯托克斯公式计算下列曲线积分:

(1) $\oint\limits_{\Gamma} y\mathrm{d}x + z\mathrm{d}y + x\mathrm{d}z$, 其中 Γ 是圆周 $x^2 + y^2 + z^2 = a^2, x+y+z=0$, 从 z 轴正向看去为逆时针方向;

(2) $\oint\limits_{\Gamma}(y-z)\mathrm{d}x + (z-x)\mathrm{d}y + (x-y)\mathrm{d}z$, 其中 Γ 是椭圆 $x^2 + y^2 = a^2, \dfrac{x}{a} + \dfrac{z}{b} = 1(a,b>0)$, 从 z 轴正向看去为顺时针方向;

(3) $\oint\limits_{\Gamma} xy\mathrm{d}x + yz\mathrm{d}y + zx\mathrm{d}z$, 其中 Γ 是以 $(1,0,0),(0,3,0),(0,0,3)$ 为顶点的三角形的周界, 从 z 轴正向看去为逆时针方向;

(4) $\oint\limits_{\Gamma} z^2\mathrm{d}x + x^2\mathrm{d}y + y^2\mathrm{d}z$, 其中 Γ 是抛物面 $z = 1 - x^2 - y^2$ 位于第一卦限部分的边界线, 从 z 轴正向看去为逆时针方向;

(5) $\oint\limits_{\Gamma}(y+x^2)\mathrm{d}x + (z^2+y)\mathrm{d}y + (x^3+\sin z)\mathrm{d}z$, 其中 Γ 是双曲抛物面 $z = 2xy$ 与圆柱面 $x^2 + y^2 = 1$ 的交线, 从 z 轴正向看去为逆时针方向;

(6) $\oint\limits_{\Gamma}(y^2-z^2)\mathrm{d}x + (2z^2-x^2)\mathrm{d}y + (3x^2-y^2)\mathrm{d}z$, 其中 Γ 是平面 $x+y+z=1$ 与柱面 $|x|+|y|=1$ 的交线, 从 z 轴正向看去为顺时针方向;

(7) $\oint\limits_{\Gamma} y^2\mathrm{d}x + z^2\mathrm{d}y + x^2\mathrm{d}z$, 其中 Γ 是上半球面 $x^2 + y^2 + z^2 = a^2$ 与圆柱面 $x^2 + y^2 = ax$ 的交线, 从 z 轴正向看去为逆时针方向.

2. 求下列向量场 $\boldsymbol{A}$ 沿定向曲线 Γ 的环流量:

(1) $\boldsymbol{A} = -y\boldsymbol{i} + x\boldsymbol{j} + c\boldsymbol{k}$ (这里 c 是常数), Γ 是

(i) 圆周 $x^2 + y^2 = 1, z = 0$, 从 z 轴正向看去为逆时针方向;

(ii) 圆周 $y^2 + z^2 = 1, x = 0$，从 x 轴正向看去为逆时针方向.

(2) $A = -3y\boldsymbol{i} - zx\boldsymbol{j} + yz^2\boldsymbol{k}$，$\Gamma$ 是

(i) 圆周 $x^2 + y^2 = 4, z = 1$，从 z 轴正向看去为逆时针方向；

(ii) 圆周 $y^2 + z^2 = 4, x = 1$，从 x 轴正向看去为逆时针方向.

3. 求下列向量场 A 的旋度：

(1) $A = x^2 \sin y\boldsymbol{i} + y^2 \sin z\boldsymbol{j} + z^2 \sin x\boldsymbol{k}$；

(2) $A = 2xy^2 z\boldsymbol{i} + 2x^2 yz\boldsymbol{j} + x^2 y^2\boldsymbol{k}$；

(3) $A = \mathbf{grad}U$，其中 $U(x,y,z)$ 是一个具有二阶连续偏导数的函数.

4. 试用斯托克斯公式把第二型的曲面积分 $\iint\limits_{\Sigma} \mathrm{rot}A \cdot \mathrm{d}S$ 化为曲线积分，并求其值：

(1) $A = y^2\boldsymbol{i} + xy\boldsymbol{j} + xz\boldsymbol{k}$，$\Sigma$ 为上半球面 $z = \sqrt{1 - x^2 - y^2}$ 的上侧；

(2) $A = (y - z)\boldsymbol{i} + yz\boldsymbol{j} - xz\boldsymbol{k}$，$\Sigma$ 为上半椭球面 $z = \sqrt{1 - \dfrac{x^2}{4} - \dfrac{y^2}{9}}$ 的下侧.

总习题八参考解答

1. 填空题.

(1) 如果 L 为平面上由点 $M(0,-1)$ 沿曲线 $x = \sqrt{1 - y^2}$ 经过点 $E(1,0)$ 到点 $N(0,1)$ 的一段曲线弧，那么曲线积分 $\displaystyle\int_L |y|\mathrm{d}x + y^3\mathrm{d}y = \underline{\qquad\qquad}$；

(2) 如果 Γ 为由点 $M(0,0,-1)$ 到点 $N(1,0,0)$ 再到点 $P(0,0,1)$ 的定向折线段，那么曲线积分 $\displaystyle\int_\Gamma \frac{\mathrm{d}x + \mathrm{d}y + \mathrm{d}z}{|x| + |y| + |z|} = \underline{\qquad\qquad}$；

(3) 如果曲线积分 $\displaystyle\int_L \frac{(x + ay)\mathrm{d}x + y\mathrm{d}y}{(x + y)^2}$ 在半平面 $x + y > 0$ 上与路径无关，那么 $a = \underline{\qquad\qquad}$；

(4) 设 Σ 是一个球面，A 是一个常向量场，则 $\displaystyle\oiint\limits_{\Sigma} A \cdot \mathrm{d}S = \underline{\qquad\qquad}$；

(5) 设 $f(x,y,z)$ 有三阶连续偏导数，则 $\mathrm{div}(\mathrm{rot}(\nabla f)) = \underline{\qquad\qquad}$；

(6) 设曲线积分 $\displaystyle\int_L (2x + ay - z)\mathrm{d}x + (x + 2y + bz)\mathrm{d}y + (cx - y + 2z)\mathrm{d}z$ 在整个空间 $\mathbb{R}^3$ 中与路径无关，则 $a = \underline{\qquad\qquad}$，$b = \underline{\qquad\qquad}$，$c = \underline{\qquad\qquad}$；

(7) 设 Σ 是八面体 $|x| + |y| + |z| \leqslant 1$ 的内侧表面，则 $\displaystyle\oiint\limits_{\Sigma} x\mathrm{d}y\mathrm{d}z + y\mathrm{d}z\mathrm{d}x + z\mathrm{d}x\mathrm{d}y = \underline{\qquad\qquad}$.

解 (1) L 有参数方程

$$L: x = \cos t, y = \sin t, t: -\frac{\pi}{2} \to \frac{\pi}{2}.$$

因此

$$\int_L |y| \mathrm{d}x + y^3 \mathrm{d}y = \int_{-\frac{\pi}{2}}^{\frac{\pi}{2}} [|\sin t| \cdot (-\sin t) + \sin^3 t \cdot \cos t] \mathrm{d}t = 0 + \frac{1}{4} \sin^4 t \Big|_{-\frac{\pi}{2}}^{\frac{\pi}{2}} = 0.$$

(2) 由于在整个 Γ 上恒有 $|x| + |y| + |z| = 1$, 故

$$\int_\Gamma \frac{\mathrm{d}x + \mathrm{d}y + \mathrm{d}z}{|x| + |y| + |z|} = \int_\Gamma \mathrm{d}x + \mathrm{d}y + \mathrm{d}z$$

$$= \int_{\widehat{MNP}} \mathrm{d}(x + y + z) = (x + y + z) \Big|_M^P = 1 - (-1) = 2.$$

(3) 由所给条件可知, 当 $x + y > 0$ 时, 恒有

$$\frac{\partial}{\partial x} \left(\frac{y}{(x+y)^2} \right) = \frac{\partial}{\partial y} \left(\frac{x+ay}{(x+y)^2} \right), \quad \text{即有} -2y(x+y) = (a-2)x^2 - 2xy - ay^2.$$

由此解得: $a = 2.$

(4) 由高斯公式可得: $\oiint_\Sigma A \cdot \mathrm{d}S = \pm \iiint_\Omega (\mathrm{div} A) \mathrm{d}V = \iiint_\Omega 0 \mathrm{d}V = 0.$ (这里 Ω 表示 Σ 所围成的球体)

(5) 直接计算可得

$$\mathrm{div}(\mathrm{rot}(\nabla f)) = \mathrm{div}(\mathrm{rot}(f_x \boldsymbol{i} + f_y \boldsymbol{j} + f_z \boldsymbol{k}))$$

$$= \mathrm{div}[(f_{zy} - f_{yz})\boldsymbol{i} + (f_{xz} - f_{zx})\boldsymbol{j} + (f_{yx} - f_{xy})\boldsymbol{k}]$$

$$= \mathrm{div} \boldsymbol{0} = 0.$$

(6) 由于积分 $\int_L (2x + ay - z) \mathrm{d}x + (x + 2y + bz) \mathrm{d}y + (cx - y + 2z) \mathrm{d}z$ 在整个空间 $\mathbb{R}^3$ 中与路径无关, 故

$$\mathrm{rot}[(2x + ay - z)\boldsymbol{i} + (x + 2y + bz)\boldsymbol{j} + (cx - y + 2z)\boldsymbol{k}] = (-1 - b, -1 - c, 1 - a) = \boldsymbol{0}.$$

由此得到: $a = 1, b = c = -1.$

(7) 记 Ω 表示八面体 $|x| + |y| + |z| \leqslant 1$, 则由高斯公式可得

$$\oiint_\Sigma x \mathrm{d}y \mathrm{d}z + y \mathrm{d}z \mathrm{d}x + z \mathrm{d}x \mathrm{d}y = -\iiint_\Omega 3 \mathrm{d}V = -3 \cdot 2 \cdot \frac{1}{3} \cdot \sqrt{2} \cdot \sqrt{2} \cdot 1 = -4. \blacksquare$$

2. 在过原点 $(0,0)$ 和点 $A(\pi, 0)$ 的所有曲线 $y = a \sin x (a > 0)$ 中, 求一条曲线 L 使得沿该曲线从原点 $(0,0)$ 到点 $A(\pi, 0)$ 的积分 $\int_L (1 + y^3) \mathrm{d}x + (2x + y) \mathrm{d}y$ 最小.

解 L 有参数方程 $x = t, y = a \sin t, t: 0 \to \pi.$ 由此

$$I(t) = \int_L (1 + y^3) \mathrm{d}x + (2x + y) \mathrm{d}y$$

$$= \int_0^\pi [(1 + a^3 \sin^3 t) + (2t + a \sin t) \cdot a \cos t] \mathrm{d}t$$

$$= \left[t + \frac{a^3}{3}\cos^3 t - a^3\cos t + 2a(t\sin t + \cos t) + \frac{1}{2}a^2\sin^2 t \right]\Big|_0^\pi$$

$$= \frac{4}{3}a^3 - 4a + \pi.$$

令 $I'(t) = 4a^2 - 4 = 0$. 可解得 $a = \pm 1$. 由于 $a > 0$，故 $a = 1$. 此时 $I''(t) = 8 > 0$. 可见 $I(t)$ 在 $a = 1$ 时确实取得最小值. 而所求的曲线为 $y = \sin x$. ■

3. 设 $f(x)$ 为连续函数，满足 $f(x) = x + \dfrac{1}{2}\displaystyle\int_0^1 f(t)\mathrm{d}t, b = \displaystyle\int_0^1 f(x)\mathrm{d}x$. 试计算曲线积分

$$I = \int_L [\mathrm{e}^x \sin y - b(x+y)]\mathrm{d}x + (\mathrm{e}^x\cos y - ax)\mathrm{d}y,$$

其中 a 为正常数，L 为从 $A(2a,0)$ 到点 $O(0,0)$ 的曲线弧 $y = \sqrt{2ax - x^2}$.

解法一　首先，对 $f(x) = x + \dfrac{1}{2}\displaystyle\int_0^1 f(t)\mathrm{d}t = x + \dfrac{1}{2}b$ 两边取积分，得

$$b = \int_0^1 f(x)\mathrm{d}x = \int_0^1 \left(x + \frac{1}{2}b\right)\mathrm{d}x = \frac{1}{2} + \frac{1}{2}b.$$

由此解得：$b = 1$. 由于 L 有参数方程

$$L: x = 2a\cos^2\varphi, y = 2a\cos\varphi\sin\varphi, \quad \varphi: 0 \to \frac{\pi}{2}.$$

由此

$$I = \int_L [\mathrm{e}^x \sin y - b(x+y)]\mathrm{d}x + (\mathrm{e}^x\cos y - ax)\mathrm{d}y$$

$$= \int_L \mathrm{e}^x\sin y\,\mathrm{d}x + \mathrm{e}^x\cos y\,\mathrm{d}y + \int_L -(x+y)\mathrm{d}x - ax\,\mathrm{d}y$$

$$= \int_L \mathrm{d}(\mathrm{e}^x\sin y) + \int_0^{\frac{\pi}{2}} [-2a(\cos^2\varphi + \cos\varphi\sin\varphi)(-4a\cos\varphi\sin\varphi) - 2a^2\cos^2\varphi \cdot 2a\cos 2\varphi]\mathrm{d}\varphi$$

$$= \mathrm{e}^x\sin y\Big|_{(2a,0)}^{(0,0)} + \int_0^{\frac{\pi}{2}} [8a^2\cos^3\varphi\sin\varphi + (8a^2 + 4a^3)\cos^2\varphi - (8a^2 + 8a^3)\cos^4\varphi]\mathrm{d}\varphi$$

$$= 0 - 2a^2\cos^4\varphi\Big|_0^{\frac{\pi}{2}} + (8a^2 + 4a^3)\cdot\frac{\pi}{4} - (8a^2 + 8a^3)\cdot\frac{3}{16}\pi$$

$$= \left(2 + \frac{\pi}{2}\right)a^2 - \frac{\pi}{2}a^3.$$

解法二　$b = 1$ 的计算如前. 作辅助曲线 $L_1: x = t, y = 0, t: 0 \to 2a$. 则 $L + L_1$ 围成一个平面区域

$$D: 0 \leqslant \varphi \leqslant \frac{\pi}{2}, 0 \leqslant \rho \leqslant 2a\cos\varphi \text{（极坐标系下的表示）},$$

且 $L + L_1$ 为 D 的正向边界. 又

$$\int_{L_1} [\mathrm{e}^x\sin y - b(x+y)]\mathrm{d}x + (\mathrm{e}^x\cos y - ax)\mathrm{d}y = \int_0^{2a} -t\,\mathrm{d}t = -2a^2.$$

于是由格林公式可得

$$I = \int_L [e^x \sin y - b(x+y)]dx + (e^x \cos y - ax)dy$$

$$= \left(\oiint_{L+L_1} - \int_{L_1} \right)[e^x \sin y - b(x+y)]dx + (e^x \cos y - ax)dy$$

$$= \iint_D (-a+1)dxdy - (-2a^2) = (-a+1)\cdot\frac{1}{2}\pi a^2 + 2a^2 = -\frac{1}{2}\pi a^3 + \left(2+\frac{\pi}{2}\right)a^2. \blacksquare$$

4. 设 $\varphi(x)$ 为可微函数, 满足 $\varphi(1)=2$, L 为第一象限中从 $A(0,0)$ 到点 $B(1,1)$ 的曲线弧 $(x-1)^2 + y^2 = 1$. 试计算曲线积分 $\int_L (x^2 y + \varphi'(x)y^3)dx + (3\varphi(x)y^2 - xy^2)dy$.

解法一 L 有参数方程

$$x = 2\cos^2\varphi, \quad y = 2\cos\varphi\sin\varphi, \quad \varphi: \frac{\pi}{2} \to \frac{\pi}{4}.$$

于是

$$\int_L (x^2 y + \varphi'(x)y^3)dx + (3\varphi(x)y^2 - xy^2)dy$$

$$= \int_L \varphi'(x)y^3 dx + 3\varphi(x)y^2 dy + \int_L x^2 y dx - xy^2 dy$$

$$= \int_L d[\varphi(x)y^3] + 16\int_{\frac{\pi}{2}}^{\frac{\pi}{4}} (\cos^4\varphi\sin^4\varphi - 3\cos^6\varphi\sin^2\varphi)d\varphi$$

$$= [\varphi(x)y^3]\Big|_{(0,0)}^{(1,1)} + \int_{\frac{\pi}{2}}^{\frac{\pi}{4}} \left(-\frac{3}{2} + \cos 4\varphi + \frac{1}{4}\cos 8\varphi - 6\sin^2 2\varphi\cos 2\varphi\right)d\varphi$$

$$= \varphi(1) + \frac{3}{8}\pi + 0 + 0 - 1 = 1 + \frac{3}{8}\pi.$$

解法二 L 有参数方程

$$x = 1 + \cos t, y = \sin t, \quad \varphi: \pi \to \frac{\pi}{2}.$$

于是

$$\int_L (x^2 y + \varphi'(x)y^3)dx + (3\varphi(x)y^2 - xy^2)dy$$

$$= \int_L \varphi'(x)y^3 dx + 3\varphi(x)y^2 dy + \int_L x^2 y dx - xy^2 dy$$

$$= \int_L d[\varphi(x)y^3] - \int_\pi^{\frac{\pi}{2}} \sin^2 t(1 + 3\cos t + 2\cos^2 t)dt$$

$$= [\varphi(x)y^3]\Big|_{(0,0)}^{(1,1)} - \left[\frac{1}{2}t - \frac{1}{4}\sin 2t + \sin^3 t + \frac{1}{4}t - \frac{1}{16}\sin 4t\right]\Big|_\pi^{\frac{\pi}{2}}$$

$$= \varphi(1) - 1 + \frac{3}{8}\pi = 1 + \frac{3}{8}\pi.$$

解法三 记 $D = \left\{ (x,y) \middle| 0 \leqslant x \leqslant 1, 0 \leqslant y \leqslant \sqrt{2x - x^2} \right\}$. 作辅助曲线

$$L_1 : x = 1, y = t, t : 1 \to 0 ; \quad L_2 : x = t, y = 0, t : 1 \to 0.$$

则 $L + L_1 + L_2$ 构成有界闭区域 D 的正向边界, 且

$$\int_{L_1} (x^2 y + \varphi'(x) y^3) \mathrm{d}x + (3\varphi(x) y^2 - xy^2) \mathrm{d}y = \int_1^0 (3\varphi(1) - 1) t^2 \mathrm{d}t = \int_1^0 5t^2 \mathrm{d}t = -\frac{5}{3}.$$

$$\int_{L_2} (x^2 y + \varphi'(x) y^3) \mathrm{d}x + (3\varphi(x) y^2 - xy^2) \mathrm{d}y = \int_0^1 0 \mathrm{d}t = 0.$$

于是由格林公式可得

$$\int_L (x^2 y + \varphi'(x) y^3) \mathrm{d}x + (3\varphi(x) y^2 - xy^2) \mathrm{d}y$$

$$= \left(\oint_{L+L_1+L_2} - \int_{L_1} - \int_{L_2} \right) (x^2 y + \varphi'(x) y^3) \mathrm{d}x + (3\varphi(x) y^2 - xy^2) \mathrm{d}y$$

$$= -\iint_D (-y^2 - x^2) \mathrm{d}x \mathrm{d}y - \left(-\frac{5}{3} \right) - 0 = \frac{5}{3} + \int_0^1 \mathrm{d}x \int_0^{\sqrt{2x - x^2}} (x^2 + y^2) \mathrm{d}y$$

$$= \frac{5}{3} + \frac{2}{3} \int_0^1 (x + x^2) \sqrt{2x - x^2} \mathrm{d}x$$

$$\xlongequal{x = 1 + \sin t} \frac{5}{3} + \frac{2}{3} \int_{-\frac{\pi}{2}}^0 (2 + 3\sin t + \sin^2 t) \cos^2 t \mathrm{d}t$$

$$= \frac{5}{3} + \frac{2}{3} \left[\frac{9}{8} t + \frac{1}{2} \sin 2t - \cos^3 t - \frac{1}{32} \sin 4t \right]_{-\frac{\pi}{2}}^0 = 1 + \frac{3}{8} \pi. ∎$$

5. 设函数 $f(x)$ 在 $(-\infty, +\infty)$ 上具有一阶连续偏导数, L 为上半平面 $y > 0$ 内的定向分段光滑曲线, 其起点为 (a,b), 终点为 (c,d), 记

$$I = \int_L \frac{1}{y} (1 + y^2 f(xy)) \mathrm{d}x + \frac{x}{y^2} (y^2 f(xy) - 1) \mathrm{d}y.$$

(1) 证明: 曲线积分 I 在上半平面 $y > 0$ 内与路径无关;

(2) 当 $ab = cd$ 时, 求 I 的值.

解 (1) 由于函数 $f(x)$ 在 $(-\infty, +\infty)$ 上具有一阶连续偏导数, 当 $y > 0$ 时, 恒有

$$\frac{\partial}{\partial x} \left[\frac{x}{y^2} (y^2 f(xy) - 1) \right] = f(xy) + xyf'(xy) - \frac{1}{y^2} = \frac{\partial}{\partial y} \left[\frac{1}{y} (1 + y^2 f(xy)) \right].$$

因此曲线积分 I 在上半平面 $y > 0$ 内与路径无关.

(2) 由于曲线积分 I 在上半平面 $y > 0$ 内与路径无关, 当 $ab = cd$ 时, 先取 $f(x)$ 的一个原函数 $F(x)$, 则

$$I = \int_L \frac{1}{y}(1+y^2 f(xy))\mathrm{d}x + \frac{x}{y^2}(y^2 f(xy)-1)\mathrm{d}y$$

$$= \int_L \frac{1}{y}\mathrm{d}x - \frac{x}{y^2}\mathrm{d}y + \int_L yf(xy)\mathrm{d}x + xf(xy)\mathrm{d}y$$

$$= \int_L \mathrm{d}\frac{x}{y} + \int_L \mathrm{d}F(xy) = \left(\frac{x}{y} + F(xy)\right)\Big|_{(a,b)}^{(c,d)} = \frac{bc-ad}{bd} + F(cd) - F(ab) = \frac{bc-ad}{bd}. \blacksquare$$

6. 设 A_n 表示 n -级星形线 $x^{\frac{2}{n}} + y^{\frac{2}{n}} = a^{\frac{2}{n}}$ $(a>0, n\geqslant 3$为奇数$)$ 所围成的平面图形的面积, 求 A_n 的值, 并证明: $\lim\limits_{n\to\infty} A_n = 0$.

解　n 为奇数时, 正向的 n -级星形线 $L: x^{\frac{2}{n}} + y^{\frac{2}{n}} = a^{\frac{2}{n}}$ 有参数方程

$$L: x = a\cos^n t, y = a\sin^n t, \ t: 0 \to 2\pi.$$

不妨设 $n = 2k+1$, 则由教材中公式(8.2.4)得

$$A_n = \oint_L x\mathrm{d}y = \int_0^{2\pi} a\cos^n t \cdot na\sin^{n-1} t\cos t\mathrm{d}t$$

$$= 4na^2 \int_0^{\frac{\pi}{2}} \cos^{2k+2} t\sin^{2k} t\mathrm{d}t$$

$$= \frac{4na^2}{2^{2k+1}} \int_0^{\frac{\pi}{2}}(1+\cos 2t)\sin^{2k} 2t\mathrm{d}t \xrightarrow{2t=\theta} \frac{na^2}{2^{2k}} \int_0^{\pi}(1+\cos\theta)\sin^{2k}\theta\mathrm{d}\theta$$

$$= \frac{2na^2}{2^{2k}} \int_0^{\frac{\pi}{2}}\sin^{2k}\theta\mathrm{d}\theta + \frac{na^2}{2^{2k}}\cdot\frac{1}{2k+1}\sin^{2k+1}\theta\Big|_0^{\pi}$$

$$= \frac{2na^2}{2^{2k}}\cdot\frac{2k-1}{2k}\cdot\frac{2k-3}{2k-2}\cdots\frac{1}{2}\cdot\frac{\pi}{2} = \frac{\pi a^2}{2^{n-1}}\cdot\frac{n!!}{(n-1)!!}.$$

由于 A_n 显然是单调递减的, 且

$$\lim_{n\to\infty} \frac{A_{n+2}}{A_n} = \lim_{n\to\infty} \frac{\frac{\pi a^2}{2^{n+1}}\cdot\frac{(n+2)!!}{(n+1)!!}}{\frac{\pi a^2}{2^{n-1}}\cdot\frac{n!!}{(n-1)!!}} = \lim_{n\to\infty} \frac{n+2}{4(n+1)} = \frac{1}{4} < 1,$$

因此 $\lim\limits_{n\to\infty} A_n = 0$. $\blacksquare$

7. 试计算曲线积分 $\int_\Gamma x^2 y\mathrm{d}x + (x^2+y^2)\mathrm{d}y + (x+y+z)\mathrm{d}z$, 其中 Γ 是 $x^2+y^2+z^2=11$ 与 $z = x^2+y^2+1$ 的交线, 从 z 轴正向看去为逆时针方向.

解法一　由 $x^2+y^2+z^2=11$ 与 $z = x^2+y^2+1$ 联立可解得 $x^2+y^2=2$. 因此 Γ 有参数方程

$$\Gamma: x = \sqrt{2}\cos t, \ y = \sqrt{2}\sin t, \ z = 3, \ t: 0 \to 2\pi.$$

因此

$$\int_\Gamma x^2 y\mathrm{d}x + (x^2+y^2)\mathrm{d}y + (x+y+z)\mathrm{d}z$$

$$= \int_0^{2\pi}(-4\cos^2 t\sin^2 t + 2\sqrt{2}\cos t)\mathrm{d}t = \left[2\sqrt{2}\sin t - \frac{1}{2}t + \frac{1}{8}\sin 4t\right]_0^{2\pi} = -\pi.$$

解法二　记 Σ 表示以 Γ 为边界的那块球面 $z=\sqrt{11-x^2-y^2}$ (取上侧), 则其在 xOy 平面上的投影区域为(图 1)

$$D = \left\{(x,y)\big|x^2+y^2\le 2\right\}.$$

并且由斯托克斯公式可得

$$\int_\Gamma x^2 y\mathrm{d}x + (x^2+y^2)\mathrm{d}y + (x+y+z)\mathrm{d}z = \iint_\Sigma \mathrm{d}y\mathrm{d}z - \mathrm{d}z\mathrm{d}x + (2x-x^2)\mathrm{d}x\mathrm{d}y$$

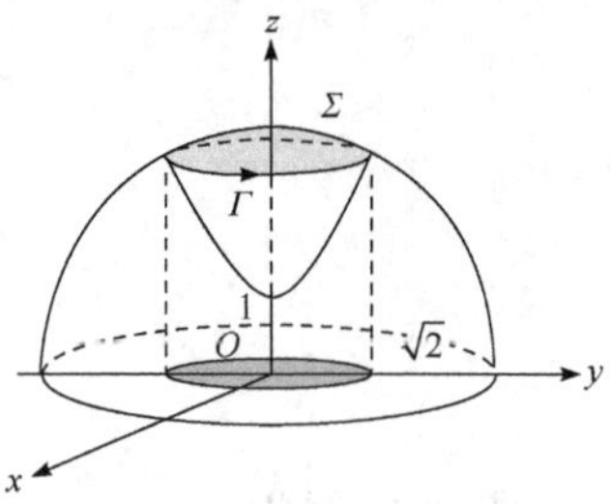

图 1

$$= \iint_\Sigma\left[\frac{x}{\sqrt{11-x^2-y^2}} - \frac{y}{\sqrt{11-x^2-y^2}} + (2x-x^2)\right]\mathrm{d}x\mathrm{d}y$$

$$= \iint_D\left[\frac{x}{\sqrt{11-x^2-y^2}} - \frac{y}{\sqrt{11-x^2-y^2}} + (2x-x^2)\right]\mathrm{d}x\mathrm{d}y$$

$$= -\iint_D x^2\mathrm{d}x\mathrm{d}y = -\frac{1}{2}\iint_D(x^2+y^2)\mathrm{d}x\mathrm{d}y$$

$$= -\frac{1}{2}\int_0^{2\pi}\mathrm{d}\varphi\int_0^{\sqrt{2}}\rho^2\cdot\rho\mathrm{d}\rho = -\pi.\ \blacksquare$$

8. 设 $(\cos x + ay + z)\mathrm{d}x + (x+\sin y + bz)\mathrm{d}y + (x-y+\mathrm{e}^z)\mathrm{d}z$ 是某个三元函数 $U(x,y,z)$ 的全微分, 试确定常数 a,b 的值, 并求出一个这样的函数 $U(x,y,z)$.

解　设 $(\cos x + ay + z)\mathrm{d}x + (x+\sin y + bz)\mathrm{d}y + (x-y+\mathrm{e}^z)\mathrm{d}z$ 是某个三元函数 $U(x,y,z)$ 的全微分, 则

$$U_x = \cos x + ay + z,\quad U_y = x+\sin y + bz,\quad U_z = x-y+\mathrm{e}^z.$$

由

$$U_{xy} = a = U_{yx} = 1,\quad U_{yz} = b = U_{zy} = -1,$$

解得: $a=1, b=-1$. 下面我们用三种不同的方法来求一个函数 $U(x,y,z)$.

解法一　首先, 有

$$U = \int U_x\mathrm{d}x = \int(\cos x + y + z)\mathrm{d}x = \sin x + (y+z)x + C(y,z),$$

从而

$$U_y = x + C_y = x + \sin y - z,\quad U_z = x + C_z = x - y + \mathrm{e}^z.$$

因此可得

$$C_y = \sin y - z, \qquad C_z = -y + \mathrm{e}^z.$$

因此

$$\mathrm{d}C(x,y) = (\sin y - z)\mathrm{d}y + (-y + \mathrm{e}^z)\mathrm{d}z = \mathrm{d}(-\cos y - yz + \mathrm{e}^z).$$

可见，$C(x,y) = -\cos y - yz + \mathrm{e}^z + C$. 从而

$$U = \sin x + (y+z)x - \cos y - yz + \mathrm{e}^z + C,$$

这里 C 表示任意常数.

解法二 我们从 $(0,0,0)$ 沿逐段平行于坐标轴的折线到点 (x,y,z) 进行曲线积分，可得一个这样的

$$\begin{aligned}
U(x,y,z) &= \int_{(0,0,0)}^{(x,y,z)} (\cos x + ay + z)\mathrm{d}x + (x + \sin y + bz)\mathrm{d}y + (x - y + \mathrm{e}^z)\mathrm{d}z \\
&= \int_0^x \cos x \mathrm{d}x + \int_0^y (x + \sin y)\mathrm{d}y + \int_0^z (x - y + \mathrm{e}^z)\mathrm{d}z \\
&= (\sin x)\Big|_0^x + (xy - \cos y)\Big|_0^y + (xz - yz + \mathrm{e}^z)\Big|_0^z \\
&= \sin x + xy - \cos y + xz - yz + \mathrm{e}^z.
\end{aligned}$$

解法三 凑微分法：由于

$$\begin{aligned}
\mathrm{d}U &= (\cos x + ay + z)\mathrm{d}x + (x + \sin y + bz)\mathrm{d}y + (x - y + \mathrm{e}^z)\mathrm{d}z \\
&= \cos x \mathrm{d}x + (y\mathrm{d}x + x\mathrm{d}y) + \sin y \mathrm{d}y - (z\mathrm{d}y + y\mathrm{d}z) + (z\mathrm{d}x + x\mathrm{d}z) + \mathrm{e}^z \mathrm{d}z \\
&= \mathrm{d}(\sin x) + \mathrm{d}(xy) - \mathrm{d}(\cos y) - \mathrm{d}(yz) + \mathrm{d}(zx) + \mathrm{d}(\mathrm{e}^z) \\
&= \mathrm{d}(\sin x + xy - \cos y - yz + zx + \mathrm{e}^z),
\end{aligned}$$

故

$$U(x,y,z) = \sin x + xy - \cos y - yz + zx + \mathrm{e}^z + C,$$

这里 C 表示任意常数.■

9. 设对半空间 $x > 0$ 内任意定向光滑闭曲面 Σ 都有

$$\oiint_{\Sigma} xf(x)\mathrm{d}y\mathrm{d}z - xyf(x)\mathrm{d}z\mathrm{d}x - \mathrm{e}^{2x}z\mathrm{d}x\mathrm{d}y = 0,$$

其中函数 $f(x)$ 在 $(0,+\infty)$ 上具有一阶连续导数，且 $\lim\limits_{x \to 0^+} f(x) = 1$，求 $f(x)$.

解 由所给条件可知，在半空间 $x > 0$ 内，恒有

$$\mathrm{div}(xf(x)\boldsymbol{i} - xyf(x)\boldsymbol{j} - \mathrm{e}^{2x}z\boldsymbol{k}) = xf'(x) + f(x) - xf(x) - \mathrm{e}^{2x} = 0,$$

即有

$$f'(x) + \frac{1-x}{x}f(x) = \frac{\mathrm{e}^{2x}}{x},$$

因此

$$f(x) = e^{-\int \frac{1-x}{x}dx} \left[\int \frac{e^{2x}}{x} \cdot e^{\int \frac{1-x}{x}dx} dx + C \right] = e^{x-\ln x} \left[\int \frac{e^{2x}}{x} \cdot e^{\ln x - x} dx + C \right]$$

$$= \frac{e^x}{x}(e^x + C) = \frac{e^{2x} + Ce^x}{x}.$$

由 $\lim\limits_{x \to 0^+} f(x) = 1$ 可得, $C = -1$. 因此 $f(x) = \dfrac{e^{2x} - e^x}{x}$. ■

10. 设 Σ 为下半球面 $x^2 + y^2 + z^2 = 1(z \leqslant 0)$ 的上侧, $f(u)$ 具有一阶连续导数, 且 $f(0) = 0$, 计算曲面积分

$$\iint\limits_{\Sigma} \frac{2}{y} f(xy^2)dydz - \frac{1}{x} f(xy^2)dzdx + \left(x^2 z + y^2 z + \frac{1}{3} z^2 \right)dxdy.$$

解 首先, 由于 $f(u)$ 具有一阶连续偏导数, 且 $f(0) = 0$, 故

$$\lim_{x \to 0} \frac{2}{y} f(xy^2) = 2 \lim_{x \to 0} \frac{f(xy^2) - f(0)}{xy^2} \cdot xy = 2f'(0) \cdot 0 = 0,$$

同理可知, 也有

$$\lim_{y \to 0} \frac{2}{y} f(xy^2) = 0, \quad \lim_{x \to 0} \frac{1}{x} f(xy^2) = 0, \quad \lim_{y \to 0} \frac{1}{x} f(xy^2) = 0.$$

因此在 x 轴和 y 轴上的点都是被积函数的连续点或者可去间断点, 从而题中的曲面积分是有意义的.

作辅助曲面 $\Sigma': z = 0(x^2 + y^2 \leqslant 1)$, 取下侧, 则 $\Sigma + \Sigma'$ 为下半球

$$\Omega = \left\{ (x, y, z) \middle| -\sqrt{1 - x^2 - y^2} \leqslant z \leqslant 0 \right\}$$

的内侧表面, 且由于 Σ' 是 xOy 平面上的一块圆盘, 故

$$\iint\limits_{\Sigma'} \frac{2}{y} f(xy^2)dydz - \frac{1}{x} f(xy^2)dzdx + \left(x^2 z + y^2 z + \frac{1}{3} z^2 \right)dxdy$$

$$= \iint\limits_{\Sigma'} \left(x^2 z + y^2 z + \frac{1}{3} z^2 \right)dxdy = \iint\limits_{\Sigma'} 0 dxdy = 0.$$

于是由高斯公式可得

$$\iint\limits_{\Sigma} \frac{2}{y} f(xy^2)dydz - \frac{1}{x} f(xy^2)dzdx + \left(x^2 z + y^2 z + \frac{1}{3} z^2 \right)dxdy$$

$$= \left(\oiint\limits_{\Sigma + \Sigma'} - \iint\limits_{\Sigma'} \right) \frac{2}{y} f(xy^2)dydz - \frac{1}{x} f(xy^2)dzdx + \left(x^2 z + y^2 z + \frac{1}{3} z^2 \right)dxdy$$

$$= -\iiint\limits_{\Omega} \left[2yf'(xy^2) - 2yf'(xy^2) + x^2 + y^2 + \frac{2}{3} z \right]dxdydz$$

$$= -\iiint\limits_{\Omega}\left(x^2 + y^2 + \frac{2}{3}z\right)\mathrm{d}x\mathrm{d}y\mathrm{d}z$$

$$= -\int_0^{2\pi}\mathrm{d}\varphi\int_{\frac{\pi}{2}}^{\pi}\sin\theta\mathrm{d}\theta\int_0^1\left(r^2\sin^2\theta + \frac{2}{3}r\cos\theta\right)r^2\mathrm{d}r$$

$$= -2\pi\int_{\frac{\pi}{2}}^{\pi}\left(\frac{1}{5}\sin^3\theta + \frac{1}{6}\sin\theta\cos\theta\right)\mathrm{d}\theta = -\frac{\pi}{10}.\blacksquare$$

11. 设 $f(x)$ 具有二阶连续导数, $f(0) = 0, f'(0) = 1$, 且向量场

$$\boldsymbol{A} = [xy(x+y) - f(x)y]\boldsymbol{i} + [f'(x) + x^2y]\boldsymbol{j} + z^2\boldsymbol{k}$$

恰好为某个函数 $U(x,y,z)$ 的梯度场, 试求 $f(x)$ 的表达式及一个 $U(x,y,z)$.

解　由假设知, 有

$$\frac{\partial U}{\partial x} = xy(x+y) - f(x)y, \quad \frac{\partial U}{\partial y} = f'(x) + x^2y, \quad \frac{\partial U}{\partial z} = z^2.$$

于是由 $\dfrac{\partial^2 U}{\partial x\partial y} = \dfrac{\partial^2 U}{\partial y\partial x}$ 可得

$$x^2 + 2xy - f(x) = f''(x) + 2xy, \quad 即 \quad f''(x) + f(x) = x^2.$$

该微分方程的特征方程为 $r^2 + 1 = 0$, 特征根为 $r = \pm\mathrm{i}$, 且显然该微分方程有特解 $y = x^2 - 2$. 因此

$$f(x) = C_1\cos x + C_2\sin x + x^2 - 2.$$

由 $f(0) = 0, f'(0) = 1$ 可得: $f(0) = C_1 - 2 = 0, f'(0) = C_2 = 1$. 即有 $C_1 = 2, C_2 = 1$. 因此

$$f(x) = 2\cos x + \sin x + x^2 - 2.$$

下面我们来求一个 $U(x,y,z)$. 像第 8 题一样, 可以用三种方法来求, 我们这里只用凑微分法来处理, 另外两种方法可以由读者自己完成.

$$\mathrm{d}U = [xy(x+y) - f(x)y]\mathrm{d}x + [f'(x) + x^2y]\mathrm{d}y + z^2\mathrm{d}z$$

$$= (xy^2 + 2y - 2y\cos x - y\sin x)\mathrm{d}x + (-2\sin x + \cos x + 2x + x^2y)\mathrm{d}y + z^2\mathrm{d}z$$

$$= (xy^2\mathrm{d}x + x^2y\mathrm{d}y) + (2y\mathrm{d}x + 2x\mathrm{d}y) + [y(-2\cos x - \sin x)\mathrm{d}x + (-2\sin x + \cos x)\mathrm{d}y] + z^2\mathrm{d}z$$

$$= \mathrm{d}\left(\frac{1}{2}x^2y^2\right) + \mathrm{d}(2xy) + \mathrm{d}[y(-2\sin x + \cos x)] + \mathrm{d}\left(\frac{1}{3}z^3\right)$$

$$= \mathrm{d}\left[\frac{1}{2}x^2y^2 + 2xy + y(-2\sin x + \cos x) + \frac{1}{3}z^3\right],$$

因此, 所求函数为

$$U(x,y,z) = \frac{1}{2}x^2y^2 + 2xy + y(-2\sin x + \cos x) + \frac{1}{3}z^3 + C,$$

其中 C 为任意常数.∎

12. 设 $r = \sqrt{x^2 + y^2 + z^2}$, 函数 $f(r)$ 满足 $\mathrm{div}(\nabla f(r)) = r$, 试求 $f(r)$ 的一般表达式.

解　由于

$$\text{div}(\nabla f(r)) = \text{div}\left(f'(r) \cdot \frac{x}{r} \boldsymbol{i} + f'(r) \cdot \frac{y}{r} \boldsymbol{j} + f'(r) \cdot \frac{z}{r} \boldsymbol{k} \right)$$

$$= f''(r) \cdot \frac{x^2}{r^2} + f'(r) \cdot \frac{r - x \cdot \frac{x}{r}}{r^2} + f''(r) \cdot \frac{y^2}{r^2} + f'(r) \cdot \frac{r - y \cdot \frac{y}{r}}{r^2} + f''(r) \cdot \frac{z^2}{r^2} + f'(r) \cdot \frac{r - z \cdot \frac{z}{r}}{r^2}$$

$$= f''(r) + \frac{2}{r} f'(r).$$

因此由已知条件可得 $f(r)$ 应该满足的微分方程：

$$f''(r) + \frac{2}{r} f'(r) = r.$$

于是有

$$f'(r) = e^{-\int \frac{2}{r} \mathrm{d}r} \left[\int r \cdot e^{\int \frac{2}{r} \mathrm{d}r} + C_1 \right] = \frac{1}{r^2} \left(\int r^3 \mathrm{d}r + C_1 \right) = \frac{1}{4} r^2 + \frac{C_1}{r^2}.$$

进而得

$$f(r) = \int f'(r) \mathrm{d}r = \int \left(\frac{1}{4} r^2 + \frac{C_1}{r^2} \right) \mathrm{d}r = \frac{1}{12} r^3 - \frac{C_1}{r} + C_2,$$

其中 C_1, C_2 表示任意常数.■

13. 设 Σ 是曲面 $x = \sqrt{1 - 3y^2 - 3z^2}$ 的前侧，计算曲面积分

$$\iint\limits_{\Sigma} x \mathrm{d}y \mathrm{d}z + (y^3 + z) \mathrm{d}z \mathrm{d}x + z^3 \mathrm{d}x \mathrm{d}y.$$

解法一　Σ 在 yOz 平面上的投影区域为 $D: y^2 + z^2 \leqslant \dfrac{1}{3}$. 又

$$x_y = \frac{-3y}{\sqrt{1 - 3y^2 - 3z^2}}, \quad x_z = \frac{-3z}{\sqrt{1 - 3y^2 - 3z^2}}.$$

故有

$$\iint\limits_{\Sigma} x \mathrm{d}y \mathrm{d}z + (y^3 + z) \mathrm{d}z \mathrm{d}x + z^3 \mathrm{d}x \mathrm{d}y.$$

$$= \iint\limits_{\Sigma} \left[x + (y^3 + z) \cdot \frac{3y}{\sqrt{1 - 3y^2 - 3z^2}} + z^3 \cdot \frac{3z}{\sqrt{1 - 3y^2 - 3z^2}} \right] \mathrm{d}y \mathrm{d}z$$

$$= \iint\limits_{D} \frac{3(y^4 + z^4) - 3(y^2 + z^2) + 3yz + 1}{\sqrt{1 - 3y^2 - 3z^2}} \mathrm{d}y \mathrm{d}z$$

$$= \iint\limits_{D} \frac{3(y^4 + z^4) - 3(y^2 + z^2) + 1}{\sqrt{1 - 3y^2 - 3z^2}} \mathrm{d}y \mathrm{d}z (由于 D 关于 y 轴对称)$$

$$= \int_0^{2\pi} \mathrm{d}\varphi \int_0^{\frac{\sqrt{3}}{3}} \frac{3\rho^4 (\cos^4 \varphi + \sin^4 \varphi) - 3\rho^2 + 1}{\sqrt{1 - 3\rho^2}} \cdot \rho \mathrm{d}\rho$$

$$= \int_0^{2\pi} \left[\frac{8}{135}(\cos^4\varphi + \sin^4\varphi) + \frac{1}{9} \right] d\varphi$$

$$= \frac{8}{135} \cdot 2 \cdot 4 \cdot \frac{3}{4} \cdot \frac{1}{2} \cdot \frac{\pi}{2} + \frac{2\pi}{9} = \frac{14\pi}{45}.$$

解法二 作辅助曲面 $\Sigma_1: x = 0 \left(y^2 + z^2 \leqslant \frac{1}{3} \right)$，并取后侧. 则 $\Sigma + \Sigma_1$ 是半椭球体

$$\Omega = \left\{ (x,y,z) \middle| 0 \leqslant x \leqslant \sqrt{1 - 3y^2 - 3z^2} \right\}$$

的外侧表面. 由于 Σ_1 平行于 yOz 平面，故

$$\iint_{\Sigma_1} x dy dz + (y^3 + z) dz dx + z^3 dx dy = \iint_{\Sigma_1} x dy dz = -\iint_{D_{yz}} 0 dy dz = 0.$$

因此由高斯公式可得

$$\iint_{\Sigma} x dy dz + (y^3 + z) dz dx + z^3 dx dy$$

$$= \left(\oiint_{\Sigma + \Sigma_1} - \iint_{\Sigma_1} \right) x dy dz + (y^3 + z) dz dx + z^3 dx dy$$

$$= \iiint_{\Omega} (1 + 3y^2 + 3z^2) dx dy dz - 0$$

$$= \int_0^1 dx \iint_{y^2 + z^2 \leqslant \frac{1}{3}(1-x^2)} (1 + 3y^2 + 3z^2) dy dz$$

$$= \int_0^1 dx \int_0^{2\pi} d\varphi \int_0^{\sqrt{\frac{1}{3}(1-x^2)}} (1 + 3\rho^2) \cdot \rho d\rho$$

$$= 2\pi \int_0^1 \left[\frac{1}{6}(1-x^2) + \frac{1}{12}(1-x^2)^2 \right] dx = \frac{14}{45}\pi. \blacksquare$$

14. 设函数 $f(x,y)$ 满足 $\frac{\partial f(x,y)}{\partial x} = (2x+1)e^{2x-y}$，且 $f(0,y) = y+1$，L_t 是从点 $(0,0)$ 到点 $(1,t)$ 的光滑曲线，计算曲线积分 $I(t) = \int_{L_t} \frac{\partial f(x,y)}{\partial x} dx + \frac{\partial f(x,y)}{\partial y} dy$，并求 $I(t)$ 的最小值.

解 对 $\frac{\partial f(x,y)}{\partial x} = (2x+1)e^{2x-y}$ 两边关于 x 积分，可得

$$f(x,y) = \int \frac{\partial f(x,y)}{\partial x} dx = \int (2x+1)e^{2x-y} dx = xe^{2x-y} + C(y).$$

再由 $f(0,y) = y+1$ 可得：$C(y) = y+1$. 因此 $f(x,y) = xe^{2x-y} + y + 1$. 于是

$$I(t) = \int_{L_t} \frac{\partial f(x,y)}{\partial x} dx + \frac{\partial f(x,y)}{\partial y} dy = \int_{L_t} df(x,y) = f(x,y) \Big|_{(0,0)}^{(1,t)} = e^{2-t} + t.$$

令

$$I'(t) = -e^{2-t} + 1 = 0,$$

解得：$t = 2$，且 $t < 2$ 时，$I'(t) < 0$；$t > 2$ 时，$I'(t) > 0$. 因此 $I(2) = 3$ 为最小值. $\blacksquare$

第9章 无穷级数

9.1 教学基本要求

1. 理解常数项级数的收敛、发散以及收敛级数的和的概念，掌握级数的基本性质和收敛的必要条件；

2. 掌握几何级数与 p 级数的收敛与发散的条件；

3. 掌握正项级数收敛性的比较判别法、比值判别法和根值判别法；

4. 掌握交错级数的莱布尼茨判别法；

5. 了解任意项级数的绝对收敛与条件收敛的概念以及绝对收敛与收敛的关系；

6. 了解函数项级数的收敛域与和函数的概念；

7. 掌握阿贝尔(Abel)定理，理解幂级数收敛半径的概念，并掌握幂级数的收敛半径、收敛区间及收敛域的求法；

8. 了解幂级数在其收敛区间内的基本性质(和函数的连续性、逐项求导和逐项积分性质)，会求一些幂级数在其收敛区间内的和函数，并会由此求出某些数项级数的和；

9. 了解函数展开为泰勒级数的充分必要条件；

10. 掌握 $e^x, \sin x, \cos x, \ln(1+x)$ 及 $(1+x)^\alpha$ 的麦克劳林展开式，会用它们将一些简单函数间接展开为幂级数；

11. 了解傅里叶级数的概念和狄利克雷收敛定理，会将定义在 $[-l, l]$ 上的函数展开为傅里叶级数，会将定义在 $[0, l]$ 上的函数展开为以 $T = 2l$ 为周期的正弦级数与余弦级数，能写出傅里叶级数的和函数表达式.

9.2 内容复习与整理

9.2.1 基本概念

1. 无穷级数的概念

一个数列 $a_1, a_2, \cdots, a_n, \cdots$ 的形式和

$$\sum_{n=1}^{\infty} a_n = a_1 + a_2 + \cdots + a_n + \cdots$$

称为一个无穷级数，其中 a_n 称为级数的一般项，又叫通项，而 $S_n = a_1 + a_2 + \cdots + a_n$ 称为级数的前 n 项和，也称为部分和，数列 $\{S_n\}$ (简写为 S_n)称为部分和数列. 当每个 a_n 都只与 n 有关时，$\sum_{n=1}^{\infty} a_n$ 称为常数项级数；当每个 a_n 都是 x 的函数(包括常值函数)时，$\sum_{n=1}^{\infty} a_n$ 称为

x 的函数项级数.

如果极限 $\lim\limits_{n\to\infty} S_n$ 存在且 $\lim\limits_{n\to\infty} S_n = s$ (常数), 就称该级数收敛(于和 s), 记为 $\sum\limits_{n=1}^{\infty} a_n = s$. 否则(即 $\lim\limits_{n\to\infty} S_n$ 不存在时)称该级数发散. 当级数收敛时, 称 $r_n = \sum\limits_{k=n+1}^{\infty} a_k = a_{n+1} + a_{n+2} + \cdots + a_k + \cdots$ 为级数的余项, 也称为余和.

几何级数(等比级数) 形如 $\sum\limits_{n=1}^{\infty} aq^{n-1} (a \neq 0)$ 的级数.

p -级数 形如 $\sum\limits_{n=1}^{\infty} \dfrac{1}{n^p}$ 的级数. 特别地, $\sum\limits_{n=1}^{\infty} \dfrac{1}{n}$ 也称为调和级数.

正项级数与负项级数 若 $a_n \geq 0 (n=1,2,3,\cdots)$, 则称 $\sum\limits_{n=1}^{\infty} a_n$ 为正项级数; 若 $a_n \leq 0 (n=1,2,3,\cdots)$, 则称 $\sum\limits_{n=1}^{\infty} a_n$ 为负项级数; 若 $a_n \equiv 0 (n=1,2,3,\cdots)$, 则称 $\sum\limits_{n=1}^{\infty} a_n$ 为零级数.

交错级数 正负项交替出现的级数称为交错级数. 交错级数主要有两种:

(1) 形如 $\sum\limits_{n=1}^{\infty} (-1)^n a_n$ (其中 $a_n > 0 (n=1,2,3,\cdots)$),

(2) 形如 $\sum\limits_{n=1}^{\infty} (-1)^{n-1} a_n$ (其中 $a_n > 0 (n=1,2,3,\cdots)$).

绝对收敛 若级数 $\sum\limits_{n=1}^{\infty} |a_n|$ 收敛, 则称 $\sum\limits_{n=1}^{\infty} a_n$ 绝对收敛.

条件收敛 若 $\sum\limits_{n=1}^{\infty} a_n$ 收敛, 但不绝对收敛, 则称 $\sum\limits_{n=1}^{\infty} a_n$ 条件收敛.

更序级数 把级数 $\sum\limits_{n=1}^{\infty} a_n$ 和式中项的排列次序适当更换所得的级数 $\sum\limits_{n=1}^{\infty} a_n'$ 称为原级数 $\sum\limits_{n=1}^{\infty} a_n$ 的更序级数.

2. 函数项级数

如果函数项序列 $\{u_n(x)\}_{n=1}^{\infty}$ 在区间 I 上有定义, 称形式和

$$u_1(x) + u_2(x) + u_3(x) + \cdots + u_n(x) + \cdots := \sum_{n=1}^{\infty} u_n(x)$$

为函数项无穷级数, 简称(函数项)级数.

收敛点与发散点 若点 $x_0 \in I$ 使得级数 $\sum\limits_{n=1}^{\infty} u_n(x_0)$ 收敛, 则称 x_0 为级数 $\sum\limits_{n=1}^{\infty} u_n(x)$ 的收敛点. 若点 $x_0 \in I$ 使得级数 $\sum\limits_{n=1}^{\infty} u_n(x_0)$ 发散, 则称 x_0 为级数 $\sum\limits_{n=1}^{\infty} u_n(x)$ 的发散点.

收敛域与发散域 函数项级数 $\sum\limits_{n=1}^{\infty} u_n(x)$ 的所有收敛点的集合称为 $\sum\limits_{n=1}^{\infty} u_n(x)$ 的收敛域,

$\sum\limits_{n=1}^{\infty} u_n(x)$ 的所有发散点的集合称为 $\sum\limits_{n=1}^{\infty} u_n(x)$ 的发散域.

和函数 设函数项级数 $\sum\limits_{n=1}^{\infty} u_n(x)$ 的收敛域为 D, 则对每个 $x \in D$, 让其与级数 $\sum\limits_{n=1}^{\infty} u_n(x)$ 的和 $S(x)$ 对应, 这样得到的函数称为 $\sum\limits_{n=1}^{\infty} u_n(x)$ 的和函数, 记为 $S(x) = \sum\limits_{n=1}^{\infty} u_n(x)(x \in D)$. 注意: 和函数 $S(x)$ 的定义域不是自然定义域, 而是级数 $\sum\limits_{n=1}^{\infty} u_n(x)$ 的收敛域.

3. 幂级数

形如

$$\sum_{n=0}^{\infty} a_n(x-x_0)^n = a_0 + a_1(x-x_0) + a_2(x-x_0)^2 + \cdots + a_n(x-x_0)^n + \cdots \tag{9.2.1}$$

的函数项级数称为 $x - x_0$ 的幂级数, 其中 x_0 为常数, 常数 $a_0, a_1, a_2, \cdots, a_n, \cdots$ 称为该幂级数的系数.

收敛半径 满足下列条件的正数 R 称为幂级数(9.2.1)的收敛半径:

(1) 当 $|x - x_0| < R$ 时, 幂级数(9.2.1)绝对收敛;

(2) 当 $|x - x_0| > R$ 时, 幂级数(9.2.1)发散.

(补充规定: 若幂级数(9.2.1)仅在点 $x = x_0$ 处收敛, 则规定其收敛半径为 $R = 0$; 若幂级数(9.2.1)在所有点处收敛, 则规定其收敛半径为 $R = +\infty$.)

收敛区间 若 $R \in (0, +\infty)$ 为幂级数(9.2.1)的收敛半径, 则称 $(x_0 - R, x_0 + R)$ 为幂级数(9.2.1)的收敛区间. 仅在点 $x = x_0$ 处收敛的幂级数(9.2.1)的收敛区间为单点集 $\{x_0\}$; 在所有点处收敛的幂级数(9.2.1)的收敛区间为 $(-\infty, +\infty)$.

函数展开成幂级数 若函数 $f(x)$ 在某个区间 I 上满足

$$f(x) = a_0 + a_1(x-x_0) + a_2(x-x_0)^2 + \cdots + a_n(x-x_0)^n + \cdots,$$

即右边级数的和函数恰好为 $f(x)$, 则称函数 $f(x)$ 在区间 I 上可以展开成 $x - x_0$ 的幂级数.

4. 泰勒级数

若函数 $f(x)$ 在点 $x = x_0$ 的某个邻域 $U(x_0, \delta)$ 内有任意阶导数, 则称幂级数

$$\sum_{n=0}^{\infty} \frac{f^{(n)}(x_0)}{n!}(x-x_0)^n = f(x_0) + f'(x_0)(x-x_0) + \frac{f''(x_0)}{2!}(x-x_0)^2 + \cdots + \frac{f^{(n)}(x_0)}{n!}(x-x_0)^n + \cdots$$

为函数 $f(x)$ 在点 $x = x_0$ 处的泰勒级数. 当 $x_0 = 0$ 时该级数也称为麦克劳林级数.

如果该泰勒级数在 $U(x_0, \delta)$ 内收敛于函数 $f(x)$, 即有

$$f(x) = f(x_0) + f'(x_0)(x-x_0) + \frac{f''(x_0)}{2!}(x-x_0)^2 + \cdots + \frac{f^{(n)}(x_0)}{n!}(x-x_0)^n + \cdots, \quad x \in U(x_0, \delta),$$

则称函数 $f(x)$ 在点 $x = x_0$ 处可以展开成泰勒级数.

5. 傅里叶级数

函数在区间上的正交性 给定区间 $[a, b]$ 上的两个可积函数 $f(x), g(x)$, 定义它们的

内积为

$$\langle f(x), g(x) \rangle = \frac{2}{b-a} \int_a^b f(x)g(x)\mathrm{d}x.$$

如果 $\langle f(x), g(x) \rangle = 0$，则称 $f(x)$ 与 $g(x)$ 在 $[a,b]$ 上正交.

正交函数系　如果一个在 $[a,b]$ 上可积的函数系(即函数的集合) $\{f_\lambda(x) | \lambda \in \Lambda\}$ 中的任意两个不同函数都在 $[a,b]$ 上正交，则称 $\{f_\lambda(x) | \lambda \in \Lambda\}$ 为 $[a,b]$ 上的正交(函数)系.

比如:

(1) 函数系 $1, \cos x, \sin x, \cos 2x, \sin 2x, \cdots, \cos nx, \sin nx, \cdots$ 是区间 $[-\pi, \pi]$ 上的正交系;

(2) 若 $l > 0$，则函数系 $1, \cos \dfrac{\pi x}{l}, \sin \dfrac{\pi x}{l}, \cos \dfrac{2\pi x}{l}, \sin \dfrac{2\pi x}{l}, \cdots, \cos \dfrac{n\pi x}{l}, \sin \dfrac{n\pi x}{l}, \cdots$ 是区间 $[-l, l]$ 上的正交系.

三角级数　形如 $\dfrac{a_0}{2} + \sum\limits_{n=1}^{\infty}(a_n \cos nx + b_n \sin nx)$ 或 $\dfrac{a_0}{2} + \sum\limits_{n=1}^{\infty}\left(a_n \cos \dfrac{n\pi x}{l} + b_n \sin \dfrac{n\pi x}{l}\right)$ 的级数称为三角级数.

傅里叶级数　给定以 2π 为周期，在 $[-\pi, \pi]$ 上可积的函数 $f(x)$，则称三角级数

$$\frac{a_0}{2} + \sum_{n=1}^{\infty}(a_n \cos nx + b_n \sin nx)$$

为 $f(x)$ 的(周期为 2π 的)傅里叶级数，其中系数 $a_0, a_1, b_1, a_2, b_2, \cdots, a_n, b_n, \cdots$ 满足

$$a_n = \frac{1}{\pi} \int_{-\pi}^{\pi} f(x)\cos nx \mathrm{d}x = \langle f(x), \cos nx \rangle, \quad n = 0, 1, 2, \cdots,$$

$$b_n = \frac{1}{\pi} \int_{-\pi}^{\pi} f(x)\sin nx \mathrm{d}x = \langle f(x), \sin nx \rangle, \quad n = 1, 2, \cdots.$$

给定以 $2l$ 为周期，在 $[-l, l]$ 上可积的函数 $f(x)$，则称三角级数

$$\frac{a_0}{2} + \sum_{n=1}^{\infty}\left(a_n \cos \frac{n\pi x}{l} + b_n \sin \frac{n\pi x}{l}\right)$$

为 $f(x)$ 的(周期为 $2l$ 的)傅里叶级数，其中系数 $a_0, a_1, b_1, a_2, b_2, \cdots, a_n, b_n, \cdots$ 满足

$$a_n = \frac{1}{l} \int_{-l}^{l} f(x)\cos \frac{n\pi x}{l} \mathrm{d}x = \left\langle f(x), \cos \frac{n\pi x}{l} \right\rangle, \quad n = 0, 1, 2, \cdots,$$

$$b_n = \frac{1}{l} \int_{-l}^{l} f(x)\sin \frac{n\pi x}{l} \mathrm{d}x = \left\langle f(x), \sin \frac{n\pi x}{l} \right\rangle, \quad n = 1, 2, \cdots.$$

正弦级数　只含有正弦项的傅里叶级数 $\sum\limits_{n=1}^{\infty} b_n \sin nx$ (或 $\sum\limits_{n=1}^{\infty} b_n \sin \dfrac{n\pi x}{l}$)称为正弦级数.

余弦级数　不含有正弦项的傅里叶级数 $\dfrac{a_0}{2} + \sum\limits_{n=1}^{\infty} a_n \cos nx$ (或 $\dfrac{a_0}{2} + \sum\limits_{n=1}^{\infty} a_n \cos \dfrac{n\pi x}{l}$)称为余弦级数.

9.2.2　基本理论与方法

9.2.2.1　常数项级数部分

1. 无穷级数的性质

(1) 线性运算性质　若级数 $\sum\limits_{n=1}^{\infty} a_n$ 收敛于 σ，级数 $\sum\limits_{n=1}^{\infty} b_n$ 收敛于 τ，而 λ,μ 是常数，则 $\sum\limits_{n=1}^{\infty}(\lambda a_n + \mu b_n)$ 收敛于 $\lambda\sigma + \mu\tau$. 即在级数收敛的情况下，有

$$\sum_{n=1}^{\infty}(\lambda a_n + \mu b_n) = \lambda\sum_{n=1}^{\infty} a_n + \mu\sum_{n=1}^{\infty} b_n.$$

此时也可以说，线性运算与无穷和运算可以交换.

(2) 改变级数的有限项不影响级数的收敛性　但是在级数收敛时，改变级数的有限项会影响级数的和.

即对任一自然数 N 及常数 $b_1, b_2, \cdots, b_N$，级数 $\sum\limits_{n=1}^{\infty} a_n$ 与级数 $b_1 + b_2 + \cdots + b_N + \sum\limits_{n=N+1}^{\infty} a_n$ 同敛散.

(3) 收敛级数的可结合性　对收敛的级数而言，在项之间插入一些括号，不影响收敛性，也不影响和.

即若级数 $\sum\limits_{n=1}^{\infty} a_n$ 收敛，则形如

$$(a_1 + a_2 + \cdots + a_{n_1}) + (a_{n_1+1} + a_{n_1+2} + \cdots + a_{n_2}) + \cdots + (a_{n_{k-1}+1} + a_{n_{k-1}+2} + \cdots + a_{n_k}) + \cdots$$

的这种适当添加括号而得的级数也收敛，且和不变.

(4) 级数收敛的必要条件　若级数 $\sum\limits_{n=1}^{\infty} a_n$ 收敛，则必有 $\lim\limits_{n\to\infty} a_n = 0$.

(5) 绝对收敛级数的更序不变性　绝对收敛的级数的任一更序级数都绝对收敛，且和不变.

2. 正项级数主要审敛法

(1) 基本定理　正项级数 $\sum\limits_{n=1}^{\infty} a_n$ 收敛的充分必要条件是部分和数列 $\{S_n\}_{n=1}^{\infty}$ 有界.

(2) 比较审敛法　给定正项级数 $\sum\limits_{n=1}^{\infty} a_n$ 与 $\sum\limits_{n=1}^{\infty} b_n$，若存在自然数 k 和正数 λ 使得当 $n \geqslant k$ 时，总有 $a_n \leqslant \lambda b_n$ 成立，则

① 若 $\sum\limits_{n=1}^{\infty} b_n$ 收敛，则 $\sum\limits_{n=1}^{\infty} a_n$ 也收敛;　　② 若 $\sum\limits_{n=1}^{\infty} a_n$ 发散，则 $\sum\limits_{n=1}^{\infty} b_n$ 也发散.

比较审敛法的极限形式　给定正项级数 $\sum\limits_{n=1}^{\infty} a_n$ 与 $\sum\limits_{n=1}^{\infty} b_n$，若 $\lim\limits_{n\to\infty}\dfrac{a_n}{b_n} = \lambda$(常数或 $+\infty$)，则

① 当 λ 是正常数时，$\sum\limits_{n=1}^{\infty} a_n$ 与 $\sum\limits_{n=1}^{\infty} b_n$ 的敛散性相同;

② 当 $\lambda = 0$ 时, 若 $\sum\limits_{n=1}^{\infty} b_n$ 收敛, 则 $\sum\limits_{n=1}^{\infty} a_n$ 也收敛;

③ 当 $\lambda = +\infty$ 时, 若 $\sum\limits_{n=1}^{\infty} b_n$ 发散, 则 $\sum\limits_{n=1}^{\infty} a_n$ 也发散.

(3) 比值审敛法(达朗贝尔审敛法) 给定正项级数 $\sum\limits_{n=1}^{\infty} a_n$, 若 $\lim\limits_{n \to \infty} \dfrac{a_{n+1}}{a_n} = \rho$ (常数或 $+\infty$), 则

① 当 $\rho < 1$ 时, 级数 $\sum\limits_{n=1}^{\infty} a_n$ 收敛;

② 当 $\rho > 1$ (含 $\rho = +\infty$)时, $\lim\limits_{n \to \infty} a_n = +\infty$, 从而级数 $\sum\limits_{n=1}^{\infty} a_n$ 发散;

③ 当 $\rho = 1$ 时, 级数 $\sum\limits_{n=1}^{\infty} a_n$ 可能收敛, 也可能发散, 此时需用其他方法审敛.

(4) 根值审敛法(柯西审敛法) 给定正项级数 $\sum\limits_{n=1}^{\infty} a_n$, 若 $\lim\limits_{n \to \infty} \sqrt[n]{a_n} = \rho$ (常数或 $+\infty$), 则

① 当 $\rho < 1$ 时, 级数 $\sum\limits_{n=1}^{\infty} a_n$ 收敛;

② 当 $\rho > 1$ (含 $\rho = +\infty$)时, $\lim\limits_{n \to \infty} a_n = +\infty$, 从而级数 $\sum\limits_{n=1}^{\infty} a_n$ 发散;

③ 当 $\rho = 1$ 时, 级数 $\sum\limits_{n=1}^{\infty} a_n$ 可能收敛, 也可能发散, 此时需用其他方法审敛.

3. 交错级数的莱布尼茨审敛法

若交错级数 $\sum\limits_{n=1}^{\infty} (-1)^{n-1} a_n$ 满足

(1) $a_n \geqslant a_{n+1} > 0 (n = 1, 2, 3, \cdots)$;

(2) $\lim\limits_{n \to \infty} a_n = 0$,

则该交错级数收敛, 且余和的绝对值 $|r_n| = \left| \sum\limits_{k=n+1}^{\infty} (-1)^{n-1} a_n \right| \leqslant a_{n+1} (n = 1, 2, 3, \cdots)$.

4. 一般项级数的收敛、绝对收敛、条件收敛之间的基本关系: (其中？表示不一定)

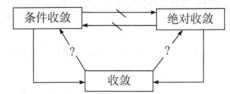

5. 几个基本而重要的例子

① 几何级数 $\sum\limits_{n=1}^{\infty} aq^{n-1} (a \neq 0)$ 在 $|q| < 1$ 时收敛于 $\dfrac{a}{1-q}$; 在 $|q| \geqslant 1$ 时发散.

② p -级数 $\sum\limits_{n=1}^{\infty} \dfrac{1}{n^p}$ 在 $p > 1$ 时收敛, $p \leqslant 1$ 时发散.

③ 交错 p-级数 $\sum\limits_{n=1}^{\infty}\dfrac{(-1)^n}{n^p}$ 在 $p>1$ 时绝对收敛, $0<p\leqslant1$ 时条件收敛, $p\leqslant0$ 时发散.

9.2.2.2　幂级数部分

1. 阿贝尔定理

(1) 若幂级数 $\sum\limits_{n=0}^{\infty}a_nx^n$ 在 $x_1\neq0$ 处收敛, 则对一切满足 $|x|<|x_1|$ 的点 x, 级数 $\sum\limits_{n=0}^{\infty}a_nx^n$ 均绝对收敛; 若幂级数 $\sum\limits_{n=0}^{\infty}a_nx^n$ 在 x_2 处发散, 则对一切满足 $|x|>|x_2|$ 的点 x, 级数 $\sum\limits_{n=0}^{\infty}a_nx^n$ 均发散.

(2) 若幂级数 $\sum\limits_{n=0}^{\infty}a_n(x-x_0)^n$ 在点 $x_1\neq x_0$ 处收敛, 则对一切满足 $|x-x_0|<|x_1-x_0|$ 的点 x, 级数 $\sum\limits_{n=0}^{\infty}a_n(x-x_0)^n$ 均绝对收敛; 若幂级数 $\sum\limits_{n=0}^{\infty}a_n(x-x_0)^n$ 在点 x_2 处发散, 则对一切满足 $|x-x_0|>|x_2-x_0|$ 的点 x, 级数 $\sum\limits_{n=0}^{\infty}a_n(x-x_0)^n$ 均发散.

该定理蕴含了如下结论: 幂级数的收敛域是一个以 x_0 为中心的区间.

由阿贝尔定理知, 若级数 $\sum\limits_{n=0}^{\infty}a_n(x-x_0)^n$ 不只在 $x=x_0$ 处收敛, 也不在所有点处收敛, 则存在唯一一个正数 R(称为**收敛半径**)使得

① 当 $|x-x_0|<R$ 时, 级数 $\sum\limits_{n=0}^{\infty}a_n(x-x_0)^n$ 绝对收敛; ② 当 $|x-x_0|>R$ 时, 级数 $\sum\limits_{n=0}^{\infty}a_n(x-x_0)^n$ 发散.

若级数 $\sum\limits_{n=0}^{\infty}a_n(x-x_0)^n$ 只在 $x=x_0$ 处收敛, 则规定 $R=0$; 若级数 $\sum\limits_{n=0}^{\infty}a_n(x-x_0)^n$ 在所有点都收敛, 则规定 $R=+\infty$.

2. 幂级数收敛半径的基本计算公式

(1) 幂级数 $\sum\limits_{n=0}^{\infty}a_n(x-x_0)^n$ 的收敛半径为 $R=\lim\limits_{n\to\infty}\left|\dfrac{a_n}{a_{n+1}}\right|=\lim\limits_{n\to\infty}\dfrac{1}{\sqrt[n]{|a_n|}}$ (常数或者 $+\infty$ 时).

(2) 缺项幂级数 $\sum\limits_{n=0}^{\infty}a_n(x-x_0)^{kn+m}(k\in\mathbb{N}^+,m\in\mathbb{Z})$ 的收敛半径为

$$R=\sqrt[k]{\lim\limits_{n\to\infty}\left|\dfrac{a_n}{a_{n+1}}\right|}=\lim\limits_{n\to\infty}\dfrac{1}{\sqrt[nk]{|a_n|}}\ (\text{常数或者}+\infty\text{时}).$$

若相关极限不存在, 也不是 $+\infty$, 则需要用幂级数运算性质来确定收敛域与收敛半径.

3. 求幂级数收敛域的一般步骤

求出收敛半径 $R\Rightarrow$ 讨论收敛区间两个端点 $x=x_0\pm R$ 处级数的收敛性($R\neq0,+\infty$ 时) $\Rightarrow$ 写出收敛域.

$R \neq 0, +\infty$ 时收敛域可能为 $(x_0 - R, x_0 + R), (x_0 - R, x_0 + R], [x_0 - R, x_0 + R)$ 或 $[x_0 - R, x_0 + R]$.

$R = 0$ 时收敛域为 $\{x_0\}$；$R = +\infty$ 时收敛域为 $(-\infty, +\infty)$.

4. 幂级数的性质

设幂级数 $\sum\limits_{n=0}^{\infty} a_n(x-x_0)^n$ 的收敛半径为 R，$\sum\limits_{n=0}^{\infty} b_n(x-x_0)^n$ 的收敛半径为 R'，并假设 $R^* = \min\{R, R'\}$. 则有如下一些性质:

(1) 幂级数 $\sum\limits_{n=0}^{\infty} (a_n \pm b_n)(x-x_0)^n$ 的收敛半径为 R^* (特殊情况下有可能为 $+\infty$);

(2) 两个幂级数 $\sum\limits_{n=0}^{\infty} a_n(x-x_0)^n$ 和 $\sum\limits_{n=0}^{\infty} b_n(x-x_0)^n$ 的柯西乘积 $\sum\limits_{n=0}^{\infty} c_n(x-x_0)^n$ 的收敛半径为 R^*，其中

$$c_n = \sum_{k=0}^{n} a_k b_{n-k}, \quad n = 0, 1, 2, \cdots.$$

(3) 设幂级数 $\sum\limits_{n=0}^{\infty} a_n(x-x_0)^n$ 的和函数为 $S(x)$，收敛域为 D，收敛半径为 R，则 $S(x)$ 有如下性质.

① **$S(x)$ 在收敛域 D 上连续** 特别地，如果级数在 $x = x_0 + R$ 处收敛，则 $S(x)$ 在 $x = x_0 + R$ 处左连续; 如果级数在 $x = x_0 - R$ 处收敛，则 $S(x)$ 在 $x = x_0 - R$ 处右连续.

② **逐项求导性质** $S(x)$ 在收敛区间 $(x_0 - R, x_0 + R)$ 内有任意阶导数，并且对任一自然数 k，有逐项求导公式

$$S^{(k)}(x) = \left[\sum_{n=0}^{\infty} a_n(x-x_0)^n\right]^{(k)} = \sum_{n=0}^{\infty} [a_n(x-x_0)^n]^{(k)} = \sum_{n=k}^{\infty} n(n-1)\cdots(n-k+1)a_n(x-x_0)^{n-k},$$

而且右端幂级数的收敛半径仍然为 R.

③ **逐项积分性质** $S(x)$ 在收敛域 D 上可积，并且有逐项积分公式: 对任意 $a, b \in D$，有

$$\int_a^b S(x)\mathrm{d}x = \int_a^b \left[\sum_{n=0}^{\infty} a_n(x-x_0)^n\right]\mathrm{d}x = \sum_{n=0}^{\infty} \int_a^b a_n(x-x_0)^n \mathrm{d}x = \sum_{n=0}^{\infty} \left[a_n \int_a^b (x-x_0)^n \mathrm{d}x\right].$$

特别地，若 $x \in D$，则有

$$\int_{x_0}^x S(x)\mathrm{d}x = \int_{x_0}^x \left[\sum_{n=0}^{\infty} a_n(x-x_0)^n\right]\mathrm{d}x = \sum_{n=0}^{\infty} \int_{x_0}^x a_n(x-x_0)^n \mathrm{d}x = \sum_{n=0}^{\infty} \frac{a_n}{n+1}(x-x_0)^{n+1}.$$

而且上式右端幂级数的收敛半径仍然为 R.

【注】 逐项积分不改变幂级数的收敛半径，但有可能使原本不收敛的区间端点成为收敛点; 逐项求导不改变幂级数的收敛半径，但有可能使原本收敛的区间端点成为不收敛点.

5. 函数的幂级数展开

(1) **展开式的唯一性** 若函数 $f(x)$ 在区间 I 上有定义，并且在 $x = x_0$ 处可以展开成幂

级数

$$f(x) = \sum_{n=0}^{\infty} a_n (x - x_0)^n,$$

则对一切 $n = 1, 2, 3, \cdots, a_n = \dfrac{f^{(n)}(x_0)}{n!}$. 也就是说, 级数 $\sum_{n=0}^{\infty} a_n (x - x_0)^n$ 必定是泰勒级数.

(2) 函数可以展开成泰勒级数(麦克劳林级数)的条件

定理 9.2.2.1 (函数展开成泰勒级数的充分必要条件)　函数 $f(x)$ 在 $x_0 \in I$ 处的泰勒级数在 I 上收敛于 $f(x)$ 的充分必要条件是: $f(x)$ 在 x_0 处的泰勒公式中的余项

$$R_n(x) = \frac{f^{(n)}(\xi)}{(n+1)!}(x - x_0)^{n+1} \quad \text{(其中 } \xi \text{ 介于 } x \text{ 与 } x_0 \text{ 之间, 也可以写成}$$

$$\xi = x_0 + \theta(x - x_0)(0 < \theta < 1))$$

在 I 上收敛于零.

定理 9.2.2.2　函数 $f(x)$ 在 $x_0 \in I$ 处的泰勒级数在 I 上收敛于 $f(x)$ 的一个充分条件是: 在区间 I 上 $f(x)$ 的各阶导数 $f^{(n)}(x)(n = 0, 1, 2, \cdots)$ 一致有界, 即存在正数 M 使得

$$\left| f^{(n)}(x) \right| \leqslant M \quad (\forall x \in I, n = 0, 1, 2, \cdots).$$

(3) 函数展开成泰勒级数的方法

① **直接展开法**　若函数 $f(x)$ 在点 $x = x_0$ 处有任意阶导数, 则先求出各阶导数 $f^{(n)}(x_0)$ $(n = 0, 1, 2, \cdots)$, 得到展开式

$$f(x) = \sum_{n=0}^{\infty} \frac{f^{(n)}(x_0)}{n!}(x - x_0)^n,$$

然后考察余项 $R_n(x) = \dfrac{f^{(n+1)}(x_0 + \theta(x - x_0))}{(n+1)!}(x - x_0)^{n+1}$ $(0 < \theta < 1)$, 确定使得 $\lim\limits_{n \to \infty} R_n(x) = 0$ 的 x 的取值区间, 即展开式收敛的区间.

② **间接展开法**　利用如下几个基本展开式和幂级数的运算性质(如变量替换、幂级数的线性运算性质、逐项求导性质、逐项积分性质等)求得展开式的方法.

$$e^x = \sum_{n=0}^{\infty} \frac{x^n}{n!}, \quad -\infty < x < +\infty. \tag{9.2.2}$$

$$\sin x = \sum_{n=0}^{\infty} \frac{(-1)^n x^{2n+1}}{(2n+1)!} = \sum_{n=1}^{\infty} \frac{(-1)^{n-1} x^{2n-1}}{(2n-1)!}, \quad -\infty < x < +\infty. \tag{9.2.3}$$

$$\cos x = \sum_{n=0}^{\infty} \frac{(-1)^n x^{2n}}{(2n)!} = \sum_{n=1}^{\infty} \frac{(-1)^{n-1} x^{2(n-1)}}{(2(n-1))!}, \quad -\infty < x < +\infty. \tag{9.2.4}$$

$$(1+x)^\alpha = 1 + \sum_{n=1}^{\infty} \frac{\alpha(\alpha-1)(\alpha-2)\cdots(\alpha-n+1)}{n!} x^n, \tag{9.2.5}$$

当 $\alpha \leqslant -1$ 时, $-1 < x < 1$; 当 $-1 < \alpha < 0$ 时, $-1 < x \leqslant 1$; 当 $\alpha > 0$ 时, $-1 \leqslant x \leqslant 1$; 当 $\alpha \in \mathbb{N}^+$ 时, $-\infty < x < +\infty$.

特别地, $$\frac{1}{1+x} = \sum_{n=0}^{\infty} (-1)^n x^n, \qquad \frac{1}{1-x} = \sum_{n=0}^{\infty} x^n, \qquad -1 < x < 1. \tag{9.2.6}$$

例 9.2.2.1 把(9.2.6)两边积分, 并利用幂级数的逐项积分性质, 得到如下常用公式

$$\ln(1+x) = \sum_{n=0}^{\infty} \frac{(-1)^n x^{n+1}}{n+1}, \quad -1 < x \le 1. \tag{9.2.7}$$

【注】这里积分时, 使得原先不收敛的点 $x=1$ 变成了收敛点; 反过来, 对上述式子两边求导并利用幂级数的逐项求导性质, 得到展开式(9.2.6), 在做求导运算时又使得原来收敛的点 $x=1$ 变得不收敛了. 因此一般而言, 利用逐项积分性质把函数展开成幂级数时, 有可能使原先不收敛的收敛区间端点变成收敛点; 反过来, 利用逐项求导性质把函数展开成幂级数时, 有可能使原先收敛的收敛区间端点变成不收敛点. 因而用逐项积分或者逐项求导把函数展开成幂级数时, 收敛域可能会有所变化, 但是收敛区间与收敛半径不会变.

例 9.2.2.2 把(9.2.6)中的 x 替换成 x^2 得

$$\frac{1}{1+x^2} = \sum_{n=0}^{\infty} (-1)^n x^{2n}, \quad -1 < x^2 < 1, 即 -1 < x < 1,$$

再两边积分得

$$\arctan x = \int_0^x \frac{dt}{1+t^2} = \int_0^x \left(\sum_{n=0}^{\infty} (-1)^n t^{2n} \right) dt = \sum_{n=0}^{\infty} \int_0^x (-1)^n t^{2n} dt = \sum_{n=0}^{\infty} \frac{(-1)^n}{2n+1} x^{2n+1}, \quad -1 \le x \le 1,$$

这里又多了两个收敛点 $x = \pm 1$.

利用变量替换和逐项求导, 从(9.2.6)可得

$$\frac{1}{x^2} = -\left(\frac{1}{x} \right)' = -\left(\frac{1}{1+(x-1)} \right)' = -\left[\sum_{n=0}^{\infty} (-1)^n (x-1)^n \right]' = \sum_{n=1}^{\infty} (-1)^{n+1} n (x-1)^{n-1}, \quad -1 < x-1 < 1.$$

例 9.2.2.3 利用变量替换和公式(9.2.3)和(9.2.4)可得 $\sin x$ 在 $x = \frac{\pi}{4}$ 处的泰勒展开式

$$\sin x = \sin \left[\frac{\pi}{4} + \left(x - \frac{\pi}{4} \right) \right] = \frac{\sqrt{2}}{2} \left[\sin \left(x - \frac{\pi}{4} \right) + \cos \left(x - \frac{\pi}{4} \right) \right]$$

$$= \frac{\sqrt{2}}{2} \left[\sum_{n=0}^{\infty} \frac{(-1)^n}{(2n+1)!} \left(x - \frac{\pi}{4} \right)^{2n+1} + \sum_{n=0}^{\infty} \frac{(-1)^n}{(2n)!} \left(x - \frac{\pi}{4} \right)^{2n} \right], \quad -\infty < x < +\infty.$$

6. 幂级数求和函数的方法

求幂级数的和函数, 不但要求出和函数的解析表达式, 还得求出和函数的定义域, 即幂级数的收敛域. 通常的步骤是: 先求出幂级数的收敛域, 然后在收敛域中通过各种技术求出和函数的解析表达式. 求和函数的解析表达式主要有如下几种方法.

(1) 利用已知幂级数的和函数(如几何级数的和以及公式(9.2.2)—(9.2.6)的反向公式)和幂级数的线性运算性质求和函数.

例 9.2.2.4 求幂级数 $\displaystyle\sum_{n=1}^{\infty}\frac{(-1)^{n+1}nx^{2n+1}}{(2n)!}$ 的和函数.

解 该幂级数的收敛半径为 $R=\sqrt{\displaystyle\lim_{n\to\infty}\left|\frac{\dfrac{(-1)^{n+1}n}{(2n)!}}{\dfrac{(-1)^{n+2}(n+1)}{(2n+2)!}}\right|}=+\infty$. 故其收敛域为 $D=(-\infty,$

$+\infty)$. 设该级数的和函数为 $S(x)$, 则

$$S(x)=\sum_{n=1}^{\infty}\frac{(-1)^{n+1}nx^{2n+1}}{(2n)!}=\frac{1}{2}\sum_{n=1}^{\infty}\frac{(-1)^{n+1}x^{2n+1}}{(2n-1)!}=\frac{1}{2}x^{2}\sum_{n=1}^{\infty}\frac{(-1)^{n-1}x^{2n-1}}{(2n-1)!}=\frac{1}{2}x^{2}\sum_{n=0}^{\infty}\frac{(-1)^{n}x^{2n+1}}{(2n+1)!}=\frac{1}{2}x^{2}\sin x,$$

因此所求的和函数为 $S(x)=\dfrac{1}{2}x^{2}\sin x,x\in(-\infty,+\infty).$ ■

(2) 利用幂级数的逐项积分性质求和函数.

例 9.2.2.5 求幂级数 $\displaystyle\sum_{n=1}^{\infty}\frac{n-1}{2n}x^{n+1}$ 的和函数.

解 该幂级数的收敛半径为 $R=\displaystyle\lim_{n\to\infty}\frac{\dfrac{n-1}{2n}}{\dfrac{n}{2(n+1)}}=1$, 且当 $x=\pm1$ 时, 由于 $\displaystyle\lim_{n\to\infty}\frac{n-1}{2n}(\pm1)^{n+1}$

$\neq0$, 因此幂级数在点 $x=\pm1$ 处都不收敛, 因而收敛域为 $D=(-1,1)$. 设该级数的和函数为 $S(x)$, 则

$$S(x)=\sum_{n=1}^{\infty}\frac{n-1}{2n}x^{n+1}=\frac{1}{2}\sum_{n=1}^{\infty}x^{n+1}-\frac{x}{2}\sum_{n=1}^{\infty}\frac{x^{n}}{n}=\frac{x^{2}}{2(1-x)}-\frac{x}{2}\sum_{n=1}^{\infty}\int_{0}^{x}t^{n-1}\,\mathrm{d}t=\frac{x^{2}}{2(1-x)}-\frac{x}{2}\int_{0}^{x}\left(\sum_{n=1}^{\infty}t^{n-1}\right)\mathrm{d}t$$

$$=\frac{x^{2}}{2(1-x)}-\frac{x}{2}\int_{0}^{x}\frac{1}{1-t}\,\mathrm{d}t=\frac{x^{2}}{2(1-x)}+\frac{x}{2}\ln(1-x),$$

因此所求的和函数为 $S(x)=\dfrac{x^{2}}{2(1-x)}+\dfrac{x}{2}\ln(1-x),x\in(-1,1).$ ■

(3) 利用幂级数的逐项求导性质求和函数.

例 9.2.2.6 求幂级数 $\displaystyle\sum_{n=1}^{\infty}nx^{2n-1}$ 的和函数.

解 该幂级数的收敛半径为 $R=\sqrt{\displaystyle\lim_{n\to\infty}\frac{n}{n+1}}=1$. 且当 $x=\pm1$ 时, 由于 $\displaystyle\lim_{n\to\infty}n(\pm1)^{2n+1}$

$=\infty$, 因此幂级数在点 $x=\pm1$ 处都不收敛, 因而收敛域为 $D=(-1,1)$. 设该级数的和函数为 $S(x)$, 则

$$S(x)=\sum_{n=1}^{\infty}nx^{2n-1}=\frac{1}{2}\sum_{n=1}^{\infty}(x^{2n})'=\frac{1}{2}\left(\sum_{n=1}^{\infty}x^{2n}\right)'=\frac{1}{2}\cdot\left(\frac{x^{2}}{1-x^{2}}\right)'=\frac{x}{(1-x^{2})^{2}}.$$

因此所求的和函数为 $S(x)=\dfrac{x}{(1-x^{2})^{2}},x\in(-1,1).$ ■

当然, 实际遇到的问题也可能需要几种方法结合起来才能求得和函数.

9.2.2.3 傅里叶级数

1. 周期为 2π 的情形

设 $f(x)$ 在 $(-\infty, +\infty)$ 有定义, 以 2π 为周期, 且在 $[-\pi, \pi]$ 上可积, $a_0, a_1, b_1, a_2, b_2, \cdots, a_n$, $b_n, \cdots$ 为其傅里叶系数, 则 $f(x)$ 的傅里叶级数为

$$\frac{a_0}{2} + \sum_{n=1}^{\infty}(a_n \cos nx + b_n \sin nx),$$

记为

$$f(x) \sim \frac{a_0}{2} + \sum_{n=1}^{\infty}(a_n \cos nx + b_n \sin nx).$$

特别地, 有

① 若 $f(x)$ 为奇函数, 则有(正弦级数)

$$f(x) \sim \sum_{n=1}^{\infty} b_n \sin nx, \quad \text{其中} \; b_n = \frac{2}{\pi}\int_0^{\pi} f(x)\sin nx \, \mathrm{d}x, \quad n = 1,2,3,\cdots;$$

② 若 $f(x)$ 为偶函数, 则有(余弦级数)

$$f(x) \sim \frac{a_0}{2} + \sum_{n=1}^{\infty} a_n \cos nx, \quad \text{其中} \; a_n = \frac{2}{\pi}\int_0^{\pi} f(x)\cos nx \, \mathrm{d}x, \quad n = 0,1,2,3,\cdots.$$

定理 9.2.2.3 (狄利克雷(Dirichlet)) 设 $f(x)$ 为以 2π 为周期的函数, 在 $(-\pi, \pi)$ 上满足

(1) $f(x)$ 在 $(-\pi, \pi)$ 上连续, 或者最多只有有限个第一类的间断点;

(2) $f(x)$ 在 $(-\pi, \pi)$ 上最多有有限个极值点.

则 $f(x)$ 的傅里叶级数收敛, 且其和函数

$$S(x) = \begin{cases} f(x), & \text{当}x\text{为}f(x)\text{的连续点时}, \\ \dfrac{1}{2}[f(x^-) + f(x^+)], & \text{当}x\text{为}f(x)\text{的间断点时}. \end{cases}$$

由于在连续点 x 处, $f(x^-) = f(x^+) = f(x)$, 因此也有 $f(x) = \dfrac{1}{2}[f(x^-) + f(x^+)]$ 成立.

因此, 当 $f(x)$ 满足定理条件时, $f(x)$ 的傅里叶级数的和函数 $S(x) = \dfrac{1}{2}[f(x^-) + f(x^+)]$.

2. 周期为 $2l$ 的情形

设 $f(x)$ 在 $(-\infty, +\infty)$ 有定义, 以 $2l$ 为周期, 且在 $[-l, l]$ 上可积, $a_0, a_1, b_1, a_2, b_2, \cdots, a_n$, $b_n, \cdots$ 为其对应的傅里叶系数, 则 $f(x)$ 的傅里叶级数为

$$\frac{a_0}{2} + \sum_{n=1}^{\infty}\left(a_n \cos \frac{n\pi x}{l} + b_n \sin \frac{n\pi x}{l}\right),$$

记为

$$f(x) \sim \frac{a_0}{2} + \sum_{n=1}^{\infty}\left(a_n \cos \frac{n\pi x}{l} + b_n \sin \frac{n\pi x}{l}\right).$$

特别地, 有

① 若 $f(x)$ 为奇函数, 则有(正弦级数)

$$f(x) \sim \sum_{n=1}^{\infty} b_n \sin \frac{n\pi x}{l}, \quad \text{其中} b_n = \frac{2}{l}\int_0^l f(x)\sin\frac{n\pi x}{l}\mathrm{d}x, \quad n=1,2,3,\cdots;$$

② 若 $f(x)$ 为偶函数, 则有(余弦级数)

$$f(x) \sim \frac{a_0}{2} + \sum_{n=1}^{\infty} a_n \cos \frac{n\pi x}{l}, \quad \text{其中} a_n = \frac{2}{l}\int_0^l f(x)\cos\frac{n\pi x}{l}\mathrm{d}x, \quad n=0,1,2,3,\cdots.$$

定理 9.2.2.4 (狄利克雷)　设 $f(x)$ 为以 $2l$ 为周期的函数, 在 $(-l,l)$ 上满足:

(1) $f(x)$ 在 $(-l,l)$ 上连续, 或者最多只有有限个第一类的间断点;

(2) $f(x)$ 在 $(-l,l)$ 上最多有有限个极值点.

则 $f(x)$ 的傅里叶级数收敛, 且其和函数

$$S(x) = \begin{cases} f(x), & \text{当} x \text{为} f(x) \text{的连续点时,} \\ \dfrac{1}{2}[f(x^-) + f(x^+)], & \text{当} x \text{为} f(x) \text{的间断点时.} \end{cases}$$

同样在每一点处都有 $S(x) = \dfrac{1}{2}[f(x^-) + f(x^+)]$.

3. 在 $[0,\pi]$(或者 $[0,l]$) 有定义的可积函数 $f(x)$ 如何展开成三角级数

对定义在 $[0,\pi]$(或者 $[0,l]$) 上的可积函数 $f(x)$ 要展开成所需的三角级数, 可以按照如下步骤来进行(以 $[0,\pi]$ 上的函数为例).

(1) 把 $f(x)$ 展开成傅里叶级数 $\dfrac{a_0}{2} + \sum_{n=1}^{\infty}(a_n \cos nx + b_n \sin nx)$.

首先把 $f(x)$ 延拓成 $(-\pi,\pi]$ 上的函数 $F(x)$, 然后再把 $F(x)$ 延拓成以 2π 为周期的函数, 并计算傅里叶系数

$$a_n = \frac{1}{\pi}\int_{-\pi}^{\pi} F(x)\cos nx\,\mathrm{d}x, \quad n=0,1,2,3,\cdots, \quad b_n = \frac{1}{\pi}\int_{-\pi}^{\pi} F(x)\sin nx\,\mathrm{d}x, \quad n=1,2,3,\cdots,$$

从而有

$$F(x) \sim \frac{a_0}{2} + \sum_{n=1}^{\infty}(a_n \cos nx + b_n \sin nx),$$

再把 x 限制到 $[0,\pi]$ 上, 就得到

$$f(x) \sim \frac{a_0}{2} + \sum_{n=1}^{\infty}(a_n \cos nx + b_n \sin nx), \quad x \in [0,\pi].$$

最后需根据狄利克雷定理说明一下收敛性情况.

【**注**】这种情况下, 结论是可以不同的. 因为延拓函数 $F(x)$ 的方式显然影响傅里叶系数, 因而也影响傅里叶级数. 也因此, 每个人可以根据自己的需要进行延拓, 从而得到自己所希望的结论.

(2) 把 $f(x)$ 展开成余弦级数 $\dfrac{a_0}{2} + \sum_{n=1}^{\infty} a_n \cos nx$.

首先把 $f(x)$ 延拓成 $[-\pi,\pi]$ 上的偶函数 $F(x)$，然后再把 $F(x)$ 延拓成以 2π 为周期的函数，并计算傅里叶系数

$$a_n = \frac{2}{\pi}\int_0^\pi F(x)\cos nx\,\mathrm{d}x = \frac{2}{\pi}\int_0^\pi f(x)\cos nx\mathrm{d}x, \quad n=0,1,2,3,\cdots,$$

从而有

$$F(x) \sim \frac{a_0}{2} + \sum_{n=1}^\infty a_n \cos nx,$$

再把 x 限制到 $[0,\pi]$ 上，就得到

$$f(x) \sim \frac{a_0}{2} + \sum_{n=1}^\infty a_n \cos nx, \quad x\in[0,\pi].$$

最后需根据狄利克雷定理说明一下收敛性情况.

【注】这种情况的最后结论实际上与延拓过程没有什么关系，完全取决于 $f(x)$ 在 $[0,\pi]$ 上的信息，因此答案是唯一确定的.

(3) 把 $f(x)$ 展开成正弦级数 $\sum\limits_{n=1}^\infty b_n \sin nx$.

首先把 $f(x)$ 延拓成 $(-\pi,\pi)$ 上的奇函数 $F(x)$（$x=0$ 时的情况可以先不予考虑），然后再把 $F(x)$ 延拓成以 2π 为周期的函数，并计算傅里叶系数

$$b_n = \frac{2}{\pi}\int_0^\pi F(x)\sin nx\,\mathrm{d}x = \frac{2}{\pi}\int_0^\pi f(x)\sin nx\,\mathrm{d}x, \quad n=0,1,2,3,\cdots,$$

从而有

$$F(x) \sim \sum_{n=1}^\infty b_n \sin nx,$$

再把 x 限制到 $[0,\pi]$ 上，就得到

$$f(x) \sim \sum_{n=1}^\infty b_n \sin nx, \quad x\in[0,\pi],$$

最后需根据狄利克雷定理说明一下收敛性情况.

【注】这种情况的最后结论实际上也与延拓过程没有什么关系，完全取决于 $f(x)$ 在 $[0,\pi]$ 上的信息，因此答案也是唯一确定的.

9.3　扩展与提高

9.3.1　形如 $\sum\limits_{n=1}^\infty \dfrac{a^n P_r(n)}{Q_s(n)}$ 的级数的收敛性

这里的 $P_r(n)$ 表示 n 的非负幂函数的线性组合，且最高幂是 r 次幂；这里的 $Q_s(n)$ 也是 n 的非负幂函数的线性组合，且最高幂是 s 次幂. 即

$$P_r(n) = \lambda_1 n^r + \lambda_2 n^{r_1} + \cdots + \lambda_k n^{r_{k-1}}, \quad r > r_1 > r_2 > \cdots > r_{k-1} \geqslant 0, \quad \lambda_1 \neq 0;$$

$$Q_s(n) = \mu_1 n^s + \mu_2 n^{s_1} + \cdots + \mu_m n^{s_{m-1}}, \quad s > s_1 > s_2 > \cdots > s_{m-1} \geqslant 0, \quad \mu_1 \neq 0,$$

而 a 是一个非零常数. 记 $b_n = \dfrac{a^n P_r(n)}{Q_s(n)}$.

(1) 若 $|a| > 1$, 则对任意正数 r, s, 由于

$$\lim_{n \to \infty} \left| \frac{b_{n+1}}{b_n} \right| = |a| \lim_{n \to \infty} \left| \frac{P_r(n+1) Q_s(n)}{P_r(n) Q_s(n+1)} \right| = |a| > 1.$$

因此 $\lim\limits_{n \to \infty} b_n = \infty$. 从而可知级数 $\sum\limits_{n=1}^{\infty} b_n$ 发散;

(2) 若 $a = 1$, 则 n 充分大时, b_n 不变号. 由于 $\lim\limits_{n \to \infty} \dfrac{b_n}{n^{r-s}} = \dfrac{\lambda_1}{\mu_1} \neq 0$, 因此级数 $\sum\limits_{n=1}^{\infty} b_n$ 与级数 $\sum\limits_{n=1}^{\infty} \dfrac{1}{n^{s-r}}$ 收敛性一致. 故此时有

$$s > r + 1 \text{时}, \text{级数} \sum_{n=1}^{\infty} b_n \text{收敛}; \quad s \leqslant r + 1 \text{时}, \text{级数} \sum_{n=1}^{\infty} b_n \text{发散}.$$

(3) 若 $a = -1$, 则级数 $\sum\limits_{n=1}^{\infty} b_n$ 是个交错级数(至少在 n 充分大时呈现交错状态), 因此

① 若 $s - r > 1$ 时, 由于 $\lim\limits_{n \to \infty} \left| \dfrac{b_n}{n^{r-s}} \right| = \left| \dfrac{\lambda_1}{\mu_1} \right| > 0$, 因此级数 $\sum\limits_{n=1}^{\infty} |b_n|$ 与级数 $\sum\limits_{n=1}^{\infty} \dfrac{1}{n^{s-r}}$ 收敛性一致. 而级数 $\sum\limits_{n=1}^{\infty} \dfrac{1}{n^{s-r}}$ 收敛, 故 $\sum\limits_{n=1}^{\infty} b_n$ 绝对收敛.

② 若 $0 < s - r \leqslant 1$ 时, 则由于 $\lim\limits_{n \to \infty} \left| \dfrac{b_n}{n^{r-s}} \right| = \left| \dfrac{\lambda_1}{\mu_1} \right| > 0$, 因此级数 $\sum\limits_{n=1}^{\infty} |b_n|$ 与级数 $\sum\limits_{n=1}^{\infty} \dfrac{1}{n^{s-r}}$ 收敛性一致. 而级数 $\sum\limits_{n=1}^{\infty} \dfrac{1}{n^{s-r}}$ 发散, 故 $\sum\limits_{n=1}^{\infty} b_n$ 不绝对收敛. 但是当 n 充分大时, $|b_n|$ 单调递减且趋于 0, 因此 $\sum\limits_{n=1}^{\infty} b_n$ 条件收敛.

③ 若 $s - r \leqslant 0$ 时, 则 $\lim\limits_{n \to \infty} b_n \neq 0$, 因此级数 $\sum\limits_{n=1}^{\infty} b_n$ 发散.

(4) 若 $|a| < 1$, 则对任意正数 r, s, 由于

$$\lim_{n \to \infty} \left| \frac{b_{n+1}}{b_n} \right| = |a| \lim_{n \to \infty} \left| \frac{P_r(n+1) Q_s(n)}{P_r(n) Q_s(n+1)} \right| = |a| < 1.$$

因此级数 $\sum\limits_{n=1}^{\infty} b_n$ 绝对收敛.

例 9.3.1.1　级数 $\sum\limits_{n=1}^{\infty} \dfrac{(-1)^n (2n^2 + 1)}{2^n (n+8)}$ 绝对收敛, 因为 $a = -\dfrac{1}{2}, |a| < 1$.

例 9.3.1.2　级数 $\sum\limits_{n=1}^{\infty}\dfrac{-2\sqrt{n}+1}{\sqrt[3]{n^5}+8n+1}$ 绝对收敛, 因为 $a=1,r=\dfrac{1}{2},s=\dfrac{5}{3},s-r=\dfrac{7}{6}>1$.

例 9.3.1.3　级数 $\sum\limits_{n=1}^{\infty}\dfrac{(-1)^n\left(\sqrt[3]{n^2}+3\right)}{n+2}$ 条件收敛, 因为 $a=-1,r=\dfrac{2}{3},s=1,0<s-r=\dfrac{1}{3}<1$.

例 9.3.1.4　级数 $\sum\limits_{n=1}^{\infty}\dfrac{\sqrt{n^3}-3n+1}{2n^2+5}$ 发散, 因为 $a=1,r=\dfrac{3}{2},s=2,s-r=\dfrac{1}{2}<1$.

例 9.3.1.5　级数 $\sum\limits_{n=1}^{\infty}\dfrac{3^{n-1}}{2^n(n^{10}+5)}$ 发散, 因为 $a=\dfrac{3}{2}>1,r=0,s=10$.

9.3.2　无穷级数审敛法补充

1. 正项级数的审敛法补充

对于正项级数, 除了教材里面介绍的四种通常审敛法外, 还有很多其他的审敛法, 它们对某些类型的正项级数的审敛是比较好用的. 下面补充介绍几种, 其证明在例题选讲部分给出.

(1) **积分审敛法**　设 $f(x)$ 是在 $[1,+\infty)$ 上取正值的不增的连续函数, 则级数 $\sum\limits_{n=1}^{+\infty}f(n)$ 收敛的充要条件是反常积分 $\int_1^{+\infty}f(x)\mathrm{d}x$ 收敛.

【注】由于级数的收敛性与级数的前面有限项无关, 因此把该判别法中的区间 $[1,+\infty)$ 改成 $[N,+\infty)$ (其中 N 为某个充分大的自然数)也是成立的.

例 9.3.2.1　判断级数 $\sum\limits_{n=2}^{\infty}\dfrac{1}{n\ln^p n}(p>0)$ 的敛散性.

解　显然, 函数 $f(x)=\dfrac{1}{x\ln^p x}$ 是在 $[2,+\infty)$ 上取正值, 单调递减的连续函数. 而反常积分

$$\int_2^{+\infty}f(x)\mathrm{d}x=\int_2^{+\infty}\dfrac{1}{x\ln^p x}\mathrm{d}x\xlongequal{t=\ln x}\int_{\ln 2}^{+\infty}\dfrac{\mathrm{d}t}{t^p}$$

在 $p>1$ 时收敛, 在 $0<p\leqslant 1$ 时发散. 因此, 由积分审敛法知, 级数 $\sum\limits_{n=2}^{\infty}\dfrac{1}{n\ln^p n}$ 在 $p>1$ 时收敛, 在 $0<p\leqslant 1$ 时发散. ∎

(2) **比阶审敛法**　若 $a_n>0(n=1,2,3,\cdots)$, 且存在常数 $p>0$ 使得 $n\to\infty$ 时 a_n 与 $\dfrac{1}{n^p}$ 为同阶无穷小, 则

① $p>1$ 时级数 $\sum\limits_{n=1}^{\infty}a_n$ 收敛;　　　② $p\leqslant 1$ 时级数 $\sum\limits_{n=1}^{\infty}a_n$ 发散.

例 9.3.2.2　① 级数 $\sum\limits_{n=1}^{\infty}\left(1-\cos\dfrac{1}{n}\right)$ 收敛, 因为 $n\to\infty$ 时 $1-\cos\dfrac{1}{n}$ 与 $\dfrac{1}{n^2}$ 为同阶无穷小.

② 级数 $\sum\limits_{n=1}^{\infty} n(e^{\frac{1}{n}} - e^{\frac{1}{n+1}})$ 发散, 因为 $n \to \infty$ 时 $n(e^{\frac{1}{n}} - e^{\frac{1}{n+1}})$ 与 $\frac{1}{n}$ 为同阶无穷小.

(3) 拉阿伯(Raabe)审敛法　若 $a_n > 0 (n=1,2,3,\cdots)$, 且 $\lim\limits_{n\to\infty} n\left(\dfrac{a_n}{a_{n+1}} - 1\right) = \lambda$, 则

① $\lambda > 1$ 时级数 $\sum\limits_{n=1}^{\infty} a_n$ 收敛;　　　　② $\lambda < 1$ 时级数 $\sum\limits_{n=1}^{\infty} a_n$ 发散.

例 9.3.2.3　① 设 $a_1 = 1, a_{n+1} = \dfrac{n}{n+2} a_n (n=1,2,3,\cdots)$, 则无穷级数 $\sum\limits_{n=1}^{\infty} a_n$ 收敛.

证明　因为

$$\lim_{n\to\infty} n\left(\frac{a_n}{a_{n+1}} - 1\right) = \lim_{n\to\infty} n\left(\frac{n+2}{n} - 1\right) = 2 > 1.$$

故由拉阿伯审敛法知, 级数 $\sum\limits_{n=1}^{\infty} a_n$ 收敛.■

② 讨论级数 $\sum\limits_{n=1}^{\infty} \dfrac{n! e^n}{n^{n+1}}$ 的收敛性.

解　令 $a_n = \dfrac{n! e^n}{n^{n+1}}$, 则

$$\lim_{n\to\infty} n\left(\frac{a_n}{a_{n+1}} - 1\right) = \lim_{n\to\infty} n\left[\frac{(n+1)^{n+2}}{(n+1)! e^{n+1}} \cdot \frac{n! e^n}{n^{n+1}} - 1\right] = \lim_{n\to\infty} n\left[\frac{1}{e} \cdot \left(1 + \frac{1}{n}\right)^{n+1} - 1\right]$$

$$= \lim_{n\to\infty} n\left[e^{(n+1)\ln\left(1+\frac{1}{n}\right) - 1} - 1\right] = \lim_{n\to\infty} n\left[(n+1)\ln\left(1 + \frac{1}{n}\right) - 1\right]$$

$$= \lim_{n\to\infty} n\left[(n+1)\left(\frac{1}{n} - \frac{1}{2n^2} + \frac{1}{3n^3} + o\left(\frac{1}{n^3}\right)\right) - 1\right] = 1 - \frac{1}{2} = \frac{1}{2} < 1.$$

故由拉阿伯审敛法知, 该级数发散.■

(4) 对数审敛法　给定正项级数 $\sum\limits_{n=1}^{\infty} a_n$,

① 若存在正数 λ 及自然数 N 使得 $n \geqslant N$ 时, $a_n > 0$, 且 $\dfrac{\ln\frac{1}{a_n}}{\ln n} \geqslant 1 + \lambda$. 则正项级数 $\sum\limits_{n=1}^{\infty} a_n$ 收敛;

② 若存在自然数 N 使得 $n \geqslant N$ 时, $a_n > 0$, 且 $\dfrac{\ln\frac{1}{a_n}}{\ln n} \leqslant 1$. 则正项级数 $\sum\limits_{n=1}^{\infty} a_n$ 发散.

例 9.3.2.4　讨论级数 $\sum\limits_{n=3}^{\infty} \dfrac{1}{(\ln n)^{\ln\ln n}}$ 的敛散性.

解　令 $a_n = \dfrac{1}{(\ln n)^{\ln\ln n}}$, 则对自然数 $n \geqslant 3$, 恒有 $a_n > 0$. 由于

$$\lim_{n\to\infty}\frac{\ln\dfrac{1}{a_n}}{\ln n}=\lim_{n\to\infty}\frac{\ln(\ln n)^{\ln\ln n}}{\ln n}=\lim_{n\to\infty}\frac{\ln^2(\ln n)}{\ln n}=\lim_{x\to+\infty}\frac{\ln^2 x}{x}=2\lim_{x\to+\infty}\frac{\ln x}{x}=2\lim_{x\to+\infty}\frac{1}{x}=0.$$

故存在自然数 N 使得 $n\geqslant N$ 时, $a_n>0$, 且 $\dfrac{\ln\dfrac{1}{a_n}}{\ln n}\leqslant 1$. 因此由对数审敛法知, 该级数发散.∎

(5) **叶尔玛科夫(Ermakov V. P.)审敛法**　设 $f(x)$ 是单调递减的正值连续函数, 且满足 $\lim\limits_{x\to+\infty}\dfrac{\mathrm{e}^x f(\mathrm{e}^x)}{f(x)}=\mu$. 则

① $\mu<1$ 时, 正项级数 $\sum\limits_{n=1}^{\infty}f(n)$ 收敛; ② $\mu>1$ 时, 正项级数 $\sum\limits_{n=1}^{\infty}f(n)$ 发散.

例 9.3.2.5　判断下列级数的敛散性.

① $\sum\limits_{n=2}^{\infty}\dfrac{1}{n\ln^2 n}$;　　　　　② $\sum\limits_{n=3}^{\infty}\dfrac{1}{n\ln n\cdot\ln\ln n}$.

解　① 令 $f(x)=\dfrac{1}{x\ln^2 x}(x\geqslant 2)$, 则显然 $f(x)$ 是单调递减的正值连续函数, 且

$$\lim_{x\to+\infty}\frac{\mathrm{e}^x f(\mathrm{e}^x)}{f(x)}=\lim_{x\to+\infty}\frac{\mathrm{e}^x\cdot\dfrac{1}{\mathrm{e}^x(\ln\mathrm{e}^x)^2}}{\dfrac{1}{x\ln^2 x}}=\lim_{x\to+\infty}\frac{\ln^2 x}{x}=2\lim_{x\to+\infty}\frac{\ln x}{x}=0<1,$$

因此由叶尔玛科夫审敛法知, 级数 $\sum\limits_{n=2}^{\infty}\dfrac{1}{n\ln^2 n}$ 收敛.

② 令 $f(x)=\dfrac{1}{x\ln x\cdot\ln\ln x}(x\geqslant 3)$, 则显然 $f(x)$ 是单调递减的正值连续函数, 且

$$\lim_{x\to+\infty}\frac{\mathrm{e}^x f(\mathrm{e}^x)}{f(x)}=\lim_{x\to+\infty}\frac{\mathrm{e}^x\cdot\dfrac{1}{\mathrm{e}^x\ln\mathrm{e}^x\cdot\ln\ln\mathrm{e}^x}}{\dfrac{1}{x\ln x\cdot\ln\ln x}}=\lim_{x\to+\infty}\ln\ln x=+\infty>1.$$

因此由叶尔玛科夫审敛法知, 级数 $\sum\limits_{n=3}^{\infty}\dfrac{1}{n\ln n\cdot\ln\ln n}$ 发散.∎

2. 一般项级数的审敛法

(1) **级数收敛的柯西准则**　级数 $\sum\limits_{n=1}^{\infty}a_n$ 收敛的充分必要条件是: 对任一正数 ε, 都存在自然数 $N(\varepsilon)$ 使得当 $n>N(\varepsilon)$ 时, 对任一自然数 p, 都有

$$\left|S_{n+p}-S_n\right|=\left|\sum_{k=n+1}^{n+p}a_k\right|<\varepsilon$$

成立(这里 S_n 为前 n 项和).

例 9.3.2.6　判别级数 $\sum\limits_{n=1}^{\infty}\dfrac{\sin n}{2^n}$ 的敛散性.

解法一 对任一正数 ε, 存在自然数 n 使得 $\dfrac{1}{2^n} < \varepsilon$. 从而对任一自然数 p, 有

$$\left| S_{n+p} - S_n \right| = \left| \frac{\sin(n+1)}{2^{n+1}} + \frac{\sin(n+2)}{2^{n+2}} + \cdots + \frac{\sin(n+p)}{2^{n+p}} \right|$$

$$\leqslant \frac{1}{2^{n+1}} + \frac{1}{2^{n+2}} + \cdots + \frac{1}{2^{n+p}} = \frac{1}{2^{n+1}} \cdot \frac{1 - \left(\frac{1}{2}\right)^p}{1 - \frac{1}{2}} \leqslant \frac{1}{2^n} < \varepsilon.$$

因此由级数收敛的柯西准则知, 级数 $\displaystyle\sum_{n=1}^{\infty} \frac{\sin n}{2^n}$ 收敛.

解法二 对任一自然数 n, 有 $\left| \dfrac{\sin n}{2^n} \right| \leqslant \dfrac{1}{2^n}$. 而级数 $\displaystyle\sum_{n=1}^{\infty} \frac{1}{2^n}$ 收敛, 因此由比较审敛法知,

级数 $\displaystyle\sum_{n=1}^{\infty} \frac{\sin n}{2^n}$ 绝对收敛, 因而也是收敛的. ∎

(2) **狄利克雷审敛法** 若级数 $\displaystyle\sum_{n=1}^{\infty} a_n$ 的部分和数列有界, 且数列 $\{b_n\}_{n=1}^{\infty}$ 单调地收敛于

0, 则级数 $\displaystyle\sum_{n=1}^{\infty} a_n b_n$ 收敛.

例 9.3.2.7 判别级数 $\displaystyle\sum_{n=1}^{\infty} \frac{\cos n - \cos(n+1)}{n}$ 的敛散性.

解 令 $a_n = \cos n - \cos(n+1), b_n = \dfrac{1}{n}$. 则级数 $\displaystyle\sum_{n=1}^{\infty} a_n$ 的部分和

$$S_n = (\cos 1 - \cos 2) + (\cos 2 - \cos 3) + \cdots + (\cos n - \cos(n+1)) = \cos 1 - \cos(n+1).$$

显然是有界的 ($|S_n| \leqslant 2$), 且数列 $\{b_n\}_{n=1}^{\infty} = \left\{\dfrac{1}{n}\right\}_{n=1}^{\infty}$ 单调递减地收敛于 0, 因此级数

$\displaystyle\sum_{n=1}^{\infty} \frac{\cos n - \cos(n+1)}{n}$ 收敛. ∎

(3) **阿贝尔审敛法** 若级数 $\displaystyle\sum_{n=1}^{\infty} a_n$ 收敛, 数列 $\{b_n\}_{n=1}^{\infty}$ 单调且有界, 则级数 $\displaystyle\sum_{n=1}^{\infty} a_n b_n$ 收敛.

例 9.3.2.8 讨论级数 $\displaystyle\sum_{n=1}^{\infty} \frac{(-1)^n}{n^p \sqrt[n]{n}}$ (其中 p 为常数)的收敛性.

解 首先, 若 $p > 1$, 则由于 $\left| \dfrac{(-1)^n}{n^p \sqrt[n]{n}} \right| \leqslant \dfrac{1}{n^p}$ 及 $\displaystyle\sum_{n=1}^{\infty} \frac{1}{n^p}$ 收敛, 故由比较审敛法知, 级数

$\displaystyle\sum_{n=1}^{\infty} \frac{(-1)^n}{n^p \sqrt[n]{n}}$ 绝对收敛.

若 $0 < p \leqslant 1$, 由于 $\displaystyle\lim_{n \to \infty} \frac{\left| \frac{(-1)^n}{n^p \sqrt[n]{n}} \right|}{\frac{1}{n^p}} = \lim_{n \to \infty} \frac{1}{\sqrt[n]{n}} = 1$, 故 $\displaystyle\sum_{n=1}^{\infty} \left| \frac{(-1)^n}{n^p \sqrt[n]{n}} \right|$ 与 $\displaystyle\sum_{n=1}^{\infty} \frac{1}{n^p}$ 收敛性相同, 而

$\sum\limits_{n=1}^{\infty}\dfrac{1}{n^p}$ 发散, 故此时级数 $\sum\limits_{n=1}^{\infty}\dfrac{(-1)^n}{n^p\sqrt[n]{n}}$ 不绝对收敛. 考虑函数 $f(x)=x^{\frac{1}{x}}\,(x>1)$. 显然 $f(x)=x^{\frac{1}{x}}$ 是取正值的可微函数, 且

$$f'(x)=\left(\mathrm{e}^{\frac{1}{x}\ln x}\right)'=x^{\frac{1}{x}}\left(-\frac{1}{x}\ln x\right)'=x^{\frac{1}{x}-2}(\ln x-1).$$

因此, 当 $x>\mathrm{e}$ 时, $f'(x)>0$, 函数 $f(x)$ 单调递增.

由此可知, 数列 $\left\{\dfrac{1}{\sqrt[n]{n}}\right\}_{n=3}^{\infty}$ 单调递增且有界 $\left(0<\dfrac{1}{\sqrt[n]{n}}\leqslant 1\right)$, 而交错级数 $\sum\limits_{n=1}^{\infty}\dfrac{(-1)^n}{n^p}$ 收敛,

故由阿贝尔审敛法可知, 级数 $\sum\limits_{n=1}^{\infty}\dfrac{(-1)^n}{n^p\sqrt[n]{n}}$ 收敛. 因此交错级数 $\sum\limits_{n=1}^{\infty}\dfrac{(-1)^n}{n^p\sqrt[n]{n}}$ 条件收敛.

若 $p=0$, 则由 $\lim\limits_{n\to\infty}\dfrac{1}{n^p\sqrt[n]{n}}=1$ 可知, 此时级数 $\sum\limits_{n=1}^{\infty}\dfrac{(-1)^n}{n^p\sqrt[n]{n}}$ 发散.

若 $p<0$, 则由 $\lim\limits_{n\to\infty}\dfrac{1}{n^p\sqrt[n]{n}}=\lim\limits_{n\to\infty}\dfrac{n^{-p}}{\sqrt[n]{n}}=+\infty$ 可知, 此时级数 $\sum\limits_{n=1}^{\infty}\dfrac{(-1)^n}{n^p\sqrt[n]{n}}$ 发散. ∎

9.3.3　常数项级数求和的阿贝尔方法

当常数项级数 $\sum\limits_{n=0}^{\infty}a_n$ 收敛时, 为了求该级数的和, 可构造幂级数 $\sum\limits_{n=0}^{\infty}a_n x^n$, 求出其和函数 $S(x)$, 从而由幂级数的和函数的连续性, 可得 $\sum\limits_{n=0}^{\infty}a_n=S(1^-)$. 这种方法称为**阿贝尔方法**. 更一般地, 为了求常数项级数 $\sum\limits_{n=0}^{\infty}a_n$ 的和 s, 可以构造便于求和的幂级数 $\sum\limits_{n=0}^{\infty}b_n x^{kn}$ 使得其收敛域 D 上某一点 x_0 满足 $a_n=b_n x_0^{kn}$. 若幂级数 $\sum\limits_{n=0}^{\infty}b_n x^{kn}$ 的和函数为 $S(x)$, 则 $s=S(x_0)$.

例 9.3.3.1　求级数 $\sum\limits_{n=1}^{\infty}\dfrac{n^2}{2^n}$ 的和.

解　由于

$$\lim\limits_{n\to\infty}\dfrac{\dfrac{(n+1)^2}{2^{n+1}}}{\dfrac{n^2}{2^n}}=\lim\limits_{n\to\infty}\dfrac{(n+1)^2}{2n^2}=\dfrac{1}{2}<1.$$

故该级数收敛. 为了求其和, 考虑级数 $\sum\limits_{n=1}^{\infty}n^2 x^n$, 其收敛域为 $(-1,1)$. 设其和函数为 $S(x)$, 则

$$S(x)=\sum\limits_{n=1}^{\infty}[n(n+1)-n]x^n=\sum\limits_{n=1}^{\infty}n(n+1)x^n-\sum\limits_{n=1}^{\infty}nx^n=x\sum\limits_{n=1}^{\infty}(x^{n+1})''-x\sum\limits_{n=1}^{\infty}(x^n)'$$

$$=x\left(\sum\limits_{n=1}^{\infty}x^{n+1}\right)''-x\left(\sum\limits_{n=1}^{\infty}x^n\right)'=x\left(\dfrac{x^2}{1-x}\right)''-x\left(\dfrac{x}{1-x}\right)'=\dfrac{x^2+x}{(1-x)^3}.$$

因此

$$\sum_{n=1}^{\infty}\frac{n^2}{2^n}=S\left(\frac{1}{2}\right)=\frac{\left(\frac{1}{2}\right)^2+\frac{1}{2}}{\left(1-\frac{1}{2}\right)^3}=6.\ \blacksquare$$

例 9.3.3.2　求交错级数 $\sum\limits_{n=1}^{\infty}\dfrac{(-1)^n}{n(n+1)}$ 的和.

解　考虑幂级数 $\sum\limits_{n=1}^{\infty}\dfrac{x^{n+1}}{n(n+1)}$, 易知其收敛域为 $D=[-1,1]$. 记其和函数为 $S(x)$, 则当 $-1<x<1$ 时,

$$S(x)=\sum_{n=1}^{\infty}\frac{x^{n+1}}{n(n+1)}=\sum_{n=1}^{\infty}\int_0^x\frac{t^n}{n}\mathrm{d}t=\int_0^x\left(\sum_{n=1}^{\infty}\frac{t^n}{n}\right)\mathrm{d}t=\int_0^x\left(\sum_{n=1}^{\infty}\int_0^t u^{n-1}\mathrm{d}u\right)\mathrm{d}t=\int_0^x\left(\int_0^t\left(\sum_{n=1}^{\infty}u^{n-1}\right)\mathrm{d}u\right)\mathrm{d}t$$

$$=\int_0^x\left(\int_0^t\frac{1}{1-u}\mathrm{d}u\right)\mathrm{d}t=-\int_0^x\ln(1-t)\mathrm{d}t=x+(1-x)\ln(1-x).$$

由于 $S(x)$ 在收敛域 $[-1,1]$ 上连续, 故

$$S(1)=\lim_{x\to1^-}S(x)=\lim_{x\to1^-}[x+(1-x)\ln(1-x)]=1.$$

从而有

$$S(x)=\begin{cases}x+(1-x)\ln(1-x), & -1\leqslant x<1,\\ 1, & x=1.\end{cases}$$

于是有

$$\sum_{n=1}^{\infty}\frac{(-1)^n}{n(n+1)}=-\sum_{n=1}^{\infty}\frac{(-1)^{n+1}}{n(n+1)}=-S(-1)=1-2\ln2.\ \blacksquare$$

9.3.4　求幂级数的和函数的两种常用方法

由于幂级数的和函数在收敛区间内可以逐项积分, 也可以逐项求导, 因此下面两种方法成为求很多幂级数和函数的常用方法:

(1) 若 $\sum\limits_{n=0}^{\infty}b_n(x-x_0)^n=S(x)$ 容易求出, 则用逐项求导法可以求得 $\sum\limits_{n=1}^{\infty}nb_n(x-x_0)^{n-1}=S'(x)$. 更一般地, 有 $\sum\limits_{n=k}^{\infty}n(n-1)\cdots(n-k+1)b_n(x-x_0)^{n-k}=S^{(k)}(x)$.

(2) 若 $\sum\limits_{n=0}^{\infty}b_n(x-x_0)^n=S(x)$ 容易求出, 则用逐项积分法可以求得 $\sum\limits_{n=0}^{\infty}\dfrac{b_n}{n+1}(x-x_0)^{n+1}=\int_{x_0}^x S(x)\mathrm{d}x$.

当然, 具体应用时可以与幂级数的线性运算性质以及变量替换方法结合起来应用.

例 9.3.4.1　求幂级数 $\sum\limits_{n=1}^{\infty}\dfrac{(n^2+1)(x-1)^n}{n!}$ 的和函数.

解 该幂级数的收敛半径为

$$R = \lim_{n \to \infty} \frac{\dfrac{n^2+1}{n!}}{\dfrac{(n+1)^2+1}{(n+1)!}} = \lim_{n \to \infty} \frac{(n+1)(n^2+1)}{(n+1)^2+1} = +\infty,$$

因此幂级数的收敛域为 $(-\infty,+\infty)$. 设其和函数为 $S(x)$，则

$$S(x) = \sum_{n=1}^{\infty} \frac{n^2(x-1)^n}{n!} + \sum_{n=1}^{\infty} \frac{(x-1)^n}{n!} = \sum_{n=1}^{\infty} \frac{n(x-1)^n}{(n-1)!} + \sum_{n=0}^{\infty} \frac{(x-1)^n}{n!} - 1$$

$$= \sum_{n=0}^{\infty} \frac{(n+1)(x-1)^{n+1}}{n!} + e^{x-1} - 1 = (x-1)\sum_{n=0}^{\infty}\left(\frac{(x-1)^{n+1}}{n!}\right)' + e^{x-1} - 1$$

$$= (x-1)\left(\sum_{n=0}^{\infty} \frac{(x-1)^{n+1}}{n!}\right)' + e^{x-1} - 1 = (x-1)\left((x-1)\sum_{n=0}^{\infty} \frac{(x-1)^n}{n!}\right)' + e^{x-1} - 1$$

$$= (x-1)\left((x-1)e^{x-1}\right)' + e^{x-1} - 1 = (x^2-x+1)e^{x-1} - 1,$$

故所求的和函数为：$S(x) = (x^2-x+1)e^{x-1} - 1, x \in (-\infty,+\infty).$ ■

例 9.3.4.2 求幂级数 $\displaystyle\sum_{n=1}^{\infty} \frac{(-1)^n}{n \cdot (2n-2)!}(x+2)^{2n+1}$ 的和函数.

解 该幂级数的收敛半径为

$$R = \sqrt{\lim_{n\to\infty}\left|\frac{\dfrac{(-1)^n}{n\cdot(2n-2)!}}{\dfrac{(-1)^{n+1}}{(n+1)\cdot(2n)!}}\right|} = \sqrt{\lim_{n\to\infty}\left|\frac{2n(n+1)}{n}\right|} = +\infty.$$

因此幂级数的收敛域为 $(-\infty,+\infty)$. 设其和函数为 $S(x)$，则

$$S(x) = 2(x+2)\sum_{n=1}^{\infty} \frac{(-1)^n}{2n\cdot(2n-2)!}(x+2)^{2n} = 2(x+2)\sum_{n=1}^{\infty}\int_{-2}^{x} \frac{(-1)^n}{(2n-2)!}(t+2)^{2n-1}dt$$

$$= 2(x+2)\int_{-2}^{x}\left[\sum_{n=1}^{\infty}\frac{(-1)^n}{(2n-2)!}(t+2)^{2n-1}\right]dt = 2(x+2)\int_{-2}^{x}\left[\sum_{n=0}^{\infty}\frac{(-1)^{n+1}}{(2n)!}(t+2)^{2n+1}\right]dt$$

$$= 2(x+2)\int_{-2}^{x}\left[-(t+2)\sum_{n=0}^{\infty}\frac{(-1)^n}{(2n)!}(t+2)^{2n}\right]dt = 2(x+2)\int_{-2}^{x}[-(t+2)\cos(t+2)]dt$$

$$= 2(x+2)\left[-(x+2)\sin(x+2) + \int_{-2}^{x}\sin(t+2)dt\right]$$

$$= 2(x+2)[-(x+2)\sin(x+2) + 1 - \cos(x+2)],$$

故所求的和函数为：$S(x) = 2(x+2)[1-(x+2)\sin(x+2) - \cos(x+2)], x \in (-\infty,+\infty).$ ■

9.4　释 疑 解 惑

1. (1) 若 $\sum\limits_{n=1}^{\infty} a_n$ 与 $\sum\limits_{n=1}^{\infty} b_n$ 都发散, $\sum\limits_{n=1}^{\infty}(a_n+b_n)$ 是否也发散?

(2) 若 $\sum\limits_{n=1}^{\infty} a_n$ 收敛, $\sum\limits_{n=1}^{\infty} b_n$ 发散, 则 $\sum\limits_{n=1}^{\infty}(a_n+b_n)$ 收敛性如何?

(3) 若 $\sum\limits_{n=1}^{\infty} a_n$ 与 $\sum\limits_{n=1}^{\infty} b_n$ 都条件收敛, $\sum\limits_{n=1}^{\infty}(a_n+b_n)$ 是否也条件收敛?

(4) 若 $\sum\limits_{n=1}^{\infty} a_n$ 与 $\sum\limits_{n=1}^{\infty} b_n$ 都绝对收敛, $\sum\limits_{n=1}^{\infty}(a_n \pm b_n)$ 是否也绝对收敛?

(5) 若 $\sum\limits_{n=1}^{\infty} a_n$ 条件收敛, 而 $\sum\limits_{n=1}^{\infty} b_n$ 绝对收敛, 则 $\sum\limits_{n=1}^{\infty}(a_n \pm b_n)$ 是条件收敛还是绝对收敛?

答　(1) 当 $\sum\limits_{n=1}^{\infty} a_n$ 与 $\sum\limits_{n=1}^{\infty} a_n$ 都发散时, $\sum\limits_{n=1}^{\infty}(a_n+b_n)$ 可能发散, 也可能收敛. 下面这两个例子就说明了这一点:

① 级数 $\sum\limits_{n=1}^{\infty} \dfrac{1}{n}$ 与 $\sum\limits_{n=1}^{\infty} \dfrac{-1}{n}$ 都发散, 但是 $\sum\limits_{n=1}^{\infty}\left[\dfrac{1}{n}+\left(\dfrac{-1}{n}\right)\right]=\sum\limits_{n=1}^{\infty} 0$ 却是收敛的;

② 级数 $\sum\limits_{n=1}^{\infty} \dfrac{1}{n}$ 与 $\sum\limits_{n=1}^{\infty} \dfrac{2}{n}$ 都发散, $\sum\limits_{n=1}^{\infty}\left(\dfrac{1}{n}+\dfrac{2}{n}\right)=\sum\limits_{n=1}^{\infty} \dfrac{3}{n}$ 还是发散的.

但是, 两个发散的正项(负项)级数 $\sum\limits_{n=1}^{\infty} a_n$ 与 $\sum\limits_{n=1}^{\infty} b_n$ 的和级数 $\sum\limits_{n=1}^{\infty}(a_n+b_n)$ 必定是发散的.

(2) 若 $\sum\limits_{n=1}^{\infty} a_n$ 收敛, $\sum\limits_{n=1}^{\infty} b_n$ 发散, 则 $\sum\limits_{n=1}^{\infty}(a_n+b_n)$ 必发散. 我们用反证法证明如下:

若 $\sum\limits_{n=1}^{\infty}(a_n+b_n)$ 收敛, 由于 $\sum\limits_{n=1}^{\infty} a_n$ 收敛, 故由级数的性质可知, 级数

$$\sum_{n=1}^{\infty} b_n = \sum_{n=1}^{\infty}[(a_n+b_n)-a_n]$$

也是收敛的, 这与 $\sum\limits_{n=1}^{\infty} b_n$ 发散矛盾! 故 $\sum\limits_{n=1}^{\infty}(a_n+b_n)$ 必发散.

(3) 若 $\sum\limits_{n=1}^{\infty} a_n$ 与 $\sum\limits_{n=1}^{\infty} b_n$ 都条件收敛, 则 $\sum\limits_{n=1}^{\infty}(a_n+b_n)$ 有可能条件收敛, 也有可能绝对收敛. 下面两个例子就说明了这一点:

① 级数 $\sum\limits_{n=1}^{\infty} \dfrac{(-1)^n}{n}$ 与 $\sum\limits_{n=1}^{\infty} \dfrac{(-1)^{n+1}}{n}$ 都条件收敛, 而 $\sum\limits_{n=1}^{\infty}\left[\dfrac{(-1)^n}{n}+\dfrac{(-1)^{n+1}}{n}\right]=\sum\limits_{n=1}^{\infty} 0$ 绝对收敛;

② 级数 $\sum\limits_{n=1}^{\infty} \dfrac{(-1)^{n-1}}{n}$ 与 $\sum\limits_{n=1}^{\infty} \dfrac{(-1)^{n+1}}{n}$ 都条件收敛, $\sum\limits_{n=1}^{\infty}\left[\dfrac{(-1)^{n-1}}{n}+\dfrac{(-1)^{n+1}}{n}\right]=\sum\limits_{n=1}^{\infty} \dfrac{2(-1)^{n+1}}{n}$ 还是

条件收敛.

(4) 若 $\sum\limits_{n=1}^{\infty} a_n$ 与 $\sum\limits_{n=1}^{\infty} b_n$ 都绝对收敛,则 $\sum\limits_{n=1}^{\infty}(a_n \pm b_n)$ 也绝对收敛. 事实上,由于 $\sum\limits_{n=1}^{\infty}|a_n|$ 与

$\sum\limits_{n=1}^{\infty}|b_n|$ 都收敛,因此 $\sum\limits_{n=1}^{\infty}(|a_n|+|b_n|)$ 也收敛,于是由正项级数的比较审敛法及下列不等式

$$|a_n \pm b_n| \leqslant |a_n| + |b_n|,$$

可知,级数 $\sum\limits_{n=1}^{\infty}|a_n \pm b_n|$ 也收敛,因此 $\sum\limits_{n=1}^{\infty}(a_n \pm b_n)$ 绝对收敛.

(5) 若 $\sum\limits_{n=1}^{\infty} a_n$ 条件收敛,而 $\sum\limits_{n=1}^{\infty} b_n$ 绝对收敛,则 $\sum\limits_{n=1}^{\infty}(a_n \pm b_n)$ 必定条件收敛. 首先,由于

$\sum\limits_{n=1}^{\infty} a_n$ 条件收敛,$\sum\limits_{n=1}^{\infty} b_n$ 绝对收敛,故 $\sum\limits_{n=1}^{\infty} a_n$ 与 $\sum\limits_{n=1}^{\infty} b_n$ 都收敛. 因此 $\sum\limits_{n=1}^{\infty}(a_n \pm b_n)$ 也是收敛的.

若 $\sum\limits_{n=1}^{\infty}(a_n \pm b_n)$ 绝对收敛,则由(4)可知,级数 $\sum\limits_{n=1}^{\infty} a_n = \sum\limits_{n=1}^{\infty}[(a_n \pm b_n) \mp b_n]$ 也绝对收敛,这与

$\sum\limits_{n=1}^{\infty} a_n$ 条件收敛矛盾! 因此 $\sum\limits_{n=1}^{\infty}(a_n \pm b_n)$ 必定条件收敛.∎

2. 在交错级数的莱布尼茨审敛法中,当 a_n 单调递减且趋于 0 时,交错级数 $\sum\limits_{n=1}^{\infty}(-1)^n a_n$

是收敛的. 那么下面三个问题的结论又如何呢?

(1) 如果交错级数 $\sum\limits_{n=1}^{\infty}(-1)^n a_n$ 收敛,a_n 是否必定单调递减且趋于 0 呢?

(2) 如果数列 a_n 单调且 $\lim\limits_{n\to\infty} a_n = 0$,级数 $\sum\limits_{n=1}^{\infty}(-1)^n a_n$ 是否一定收敛?

(3) 如果 $a_n > 0$ 且 $\lim\limits_{n\to\infty} a_n = 0$,级数 $\sum\limits_{n=1}^{\infty}(-1)^n a_n$ 是否一定收敛?

答 (1) 如果交错级数 $\sum\limits_{n=1}^{\infty}(-1)^n a_n$ 收敛,则根据级数收敛的必要条件,必有 $\lim\limits_{n\to\infty}(-1)^n a_n$

$= 0$,从而也有 $\lim\limits_{n\to\infty} a_n = 0$. 但是 a_n 未必单调递减. 比如,交错级数

$$1 - \frac{1}{2} + \frac{1}{3} - \frac{1}{4} + \cdots + \frac{1}{3^n} - \frac{1}{2^{n+1}} + \cdots$$

是收敛的. 因为其前 n 项和数列 S_n 满足

$$\lim_{n\to\infty} S_{2n} = \lim_{n\to\infty}\left(1 - \frac{1}{2} + \frac{1}{3} - \frac{1}{4} + \cdots + \frac{1}{3^{n-1}} - \frac{1}{2^n}\right) = \lim_{n\to\infty}\left[\frac{1-\left(\frac{1}{3}\right)^n}{1-\frac{1}{3}} - \frac{1}{2} \cdot \frac{1-\left(\frac{1}{2}\right)^n}{1-\frac{1}{2}}\right] = \frac{3}{2} - 1 = \frac{1}{2},$$

$$\lim_{n\to\infty} S_{2n-1} = \lim_{n\to\infty}\left(S_{2n} + \frac{1}{2^n}\right) = \lim_{n\to\infty} S_{2n} + \lim_{n\to\infty}\frac{1}{2^n} = \frac{1}{2}.$$

因此 $\lim\limits_{n\to\infty} S_n = \dfrac{1}{2}$. 这表明该交错级数收敛于 $\dfrac{1}{2}$. 但是, 数列 $1, \dfrac{1}{2}, \dfrac{1}{3}, \dfrac{1}{4}, \cdots, \dfrac{1}{3^n}, \dfrac{1}{2^{n+1}}, \cdots$ 并不单调.

(2) 由于 a_n 单调且 $\lim\limits_{n\to\infty} a_n = 0$, 故不外是如下两种情况:

① a_n 单调递减且 $\lim\limits_{n\to\infty} a_n = 0$, 故由莱布尼茨审敛法知, 交错级数 $\sum\limits_{n=1}^{\infty} (-1)^n a_n$ 一定收敛;

② a_n 单调递增且 $\lim\limits_{n\to\infty} a_n = 0$, 此时 $-a_n \geqslant 0$, 单调递减且 $\lim\limits_{n\to\infty}(-a_n) = 0$, 故由莱布尼茨审敛法知, 级数 $\sum\limits_{n=1}^{\infty} (-1)^n a_n = \sum\limits_{n=1}^{\infty} (-1)^{n-1}(-a_n)$ 也一定收敛.

(3) 未必. 比如看下面这个交错级数的例子:

$$\sum_{n=0}^{\infty} a_n = 1 - \frac{1}{2} + \frac{1}{3} - \frac{1}{2^2} + \frac{1}{5} - \frac{1}{2^3} + \frac{1}{7} - \frac{1}{2^4} + \frac{1}{9} - \frac{1}{2^5} + \cdots,$$

它是由两个级数 $\sum\limits_{n=0}^{\infty} \dfrac{1}{2n+1}$ 与 $\sum\limits_{n=0}^{\infty} \dfrac{-1}{2^{n+1}}$ 交错拼凑起来的. 由于 $\sum\limits_{n=0}^{\infty} \dfrac{1}{2n+1}$ 发散, 而 $\sum\limits_{n=0}^{\infty} \dfrac{-1}{2^{n+1}}$ 收敛, 由于级数 $\sum\limits_{n=0}^{\infty} a_n$ 的前 $2n$ 项和为

$$S_{2n} = \sum_{k=0}^{n-1} \frac{1}{2n+1} - \frac{1}{2} \cdot \frac{1 - \left(\dfrac{1}{2}\right)^n}{1 - \dfrac{1}{2}} = \sum_{k=0}^{n-1} \frac{1}{2n+1} - 1 + \left(\frac{1}{2}\right)^n,$$

容易看出 $\lim\limits_{n\to\infty} S_{2n} = +\infty$. 故级数 $\sum\limits_{n=0}^{\infty} a_n$ 发散. 但是显然 $\lim\limits_{n\to\infty} a_n = 0$. ∎

3. 下列说法是否正确?

(1) 若 $\sum\limits_{n=1}^{\infty} a_n$ 收敛, 则 $\sum\limits_{n=1}^{\infty} a_n^2$ 也收敛.

(2) 若 $\lim\limits_{n\to\infty} \dfrac{a_n}{b_n} = l \in (0, +\infty)$, 且 $\sum\limits_{n=1}^{\infty} b_n$ 收敛, 则 $\sum\limits_{n=1}^{\infty} a_n$ 也收敛.

(3) 若 $0 < a_n < \dfrac{1}{n}$, 则级数 $\sum\limits_{n=1}^{\infty} (-1)^n a_n$ 收敛.

答　(1) 当 $\sum\limits_{n=1}^{\infty} a_n$ 收敛时, $\sum\limits_{n=1}^{\infty} a_n^2$ 未必会收敛. 比如, 当 $a_n = \dfrac{(-1)^n}{\sqrt{n}}$ 时, 级数 $\sum\limits_{n=1}^{\infty} a_n$ 条件收敛, 但是级数 $\sum\limits_{n=1}^{\infty} a_n^2 = \sum\limits_{n=1}^{\infty} \dfrac{1}{n}$ 却是发散的.

不过, 如果 $\sum\limits_{n=1}^{\infty} a_n$ 是收敛的正项级数(或收敛的负项级数), 则当 $\sum\limits_{n=1}^{\infty} a_n$ 收敛时, $\sum\limits_{n=1}^{\infty} a_n^2$ 必然收敛. 证明如下:

设 $\sum\limits_{n=1}^{\infty} a_n$ 是收敛的正项级数, 则 $\lim\limits_{n\to\infty} a_n = 0$, 因此 a_n 有界, 故存在正数 M 使得

$\left|a_n\right| \leqslant M$. 从而有 $\left|a_n^2\right| \leqslant M a_n$. 因而由比较审敛法可知, $\sum\limits_{n=1}^{\infty} a_n^2$ 是收敛的. 当 $\sum\limits_{n=1}^{\infty} a_n$ 是收敛的

负项级数时, 类似可证 $\sum\limits_{n=1}^{\infty} a_n^2$ 也是收敛的.

(2) 当 $\lim\limits_{n \rightarrow \infty} \dfrac{a_n}{b_n} = l \in (0, +\infty)$, 且 $\sum\limits_{n=1}^{\infty} b_n$ 收敛时, $\sum\limits_{n=1}^{\infty} a_n$ 未必收敛. 比如, 当 $a_n = \dfrac{1}{n} + \dfrac{(-1)^n}{\sqrt{n}}$,

$b_n = \dfrac{(-1)^n}{\sqrt{n}}$ 时, 级数 $\sum\limits_{n=1}^{\infty} b_n$ 是条件收敛的, 且

$$\lim_{n \rightarrow \infty} \frac{a_n}{b_n} = \lim_{n \rightarrow \infty} \frac{\dfrac{1}{n} + \dfrac{(-1)^n}{\sqrt{n}}}{\dfrac{(-1)^n}{\sqrt{n}}} = \lim_{n \rightarrow \infty} \left(1 + \frac{(-1)^n}{\sqrt{n}}\right) = 1.$$

但是, 级数 $\sum\limits_{n=1}^{\infty} a_n = \sum\limits_{n=1}^{\infty} \left(\dfrac{1}{n} + \dfrac{(-1)^n}{\sqrt{n}}\right)$ 是发散的.

不过, 如果 $\lim\limits_{n \rightarrow \infty} \dfrac{a_n}{b_n} = 1$, 且 $\sum\limits_{n=1}^{\infty} b_n$ 绝对收敛时, $\sum\limits_{n=1}^{\infty} a_n$ 必定也收敛, 读者可以自己尝试证明一下.

(3) 当 $0 < a_n < \dfrac{1}{n}$ 时, 级数 $\sum\limits_{n=1}^{\infty} (-1)^n a_n$ 未必收敛. 比如, 当 $a_n = \dfrac{1}{2n} + \dfrac{(-1)^n}{3n}$ 时, 确实有

$0 < a_n < \dfrac{1}{n}$ 成立, 但是级数 $\sum\limits_{n=1}^{\infty} (-1)^n a^n = \sum\limits_{n=1}^{\infty} (-1)^n \left(\dfrac{1}{2n} + \dfrac{(-1)^n}{3n}\right) = \sum\limits_{n=1}^{\infty} \left(\dfrac{1}{3n} + \dfrac{(-1)^n}{2n}\right)$ 却是发散的.

判断一个抽象级数是否收敛, 不要想当然地把它当成正项级数, 这样可以避免犯很多错误. 也就是说, 关于正项级数的一些审敛法对一般项级数未必可用. 而在举反例时, 交错级数通常是很好用的.■

4. 讨论下列几个问题:

(1) 若 $\sum\limits_{n=1}^{\infty} a_n$ 与 $\sum\limits_{n=1}^{\infty} b_n$ 都条件收敛, $\sum\limits_{n=1}^{\infty} (a_n b_n)$ 是否也条件收敛?

(2) 若 $\sum\limits_{n=1}^{\infty} a_n$ 与 $\sum\limits_{n=1}^{\infty} b_n$ 都绝对收敛, $\sum\limits_{n=1}^{\infty} (a_n b_n)$ 是否也绝对收敛?

答　(1) 若 $\sum\limits_{n=1}^{\infty} a_n$ 与 $\sum\limits_{n=1}^{\infty} b_n$ 都条件收敛, 则 $\sum\limits_{n=1}^{\infty} (a_n b_n)$ 未必条件收敛. 看下列几个例子即可明白:

①　若 $a_n = b_n = \dfrac{(-1)^n}{n}$, 则 $\sum\limits_{n=1}^{\infty} a_n$ 与 $\sum\limits_{n=1}^{\infty} b_n$ 都条件收敛, 但是 $\sum\limits_{n=1}^{\infty} (a_n b_n) = \sum\limits_{n=1}^{\infty} \dfrac{1}{n^2}$ 却是绝对收敛;

②　若 $a_n = b_n = \dfrac{(-1)^n}{\sqrt{n}}$, 则 $\sum\limits_{n=1}^{\infty} a_n$ 与 $\sum\limits_{n=1}^{\infty} b_n$ 都条件收敛, 但是 $\sum\limits_{n=1}^{\infty} (a_n b_n) = \sum\limits_{n=1}^{\infty} \dfrac{1}{n}$ 却是发散的;

③ 若令

$$\sum_{n=1}^{\infty} a_n = 1 + \frac{1}{2} - \frac{1}{3} - \frac{1}{4} + \frac{1}{5} + \frac{1}{6} - \cdots + \frac{1}{4n+1} + \frac{1}{4n+2} - \frac{1}{4n+3} - \frac{1}{4n+4} + \cdots,$$

$$\sum_{n=1}^{\infty} b_n = 1 + \frac{1}{\ln 2} - \frac{1}{\ln 3} + \frac{1}{\ln 4} - \cdots + \frac{1}{\ln(4n+1)} - \frac{1}{\ln(4n+2)} + \frac{1}{\ln(4n+3)} - \frac{1}{\ln(4n+4)} + \cdots,$$

则

$$\sum_{n=1}^{\infty} a_n b_n = 1 + \frac{1}{2\ln 2} + \frac{1}{3\ln 3} - \frac{1}{4\ln 4} - \frac{1}{5\ln 5} + \cdots + \frac{1}{(4n+2)\ln(4n+2)} + \frac{1}{(4n+3)\ln(4n+3)}$$
$$- \frac{1}{(4n+4)\ln(4n+4)} - \frac{1}{(4n+5)\ln(4n+5)} + \cdots.$$

不难验证, $\sum_{n=1}^{\infty} a_n$, $\sum_{n=1}^{\infty} b_n$ 都条件收敛, $\sum_{n=1}^{\infty}(a_n b_n)$ 也收敛(两项两项合并看可看作交错级数,

且一般项单调递减趋于 0). 而由例 9.3.2.1 可知, $\sum_{n=1}^{\infty}|a_n b_n| = 1 + \sum_{n=2}^{\infty} \frac{1}{n \ln n}$ 是发散的, 因此

$\sum_{n=1}^{\infty}(a_n b_n)$ 是条件收敛的.

(2) 若 $\sum_{n=1}^{\infty} a_n$ 与 $\sum_{n=1}^{\infty} b_n$ 都绝对收敛, 则 $\lim_{n\to\infty} b_n = 0$, 因此存在常数 $M > 0$ 使得 $|b_n| \leqslant M$

$(n=1,2,3,\cdots)$. 因此对任何自然数 n, 都有 $|a_n b_n| \leqslant M |a_n|$. 因此由 $\sum_{n=1}^{\infty} a_n$ 绝对收敛和比较审

敛法知, $\sum_{n=1}^{\infty}(a_n b_n)$ 也绝对收敛. ∎

5. 为什么说当幂级数 $\sum_{n=1}^{\infty} a_n (x-x_0)^n$ 在点 $x = x_1$ 处条件收敛时, 其收敛半径就是 $R = |x_1 - x_0|$?

答 根据阿贝尔定理, 若幂级数 $\sum_{n=1}^{\infty} a_n (x-x_0)^n$ 在点 $x = x_1$ 处条件收敛, 则对满足 $|x - x_0|$

$< |x_1 - x_0|$ 的点 x, 幂级数 $\sum_{n=1}^{\infty} a_n (x-x_0)^n$ 均绝对收敛, 因此幂级数 $\sum_{n=1}^{\infty} a_n (x-x_0)^n$ 的收敛半

径 $R \geqslant |x_1 - x_0|$.

反之, 若存在满足 $|x_2 - x_0| > |x_1 - x_0|$ 的点 x_2 使得级数 $\sum_{n=1}^{\infty} a_n (x_2-x_0)^n$ 收敛, 则由阿贝尔

定理可知, 级数 $\sum_{n=1}^{\infty} a_n (x_1-x_0)^n$ 应绝对收敛, 这与它条件收敛相矛盾! 因此不存在满足

$|x_2 - x_0| > |x_1 - x_0|$ 的点 x_2 使得级数 $\sum_{n=1}^{\infty} a_n (x_2-x_0)^n$ 收敛, 这表明 $R \leqslant |x_1 - x_0|$.

因此, $R = |x_1 - x_0|$. ∎

6. "若幂级数 $\sum\limits_{n=1}^{\infty} a_n x^n$ 的收敛半径为 R_1，幂级数 $\sum\limits_{n=1}^{\infty} b_n x^n$ 的收敛半径为 R_2，则幂级数 $\sum\limits_{n=1}^{\infty}(a_n + b_n)x^n$ 的收敛半径为 $R = \min\{R_1, R_2\}$." 这个命题对吗？为什么？

答　这个命题不对！事实上，当 $a_n = \dfrac{1}{n}$，$b_n = \dfrac{1}{n!} - \dfrac{1}{n}$ 时，幂级数 $\sum\limits_{n=1}^{\infty} a_n x^n$ 与 $\sum\limits_{n=1}^{\infty} b_n x^n$ 的收敛半径均为 $R_1 = R_2 = 1$. 但是 $\sum\limits_{n=1}^{\infty}(a_n + b_n)x^n = \sum\limits_{n=1}^{\infty} \dfrac{x^n}{n!}$ 的收敛半径却为 $R = +\infty$，显然 $R \neq \min\{R_1, R_2\}$.

但是，如果 $R_1 \neq R_2$，则必有 $R = \min\{R_1, R_2\}$. 证明如下：不妨设 $0 < R_1 < R_2 < +\infty$.

当 $|x| < R_1$ 时，也有 $|x| < R_2$，因此 $\sum\limits_{n=1}^{\infty} a_n x^n$ 与 $\sum\limits_{n=1}^{\infty} b_n x^n$ 都绝对收敛，因此由 1(4)的证明可知，级数 $\sum\limits_{n=1}^{\infty}(a_n + b_n)x^n$ 也绝对收敛. 因此 $R \geqslant R_1$.

若 $R > R_1$，则存在点 x 同时满足 $R_1 < |x| < R, R_1 < |x| < R_2$. 因此 $\sum\limits_{n=1}^{\infty} a_n x^n$ 发散，而 $\sum\limits_{n=1}^{\infty} b_n x^n$ 与 $\sum\limits_{n=1}^{\infty}(a_n + b_n)x^n$ 均绝对收敛. 这是不可能的！因为当 $\sum\limits_{n=1}^{\infty} b_n x^n$ 与 $\sum\limits_{n=1}^{\infty}(a_n + b_n)x^n$ 均绝对收敛时，由不等式

$$\left| a_n x^n \right| = \left|(a_n + b_n)x^n - b_n x^n\right| \leqslant \left|(a_n + b_n)x^n\right| + \left|b_n x^n\right|$$

可知，$\sum\limits_{n=1}^{\infty} a_n x^n$ 也应该绝对收敛，矛盾！这表明 $R_1 \leqslant R$. 因此 $R = R_1 = \min\{R_1, R_2\}$. ∎

7. 为什么在函数 $f(x)$ 的傅里叶级数中常数项要写成 $\dfrac{1}{2}a_0$ 的形式，而不直接用 a_0 的形式来表示这个常数呢？这个常数项还可以有其他形式吗？

答　之所以把傅里叶级数中常数项写成 $\dfrac{1}{2}a_0$ 的形式，这主要是为了系数公式的形式统一. 当这样处理的时候，傅里叶级数中的系数 $a_0, a_1, \cdots, a_n, \cdots$ 的公式就可以统一为

$$a_n = \frac{1}{\pi}\int_{-\pi}^{\pi} f(x)\cos nx \mathrm{d}x, \quad n = 0, 1, 2, \cdots; \quad b_n = \frac{1}{\pi}\int_{-\pi}^{\pi} f(x)\sin nx \mathrm{d}x, \quad n = 1, 2, \cdots.$$

注意，我们计算傅里叶系数 a_n, b_n 的公式源自内积运算

$$\langle f(x), g(x)\rangle = \frac{2}{b-a}\int_a^b f(x)g(x)\mathrm{d}x, \quad f(x), g(x) \in R[a, b]$$

和正交函数系

$$1, \cos x, \sin x, \cos 2x, \sin 2x, \cdots, \cos nx, \sin nx, \cdots \qquad (9.4.1)$$

以及函数项级数的逐项积分性质. 因此有

$$a_0 = \langle f(x), 1 \rangle; \quad a_n = \langle f(x), \cos nx \rangle, \quad b = \langle f(x), \sin nx \rangle, \quad n = 1, 2, 3, \cdots,$$

这里的函数系(9.4.1)只是 $[-\pi, \pi]$ 上的一个正交系, 还不是标准正交系. 若取其对应的标准正交系

$$\frac{\sqrt{2}}{2}, \cos x, \sin x, \cos 2x, \sin 2x, \cdots, \cos nx, \sin nx, \cdots \tag{9.4.2}$$

来把 $f(x)$ 展开成傅里叶级数, 并取它的系数公式为

$$a_0 = \left\langle f(x), \frac{\sqrt{2}}{2} \right\rangle, \quad a_n = \langle f(x), \cos nx \rangle, \quad b_n = \langle f(x), \sin nx \rangle, \quad n = 1, 2, 3, \cdots,$$

则傅里叶级数就可以写成形式上更对称的形式

$$f(x) \sim \left\langle f(x), \frac{\sqrt{2}}{2} \right\rangle \frac{\sqrt{2}}{2} + \sum_{n=1}^{\infty} [\langle f(x), \cos nx \rangle \cos nx + \langle f(x), \sin nx \rangle \sin nx].$$

这种形式与向量 $\boldsymbol{a}$ 在标准正交基 $\boldsymbol{i}, \boldsymbol{j}, \boldsymbol{k}$ 下的分解式

$$\boldsymbol{a} = \langle \boldsymbol{a}, \boldsymbol{i} \rangle \boldsymbol{i} + \langle \boldsymbol{a}, \boldsymbol{j} \rangle \boldsymbol{j} + \langle \boldsymbol{a}, \boldsymbol{k} \rangle \boldsymbol{k}$$

形式一致. 因此在这个意义下, 可以把函数 $f(x)$ 的傅里叶级数理解成 $f(x)$ 在标准正交系 (9.4.2)中的各个 "分量" 之和. ∎

9.5　典型错误辨析

9.5.1　错误地使用判别法

例 9.5.1.1　判别级数 $\sum_{n=2}^{\infty} \frac{n}{n^2 + 1}$ 的敛散性.

错误解法　由于对一切自然数 n, 都有 $\frac{n}{n^2 + 1} < \frac{1}{n}$, 并且调和级数 $\sum_{n=1}^{\infty} \frac{1}{n}$ 发散, 因此由比较审敛法知, 级数 $\sum_{n=2}^{\infty} \frac{n}{n^2 + 1}$ 发散.

解析　本题的结论固然是正确的, 但是判别法的应用却是错误的. 在正项级数的比较审敛法里, 大项级数收敛能够保证小项级数收敛, 小项级数发散能够保证大项级数发散. 但是, 大项级数发散, 逻辑上不能保证小项级数也发散; 小项级数收敛, 逻辑上也不能保证大项级数收敛. 比如, 不等式 $\frac{1}{n^2 + 1} < \frac{1}{n}$ 总是成立的, 且调和级数 $\sum_{n=1}^{\infty} \frac{1}{n}$ 发散, 但是级数 $\sum_{n=1}^{\infty} \frac{1}{n^2 + 1}$ 却是收敛的.

正确解法一　由于对一切自然数 n, 都有 $\frac{n}{n^2 + 1} \geqslant \frac{1}{n+1}$, 并且级数 $\sum_{n=1}^{\infty} \frac{1}{n+1}$ 发散, 因此由比较审敛法知, 级数 $\sum_{n=2}^{\infty} \frac{n}{n^2 + 1}$ 发散.

正确解法二 由于 $\lim\limits_{n\to\infty}\dfrac{\dfrac{n}{n^2+1}}{\dfrac{1}{n}}=1$，并且级数 $\sum\limits_{n=1}^{\infty}\dfrac{1}{n}$ 发散，因此由比较审敛法的极限形

式知，级数 $\sum\limits_{n=2}^{\infty}\dfrac{n}{n^2+1}$ 也发散. ■

9.5.2 没有按照要求解题

例 9.5.2.1 将函数 $f(x)=x\mathrm{e}^{x+1}$ 在点 $x=1$ 处展开成泰勒级数.

错误解法 由指数函数的麦克劳林展开式

$$\mathrm{e}^x=\sum_{n=0}^{\infty}\frac{x^n}{n!},\quad -\infty<x<+\infty$$

可得

$$f(x)=x\mathrm{e}^{x+1}=(x+1)\mathrm{e}^{x+1}-\mathrm{e}^{x+1}=(x+1)\sum_{n=0}^{\infty}\frac{(x+1)^n}{n!}-\sum_{n=0}^{\infty}\frac{(x+1)^n}{n!}$$

$$=\sum_{n=0}^{\infty}\frac{(x+1)^{n+1}}{n!}-\sum_{n=0}^{\infty}\frac{(x+1)^n}{n!}=-1+\sum_{n=0}^{\infty}\left[\frac{1}{n!}-\frac{1}{(n+1)!}\right](x+1)^{n+1}$$

$$=-1+\sum_{n=0}^{\infty}\frac{n}{(n+1)!}(x+1)^{n+1},\quad -\infty<x<+\infty.$$

解析 本题要求展开成 $x-1$ 的幂级数，并不是展开成 $x+1$ 的幂级数. 一般地，把函数在点 $x=x_0$ 处展开成泰勒级数指的是展开成 $x-x_0$ 的幂级数.

正确解法 利用指数函数展开式可得

$$f(x)=x\mathrm{e}^{x+1}=[(x-1)+1]\mathrm{e}^{(x-1)+2}=\mathrm{e}^2[(x-1)\mathrm{e}^{(x-1)}+\mathrm{e}^{(x-1)}]$$

$$=\mathrm{e}^2\left[(x-1)\sum_{n=0}^{\infty}\frac{(x-1)^n}{n!}+\sum_{n=0}^{\infty}\frac{(x-1)^n}{n!}\right]=\mathrm{e}^2\left[\sum_{n=0}^{\infty}\frac{(x-1)^{n+1}}{n!}+\sum_{n=0}^{\infty}\frac{(x-1)^n}{n!}\right]$$

$$=\mathrm{e}^2\left[\sum_{n=0}^{\infty}\frac{(x-1)^{n+1}}{n!}+1+\sum_{n=1}^{\infty}\frac{(x-1)^n}{n!}\right]=\mathrm{e}^2\left[\sum_{n=0}^{\infty}\frac{(x-1)^{n+1}}{n!}+1+\sum_{n=0}^{\infty}\frac{(x-1)^{n+1}}{(n+1)!}\right]$$

$$=\mathrm{e}^2+\sum_{n=0}^{\infty}\frac{(n+2)\mathrm{e}^2}{(n+1)!}(x-1)^{n+1},\quad -\infty<x<+\infty.\blacksquare$$

9.5.3 想当然的错误、逻辑错误

例 9.5.3.1 若 $\sum\limits_{n=1}^{\infty}(-1)^n a_n$ 收敛，且 $b_n<a_n$，试问 $\sum\limits_{n=1}^{\infty}(-1)^n b_n$ 是否也收敛?

错误解法 由于 $\sum\limits_{n=1}^{\infty}(-1)^n a_n$ 收敛，故数列 a_n 单调递减且收敛于 0，又由于 $b_n<a_n$，因此数列 b_n 也单调递减且收敛于 0，因此由莱布尼茨审敛法知，交错级数 $\sum\limits_{n=1}^{\infty}(-1)^n b_n$ 也收敛.

解析　这个论证有几个想当然的逻辑错误：①认定 $\sum\limits_{n=1}^{\infty}(-1)^n a_n$ 是个交错级数. 事实上，题目中并没有说 $a_n>0$ 或 $a_n<0$，因此光凭 $\sum\limits_{n=1}^{\infty}(-1)^n a_n$ 收敛并不能得出 $\sum\limits_{n=1}^{\infty}(-1)^n a_n$ 是个交错级数. 比如当 $a_n=\dfrac{(-1)^n}{n^2}$ 时级数 $\sum\limits_{n=1}^{\infty}(-1)^n a_n=\sum\limits_{n=1}^{\infty}\dfrac{1}{n^2}$ 就是收敛的非交错级数；②把莱布尼茨审敛法中的充分条件当成必要条件. 在认定 $\sum\limits_{n=1}^{\infty}(-1)^n a_n$ 是个交错级数的基础上，又进一步犯了一个逻辑错误. ③以为 a_n 单调递减且收敛于 0，且 $b_n<a_n$ 就可以得到 b_n 也单调递减且收敛于 0，这在逻辑上也是相当严重的错误. 首先，由 $b_n<a_n$ 就想当然地把 $\sum\limits_{n=1}^{\infty}(-1)^n b_n$ 认定为交错级数是与①一样的错误；其次，即使 $0<b_n<a_n$，且 a_n 单调递减且收敛于 0，也未必有 b_n 单调递减且收敛于 0 这个逻辑结论. 比如，当 $a_n=\dfrac{1}{n}$，$b_n=\dfrac{1}{2n}+\dfrac{(-1)^n}{3n}$ 时，级数 $\sum\limits_{n=1}^{\infty}(-1)^n a_n$ 收敛，且 $0<b_n<a_n$，但是 b_n 并不单调递减，且级数 $\sum\limits_{n=1}^{\infty}(-1)^n b_n=\sum\limits_{n=1}^{\infty}(-1)^n\left[\dfrac{1}{2n}+\dfrac{(-1)^n}{3n}\right]=\sum\limits_{n=1}^{\infty}\left[\dfrac{(-1)^n}{2n}+\dfrac{1}{3n}\right]$ 是一个条件收敛级数与一个发散级数的对应项相加而得的级数，是发散的.

正确解法　$\sum\limits_{n=1}^{\infty}(-1)^n b_n$ 未必收敛. 下面两个例子说明了这一点.

例 9.5.3.2　当 $a_n=\dfrac{1}{n}$，$b_n=\dfrac{1}{2n}+\dfrac{(-1)^n}{3n}$ 时，级数 $\sum\limits_{n=1}^{\infty}(-1)^n a_n$ 是收敛的，而 $\sum\limits_{n=1}^{\infty}(-1)^n b_n=\sum\limits_{n=1}^{\infty}\left[\dfrac{(-1)^n}{2n}+\dfrac{1}{3n}\right]$ 却是发散的.

例 9.5.3.3　当 $a_n=\dfrac{1}{n}$，$b_n=\dfrac{1}{2n}$ 时，级数 $\sum\limits_{n=1}^{\infty}(-1)^n a_n$ 是收敛的，级数 $\sum\limits_{n=1}^{\infty}(-1)^n b_n=\sum\limits_{n=1}^{\infty}\dfrac{(-1)^n}{2n}$ 也是收敛的.■

9.5.4　混淆必要条件与充分条件、滥用公式

例 9.5.4.1　设幂级数 $\sum\limits_{n=0}^{\infty}a_n x^n$ 的收敛半径为 R_1，幂级数 $\sum\limits_{n=0}^{\infty}b_n x^n$ 的收敛半径为 R_2，且 $a_n\cdot b_n\neq0(n=1,2,3,\cdots)$，$R_1,R_2\in(0,+\infty)$. 则幂级数 $\sum\limits_{n=0}^{\infty}\dfrac{a_n}{b_n}x^n$ 的收敛半径_____.

错误解法　由于 $\lim\limits_{n\to\infty}\left|\dfrac{a_n}{a_{n+1}}\right|=R_1$，$\lim\limits_{n\to\infty}\left|\dfrac{b_n}{b_{n+1}}\right|=R_2$，故 $\sum\limits_{n=0}^{\infty}\dfrac{a_n}{b_n}x^n$ 的收敛半径为

$$\lim_{n\to\infty}\left|\frac{\dfrac{a_n}{b_n}}{\dfrac{a_{n+1}}{b_{n+1}}}\right|=\lim_{n\to\infty}\left|\frac{\dfrac{a_n}{a_{n+1}}}{\dfrac{b_n}{b_{n+1}}}\right|=\frac{\lim\limits_{n\to\infty}\left|\dfrac{a_n}{a_{n+1}}\right|}{\lim\limits_{n\to\infty}\left|\dfrac{b_n}{b_{n+1}}\right|}=\frac{R_1}{R_2}.$$

解析　这里的错误在于把充分条件当成必要条件, 犯了个想当然的错误. 这种类型的错误是很常见, 也是很典型的一种错误.

根据教材里的定理, 可以得到: 如果 $\lim\limits_{n\to\infty}\left|\dfrac{a_n}{a_{n+1}}\right|=R$ (常数或者 $+\infty$), 则 $\sum\limits_{n=0}^{\infty}a_nx^n$ 的收敛半径为 R. 但是反过来, 当 $\sum\limits_{n=0}^{\infty}a_nx^n$ 的收敛半径为 R 时, 未必有 $\lim\limits_{n\to\infty}\left|\dfrac{a_n}{a_{n+1}}\right|=R$ 成立! 比如下面这个幂级数

$$\sum_{n=1}^{\infty}a_nx^n=\sum_{n=1}^{\infty}([1+(-1)^n]2^n+[1+(-1)^{n+1}]3^n)x^n$$

的收敛半径为 $R=\dfrac{1}{3}$, 但是极限 $\lim\limits_{n\to\infty}\left|\dfrac{a_n}{a_{n+1}}\right|$ 并不存在. 因此前面给出的解答显然是不对的.

正确答案　　　无法确定　　　.
我们举两个例子说明一下即可.

例 9.5.4.2　幂级数

$$\sum_{n=0}^{\infty}a_nx^n=1-\frac{1}{2}x+x^2-\frac{1}{4}x^3+\cdots+x^{2n}-\frac{1}{2^n}x^{2n+1}+\cdots$$

的收敛半径为 $R_1=1$. 幂级数

$$\sum_{n=0}^{\infty}b_nx^n=1-\frac{1}{2}x+\frac{1}{3}x^2-\frac{1}{4}x^3+\cdots+\frac{1}{3^n}x^{2n}-\frac{1}{2^n}x^{2n+1}+\cdots$$

的收敛半径为 $R_2=\sqrt{2}$. 而幂级数

$$\sum_{n=0}^{\infty}\frac{a_n}{b_n}x^n=1+x+3x^2+x^3+\cdots+3^nx^{2n}+x^{2n+1}+\cdots$$

的收敛半径却是 $R=\dfrac{1}{\sqrt{3}}\neq\dfrac{R_1}{R_2}$. 模仿此例, 不难举出收敛半径为不同于 $\dfrac{R_1}{R_2}$ 的其他正数的例子.

例 9.5.4.3　幂级数 $\sum\limits_{n=0}^{\infty}x^n$ 的收敛半径为 $R_1=1$, $\sum\limits_{n=0}^{\infty}\dfrac{x^n}{2^n}$ 的收敛半径为 $R_2=2$, 幂级数 $\sum\limits_{n=0}^{\infty}\dfrac{a_n}{b_n}x^n=\sum\limits_{n=0}^{\infty}2^nx^n$ 的收敛半径为 $R=\dfrac{1}{2}=\dfrac{R_1}{R_2}$. ∎

例 9.5.4.4　证明: 幂级数 $\sum\limits_{n=0}^{\infty}a_n(x-x_0)^n$ 与 $\sum\limits_{n=0}^{\infty}\dfrac{a_n}{n+1}(x-x_0)^{n+1}$ 的收敛半径相同.

错误证法　设幂级数 $\sum\limits_{n=0}^{\infty} a_n(x-x_0)^n$ 与 $\sum\limits_{n=0}^{\infty} \dfrac{a_n}{n+1}(x-x_0)^{n+1}$ 的收敛半径分别为 R_1 与 R_2，则

$$R_1 = \lim_{n\to\infty}\left|\frac{a_n}{a_{n+1}}\right|, \quad R_2 = \lim_{n\to\infty}\left|\frac{\dfrac{a_{n-1}}{n}}{\dfrac{a_n}{n+1}}\right|.$$

因此

$$R_2 = \lim_{n\to\infty}\left|\frac{\dfrac{a_{n-1}}{n}}{\dfrac{a_n}{n+1}}\right| = \lim_{n\to\infty}\left|\frac{n+1}{n}\right|\left|\frac{a_{n-1}}{a_n}\right| = \lim_{n\to\infty}\left|\frac{a_{n-1}}{a_n}\right| = \lim_{n\to\infty}\left|\frac{a_n}{a_{n+1}}\right| = R_1.$$

解析　这里的错误在于把充分条件当成必要条件来使用：当 $\lim\limits_{n\to\infty}\left|\dfrac{a_n}{a_{n+1}}\right|$ 存在或为 $+\infty$ 时，它才是幂级数 $\sum\limits_{n=0}^{\infty} a_n(x-x_0)^n$ 的收敛半径. 而一般地说，$\lim\limits_{n\to\infty}\left|\dfrac{a_n}{a_{n+1}}\right|$ 未必存在或为 $+\infty$. 比如下列幂级数的收敛半径就不能用公式 $\lim\limits_{n\to\infty}\left|\dfrac{a_n}{a_{n+1}}\right|$ 来计算：

$$x + 2x^2 + x^3 + 4x^4 + \cdots + x^{2n-1} + 2^n x^{2n} + \cdots.$$

其收敛半径为 $R = \dfrac{1}{\sqrt{2}}$，而 $\lim\limits_{n\to\infty}\left|\dfrac{a_n}{a_{n+1}}\right|$ 却不存在！

正确证法　参见后面 9.7 节中习题 9.4 中的第 5 题的解答.∎

9.6　例 题 选 讲

选例 9.6.1　求下列级数的和：

(1) $\sum\limits_{n=1}^{\infty} \dfrac{1}{n(n+1)(n+2)\cdots(n+k)}$（其中 $k \in \mathbb{N}^+$ 为常数）；

(2) $\sum\limits_{n=1}^{\infty} \dfrac{a_n}{(1+a_1)(1+a_2)\cdots(1+a_n)}$（其中 $a_n > 0, n = 1,2,3,\cdots$）；

(3) $\sum\limits_{n=1}^{\infty} \dfrac{n+2}{n!+(n+1)!+(n+2)!}$.

思路　拆项，连锁消去.

解　(1) 由于 $n \geqslant 1$ 时，有

$$\frac{1}{n(n+1)(n+2)\cdots(n+k)} = \frac{1}{k}\cdot\frac{(n+k)-n}{n(n+1)(n+2)\cdots(n+k)}$$

$$= \frac{1}{k}\cdot\left[\frac{1}{n(n+1)\cdots(n+k-1)} - \frac{1}{(n+1)(n+2)\cdots(n+k)}\right],$$

因此该级数的部分和

$$S_n = \frac{1}{k}\left[\frac{1}{1\cdot 2\cdots k} - \frac{1}{2\cdot 3\cdots(k+1)}\right] + \frac{1}{k}\left[\frac{1}{2\cdot 3\cdots(k+1)} - \frac{1}{3\cdot 4\cdots(k+2)}\right] + \cdots$$

$$+ \frac{1}{k}\cdot\left[\frac{1}{n(n+1)\cdots(n+k-1)} - \frac{1}{(n+1)(n+2)\cdots(n+k)}\right]$$

$$= \frac{1}{k}\cdot\left[\frac{1}{1\cdot 2\cdots k} - \frac{1}{(n+1)(n+2)\cdots(n+k)}\right],$$

由此可得

$$\lim_{n\to\infty} S_n = \lim_{n\to\infty}\frac{1}{k}\cdot\left[\frac{1}{1\cdot 2\cdots k} - \frac{1}{(n+1)(n+2)\cdots(n+k)}\right] = \frac{1}{k}\cdot\frac{1}{1\cdot 2\cdots k} = \frac{1}{k\cdot k!}.$$

故该级数收敛于 $\frac{1}{k\cdot k!}$, 即 $\sum_{n=1}^{\infty}\frac{1}{n(n+1)(n+2)\cdots(n+k)} = \frac{1}{k\cdot k!}$.

(2) 显然级数的部分和 S_n 是单调递增的. 同时, 由于 $n>1$ 时, 有

$$\frac{a_n}{(1+a_1)(1+a_2)\cdots(1+a_n)} = \frac{(1+a_n)-1}{(1+a_1)(1+a_2)\cdots(1+a_n)}$$

$$= \frac{1}{(1+a_1)(1+a_2)\cdots(1+a_{n-1})} - \frac{1}{(1+a_1)(1+a_2)\cdots(1+a_n)}.$$

因此级数的部分和

$$S_n = \left[\frac{a_1}{1+a_1}\right] + \left[\frac{1}{1+a_1} - \frac{1}{1+a_2}\right] + \cdots + \left[\frac{1}{(1+a_1)(1+a_2)\cdots(1+a_{n-1})} - \frac{1}{(1+a_1)(1+a_2)\cdots(1+a_n)}\right]$$

$$= \frac{a_1}{1+a_1} + \frac{1}{1+a_1} - \frac{1}{(1+a_1)(1+a_2)\cdots(1+a_n)} = 1 - \frac{1}{(1+a_1)(1+a_2)\cdots(1+a_n)} < 1.$$

因此 S_n 单调递增且有界, 故 S_n 收敛, 即该级数收敛, 且其和为

$$\lim_{n\to\infty} S_n = 1 - \lim_{n\to\infty}\frac{1}{(1+a_1)(1+a_2)\cdots(1+a_n)}.$$

(3) 由于对任一自然数 k, 有

$$\frac{k+2}{k!+(k+1)!+(k+2)!} = \frac{k+2}{k![1+(k+1)+(k+2)(k+1)]} = \frac{k+2}{k!(k+2)^2}$$

$$= \frac{1}{k!(k+2)} = \frac{(k+1)^2}{(k+1)!(k+1)(k+2)} = \frac{(k+2)!-(k+1)!}{(k+1)!(k+2)!} = \frac{1}{(k+1)!} - \frac{1}{(k+2)!}.$$

因此级数 $\sum_{n=1}^{\infty}\frac{n+2}{n!+(n+1)!+(n+2)!}$ 的前 n 项和为

$$S_n = \left(\frac{1}{2!} - \frac{1}{3!}\right) + \left(\frac{1}{3!} - \frac{1}{4!}\right) + \cdots + \left(\frac{1}{(n+1)!} - \frac{1}{(n+2)!}\right) = \frac{1}{2!} - \frac{1}{(n+2)!}.$$

从而有

$$\lim_{n\to\infty} S_n = \lim_{n\to\infty}\left[\frac{1}{2!} - \frac{1}{(n+2)!}\right] = \frac{1}{2}. \blacksquare$$

选例 9.6.2 讨论下列级数的收敛性:

(1) $\displaystyle\sum_{n=1}^{\infty}\frac{a^n}{1+a^n}$;　　(2) $\displaystyle\sum_{n=1}^{\infty}\frac{a^n n!}{n^n}$;　　(3) $\displaystyle\sum_{n=1}^{\infty}\frac{\ln n}{n^p}$;　　(4) $\displaystyle\sum_{n=1}^{\infty}\frac{a^n(n!)^2}{(2n)!}$.

解 (1) 当 $a=0$ 时级数 $\displaystyle\sum_{n=1}^{\infty}\frac{a^n}{1+a^n}$ 当然是收敛的;

当 $0<|a|<1$ 时, 由于 $\displaystyle\lim_{n\to\infty}\left|\frac{\frac{a^n}{1+a^n}}{a^n}\right|=1$, 而级数 $\displaystyle\sum_{n=1}^{\infty}|a^n|$ 收敛, 故级数 $\displaystyle\sum_{n=1}^{\infty}\frac{a^n}{1+a^n}$ 绝对收敛;

当 $a=-1$ 时, 级数 $\displaystyle\sum_{n=1}^{\infty}\frac{a^n}{1+a^n}$ 没有意义(n 为奇数时分母为 0);

当 $a=1$ 时, 级数的一般项 $\dfrac{a^n}{1+a^n}=\dfrac{1}{2}\not\to 0$, 因此级数 $\displaystyle\sum_{n=1}^{\infty}\frac{a^n}{1+a^n}$ 发散;

当 $|a|>1$ 时, 由于 $\displaystyle\lim_{n\to\infty}\left|\frac{a^n}{1+a^n}\right|=1\neq 0$, 故级数 $\displaystyle\sum_{n=1}^{\infty}\frac{a^n}{1+a^n}$ 发散.

因此当 $|a|<1$ 时该级数绝对收敛; 当 $a<-1$ 或 $a\geqslant 1$ 时级数发散.

(2) 当 $a=0$ 时级数 $\displaystyle\sum_{n=1}^{\infty}\frac{a^n n!}{n^n}$ 当然是收敛的.

当 $a\neq 0$ 时, 由于

$$\lim_{n\to\infty}\left|\frac{\frac{a^{n+1}(n+1)!}{(n+1)^{n+1}}}{\frac{a^n n!}{n^n}}\right| = |a|\lim_{n\to\infty}\frac{n^n}{(n+1)^n} = |a|\lim_{n\to\infty}\frac{1}{\left(1+\frac{1}{n}\right)^n} = \frac{|a|}{e}. \tag{9.6.1}$$

因此当 $\dfrac{|a|}{e}<1$, 即 $|a|<e$ 时, 级数 $\displaystyle\sum_{n=1}^{\infty}\frac{a^n n!}{n^n}$ 绝对收敛; 当 $\dfrac{|a|}{e}>1$, 即 $|a|>e$ 时, 级数 $\displaystyle\sum_{n=1}^{\infty}\frac{a^n n!}{n^n}$ 发散.

当 $a=e$ 时, 由于数列 $\left(1+\dfrac{1}{n}\right)^n$ 单调递增地趋于 e, 因此对任意自然数 n 都有 $\left(1+\dfrac{1}{n}\right)^n$ $<e$, 故由(9.6.1)可知, 对每个自然数 n, 都有

$$\frac{e^{n+1}(n+1)!}{(n+1)^{n+1}} > \frac{e^n n!}{n^n}.$$

因此 $\displaystyle\lim_{n\to\infty}\frac{e^n n!}{n^n}=0$ 不成立, 从而级数 $\displaystyle\sum_{n=1}^{\infty}\frac{e^n n!}{n^n}$ 发散. 由此也不难看出, 级数 $\displaystyle\sum_{n=1}^{\infty}\frac{(-e)^n n!}{n^n}$ 也发散.

由此当 $|a|<e$ 时级数 $\displaystyle\sum_{n=1}^{\infty}\frac{a^n n!}{n^n}$ 绝对收敛; 当 $|a|\geqslant e$ 时级数 $\displaystyle\sum_{n=1}^{\infty}\frac{a^n n!}{n^n}$ 发散.

(3) 当 $p \leqslant 1$ 时, 由于 $\dfrac{\ln n}{n^p} \geqslant \dfrac{1}{n} (n \geqslant 3$时$)$, 而调和级数 $\sum\limits_{n=1}^{\infty} \dfrac{1}{n}$ 发散, 故由比较审敛法知,

级数 $\sum\limits_{n=1}^{\infty} \dfrac{\ln n}{n^p}$ 也发散.

当 $p>1$ 时, 取一个常数 r 使得 $p>r>1$, 由于 $\lim\limits_{n \to \infty} \dfrac{\ln n}{n^{p-r}}=0$, 故存在正数 M 使得对每

个自然数 n, 都有 $\dfrac{\ln n}{n^{p-r}} \leqslant M$, 从而也有 $\dfrac{\ln n}{n^p}=\dfrac{1}{n^r}\dfrac{\ln n}{n^{p-r}} \leqslant M\dfrac{1}{n^r}$. 而由 $r>1$ 知, 级数 $\sum\limits_{n=1}^{\infty} \dfrac{M}{n^r}$ 收

敛, 因此由比较审敛法知, 级数 $\sum\limits_{n=1}^{\infty} \dfrac{\ln n}{n^p}$ 收敛.

(4) 把 a 看作变量, $\sum\limits_{n=1}^{\infty} \dfrac{a^n (n!)^2}{(2n)!}$ 就是 a 的幂级数, 其收敛半径为

$$R = \lim_{n \to \infty} \frac{\dfrac{(n!)^2}{(2n)!}}{\dfrac{[(n+1)!]^2}{[2(n+1)]!}} = \lim_{n \to \infty} \frac{(2n+2)(2n+1)}{(n+1)^2} = 4.$$

因此当 $|a|<4$ 时级数绝对收敛; 当 $|a|>4$ 时级数发散.

由于对每个自然数 n, 都有

$$\frac{\dfrac{4^n (n!)^2}{(2n)!}}{\dfrac{4^{n+1}[(n+1)!]^2}{[2(n+1)]!}} = \frac{(2n+2)(2n+1)}{4(n+1)^2} = \frac{4n^2+6n+2}{4n^2+8n+4} < 1.$$

因此当 $|a|=4$ 时, $\left| \dfrac{a^n (n!)^2}{(2n)!} \right| = \dfrac{4^n (n!)^2}{(2n)!}$ 单调递增. 因此 $\lim\limits_{n \to \infty} \dfrac{a^n (n!)^2}{(2n)!}=0$ 不成立, 从而级数

$\sum\limits_{n=1}^{\infty} \dfrac{a^n (n!)^2}{(2n)!}$ 发散. 总之, 当 $|a|<4$ 时级数 $\sum\limits_{n=1}^{\infty} \dfrac{a^n (n!)^2}{(2n)!}$ 绝对收敛; 当 $|a| \geqslant 4$ 时级数 $\sum\limits_{n=1}^{\infty} \dfrac{a^n (n!)^2}{(2n)!}$

发散. ■

选例 9.6.3 证明下列命题:

(1) 若级数 $\sum\limits_{n=1}^{\infty} a_n^2$ 与 $\sum\limits_{n=1}^{\infty} b_n^2$ 都收敛, 则级数 $\sum\limits_{n=1}^{\infty} a_n b_n$ 绝对收敛;

(2) 若级数 $\sum\limits_{n=1}^{\infty} a_n$ 绝对收敛, 而数列 b_n 有界, 则级数 $\sum\limits_{n=1}^{\infty} a_n b_n$ 绝对收敛;

(3) 若级数 $\sum\limits_{n=1}^{\infty} a_n$ 绝对收敛, 而级数 $\sum\limits_{n=1}^{\infty} b_n$ 收敛, 则级数 $\sum\limits_{n=1}^{\infty} a_n b_n$ 绝对收敛;

(4) 设 $u_n>0, a_n=u_1+u_2+\cdots+u_n (n=1,2,3,\cdots)$, 则级数 $\sum\limits_{n=1}^{\infty} \dfrac{u_n}{a_n^2}$ 收敛.

证明 (1) 由于对任意自然数 n, 都有

$$|a_n b_n| \leqslant \frac{1}{2}(a_n^2 + b_n^2).$$

若级数 $\sum\limits_{n=1}^{\infty} a_n^2$ 与 $\sum\limits_{n=1}^{\infty} b_n^2$ 都收敛, 则级数 $\sum\limits_{n=1}^{\infty} \frac{1}{2}(a_n^2 + b_n^2)$ 也收敛, 从而由上式及比较审敛法可知, 级数 $\sum\limits_{n=1}^{\infty} a_n b_n$ 绝对收敛.

(2) 由于数列 b_n 有界, 故存在正数 M 使得 $|b_n| \leqslant M\,(n=1,2,3,\cdots)$. 因此

$$|a_n b_n| \leqslant M|a_n|, \quad n=1,2,3,\cdots.$$

若级数 $\sum\limits_{n=1}^{\infty} a_n$ 绝对收敛, 则级数 $\sum\limits_{n=1}^{\infty}(M|a_n|)$ 收敛, 因此由上式及比较审敛法知, $\sum\limits_{n=1}^{\infty}|a_n b_n|$ 收敛, 即级数 $\sum\limits_{n=1}^{\infty} a_n b_n$ 绝对收敛.

(3) 若级数 $\sum\limits_{n=1}^{\infty} b_n$ 收敛, 则 $\lim\limits_{n\to\infty} b_n = 0$, 因此数列 b_n 有界. 于是由(2)可知, 若级数 $\sum\limits_{n=1}^{\infty} a_n$ 绝对收敛, 则级数 $\sum\limits_{n=1}^{\infty} a_n b_n$ 也绝对收敛.

(4) 由于 $u_n > 0$, 故 $a_n = u_1 + u_2 + \cdots + u_n$ 单调递增, 显然, 正项级数 $\sum\limits_{n=1}^{\infty} \dfrac{u_n}{a_n^2}$ 的部分和数列 σ_n 取正值, 且单调递增, 又

$$\begin{aligned}
\sigma_n &= \frac{u_1}{a_1^2} + \frac{u_2}{a_2^2} + \cdots + \frac{u_n}{a_n^2} = \frac{u_1}{a_1^2} + \frac{a_2 - a_1}{a_2^2} + \cdots + \frac{a_n - a_{n-1}}{a_n^2} \\
&\leqslant \frac{a_1}{a_1^2} + \frac{a_2 - a_1}{a_1 a_2} + \cdots + \frac{a_n - a_{n-1}}{a_{n-1} a_n} \\
&\leqslant \frac{1}{a_1} + \left(\frac{1}{a_1} - \frac{1}{a_2}\right) + \left(\frac{1}{a_2} - \frac{1}{a_3}\right) + \cdots + \left(\frac{1}{a_{n-1}} - \frac{1}{a_n}\right) = \frac{2}{a_1} - \frac{1}{a_n} \leqslant \frac{2}{a_1}.
\end{aligned}$$

因此, 极限 $\lim\limits_{n\to\infty} \sigma_n$ 存在, 这表明正项级数 $\sum\limits_{n=1}^{\infty} \dfrac{u_n}{a_n^2}$ 收敛. ■

选例 9.6.4 设 $f(x)$ 是在 $[1,+\infty)$ 上取正值的不增的连续函数, 则级数 $\sum\limits_{n=1}^{+\infty} f(n)$ 收敛的充要条件是反常积分 $\displaystyle\int_1^{+\infty} f(x)\mathrm{d}x$ 收敛.

证明 由于 $f(x)$ 是在 $[1,+\infty)$ 上取正值的、不增的连续函数, 故对任一自然数 n, 有

$$0 \leqslant f(n+1) = \int_n^{n+1} f(n+1)\mathrm{d}x \leqslant \int_n^{n+1} f(x)\mathrm{d}x \leqslant \int_n^{n+1} f(n)\mathrm{d}x = f(n).$$

记级数 $\sum\limits_{n=1}^{\infty} f(n)$ 的部分和为 $S(n)$, 则由上式逐项作和(对自然数 $1,2,\cdots,n$)得

$$S(n+1) - f(1) \leqslant \int_1^{n+1} f(x)\mathrm{d}x \leqslant S(n). \tag{9.6.2}$$

若 $\sum_{n=1}^{\infty} f(n)$ 收敛, 则存在正数 M 使得 $S(n) \leqslant M$. 由(9.6.2)式, 也有 $\int_1^{n+1} f(x)\mathrm{d}x \leqslant M$.

由于 $\int_1^{n+1} f(x)\mathrm{d}x$ 是不减的, 故 $\lim_{n\to\infty}\int_1^{n+1} f(x)\mathrm{d}x$ 存在, 因此反常积分 $\int_1^{+\infty} f(x)\mathrm{d}x$ 收敛.

反过来, 若反常积分 $\int_1^{+\infty} f(x)\mathrm{d}x$ 收敛, 则存在正数 M 使得 $\int_1^{+\infty} f(x)\mathrm{d}x \leqslant M$. 由于 $\int_1^{n+1} f(x)\mathrm{d}x$ 是不减的, 故对任一自然数 n, 都有 $\int_1^{n+1} f(x)\mathrm{d}x \leqslant M$. 从而由(9.6.2)式可得, $S(n) \leqslant f(1) + M$. 因此正项级数 $\sum_{n=1}^{\infty} f(n)$ 收敛.

【注】① 由于级数的收敛性与级数的前面有限项无关, 因此把该判别法中的区间 $[1,+\infty)$ 改成 $[N,+\infty)$ (其中 N 为某个充分大的自然数)也是成立的.

② 本题给出的审敛法称为积分审敛法.■

选例 9.6.5 试证明下列七个关于级数的审敛法.

(1) **级数收敛的柯西准则** 级数 $\sum_{n=1}^{\infty} a_n$ 收敛的充分必要条件是: 对任一正数 ε, 都存在自然数 $N(\varepsilon)$ 使得当 $n > N(\varepsilon)$ 时, 对任一自然数 p, 都有

$$\left|S_{n+p} - S_n\right| = \left|\sum_{k=n+1}^{n+p} a_k\right| < \varepsilon$$

成立(这里 S_n 为前 n 项和).

(2) **狄利克雷审敛法** 若级数 $\sum_{n=1}^{\infty} a_n$ 的部分和数列有界, 且数列 $\{b_n\}_{n=1}^{\infty}$ 单调地收敛于 0, 则级数 $\sum_{n=1}^{\infty} a_n b_n$ 收敛.

(3) **阿贝尔审敛法** 若级数 $\sum_{n=1}^{\infty} a_n$ 收敛, 且数列 $\{b_n\}_{n=1}^{\infty}$ 单调有界, 则级数 $\sum_{n=1}^{\infty} a_n b_n$ 收敛.

(4) **对数审敛法** 给定级数 $\sum_{n=1}^{\infty} a_n$,

① 若存在正数 λ 及自然数 N 使得 $n \geqslant N$ 时, $a_n > 0$, 且 $\dfrac{\ln \frac{1}{a_n}}{\ln n} \geqslant 1 + \lambda$, 则级数 $\sum_{n=1}^{\infty} a_n$ 收敛;

② 若存在自然数 N 使得 $n \geqslant N$ 时, $a_n > 0$, 且 $\dfrac{\ln \frac{1}{a_n}}{\ln n} \leqslant 1$, 则级数 $\sum_{n=1}^{\infty} a_n$ 发散.

(5) **比较审敛法的推广形式** 设 $\sum_{n=1}^{\infty} a_n, \sum_{n=1}^{\infty} b_n$ 是两个正项级数, 且存在自然数 N 使得

$n > N$ 时恒有 $\dfrac{a_{n+1}}{a_n} < \dfrac{b_{n+1}}{b_n}$，则

① 若 $\displaystyle\sum_{n=1}^{\infty} b_n$ 收敛，则 $\displaystyle\sum_{n=1}^{\infty} a_n$ 也收敛；　　　　② 若 $\displaystyle\sum_{n=1}^{\infty} a_n$ 发散，则 $\displaystyle\sum_{n=1}^{\infty} b_n$ 也发散.

(6) **拉阿伯审敛法**　若 $a_n > 0(n = 1,2,3,\cdots)$，且 $\displaystyle\lim_{n\to\infty} n\left(\dfrac{a_n}{a_{n+1}} - 1\right) = \lambda$，则

① $\lambda > 1$ 时，级数 $\displaystyle\sum_{n=1}^{\infty} a_n$ 收敛；　　　　② $\lambda < 1$ 时，数 $\displaystyle\sum_{n=1}^{\infty} a_n$ 发散.

(7) **叶尔玛科夫审敛法**　设 $f(x)$ 是单调递减的正值连续函数，且满足 $\displaystyle\lim_{x\to+\infty} \dfrac{\mathrm{e}^x f(\mathrm{e}^x)}{f(x)}$

$= \mu$. 则

① $\mu < 1$ 时，正项级数 $\displaystyle\sum_{n=1}^{\infty} f(n)$ 收敛；　　　　② $\mu > 1$ 时，正项级数 $\displaystyle\sum_{n=1}^{\infty} f(n)$ 发散.

思路　(1) 由数列极限的柯西准则立即可知；(2)和(3)利用分部求和公式和(1)；(4)利用已知不等式和 p-级数的收敛性；(5)连续利用已知不等式和比较审敛法；(6)利用极限的保序性和 p-级数的收敛性以及(5)的结论；(7)借助于积分审敛法.

证明　(1) 设级数 $\displaystyle\sum_{n=1}^{\infty} a_n$ 的部分和为 S_n，则由数列极限的柯西准则(见)知

级数 $\displaystyle\sum_{n=1}^{\infty} a_n$ 收敛 $\Leftrightarrow \displaystyle\lim_{n\to\infty} S_n$ 存在(为常数)

$\Leftrightarrow$ 对任一正数 ε，都存在自然数 $N(\varepsilon)$ 使得当 $n > N(\varepsilon)$ 时，对任一自然数 p，都有

$$\left|S_{n+p} - S_n\right| = \left|\sum_{k=n+1}^{n+p} a_k\right| < \varepsilon.$$

(2) 由于级数 $\displaystyle\sum_{n=1}^{\infty} a_n$ 的部分和数列 S_n 有界，故存在常数 M 使得对任意自然数 n，都有

$$|S_n| = |a_1 + a_2 + \cdots + a_n| \leqslant M,$$

从而对任意自然数 n 和 p，都有

$$\left|S_{n,p}\right| = \left|a_{n+1} + a_{n+2} + \cdots + a_{n+p}\right| \leqslant \left|(a_1 + a_2 + \cdots + a_{n+p}) - (a_1 + a_2 + \cdots + a_n)\right| \leqslant 2M.$$

又由于数列 $\{b_n\}_{n=1}^{\infty}$ 单调地收敛于 0，可不妨设 $b_n > 0$，且 b_n 单调递减地趋于 0. 因此对任意正数 ε，存在自然数 $N(\varepsilon)$ 使得当 $n > N(\varepsilon)$ 时，都有 $0 < b_n < \dfrac{\varepsilon}{2M}$. 于是当 $n > N(\varepsilon)$ 时，对任意自然数 p，利用分部求和公式，有

$$\left|a_{n+1}b_{n+1} + a_{n+2}b_{n+2} + \cdots + a_{n+p}b_{n+p}\right|$$
$$= \left|(b_{n+1} - b_{n+2})S_{n,1} + (b_{n+2} - b_{n+3})S_{n,2} + \cdots + (b_{n+p-1} - b_{n+p})S_{n,p-1} + b_{n+p}S_{n,p}\right|$$
$$\leqslant 2M\left|(b_{n+1} - b_{n+2}) + (b_{n+2} - b_{n+3}) + \cdots + (b_{n+p-1} - b_{n+p}) + b_{n+p}\right| = 2Mb_{n+1} < 2M \cdot \dfrac{\varepsilon}{2M} = \varepsilon,$$

因此由(1)可知, 级数 $\sum\limits_{n=1}^{\infty} a_n b_n$ 收敛.

【注】分部求和公式　设 $S_k = a_1 + a_2 + \cdots + a_k (k=1,2,3,\cdots)$, 则有如下分部求和公式

$$\sum_{i=1}^{n} a_i b_i = (b_1 - b_2)S_1 + (b_2 - b_3)S_2 + \cdots + (b_{n-1} - b_n)S_{n-1} + b_n S_n.$$

(3) 由于级数 $\sum\limits_{n=1}^{\infty} a_n$ 收敛, 设其部分和数列为 S_n, 由(1)知, 对任一正数 ε, 存在自然数 N, 当 $n > N$ 时, 对任一自然数 p, 都有 $\left|S_{n,p}\right| = \left|\sum\limits_{i=1}^{p} a_{n+i}\right| < \varepsilon$. 又由于数列 $\{b_n\}_{n=1}^{\infty}$ 单调有界, 故存在常数 M 使得对任意自然数 n, 都有 $|b_n| \leqslant M$. 于是, 当 $n > N$ 时, 对任一自然数 p, 都有(其中 $S_n, S_{n,i}$ 意义同(2))

$$\left|\sum_{i=1}^{p} a_{n+i} b_{n+i}\right| = \left|(b_{n+1} - b_{n+2})S_{n,1} + (b_{n+2} - b_{n+3})S_{n,2} + \cdots + (b_{n+p-1} - b_{n+p})S_{n,p-1} + b_{n+p}S_{n,p}\right|$$

$$\leqslant \varepsilon \left[\left|(b_{n+1} - b_{n+2}) + (b_{n+2} - b_{n+3}) + \cdots + (b_{n+p-1} - b_{n+p})\right| + \left|b_{n+p}\right|\right] \leqslant 3M\varepsilon,$$

故由(1)可知, 级数 $\sum\limits_{n=1}^{\infty} a_n b_n$ 收敛.

(4) ① 若存在正数 λ 及自然数 N 使得 $n \geqslant N$ 时, $a_n > 0$, 且 $\dfrac{\ln \dfrac{1}{a_n}}{\ln n} \geqslant 1 + \lambda$. 则

$$\ln \frac{1}{a_n} \geqslant (1 + \lambda)\ln n = \ln n^{1+\lambda}, \quad \text{即有} \quad 0 < a_n < \frac{1}{n^{1+\lambda}}.$$

由于 $\lambda > 0$, 故级数 $\sum\limits_{n=1}^{\infty} \dfrac{1}{n^{1+\lambda}}$ 收敛, 从而由比较收敛法知, 级数 $\sum\limits_{n=1}^{\infty} a_n$ 收敛.

② 若存在自然数 N 使得 $n \geqslant N$ 时, $a_n > 0$, 且 $\dfrac{\ln \dfrac{1}{a_n}}{\ln n} \leqslant 1$, 则 $n \geqslant N$ 时, $a_n \geqslant \dfrac{1}{n}$. 由于级数 $\sum\limits_{n=1}^{\infty} \dfrac{1}{n}$ 发散, 从而由比较收敛法知, 级数 $\sum\limits_{n=1}^{\infty} a_n$ 发散.

【注】关于对数审敛法, 基于极限的保序性质和上述证明, 不难证明如下的极限形式:

对于正项级数 $\sum\limits_{n=1}^{\infty} a_n$, 若 $\lim\limits_{n \to \infty} \dfrac{\ln \dfrac{1}{a_n}}{\ln n} = \rho$, 则 $\rho > 1$ 时级数 $\sum\limits_{n=1}^{\infty} a_n$ 收敛; $\rho < 1$ 时级数 $\sum\limits_{n=1}^{\infty} a_n$ 发散.

不过, 当 $\rho = 1$ 时级数 $\sum\limits_{n=1}^{\infty} a_n$ 可能收敛, 也可能发散. 比如, 当 $a_n = \dfrac{1}{n}$ 时 $\rho = 1$, 级数 $\sum\limits_{n=1}^{\infty} a_n = \sum\limits_{n=1}^{\infty} \dfrac{1}{n}$ 是发散的; 而 $a_n = \dfrac{1}{n \ln^2 n}$ 时,

$$\rho = \lim_{n\to\infty}\frac{\ln\dfrac{1}{a_n}}{\ln n} = \lim_{n\to\infty}\frac{\ln(n\ln^2 n)}{\ln n} = \lim_{x\to+\infty}\frac{\ln(x\ln^2 x)}{\ln x} = \lim_{x\to+\infty}\frac{\dfrac{1}{x\ln^2 x}\cdot(\ln^2 x + 2\ln x)}{\dfrac{1}{x}} = 1.$$

由于

$$\int_e^{+\infty}\frac{\mathrm{d}x}{x\ln^2 x}\xlongequal{t=\ln x}\int_1^{+\infty}\frac{\mathrm{d}t}{t^2} = -\frac{1}{t}\Big|_1^{+\infty} = 1.$$

因此由积分审敛法可知, 级数 $\sum_{n=1}^{\infty}a_n = \sum_{n=1}^{\infty}\dfrac{1}{n\ln^2 n}$ 收敛.

(5) 由于改变级数的有限项不影响级数的收敛性, 因此不妨设对每个自然数 n, 都有 $\dfrac{a_{n+1}}{a_n} < \dfrac{b_{n+1}}{b_n}$. 于是对每个自然数 n, 有

$$a_n = a_1\cdot\frac{a_2}{a_1}\cdot\frac{a_3}{a_2}\cdots\cdots\frac{a_n}{a_{n-1}} < a_1\cdot\frac{b_2}{b_1}\cdot\frac{b_3}{b_2}\cdots\cdots\frac{b_n}{b_{n-1}} = \frac{a_1}{b_1}b_n.$$

因此, 由比较审敛法可知, 若 $\sum_{n=1}^{\infty}b_n$ 收敛, 则 $\sum_{n=1}^{\infty}a_n$ 也收敛; 若 $\sum_{n=1}^{\infty}a_n$ 发散, 则 $\sum_{n=1}^{\infty}b_n$ 也发散.

(6) ① 设 $a_n > 0(n=1,2,3,\cdots)$, 且 $\lim_{n\to\infty}n\left(\dfrac{a_n}{a_{n+1}}-1\right) = \lambda > 1$, 则存在正数 α,β 使得 $\lambda > \alpha > \beta > 1$. 于是由极限的保序性质, 存在自然数 N_1 使得当 $n > N_1$ 时, 有

$$n\left(\frac{a_n}{a_{n+1}}-1\right) > \alpha, \quad 即 \quad \frac{a_{n+1}}{a_n} < \frac{n}{n+\alpha}.$$

又由于

$$\lim_{n\to\infty}\frac{\left(1+\dfrac{1}{n}\right)^{\beta}-1}{\dfrac{1}{n}} = \lim_{n\to\infty}\frac{\dfrac{1}{n}\cdot\beta}{\dfrac{1}{n}} = \beta < \alpha.$$

故存在自然数 N_2 使得当 $n > N_2$ 时, 有

$$\left(1+\frac{1}{n}\right)^{\beta} < 1+\frac{\alpha}{n} = \frac{n+\alpha}{n}, \quad 即 \quad \frac{n}{n+\alpha} < \left(\frac{n}{n+1}\right)^{\beta}.$$

令 $N = \max\{N_1,N_2\}$, 则当 $n > N$ 时, 有

$$\frac{a_{n+1}}{a_n} < \frac{n}{n+\alpha} < \left(\frac{n}{n+1}\right)^{\beta} = \frac{\dfrac{1}{(n+1)^{\beta}}}{\dfrac{1}{n^{\beta}}},$$

由 $\beta > 1$ 知, 级数 $\sum_{n=1}^{\infty}\dfrac{1}{n^{\beta}}$ 收敛. 于是由上式及(5)中的①可知, 级数 $\sum_{n=1}^{\infty}a_n$ 收敛.

② 若 $a_n > 0 (n = 1, 2, 3, \cdots)$, 且 $\lim\limits_{n \to \infty} n\left(\dfrac{a_n}{a_{n+1}} - 1\right) = \lambda < 1$, 则存在自然数 N 使得当 $n > N$ 时, 有

$$n\left(\frac{a_n}{a_{n+1}} - 1\right) \leqslant 1, \quad 即 \quad \frac{a_{n+1}}{a_n} \geqslant \frac{n}{n+1} = \frac{\dfrac{1}{n+1}}{\dfrac{1}{n}},$$

由于调和级数 $\sum\limits_{n=1}^{\infty} \dfrac{1}{n}$ 发散, 故由上式及(5)中的②可知, 级数 $\sum\limits_{n=1}^{\infty} a_n$ 发散.

(7) ① 由于 $\mu < 1$, 故存在 $\mu < q < 1$. 于是由 $\lim\limits_{x \to +\infty} \dfrac{\mathrm{e}^x f(\mathrm{e}^x)}{f(x)} = \mu$ 可知, 存在 $a > 0$ 使得当 $x > a$ 时有

$$\frac{\mathrm{e}^x f(\mathrm{e}^x)}{f(x)} < q, \quad 即 \quad \mathrm{e}^x f(\mathrm{e}^x) < q f(x).$$

于是对 $x > a$, 有

$$\int_a^x \mathrm{e}^t f(\mathrm{e}^t) \mathrm{d}t < q \int_a^x f(t) \mathrm{d}t.$$

而 $\int_a^x \mathrm{e}^t f(\mathrm{e}^t) \mathrm{d}t \xlongequal{\mathrm{e}^t = u} \int_{\mathrm{e}^a}^{\mathrm{e}^x} f(u) \mathrm{d}u = \int_{\mathrm{e}^a}^{\mathrm{e}^x} f(t) \mathrm{d}t$. 因此有

$$\int_{\mathrm{e}^a}^{\mathrm{e}^x} f(t) \mathrm{d}t < q \int_a^x f(t) \mathrm{d}t.$$

从而又由 $\mathrm{e}^x > x > a$ 可得 $\int_a^{\mathrm{e}^x} f(t) \mathrm{d}t \geqslant \int_a^x f(t) \mathrm{d}t$. 由此可得

$$(1 - q) \int_{\mathrm{e}^a}^{\mathrm{e}^x} f(t) \mathrm{d}t < q\left(\int_a^x f(t) \mathrm{d}t - \int_a^{\mathrm{e}^x} f(t) \mathrm{d}t\right) \leqslant q \int_a^{\mathrm{e}^a} f(t) \mathrm{d}t.$$

故

$$\int_{\mathrm{e}^a}^{\mathrm{e}^x} f(t) \mathrm{d}t \leqslant \frac{q}{1 - q} \int_a^{\mathrm{e}^a} f(t) \mathrm{d}t.$$

两边同时加上 $\int_a^{\mathrm{e}^a} f(t) \mathrm{d}t$ 可得

$$\int_a^{\mathrm{e}^x} f(t) \mathrm{d}t \leqslant \frac{1}{1 - q} \int_a^{\mathrm{e}^a} f(t) \mathrm{d}t.$$

由于上式右边是个常数, 因此由上式可知, 广义积分 $\int_a^{+\infty} f(t) \mathrm{d}t$ 收敛. 因此由选例9.6.4的积分审敛法可知, 正项级数 $\sum\limits_{n=1}^{\infty} f(n)$ 收敛.

② 设 $\lim\limits_{x \to +\infty} \dfrac{\mathrm{e}^x f(\mathrm{e}^x)}{f(x)} = \mu > 1$, 则存在 $b > 0$ 使得当 $x > b$ 时, 有

$$\frac{e^x f(e^x)}{f(x)} \geqslant 1, \quad 即 \quad e^x f(e^x) \geqslant f(x).$$

考虑数列 $x_1 = b, x_{n+1} = e^{x_n}(n=1,2,3,\cdots)$，则

$$\int_{x_{n+1}}^{x_{n+2}} f(t)\mathrm{d}t = \int_{e^{x_n}}^{e^{x_{n+1}}} f(t)\mathrm{d}t \xlongequal{t=e^u} \int_{x_n}^{x_{n+1}} e^u f(e^u)\mathrm{d}u \geqslant \int_{x_n}^{x_{n+1}} f(u)\mathrm{d}u.$$

即数列 $c_n = \int_{x_n}^{x_{n+1}} f(u)\mathrm{d}u$ 是个单调递增的正项数列，因而正项级数 $\sum_{n=1}^{\infty} c_n$ 发散. 由于 $\lim_{n\to\infty} x_n = +\infty$，而广义积分 $\int_b^{+\infty} f(t)\mathrm{d}t$ 与正项级数 $\sum_{n=1}^{\infty} c_n$ 同敛散，因此 $\int_b^{+\infty} f(t)\mathrm{d}t$ 也是发散的. 于是由积分审敛法可知，正项级数 $\sum_{n=1}^{\infty} f(n)$ 发散. ∎

选例 9.6.6 (1) 设 $a_n = 1 + \frac{1}{2} + \frac{1}{3} + \cdots + \frac{1}{n} - \ln n, n=1,2,3\cdots$，证明：极限 $\lim_{n\to\infty} a_n$ 存在.

(2) 讨论幂级数 $\sum_{n=1}^{\infty} (-1)^n \left(1 + \frac{1}{2} + \frac{1}{3} + \cdots + \frac{1}{n}\right) x^n$ 的收敛域.

(3) 若记 $\lim_{n\to\infty} a_n = C$，求幂级数 $\sum_{n=1}^{\infty} (a_n - C) x^n$ 的收敛域.

思路 (1) 可以利用单调有界准则来证明; (2),(3)常规方法即可, 注意引用(1)的结论.

证明 (1) 由配套教材中的例 2.5.3 知, 有不等式 $\frac{1}{n+1} < \ln\left(1 + \frac{1}{n}\right) < \frac{1}{n}$, 从而

$$a_{n+1} - a_n = \frac{1}{n+1} - \ln(n+1) + \ln n = \frac{1}{n+1} - \ln\left(1 + \frac{1}{n}\right) < 0,$$

因此 a_n 单调递减. 又由于

$$a_n = 1 + \frac{1}{2} + \frac{1}{3} + \cdots + \frac{1}{n} - \ln n = \sum_{k=1}^{n} \frac{1}{k} - \ln\left(\frac{2}{1} \cdot \frac{3}{2} \cdots \cdot \frac{n}{n-1}\right)$$

$$= \sum_{k=1}^{n} \frac{1}{k} - \sum_{k=1}^{n-1} \ln \frac{k+1}{k} = \sum_{k=1}^{n-1}\left[\frac{1}{k} - \ln\left(1 + \frac{1}{k}\right)\right] + \frac{1}{n} \geqslant \frac{1}{n} > 0.$$

因此 a_n 有下界 0. 故由极限的单调有界准则知, 极限 $\lim_{n\to\infty} a_n$ 存在, 且 $\lim_{n\to\infty} a_n \geqslant 0$.

(2) 记 $b_n = 1 + \frac{1}{2} + \frac{1}{3} + \cdots + \frac{1}{n}(n=1,2,3,\cdots)$, 则 $\lim_{n\to\infty} b_n = +\infty$. 故幂级数 $\sum_{n=1}^{\infty} (-1)^n b_n x^n$ 的收敛半径为

$$R = \lim_{n\to\infty}\left|\frac{(-1)^n b_n}{(-1)^{n+1} b_{n+1}}\right| = \lim_{n\to\infty} \frac{b_n}{b_{n+1}} = \lim_{n\to\infty} \frac{b_n}{b_n + \frac{1}{n+1}} = \lim_{n\to\infty} \frac{1}{1 + \frac{1}{(n+1)b_n}} = 1,$$

当 $x = \pm 1$ 时, 由于 $\lim_{n\to\infty} (-1)^n b_n (\pm 1)^n = \infty$, 故幂级数 $\sum_{n=1}^{\infty} (-1)^n b_n x^n$ 在 $x = \pm 1$ 处均发散. 因此所

求的收敛域为 $D = (-1,1)$.

(3) 若记 $c_n = a_n - C(n = 1,2,3,\cdots)$，则由于 a_n 单调递减地收敛于 C，故 $c_n > 0$，c_n 单调递减，且 $\lim\limits_{n\to\infty} c_n = 0$. 因此由交错级数的莱布尼茨审敛法知，级数 $\sum\limits_{n=1}^{\infty}(-1)^n c_n$ 收敛. 故幂级数 $\sum\limits_{n=1}^{\infty} c_n x^n$ 的收敛半径 $R \geqslant 1$. 下面我们证明级数 $\sum\limits_{n=1}^{\infty} c_n$ 发散，从而幂级数 $\sum\limits_{n=1}^{\infty} c_n x^n$ 的收敛域就是 $[-1,1)$.

由于以 a_n 为部分和的级数为 $1 + \sum\limits_{n=2}^{\infty}\left(\dfrac{1}{n} - \ln n + \ln(n-1)\right)$，它收敛于 C. 设其余项为 r_n，则

$$c_n = a_n - C = -r_n = -\sum_{k=n+1}^{\infty}\left[\frac{1}{k} - \ln k + \ln(k-1)\right] = \sum_{k=n+1}^{\infty}\left[\ln\left(1 + \frac{1}{k-1}\right) - \frac{1}{k}\right].$$

由泰勒公式可知，当 $x > 0$ 时，有 $\ln(1+x) > x - \dfrac{x^2}{2}$，因此有

$$c_n \geqslant \sum_{k=n+1}^{\infty}\left[\frac{1}{k-1} - \frac{1}{2(k-1)^2} - \frac{1}{k}\right]. \tag{9.6.3}$$

而当 $k > 2$ 时，有

$$\frac{1}{k-1} - \frac{1}{2(k-2)(k-1)} - \frac{1}{k} < \frac{1}{k-1} - \frac{1}{2(k-1)^2} - \frac{1}{k} < \frac{1}{k-1} - \frac{1}{2k(k-1)} - \frac{1}{k}$$

且

$$\sum_{k=n+1}^{\infty}\left[\frac{1}{k-1} - \frac{1}{2k(k-1)} - \frac{1}{k}\right] = \frac{1}{2}\sum_{k=n+1}^{\infty}\left[\frac{1}{k-1} - \frac{1}{k}\right] = \frac{1}{2n}.$$

$$\sum_{k=n+1}^{\infty}\left[\frac{1}{k-1} - \frac{1}{2(k-2)(k-1)} - \frac{1}{k}\right] = \sum_{k=n+1}^{\infty}\left(\frac{1}{k-1} - \frac{1}{k}\right) - \frac{1}{2}\sum_{k=n+1}^{\infty}\left(\frac{1}{k-2} - \frac{1}{k-1}\right) = \frac{1}{n} - \frac{1}{2(n-1)}.$$

记 $h_n = \sum\limits_{k=n+1}^{\infty}\left[\dfrac{1}{k-1} - \dfrac{1}{2(k-1)^2} - \dfrac{1}{k}\right]$，则有 $n\left(\dfrac{1}{n} - \dfrac{1}{2(n-1)}\right) < nh_n < \dfrac{1}{2}$. 由于

$$\lim_{n\to\infty} n\left(\frac{1}{n} - \frac{1}{2(n-1)}\right) = \lim_{n\to\infty}\frac{n-2}{2(n-1)} = \frac{1}{2}.$$

故由夹逼准则可知，$\lim\limits_{n\to\infty} nh_n = \dfrac{1}{2}$. 由比较审敛法的极限形式可知，正项级数 $\sum\limits_{n=1}^{\infty} h_n$ 发散，从而由(9.6.3)式和比较审敛法知，正项级数 $\sum\limits_{n=1}^{\infty} c_n$ 也发散. ∎

选例 9.6.7　已知 $f_n(x)$ 满足方程 $f_n'(x) = f_n(x) + x^{n-1}e^x$，且 $f_n(1) = \dfrac{e}{n}$（其中 $n = 1,2,3,\cdots$）. 求函数项级数 $\sum\limits_{n=1}^{\infty} f_n(x)$ 的和.

思路　首先用一阶线性微分方程通解公式和初值条件求出 $f_n(x)$ 的表达式，再利用

幂级数的逐项积分性质与几何级数求和公式求级数 $\displaystyle\sum_{n=1}^{\infty} f_n(x)$ 的和.

解　由于 $f_n(x)$ 满足一阶线性微分方程 $f_n'(x) = f_n(x) + x^{n-1}e^x$, 故

$$f_n(x) = e^{-\int -dx}\left[\int x^{n-1}e^x \cdot e^{\int -dx}dx + C\right] = e^x\left[\int x^{n-1}e^x \cdot e^{-x}dx + C\right] = e^x\left(\frac{x^n}{n} + C\right),$$

由 $f_n(1) = \dfrac{e}{n}$ 可得 $C = 0$, 因而 $f_n(x) = \dfrac{x^n e^x}{n}$.

易知级数 $\displaystyle\sum_{n=1}^{\infty} f_n(x) = \sum_{n=1}^{\infty} \frac{x^n e^x}{n} = e^x\sum_{n=1}^{\infty} \frac{x^n}{n}$ 的收敛半径为 $R = 1$, 且在点 $x = -1$ 处条件收敛,

在点 $x = 1$ 处发散, 因此收敛域为 $D = [-1, 1)$. 当 $-1 < x < 1$ 时, $\displaystyle\sum_{n=1}^{\infty} f_n(x)$ 的和

$$S(x) = e^x\sum_{n=1}^{\infty} \frac{x^n}{n} = e^x\sum_{n=1}^{\infty} \int_0^x t^{n-1}dt = e^x\int_0^x\left(\sum_{n=1}^{\infty} t^{n-1}\right)dt = e^x\int_0^x \frac{1}{1-t}dt = -e^x\ln(1-x).$$

由于函数 $-e^x\ln(1-x)$ 在点 $x = -1$ 处右连续, 故

$$\sum_{n=1}^{\infty} f_n(x) = -e^x\ln(1-x), \quad -1 \leqslant x < 1. \blacksquare$$

选例 9.6.8　设函数 $f(x)$ 有连续的导数, 且满足 $|f'(x)| < kf(x)$ (其中 $0 < k < 1$ 为常数).
任取一点 a_0, 定义

$$a_{n+1} = \ln f(a_n), \quad n = 0, 1, 2, \cdots,$$

试证明: 级数 $\displaystyle\sum_{n=1}^{\infty} (a_n - a_{n-1})$ 绝对收敛.

思路　由条件 $|f'(x)| < kf(x)$ 可知, $f(x) > 0$, $\dfrac{|f'(x)|}{f(x)} < k$, 即 $|[\ln f(x)]'| < k$. 而 $n > 1$

时, 一般项 $a_n - a_{n-1}$ 实际上就是函数增量 $\ln f(a_{n-1}) - \ln f(a_{n-2})$, 因此自然联系到拉格朗
日中值定理, 因此有

$$a_n - a_{n-1} = \ln f(a_{n-1}) - \ln f(a_{n-2}) = [\ln f(x)]'\big|_{x=\xi}(a_{n-1} - a_{n-2}),$$

由此可知, 有

$$\left|\frac{a_n - a_{n-1}}{a_{n-1} - a_{n-2}}\right| = \left|[\ln f(x)]'\big|_{x=\xi}\right| \leqslant k < 1.$$

因此通过与几何级数的比较, 就可以得到所需证明.

证明　由题设可知, 函数 $f(x)$ 为有连续导数的正值函数. 令 $F(x) = \ln f(x)$, 则 $F(x)$

可微, 且由已知条件可知, $|F'(x)| = \left|\dfrac{f'(x)}{f(x)}\right| < k$. 若对某个 $m \geqslant 1$ 有 $a_m - a_{m-1} = 0$, 则 $n \geqslant m$

时, 恒有 $a_n - a_{n-1} = 0$, 因此级数 $\displaystyle\sum_{n=1}^{\infty} (a_n - a_{n-1})$ 绝对收敛. 若对任意 n 时, 都有 $a_n - a_{n-1} \neq 0$,

则由拉格朗日中值定理知, 存在介于 a_n 与 a_{n-1} 之间的 ξ_n 使得

$$\left|a_{n+1}-a_n\right|=\left|\ln f(a_n)-\ln f(a_{n-1})\right|=\left|F(a_n)-F(a_{n-1})\right|=\left|F'(\xi_n)(a_n-a_{n-1})\right|<k\left|a_n-a_{n-1}\right|,$$

从而

$$\left|a_{n+1}-a_n\right|<k\left|a_n-a_{n-1}\right|<k^2\left|a_{n-1}-a_{n-2}\right|<\ldots<k^n\left|a_1-a_0\right|,$$

由于 $0<k<1$, 故几何级数 $\sum\limits_{n=0}^{\infty}k^n\left|a_1-a_0\right|$ 收敛, 从而由比较审敛法可知, 正项级数

$\sum\limits_{n=1}^{\infty}\left|a_n-a_{n-1}\right|$ 收敛, 即级数 $\sum\limits_{n=1}^{\infty}(a_n-a_{n-1})$ 绝对收敛. ∎

选例 9.6.9 求下列幂级数的收敛域与和函数:

(1) $\sum\limits_{n=0}^{\infty}\dfrac{2n+1}{2^n}(x+1)^n$;

(2) $\sum\limits_{n=1}^{\infty}\dfrac{(n+1)(-1)^n}{(2n)!}x^{2n+1}$;

(3) $\sum\limits_{n=0}^{\infty}(2n^2+1)(x-1)^n$;

(4) $\sum\limits_{n=1}^{\infty}(-1)^{n-1}\left[1+\dfrac{1}{n(2n-1)}\right]x^{2n}$.

思路 常规方法: 先求收敛半径, 确定收敛域, 再通过换元法、逐项求导、逐项积分及已知幂级数的和函数等技术求和函数的解析表达式.

解 (1) 该幂级数的收敛半径为

$$R=\lim_{n\to\infty}\frac{\dfrac{2n+1}{2^n}}{\dfrac{2(n+1)+1}{2^{n+1}}}=2\lim_{n\to\infty}\frac{2n+1}{2n+3}=2,$$

当 $x=-1-2=-3$ 时级数的一般项 $\dfrac{2n+1}{2^n}(-3+1)^n=(2n+1)(-1)^n$ 不收敛于 0, 因此级数发散; 当 $x=-1+2=1$ 时级数的一般项 $\dfrac{2n+1}{2^n}(1+1)^n=2n+1$ 也不收敛于 0, 因此级数也发散.

故该幂级数的收敛域为 $D=(-3,1)$. 设级数 $\sum\limits_{n=0}^{\infty}(2n+1)t^n$ 的和函数为 $U(t)$, 则当 $-1<t<1$ 时, 有

$$\sum_{n=0}^{\infty}(2n+1)t^n=2\sum_{n=0}^{\infty}(n+1)t^n-\sum_{n=0}^{\infty}t^n=2\sum_{n=0}^{\infty}(t^{n+1})'-\frac{1}{1-t}$$

$$=2\left(\sum_{n=0}^{\infty}t^{n+1}\right)'-\frac{1}{1-t}=2\left(\frac{t}{1-t}\right)'-\frac{1}{1-t}=\frac{2}{(1-t)^2}-\frac{1}{1-t}=\frac{1+t}{(1-t)^2},$$

于是, 把上式中的 t 换成 $\dfrac{x+1}{2}$, 即得幂级数 $\sum\limits_{n=0}^{\infty}\dfrac{2n+1}{2^n}(x+1)^n$ 的和函数为

$$S(x)=U\left(\frac{x+1}{2}\right)=\frac{1+\dfrac{x+1}{2}}{\left(1-\dfrac{x+1}{2}\right)^2}=\frac{2x+6}{(x-1)^2}, \quad -3<x<1.$$

(2) 由于该幂级数的一般项为 x^{2n+1} 的项, 故其收敛半径为

$$R = \sqrt{\lim_{n\to\infty}\left|\dfrac{\dfrac{(n+1)(-1)^n}{(2n)!}}{\dfrac{(n+2)(-1)^{n+1}}{(2n+2)!}}\right|} = \sqrt{\lim_{n\to\infty}\dfrac{(n+1)(2n+2)(2n+1)}{n+2}} = +\infty.$$

故该幂级数的收敛域为 $D = (-\infty,+\infty)$. 设和函数为 $S(x)$, 则

$$S(x) = \sum_{n=1}^{\infty}\dfrac{(n+1)(-1)^n}{(2n)!}x^{2n+1} = \dfrac{1}{2}\sum_{n=1}^{\infty}\dfrac{(2n+2)(-1)^n}{(2n)!}x^{2n+1} = \dfrac{1}{2}\sum_{n=1}^{\infty}\left(\dfrac{(-1)^n x^{2n+2}}{(2n)!}\right)'$$

$$= \dfrac{1}{2}\left(\sum_{n=1}^{\infty}\dfrac{(-1)^n x^{2n+2}}{(2n)!}\right)' = \dfrac{1}{2}\left(x^2\sum_{n=1}^{\infty}\dfrac{(-1)^n x^{2n}}{(2n)!}\right)' = \dfrac{1}{2}\left[x^2\left(\sum_{n=0}^{\infty}\dfrac{(-1)^n x^{2n}}{(2n)!}-1\right)\right]'$$

$$= \dfrac{1}{2}[x^2(\cos x-1)]' = x(\cos x-1) - \dfrac{1}{2}x^2\sin x,$$

故所求的和函数为 $S(x) = x(\cos x-1) - \dfrac{1}{2}x^2\sin x(-\infty < x < +\infty)$.

(3) 该幂级数的收敛半径为

$$R = \lim_{n\to\infty}\dfrac{2n^2+1}{2(n+1)^2+1} = 2\lim_{n\to\infty}\dfrac{2n^2+1}{2n^2+4n+3} = 1.$$

当 $x = 1-1 = 0$ 时级数的一般项 $(2n^2+1)(-1)^n$ 不收敛于 0, 因此级数发散; 当 $x = 1+1 = 2$ 时级数的一般项 $(2n^2+1)(2-1)^n$ 也不收敛于 0, 因此级数发散. 故该幂级数的收敛域为 $D = (0,2)$. 设级数的和函数为 $S(x)$, 则当 $0 < x < 2$ 时, 有

$$S(x) = \sum_{n=0}^{\infty}(2n^2+1)(x-1)^n \xlongequal{x-1=t} \sum_{n=0}^{\infty}(2n^2+1)t^n = 2\sum_{n=0}^{\infty}(n+1)nt^n - 2\sum_{n=0}^{\infty}(n+1)t^n + 3\sum_{n=0}^{\infty}t^n$$

$$= 2t\sum_{n=1}^{\infty}(n+1)nt^{n-1} - 2\sum_{n=0}^{\infty}(n+1)t^n + 3\sum_{n=0}^{\infty}t^n$$

$$= 2t\sum_{n=1}^{\infty}(t^{n+1})'' - 2\sum_{n=0}^{\infty}(t^{n+1})' + 3\sum_{n=0}^{\infty}t^n = 2t\left(\sum_{n=1}^{\infty}t^{n+1}\right)'' - 2\left(\sum_{n=0}^{\infty}t^{n+1}\right)' + 3\sum_{n=0}^{\infty}t^n$$

$$= 2t\left(\dfrac{t^2}{1-t}\right)'' - 2\left(\dfrac{t}{1-t}\right)' + 3\cdot\dfrac{1}{1-t} = \dfrac{4t}{(1-t)^3} - \dfrac{2}{(1-t)^2} + \dfrac{3}{1-t} = \dfrac{3t^2+1}{(1-t)^3}$$

$$\xlongequal{t=x-1} \dfrac{3x^2-6x+4}{(2-x)^3}.$$

因此, 所求的和函数为 $S(x) = \dfrac{3x^2-6x+4}{(2-x)^3}(0 < x < 2)$.

(4) 由于该幂级数的一般项是 x^{2n} 项, 故其收敛半径为

$$R = \sqrt{\lim_{n\to\infty}\left|\frac{(-1)^{n-1}\left[1+\dfrac{1}{n(2n-1)}\right]}{(-1)^n\left[1+\dfrac{1}{(n+1)(2n+1)}\right]}\right|} = \sqrt{\lim_{n\to\infty}\frac{(2n^2-n+1)(n+1)(2n+1)}{n(2n-1)(2n^2+3n+2)}} = 1.$$

当 $x = \pm 1$ 时, 级数的一般项 $(-1)^{n-1}\left[1+\dfrac{1}{n(2n-1)}\right](\pm 1)^{2n}$ 不收敛于 0, 因此级数在点 $x = \pm 1$ 处均发散, 因而该幂级数的收敛域为 $D = (-1,1)$.

设和函数为 $S(x)$, 则 $x \in D$ 时, 有

$$S(x) = \sum_{n=1}^{\infty}(-1)^{n-1}x^{2n} + \sum_{n=1}^{\infty}\frac{(-1)^{n-1}}{n(2n-1)}x^{2n} = \frac{x^2}{1+x^2} + 2\sum_{n=1}^{\infty}\frac{(-1)^{n-1}}{2n(2n-1)}x^{2n}$$

$$= \frac{x^2}{1+x^2} + 2\sum_{n=1}^{\infty}\int_0^x\frac{(-1)^{n-1}}{(2n-1)}t^{2n-1}\mathrm{d}t = \frac{x^2}{1+x^2} + 2\int_0^x\left(\sum_{n=1}^{\infty}\frac{(-1)^{n-1}}{(2n-1)}t^{2n-1}\right)\mathrm{d}t$$

$$= \frac{x^2}{1+x^2} + 2\int_0^x\left(\sum_{n=1}^{\infty}\int_0^t(-1)^{n-1}u^{2n-2}\mathrm{d}u\right)\mathrm{d}t = \frac{x^2}{1+x^2} + 2\int_0^x\left(\int_0^t\left(\sum_{n=1}^{\infty}(-1)^{n-1}u^{2n-2}\right)\mathrm{d}u\right)\mathrm{d}t$$

$$= \frac{x^2}{1+x^2} + 2\int_0^x\left(\left(\int_0^t\frac{1}{1+u^2}\mathrm{d}u\right)\right)\mathrm{d}t = \frac{x^2}{1+x^2} + 2\int_0^x\arctan t\,\mathrm{d}t$$

$$= \frac{x^2}{1+x^2} + 2\left[t\arctan t\Big|_0^x - \int_0^x\frac{t}{1+t^2}\mathrm{d}t\right] = \frac{x^2}{1+x^2} + [2t\arctan t - \ln(1+t^2)]\Big|_0^x$$

$$= \frac{x^2}{1+x^2} + 2x\arctan x - \ln(1+x^2),$$

因此, 所求的和函数 $S(x) = \dfrac{x^2}{1+x^2} + 2x\arctan x - \ln(1+x^2)(-1 < x < 1)$. ■

选例 9.6.10　设级数 $\dfrac{x^4}{2\cdot 4} + \dfrac{x^6}{2\cdot 4\cdot 6} + \dfrac{x^8}{2\cdot 4\cdot 6\cdot 8} + \cdots + \dfrac{x^{2n}}{2\cdot 4\cdot 6\cdots(2n)} + \cdots, x \in (-\infty,+\infty)$ 的和函数为 $S(x)$, 试求 $S(x)$ 所满足的微分方程, 并求出 $S(x)$ 的解析表达式.

思路　通过逐项求导, 找出求导后的级数与原级数之间的关系, 由此得到 $S(x)$ 所满足的微分方程, 进而解微分方程得到 $S(x)$ 的表达式.

解　对 $S(x) = \dfrac{x^4}{2\cdot 4} + \dfrac{x^6}{2\cdot 4\cdot 6} + \dfrac{x^8}{2\cdot 4\cdot 6\cdot 8} + \cdots + \dfrac{x^{2n}}{2\cdot 4\cdot 6\cdots(2n)} + \cdots$ 两边关于 x 求导, 得

$$S'(x) = \left(\frac{x^4}{2\cdot 4}\right)' + \left(\frac{x^6}{2\cdot 4\cdot 6}\right)' + \left(\frac{x^8}{2\cdot 4\cdot 6\cdot 8}\right)' + \cdots + \left(\frac{x^{2n}}{2\cdot 4\cdot 6\cdots(2n)}\right)' + \cdots$$

$$= \frac{x^3}{2} + \frac{x^5}{2\cdot 4} + \frac{x^7}{2\cdot 4\cdot 6} + \cdots + \frac{x^{2n-1}}{2\cdot 4\cdot 6\cdots(2n-2)} + \cdots$$

$$= \frac{x^3}{2} + x\left[\frac{x^4}{2\cdot 4} + \frac{x^6}{2\cdot 4\cdot 6} + \cdots + \frac{x^{2n-2}}{2\cdot 4\cdot 6\cdots(2n-2)} + \cdots\right] = \frac{x^3}{2} + xS(x),$$

因此 $S(x)$ 满足微分方程

$$S'(x) = \frac{x^3}{2} + xS(x), \quad 即 \quad S'(x) - xS(x) = \frac{x^3}{2},$$

这是一个一阶线性非齐次微分方程, 其通解为

$$S(x) = \mathrm{e}^{-\int -x\mathrm{d}x}\left[\int \frac{x^3}{2}\mathrm{e}^{\int -x\mathrm{d}x}\mathrm{d}x + C\right] = \mathrm{e}^{\frac{x^2}{2}}\left[\int \frac{x^3}{2}\mathrm{e}^{-\frac{x^2}{2}}\mathrm{d}x + C\right]$$

$$= \mathrm{e}^{\frac{x^2}{2}}\left[\int \frac{x^2}{2}\mathrm{e}^{-\frac{x^2}{2}}\mathrm{d}\frac{x^2}{2} + C\right] = \mathrm{e}^{\frac{x^2}{2}}\left[-\left(\frac{x^2}{2}+1\right)\mathrm{e}^{-\frac{x^2}{2}} + C\right] = -\left(\frac{x^2}{2}+1\right) + C\mathrm{e}^{\frac{x^2}{2}},$$

由于 $S(0) = 0$, 故 $C = 1$. 因此 $S(x)$ 的解析表达式为

$$S(x) = -\left(\frac{x^2}{2}+1\right) + \mathrm{e}^{\frac{x^2}{2}}, \quad -\infty < x < +\infty. \blacksquare$$

选例 9.6.11　把下列函数展开成麦克劳林级数:

(1) $f(x) = \dfrac{1}{(1+x^2)(1+x^4)\cdots(1+x^{2^k})}$ (其中 $k \in \mathbb{N}^+$);　　　(2) $f(x) = x\ln\left(x + \sqrt{1+x^2}\right)$;

(3) $f(x) = \sin^2 x \cos 2x$;　　　　　　　　　　　(4) $f(x) = \dfrac{2x - x^3}{\sqrt{(1-x^2)^3}}$;

(5) $f(x) = \ln(1 + x + x^2 + x^3)$.

思路　(1)通过平方差公式简化函数表达式再利用已知展开式间接展开; (2)对数函数部分的导数可以先展开, 再用逐项积分法还原; (3)先把函数化成正余弦函数的代数和形式, 再利用正余弦函数的展开式间接展开; (4)可以先把 $\dfrac{1}{\sqrt{(1-x^2)^3}}$ 展开, 再利用幂级数运算, 也可以先求出其原函数的展开式再逐项求导; (5)先把真数分解因式, 把函数拆成两个简单函数之和, 再用对数函数展开式.

解　(1) 利用已知展开式 $\dfrac{1}{1-x} = \displaystyle\sum_{n=0}^{\infty} x^n (-1 < x < 1)$ 可得

$$f(x) = \frac{1}{(1+x^2)(1+x^4)\cdots(1+x^{2^k})} = \frac{1-x^2}{(1-x^2)(1+x^2)(1+x^4)\cdots(1+x^{2^k})}$$

$$= \frac{1-x^2}{1-x^{2^{k+1}}} = \frac{1}{1-x^{2^{k+1}}} - \frac{x^2}{1-x^{2^{k+1}}} = \sum_{n=0}^{\infty} (x^{2^{k+1}})^n - x^2 \sum_{n=0}^{\infty} (x^{2^{k+1}})^n \quad (-1 < x^{2^{k+1}} < 1)$$

$$= \sum_{n=0}^{\infty} x^{2^{k+1}n} - \sum_{n=0}^{\infty} x^{2^{k+1}n+2}, \quad -1 < x < 1.$$

【注】 由于这两个级数合并同类项后的表达式过于复杂, 我们这里只保持这种差的状态.

(2) 由于

$$[\ln(x + \sqrt{1+x^2})]' = \frac{1}{\sqrt{1+x^2}} = (1+x^2)^{-\frac{1}{2}},$$

由已知展开式

$$(1+x)^{-\frac{1}{2}} = 1 + \sum_{n=1}^{\infty} \frac{\left(-\frac{1}{2}\right)\left(-\frac{1}{2}-1\right)\left(-\frac{1}{2}-2\right)\cdots\left(-\frac{1}{2}-n+1\right)}{n!}x^n = 1 + \sum_{n=1}^{\infty} \frac{(-1)^n(2n-1)!!}{(2n)!!}x^n, \quad -1 < x \leqslant 1.$$

把上式中的 x 换成 x^2 得(注意: $-1 < x^2 \leqslant 1$ 等价于 $-1 \leqslant x \leqslant 1$)

$$(1+x^2)^{-\frac{1}{2}} = 1 + \sum_{n=1}^{\infty} \frac{(-1)^n(2n-1)!!}{(2n)!!}x^{2n}, \quad -1 \leqslant x \leqslant 1.$$

两边积分, 并利用幂级数的逐项积分性质得

$$\ln(x+\sqrt{1+x^2}) = \int_0^x (1+t^2)^{-\frac{1}{2}}\mathrm{d}t = x + \sum_{n=1}^{\infty} \frac{(-1)^n(2n-1)!!}{(2n+1)\cdot(2n)!!}x^{2n+1}, \quad -1 \leqslant x \leqslant 1,$$

因此, 最后可得

$$x\ln(x+\sqrt{1+x^2}) = x^2 + \sum_{n=1}^{\infty} \frac{(-1)^n(2n-1)!!}{(2n+1)(2n)!!}x^{2n+2}, \quad -1 \leqslant x \leqslant 1.$$

(3) 由于

$$f(x) = \sin^2 x \cos 2x = \frac{1}{2}(1-\cos 2x)\cos 2x = \frac{1}{2}\cos 2x - \frac{1}{4}(1+\cos 4x).$$

因此利用余弦函数的麦克劳林展开式可得

$$f(x) = -\frac{1}{4} + \frac{1}{2}\sum_{n=0}^{\infty} \frac{(-1)^n(2x)^{2n}}{(2n)!} - \frac{1}{4}\sum_{n=0}^{\infty} \frac{(-1)^n(4x)^{2n}}{(2n)!} = \sum_{n=1}^{\infty} \frac{(-1)^n(2^{2n-1}-4^{2n-1})}{(2n)!}x^{2n}, -\infty < x < +\infty.$$

(4) 在函数 $(1+x)^{\alpha}$ 的展开式中令 $\alpha = -\frac{1}{2}$ 得

$$\frac{1}{\sqrt{1+x}} = \sum_{n=0}^{\infty} \frac{-\frac{1}{2}\left(-\frac{1}{2}-1\right)\left(-\frac{1}{2}-2\right)\cdots\left(-\frac{1}{2}-n+1\right)}{n!}x^n = \sum_{n=0}^{\infty} \frac{(-1)^n(2n-1)!!}{(2n)!!}x^n, \quad -1 < x \leqslant 1.$$

把上式中的 x 换成 $-x^2$ 得

$$\frac{1}{\sqrt{1-x^2}} = \sum_{n=0}^{\infty} \frac{(2n-1)!!}{(2n)!!}x^{2n}, \quad -1 < -x^2 \leqslant 1, \quad 即 \quad -1 < x < 1.$$

两边求导, 并利用幂级数的逐项求导性质可得

$$\left(\frac{1}{\sqrt{1-x^2}}\right)' = \frac{x}{\sqrt{(1-x^2)^3}} = \sum_{n=0}^{\infty}\left[\frac{(2n-1)!!}{(2n)!!}x^{2n}\right]' = \sum_{n=1}^{\infty} \frac{(2n-1)!!}{(2n-2)!!}x^{2n-1}, \quad -1 < x < 1.$$

于是有

$$f(x) = \frac{2x - x^3}{\sqrt{(1-x^2)^3}} = \frac{x + x(1-x^2)}{\sqrt{(1-x^2)^3}} = \frac{x}{\sqrt{(1-x^2)^3}} + \frac{x}{\sqrt{1-x^2}}$$

$$= \sum_{n=1}^{\infty} \frac{(2n-1)!!}{(2n-2)!!} x^{2n-1} + x \sum_{n=0}^{\infty} \frac{(2n-1)!!}{(2n)!!} x^{2n}$$

$$= \sum_{n=1}^{\infty} \frac{(2n-1)!!}{(2n-2)!!} x^{2n-1} + \sum_{n=0}^{\infty} \frac{(2n-1)!!}{(2n)!!} x^{2n+1}$$

$$= \sum_{n=0}^{\infty} \frac{(2n+1)!!}{(2n)!!} x^{2n+1} + \sum_{n=0}^{\infty} \frac{(2n-1)!!}{(2n)!!} x^{2n+1}$$

$$= \sum_{n=0}^{\infty} \left[\frac{(2n+1)!!}{(2n)!!} + \frac{(2n-1)!!}{(2n)!!} \right] x^{2n+1} = \sum_{n=0}^{\infty} \frac{(2n+2)(2n-1)!!}{(2n)!!} x^{2n+1}, \quad -1 < x < 1.$$

(5) 由于有已知展开式

$$\frac{1}{1+x} = \sum_{n=0}^{\infty} (-1)^n x^n, \quad -1 < x < 1.$$

在 $[0, x]$ 上逐项积分可得(注意此时增加了一个收敛点 $x=1$)

$$\ln(1+x) = \sum_{n=0}^{\infty} \frac{(-1)^n x^{n+1}}{n+1}, \quad -1 < x \leqslant 1.$$

把上式中的 x 替换成 x^2 又可得(注意此时又增加了一个收敛点 $x = -1$)

$$\ln(1+x^2) = \sum_{n=0}^{\infty} \frac{(-1)^n x^{2n+2}}{n+1}, \quad -1 \leqslant x \leqslant 1.$$

于是有(注意, 收敛域取交集)

$$f(x) = \ln(1 + x + x^2 + x^3) = \ln[(1+x)(1+x^2)] = \ln(1+x) + \ln(1+x^2)$$

$$= \sum_{n=0}^{\infty} \frac{(-1)^n x^{n+1}}{n+1} + \sum_{n=0}^{\infty} \frac{(-1)^n x^{2n+2}}{n+1}$$

$$= \sum_{n=1}^{\infty} \frac{(-1)^{n+1} + [1 + (-1)^n](-1)^{\frac{n}{2}+1}}{n} x^n, \quad -1 < x \leqslant 1. \blacksquare$$

选例 9.6.12　求下列常数项级数的和:

(1) $\displaystyle\sum_{n=0}^{\infty} \frac{(-1)^n}{2n+1}$;　　　　(2) $\displaystyle\sum_{n=1}^{\infty} \frac{2^{n-1}(n^2+1)}{3^n}$;　　　　(3) $1 + \displaystyle\sum_{n=1}^{\infty} (-1)^n \frac{(2n-1)!!}{(2n)!!}$.

思路　用阿贝尔求和法, 即通过某个幂级数的和函数在某点的函数值得到所求和.

解　(1) 考虑幂级数 $\displaystyle\sum_{n=0}^{\infty} \frac{(-1)^n}{2n+1} x^{2n+1}$, 其收敛域为 $D = [-1, 1]$. 设其和函数为 $S(x) = \displaystyle\sum_{n=0}^{\infty} \frac{(-1)^n}{2n+1} x^{2n+1}$, 则当 $-1 < x < 1$ 时, 有

$$S(x) = \sum_{n=0}^{\infty} \frac{(-1)^n}{2n+1} x^{2n+1} = \sum_{n=0}^{\infty} \int_0^x (-1)^n x^{2n} dx = \int_0^x \left(\sum_{n=0}^{\infty} (-1)^n x^{2n} \right) dx = \int_0^x \frac{1}{1-(-x^2)} dx$$

$$= \arctan x,$$

由于 $S(x)$ 与 $\arctan x$ 都在 $x=1$ 处左连续, 因此

$$\sum_{n=0}^{\infty} \frac{(-1)^n}{2n+1} = S(1) = \lim_{x \to 1^-} S(x) = \lim_{x \to 1^-} \arctan x = \frac{\pi}{4}.$$

(2) 考虑幂级数 $\sum_{n=1}^{\infty} (n^2+1)x^n$, 其收敛域为 $D = (-1,1)$. 设其和函数为 $S(x) = \sum_{n=1}^{\infty} (n^2+1)x^n$, 则当 $-1 < x < 1$ 时, 有

$$S(x) = \sum_{n=1}^{\infty} (n^2+1)x^n = \sum_{n=1}^{\infty} [(n+1)n - n + 1]x^n = \sum_{n=1}^{\infty} (n+1)nx^n - \sum_{n=1}^{\infty} nx^n + \sum_{n=1}^{\infty} x^n$$

$$= x\sum_{n=1}^{\infty} (n+1)nx^{n-1} - x\sum_{n=1}^{\infty} nx^{n-1} + \sum_{n=1}^{\infty} x^n$$

$$= x\sum_{n=1}^{\infty} (x^{n+1})'' - x\sum_{n=1}^{\infty} (x^n)' + \sum_{n=1}^{\infty} x^n = x\left(\sum_{n=1}^{\infty} x^{n+1} \right)'' - x\left(\sum_{n=1}^{\infty} x^n \right)' + \sum_{n=1}^{\infty} x^n$$

$$= x\left(\frac{x^2}{1-x} \right)'' - x\left(\frac{x}{1-x} \right)' + \frac{x}{1-x} = \frac{2x}{(1-x)^3} - \frac{x}{(1-x)^2} + \frac{x}{1-x}$$

$$= \frac{x^3 - x^2 + 2x}{(1-x)^3}.$$

于是有

$$\sum_{n=1}^{\infty} \frac{2^{n-1}(n^2+1)}{3^n} = \frac{1}{2}\sum_{n=1}^{\infty} (n^2+1)\left(\frac{2}{3} \right)^n = \frac{1}{2}S\left(\frac{2}{3} \right) = \frac{1}{2} \cdot \frac{\left(\frac{2}{3} \right)^3 - \left(\frac{2}{3} \right)^2 + 2 \cdot \frac{2}{3}}{\left(1 - \frac{2}{3} \right)^3} = 16.$$

(3) 考虑幂级数 $1 + \sum_{n=1}^{\infty} \frac{(2n-1)!!}{(2n)!!} x^n$, 其收敛半径为

$$R = \lim_{n \to \infty} \frac{\frac{(2n-1)!!}{(2n)!!}}{\frac{(2n+1)!!}{(2n+2)!!}} = \lim_{n \to \infty} \frac{2n+2}{2n+1} = 1.$$

当 $x = -1$ 时, 由于 $a_n = \frac{(2n-1)!!}{(2n)!!}$ 单调递减, 且由 $\frac{2k-1}{2k} \leqslant \frac{2k}{2k+1}(k=1,2,3,\cdots)$ 可得

$$a_n^2 = \left[\frac{(2n-1)!!}{(2n)!!} \right]^2 \leqslant \frac{2n-1}{2n} \cdot \frac{2n}{2n+1} \cdot \frac{2n-3}{2n-2} \cdot \frac{2n-2}{2n-1} \cdots \frac{1}{2} \cdot \frac{2}{3} = \frac{1}{2n+1}.$$

因此, $\lim_{n\to\infty} a_n = 0$. 故由莱布尼茨判别法可知, 幂级数在 $x = -1$ 处收敛. 设该幂级数的和函数为 $S(x)$, 则当 $-1 < x < 1$ 时, 有

$$S'(x) = \sum_{n=1}^{\infty} \frac{n \cdot (2n-1)!!}{(2n)!!} x^{n-1}.$$

从而

$$2xS'(x) = \sum_{n=1}^{\infty} \frac{2n \cdot (2n-1)!!}{(2n)!!} x^n = \sum_{n=1}^{\infty} \frac{(2n+1)!!}{(2n)!!} x^n - \sum_{n=1}^{\infty} \frac{(2n-1)!!}{(2n)!!} x^n$$

$$= \sum_{n=1}^{\infty} \frac{(2n+1)!!}{(2n)!!} x^n - S(x) + 1,$$

$$2S'(x) = \sum_{n=1}^{\infty} \frac{2n \cdot (2n-1)!!}{(2n)!!} x^{n-1} = 1 + \sum_{n=2}^{\infty} \frac{2n \cdot (2n-1)!!}{(2n)!!} x^{n-1}$$

$$= 1 + \sum_{n=1}^{\infty} \frac{(2n+2)(2n+1)!!}{(2n+2)!!} x^n = 1 + \sum_{n=1}^{\infty} \frac{(2n+1)!!}{(2n)!!} x^n,$$

两式相减得

$$2S'(x) - 2xS'(x) = S(x), \quad \text{即} \quad \frac{S'(x)}{S(x)} = \frac{1}{2-2x},$$

积分可得

$$\ln S(x) = -\frac{1}{2}\ln(1-x) + \ln C, \quad \text{即有} \quad S(x) = \frac{C}{\sqrt{1-x}},$$

由于 $S(0) = 1$, 故 $C = 1, S(x) = \frac{1}{\sqrt{1-x}}$. 因此

$$1 + \sum_{n=1}^{\infty} (-1)^n \frac{(2n-1)!!}{(2n)!!} = \lim_{x\to-1^+} S(x) = \lim_{x\to-1^+} \frac{1}{\sqrt{1-x}} = \frac{\sqrt{2}}{2}. \blacksquare$$

选例 9.6.13 把下列函数 $f(x)$ 在指定点 $x = x_0$ 处展开成泰勒级数:

(1) $f(x) = \dfrac{x+1}{x^2}, x_0 = 2$. (2) $f(x) = \sin^2 x, x_0 = \dfrac{\pi}{2}$.

(3) $f(x) = \ln(8 - 2x - x^2), x_0 = -1$. (4) $f(x) = 2^{x-x^2}, x_0 = \dfrac{1}{2}$.

思路 利用已知麦克劳林展开式和间接展开法.

解 (1) 由于有已知展开式

$$\frac{1}{1+x} = \sum_{n=0}^{\infty} (-1)^n x^n, \quad -1 < x < 1.$$

故

$$f(x)=\frac{x+1}{x^{2}}=\frac{1}{x}+\frac{1}{x^{2}}=\frac{1}{x}-\left(\frac{1}{x}\right)'=\frac{1}{2+(x-2)}-\left[\frac{1}{2+(x-2)}\right]'$$

$$=\frac{1}{2}\cdot\frac{1}{1+\dfrac{x-2}{2}}-\frac{1}{2}\left[\frac{1}{1+\dfrac{x-2}{2}}\right]'=\frac{1}{2}\sum_{n=0}^{\infty}(-1)^{n}\left(\frac{x-2}{2}\right)^{n}-\frac{1}{2}\left(\sum_{n=0}^{\infty}(-1)^{n}\left(\frac{x-2}{2}\right)^{n}\right)'$$

$$=\sum_{n=0}^{\infty}\frac{(-1)^{n}(x-2)^{n}}{2^{n+1}}-\frac{1}{2}\left(\sum_{n=1}^{\infty}(-1)^{n}n\left(\frac{x-2}{2}\right)^{n-1}\cdot\frac{1}{2}\right)$$

$$=\sum_{n=0}^{\infty}\frac{(-1)^{n}(x-2)^{n}}{2^{n+1}}-\sum_{n=0}^{\infty}\frac{(-1)^{n+1}(n+1)(x-2)^{n}}{2^{n+2}}=\sum_{n=0}^{\infty}\frac{(-1)^{n}(n+3)(x-2)^{n}}{2^{n+2}},\quad-1<\frac{x-2}{2}<1.$$

由于逐项求导不改变收敛半径，也不会增加收敛点，故收敛域仍然为 $-1<\dfrac{x-2}{2}<1$，即 $0<x<4.$

(2) **解法一**　由于有已知展开式

$$\sin x=\sum_{n=0}^{\infty}\frac{(-1)^{n}x^{2n+1}}{(2n+1)!},\quad\cos x=\sum_{n=0}^{\infty}\frac{(-1)^{n}x^{2n}}{(2n)!},\quad-\infty<x<+\infty.$$

故

$$f(x)=\sin^{2}x=\frac{1}{2}-\frac{1}{2}\cos 2x=\frac{1}{2}-\frac{1}{2}\cos\left[2\left(x-\frac{\pi}{2}\right)+\pi\right]=\frac{1}{2}+\frac{1}{2}\cos\left[2\left(x-\frac{\pi}{2}\right)\right]$$

$$=\frac{1}{2}+\frac{1}{2}\sum_{n=0}^{\infty}\frac{(-1)^{n}\left[2\left(x-\frac{\pi}{2}\right)\right]^{2n}}{(2n)!},\quad-\infty<2\left(x-\frac{\pi}{2}\right)<+\infty$$

$$=\frac{1}{2}+\sum_{n=0}^{\infty}\frac{(-1)^{n}2^{2n-1}\left(x-\frac{\pi}{2}\right)^{2n}}{(2n)!},\quad-\infty<x<+\infty.$$

解法二　因为 $f\left(\dfrac{\pi}{2}\right)=1$，且

$$f'(x)=\sin 2x=-\sin\left[2\left(x-\frac{\pi}{2}\right)\right]=-\sum_{n=0}^{\infty}\frac{(-1)^{n}\left[2\left(x-\frac{\pi}{2}\right)\right]^{2n+1}}{(2n+1)!},\quad-\infty<2\left(x-\frac{\pi}{2}\right)<+\infty$$

$$=\sum_{n=0}^{\infty}\frac{(-1)^{n+1}2^{2n+1}\left(x-\frac{\pi}{2}\right)^{2n+1}}{(2n+1)!},\quad-\infty<x<+\infty.$$

因此由幂级数的逐项积分性质可得

$$f(x) = f\left(\frac{\pi}{2}\right) + \int_{\frac{\pi}{2}}^{x} f'(t)\mathrm{d}t = 1 + \sum_{n=0}^{\infty} \int_{\frac{\pi}{2}}^{x} \frac{(-1)^{n+1}2^{2n+1}\left(x-\frac{\pi}{2}\right)^{2n+1}}{(2n+1)!}\mathrm{d}t$$

$$= 1 + \sum_{n=0}^{\infty} \frac{(-1)^{n+1}2^{2n+1}\left(x-\frac{\pi}{2}\right)^{2n+2}}{(2n+2)(2n+1)!} = 1 + \sum_{n=1}^{\infty} \frac{(-1)^{n}2^{2n-1}\left(x-\frac{\pi}{2}\right)^{2n}}{(2n)!}, \quad -\infty < x < +\infty.$$

(3) 由于有已知展开式

$$\ln(1+x) = \sum_{n=0}^{\infty} \frac{(-1)^n x^{n+1}}{n+1}, -1 < x \leqslant 1; \quad \ln(1-x) = \sum_{n=0}^{\infty} \frac{-x^{n+1}}{n+1}, -1 \leqslant x < 1.$$

$$f(x) = \ln(8-2x-x^2) = \ln[(4+x)(2-x)] = \ln(4+x) + \ln(2-x)$$

$$= \ln[3+(x+1)] + \ln[3-(x+1)] = 2\ln 3 + \ln\left(1+\frac{x+1}{3}\right) + \ln\left(1-\frac{x+1}{3}\right)$$

$$= 2\ln 3 + \sum_{n=0}^{\infty} \frac{(-1)^n\left(\frac{x+1}{3}\right)^{n+1}}{n+1} + \sum_{n=0}^{\infty} \frac{-\left(\frac{x+1}{3}\right)^{n+1}}{n+1}, \quad -1 < \frac{x+1}{3} < 1$$

$$= 2\ln 3 + \sum_{n=0}^{\infty} \frac{[(-1)^n-1]\left(\frac{x+1}{3}\right)^{n+1}}{n+1} = 2\ln 3 - \sum_{k=1}^{\infty} \frac{(x+1)^{2k}}{k3^{2k}}, \quad -4 < x < 2.$$

(4) 利用已知展开式

$$\mathrm{e}^x = \sum_{n=0}^{\infty} \frac{x^n}{n!}, \quad -\infty < x < +\infty.$$

把其中 x 替换为 $-\left(x-\frac{1}{2}\right)^2 \ln 2$ 可得

$$f(x) = 2^{x-x^2} = 2^{\frac{1}{4}-\left(x-\frac{1}{2}\right)^2} = 2^{\frac{1}{4}} \cdot 2^{-\left(x-\frac{1}{2}\right)^2} = 2^{\frac{1}{4}} \cdot \mathrm{e}^{-\left(x-\frac{1}{2}\right)^2\ln 2}$$

$$= 2^{\frac{1}{4}} \cdot \sum_{n=0}^{\infty} \frac{\left[-\left(x-\frac{1}{2}\right)^2\ln 2\right]^n}{n!} = \sum_{n=0}^{\infty} \frac{(-1)^n \sqrt[4]{2}\ln^n 2}{n!}\left(x-\frac{1}{2}\right)^{2n}, \quad -\infty < -\left(x-\frac{1}{2}\right)^2\ln 2 < +\infty$$

$$= \sum_{n=0}^{\infty} \frac{(-1)^n \sqrt[4]{2}\ln^n 2}{n!}\left(x-\frac{1}{2}\right)^{2n}, \quad -\infty < x < +\infty. \blacksquare$$

选例 9.6.14　求下列高阶导数:

(1) $f(x) = \arctan\dfrac{2x}{2-x^2}$, 求 $f^{(10)}(0), f^{(11)}(0)$;

(2) $f(x) = \ln^2(1-x)$, 求 $f^{(n)}(0)(n=1,2,3,\cdots)$.

思路　利用幂级数展开式的唯一性, 即利用麦克劳林级数的系数的唯一性.

解　(1) 首先, 由于 $f(x) = \arctan\dfrac{2x}{2-x^2}$ 是 $(-\sqrt{2}, \sqrt{2})$ 内有任意阶导数的奇函数, 因此

$f(x)$ 的偶数阶导函数都是奇函数, 故 $f^{(10)}(0)=0$. 其次, 由于 $f(0)=0$, 且当 $x\in(-\sqrt{2},\sqrt{2})$ 时, 有

$$f'(x)=\frac{1}{1+\left(\frac{2x}{2-x^2}\right)^2}\cdot\frac{2(2-x^2)-(-2x)\cdot 2x}{(2-x^2)^2}=\frac{4+2x^2}{4+x^4}=\left(1+\frac{x^2}{2}\right)\cdot\frac{1}{1+\frac{x^4}{2}}$$

$$=\left(1+\frac{x^2}{2}\right)\sum_{n=0}^{\infty}(-1)^n\left(\frac{x^4}{2}\right)^n=\sum_{n=0}^{\infty}\frac{(-1)^n}{2^n}x^{4n}+\sum_{n=0}^{\infty}\frac{(-1)^n}{2^{n+1}}x^{4n+2},$$

于是

$$f(x)=f(0)+\int_0^x f'(t)\mathrm{d}t=\int_0^x\left[\sum_{n=0}^{\infty}\frac{(-1)^n}{2^n}t^{4n}+\sum_{n=0}^{\infty}\frac{(-1)^n}{2^{n+1}}t^{4n+2}\right]\mathrm{d}t$$

$$=\int_0^x\left(\sum_{n=0}^{\infty}\frac{(-1)^n}{2^n}t^{4n}\right)\mathrm{d}t+\int_0^x\left(\sum_{n=0}^{\infty}\frac{(-1)^n}{2^{n+1}}t^{4n+2}\right)\mathrm{d}t=\sum_{n=0}^{\infty}\int_0^x\frac{(-1)^n}{2^n}t^{4n}\mathrm{d}t+\sum_{n=0}^{\infty}\int_0^x\frac{(-1)^n}{2^{n+1}}t^{4n+2}\mathrm{d}t$$

$$=\sum_{n=0}^{\infty}\frac{(-1)^n}{2^n(4n+1)}x^{4n+1}+\sum_{n=0}^{\infty}\frac{(-1)^n}{2^n(4n+3)}x^{4n+3}.$$

由于 $11=4\times 2+3$, 因此由幂级数展开式的唯一性可知有

$$\frac{f^{(11)}(0)}{11!}=\frac{(-1)^2}{2^2\cdot 11}=\frac{1}{44},\quad\text{从而}\; f^{(11)}(0)=\frac{11!}{44}=907200.$$

(2) 由于当 $x\in(-1,1)$ 时, 有

$$\ln(1-x)=\sum_{n=0}^{\infty}\frac{-1}{n+1}x^{n+1}=-x-\frac{x^2}{2}-\frac{x^3}{3}-\cdots-\frac{x^n}{n}-\cdots,$$

因此

$$f(x)=\ln^2(1-x)=\left(-x-\frac{x^2}{2}-\frac{x^3}{3}-\cdots-\frac{x^n}{n}-\cdots\right)\cdot\left(-x-\frac{x^2}{2}-\frac{x^3}{3}-\cdots-\frac{x^n}{n}-\cdots\right)$$

$$=\left(x+\frac{x^2}{2}+\frac{x^3}{3}+\cdots+\frac{x^n}{n}+\cdots\right)\cdot\left(x+\frac{x^2}{2}+\frac{x^3}{3}+\cdots+\frac{x^n}{n}+\cdots\right),$$

根据柯西乘法, 其中 x^n 的系数为

$$a_n=\frac{1}{1}\cdot\frac{1}{n}+\frac{1}{2}\cdot\frac{1}{n-1}+\frac{1}{3}\cdot\frac{1}{n-2}+\cdots+\frac{1}{n}\cdot\frac{1}{1}=\sum_{k=1}^{n}\frac{1}{k(n+1-k)}$$

$$=\sum_{k=1}^{n}\left[\frac{1}{n+1}\cdot\frac{k+(n+1-k)}{k(n+1-k)}\right]=\frac{1}{n+1}\sum_{k=1}^{n}\left(\frac{1}{k}+\frac{1}{n+1-k}\right)=\frac{2}{n+1}\sum_{k=1}^{n}\frac{1}{k}.$$

于是由展开式系数的唯一性知

$$\frac{f^{(n)}(0)}{n!}=\frac{2}{n+1}\sum_{k=1}^{n}\frac{1}{k},\quad\text{即有}\quad f^{(n)}(0)=\frac{2\cdot n!}{n+1}\sum_{k=1}^{n}\frac{1}{k}.\ \blacksquare$$

选例 9.6.15 设 $a_n = \int_0^{\frac{\pi}{4}} \sin^{2n} x \cos x \mathrm{d}x$，求 $\sum\limits_{n=0}^{\infty} a_n$ 的和.

思路 利用常数项级数求和的阿贝尔方法，或者利用逐项积分性质.

解法一 由于

$$a_n = \int_0^{\frac{\pi}{4}} \sin^{2n} x \cos x \mathrm{d}x = \frac{1}{2n+1} \sin^{2n+1} x \Big|_0^{\frac{\pi}{4}} = \frac{1}{2n+1} \cdot \left(\frac{\sqrt{2}}{2}\right)^{2n+1}.$$

考虑幂级数 $\sum\limits_{n=0}^{\infty} \dfrac{x^{2n+1}}{2n+1} (|x|<1)$，设其和函数为 $S(x)$，则当 $|x|<1$ 时，有

$$S(x) = \sum_{n=0}^{\infty} \frac{x^{2n+1}}{2n+1} = \sum_{n=0}^{\infty} \int_0^x t^{2n} \mathrm{d}t = \int_0^x \left(\sum_{n=0}^{\infty} t^{2n}\right) \mathrm{d}t = \int_0^x \frac{1}{1-t^2} \mathrm{d}t = \frac{1}{2} \int_0^x \left(\frac{1}{1-t} + \frac{1}{1+t}\right) \mathrm{d}t = \frac{1}{2} \ln \frac{1+x}{1-x}.$$

于是

$$\sum_{n=0}^{\infty} a_n = \sum_{n=0}^{\infty} \frac{1}{2n+1} \cdot \left(\frac{\sqrt{2}}{2}\right)^{2n+1} = S\left(\frac{\sqrt{2}}{2}\right) = \frac{1}{2} \ln \frac{1+\frac{\sqrt{2}}{2}}{1-\frac{\sqrt{2}}{2}} = \ln(1+\sqrt{2}).$$

解法二 由于级数 $\sum\limits_{n=0}^{\infty} \sin^{2n} x \cos x$ 是个以 $q = \sin^2 x$ 为公比的几何级数，当 $x \in \left[0, \dfrac{\pi}{4}\right]$ 时，$|q|<1$，因此级数 $\sum\limits_{n=0}^{\infty} \sin^{2n} x \cos x$ 绝对收敛，于是有

$$\sum_{n=0}^{\infty} a_n = \sum_{n=0}^{\infty} \int_0^{\frac{\pi}{4}} (\sin^{2n} x \cos x) \mathrm{d}x = \int_0^{\frac{\pi}{4}} \sum_{n=0}^{\infty} (\sin^{2n} x \cos x) \mathrm{d}x = \int_0^{\frac{\pi}{4}} \frac{\cos x}{1 - \sin^2 x} \mathrm{d}x$$

$$= \int_0^{\frac{\pi}{4}} \frac{\cos x}{\cos^2 x} \mathrm{d}x = \int_0^{\frac{\pi}{4}} \sec x \mathrm{d}x = \ln(\sec x + \tan x) \Big|_0^{\frac{\pi}{4}} = \ln(1+\sqrt{2}). ∎$$

选例 9.6.16 求函数 $f(x) = \dfrac{x \sin \alpha}{1 - 2x \cos \alpha + x^2} (|x|<1, \alpha \neq n\pi, n = 0, \pm 1, \pm 2, \cdots)$ 的麦克劳林展式.

思路 利用待定系数法和三角函数恒等式

$$\sin[(n+1)\alpha] = 2\sin(n\alpha)\cos\alpha - \sin[(n-1)\alpha] \quad (n = 0, 1, 2, \cdots).$$

解 设 $f(x) = \dfrac{x \sin \alpha}{1 - 2x \cos \alpha + x^2} = \sum\limits_{n=0}^{\infty} a_n x^n \ (|x|<1)$，则有

$$x \sin \alpha = (1 - 2x \cos \alpha + x^2) \sum_{n=0}^{\infty} a_n x^n$$

$$= a_0 + a_1 x + a_2 x^2 + a_3 x^3 + \cdots$$

$$- (2a_0 \cos \alpha) x - (2a_1 \cos \alpha) x^2 - (2a_2 \cos \alpha) x^3 - \cdots - (2a_n \cos \alpha) x^{n+1} - \cdots$$

$$+ a_0 x^2 + a_1 x^3 + a_2 x^4 + \cdots + a_n x^{n+2} + \cdots,$$

比较两边同次幂项的系数可得

$$\begin{cases} a_0 = 0, \\ a_1 - 2a_0 \cos\alpha = \sin\alpha, \\ a_n - 2a_{n-1}\cos\alpha + a_{n-2} = 0, \quad n = 2,3,4,\cdots, \end{cases}$$

利用三角恒等式 $\sin[(n+1)\alpha] = 2\sin(n\alpha)\cos\alpha - \sin[(n-1)\alpha]\,(n=0,1,2,\cdots)$. 可逐个解得

$$a_0 = 0, \quad a_1 = \sin\alpha, \quad a_2 = 2\sin\alpha\cos\alpha - 0 = \sin 2\alpha, \quad a_3 = 2\sin 2\alpha\cos\alpha - \sin\alpha = \sin 3\alpha,$$

对 $n > 3$，假设 $a_k = \sin k\alpha (1 \leqslant k \leqslant n)$，则有

$$a_{n+1} = 2a_n\cos\alpha - a_{n-1} = 2\sin n\alpha\cos\alpha - \sin[(n-1)\alpha] = \sin[(n+1)\alpha],$$

因此，对一切自然数 $n \geqslant 1$，都有 $a_n = \sin n\alpha$. 因此

$$f(x) = \sum_{n=1}^{\infty} (\sin n\alpha)x^n. \blacksquare$$

选例 9.6.17 设 $f(x) = \dfrac{1-a^2}{1-2a\cos x + a^2}, |a| < 1$.

(1) 证明：$f(x) = 1 + 2\sum_{n=1}^{\infty} a^n \cos nx$.

(2) 求 $\displaystyle\int_{-\pi}^{\pi} \frac{1-a^2}{1-2a\cos x + a^2}\,\mathrm{d}x$ 和 $\displaystyle\int_{-\frac{\pi}{2}}^{\frac{\pi}{2}} \frac{1-a^2}{1-2a\cos x + a^2}\,\mathrm{d}x$ 的值.

思路 (1)与上题类似. (2)利用逐项积分性质.

证明 (1) 考虑函数 $g(t) = \dfrac{1-t^2}{1-2t\cos\alpha + t^2}, |t| < 1$. 把 $g(t)$ 展开成麦克劳林级数 $\sum_{n=0}^{\infty} b_n t^n$，则

$$\frac{1-t^2}{1-2t\cos\alpha + t^2} = \sum_{n=0}^{\infty} b_n t^n, \quad 即 \quad 1-t^2 = (1-2t\cos\alpha + t^2)\sum_{n=0}^{\infty} b_n t^n,$$

也即有

$$1 - t^2 = (1 - 2t\cos\alpha + t^2)\sum_{n=0}^{\infty} b_n t^n = \sum_{n=0}^{\infty} b_n t^n - \sum_{n=0}^{\infty} (2b_n\cos\alpha)t^{n+1} + \sum_{n=0}^{\infty} b_n t^{n+2}$$

$$= b_0 + (b_1 - 2b_0\cos\alpha)t + \sum_{n=0}^{\infty}(b_{n+2} - 2b_{n+1}\cos\alpha + b_n)t^{n+2},$$

比较系数得

$$b_0 = 1, \quad b_1 - 2\cos\alpha = 0, \quad b_2 - 2b_1\cos\alpha + b_0 = -1, \quad b_{n+2} - 2b_{n+1}\cos\alpha + b_n = 0 \quad (n = 1,2,3,\cdots),$$

因此，$b_0 = 1, b_1 = 2\cos\alpha, b_2 = 4\cos^2\alpha - 2 = 2\cos 2\alpha$，设 $b_k = 2\cos k\alpha (k = 1,2,\cdots,n-1, n > 2)$，则

$$\begin{aligned} b_n &= 2b_{n-1}\cos\alpha - b_{n-2} = 4\cos(n-1)\alpha\cos\alpha - 2\cos(n-2)\alpha \\ &= 4\cos(n-1)\alpha\cos\alpha - 2\cos[(n-1)\alpha - \alpha] \\ &= 4\cos(n-1)\alpha\cos\alpha - 2\cos(n-1)\alpha\cos\alpha - 2\sin(n-1)\alpha\sin\alpha \\ &= 2\cos(n-1)\alpha\cos\alpha - 2\sin(n-1)\alpha\sin\alpha = 2\cos n\alpha. \end{aligned}$$

因此对每个 $n \geqslant 1$，都有 $b_n = 2\cos n\alpha$. 因此

$$g(t) = 1 + \sum_{n=1}^{\infty} 2t^n \cos n\alpha,$$

把上式中的 t 替换成 a，α 替换成 x，即得 $f(x) = 1 + 2\sum_{n=1}^{\infty} a^n \cos nx$.

(2) 由于 $|a| < 1$，故由(1)可知，关于 x 的函数项级数 $1 + 2\sum_{n=1}^{\infty} a^n \cos nx$ 一致收敛，因此利用逐项积分性质可得

$$\int_{-\pi}^{\pi} \frac{1-a^2}{1-2a\cos x + a^2} dx = \int_{-\pi}^{\pi} \left(1 + 2\sum_{n=1}^{\infty} a^n \cos nx\right) dx$$

$$= \int_{-\pi}^{\pi} dx + 2\int_{-\pi}^{\pi} \left(\sum_{n=1}^{\infty} a^n \cos nx\right) dx = 2\pi + 2\sum_{n=1}^{\infty} \int_{-\pi}^{\pi} (a^n \cos nx) dx = 2\pi.$$

$$\int_{-\frac{\pi}{2}}^{\frac{\pi}{2}} \frac{1-a^2}{1-2a\cos x + a^2} dx = \int_{-\frac{\pi}{2}}^{\frac{\pi}{2}} \left(1 + 2\sum_{n=1}^{\infty} a^n \cos nx\right) dx = \pi + 2\sum_{n=1}^{\infty} \int_{-\frac{\pi}{2}}^{\frac{\pi}{2}} (a^n \cos nx) dx$$

$$= \pi + 2\sum_{n=1}^{\infty} \frac{2a^n}{n} \sin \frac{n\pi}{2} = \pi + 4\sum_{k=0}^{\infty} \frac{(-1)^k a^{2k+1}}{2k+1} = \pi + 4\sum_{k=0}^{\infty} \int_0^a (-1)^k t^{2k} dt$$

$$= \pi + 4\int_0^a \left[\sum_{k=0}^{\infty} (-1)^k t^{2k}\right] dt = \pi + 4\int_0^a \frac{1}{1-(-t^2)} dt = \pi + 4\arctan a.\blacksquare$$

选例 9.6.18 设 $a_n = \int_0^1 \frac{x^n \cos(n\pi)}{1+\sin^2 x} dx$，试问级数 $\sum_{n=1}^{\infty} a_n$ 是否收敛？若收敛，是条件收敛还是绝对收敛？

思路 本题的一个关键点是要知道 $\cos(n\pi) = (-1)^n$. 因此 $\sum_{n=1}^{\infty} a_n$ 实际上是一个交错级数. 利用定积分的单调性和交错级数的莱布尼茨审敛法，不难判断 $\sum_{n=1}^{\infty} a_n$ 是何种收敛.

解 由于 $a_n = \int_0^1 \frac{x^n \cos(n\pi)}{1+\sin^2 x} dx = (-1)^n \int_0^1 \frac{x^n}{1+\sin^2 x} dx$. 记 $b_n = \int_0^1 \frac{x^n}{1+\sin^2 x} dx$，则对任一自然数 n，有

$$b_n = \int_0^1 \frac{x^n}{1+\sin^2 x} dx \geqslant \frac{1}{2}\int_0^1 x^n dx = \frac{1}{2(n+1)},$$

由于级数 $\sum_{n=1}^{\infty} \frac{1}{2(n+1)}$ 发散，故由比较审敛法知，级数 $\sum_{n=1}^{\infty} b_n$ 也发散，因此级数 $\sum_{n=1}^{\infty} a_n$ 不会绝对收敛.

又由于当 $0 \leqslant x \leqslant 1$ 时，$0 \leqslant \frac{x^{n+1}}{1+\sin^2 x} \leqslant \frac{x^n}{1+\sin^2 x}$，因此由定积分的单调性可知，$0 < b_{n+1} < b_n$. 即数列 b_n 是单调递减的正项数列. 又由

$$0 < b_n = \int_0^1 \frac{x^n}{1+\sin^2 x}\mathrm{d}x \leqslant \int_0^1 x^n \mathrm{d}x = \frac{1}{n+1}$$

及 $\lim\limits_{n\to\infty}\frac{1}{n+1}=0$ 可知, $\lim\limits_{n\to\infty} b_n = 0$. 故由莱布尼茨审敛法知, 交错级数 $\sum\limits_{n=1}^{\infty} a_n$ 收敛.

综上可知, 级数 $\sum\limits_{n=1}^{\infty} a_n$ 条件收敛.■

选例 9.6.19 设 $a_n = \int_0^{\frac{\pi}{4}} \tan^n x\mathrm{d}x$,

(1) 求 $\sum\limits_{n=1}^{\infty} \frac{1}{n}(a_n + a_{n+2})$ 的值;

(2) 证明: 对任一 $\lambda>0, \sum\limits_{n=1}^{\infty} \frac{a_n}{n^\lambda}$ 都收敛;

(3) 求幂级数 $\sum\limits_{n=1}^{\infty} a_n x^n$ 的收敛域.

思路 (1)计算出一般项 $\frac{1}{n}(a_n+a_{n+2})$ 及级数的部分和, 利用部分和极限求得其值;

(2)利用(1)的结论和比较审敛法; (3)利用夹逼准则求出收敛半径 $R = \lim\limits_{n\to\infty}\frac{a_{n+1}}{a_n}=1$, 再利用

a_n 单调递减趋于 0 判断 $x=\pm1$ 时的敛散性, 给出收敛域.

解 (1) 由于

$$a_n + a_{n+2} = \int_0^{\frac{\pi}{4}} \tan^n x\mathrm{d}x + \int_0^{\frac{\pi}{4}} \tan^{n+2} x\mathrm{d}x = \int_0^{\frac{\pi}{4}} \tan^n x(1+\tan^2 x)\mathrm{d}x = \int_0^{\frac{\pi}{4}} \tan^n x\sec^2 x\mathrm{d}x$$

$$= \int_0^{\frac{\pi}{4}} \tan^n x\mathrm{d}\tan x = \frac{1}{n+1}\tan^{n+1} x\bigg|_0^{\frac{\pi}{4}} = \frac{1}{n+1},$$

故

$$\sum_{n=1}^{\infty} \frac{1}{n}(a_n+a_{n+2}) = \sum_{n=1}^{\infty} \frac{1}{n(n+1)} = \lim_{n\to\infty}\sum_{k=1}^{n}\frac{1}{k(k+1)} = \lim_{n\to\infty}\sum_{k=1}^{n}\left(\frac{1}{k}-\frac{1}{k+1}\right) = \lim_{n\to\infty}\left(1-\frac{1}{n+1}\right)=1.$$

(2) 由于在区间 $\left[0,\frac{\pi}{4}\right]$ 上 $0\leqslant\tan x\leqslant1$, 因此 $a_n>0$ 且单调递减, 故由(1)可知, 若 $\lambda>0$, 则由

$$0 < \frac{a_n}{n^\lambda} \leqslant \frac{a_n+a_{n+2}}{n^\lambda} = \frac{1}{n^\lambda(n+1)} \leqslant \frac{1}{n^{\lambda+1}}$$

及 $\sum\limits_{n=1}^{\infty}\frac{1}{n^{\lambda+1}}$ 收敛、比较审敛法可知, 级数 $\sum\limits_{n=1}^{\infty}\frac{a_n}{n^\lambda}$ 收敛.

(3) 由(1)及 $a_n>0$ 且单调递减可知, 当 $n>2$ 时, 有

$$\frac{1}{2n} = \frac{a_{n+1}+a_{n-1}}{2} < a_{n+1} < a_n < \frac{a_n+a_{n-2}}{2} = \frac{1}{2(n-1)},$$

由此可知

$$\lim_{n\to\infty} a_n = 0, \quad \lim_{n\to\infty} \frac{a_n}{\frac{1}{n}} = \frac{1}{2} \quad 且 \quad \frac{n-1}{n} = \frac{\frac{1}{2n}}{\frac{1}{2(n-1)}} < \frac{a_{n+1}}{a_n} < 1,$$

故此可得 $\lim_{n\to\infty} \frac{a_{n+1}}{a_n} = 1$，从而可知幂级数 $\sum_{n=1}^{\infty} a_n x^n$ 的收敛半径为 $R=1$.

由于 $a_n > 0$ 且单调递减地趋于 0，故交错级数 $\sum_{n=1}^{\infty} a_n(-1)^n$ 收敛，即 $\sum_{n=1}^{\infty} a_n x^n$ 在点 $x=-1$ 处收敛；又由 $\lim_{n\to\infty} \frac{a_n}{\frac{1}{n}} = \frac{1}{2}$ 及 $\sum_{n=1}^{\infty} \frac{1}{n}$ 发散可知，级数 $\sum_{n=1}^{\infty} a_n$ 也发散，即 $\sum_{n=1}^{\infty} a_n x^n$ 在点 $x=1$ 处发散. 因此幂级数 $\sum_{n=1}^{\infty} a_n x^n$ 的收敛域为 $[-1,1)$. ∎

选例 9.6.20 已知 $\sum_{n=1}^{\infty} \frac{1}{n^2} = \frac{\pi^2}{6}, f(x) = \sum_{n=1}^{\infty} \frac{x^n}{n^2}$. 试证明：

$$f(x) + f(1-x) + \ln x \ln(1-x) = \frac{\pi^2}{6}, \quad x \in (0,1).$$

思路 先利用级数的正项求导性质证明左端函数导数恒为零，从而为常值函数，再证明函数值为 $\frac{\pi^2}{6}$.

证明 不难看出，$f(x) = \sum_{n=1}^{\infty} \frac{x^n}{n^2}$ 的定义域(即收敛域)为 $(-1,1)$，$f(x)$ 在 $(-1,1)$ 内可导，且

$$f'(x) = \left(\sum_{n=1}^{\infty} \frac{x^n}{n^2}\right)' = \sum_{n=1}^{\infty} \left(\frac{x^n}{n^2}\right)' = \sum_{n=1}^{\infty} \frac{x^{n-1}}{n}, \quad x \in (-1,1).$$

把上式中的 x 替换成 $1-x$ 得

$$f'(1-x) = \sum_{n=1}^{\infty} \frac{(1-x)^{n-1}}{n}, \quad 1-x \in (-1,1)即 x \in (0,2).$$

在 $(0,1)$ 内，又有

$$\ln(1-x) = \sum_{n=0}^{\infty} \frac{-x^{n+1}}{n+1} = \sum_{n=1}^{\infty} \frac{-x^n}{n}, \quad \ln x = \ln[1-(1-x)] = \sum_{n=1}^{\infty} \frac{-(1-x)^n}{n},$$

因此在 $(0,1)$ 内有

$$[f(x) + f(1-x) + \ln x \ln(1-x)]' = f'(x) - f'(1-x) + \frac{1}{x}\ln(1-x) - \frac{1}{1-x}\ln x$$

$$= \sum_{n=1}^{\infty} \frac{x^{n-1}}{n} - \sum_{n=1}^{\infty} \frac{(1-x)^{n-1}}{n} + \frac{1}{x}\sum_{n=1}^{\infty} \frac{-x^n}{n} - \frac{1}{1-x}\sum_{n=1}^{\infty} \frac{-(1-x)^n}{n} \equiv 0,$$

因此在 $(0,1)$ 内, $f(x)+f(1-x)+\ln x\ln(1-x) \equiv C$(常数). 由于 $f(0)=0, f(1)=\dfrac{\pi^2}{6}$, 故

$$C = \lim_{x\to 1^-} C = \lim_{x\to 1^-} [f(x)+f(1-x)+\ln x\ln(1-x)] = f(1)+f(0)+0 = \frac{\pi^2}{6},$$

因此

$$f(x)+f(1-x)+\ln x\ln(1-x) = \frac{\pi^2}{6}, \quad x \in (0,1). \blacksquare$$

选例 9.6.21 试讨论级数 $\displaystyle\sum_{n=2}^{\infty} \ln\left(1+\frac{(-1)^n}{n^p}\right)(p>0)$ 的收敛性.

思路 利用级数的运算性质和函数的幂级数展开.

解 由于 $\left|\ln\left(1+\dfrac{(-1)^n}{n^p}\right)\right| < \dfrac{1}{n^p}$, 且当 $p>1$ 时 $\displaystyle\sum_{n=2}^{\infty}\frac{1}{n^p}$ 收敛, 故由比较审敛法可知, 当

$p>1$ 时, 级数 $\displaystyle\sum_{n=2}^{\infty}\ln\left(1+\frac{(-1)^n}{n^p}\right)$ 绝对收敛.

对于 $0<p\leqslant 1$, 记 m_0 是使得 $mp\geqslant 1$ 的最小的正整数. 若 $m_0\geqslant 2$, 则 $(m_0+1)p>1$. 把 $\ln\left(1+\dfrac{(-1)^n}{n^p}\right)$ 展开成 m_0 阶泰勒公式得

$$\ln\left(1+\frac{(-1)^n}{n^p}\right) = \frac{(-1)^n}{n^p} - \frac{1}{2n^{2p}} + \frac{(-1)^{3n}}{3n^{3p}} - \cdots + (-1)^{m_0-1}\frac{(-1)^{m_0}}{m_0 n^{m_0 p}} + R_{m_0}, \tag{9.6.4}$$

其中 $R_{m_0} = o\left(\dfrac{1}{n^{(m_0+1)p}}\right)$.

当 $0<p\leqslant\dfrac{1}{2}$ 时, $2p\leqslant 1$, 因此级数 $\displaystyle\sum_{n=2}^{\infty}\frac{1}{2n^{2p}}, \sum_{n=2}^{\infty}\frac{1}{4n^{4p}}, \cdots$ 发散, 而 $\displaystyle\sum_{n=2}^{\infty}\frac{(-1)^n}{n^p}, \sum_{n=2}^{\infty}\frac{(-1)^n}{3n^{3p}}, \cdots,$

$\displaystyle\sum_{n=2}^{\infty} R_{m_0}$ 等是收敛的, 因此(9.6.4)式意味着级数 $\displaystyle\sum_{n=2}^{\infty}\ln\left(1+\frac{(-1)^n}{n^p}\right)$ 可以分解为几个收敛级数

与几个(至少有一个 $\displaystyle\sum_{n=2}^{\infty}\frac{1}{2n^{2p}}$)发散级数的和, 因此是发散的.

当 $\dfrac{1}{2}<p\leqslant 1$ 时, $m_0=1$, (9.6.4)式退化为

$$\ln\left(1+\frac{(-1)^n}{n^p}\right) = \frac{(-1)^n}{n^p} - \frac{1}{2n^{2p}} + R_1, \text{ 其中 } R_1 = o\left(\frac{1}{n^{2p}}\right). \tag{9.6.5}$$

由 $2p>1$ 可知, 级数 $\displaystyle\sum_{n=2}^{\infty}\frac{(-1)^n}{n^p}$ 条件收敛, 而 $\displaystyle\sum_{n=2}^{\infty}\frac{1}{2n^{2p}}, \sum R_1$ 均为绝对收敛, 因此由(9.6.5)式

可知, $\displaystyle\sum_{n=2}^{\infty}\ln\left(1+\frac{(-1)^n}{n^p}\right)$ 可以分解为一个条件收敛和两个绝对收敛级数的代数和, 因而也

是条件收敛的. $\blacksquare$

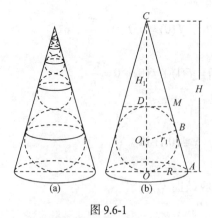

图 9.6-1

选例 9.6.22　如图 9.6-1 所示,在一个高为 H,底面半径为 R 的圆锥面内作内接球 Ω_1,然后在 Ω_1 上方作内接于圆锥面、外切于 Ω_1 的球 Ω_2;又在 Ω_2 上方作内接于圆锥面、外切于 Ω_2 的球 Ω_3;如此继续,可得到无限个体积越来越小的球 $\Omega_1,\Omega_2,\Omega_3,\cdots$. 试求这些球体的体积之和在圆锥体中的占比,并问是否存在 R 与 H 的一个恰当的比值,使得在此条件下能够使得这些球的体积之和在圆锥体中的占比最大?

思路　首先求出各个球的体积,再求出它们的总和,给出其在圆锥体中的占比函数,然后求这个函数的极小值.

解　如图 9.6-1(b)所示,设 Ω_1 的半径为 r_1,则由三角形的相似关系 $\triangle AOC \sim \triangle O_1BC$ 可得

$$\frac{O_1B}{AO}=\frac{CO_1}{AC},\quad\text{即}\quad \frac{r_1}{R}=\frac{H-r_1}{\sqrt{R^2+H^2}}.$$

由此解得 $r_1=\dfrac{HR}{R+\sqrt{R^2+H^2}}$. 因此 Ω_1 的体积为

$$V_1=\frac{4}{3}\pi\left(\frac{HR}{R+\sqrt{R^2+H^2}}\right)^3.$$

如图 9.6-1(b)所示,Ω_2 是在底面半径为

$$R_1=DM=\frac{R}{H}(H-2r_1)=\frac{H^2R}{(R+\sqrt{R^2+H^2})^2},$$

高为

$$H_1=CD=H-2r_1=\frac{H(\sqrt{R^2+H^2}-R)}{R+\sqrt{R^2+H^2}}=\frac{H^3}{(R+\sqrt{R^2+H^2})^2}$$

的圆锥面内所作的内接球,由前面的推导可知,Ω_2 的体积为

$$V_2=\frac{4}{3}\pi r_2^3=\frac{4}{3}\pi\left(\frac{H_1R_1}{R_1+\sqrt{R_1^2+H_1^2}}\right)^3=\frac{4\pi H^9R^3}{3(R+\sqrt{R^2+H^2})^9}.$$

由于

$$\frac{V_2}{V_1}=\left(\frac{H}{R+\sqrt{R^2+H^2}}\right)^6=\left(\frac{H_1}{R_1+\sqrt{R_1^2+H_1^2}}\right)^6.$$

因此容易看出,若用 V_n 表示球 Ω_n 的体积,则恒有

$$\frac{V_{n+1}}{V_n} = \left(\frac{H}{R + \sqrt{R^2 + H^2}} \right)^6 (n = 1, 2, 3, \cdots).$$

记 $q = \dfrac{H}{R + \sqrt{R^2 + H^2}}$，则 $V_1 = \dfrac{4}{3}\pi R^3 q^3, V_{n+1} = q^6 V_n (n = 1, 2, 3, \cdots)$. 因此所有球 $\Omega_1, \Omega_2, \Omega_3, \cdots$
的体积之和为

$$V = \sum_{n=1}^{\infty} V_n = \sum_{n=1}^{\infty} q^{6n-6} V_1 = V_1 \cdot \frac{1}{1 - q^6} = \frac{4}{3}\pi R^3 \cdot \frac{q^3}{1 - q^6}.$$

由于圆锥体的体积为 $V_0 = \dfrac{1}{3}\pi R^2 H$，因此 V 在 V_0 中的占比为

$$k(R, H) = \frac{V}{V_0} = \frac{\dfrac{4}{3}\pi R^3 \cdot \dfrac{q^3}{1 - q^6}}{\dfrac{1}{3}\pi R^2 H} = \frac{4Rq^3}{H(1 - q^6)} = \frac{4RH^2(R + \sqrt{R^2 + H^2})^3}{(R + \sqrt{R^2 + H^2})^6 - H^6},$$

记 $\dfrac{H}{R} = t$，则 V 在 V_0 中的占比为

$$k(t) = \frac{4t^2(1 + \sqrt{1 + t^2})^3}{(1 + \sqrt{1 + t^2})^6 - t^6},$$

令 $1 + \sqrt{1 + t^2} = x$，则 $t^2 = x^2 - 2x$，且

$$k(t) = \frac{4t^2(1 + \sqrt{1 + t^2})^3}{(1 + \sqrt{1 + t^2})^6 - t^6} = \frac{4(x^2 - 2x)x^3}{x^6 - (x^2 - 2x)^3} = \frac{2x^2 - 4x}{3x^2 - 6x + 4} := s(x),$$

求导得

$$s'(x) = \frac{(4x - 4)(3x^2 - 6x + 4) - (6x - 6)(2x^2 - 4x)}{(3x^2 - 6x + 4)^2} = \frac{16(x - 1)}{(3x^2 - 6x + 4)^2},$$

由于 $x > 2$，故 $s'(x) > 0$. 因此 $k(t)$ 是个单调递增函数，故不存在最大值. 这说明不存在 R 与 H 所满足的某种条件，使得在此条件下能够使得这些球的体积之和在圆锥体中的占比最大. 但是由于

$$\lim_{x \to \infty} s(x) = \lim_{x \to \infty} \frac{2x^2 - 4x}{3x^2 - 6x + 4} = \frac{2}{3},$$

且 $x \to +\infty \Leftrightarrow t \to +\infty$，而 $t \to +\infty$ 相当于圆锥无限趋于圆柱时. 因此当圆锥无限趋于圆柱时，这个占比值会无限接近于 $\dfrac{2}{3}$，而 $\dfrac{2}{3}$ 这个数正是一个直径与高相等的圆柱面的内接球的体积在该圆柱面所围圆柱体的体积中的占比. ∎

选例 9.6.23 设曲线 $L_n: x^{\frac{2}{2n+1}} + y^{\frac{2}{2n+1}} = 1 (n = 0, 1, 2, 3, \cdots)$，记 A_n 为 L_n 所围成的平面图

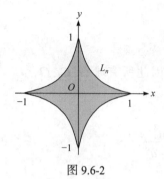

图 9.6-2

形的面积, 试计算 A_n, 并求级数 $\sum\limits_{n=0}^{\infty} A_n$ 的和.

思路　用积分法求出 A_n, 然后用达朗贝尔判别法证明 $\sum\limits_{n=0}^{\infty} A_n$ 收敛, 最后用阿贝尔方法求和.

解　曲线 L_n 有参数方程 $\begin{cases} x = \cos^{2n+1}\theta, \\ y = \sin^{2n+1}\theta \end{cases}(0 \leqslant \theta \leqslant 2\pi).$　如图 9.6-2 所示, 利用对称性可知, 所求的面积

$$A_n = 4\int_0^1 y\,dx \xlongequal{x=\cos^{2n+1}\theta} 4\int_{\frac{\pi}{2}}^0 \sin^{2n+1}\theta \cdot (2n+1)\cos^{2n}\theta \cdot (-\sin\theta)\,d\theta$$

$$= 4(2n+1)\int_0^{\frac{\pi}{2}} \sin^{2n+2}\theta\cos^{2n}\theta\,d\theta = 4(2n+1)\int_0^{\frac{\pi}{2}} \sin^2\theta\sin^{2n}\theta\cos^{2n}\theta\,d\theta$$

$$= \frac{(2n+1)}{2^{2n-1}}\int_0^{\frac{\pi}{2}}(1-\cos 2\theta)\sin^{2n}2\theta\,d\theta = \frac{(2n+1)}{2^{2n-1}}\int_0^{\frac{\pi}{2}}\sin^{2n}2\theta\,d\theta - 0$$

$$\xlongequal{2\theta=t} \frac{(2n+1)}{2^{2n}}\int_0^{\pi}\sin^{2n}t\,dt = \frac{(2n+1)}{2^{2n}}\cdot 2 \cdot \frac{(2n-1)!!}{(2n)!!}\cdot\frac{\pi}{2} = \frac{\pi(2n+1)!!}{2^{2n}(2n)!!}.$$

由于

$$\lim_{n\to\infty}\frac{A_{n+1}}{A_n} = \lim_{n\to\infty}\frac{\dfrac{\pi(2n+3)!!}{2^{2n+2}(2n+2)!!}}{\dfrac{\pi(2n+1)!!}{2^{2n}(2n)!!}} = \lim_{n\to\infty}\frac{2n+3}{8n+8} = \frac{1}{4} < 1.$$

故由达朗贝尔判别法知, 级数 $\sum\limits_{n=0}^{\infty} A_n$ 收敛.

为了求级数 $\sum\limits_{n=0}^{\infty} A_n$ 的和, 考虑幂级数 $\sum\limits_{n=0}^{\infty}\frac{(2n+1)!!}{(2n)!!}x^{2n}$, 其收敛半径为

$$R = \lim_{n\to\infty}\frac{\dfrac{(2n+1)!!}{(2n)!!}}{\dfrac{(2n+3)!!}{(2n+2)!!}} = \lim_{n\to\infty}\frac{2n+2}{2n+3} = 1.$$

设其和函数为 $S(x)$, 当 $-1 < x < 1$ 时, 由选例 9.6.12(3)知, $1 + \sum\limits_{n=1}^{\infty}\frac{(2n-1)!!}{(2n)!!}x^{2n} = \frac{1}{\sqrt{1-x^2}}$, 因此

$$S(x) = \sum_{n=0}^{\infty}\frac{(2n+1)!!}{(2n)!!}x^{2n} = \sum_{n=0}^{\infty}\left(\frac{(2n-1)!!}{(2n)!!}x^{2n+1}\right)' = \left(\sum_{n=0}^{\infty}\frac{(2n-1)!!}{(2n)!!}x^{2n+1}\right)'$$

$$= \left(x\left[1 + \sum_{n=1}^{\infty}\frac{(2n-1)!!}{(2n)!!}(x^2)^n\right]\right)' = \left(\frac{x}{\sqrt{1-x^2}}\right)' = \frac{1}{\sqrt{(1-x^2)^3}}.$$

因此,

$$\sum_{n=0}^{\infty} A_n \sum_{n=0}^{\infty} \frac{\pi(2n+1)!!}{2^{2n}(2n)!!} = \pi \sum_{n=0}^{\infty} \frac{(2n+1)!!}{(2n)!!} \cdot \left(\frac{1}{2}\right)^{2n} = \pi \left[\frac{1}{\sqrt{\left(1-\frac{1}{2^2}\right)^3}} \right] = \pi S\left(\frac{1}{2}\right) = \frac{8\sqrt{3}}{9}\pi. \blacksquare$$

9.7 配套教材小节习题参考解答

习题 9.1

习题9.1参考解答

1. 写出下列级数的部分和, 并判别级数的敛散性:

(1) $\displaystyle\sum_{n=1}^{\infty} \frac{1}{\sqrt{n+1}+\sqrt{n}}$; (2) $\displaystyle\sum_{n=2}^{\infty} \frac{1}{n^2-1}$;

(3) $\displaystyle\sum_{n=1}^{\infty} \ln\left(1+\frac{1}{n}\right)$; (4) $\displaystyle\sum_{n=1}^{\infty} \frac{n}{(n+1)!}$.

2. 判别下列级数的敛散性:

(1) $\displaystyle\sum_{n=1}^{\infty} \frac{1}{3^n}$; (2) $\displaystyle\sum_{n=1}^{\infty} \frac{1}{\sqrt[n]{n}}$; (3) $\displaystyle\sum_{n=1}^{\infty} \left(\frac{2}{n}+\frac{1}{3^n}\right)$;

(4) $\displaystyle\sum_{n=1}^{\infty} \left(\frac{5}{2^n}+\frac{(-1)^n}{3^n}\right)$; (5) $\displaystyle\sum_{n=1}^{\infty} \frac{1}{4n}$; (6) $\displaystyle\sum_{n=1}^{\infty} \frac{1}{n(n+1)(n+2)}$.

3. 证明: 数列 a_n 收敛当且仅当级数 $\displaystyle\sum_{n=1}^{\infty}(a_{n+1}-a_n)$ 收敛.

4. 设级数 $\displaystyle\sum_{n=1}^{\infty}(a_{2n-1}+a_{2n})$ 收敛, 且 $\lim_{n\to\infty} a_n = 0$, 证明级数 $\displaystyle\sum_{n=1}^{\infty} a_n$ 收敛.

习题 9.2

习题9.2参考解答

1. 用比较审敛法判别下列级数的收敛性:

(1) $\displaystyle\sum_{n=1}^{\infty} \frac{2}{n(n+3)}$; (2) $\displaystyle\sum_{n=1}^{\infty} \sin(\sqrt{n+1}-\sqrt{n})$; (3) $\displaystyle\sum_{n=1}^{\infty} \frac{1}{n\sqrt[n]{n}}$;

(4) $\displaystyle\sum_{n=1}^{\infty} \frac{\sqrt{n+\sqrt{n}}}{n^2+1}$; (5) $\displaystyle\sum_{n=1}^{\infty} \frac{n+2}{n \cdot 2^n}$; (6) $\displaystyle\sum_{n=1}^{\infty} \frac{a^n}{1+a^{2n}}\,(a>0)$.

2. 用比值审敛法判别下列级数的收敛性:

(1) $\displaystyle\sum_{n=1}^{\infty} \frac{n!}{3^n}$; (2) $\displaystyle\sum_{n=1}^{\infty} \frac{n!}{n^n}$; (3) $\displaystyle\sum_{n=1}^{\infty} \frac{n^2}{2^n}$;

(4) $\displaystyle\sum_{n=1}^{\infty} \frac{n!}{(2n+1)!!}$; (5) $\displaystyle\sum_{n=1}^{\infty} \frac{2^n}{n^2+1}$; (6) $\displaystyle\sum_{n=1}^{\infty} n^2 \sin\frac{\pi}{2^n}$.

3. 用根值审敛法判别下列级数的收敛性:

(1) $\displaystyle\sum_{n=1}^{\infty} \left(\frac{1}{2n-1}\right)^{2n}$; (2) $\displaystyle\sum_{n=1}^{\infty} \left(\frac{n}{n+1}\right)^{n^2}$; (3) $\displaystyle\sum_{n=1}^{\infty} \frac{n^6}{3^n}$;

(4) $\displaystyle\sum_{n=1}^{\infty}(\sqrt[n]{2}-1)^n$; (5) $\displaystyle\sum_{n=1}^{\infty}\left(\frac{n}{2}\sin\frac{1}{n}\right)^{\frac{n}{2}}$; (6) $\displaystyle\sum_{n=1}^{\infty}\frac{a^n}{\ln(n+1)}(a>0)$.

4. 判别下列级数的收敛性:

(1) $\displaystyle\sum_{n=1}^{\infty}\sqrt{n}\left(1-\cos\frac{1}{n}\right)$; (2) $\displaystyle\sum_{n=1}^{\infty}[n(\sqrt[n]{3}-1)]^n$; (3) $\displaystyle\sum_{n=1}^{\infty}\frac{3^n n!}{n^n}$;

(4) $\displaystyle\sum_{n=1}^{\infty}\frac{1}{3^{\sqrt{n}}}$; (5) $\displaystyle\sum_{n=1}^{\infty}\frac{1}{3^n}\left(\frac{n+1}{n}\right)^{n^2}$; (6) $\displaystyle\sum_{n=1}^{\infty}\frac{n^2\cos^2\frac{n\pi}{2}}{2^n}$;

(7) $\displaystyle\sum_{n=1}^{\infty}a^n\sin\frac{\pi}{b^n}(b>a>1)$; (8) $\displaystyle\sum_{n=1}^{\infty}\frac{1+a^n}{1+b^n}(a>0,b>0)$.

5. 设 $a_n>0,b_n>0$, 且 $\dfrac{a_{n+1}}{a_n}\leqslant\dfrac{b_{n+1}}{b_n}(n=1,2,\cdots)$, 证明当级数 $\displaystyle\sum_{n=1}^{\infty}b_n$ 收敛时, 级数 $\displaystyle\sum_{n=1}^{\infty}a_n$ 也收敛.

6. 设 $a_n\leqslant c_n\leqslant b_n(n=1,2,\cdots)$, 且级数 $\displaystyle\sum_{n=1}^{\infty}a_n$ 和 $\displaystyle\sum_{n=1}^{\infty}b_n$ 收敛, 证明级数 $\displaystyle\sum_{n=1}^{\infty}c_n$ 收敛.

7. 证明级数 $\displaystyle\sum_{n=1}^{\infty}\frac{(2n-1)!!}{(2n)!!}$ 发散, 而级数 $\displaystyle\sum_{n=1}^{\infty}\frac{(2n-3)!!}{(2n)!!}$ 收敛. (提示: 利用不等式 $\dfrac{1}{2\sqrt{n}}\leqslant$
$\dfrac{(2n-1)!!}{(2n)!!}\leqslant\dfrac{1}{\sqrt{2n+1}}$.)

习题 9.3

习题9.3参考解答

1. 判别下列级数的收敛性, 如果收敛, 是条件收敛还是绝对收敛?

(1) $\displaystyle\sum_{n=1}^{\infty}\frac{(-1)^n}{\sqrt{n^2+1}}$; (2) $\displaystyle\sum_{n=1}^{\infty}(-1)^n\sin(\sqrt{n^2+1}-n)$;

(3) $\displaystyle\sum_{n=1}^{\infty}(-1)^n\frac{n^2}{2^n}$; (4) $\displaystyle\sum_{n=1}^{\infty}\frac{(-1)^n}{\sqrt[n]{n}}$;

(5) $\displaystyle\sum_{n=1}^{\infty}(-1)^n\left(1-\cos\frac{1}{n}\right)$; (6) $\displaystyle\sum_{n=1}^{\infty}(-1)^n\frac{(2n-1)!!}{(2n)!!}$;

(7) $\displaystyle\sum_{n=2}^{\infty}(-1)^n\frac{(2n-3)!!}{(2n)!!}$; (8) $\displaystyle\sum_{n=1}^{\infty}\frac{1+(-1)^n}{(\ln n)^n}$;

(9) $\displaystyle\sum_{n=1}^{\infty}\frac{\cos(n\pi)}{\sqrt[n]{n}}$; (10) $\displaystyle\sum_{n=1}^{\infty}\left[\frac{(-1)^n}{\sqrt{n}}+\frac{1}{n^2+2}\right]$.

2. 证明级数 $\displaystyle\sum_{n=1}^{\infty}\frac{(-1)^{n-1}}{n-\ln n}$ 为条件收敛.

3. 设 $a_n>0,b_n>0$, 且 $\dfrac{a_{n+1}}{a_n}\leqslant\dfrac{b_{n+1}}{b_n}(n=1,2,\cdots)$, 且级数 $\displaystyle\sum_{n=1}^{\infty}b_n$ 收敛, 问: 级数 $\displaystyle\sum_{n=1}^{\infty}(-1)^n a_n$ 是否收敛?

4. 设 $a_1 = 2, a_{n+1} = \dfrac{1}{2}\left(a_n + \dfrac{1}{a_n}\right), n = 1, 2, \cdots$，证明：

(1) 极限 $\lim\limits_{n\to\infty} a_n$ 存在；

(2) 级数 $\sum\limits_{n=1}^{\infty} (-1)^n \left(\dfrac{a_{n+1}}{a_n} - 1\right)$ 为绝对收敛.

5. 设正数列 $\{a_n\}_{n=1}^{\infty}$ 满足：$\lim\limits_{n\to\infty} \dfrac{a_n}{n} = 1$，证明：级数 $\sum\limits_{n=1}^{\infty} (-1)^n \left(\dfrac{1}{a_n} + \dfrac{1}{a_{n+1}}\right)$ 为条件收敛.

6. 设正数列 $\{a_n\}_{n=1}^{\infty}$ 是单调减少的，且级数 $\sum\limits_{n=1}^{\infty} (-1)^n a_n$ 发散，证明：级数 $\sum\limits_{n=1}^{\infty} (-1)^n \cdot$

$(\sqrt[n]{1+a_n} - 1)$ 条件收敛.

习题 9.4

1. 求下列幂级数的收敛域：

(1) $\sum\limits_{n=1}^{\infty} \dfrac{x^n}{n^2+1}$;　　(2) $\sum\limits_{n=1}^{\infty} \dfrac{x^n}{(2n)!!}$;　　(3) $\sum\limits_{n=1}^{\infty} \dfrac{x^n}{n^n}$;　　(4) $\sum\limits_{n=1}^{\infty} n^2 x^n$;

(5) $\sum\limits_{n=1}^{\infty} \dfrac{(x-1)^n}{\ln(1+n)}$;　　(6) $\sum\limits_{n=1}^{\infty} \sqrt{n}(3x+1)^n$;　　(7) $\sum\limits_{n=1}^{\infty} \dfrac{x^{2n+1}}{2n+1}$;　(8) $\sum\limits_{n=1}^{\infty} \dfrac{3^n + (-2)^n}{n}(x-1)^n$.

2. 求下列幂级数的收敛域与和函数：

(1) $\sum\limits_{n=1}^{\infty} \dfrac{(-1)^n}{n} x^{n+1}$;　　(2) $\sum\limits_{n=1}^{\infty} (2n+1)x^n$;　　(3) $\sum\limits_{n=1}^{\infty} \dfrac{x^{n+1}}{n(n+1)}$;　　(4) $\sum\limits_{n=1}^{\infty} n^2 x^n$.

3. 求幂级数 $\sum\limits_{n=1}^{\infty} \dfrac{(2n-1)!!}{(2n)!!} x^n$ 的收敛域.

4. 证明：幂级数 $\sum\limits_{n=0}^{\infty} a_n (x-x_0)^n$ 与 $\sum\limits_{n=0}^{\infty} \dfrac{a_n}{n+1}(x-x_0)^{n+1}$ 的收敛半径相同.

5. 设级数 $\sum\limits_{n=0}^{\infty} a_n$ 为条件收敛，证明：幂级数 $\sum\limits_{n=0}^{\infty} a_n x^n$ 的收敛半径为1.

6. 设数列 $\{a_n\}_{n=1}^{\infty}$ 单调减少，且 $\lim\limits_{n\to\infty} a_n = 0$，级数 $\sum\limits_{n=0}^{\infty} a_n$ 发散，证明：幂级数 $\sum\limits_{n=0}^{\infty} a_n x^n$ 的

收敛半径为1.

习题 9.5

1. 将下列函数展开成 x 的幂级数，并指出成立的范围：

(1) $\dfrac{1}{1+x^3}$;　　(2) $\dfrac{x}{4+x^2}$;　　(3) $\cosh x$;　　(4) $\sin^2 x$;

(5) $\dfrac{1}{(1+x)^2}$;　　(6) $\arcsin x$;　　(7) $\dfrac{x}{x^2+2x-3}$;　　(8) $\ln(x^2 + 3x + 2)$.

2. 将下列函数在指定点 x_0 处展开成 $x - x_0$ 的幂级数，并指出成立的范围：

(1)　$\ln x, x_0 = 3$;　　　　(2)　$\dfrac{x-1}{x+1}, x_0 = 1$;　　　　(3)　$\sin(2x), x_0 = \dfrac{\pi}{2}$;

(4)　$\dfrac{1}{(1-x)^2}, x_0 = -1$;　　(5)　$\dfrac{x}{x^2+3x+2}, x_0 = 1$;　　(6)　$\ln(x+\sqrt{x^2+1}), x_0 = 0$.

3. 将函数 $f(x) = \dfrac{1}{4}\ln\dfrac{1+x}{1-x} + \dfrac{1}{2}\arctan x - x$ 展开成 x 的幂级数, 并求其收敛域.

4. 将函数 $f(x) = \arctan\dfrac{1+x}{1-x}$ 展开成 x 的幂级数, 并求其收敛域.

5. 求下列幂级数的和函数, 并指出收敛域:

(1)　$\displaystyle\sum_{n=1}^{\infty} n(x-1)^n$;　　　　　　　　(2)　$\displaystyle\sum_{n=0}^{\infty} \dfrac{x^{4n}}{4n+1}$;

(3)　$\displaystyle\sum_{n=0}^{\infty} \dfrac{2n+1}{n!}x^{2n}$;　　　　　　　(4)　$\displaystyle\sum_{n=0}^{\infty} (-1)^n \dfrac{n+1}{(2n+1)!} x^{2n+1}$.

6. 求级数 $\displaystyle\sum_{n=1}^{\infty} (-1)^n \dfrac{n}{2^{n+1}}$ 的和.

习题 9.6

习题9.6参考解答

1. 将以 2π 为周期的周期函数 $f(x)$ 展开成傅里叶级数, 其中 $f(x)$ 在 $(-\pi,\pi]$ 的表达式为

(1)　$f(x) = \begin{cases} -1, & -\pi < x < 0, \\ 1, & 0 \leqslant x \leqslant \pi; \end{cases}$　　　(2)　$f(x) = \begin{cases} 0, & -\pi < x < 0, \\ x, & 0 \leqslant x \leqslant \pi; \end{cases}$

(3)　$f(x) = x + 1$;　　　　　　　(4)　$f(x) = \begin{cases} -1, & -\pi < x < 0, \\ 1+x^2, & 0 \leqslant x \leqslant \pi. \end{cases}$

2. 将下列函数展开成傅里叶级数:

(1)　$f(x) = \sin\dfrac{x}{2}(-\pi \leqslant x \leqslant \pi)$;　　　(2)　$f(x) = |\sin x|(-\pi \leqslant x \leqslant \pi)$;

(3)　$f(x) = \begin{cases} x, & -\pi \leqslant x < 0, \\ 2x, & 0 \leqslant x \leqslant \pi; \end{cases}$　　　(4)　$f(x) = \begin{cases} e^x, & -\pi \leqslant x < 0, \\ 1, & 0 \leqslant x \leqslant \pi. \end{cases}$

3. 将函数 $f(x) = \dfrac{\pi - x}{2}(0 \leqslant x \leqslant \pi)$ 展开成正弦级数.

4. 将函数 $f(x) = \cos\dfrac{x}{2}(0 \leqslant x \leqslant \pi)$ 展开成余弦级数.

5. 设函数 $f(x) = \begin{cases} x, & 0 \leqslant x \leqslant 1, \\ 4-2x, & 1 < x < 2 \end{cases}$ 在 $[0,2]$ 上展开成余弦级数, 其和函数为 $S(x)$, 求 $S(0), S(1), S\left(\dfrac{5}{2}\right)$.

6. 设函数 $f(x)$ 是周期 2 为的周期函数, 且 $f(x) = 1 + |x|(-1 < x \leqslant 1)$, 将 $f(x)$ 展开成傅里叶级数.

7. 将函数 $f(t) = \begin{cases} t, & 0 \leqslant t \leqslant 1, \\ 1, & 1 < x < 2 \end{cases}$ 在 $[0,2)$ 内展开成正弦级数.

总习题九参考解答

1. 单项选择题.

(1) 若级数 $\sum\limits_{n=1}^{\infty} a_n$ 收敛于 S, 则级数 $\sum\limits_{n=1}^{\infty}(a_n + a_{n+1})$ 收敛于(　　).

(A) $2S$ 　　　　(B) $2S - a_1$ 　　　　(C) $2S + a_1$ 　　　　(D) S

(2) 设数列 $\{a_n\}_{n=1}^{\infty}$ 单调减少, 且 $\lim\limits_{n \to \infty} a_n = 0$, 级数 $\sum\limits_{n=1}^{\infty} a_n$ 发散, 则 $\sum\limits_{n=1}^{\infty} n a_n x^{n-1}$ 的收敛半径为(　　).

(A) ∞ 　　　　(B) 3 　　　　(C) 2 　　　　(D) 1

(3) 若幂级数 $\sum\limits_{n=1}^{\infty} a_n (x-1)^n$ 在 $x = -1$ 处收敛, 则此级数在 $x = 2$ 处(　　).

(A) 发散 　　　　(B) 条件收敛 　　　　(C) 绝对收敛 　　　　(D) 收敛性不能确定

(4) 设 $f(x) = \begin{cases} x, & 0 \leqslant x \leqslant \dfrac{1}{2}, \\ 2 - 2x, & \dfrac{1}{2} < x < 1, \end{cases}$ $S(x) = \sum\limits_{n=1}^{\infty} b_n \sin n\pi x, x \in (-\infty, +\infty)$, 其中 $b_n = 2\int_0^1 f(x) \cdot$

$\sin n\pi x \mathrm{d}x, n = 1, 2, \cdots$, 则 $S\left(-\dfrac{5}{2}\right) = ($　　$)$.

(A) $-\dfrac{3}{4}$ 　　　　(B) $\dfrac{3}{4}$ 　　　　(C) $-\dfrac{1}{2}$ 　　　　(D) $\dfrac{1}{2}$

解　(1) 应该选择(B): 因为如果记级数 $\sum\limits_{n=1}^{\infty} a_n$ 与 $\sum\limits_{n=1}^{\infty}(a_n + a_{n+1})$ 的部分和分别为 S_n 与 σ_n, 则有

$$\lim_{n \to \infty} S_n = S, \quad \lim_{n \to \infty} \sigma_n = \lim_{n \to \infty}(2S_n + a_{n+1} - a_1) = 2S + 0 - a_1 = 2S - a_1.$$

故 $\sum\limits_{n=1}^{\infty}(a_n + a_{n+1})$ 收敛于 $2S - a_1$. 即应该选择(B).

(2) 应该选择(D): 因为由数列 $\{a_n\}_{n=1}^{\infty}$ 单调减少, 且 $\lim\limits_{n \to \infty} a_n = 0$ 可知, 级数 $\sum\limits_{n=1}^{\infty}(-1)^n a_n$ 收敛, 即幂级数 $\sum\limits_{n=1}^{\infty} a_n x^n$ 在点 $x = -1$ 处收敛; 又由级数 $\sum\limits_{n=1}^{\infty} a_n$ 发散知, 幂级数 $\sum\limits_{n=1}^{\infty} a_n x^n$ 在点 $x = 1$ 处发散. 因此幂级数 $\sum\limits_{n=1}^{\infty} a_n x^n$ 的收敛半径为 1. 而幂级数 $\sum\limits_{n=1}^{\infty} n a_n x^{n-1}$ 与 $\sum\limits_{n=1}^{\infty} a_n x^n$ 有相同的收敛半径, 故其收敛半径也为1.

(3) 应该选择(C): 在本题中, 相当于 $x_0 = 1$, 由幂级数 $\sum\limits_{n=1}^{\infty} a_n (x-1)^n$ 在 $x_1 = -1$ 处收敛,

在 $x=2$ 处由于 $|2-1|<|-1-1|$，故由阿贝尔定理知，幂级数 $\sum_{n=1}^{\infty} a_n(x-1)^n$ 在 $x=2$ 处绝对收敛，因此应该选择(C).

(4) 应该选择(A)：因为由所给条件可知，$S(x)$ 是 $f(x)$ 以 2 为周期所展开成的正弦级数，所以 $S(x)$ 为以 2 为周期的奇函数，且当 $x \neq \dfrac{n}{2}(n \in \mathbb{Z})$ 时，$S(x)$ 收敛于 $f(x)$；当

$x=\dfrac{n}{2}(n \in \mathbb{Z})$ 时，$S(x)$ 收敛于平均值 $\dfrac{f\left(\frac{n}{2}+0\right)+f\left(\frac{n}{2}-0\right)}{2}$. 因此计算可得

$$S\left(-\frac{5}{2}\right)=S\left(-2-\frac{1}{2}\right)=S\left(-\frac{1}{2}\right)=-S\left(\frac{1}{2}\right)=-\frac{f\left(\frac{1}{2}+0\right)+f\left(\frac{1}{2}-0\right)}{2}=-\frac{1+\frac{1}{2}}{2}=-\frac{3}{4}.$$

故应该选择(A).∎

2. 填空题.

(1) 若正数列 $\{a_n\}_{n=1}^{\infty}$ 满足：$\lim\limits_{n \to \infty} a_n=+\infty$，则级数 $\sum\limits_{n=1}^{\infty}\left(\dfrac{1}{a_n}-\dfrac{1}{a_{n+1}}\right)$ 收敛于_____；

(2) 级数 $\sum\limits_{n=0}^{\infty} \dfrac{2n+1}{n!}$ 的和为_____；

(3) 若幂级数 $\sum\limits_{n=1}^{\infty} a_n(x-1)^n$ 在 $x=-3$ 处条件收敛，则它的收敛半径为_____；

(4) 幂级数 $\sum\limits_{n=1}^{\infty} \dfrac{1}{3^n+(-2)^n} \dfrac{x^n}{n}$ 的收敛域为_____.

解 (1) 设级数 $\sum\limits_{n=1}^{\infty}\left(\dfrac{1}{a_n}-\dfrac{1}{a_{n+1}}\right)$ 的部分和为 S_n，则

$$S_n=\left(\frac{1}{a_1}-\frac{1}{a_2}\right)+\left(\frac{1}{a_2}-\frac{1}{a_3}\right)+\cdots+\left(\frac{1}{a_n}-\frac{1}{a_{n+1}}\right)=\frac{1}{a_1}-\frac{1}{a_{n+1}},$$

因此

$$\lim_{n \to \infty} S_n=\lim_{n \to \infty}\left(\frac{1}{a_1}-\frac{1}{a_{n+1}}\right)=\frac{1}{a_1},$$

即级数 $\sum\limits_{n=1}^{\infty}\left(\dfrac{1}{a_n}-\dfrac{1}{a_{n+1}}\right)$ 收敛于 $\underline{\dfrac{1}{a_1}}$.

(2) 直接计算可得

$$\sum_{n=0}^{\infty} \frac{2n+1}{n!}=2\sum_{n=1}^{\infty} \frac{1}{(n-1)!}+\sum_{n=0}^{\infty} \frac{1}{n!}=2\sum_{n=0}^{\infty} \frac{1}{n!}+\sum_{n=0}^{\infty} \frac{1}{n!}=3\sum_{n=0}^{\infty} \frac{1}{n!}=3e,$$

即级数 $\sum\limits_{n=0}^{\infty} \dfrac{2n+1}{n!}$ 的和为 $\underline{3e}$.

(3) 由阿贝尔定理可知，条件收敛的点必定是幂级数收敛区间的端点，因此由已知条

件可知, 幂级数 $\sum\limits_{n=1}^{\infty} a_n(x-1)^n$ 的收敛半径为 $R = |(-3)-1| = 4$.

(4) 首先, 幂级数 $\sum\limits_{n=1}^{\infty} \dfrac{1}{3^n+(-2)^n} \dfrac{x^n}{n}$ 的收敛半径为

$$R = \lim_{n\to\infty} \left| \frac{\dfrac{1}{3^n+(-2)^n}\dfrac{1}{n}}{\dfrac{1}{3^{n+1}+(-2)^{n+1}}\dfrac{1}{n+1}} \right| = \lim_{n\to\infty} \frac{3+(-2)\left(-\dfrac{2}{3}\right)^n}{1+\left(-\dfrac{2}{3}\right)^n} \cdot \frac{n+1}{n} = 3.$$

当 $x=-3$ 时, 级数变为 $\sum\limits_{n=1}^{\infty} \dfrac{1}{3^n+(-2)^n} \dfrac{(-3)^n}{n} = \sum\limits_{n=1}^{\infty} \dfrac{(-1)^n}{n} \cdot \dfrac{1}{1+\left(-\dfrac{2}{3}\right)^n}$. 这是一个收敛的交错级

数. 下面我们来证明这一点. 为方便起见, 记 $a_n = \dfrac{1}{n} \cdot \dfrac{1}{1+\left(-\dfrac{2}{3}\right)^n}, b_n = n\left[1+\left(-\dfrac{2}{3}\right)^n\right]$. 则

$$\lim_{n\to\infty}(b_{2n}-b_{2n-1}) = \lim_{n\to\infty}\left[2n\left(1+\left(\frac{2}{3}\right)^{2n}\right) - (2n-1)\left(1-\left(\frac{2}{3}\right)^{2n-1}\right)\right]$$

$$= 1 + \lim_{n\to\infty}\left[2n\left(\left(\frac{2}{3}\right)^{2n} + \left(\frac{2}{3}\right)^{2n-1}\right) - \left(\frac{2}{3}\right)^{2n-1}\right] = 1 > 0,$$

$$\lim_{n\to\infty}(b_{2n+1}-b_{2n}) = \lim_{n\to\infty}\left[(2n+1)\left(1-\left(\frac{2}{3}\right)^{2n+1}\right) - 2n\left(1+\left(\frac{2}{3}\right)^{2n}\right)\right]$$

$$= 1 - \lim_{n\to\infty}\left[2n\left(\left(\frac{2}{3}\right)^{2n} + \left(\frac{2}{3}\right)^{2n+1}\right) + \left(\frac{2}{3}\right)^{2n+1}\right] = 1 > 0.$$

由此可见, 当 n 充分大时, b_n 单调递增, 从而 a_n 单调递减. 此外, 很显然, $\lim\limits_{n\to\infty} a_n = 0$. 因

此由莱布尼茨审敛法可知, 交错级数 $\sum\limits_{n=1}^{\infty} \dfrac{(-1)^n}{n} \cdot \dfrac{1}{1+\left(-\dfrac{2}{3}\right)^n}$ 收敛.

当 $x=3$ 时, 级数变为 $\sum\limits_{n=1}^{\infty} \dfrac{1}{3^n+(-2)^n} \dfrac{3^n}{n}$, 这是一个正项级数, 且由

$$\lim_{n\to\infty} \frac{\dfrac{1}{3^n+(-2)^n}\dfrac{3^n}{n}}{\dfrac{1}{n}} = \lim_{n\to\infty} \frac{3^n}{3^n+(-2)^n} = \lim_{n\to\infty} \frac{1}{1+\left(\dfrac{-2}{3}\right)^n} = \frac{1}{1+0} = 1.$$

可知, 级数 $\sum\limits_{n=1}^{\infty} \dfrac{1}{3^n+(-2)^n} \dfrac{3^n}{n}$ 与调和级数 $\sum\limits_{n=1}^{\infty} \dfrac{1}{n}$ 一样是发散的.

因此, 幂级数 $\sum\limits_{n=1}^{\infty} \dfrac{1}{3^n+(-2)^n} \dfrac{x^n}{n}$ 的收敛域为 $[-3,3)$. ∎

3. 判别下列级数的收敛性. 如果收敛, 判别是条件收敛还是绝对收敛:

(1) $\displaystyle\sum_{n=1}^{\infty}(-1)^n\left(\frac{n}{n+1}\right)^n$;

(2) $\displaystyle\sum_{n=1}^{\infty}\left(\frac{n-1}{n+1}\right)^{n(n-1)}$;

(3) $\displaystyle\sum_{n=1}^{\infty}\left(\frac{(-1)^n}{\ln(n+1)}+\frac{2^n n!}{n^n}\right)$;

(4) $\displaystyle\sum_{n=1}^{\infty}(-1)^n\frac{\sqrt{n+1}}{n}$;

(5) $\displaystyle\sum_{n=2}^{\infty}(-1)^n\left(\frac{1}{\sqrt{n-1}}-\frac{1}{\sqrt{n}}-\frac{1}{n}\right)$;

(6) $\displaystyle\sum_{n=1}^{\infty}(-1)^n\int_0^{\frac{1}{n}}\frac{\sqrt{x}}{1+x^4}dx$;

(7) $\displaystyle\sum_{n=1}^{\infty}(-1)^n\left(\frac{1}{n}-\ln\frac{n+1}{n}\right)$;

(8) $\displaystyle\sum_{n=1}^{\infty}\frac{(-1)^n}{2^{\sqrt{n}}}$.

解 (1) 由于

$$\lim_{n\to\infty}\left|(-1)^n\left(\frac{n}{n+1}\right)^n\right|=\lim_{n\to\infty}\left(\frac{n}{n+1}\right)^n=\lim_{n\to\infty}\frac{1}{\left(1+\frac{1}{n}\right)^n}=\frac{1}{e}\neq0,$$

因此也有

$$\lim_{n\to\infty}(-1)^n\left(\frac{n}{n+1}\right)^n\neq0.$$

因此由级数收敛的必要条件可知, 该级数发散.

(2) 由于

$$\lim_{n\to\infty}\sqrt[n]{\left(\frac{n-1}{n+1}\right)^{n(n-1)}}=\lim_{n\to\infty}\left(\frac{n-1}{n+1}\right)^{n-1}=\lim_{n\to\infty}\left[\left(1+\frac{-2}{n+1}\right)^{\frac{n+1}{-2}}\right]^{\frac{-2(n-1)}{n+1}}=e^{-2}<1.$$

故由柯西根值审敛法可知, 正项级数 $\displaystyle\sum_{n=1}^{\infty}\left(\frac{n-1}{n+1}\right)^{n(n-1)}$ 收敛.

(3) 由于

$$\lim_{n\to\infty}\frac{\frac{2^{n+1}(n+1)!}{(n+1)^{n+1}}}{\frac{2^n n!}{n^n}}=2\lim_{n\to\infty}\frac{1}{\left(1+\frac{1}{n}\right)^n}=\frac{2}{e}<1,$$

故级数 $\displaystyle\sum_{n=1}^{\infty}\frac{2^n n!}{n^n}$ 收敛, 也即绝对收敛. 又由于 $\frac{1}{\ln(n+1)}$ 显然单调递减且趋于 0, 故交错级数 $\displaystyle\sum_{n=1}^{\infty}\frac{(-1)^n}{\ln(n+1)}$ 收敛, 且由 $\frac{1}{\ln(n+1)}>\frac{1}{n+1}$ 可知, 交错级数 $\displaystyle\sum_{n=1}^{\infty}\frac{(-1)^n}{\ln(n+1)}$ 还是条件收敛.

因此, 级数 $\displaystyle\sum_{n=1}^{\infty}\left(\frac{(-1)^n}{\ln(n+1)}+\frac{2^n n!}{n^n}\right)$ 条件收敛.

(4) 令 $f(x)=\frac{\sqrt{x+1}}{x}$, 则当 $x>0$ 时, 有

$$f'(x) = \frac{\sqrt{x+1}}{x} = \frac{\frac{1}{2\sqrt{x+1}} \cdot x - \sqrt{x+1}}{x^2} = \frac{-2-x}{2x^2\sqrt{x+1}} < 0,$$

因此, 当 $n \geqslant 1$ 时 $\left| (-1)^n \frac{\sqrt{n+1}}{n} \right| = \frac{\sqrt{n+1}}{n}$ 单调递减, 且容易看出, $\lim\limits_{n\to 0} \frac{\sqrt{n+1}}{n} = 0$. 因此由莱

布尼茨审敛法知, 交错级数 $\sum\limits_{n=1}^{\infty} (-1)^n \frac{\sqrt{n+1}}{n}$ 收敛. 又由 $\frac{\sqrt{n+1}}{n} > \frac{1}{n}$ 及调和级数的发散性可

知, 该交错级数不绝对收敛. 因此交错级数 $\sum\limits_{n=1}^{\infty} (-1)^n \frac{\sqrt{n+1}}{n}$ 条件收敛.

(5) 由于 $\frac{1}{\sqrt{n}-1} - \frac{1}{\sqrt{n}} - \frac{1}{n} = \frac{1}{n(\sqrt{n}-1)}$, 故 $\sum\limits_{n=2}^{\infty} (-1)^n \left(\frac{1}{\sqrt{n}-1} - \frac{1}{\sqrt{n}} - \frac{1}{n} \right) = \sum\limits_{n=2}^{\infty} (-1)^n \cdot$

$\frac{1}{n(\sqrt{n}-1)}$ 是一个交错级数. 由于

$$\lim_{n\to\infty} \frac{\left| (-1)^n \frac{1}{n(\sqrt{n}-1)} \right|}{n^{\frac{3}{2}}} = \lim_{n\to\infty} \frac{\sqrt{n}}{\sqrt{n}-1} = 1,$$

而正项级数 $\sum\limits_{n=1}^{\infty} \frac{1}{n^{\frac{3}{2}}}$ 是 $p = \frac{3}{2} > 1$ 的 p -级数, 是收敛的, 因此由比较审敛法的极限形式可知,

正项级数 $\sum\limits_{n=2}^{\infty} \left| (-1)^n \left(\frac{1}{\sqrt{n}-1} - \frac{1}{\sqrt{n}} - \frac{1}{n} \right) \right|$ 也是收敛的, 故 $\sum\limits_{n=2}^{\infty} (-1)^n \left(\frac{1}{\sqrt{n}-1} - \frac{1}{\sqrt{n}} - \frac{1}{n} \right)$ 绝对收敛.

(6) 由于

$$0 < \int_0^{\frac{1}{n}} \frac{\sqrt{x}}{1+x^4} dx \leqslant \int_0^{\frac{1}{n}} \sqrt{x} dx = \frac{2}{3} x^{\frac{3}{2}} \Big|_0^{\frac{1}{n}} = \frac{2}{3n^{\frac{3}{2}}},$$

且正项级数 $\sum\limits_{n=1}^{\infty} \frac{2}{3n^{\frac{3}{2}}}$ 与 $p = \frac{3}{2} > 1$ 的 p -级数 $\sum\limits_{n=1}^{\infty} \frac{1}{n^{\frac{3}{2}}}$ 一样, 是收敛的, 故由上式及比较审敛法

可知, 交错级数 $\sum\limits_{n=1}^{\infty} (-1)^n \int_0^{\frac{1}{n}} \frac{\sqrt{x}}{1+x^4} dx$ 绝对收敛.

(7) 由于

$$\lim_{n\to\infty} \frac{\left| (-1)^n \left(\frac{1}{n} - \ln \frac{n+1}{n} \right) \right|}{\frac{1}{n^2}} = \lim_{n\to\infty} \frac{\left(\frac{1}{n} - \ln \frac{n+1}{n} \right)}{\frac{1}{n^2}} \xrightarrow{\frac{1}{n} = x} \lim_{x\to 0^+} \frac{x - \ln(1+x)}{x^2} = \lim_{x\to 0^+} \frac{1 - \frac{1}{1+x}}{2x} = \frac{1}{2},$$

且正项级数 $\sum\limits_{n=1}^{\infty} \frac{1}{n^2}$ 是收敛的, 故由极限形式的比较审敛法知, 正项级数 $\sum\limits_{n=1}^{\infty} \left| (-1)^n \left(\frac{1}{n} - \ln \frac{n+1}{n} \right) \right|$

收敛, 即级数 $\displaystyle\sum_{n=1}^{\infty}(-1)^n\left(\frac{1}{n}-\ln\frac{n+1}{n}\right)$ 绝对收敛.

(8) 由于

$$\lim_{n\to\infty}\frac{\left|\dfrac{(-1)^n}{2^{\sqrt{n}}}\right|}{\dfrac{1}{n^2}}=\lim_{n\to\infty}\frac{n^2}{2^{\sqrt{n}}}\xlongequal{\sqrt{n}=x}\lim_{x\to+\infty}\frac{x^4}{2^x}=\lim_{x\to+\infty}\frac{4!}{2^x\ln^4 2}=0,$$

且正项级数 $\displaystyle\sum_{n=1}^{\infty}\frac{1}{n^2}$ 是收敛的, 故由上式及极限形式的比较审敛法知, 正项级数 $\displaystyle\sum_{n=1}^{\infty}\left|\frac{(-1)^n}{2^{\sqrt{n}}}\right|$ 收

敛, 即级数 $\displaystyle\sum_{n=1}^{\infty}\frac{(-1)^n}{2^{\sqrt{n}}}$ 绝对收敛.∎

4. 求级数 $\displaystyle\sum_{n=1}^{\infty}\frac{(-1)^{n-1}x^{2n}}{n(2n-1)}$ 的和函数 $S(x)$.

解　该级数的收敛半径为

$$R=\sqrt{\left|\lim_{n\to\infty}\frac{\dfrac{(-1)^{n-1}}{n(2n-1)}}{\dfrac{(-1)^{n+1-1}}{(n+1)(2(n+1)-1)}}\right|}=\sqrt{\lim_{n\to\infty}\frac{(n+1)(2(n+1)-1)}{n(2n-1)}}=1.$$

当 $x=\pm 1$ 时, 级数变为 $\displaystyle\sum_{n=1}^{\infty}\frac{(-1)^{n-1}}{n(2n-1)}$, 这是一个绝对收敛的级数, 因此原幂级数 $\displaystyle\sum_{n=1}^{\infty}\frac{(-1)^{n-1}x^{2n}}{n(2n-1)}$ 的收敛域为 $D=[-1,1]$.

当 $x\in(-1,1)$ 时,

$$\begin{aligned}S(x)&=\sum_{n=1}^{\infty}\frac{(-1)^{n-1}x^{2n}}{n(2n-1)}=x\sum_{n=1}^{\infty}\frac{(-1)^{n-1}x^{2n-1}}{n(2n-1)}\\&=x\sum_{n=1}^{\infty}\int_0^x\frac{(-1)^{n-1}x^{2n-2}}{n}\mathrm{d}x=x\int_0^x\left(\sum_{n=1}^{\infty}\frac{(-1)^{n-1}x^{2n-2}}{n}\right)\mathrm{d}x.\end{aligned}$$

而

$$x^2\sum_{n=1}^{\infty}\frac{(-1)^{n-1}x^{2n-2}}{n}\xlongequal{-x^2=t}-\sum_{n=1}^{\infty}\frac{t^n}{n}=-\sum_{n=1}^{\infty}\int_0^t t^{n-1}\mathrm{d}t=-\int_0^t\left(\sum_{n=1}^{\infty}t^{n-1}\right)\mathrm{d}t=-\int_0^t\left(\frac{1}{1-t}\right)\mathrm{d}t=\ln(1-t)=\ln(1+x^2).$$

所以当 $x\in(-1,1)$ 且 $x\neq 0$ 时,

$$\sum_{n=1}^{\infty}\frac{(-1)^{n-1}x^{2n-2}}{n}=\frac{1}{x^2}\ln(1+x^2).$$

从而有

$$\begin{aligned}S(x)&=x\int_0^x\frac{1}{x^2}\ln(1+x^2)\mathrm{d}x=-x\int_0^x\ln(1+x^2)\mathrm{d}\frac{1}{x}\\&=-x\left[\frac{1}{x}\ln(1+x^2)-\int_0^x\frac{1}{x}\cdot\frac{1}{1+x^2}\cdot 2x\mathrm{d}x\right]=2x\arctan x-\ln(1+x^2).\end{aligned}$$

又从表达式直接可知, $S(0) = 0$. 因此最后得到所求的和函数为

$$S(x) = 2x \arctan x - \ln(1 + x^2), \quad x \in [-1, 1]. \blacksquare$$

5. 设级数 $\sum_{n=1}^{\infty} (-1)^{n-1} \dfrac{1}{n}$ 的前 n 项和为 S_n, 证明:

(1) $S_{2n} = \dfrac{1}{n+1} + \dfrac{1}{n+2} + \cdots + \dfrac{1}{n+n}$.

(2) 级数 $\sum_{n=1}^{\infty} (-1)^{n-1} \dfrac{1}{n}$ 收敛于 $\ln 2$.

证明　(1) 我们用归纳法证明: 首先, $S_2 = (-1)^{1-1} \dfrac{1}{1} + (-1)^{2-1} \dfrac{1}{2} = \dfrac{1}{1+1}$, 命题为真.

设 $S_{2n} = \dfrac{1}{n+1} + \dfrac{1}{n+2} + \cdots + \dfrac{1}{n+n}$, 则

$$\begin{aligned}
S_{2(n+1)} &= S_{2n} + (-1)^{2n+1-1} \frac{1}{2n+1} + (-1)^{2n+2-1} \frac{1}{2n+2} \\
&= \frac{1}{n+1} + \frac{1}{n+2} + \cdots + \frac{1}{n+n} + \frac{1}{2n+1} - \frac{1}{2n+2} \\
&= \frac{1}{n+2} + \cdots + \frac{1}{n+n} + \frac{1}{2n+1} + \left(\frac{1}{n+1} - \frac{1}{2n+2} \right) \\
&= \frac{1}{n+2} + \cdots + \frac{1}{n+n} + \frac{1}{2n+1} + \frac{1}{2n+2} \\
&= \frac{1}{(n+1)+1} + \frac{1}{(n+1)+2} + \cdots + \frac{1}{(n+1)+n} + \frac{1}{(n+1)+(n+1)},
\end{aligned}$$

可见, 对一切自然数 n, 都有

$$S_{2n} = \frac{1}{n+1} + \frac{1}{n+2} + \cdots + \frac{1}{n+n}.$$

(2) 由于

$$\lim_{n \to \infty} S_{2n} = \lim_{n \to \infty} \left(\frac{1}{n+1} + \frac{1}{n+2} + \cdots + \frac{1}{n+n} \right) = \lim_{n \to \infty} \sum_{k=1}^{n} \frac{1}{1 + \frac{k}{n}} \cdot \frac{1}{n} = \int_0^1 \frac{1}{1+x} \, dx = \ln 2,$$

且

$$\lim_{n \to \infty} S_{2n+1} = \lim_{n \to \infty} \left(S_{2n} + (-1)^{2n+1-1} \frac{1}{2n+1} \right) = \ln 2 + 0 = \ln 2.$$

因此 $\lim_{n \to \infty} S_n = \ln 2$, 即级数 $\sum_{n=1}^{\infty} (-1)^{n-1} \dfrac{1}{n}$ 收敛于 $\ln 2$. $\blacksquare$

6. 设 $0 < a_1 < 2, a_{n+1} = \sqrt{2 + a_n}, n = 1, 2, \cdots$, 问级数 $\sum_{n=1}^{\infty} (-1)^n \left(\dfrac{a_n}{a_{n+1}} - 1 \right)$ 是否收敛? 若收敛, 是条件收敛还是绝对收敛? 请给出证明.

解法一　因为 $0 < a_1 < 2$, 设 $0 < a_n < 2$, 则

$$0 < a_{n+1} = \sqrt{2 + a_n} < \sqrt{2 + 2} = 2,$$

因此, 对一切自然数 n, 都有 $0 < a_n < 2$. 又由于

$$a_{n+1} - a_n = \sqrt{2 + a_n} - a_n = \frac{2 + a_n - a_n^2}{\sqrt{2 + a_n} + a_n} = \frac{(2 - a_n)(1 + a_n)}{\sqrt{2 + a_n} + a_n} > 0,$$

因此数列 $\{a_n\}_{n=1}^{\infty}$ 是单调递增的, 故 $\lim\limits_{n \to \infty} a_n$ 存在, 设 $\lim\limits_{n \to \infty} a_n = c$. 则 $0 \leqslant c \leqslant 2$. 由公式 $a_{n+1} = \sqrt{2 + a_n}$ 两边取极限可得 $c = \sqrt{2 + c}$, 由此解得 $c = 2$, 即有 $\lim\limits_{n \to \infty} a_n = 2$.

由数列 $\{a_n\}_{n=1}^{\infty}$ 的单调递增性可知, 级数 $\sum\limits_{n=1}^{\infty} (-1)^n \left(\dfrac{a_n}{a_{n+1}} - 1 \right) = \sum\limits_{n=1}^{\infty} (-1)^{n+1} \left(\dfrac{a_{n+1} - a_n}{a_{n+1}} \right)$ 是个

交错级数, 再由 $\lim\limits_{n \to \infty} a_n = 2$ 可得, $\lim\limits_{n \to \infty} \left(\dfrac{a_{n+1} - a_n}{a_{n+1}} \right) = 0$. 下面我们证明级数 $\sum\limits_{n=1}^{\infty} (-1)^n \left(\dfrac{a_n}{a_{n+1}} - 1 \right)$

绝对收敛. 为此, 只需证明正项级数 $\sum\limits_{n=1}^{\infty} \dfrac{a_{n+1} - a_n}{a_{n+1}}$ 收敛. 记 $\sum\limits_{n=1}^{\infty} \dfrac{a_{n+1} - a_n}{a_{n+1}}$ 的前 n 项和为 S_n, 则只需证明 S_n 有界即可. 事实上, 由于

$$S_n = \left(1 - \frac{a_1}{a_2} \right) + \left(1 - \frac{a_2}{a_3} \right) + \cdots + \left(1 - \frac{a_n}{a_{n+1}} \right) = n - \left(\frac{a_1}{a_2} + \frac{a_2}{a_3} + \cdots + \frac{a_n}{a_{n+1}} \right)$$

$$\leqslant n - n \sqrt[n]{\frac{a_1}{a_2} \cdot \frac{a_2}{a_3} \cdots \frac{a_n}{a_{n+1}}} = n \left(1 - \sqrt[n]{\frac{a_1}{a_{n+1}}} \right),$$

而

$$\lim_{n \to \infty} n \left(1 - \sqrt[n]{\frac{a_1}{a_{n+1}}} \right) = \lim_{n \to \infty} n \left(1 - e^{\frac{1}{n} \ln \frac{a_1}{a_{n+1}}} \right) = -\lim_{n \to \infty} n \cdot \frac{1}{n} \ln \frac{a_1}{a_{n+1}} = -\lim_{n \to \infty} \ln \frac{a_1}{a_{n+1}} = \ln \frac{2}{a_1},$$

可见数列 $\left\{ n \left(1 - \sqrt[n]{\dfrac{a_1}{a_{n+1}}} \right) \right\}_{n=1}^{\infty}$ 是有界的, 从而 S_n 也是有界的.

解法二　$\lim\limits_{n \to \infty} a_n = 2$ 的证明如上. 下面证明正项级数 $\sum\limits_{n=1}^{\infty} \dfrac{a_{n+1} - a_n}{a_{n+1}}$ 收敛. 由于数列 $\{a_n\}_{n=1}^{\infty}$ 是单调递增的, 且 $\lim\limits_{n \to \infty} a_n = 2$. 故对任意 $n, a_n \geqslant a_1$. 从而有

$$0 \leqslant \frac{a_{n+1} - a_n}{a_{n+1}} \leqslant \frac{a_{n+1} - a_n}{a_1}. \tag{*}$$

由于

$$\sum_{n=1}^{\infty} \frac{a_{n+1} - a_n}{a_1} = \lim_{n \to \infty} \sum_{k=1}^{n} \frac{a_{k+1} - a_k}{a_1} = \frac{1}{a_1} \lim_{n \to \infty} (a_{n+1} - a_1) = \frac{2 - a_1}{a_1}.$$

即级数 $\sum\limits_{n=1}^{\infty} \dfrac{a_{n+1} - a_n}{a_1}$ 收敛, 因此由(*)式及比较审敛法可知, 正项级数 $\sum\limits_{n=1}^{\infty} \dfrac{a_{n+1} - a_n}{a_{n+1}}$ 收敛, 因此 $\sum\limits_{n=1}^{\infty} (-1)^n \left(\dfrac{a_n}{a_{n+1}} - 1 \right)$ 绝对收敛. ∎

7. 设正数列 $\{a_n\}_{n=1}^{\infty}$ 是单调减少的, 且级数 $\sum\limits_{n=1}^{\infty}(-1)^n a_n$ 发散.

(1) 问级数 $\sum\limits_{n=1}^{\infty}\left(\dfrac{1}{1+a_n}\right)^n$ 是否收敛? 请给出证明;

(2) 问级数 $\sum\limits_{n=1}^{\infty}(-1)^n\dfrac{a_{n+1}}{a_n}$ 是否收敛? 请给出证明;

(3) 问级数 $\sum\limits_{n=1}^{\infty}(-1)^n\left(\dfrac{a_n}{a_{n+1}}-1\right)$ 是否收敛? 若收敛, 是条件收敛还是绝对收敛? 请给出证明.

解　(1) 由于正数列 $\{a_n\}_{n=1}^{\infty}$ 是单调减少的, 且级数 $\sum\limits_{n=1}^{\infty}(-1)^n a_n$ 发散, 故由交错级数的莱布尼茨审敛法可知, 必有 $\lim\limits_{n\to\infty} a_n = c > 0$. 因此等比级数 $\sum\limits_{n=1}^{\infty}\dfrac{1}{(1+c)^n}$ 收敛. 注意到 $\{a_n\}_{n=1}^{\infty}$ 是单调减少的, 故有

$$0 \leqslant \left(\frac{1}{1+a_n}\right)^n \leqslant \left(\frac{1}{1+c}\right)^n = \frac{1}{(1+c)^n},$$

因此由比较审敛法知, 级数 $\sum\limits_{n=1}^{\infty}\left(\dfrac{1}{1+a_n}\right)^n$ 收敛.

(2) 由(1)的证明可知, $\lim\limits_{n\to\infty} a_n = c > 0$. 因此

$$\lim_{n\to\infty}\left|(-1)^n\frac{a_{n+1}}{a_n}\right| = \lim_{n\to\infty}\frac{a_{n+1}}{a_n} = \frac{c}{c} = 1 \neq 0.$$

因此 $\lim\limits_{n\to\infty}(-1)^n\dfrac{a_{n+1}}{a_n} = 0$ 不可能成立, 故由级数收敛的必要条件可知, 级数 $\sum\limits_{n=1}^{\infty}(-1)^n\dfrac{a_{n+1}}{a_n}$ 不收敛.

(3) 级数 $\sum\limits_{n=1}^{\infty}(-1)^n\left(\dfrac{a_n}{a_{n+1}}-1\right)$ 是绝对收敛的, 证明如下: 设 $\sum\limits_{n=1}^{\infty}\left|(-1)^n\left(\dfrac{a_n}{a_{n+1}}-1\right)\right| = \sum\limits_{n=1}^{\infty}\dfrac{a_n-a_{n+1}}{a_{n+1}}$ 的前 n 项和为 S_n, 则只需证明 S_n 有界即可.

由于 $\lim\limits_{n\to\infty} a_n = c > 0$, 且正数列 $\{a_n\}_{n=1}^{\infty}$ 是单调减少的, 故对一切 $n, c \leqslant a_n \leqslant a_1$. 于是有

$$\frac{a_n-a_{n+1}}{a_{n+1}} \leqslant \frac{a_n-a_{n+1}}{c} = \frac{1}{c}(a_n-a_{n+1}).$$

从而

$$0 < S_n \leqslant \frac{1}{c}(a_1-a_2) + \frac{1}{c}(a_2-a_3) + \cdots + \frac{1}{c}(a_n-a_{n+1}) = \frac{1}{c}(a_1-a_{n+1}) \leqslant \frac{1}{c}(a_1-c).$$

可见部分和数列 S_n 有界, 因此 $\sum_{n=1}^{\infty}(-1)^n\left(\dfrac{a_n}{a_{n+1}}-1\right)$ 是绝对收敛的. ∎

8. 试问级数 $\sum_{n=1}^{\infty}\sin\left(\pi\sqrt{n^2+1}\right)$ 是绝对收敛还是条件收敛? 请给出证明.

证明 级数 $\sum_{n=1}^{\infty}\sin\left(\pi\sqrt{n^2+1}\right)$ 是条件收敛, 证明如下.

首先, 利用正弦函数的诱导公式可知, 有

$$\sin\left(\pi\sqrt{n^2+1}\right)=(-1)^{n+1}\sin\left(n\pi-\pi\sqrt{n^2+1}\right)=(-1)^{n+1}\sin\dfrac{-\pi}{n+\sqrt{n^2+1}}=(-1)^n\sin\dfrac{\pi}{n+\sqrt{n^2+1}},$$

由于 $\sin\dfrac{\pi}{n+\sqrt{n^2+1}}>0$, 因此 $\sum_{n=1}^{\infty}\sin\left(\pi\sqrt{n^2+1}\right)=\sum_{n=1}^{\infty}(-1)^n\sin\dfrac{\pi}{n+\sqrt{n^2+1}}$ 是一个交错级数.

显然, $\left|(-1)^n\sin\dfrac{\pi}{n+\sqrt{n^2+1}}\right|=\sin\dfrac{\pi}{n+\sqrt{n^2+1}}$ 是单调减少的, 且容易看出

$$\lim_{n\to\infty}\sin\dfrac{\pi}{n+\sqrt{n^2+1}}=0.$$

因此, 由交错级数的莱布尼茨审敛法可知, $\sum_{n=1}^{\infty}(-1)^n\sin\dfrac{\pi}{n+\sqrt{n^2+1}}$ 收敛, 即 $\sum_{n=1}^{\infty}\sin\left(\pi\sqrt{n^2+1}\right)$ 收敛.

其次, 注意到

$$\lim_{n\to\infty}\dfrac{\sin\dfrac{\pi}{n+\sqrt{n^2+1}}}{\dfrac{1}{n}}=\lim_{n\to\infty}\dfrac{\dfrac{\pi}{n+\sqrt{n^2+1}}}{\dfrac{1}{n}}=\dfrac{\pi}{2},$$

故由比较审敛法的极限形式可知, 级数 $\sum_{n=1}^{\infty}\left|(-1)^n\sin\dfrac{\pi}{n+\sqrt{n^2+1}}\right|$ 与调和级数 $\sum_{n=1}^{\infty}\dfrac{1}{n}$ 同敛散, 因而是发散的, 即 $\sum_{n=1}^{\infty}(-1)^n\sin\dfrac{\pi}{n+\sqrt{n^2+1}}$ 不绝对收敛. 因此 $\sum_{n=1}^{\infty}(-1)^n\sin\dfrac{\pi}{n+\sqrt{n^2+1}}$ 条件收敛, 即级数 $\sum_{n=1}^{\infty}\sin\left(\pi\sqrt{n^2+1}\right)$ 是条件收敛. ∎

9. 设数列 $\{a_n\}_{n=1}^{\infty}$ 单调减少, 且 $\lim_{n\to\infty}a_n=0$, 级数 $\sum_{n=1}^{\infty}a_n$ 发散, 求幂级数 $\sum_{n=1}^{\infty}a_n(x-1)^n$ 的收敛域.

解 由于数列 $\{a_n\}_{n=1}^{\infty}$ 单调减少, 且 $\lim_{n\to\infty}a_n=0$, 故由交错级数的莱布尼茨审敛法知, 级数 $\sum_{n=1}^{\infty}a_n(-1)^n$ 收敛, 即幂级数 $\sum_{n=1}^{\infty}a_n(x-1)^n$ 在点 $x=0$ 处收敛. 又由于 $\sum_{n=1}^{\infty}a_n$ 发散, 即幂级

数 $\sum\limits_{n=1}^{\infty} a_n(x-1)^n$ 在点 $x=2$ 处发散. 由于 $x=0$ 与 $x=2$ 恰好是以 $x=1$ 为中心的区间 $(0,2)$ 的

两个端点, 因此由阿贝尔定理可知, 该幂级数 $\sum\limits_{n=1}^{\infty} a_n(x-1)^n$ 的收敛半径为 1, 收敛区间就

是 $(0,2)$, 而收敛域则是 $[0,2]$. ■

10. 设 $a_n = \int_0^1 \dfrac{x^n}{1+x}\mathrm{d}x, n=1,2,\cdots,$

(1) 证明: 级数 $\sum\limits_{n=1}^{\infty} \dfrac{1}{n}(a_n + a_{n+1})$ 收敛;

(2) 证明: 级数 $\sum\limits_{n=1}^{\infty} (-1)^n a_n$ 为条件收敛.

证明 (1) 由于 $a_n = \int_0^1 \dfrac{x^n}{1+x}\mathrm{d}x, n=1,2,\cdots,$ 故对所有自然数 $n, a_n > 0$. 而

$$\frac{1}{n}(a_n + a_{n+1}) = \frac{1}{n}\left(\int_0^1 \frac{x^n}{1+x}\mathrm{d}x + \int_0^1 \frac{x^{n+1}}{1+x}\mathrm{d}x\right) = \frac{1}{n}\int_0^1 \frac{x^n(1+x)}{1+x}\mathrm{d}x = \frac{1}{n}\int_0^1 x^n \mathrm{d}x = \frac{1}{n(n+1)},$$

因此

$$\sum_{n=1}^{\infty} \frac{1}{n}(a_n + a_{n+1}) = \lim_{k\to\infty}\sum_{n=1}^{k} \frac{1}{n}(a_n + a_{n+1}) = \lim_{k\to\infty}\sum_{n=1}^{k} \frac{1}{n(n+1)} = \lim_{k\to\infty}\left(1 - \frac{1}{k+1}\right) = 1,$$

可见, 级数 $\sum\limits_{n=1}^{\infty} \dfrac{1}{n}(a_n + a_{n+1})$ 收敛, 且其和为 1.

(2) 由于对所有自然数 $n, a_n > 0$, 且

$$0 < a_{n+1} = \int_0^1 \frac{x^{n+1}}{1+x}\mathrm{d}x < \int_0^1 \frac{x^n}{1+x}\mathrm{d}x = a_n < \int_0^1 x^n \mathrm{d}x = \frac{1}{n+1},$$

可见, 数列 $\{a_n\}_{n=1}^{\infty}$ 单调减少, 且 $\lim\limits_{n\to\infty} a_n = 0$. 因此由莱布尼茨审敛法可知, 交错级数

$\sum\limits_{n=1}^{\infty} (-1)^n a_n$ 收敛.

又由于

$$a_n + a_{n+1} = \frac{1}{n+1} < 2a_n, \quad 即有 \quad a_n > \frac{1}{2(n+1)},$$

且 $\sum\limits_{n=1}^{\infty} \dfrac{1}{2(n+1)}$ 发散, 故由比较审敛法知, 级数 $\sum\limits_{n=1}^{\infty} a_n$ 发散, 可见 $\sum\limits_{n=1}^{\infty} (-1)^n a_n$ 不绝对收敛. 因

此 $\sum\limits_{n=1}^{\infty} (-1)^n a_n$ 是条件收敛. ■

11. 设函数 $f(x)$ 在 $x=0$ 的某邻域内具有二阶连续导数, 且 $\lim\limits_{x\to 0}\dfrac{f(x)}{\sin x} = 0$, 证明级数

$\sum\limits_{n=1}^{\infty} f\left(\dfrac{1}{n}\right)$ 绝对收敛.

证明　由于 $f(x)$ 在 $x=0$ 的某邻域 D 内具有二阶连续导数, 且 $\lim\limits_{x\to0}\dfrac{f(x)}{\sin x}=0$, 故

$$f(0)=\lim_{x\to0}f(x)=\lim_{x\to0}\frac{f(x)}{\sin x}\cdot\sin x=0,$$

$$0=\lim_{x\to0}\frac{f(x)}{\sin x}=\lim_{x\to0}\frac{f(x)}{x}=\lim_{x\to0}f'(x)=f'(0).$$

于是在 $x=0$ 的某个邻域 $D'\subset D$ 内, $f(x)$ 可以展开成一阶泰勒公式

$$f(x)=f(0)+f'(0)x+\frac{1}{2!}f''(\xi)x^2=\frac{1}{2!}f''(\xi)x^2,\quad\text{其中 }\xi\text{ 介于 0 与 }x\text{ 之间,}$$

由于 $f(x)$ 在邻域 D' 内具有二阶连续导数, 故存在正数 M 使得 $|f''(x)|\leqslant M$(当 $x\in D'$时).
当 n 充分大时, $\dfrac{1}{n}\in D'$, 从而

$$\left|f\left(\frac{1}{n}\right)\right|=\left|\frac{1}{2!}\frac{f''(\xi)}{n^2}\right|\leqslant\frac{M}{2n^2},$$

由于级数 $\sum\limits_{n=1}^{\infty}\dfrac{M}{2n^2}$ 是收敛的, 故由比较审敛法知, 级数 $\sum\limits_{n=1}^{\infty}\left|f\left(\dfrac{1}{n}\right)\right|$ 也收敛, 即级数 $\sum\limits_{n=1}^{\infty}f\left(\dfrac{1}{n}\right)$ 绝对收敛.■

12. 证明: $\sum\limits_{n=1}^{\infty}(-1)^{n-1}\dfrac{\cos nx}{n^2}=\dfrac{\pi^2-3x^2}{12},x\in[-\pi,\pi].$

证明　考察偶函数 $f(x)=\dfrac{\pi^2-3x^2}{12},x\in[-\pi,\pi]$. 首先把它延拓成以 2π 为周期的周期函数 $F(x)$, 则容易看出, $F(x)$ 是处处连续的偶函数, 它可以展开成余弦级数. 下面先求该余弦级数的傅里叶系数:

$$a_0=\frac{2}{\pi}\int_0^\pi f(x)\mathrm{d}x=\frac{2}{\pi}\int_0^\pi\frac{\pi^2-3x^2}{12}\mathrm{d}x=\frac{1}{6\pi}[\pi^2 x-x^3]\Big|_0^\pi=0.$$

$$a_n=\frac{2}{\pi}\int_0^\pi f(x)\cos nx\mathrm{d}x=\frac{2}{\pi}\int_0^\pi\frac{\pi^2-3x^2}{12}\cos nx\mathrm{d}x=\frac{2}{n\pi}\int_0^\pi\frac{\pi^2-3x^2}{12}\mathrm{d}\sin nx$$

$$=\frac{2}{n\pi}\left[\frac{\pi^2-3x^2}{12}\sin nx\Big|_0^\pi+\frac{1}{2}\int_0^\pi x\sin nx\mathrm{d}x\right]$$

$$=-\frac{1}{n^2\pi}\int_0^\pi x\mathrm{d}\cos nx=-\frac{1}{n^2\pi}\left[x\cos nx\Big|_0^\pi-\int_0^\pi\cos nx\mathrm{d}x\right]=-\frac{(-1)^n}{n^2},$$

因此 $F(x)$ 可展开成处处收敛于它的余弦级数

$$F(x)=\sum_{n=1}^{\infty}\frac{(-1)^{n+1}}{n^2}\cos nx=\sum_{n=1}^{\infty}\frac{(-1)^{n-1}}{n^2}\cos nx,\quad x\in(-\infty,+\infty).$$

把区间限制在 $[-\pi,\pi]$ 上, 即得到

$$\sum_{n=1}^{\infty}(-1)^{n-1}\frac{\cos nx}{n^2}=f(x)=\frac{\pi^2-3x^2}{12},\quad x\in[-\pi,\pi].\blacksquare$$